线 性 代 数

（第 3 版）

王海敏 主编

浙江工商大学出版社
ZHEJIANG GONGSHANG UNIVERSITY PRESS
·杭州·

图书在版编目(CIP)数据

线性代数 / 王海敏主编. — 3 版. — 杭州 ：浙江工商大学出版社，2020.3(2023.7 重印)

ISBN 978-7-5178-3737-4

Ⅰ．①线… Ⅱ．①王… Ⅲ．①线性代数 Ⅳ．①O151.2

中国版本图书馆 CIP 数据核字(2020)第 025231 号

线性代数(第 3 版)

XIANXINGDAISHU(DI 3 BAN)

王海敏　主编

责任编辑	吴岳婷
封面设计	林朦朦
责任印制	包建辉
出版发行	浙江工商大学出版社
	(杭州市教工路 198 号　邮政编码 310012)
	(E-mail：zjgsupress@163.com)
	(网址：http://www.zjgsupress.com)
	电话：0571-88904980，88831806(传真)
排　　版	杭州朝曦图文设计有限公司
印　　刷	杭州高腾印务有限公司
开　　本	787mm×960mm　1/16
印　　张	25.25
字　　数	486 千
版 印 次	2020 年 3 月第 1 版　2023 年 7 月第 7 次印刷
书　　号	ISBN 978-7-5178-3737-4
定　　价	54.00 元

前　言

　　线性代数是高等学校各专业的一门重要基础课程,它在自然科学、社会科学和工程科学中的很多领域具有广泛的应用。线性代数课程的学习,不仅为学生后继专业课的学习打下必要的数学基础,而且还能促进学生的抽象思维和提高学生的推理能力。

　　本教材是建立在多年教学实践的基础上参照教育部关于非数学专业硕士研究生考试对线性代数部分的基本内容和要求编写的。全书共分5章,第1章介绍了行列式的概念、性质、特殊的解法和简单的应用;第2章介绍了矩阵的概念、特殊矩阵、逆阵、矩阵的秩和分块矩阵;第3章介绍了向量、相关性和线性方程组解的结构;第4章介绍了特征值和特征向量、矩阵的对角化;第5章介绍了二次型、标准化和正定型。本书以矩阵为工具,彻底地解决了线性方程组解的问题,再利用行列式和解方程组的知识解决了矩阵对角化和二次型标准化的问题。

　　在内容编写上,我们力求做到科学性和通俗性相结合,由浅入深,循序渐进。读者只要有高中数学的基础知识就能顺利阅读本书。根据我们的教学经验,讲完本教材大约需50课时,如果课时少,可由实际情况和要求取舍内容。

　　本书的大纲和体系由集体讨论而定。第1章由袁中扬执笔;第2、5章由王海敏执笔;第3章由裘渔洋执笔;第4章由韩兆秀执笔;附录Ⅰ由韩兆秀、袁中扬执笔;附录Ⅱ、Ⅲ由王海敏汇编,全书最后由王海敏、裘渔洋统稿定稿。

　　本书编写过程中参考了大量的国内外教材;浙江工商大学出版社对本书的编审和出版给予了热情支持和帮助,尤其是刘韵老师在本书的编辑和出版过程中付出了大量心血;浙江工商大学统计与数学学院自始至终对本书的出版给予了大力支持,在此一并致谢!

　　由于编者水平有限,加之时间比较仓促,教材中一定存在不妥之处,恳请专家、同行、读者批评指正,使本书在教学实践中不断完善。

编　者

于浙江工商大学

目 录
Contents

第 1 章　行列式

解线性方程组是代数中一个基本的问题,行列式正是在对线性方程组的研究中建立起来的,并成为研究线性方程组的重要工具.

本章首先引入二阶和三阶行列式的概念,进而讨论 n 阶行列式的定义、性质及计算方法,最后介绍用行列式求解线性方程组的克拉默(Cramer)法则.

§1.1　n 阶行列式的定义

1.1.1　二阶和三阶行列式

对于二元线性方程组

$$\begin{cases} a_{11}x_1 + a_{12}x_2 = b_1, \\ a_{21}x_1 + a_{22}x_2 = b_2, \end{cases} \tag{1-1}$$

当 $a_{11}a_{22} - a_{12}a_{21} \neq 0$ 时,方程组(1-1)有唯一解

$$x_1 = \frac{b_1 a_{22} - b_2 a_{12}}{a_{11}a_{22} - a_{12}a_{21}}, \quad x_2 = \frac{a_{11}b_2 - a_{21}b_1}{a_{11}a_{22} - a_{12}a_{21}}. \tag{1-2}$$

如果记

$$\begin{vmatrix} a & b \\ c & d \end{vmatrix} = ad - bc, \tag{1-3}$$

则(1-2)式可以表示成

$$x_1 = \frac{\begin{vmatrix} b_1 & a_{12} \\ b_2 & a_{22} \end{vmatrix}}{\begin{vmatrix} a_{11} & a_{12} \\ a_{21} & a_{22} \end{vmatrix}}, \qquad x_2 = \frac{\begin{vmatrix} a_{11} & b_1 \\ a_{21} & b_2 \end{vmatrix}}{\begin{vmatrix} a_{11} & a_{12} \\ a_{21} & a_{22} \end{vmatrix}}.$$

把(1-3)式中由四个数 a, b, c, d 排成的两行两列的式子

$$\begin{vmatrix} a & b \\ c & d \end{vmatrix}$$

称为**二阶行列式**,它是一个数,由(1-3)式确定.

由 9 个元素 $a_{ij}(i,j=1,2,3)$ 排成三行三列的式子定义为

$$\begin{vmatrix} a_{11} & a_{12} & a_{13} \\ a_{21} & a_{22} & a_{23} \\ a_{31} & a_{32} & a_{33} \end{vmatrix} = \begin{aligned} & a_{11}a_{22}a_{33} + a_{12}a_{23}a_{31} + a_{13}a_{21}a_{32} \\ & - a_{13}a_{22}a_{31} - a_{12}a_{21}a_{33} - a_{11}a_{23}a_{32}, \end{aligned} \tag{1-4}$$

称它为**三阶行列式**. 行列式中横排、纵排分别称为它的**行和列**, 数 a_{ij} 称为它的**元素**, 而 i 和 j 表示元素 a_{ij} 的**行标**和**列标**. 行列式中从左上角到右下角的对角线称为**主对角线**, 主对角线上的元素称为**主对角元**, 相应地, 从右上角到左下角的对角线称为**副对角线**, 其上元素称为**副对角元**.

三阶行列式的计算可以用图 1-1 来记忆, 这一计算方法称为**对角线法则**.

图 1-1　对角线法则

例 1　计算三阶行列式 $D = \begin{vmatrix} 2 & -3 & 1 \\ 4 & 1 & -2 \\ 5 & 1 & 3 \end{vmatrix}$.

解　$D = 2 \times 1 \times 3 + (-3) \times (-2) \times 5 + 1 \times 4 \times 1 - 1 \times 1 \times 5 - (-3) \times 4 \times 3 - 2 \times (-2) \times 1 = 75.$

对于三元线性方程组

$$\begin{cases} a_{11}x_1 + a_{12}x_2 + a_{13}x_3 = b_1, \\ a_{21}x_1 + a_{22}x_2 + a_{23}x_3 = b_2, \\ a_{31}x_1 + a_{32}x_2 + a_{33}x_3 = b_3, \end{cases}$$

有与二元线性方程组相仿的结论, 即当三阶行列式

$$D = \begin{vmatrix} a_{11} & a_{12} & a_{13} \\ a_{21} & a_{22} & a_{23} \\ a_{31} & a_{32} & a_{33} \end{vmatrix} \neq 0$$

时, 上述三元方程组有唯一解

$$x_1 = \frac{D_1}{D}, \qquad x_2 = \frac{D_2}{D}, \qquad x_3 = \frac{D_3}{D}.$$

其中 $D_1 = \begin{vmatrix} b_1 & a_{12} & a_{13} \\ b_2 & a_{22} & a_{23} \\ b_3 & a_{32} & a_{33} \end{vmatrix}$, $D_2 = \begin{vmatrix} a_{11} & b_1 & a_{13} \\ a_{21} & b_2 & a_{23} \\ a_{31} & b_3 & a_{33} \end{vmatrix}$, $D_3 = \begin{vmatrix} a_{11} & a_{12} & b_1 \\ a_{21} & a_{22} & b_2 \\ a_{31} & a_{32} & b_3 \end{vmatrix}$.

把这个结果推广到 n 元线性方程组

$$\begin{cases} a_{11}x_1 + a_{12}x_2 + \cdots + a_{1n}x_n = b_1, \\ a_{21}x_1 + a_{22}x_2 + \cdots + a_{2n}x_n = b_2, \\ \qquad\qquad\qquad \vdots \\ a_{n1}x_1 + a_{n2}x_2 + \cdots + a_{nn}x_n = b_n \end{cases}$$

的情形. 为此, 我们首先要给出 n 阶行列式的定义, 并讨论它的性质.

1.1.2 排列及逆序数

作为定义 n 阶行列式的准备, 我们先来讨论一下排列.

定义 1.1 由自然数 $1,2,\cdots,n$ 组成的一个有序数组 $i_1 i_2 \cdots i_n$, 称为一个 n **级排列**.

例如, 4213 是一个四级排列; 35241 是一个五级排列.

例 2 由自然数 $1,2,3$ 可组成的三级排列共有 $3! = 6$ 个, 它们是

$$123; \quad 132; \quad 213; \quad 231; \quad 312; \quad 321.$$

一般地, n 级排列的总数有 $n!$ 个.

显然, $12\cdots n$ 也是一个 n 级排列, 这一排列称为 n 元**自然序排列**. 这个排列具有自然顺序, 就是按递增的顺序排起来的, 其他的排列都或多或少地破坏自然顺序.

定义 1.2 在一个 n 级排列 $i_1 i_2 \cdots i_n$ 中, 如果较大的数 i_s 排在较小的数 i_t 的前面, 即 $i_s > i_t$ 时, 称这一对数 i_s, i_t 构成一个**逆序**. 一个排列中逆序的总数称为它的**逆序数**, 记为 $\tau(i_1 i_2 \cdots i_n)$. 逆序数为偶数的排列称为**偶排列**; 逆序数为奇数的排列称为**奇排列**.

例如, 排列 4213 中, 42,41,43,21 是逆序, $\tau(4213) = 4$, 它是偶排列; 而排列 35241 中, 32,31,52,54,51,21,41 是逆序, $\tau(35241) = 7$, 它是奇排列.

例 3 求 n 级排列 $n(n-1)\cdots21$ 的逆序数.

解 $\tau(n(n-1)\cdots21) = (n-1) + (n-2) + \cdots + 2 + 1 = \dfrac{1}{2}n(n-1).$

定义 1.3 把一个排列中某两个数的位置互换, 而其余的数不动, 就得到另一个排列. 这样一个变换称为一个**对换**.

例如, 在五级排列 35241 中, 经过 $2,4$ 对换得到一个新的排列 35421, 此时 $\tau(35421) = 8$, 即 35241 是奇排列, 35421 是偶排列.

关于排列的奇偶性, 我们有下面的基本事实.

定理 1.1 对换改变排列的奇偶性.

这就是说, 经过一次对换, 奇排列变成偶排列, 偶排列变成奇排列.

证 先看一个特殊的情形, 即对换的两个数在排列中是相邻的情形. 设排列

$$\cdots j\, k\, \cdots, \tag{1-5}$$

经过 j, k 对换变为

$$\cdots k\, j \cdots, \tag{1-6}$$

这里"$\cdots$"表示那些不动的数.显然,在排列(1-5)中如果 j,k 与其他的数构成逆序,则在排列(1-6)中仍然构成逆序;如不构成逆序,则在(1-6)中也不构成逆序;不同的只是 j,k 次序.如果原来 j,k 构成逆序,那么经过对换,逆序数就减少 1.如果原来 j,k 不构成逆序,那么经过对换,逆序数就增加 1.总之,排列的逆序数的奇偶性是变化的.因此,对于这种特殊的情形,定理是正确的.

再看一般的情形.设排列为

$$\cdots j\, i_1 i_2 \cdots i_s k \cdots, \tag{1-7}$$

经过 j,k 对换变为

$$\cdots k\, i_1 i_2 \cdots i_s j \cdots. \tag{1-8}$$

不难看出,这样一个对换可以通过一系列的相邻数的对换来实现.从(1-7)出发,依次把 k 与 $i_s, i_{s-1}, \cdots, i_1, j$ 对换.经过 $s+1$ 次相邻位置的对换,排列(1-7)变成

$$\cdots k\, j\, i_1 i_2 \cdots i_s \cdots. \tag{1-9}$$

从(1-9)出发,再把 j 一位一位地向右移动,经过 s 次相邻位置的对换,即成为排列(1-8).因此,j,k 对换可以通过 $2s+1$ 次相邻位置的对换来实现,奇数次这样的对换的最终结果还是改变奇偶性.

推论 在全部 n 级排列中($n \geqslant 2$),奇偶排列各占一半.

证 假设在全部 $n(n \geqslant 2)$ 级排列中奇排列有 s 个,偶排列有 t 个.将每个奇排列中的前两个数字对换,得到 s 个不同的偶排列,因此 $s \leqslant t$.同样可证 $t \leqslant s$.于是 $s = t$,奇、偶排列的总数相等,各有 $\dfrac{n!}{2}$ 个.

1.1.3　n 阶行列式

考察三阶行列式的定义式(1-4)的结构

$$\begin{vmatrix} a_{11} & a_{12} & a_{13} \\ a_{21} & a_{22} & a_{23} \\ a_{31} & a_{32} & a_{33} \end{vmatrix} = \begin{aligned} & a_{11}a_{22}a_{33} + a_{12}a_{23}a_{31} + a_{13}a_{21}a_{32} \\ & - a_{13}a_{22}a_{31} - a_{12}a_{21}a_{33} - a_{11}a_{23}a_{32}, \end{aligned}$$

可以看出:

(1)该式右边是一些乘积的代数和,恰有 3! 项,每一项乘积都是由行列式中位于不同行、不同列的元素构成,并且展开式恰恰就是由所有这种可能的乘积组成.

(2)项的一般形式可以写成

$$a_{1j_1} a_{2j_2} a_{3j_3},$$

其中 $j_1 j_2 j_3$ 是 1,2,3 的一个排列.当 $j_1 j_2 j_3$ 是偶排列时,对应的项符号为正;当 $j_1 j_2 j_3$ 是奇排列时,对应的项符号为负.

因此三阶行列式也可以写成

$$\begin{vmatrix} a_{11} & a_{12} & a_{13} \\ a_{21} & a_{22} & a_{23} \\ a_{31} & a_{32} & a_{33} \end{vmatrix} = \sum_{j_1 j_2 j_3} (-1)^{\tau(j_1 j_2 j_3)} a_{1j_1} a_{2j_2} a_{3j_3},$$

其中 $\sum\limits_{j_1 j_2 j_3}$ 表示对所有三级排列求和.

对于二阶行列式,也具有相同的规律.自然地,我们把这种概念推广到 n 阶行列式.

定义 1.4　n 阶行列式

$$\begin{vmatrix} a_{11} & a_{12} & \cdots & a_{1n} \\ a_{21} & a_{22} & \cdots & a_{2n} \\ \vdots & \vdots & & \vdots \\ a_{n1} & a_{n2} & \cdots & a_{nn} \end{vmatrix}$$

等于所有取自不同行不同列的 n 个元素的乘积

$$a_{1j_1} a_{2j_2} \cdots a_{nj_n} \tag{1-10}$$

的代数和,这里 $j_1 j_2 \cdots j_n$ 是一个 n 级排列.当 $j_1 j_2 \cdots j_n$ 为偶排列时,项(1-10)取正号;当 $j_1 j_2 \cdots j_n$ 为奇排列时,项(1-10)取负号.即 n 阶行列式

$$\begin{vmatrix} a_{11} & a_{12} & \cdots & a_{1n} \\ a_{21} & a_{22} & \cdots & a_{2n} \\ \vdots & \vdots & & \vdots \\ a_{n1} & a_{n2} & \cdots & a_{nn} \end{vmatrix} = \sum_{j_1 j_2 \cdots j_n} (-1)^{\tau(j_1 j_2 \cdots j_n)} a_{1j_1} a_{2j_2} \cdots a_{nj_n}. \tag{1-11}$$

其中 $\sum\limits_{j_1 j_2 \cdots j_n}$ 表示对所有 n 级排列求和.

n 阶行列式简记作 $\det(a_{ij})$,数 a_{ij} 称为行列式 $\det(a_{ij})$ 的**元素**.

由定义式(1-11)可知,n 阶行列式是由 $n!$ 项组成的.特别地,当 $n=1$ 时,一阶行列式 $|a| = a$,注意不要与绝对值符号混淆.

例 4　**计算下三角形行列式**(当 $i < j$ 时,$a_{ij} = 0$,即主对角线以上元素都为零)

$$\begin{vmatrix} a_{11} & 0 & 0 & \cdots & 0 \\ a_{21} & a_{22} & 0 & \cdots & 0 \\ a_{31} & a_{32} & a_{33} & \cdots & 0 \\ \vdots & \vdots & \vdots & & \vdots \\ a_{n1} & a_{n2} & a_{n3} & \cdots & a_{nn} \end{vmatrix}.$$

解　我们先来考虑行列式的定义式(1-11)中,哪些项不为零,然后再来判断它们的符号.项的一般形式为

$$a_{1j_1} a_{2j_2} \cdots a_{nj_n}.$$

行列式中,第一行的元素除去 a_{11} 外全为零,因此,展开式中可能不为零的项中必有 a_{1j_1} 只能取 a_{11};第二行中,除去 a_{21},a_{22} 外,其余的全为零,同时注意到 a_{21} 与 a_{11} 位于同一列,故 a_{2j_2} 只能取 a_{22};…,这样逐步推下去,只有项 $a_{11}a_{22}\cdots a_{nn}$ 才可能不为零,因此

$$\begin{vmatrix} a_{11} & 0 & 0 & \cdots & 0 \\ a_{21} & a_{22} & 0 & \cdots & 0 \\ a_{31} & a_{32} & a_{33} & \cdots & 0 \\ \vdots & \vdots & \vdots & & \vdots \\ a_{n1} & a_{n2} & a_{n3} & \cdots & a_{nn} \end{vmatrix} = (-1)^{\tau(12\cdots n)}a_{11}a_{22}\cdots a_{nn} = a_{11}a_{22}\cdots a_{nn}.$$

由此可知,下三角形行列式的值等于主对角元素的乘积.

同理可得,**上三角形行列式**(当 $i > j$ 时,$a_{ij} = 0$,即主对角线以下元素都为零)

$$\begin{vmatrix} a_{11} & a_{12} & a_{13} & \cdots & a_{1n} \\ 0 & a_{22} & a_{23} & \cdots & a_{2n} \\ 0 & 0 & a_{33} & \cdots & a_{3n} \\ \vdots & \vdots & \vdots & & \vdots \\ 0 & 0 & 0 & \cdots & a_{nn} \end{vmatrix} = a_{11}a_{22}\cdots a_{nn}.$$

作为下三角形行列式(或上三角形行列式)的特殊情形,**对角形行列式**(当 $i \neq j$ 时,$a_{ij} = 0$,即主对角线以外的元素全为零)

$$\begin{vmatrix} a_{11} & 0 & 0 & \cdots & 0 \\ 0 & a_{22} & 0 & \cdots & 0 \\ 0 & 0 & a_{33} & \cdots & 0 \\ \vdots & \vdots & \vdots & & \vdots \\ 0 & 0 & 0 & \cdots & a_{nn} \end{vmatrix} = a_{11}a_{22}\cdots a_{nn}.$$

例 5 计算行列式 $D = \begin{vmatrix} 3x & -1 & 3 & 2 \\ x & x & 1 & -2 \\ 1 & 2 & x & 3 \\ -x & 1 & 2 & 2x \end{vmatrix}$ 中 x^4 与 x^3 项的系数.

解 由行列式的定义知,要出现 x^4 的项,则 $a_{ij_i}(i = 1, 2, 3, 4)$ 均需取到含 x 的元素,因此含 x^4 的项为

$$(-1)^{\tau(1234)}a_{11}a_{22}a_{33}a_{44} = 6x^4,$$

该项的系数为 6.

类似地,含 x^3 的项为

$$(-1)^{\tau(2134)}a_{12}a_{21}a_{33}a_{44} = 2x^3 \text{ 和} (-1)^{\tau(4231)}a_{14}a_{22}a_{33}a_{41} = 2x^3,$$

于是 D 中含 x^3 的项的系数为 $2+2 = 4$.

在行列式的定义中,为了决定每一项的正负号,我们把 n 个元素按行指标排起来. 事实上,数的乘法是可交换的,因而这 n 个元素的顺序也可以任意交换. 一般地,n 阶行列式中的项可以写成

$$a_{i_1 j_1} a_{i_2 j_2} \cdots a_{i_n j_n},$$

其中 $i_1 i_2 \cdots i_n, j_1 j_2 \cdots j_n$ 是两个 n 级排列. 利用排列的性质,我们可以证明,各项的符号规则还可以由下面的结论来代替.

定理 1.2　n 阶行列式 $D = \det(a_{ij})$ 的项可以写成

$$(-1)^{\tau(i_1 i_2 \cdots i_n) + \tau(j_1 j_2 \cdots j_n)} a_{i_1 j_1} a_{i_2 j_2} \cdots a_{i_n j_n}, \tag{1-12}$$

其中,$i_1 i_2 \cdots i_n$ 和 $j_1 j_2 \cdots j_n$ 是两个 n 级排列.

例如,已知 $a_{31} a_{24} a_{42} a_{13}$ 是四阶行列式中的一项,该项的符号为

$$(-1)^{\tau(3241) + \tau(1423)} = (-1)^{4+2} = 1.$$

特别地,当式(1-12)的列标按自然序排列时,这一项就是

$$(-1)^{\tau(i_1 i_2 \cdots i_n) + \tau(12 \cdots n)} a_{i_1 1} a_{i_2 2} \cdots a_{i_n n}.$$

由此可得,

推论　n 阶行列式

$$D = \det(a_{ij}) = \sum_{i_1 i_2 \cdots i_n} (-1)^{\tau(i_1 i_2 \cdots i_n)} a_{i_1 1} a_{i_2 2} \cdots a_{i_n n}, \tag{1-13}$$

其中 $\sum\limits_{i_1 i_2 \cdots i_n}$ 表示对所有 n 级排列求和.

§1.2　行列式的性质

直接利用行列式的定义计算行列式一般较烦琐. 下面介绍行列式的基本性质,运用这些性质,不仅可以简化行列式的计算,而且对行列式的理论研究也很重要.

1.2.1　行列式的性质

设 n 阶行列式为

$$D = \begin{vmatrix} a_{11} & a_{12} & \cdots & a_{1n} \\ a_{21} & a_{22} & \cdots & a_{2n} \\ \vdots & \vdots & & \vdots \\ a_{n1} & a_{n2} & \cdots & a_{nn} \end{vmatrix},$$

把 D 中的行与列对应互换,得到新的行列式记为 D^{T},即

$$D^{\mathrm{T}} = \begin{vmatrix} a_{11} & a_{21} & \cdots & a_{n1} \\ a_{12} & a_{22} & \cdots & a_{n2} \\ \vdots & \vdots & & \vdots \\ a_{1n} & a_{2n} & \cdots & a_{nn} \end{vmatrix},$$

则称 D^{T} 为 D 的**转置行列式**.

性质 1 行列互换，行列式的值不变，即 $D = D^{\mathrm{T}}$.

证 设 $D = \det(a_{ij})$，又设 $D^{\mathrm{T}} = \det(b_{ij})$，其中 $b_{ij} = a_{ji}(i,j = 1,2,\cdots,n)$，由行列式的定义式(1-11)及式(1-13)，有

$$D^{\mathrm{T}} = \sum_{j_1 j_2 \cdots j_n} (-1)^{\tau(j_1 j_2 \cdots j_n)} b_{1j_1} b_{2j_2} \cdots b_{nj_n} = \sum_{j_1 j_2 \cdots j_n} (-1)^{\tau(j_1 j_2 \cdots j_n)} a_{j_1 1} a_{j_2 2} \cdots a_{j_n n} = D.$$

性质 1 表明，在行列式中行和列的地位是相同的. 也就是说，对于"行"成立的性质，对于"列"也成立. 下面行列式的其他性质都具有这个特点，因此一般仅对行给出证明.

性质 2 对换行列式中两行(列)的位置，行列式只改变符号，即

$$\begin{array}{c} \\ \\ \text{第 } s \text{ 行} \to \\ \\ \text{第 } t \text{ 行} \to \\ \\ \\ \end{array} \begin{vmatrix} a_{11} & a_{12} & \cdots & a_{1n} \\ \vdots & \vdots & & \vdots \\ a_{s1} & a_{s2} & \cdots & a_{sn} \\ \vdots & \vdots & & \vdots \\ a_{t1} & a_{t2} & \cdots & a_{tn} \\ \vdots & \vdots & & \vdots \\ a_{n1} & a_{n2} & \cdots & a_{nn} \end{vmatrix} = - \begin{vmatrix} a_{11} & a_{12} & \cdots & a_{1n} \\ \vdots & \vdots & & \vdots \\ a_{t1} & a_{t2} & \cdots & a_{tn} \\ \vdots & \vdots & & \vdots \\ a_{s1} & a_{s2} & \cdots & a_{sn} \\ \vdots & \vdots & & \vdots \\ a_{n1} & a_{n2} & \cdots & a_{nn} \end{vmatrix}.$$

证 设上式行列式左边为 D，右边为 D_1，且 D_1 的第 i 行第 j 列元素为 b_{ij}，则 D 的第 s 行，第 t 行与 D_1 的第 t 行，第 s 行的元素之间有关系：

$$a_{sj} = b_{tj}, \quad a_{tj} = b_{sj} \quad (j = 1,2,\cdots,n),$$

此外，

$$a_{ij} = b_{ij} \quad (i \neq s, t; j = 1,2,\cdots,n).$$

注意到对换改变排列的奇偶性，由行列式的定义，得

$$\begin{aligned} D &= \sum_{j_1 j_2 \cdots j_s \cdots j_t \cdots j_n} (-1)^{\tau(j_1 j_2 \cdots j_s \cdots j_t \cdots j_n)} a_{1j_1} a_{2j_2} \cdots a_{sj_s} \cdots a_{tj_t} \cdots a_{nj_n} \\ &= \sum_{j_1 j_2 \cdots j_s \cdots j_t \cdots j_n} (-1)^{\tau(j_1 j_2 \cdots j_s \cdots j_t \cdots j_n)} b_{1j_1} b_{2j_2} \cdots b_{tj_s} \cdots b_{sj_t} \cdots b_{nj_n} \\ &= \sum_{j_1 j_2 \cdots j_s \cdots j_t \cdots j_n} (-1)^{\tau(j_1 j_2 \cdots j_s \cdots j_t \cdots j_n)} b_{1j_1} b_{2j_2} \cdots b_{sj_t} \cdots b_{tj_s} \cdots b_{nj_n} \\ &= - \sum_{j_1 j_2 \cdots j_t \cdots j_s \cdots j_n} (-1)^{\tau(j_1 j_2 \cdots j_t \cdots j_s \cdots j_n)} b_{1j_1} b_{2j_2} \cdots b_{sj_t} \cdots b_{tj_s} \cdots b_{nj_n} = -D_1. \end{aligned}$$

推论 如果行列式中有两行(列)完全相同，则行列式的值为零.

证　设行列式为 D，交换相同两行元素的位置，仍得原来的行列式，由性质 2 有 $D = -D$，故 $D = 0$.

性质 3　如果行列式中某一行(列)每个元素都有公因子 k，则 k 可提到行列式符号外，即

$$\begin{vmatrix} a_{11} & a_{12} & \cdots & a_{1n} \\ \vdots & \vdots & & \vdots \\ ka_{i1} & ka_{i2} & \cdots & ka_{in} \\ \vdots & \vdots & & \vdots \\ a_{n1} & a_{n2} & \cdots & a_{nn} \end{vmatrix} = k \begin{vmatrix} a_{11} & a_{12} & \cdots & a_{1n} \\ \vdots & \vdots & & \vdots \\ a_{i1} & a_{i2} & \cdots & a_{in} \\ \vdots & \vdots & & \vdots \\ a_{n1} & a_{n2} & \cdots & a_{nn} \end{vmatrix}.$$

证　由行列式的定义，有

$$\text{左端} = \sum_{j_1 j_2 \cdots j_n} (-1)^{\tau(j_1 j_2 \cdots j_n)} a_{1j_1} a_{2j_2} \cdots (ka_{ij_i}) \cdots a_{nj_n}$$

$$= k \sum_{j_1 j_2 \cdots j_n} (-1)^{\tau(j_1 j_2 \cdots j_n)} a_{1j_1} a_{2j_2} \cdots a_{ij_i} \cdots a_{nj_n} = \text{右端}.$$

推论 1　如果行列式中有一行(列)元素全为零，则行列式的值为零.

推论 2　如果行列式中有两行(列)元素对应成比例，则行列式的值为零.

性质 4　如果行列式的某一行(列)的每个元素都是两个数之和，则此行列式可以写成两个行列式之和. 这两个行列式的这一行(列)的元素分别为对应的两个加数之一，其余各行(列)的元素与原行列式相同，即

$$\begin{vmatrix} a_{11} & a_{12} & \cdots & a_{1n} \\ \vdots & \vdots & & \vdots \\ b_{i1}+c_{i1} & b_{i2}+c_{i2} & \cdots & b_{in}+c_{in} \\ \vdots & \vdots & & \vdots \\ a_{n1} & a_{n2} & \cdots & a_{nn} \end{vmatrix} = \begin{vmatrix} a_{11} & a_{12} & \cdots & a_{1n} \\ \vdots & \vdots & & \vdots \\ b_{i1} & b_{i2} & \cdots & b_{in} \\ \vdots & \vdots & & \vdots \\ a_{n1} & a_{n2} & \cdots & a_{nn} \end{vmatrix} + \begin{vmatrix} a_{11} & a_{12} & \cdots & a_{1n} \\ \vdots & \vdots & & \vdots \\ c_{i1} & c_{i2} & \cdots & c_{in} \\ \vdots & \vdots & & \vdots \\ a_{n1} & a_{n2} & \cdots & a_{nn} \end{vmatrix}.$$

证　由行列式的定义，有

$$\text{左端} = \sum_{j_1 j_2 \cdots j_n} (-1)^{\tau(j_1 j_2 \cdots j_n)} a_{1j_1} \cdots (b_{ij_i} + c_{ij_i}) \cdots a_{nj_n}$$

$$= \sum_{j_1 j_2 \cdots j_n} (-1)^{\tau(j_1 j_2 \cdots j_n)} a_{1j_1} \cdots b_{ij_i} \cdots a_{nj_n} + \sum_{j_1 j_2 \cdots j_n} (-1)^{\tau(j_1 j_2 \cdots j_n)} a_{1j_1} \cdots c_{ij_i} \cdots a_{nj_n}$$

$$= \text{右端}.$$

性质 5　行列式的某一行(列)的各元素乘以同一个数 k 然后加到另一行(列)上，行列式的值不变，即

$$\begin{vmatrix} a_{11} & a_{12} & \cdots & a_{1n} \\ \vdots & \vdots & & \vdots \\ a_{i1} & a_{i2} & \cdots & a_{in} \\ \vdots & \vdots & & \vdots \\ a_{j1} & a_{j2} & \cdots & a_{jn} \\ \vdots & \vdots & & \vdots \\ a_{n1} & a_{n2} & \cdots & a_{nn} \end{vmatrix} = \begin{vmatrix} a_{11} & a_{12} & \cdots & a_{1n} \\ \vdots & \vdots & & \vdots \\ a_{i1} & a_{i2} & \cdots & a_{in} \\ \vdots & \vdots & & \vdots \\ a_{j1}+ka_{i1} & a_{j2}+ka_{i2} & \cdots & a_{jn}+ka_{in} \\ \vdots & \vdots & & \vdots \\ a_{n1} & a_{n2} & \cdots & a_{nn} \end{vmatrix}.$$

证　右端 $\xlongequal{\text{性质 4}}$ $\begin{vmatrix} a_{11} & a_{12} & \cdots & a_{1n} \\ \vdots & \vdots & & \vdots \\ a_{i1} & a_{i2} & \cdots & a_{in} \\ \vdots & \vdots & & \vdots \\ a_{j1} & a_{j2} & \cdots & a_{jn} \\ \vdots & \vdots & & \vdots \\ a_{n1} & a_{n2} & \cdots & a_{nn} \end{vmatrix} + \begin{vmatrix} a_{11} & a_{12} & \cdots & a_{1n} \\ \vdots & \vdots & & \vdots \\ a_{i1} & a_{i2} & \cdots & a_{in} \\ \vdots & \vdots & & \vdots \\ ka_{i1} & ka_{i2} & \cdots & ka_{in} \\ \vdots & \vdots & & \vdots \\ a_{n1} & a_{n2} & \cdots & a_{nn} \end{vmatrix}$

$\xlongequal{\text{性质 3 推论 2}}$ $\begin{vmatrix} a_{11} & a_{12} & \cdots & a_{1n} \\ \vdots & \vdots & & \vdots \\ a_{i1} & a_{i2} & \cdots & a_{in} \\ \vdots & \vdots & & \vdots \\ a_{j1} & a_{j2} & \cdots & a_{jn} \\ \vdots & \vdots & & \vdots \\ a_{n1} & a_{n2} & \cdots & a_{nn} \end{vmatrix} + 0 = $ 左端.

1.2.2　利用行列式的性质计算行列式

为了使行列式计算过程中的表达式简明,引进下面一些记号:

(1) $r_i \leftrightarrow r_j (c_i \leftrightarrow c_j)$ 表示将行列式第 i 行(列)与第 j 行(列)互换;

(2) $r_i \times \dfrac{1}{k} \left(c_i \times \dfrac{1}{k} \right)$ 表示将行列式第 i 行(列)的所有元素提取公因子 $\dfrac{1}{k}$;

(3) $r_i + kr_j (c_i + kc_j)$ 表示将行列式第 j 行(列)所有元素的 k 倍加到第 i 行(列)对应元素上[第 j 行(列)元素不变].

例 1　计算行列式 $D = \begin{vmatrix} 1 & 3 & 302 \\ -4 & 3 & 297 \\ 2 & 2 & 203 \end{vmatrix}$.

解 $D = \begin{vmatrix} 1 & 3 & 300+2 \\ -4 & 3 & 300-3 \\ 2 & 2 & 200+3 \end{vmatrix} \xlongequal{\text{性质}4} \begin{vmatrix} 1 & 3 & 300 \\ -4 & 3 & 300 \\ 2 & 2 & 200 \end{vmatrix} + \begin{vmatrix} 1 & 3 & 2 \\ -4 & 3 & -3 \\ 2 & 2 & 3 \end{vmatrix} = 0+5=5.$

例 2 证明：$\begin{vmatrix} by+az & bz+ax & bx+ay \\ bx+ay & by+az & bz+ax \\ bz+ax & bx+ay & by+az \end{vmatrix} = (a^3+b^3)\begin{vmatrix} x & y & z \\ z & x & y \\ y & z & x \end{vmatrix}.$

证 左端 $\xlongequal{\text{性质}4} \begin{vmatrix} by & bz+ax & bx+ay \\ bx & by+az & bz+ax \\ bz & bx+ay & by+az \end{vmatrix} + \begin{vmatrix} az & bz+ax & bx+ay \\ ay & by+az & bz+ax \\ ax & bx+ay & by+az \end{vmatrix}$

$\xlongequal[\text{性质}5]{\text{性质}3} b\begin{vmatrix} y & bz+ax & bx \\ x & by+az & bz \\ z & bx+ay & by \end{vmatrix} + a\begin{vmatrix} z & ax & bx+ay \\ y & az & bz+ax \\ x & ay & by+az \end{vmatrix}$

$= b^2\begin{vmatrix} y & bz+ax & x \\ x & by+az & z \\ z & bx+ay & y \end{vmatrix} + a^2\begin{vmatrix} z & x & bx+ay \\ y & z & bz+ax \\ x & y & by+az \end{vmatrix}$

$= b^3\begin{vmatrix} y & z & x \\ x & y & z \\ z & x & y \end{vmatrix} + a^3\begin{vmatrix} z & x & y \\ y & z & x \\ x & y & z \end{vmatrix}$

$\xlongequal{\text{性质}2} a^3(-1)^2\begin{vmatrix} x & y & z \\ z & x & y \\ y & z & x \end{vmatrix} + b^3(-1)^2\begin{vmatrix} x & y & z \\ z & x & y \\ y & z & x \end{vmatrix} = $ 右端.

例 3 计算四阶行列式 $D = \begin{vmatrix} 2 & -5 & 1 & 2 \\ -3 & 7 & -1 & 4 \\ 5 & -9 & 2 & 7 \\ 4 & -6 & 1 & 2 \end{vmatrix}.$

解 $D \xlongequal{c_1 \leftrightarrow c_3} -\begin{vmatrix} 1 & -5 & 2 & 2 \\ -1 & 7 & -3 & 4 \\ 2 & -9 & 5 & 7 \\ 1 & -6 & 4 & 2 \end{vmatrix} \xlongequal[\substack{r_3-2r_1 \\ r_4-r_1}]{r_2+r_1} -\begin{vmatrix} 1 & -5 & 2 & 2 \\ 0 & 2 & -1 & 6 \\ 0 & 1 & 1 & 3 \\ 0 & -1 & 2 & 0 \end{vmatrix}$

$\xlongequal{r_2 \leftrightarrow r_3} \begin{vmatrix} 1 & -5 & 2 & 2 \\ 0 & 1 & 1 & 3 \\ 0 & 2 & -1 & 6 \\ 0 & -1 & 2 & 0 \end{vmatrix} \xlongequal[r_4+r_2]{r_3-2r_2} \begin{vmatrix} 1 & -5 & 2 & 2 \\ 0 & 1 & 1 & 3 \\ 0 & 0 & -3 & 0 \\ 0 & 0 & 3 & 3 \end{vmatrix}$

$$\xrightarrow{r_4 + r_3} \begin{vmatrix} 1 & -5 & 2 & 2 \\ 0 & 1 & 1 & 3 \\ 0 & 0 & -3 & 0 \\ 0 & 0 & 0 & 3 \end{vmatrix} = -9.$$

本题利用行列式的性质,把原行列式化为上三角形行列式,再利用上三角形行列式的结论求出行列式的值.这种将行列式化为上(下)三角形行列式的方法是计算行列式的基本方法之一.

例 4 计算 n 阶行列式 $D_n = \begin{vmatrix} a & b & b & \cdots & b \\ b & a & b & \cdots & b \\ b & b & a & \cdots & b \\ \vdots & \vdots & \vdots & & \vdots \\ b & b & b & \cdots & a \end{vmatrix}$.

解 $D_n \xrightarrow{c_1 + c_2 + \cdots + c_n} \begin{vmatrix} a+(n-1)b & b & b & \cdots & b \\ a+(n-1)b & a & b & \cdots & b \\ a+(n-1)b & b & a & \cdots & b \\ \vdots & & \vdots & \vdots & & \vdots \\ a+(n-1)b & b & b & \cdots & a \end{vmatrix}$

$$= [a+(n-1)b] \begin{vmatrix} 1 & b & b & \cdots & b \\ 1 & a & b & \cdots & b \\ 1 & b & a & \cdots & b \\ \vdots & \vdots & \vdots & & \vdots \\ 1 & b & b & \cdots & a \end{vmatrix}$$

$$\xrightarrow[i=2,3,\cdots,n]{r_i - r_1} [a+(n-1)b] \begin{vmatrix} 1 & b & b & \cdots & b \\ 0 & a-b & 0 & \cdots & 0 \\ 0 & 0 & a-b & \cdots & 0 \\ \vdots & \vdots & \vdots & & \vdots \\ 0 & 0 & 0 & \cdots & a-b \end{vmatrix}$$

$$= [a+(n-1)b](a-b)^{n-1}.$$

凡是各行(列)和相等的行列式都可用类似的方法计算.

例 5 计算 $D_n = \begin{vmatrix} 1 & 1 & 1 & \cdots & 1 \\ 1 & 2 & 0 & \cdots & 0 \\ 1 & 0 & 3 & \cdots & 0 \\ \vdots & \vdots & \vdots & & \vdots \\ 1 & 0 & 0 & \cdots & n \end{vmatrix}$.

解　将第一列除 a_{11} 位置外其他的 1 消掉,使之成为一个上三角形行列式.

$$D_n \xrightarrow{c_1 - \frac{1}{2}c_2 - \cdots - \frac{1}{n}c_n} \begin{vmatrix} 1 - \frac{1}{2} - \cdots - \frac{1}{n} & 1 & 1 & \cdots & 1 \\ 0 & 2 & 0 & \cdots & 0 \\ 0 & 0 & 3 & \cdots & 0 \\ \vdots & \vdots & \vdots & & \vdots \\ 0 & 0 & 0 & \cdots & n \end{vmatrix} = \left(1 - \sum_{i=2}^{n} \frac{1}{i} \right) n!.$$

§1.3　行列式按行(列)展开

简化行列式计算的另一思路,就是将高阶行列式化为较低阶的行列式进行计算.我们先介绍行列式的余子式和代数余子式的概念.

定义 1.5　在 n 阶行列式

$$D = \begin{vmatrix} a_{11} & a_{12} & \cdots & a_{1n} \\ a_{21} & a_{22} & \cdots & a_{2n} \\ \vdots & \vdots & & \vdots \\ a_{n1} & a_{n2} & \cdots & a_{nn} \end{vmatrix}$$

中,划去元素 a_{ij} 所在第 i 行和第 j 列,剩下的元素按原来的顺序构成的低一阶的行列式,称为元素 a_{ij} 的**余子式**,记作 M_{ij},即

$$M_{ij} = \begin{vmatrix} a_{11} & a_{12} & \cdots & a_{1,j-1} & a_{1,j+1} & \cdots & a_{1n} \\ a_{21} & a_{22} & \cdots & a_{2,j-1} & a_{2,j+1} & \cdots & a_{2n} \\ \vdots & \vdots & & \vdots & \vdots & & \vdots \\ a_{i-1,1} & a_{i-1,2} & \cdots & a_{i-1,j-1} & a_{i-1,j+1} & \cdots & a_{i-1,n} \\ a_{i+1,1} & a_{i+1,2} & \cdots & a_{i+1,j-1} & a_{i+1,j+1} & \cdots & a_{i+1,n} \\ \vdots & \vdots & & \vdots & \vdots & & \vdots \\ a_{n1} & a_{n2} & \cdots & a_{n,j-1} & a_{n,j+1} & \cdots & a_{nn} \end{vmatrix}.$$

记 $A_{ij} = (-1)^{i+j} M_{ij}$,$A_{ij}$ 称为元素 a_{ij} 的**代数余子式**.

例 1　设 $D = \begin{vmatrix} 1 & 0 & -2 \\ 1 & 1 & 4 \\ -2 & 3 & 2 \end{vmatrix}$,求 M_{13},M_{32},A_{13},A_{32}.

解　$M_{13} = \begin{vmatrix} 1 & 1 \\ -2 & 3 \end{vmatrix} = 5,$　　　　$M_{32} = \begin{vmatrix} 1 & -2 \\ 1 & 4 \end{vmatrix} = 6,$

$A_{13} = (-1)^{1+3} M_{13} = 5,$　　　　$A_{32} = (-1)^{3+2} M_{32} = -6.$

定理 1.3　n 阶行列式

$$D = \begin{vmatrix} a_{11} & a_{12} & \cdots & a_{1n} \\ a_{21} & a_{22} & \cdots & a_{2n} \\ \vdots & \vdots & & \vdots \\ a_{n1} & a_{n2} & \cdots & a_{nn} \end{vmatrix}$$

等于它的任意一行(列)的各个元素与其对应的代数余子式的乘积之和,即

$$D = a_{i1}A_{i1} + a_{i2}A_{i2} + \cdots + a_{in}A_{in} \quad (i = 1, 2, \cdots, n), \tag{1-14}$$

或

$$D = a_{1j}A_{1j} + a_{2j}A_{2j} + \cdots + a_{nj}A_{nj} \quad (j = 1, 2, \cdots, n). \tag{1-15}$$

证 这里只证明式(1-14)成立. 因为 A_{ij} 是一个 $n-1$ 阶行列式, 共有 $(n-1)!$ 项, $a_{ij}A_{ij}(j = 1, 2, \cdots, n)$ 也有 $(n-1)!$ 项, 所以式(1-14)右端共有 $(n-1)!n = n!$ 项, 即式 (1-14)两端所含项数相同.

又由于 $a_{ij}A_{ij} = (-1)^{i+j}a_{ij}M_{ij}$, 其中

$$M_{ij} = \begin{vmatrix} a_{11} & a_{12} & \cdots & a_{1,j-1} & a_{1,j+1} & \cdots & a_{1n} \\ a_{21} & a_{22} & \cdots & a_{2,j-1} & a_{2,j+1} & \cdots & a_{2n} \\ \vdots & \vdots & & \vdots & \vdots & & \vdots \\ a_{i-1,1} & a_{i-1,2} & \cdots & a_{i-1,j-1} & a_{i-1,j+1} & \cdots & a_{i-1,n} \\ a_{i+1,1} & a_{i+1,2} & \cdots & a_{i+1,j-1} & a_{i+1,j+1} & \cdots & a_{i+1,n} \\ \vdots & \vdots & & \vdots & \vdots & & \vdots \\ a_{n1} & a_{n2} & \cdots & a_{n,j-1} & a_{n,j+1} & \cdots & a_{nn} \end{vmatrix},$$

所以 $a_{ij}M_{ij}$ 中的每一项都可以写成

$$a_{ij}a_{1j_1}\cdots a_{i-1,j_{i-1}}a_{i+1,j_{i+1}}\cdots a_{nj_n}, \tag{1-16}$$

其中, $j_1 \cdots j_{i-1}j_{i+1} \cdots j_n$ 是 $1, \cdots, j-1, j+1, \cdots, n$ 的一个排列.

显然式(1-16)是 D 中取自不同行、不同列的 n 个元素的乘积, 因而也是 D 中的一项. 在 $a_{ij}A_{ij}$ 中, 项(1-16)的符号为

$$(-1)^{i+j} \cdot (-1)^{\tau(j_1 \cdots j_{i-1}j_{i+1} \cdots j_n)}.$$

在 D 中, 项(1-16)的符号应为

$$(-1)^{\tau(i1 \cdots (i-1)(i+1) \cdots n) + \tau(jj_1 \cdots j_{i-1}j_{i+1} \cdots j_n)} = (-1)^{i-1} \cdot (-1)^{j-1+\tau(j_1 \cdots j_{i-1}j_{i+1} \cdots j_n)}$$
$$= (-1)^{i+j} \cdot (-1)^{\tau(j_1 \cdots j_{i-1}j_{i+1} \cdots j_n)}.$$

因此, 式(1-14)右端中 $a_{ij}A_{ij}$ 的每一项都是 D 中的一项, 并且符号相同.

综合上述知式(1-14)成立.

推论 n 阶行列式的某一行(列)的各元素与另一行(列)的对应元素的代数余子式的乘积之和为零, 即

$$a_{i1}A_{j1} + a_{i2}A_{j2} + \cdots + a_{in}A_{jn} = 0, \quad i \neq j$$

或

$$a_{1i}A_{1j} + a_{2i}A_{2j} + \cdots + a_{ni}A_{nj} = 0, \quad i \neq j.$$

证 设

$$D = \begin{vmatrix} a_{11} & a_{12} & \cdots & a_{1n} \\ \vdots & \vdots & & \vdots \\ a_{i1} & a_{i2} & \cdots & a_{in} \\ \vdots & \vdots & & \vdots \\ a_{j1} & a_{j2} & \cdots & a_{jn} \\ \vdots & \vdots & & \vdots \\ a_{n1} & a_{n2} & \cdots & a_{nn} \end{vmatrix} \begin{array}{l} \\ \\ 第\,i\,行 \\ \\ 第\,j\,行 \\ \\ \\ \end{array},$$

再构造一个行列式

$$D_1 = \begin{vmatrix} a_{11} & a_{12} & \cdots & a_{1n} \\ \vdots & \vdots & & \vdots \\ a_{i1} & a_{i2} & \cdots & a_{in} \\ \vdots & \vdots & & \vdots \\ a_{i1} & a_{i2} & \cdots & a_{in} \\ \vdots & \vdots & & \vdots \\ a_{n1} & a_{n2} & \cdots & a_{nn} \end{vmatrix} \begin{array}{l} \\ \\ 第\,i\,行 \\ \\ 第\,j\,行 \\ \\ \\ \end{array}.$$

行列式 D 与 D_1 除了第 j 行元素不同外，其余元素都相同，则它们第 j 行对应元素的代数余子式也相同. 设 $A_{j1}, A_{j2}, \cdots, A_{jn}$ 是行列式 D 的第 j 行元素的代数余子式，现对行列式 D_1 按第 j 行展开，得 $D_1 = \sum\limits_{k=1}^{n} a_{ik}A_{jk}$，即

$$\sum_{k=1}^{n} a_{ik}A_{jk} = \begin{vmatrix} a_{11} & a_{12} & \cdots & a_{1n} \\ \vdots & \vdots & & \vdots \\ a_{i1} & a_{i2} & \cdots & a_{in} \\ \vdots & \vdots & & \vdots \\ a_{i1} & a_{i2} & \cdots & a_{in} \\ \vdots & \vdots & & \vdots \\ a_{n1} & a_{n2} & \cdots & a_{nn} \end{vmatrix} \begin{array}{l} \\ \\ 第\,i\,行 \\ \\ 第\,j\,行 \\ \\ \\ \end{array}.$$

由于上式右端的行列式第 i 行与第 j 行对应元素相等，所以 $\sum\limits_{k=1}^{n} a_{ik}A_{jk} = 0$.

我们可以把定理 1.3 和推论统一写成

$$a_{1i}A_{1j} + a_{2i}A_{2j} + \cdots + a_{ni}A_{nj} = \begin{cases} D, & i = j, \\ 0, & i \neq j, \end{cases}$$

或

$$a_{i1}A_{j1} + a_{i2}A_{j2} + \cdots + a_{in}A_{jn} = \begin{cases} D, & i = j, \\ 0, & i \neq j. \end{cases}$$

下面我们将利用行列式展开定理进行行列式的计算. 但直接用行列式展开定理计算行列式一般来说计算量较大, 可先利用行列式的性质将行列式中某一行(列)化为仅含有一个非零元素, 再按此行(列)展开, 化为一个低一阶的行列式, 如此继续下去直到化为一个三阶或二阶行列式.

例 2　计算行列式 $D = \begin{vmatrix} 3 & 1 & -1 & 2 \\ -5 & 1 & 3 & -4 \\ 2 & 0 & 1 & -1 \\ 1 & -5 & 3 & -3 \end{vmatrix}$.

解　$D \xlongequal[c_4+c_3]{c_1-2c_3} \begin{vmatrix} 5 & 1 & -1 & 1 \\ -11 & 1 & 3 & -1 \\ 0 & 0 & 1 & 0 \\ -5 & -5 & 3 & 0 \end{vmatrix} \xlongequal{按第 3 行展开} 1 \times (-1)^{3+3} \begin{vmatrix} 5 & 1 & 1 \\ -11 & 1 & -1 \\ -5 & -5 & 0 \end{vmatrix}$

$\xlongequal{r_2+r_1} \begin{vmatrix} 5 & 1 & 1 \\ -6 & 2 & 0 \\ -5 & -5 & 0 \end{vmatrix} \xlongequal{按第 3 列展开} 1 \times (-1)^{1+3} \begin{vmatrix} -6 & 2 \\ -5 & -5 \end{vmatrix} = 40.$

例 3　设四阶行列式 $\begin{vmatrix} 3 & 5 & 7 & -5 \\ 11 & 32 & 8 & 7 \\ 4 & 3 & 9 & -5 \\ 2 & 3 & 5 & 7 \end{vmatrix}$, 计算 $21A_{22} + 7A_{24}$.

解　除了分别计算 A_{22}、A_{24} 外, 也可利用定理 1.3 及性质 5 作如下计算:

$$21A_{22} + 7A_{24} = \begin{vmatrix} 3 & 5 & 7 & -5 \\ 0 & 21 & 0 & 7 \\ 4 & 3 & 9 & -5 \\ 2 & 3 & 5 & 7 \end{vmatrix} \xlongequal{c_2-3c_4} \begin{vmatrix} 3 & 20 & 7 & -5 \\ 0 & 0 & 0 & 7 \\ 4 & 18 & 9 & -5 \\ 2 & -18 & 5 & 7 \end{vmatrix} = 7 \begin{vmatrix} 3 & 20 & 7 \\ 4 & 18 & 9 \\ 2 & -18 & 5 \end{vmatrix}$$

$$\xlongequal{r_3+r_2} 7 \begin{vmatrix} 3 & 20 & 7 \\ 4 & 18 & 9 \\ 6 & 0 & 14 \end{vmatrix} \xlongequal{r_3-2r_1} 7 \begin{vmatrix} 3 & 20 & 7 \\ 4 & 18 & 9 \\ 0 & -40 & 0 \end{vmatrix} = 7(-1)^{3+2}(-40) \begin{vmatrix} 3 & 7 \\ 4 & 9 \end{vmatrix}$$

$$= -280.$$

例 4 计算 $n(n>1)$ 阶行列式 $D_n = \begin{vmatrix} x & y & 0 & \cdots & 0 & 0 \\ 0 & x & y & \cdots & 0 & 0 \\ \vdots & \vdots & \vdots & & \vdots & \vdots \\ 0 & 0 & 0 & \cdots & x & y \\ y & 0 & 0 & \cdots & 0 & x \end{vmatrix}$.

解 行列式中每行(列)都含有很多零,可将 D_n 按第一列展开得

$$D_n = x\begin{vmatrix} x & y & \cdots & 0 & 0 \\ 0 & x & \cdots & 0 & 0 \\ \vdots & \vdots & & \vdots & \vdots \\ 0 & 0 & \cdots & x & y \\ 0 & 0 & \cdots & 0 & x \end{vmatrix} + y(-1)^{n+1}\begin{vmatrix} y & 0 & \cdots & 0 & 0 \\ x & y & \cdots & 0 & 0 \\ 0 & x & \cdots & 0 & 0 \\ \vdots & \vdots & & \vdots & \vdots \\ 0 & 0 & \cdots & x & y \end{vmatrix}$$

$$= x^n + (-1)^{n+1}y^n.$$

例 5 计算 n 阶行列式

$$D_n = \begin{vmatrix} \alpha+\beta & \alpha\beta & 0 & \cdots & 0 & 0 \\ 1 & \alpha+\beta & \alpha\beta & \cdots & 0 & 0 \\ 0 & 1 & \alpha+\beta & \cdots & 0 & 0 \\ \vdots & \vdots & \vdots & & \vdots & \vdots \\ 0 & 0 & 0 & \cdots & \alpha+\beta & \alpha\beta \\ 0 & 0 & 0 & \cdots & 1 & \alpha+\beta \end{vmatrix},$$

此行列式称为**三对角行列式**.

解 将行列式按第一行展开,得

$$D_n = (\alpha+\beta)D_{n-1} - \alpha\beta\begin{vmatrix} 1 & \alpha\beta & 0 & \cdots & 0 & 0 \\ 0 & \alpha+\beta & \alpha\beta & \cdots & 0 & 0 \\ 0 & 1 & \alpha+\beta & \cdots & 0 & 0 \\ \vdots & \vdots & \vdots & & \vdots & \vdots \\ 0 & 0 & 0 & \cdots & \alpha+\beta & \alpha\beta \\ 0 & 0 & 0 & \cdots & 1 & \alpha+\beta \end{vmatrix}$$

$$= (\alpha+\beta)D_{n-1} - \alpha\beta D_{n-2},$$

由此可得

$$D_n - \alpha D_{n-1} = \beta(D_{n-1} - \alpha D_{n-2}) = \cdots = \beta^{n-2}(D_2 - \alpha D_1),$$

而

$$D_2 = \begin{vmatrix} \alpha+\beta & \alpha\beta \\ 1 & \alpha+\beta \end{vmatrix} = \alpha^2 + \alpha\beta + \beta^2, \qquad D_1 = |\alpha+\beta| = \alpha+\beta,$$

所以

$$D_n - \alpha D_{n-1} = \beta^{n-2}(\alpha^2 + \alpha\beta + \beta^2 - \alpha^2 - \alpha\beta) = \beta^n,$$

依次类推可得

$$D_{n-1} - \alpha D_{n-2} = \beta^{n-1}, \quad D_{n-2} - \alpha D_{n-3} = \beta^{n-2}, \cdots, D_2 - \alpha D_1 = \beta^2,$$

故

$$D_n = \beta^n + \alpha D_{n-1} = \beta^n + \alpha(\beta^{n-1} + \alpha D_{n-2}) = \beta^n + \alpha\beta^{n-1} + \alpha^2 D_{n-2}$$
$$= \beta^n + \alpha\beta^{n-1} + \alpha^2\beta^{n-2} + \cdots + \alpha^{n-3}\beta^3 + \alpha^{n-2}D_2$$
$$= \beta^n + \alpha\beta^{n-1} + \alpha^2\beta^{n-2} + \cdots + \alpha^{n-2}\beta^2 + \alpha^{n-1}\beta + \alpha^n.$$

本例计算行列式的方法是,先用一次展开,从而找出降阶的规律,得出一个递推公式,最后只要迭代递推公式就能得出结果.这种方法称为**递推法**.

例6 证明**范德蒙**(Vandermonde)**行列式**

$$D_n = \begin{vmatrix} 1 & 1 & 1 & \cdots & 1 \\ x_1 & x_2 & x_3 & \cdots & x_n \\ x_1^2 & x_2^2 & x_3^2 & \cdots & x_n^2 \\ \vdots & \vdots & \vdots & & \vdots \\ x_1^{n-1} & x_2^{n-1} & x_3^{n-1} & \cdots & x_n^{n-1} \end{vmatrix} = \prod_{1 \leqslant j < i \leqslant n}(x_i - x_j),$$

其中 $\prod\limits_{1 \leqslant j < i \leqslant n}(x_i - x_j) = (x_2 - x_1)(x_3 - x_1)\cdots(x_n - x_1)$

$$\cdot (x_3 - x_2)\cdots(x_n - x_2)$$

$$\cdots\cdots$$

$$\cdot (x_n - x_{n-1}).$$

证 用数学归纳法.

当 $n = 2$ 时, $D_2 = \begin{vmatrix} 1 & 1 \\ x_1 & x_2 \end{vmatrix} = (x_2 - x_1)$,结论成立.

假设结论对于 $n-1$ 阶范德蒙行列式成立,下面证明对 n 阶范德蒙行列式结论也成立.

在 D_n 中,从第 n 行起依次将前一行乘 $(-x_1)$ 加到后一行,有

$$D_n = \begin{vmatrix} 1 & 1 & 1 & \cdots & 1 \\ 0 & x_2 - x_1 & x_3 - x_1 & \cdots & x_n - x_1 \\ 0 & x_2(x_2 - x_1) & x_3(x_3 - x_1) & \cdots & x_n(x_n - x_1) \\ \vdots & \vdots & \vdots & & \vdots \\ 0 & x_2^{n-2}(x_2 - x_1) & x_3^{n-2}(x_3 - x_1) & \cdots & x_n^{n-2}(x_n - x_1) \end{vmatrix},$$

按第一列展开,并提取公因子,得

$$D_n = (x_2 - x_1)(x_3 - x_1)\cdots(x_n - x_1) \begin{vmatrix} 1 & 1 & 1 & \cdots & 1 \\ x_2 & x_3 & x_4 & \cdots & x_n \\ x_2^2 & x_3^2 & x_4^2 & \cdots & x_n^2 \\ \vdots & \vdots & \vdots & & \vdots \\ x_2^{n-2} & x_3^{n-2} & x_4^{n-2} & \cdots & x_n^{n-2} \end{vmatrix}.$$

上式右端的行列式是 $n-1$ 阶范德蒙行列式,由假设得

$$D_n = (x_2 - x_1)(x_3 - x_1)\cdots(x_n - x_1) \prod_{2 \leqslant j < i \leqslant n} (x_i - x_j) = \prod_{1 \leqslant i < j \leqslant n} (x_j - x_i).$$

例 7 证明 $D = \begin{vmatrix} a_{11} & a_{12} & \cdots & a_{1k} & 0 & \cdots & 0 \\ a_{21} & a_{22} & \cdots & a_{2k} & 0 & \cdots & 0 \\ \vdots & \vdots & & \vdots & \vdots & & \vdots \\ a_{k1} & a_{k2} & \cdots & a_{kk} & 0 & \cdots & 0 \\ c_{11} & c_{12} & \cdots & c_{1k} & b_{11} & \cdots & b_{1m} \\ \vdots & \vdots & & \vdots & \vdots & & \vdots \\ c_{m1} & c_{m2} & \cdots & c_{mk} & b_{m1} & \cdots & b_{mm} \end{vmatrix}$

$$= \begin{vmatrix} a_{11} & a_{12} & \cdots & a_{1k} \\ a_{21} & a_{22} & \cdots & a_{2k} \\ \vdots & \vdots & & \vdots \\ a_{k1} & a_{k2} & \cdots & a_{kk} \end{vmatrix} \begin{vmatrix} b_{11} & b_{12} & \cdots & b_{1m} \\ b_{21} & b_{22} & \cdots & b_{2m} \\ \vdots & \vdots & & \vdots \\ b_{m1} & b_{m2} & \cdots & b_{mm} \end{vmatrix}.$$

证 设

$$A = \begin{vmatrix} a_{11} & a_{12} & \cdots & a_{1k} \\ a_{21} & a_{22} & \cdots & a_{2k} \\ \vdots & \vdots & & \vdots \\ a_{k1} & a_{k2} & \cdots & a_{kk} \end{vmatrix}, B = \begin{vmatrix} b_{11} & b_{12} & \cdots & b_{1m} \\ b_{21} & b_{22} & \cdots & b_{2m} \\ \vdots & \vdots & & \vdots \\ b_{m1} & b_{m2} & \cdots & b_{mm} \end{vmatrix}.$$

对 A 的阶数 k 作数学归纳法.

当 $k=1$ 时, $D \xrightarrow{\text{按第 1 行展开}} (-1)^{1+1} a_{11} |B| = |a_{11}||B|$ (这里 $|a_{11}|$ 是一阶行列式),结论成立.

假设 A 为 $k-1$ 阶时结论成立,下面考虑 A 为 k 阶的情形. 此时,将 D 按第一行展开,得

$$D = (-1)^{1+1} a_{11} M_{11}^D + (-1)^{1+2} a_{12} M_{12}^D + \cdots + (-1)^{1+k} a_{1k} M_{1k}^D,$$

其中 M_{1j}^D 是 a_{1j} 在 D 中的余子式 $(j = 1, 2, \cdots, k)$. 根据归纳假设有

$$M_{1j}^D = M_{1j}^A |B| \quad (j = 1, 2, \cdots, k),$$

其中 M_{1j}^A 是 a_{1j} 在 $|A|$ 中的余子式. 故有

$$D = \left[(-1)^{1+1} a_{11} M_{11}^A + (-1)^{1+2} a_{12} M_{12}^A + \cdots + (-1)^{1+k} M_{1k}^A \right] \mid B \mid = \mid A \mid \mid B \mid.$$

§1.4 克拉默法则

现在我们来应用行列式解决线性方程组的问题. 这里只考虑方程个数与未知量个数相等的情形,至于更一般的情形留到第 3 章讨论. 以下我们将得出与二元和三元线性方程组相仿的公式.

定理 1.4(克拉默法则) 如果线性方程组

$$\begin{cases} a_{11} x_1 + a_{12} x_2 + \cdots + a_{1n} x_n = b_1 \\ a_{21} x_1 + a_{22} x_2 + \cdots + a_{2n} x_n = b_2 \\ \qquad \cdots\cdots \\ a_{n1} x_1 + a_{n2} x_2 + \cdots + a_{nn} x_n = b_n \end{cases} \tag{1-17}$$

的系数行列式

$$D = \begin{vmatrix} a_{11} & a_{12} & \cdots & a_{1n} \\ a_{21} & a_{22} & \cdots & a_{2n} \\ \vdots & \vdots & & \vdots \\ a_{n1} & a_{n2} & \cdots & a_{nn} \end{vmatrix} \neq 0,$$

那么线性方程组(1-17)有唯一解

$$x_1 = \frac{D_1}{D}, \quad x_2 = \frac{D_2}{D}, \quad \cdots, \quad x_n = \frac{D_n}{D}. \tag{1-18}$$

其中

$$D_j = \begin{vmatrix} a_{11} & \cdots & a_{1,j-1} & b_1 & a_{1,j+1} & \cdots & a_{1n} \\ a_{21} & \cdots & a_{2,j-1} & b_2 & a_{2,j+1} & \cdots & a_{2n} \\ \vdots & & \vdots & \vdots & \vdots & & \vdots \\ a_{n1} & \cdots & a_{n,j-1} & b_n & a_{n,j+1} & \cdots & a_{nn} \end{vmatrix}, \ j = 1, 2, \cdots, n,$$

即 D_j 是系数行列式 D 中第 j 列元素用线性方程组(1-17)右端的常数项 b_1, b_2, $\cdots$, b_n 替代后所得到的行列式.

这个定理在第 2 章中可利用逆矩阵的性质简洁地推得,故在此叙而不证.

例 1 用克拉默法则解线性方程组 $\begin{cases} x_1 - x_2 - x_3 - 2x_4 = -1, \\ x_1 + x_2 - 2x_3 + x_4 = 1, \\ x_1 + x_2 \qquad + x_4 = 2, \\ \qquad x_2 + x_3 - x_4 = 1. \end{cases}$

解 方程组的系数行列式

$$D = \begin{vmatrix} 1 & -1 & -1 & -2 \\ 1 & 1 & -2 & 1 \\ 1 & 1 & 0 & 1 \\ 0 & 1 & 1 & -1 \end{vmatrix} = -10 \neq 0.$$

根据克拉默法则，方程组有唯一解.

又

$$D_1 = \begin{vmatrix} -1 & -1 & -1 & -2 \\ 1 & 1 & -2 & 1 \\ 2 & 1 & 0 & 1 \\ 1 & 1 & 1 & -1 \end{vmatrix} = -9, \quad D_2 = \begin{vmatrix} 1 & -1 & -1 & -2 \\ 1 & 1 & -2 & 1 \\ 1 & 2 & 0 & 1 \\ 0 & 1 & 1 & -1 \end{vmatrix} = -8,$$

$$D_3 = \begin{vmatrix} 1 & -1 & -1 & 2 \\ 1 & 1 & 1 & 1 \\ 1 & 1 & 2 & 1 \\ 0 & 1 & 1 & -1 \end{vmatrix} = -5, \quad D_4 = \begin{vmatrix} 1 & -1 & -1 & -1 \\ 1 & 1 & -2 & 1 \\ 1 & 1 & 0 & 2 \\ 0 & 1 & 1 & 1 \end{vmatrix} = -3.$$

所以方程组的解为

$$x_1 = \frac{D_1}{D} = \frac{9}{10}, \ x_2 = \frac{D_2}{D} = \frac{4}{5}, \ x_3 = \frac{D_3}{D} = \frac{1}{2}, \ x_4 = \frac{D_4}{D} = \frac{3}{10}.$$

如果线性方程组(1-17)的常数项全为零，即

$$\begin{cases} a_{11}x_1 + a_{12}x_2 + \cdots + a_{1n}x_n = 0, \\ a_{21}x_1 + a_{22}x_2 + \cdots + a_{2n}x_n = 0, \\ \quad\quad \cdots\cdots \\ a_{n1}x_1 + a_{n2}x_2 + \cdots + a_{nn}x_n = 0, \end{cases} \tag{1-19}$$

则称此线性方程组为**齐次线性方程组**.

显然，该齐次线性方程组一定有**零解**(即 $x_j = 0$，$j = 1, 2, \cdots, n$)，我们关心的问题常常是，它除去零解以外还有没有其他解，或者说，它有没有**非零解**. 应用克拉默法则就有

定理 1.5　若齐次线性方程组(1-19)的系数行列式 $D \neq 0$，则此齐次线性方程组只有零解.

推论　如果齐次线性方程组(1-19)有非零解，则系数行列式 $D = 0$.

推论说明系数行列式 $D = 0$ 是齐次方程组(1-19)有非零解的必要条件，在第 3 章中我们还将证明此条件也是充分的.

例 2　设齐次线性方程组 $\begin{cases} x_1 + x_2 + x_3 = 0, \\ ax_1 + bx_2 + cx_3 = 0, \\ bcx_1 + acx_2 + abx_3 = 0 \end{cases}$ 有非零解，试确定 a, b, c 应满足

何种条件.

解 根据定理 1.5,如果线性方程组有非零解,那么系数行列式

$$\begin{vmatrix} 1 & 1 & 1 \\ a & b & c \\ bc & ac & ab \end{vmatrix} = (a-b)(b-c)(c-a) = 0,$$

所以 $a=b$ 或 $b=c$ 或 $c=a$,即 a,b,c 中至少有两个相等.

克拉默法则的意义主要在于它给出了解与系数的明显关系,这一点在以后许多问题的讨论中是重要的.但是用克拉默法则去求解一个有 n 个方程 n 个未知量的线性方程组是不方便的,因为按这一法则要计算 $n+1$ 个 n 阶行列式,这个计算量是很大的.

习 题 一

(A)

1.计算下列行列式:

$(1)\ \begin{vmatrix} a^2 & ab \\ ab & b^2 \end{vmatrix};$ $\qquad (2)\ \begin{vmatrix} 1 & 0 & -1 \\ 3 & 5 & 0 \\ 0 & 4 & 1 \end{vmatrix};$ $\qquad (3)\ \begin{vmatrix} 1 & x & x \\ x & 2 & x \\ x & x & 3 \end{vmatrix}.$

2.求以下六级排列的逆序数,并指出它们的奇偶性:

(1)531246; $\qquad$ (2)264351; $\qquad$ (3)416235.

3.在六阶行列式中,$a_{23}a_{31}a_{42}a_{56}a_{14}a_{65}$,$a_{32}a_{43}a_{14}a_{51}a_{66}a_{25}$ 这两项应带有什么符号?

4.利用行列式的定义计算行列式:

$(1)\ \begin{vmatrix} 0 & 0 & \cdots & 0 & 1 \\ 0 & 0 & \cdots & 2 & 0 \\ \vdots & \vdots & & \vdots & \vdots \\ 0 & n-1 & \cdots & 0 & 0 \\ n & 0 & \cdots & 0 & 0 \end{vmatrix};$ $\qquad (2)\ \begin{vmatrix} 0 & 1 & 0 & \cdots & 0 \\ 0 & 0 & 2 & \cdots & 0 \\ \vdots & \vdots & \vdots & & \vdots \\ 0 & 0 & 0 & \cdots & n-1 \\ n & 0 & 0 & \cdots & 0 \end{vmatrix}.$

5. 利用行列式的性质计算行列式:

$(1)\ \begin{vmatrix} 246 & 427 & 327 \\ 1\,014 & 543 & 443 \\ -342 & 721 & 621 \end{vmatrix};$ $\qquad (2)\ \begin{vmatrix} 1 & 1 & 1 & 1 \\ -1 & 1 & 1 & 1 \\ -1 & -1 & 1 & 1 \\ -1 & -1 & -1 & 1 \end{vmatrix};$

(3) $\begin{vmatrix} 5 & 0 & 4 & 2 \\ 1 & -1 & 2 & 1 \\ 4 & 1 & 2 & 0 \\ 1 & 1 & 1 & 1 \end{vmatrix}$;

(4) $\begin{vmatrix} 1 & 2 & 3 & 4 \\ 2 & 3 & 4 & 1 \\ 3 & 4 & 1 & 2 \\ 4 & 1 & 2 & 3 \end{vmatrix}$;

(5) $\begin{vmatrix} a+b+2c & a & b \\ c & 2a+b+c & b \\ c & a & a+2b+c \end{vmatrix}$;

(6) $\begin{vmatrix} a^2 & (a+1)^2 & (a+2)^2 & (a+3)^2 \\ b^2 & (b+1)^2 & (b+2)^2 & (b+3)^2 \\ c^2 & (c+1)^2 & (c+2)^2 & (c+3)^2 \\ d^2 & (d+1)^2 & (d+2)^2 & (d+3)^2 \end{vmatrix}$.

6. 证明：$\begin{vmatrix} a_1+b_1 & b_1+c_1 & c_1+a_1 \\ a_2+b_2 & b_2+c_2 & c_2+a_2 \\ a_3+b_3 & b_3+c_3 & c_3+a_3 \end{vmatrix} = 2 \begin{vmatrix} a_1 & b_1 & c_1 \\ a_2 & b_2 & c_2 \\ a_3 & b_3 & c_3 \end{vmatrix}$.

7. 若 $f(x),g(x),h(x)$ 在 $[a,b]$ 上连续,在 (a,b) 内可导,证明：$\exists \xi \in (a,b)$,使得 $\begin{vmatrix} f(a) & g(a) & h(a) \\ f(b) & g(b) & h(b) \\ f'(\xi) & g'(\xi) & h'(\xi) \end{vmatrix} = 0$,且由此导出拉格朗日中值定理和柯西中值定理.

8. 若 n 阶行列式 D 的元素满足 $a_{ij} = -a_{ji}(i,j=1,2,\cdots,n)$,则称行列式 D 为**反对称行列式**.证明奇数阶反对称行列式的值为零.

9. n 阶行列式 D 的第 i 行、第 j 列元素 $a_{ij} = |i-j|$ $(i,j=1,2,\cdots,n)$,试计算行列式 D.

10. 计算下列行列式的值：

(1) $D_n = \begin{vmatrix} a & 0 & 0 & \cdots & 0 & 1 \\ 0 & a & 0 & \cdots & 0 & 0 \\ 0 & 0 & a & \cdots & 0 & 0 \\ \vdots & \vdots & \vdots & & \vdots & \vdots \\ 0 & 0 & 0 & \cdots & a & 0 \\ 1 & 0 & 0 & \cdots & 0 & a \end{vmatrix}$;

(2) $D_{n+1} = \begin{vmatrix} -a_1 & a_1 & 0 & \cdots & 0 & 0 \\ 0 & -a_2 & a_2 & \cdots & 0 & 0 \\ \vdots & \vdots & \vdots & & \vdots & \vdots \\ 0 & 0 & 0 & \cdots & -a_n & a_n \\ 1 & 1 & 1 & \cdots & 1 & 1 \end{vmatrix}$;

(3) $D_{n+1} = \begin{vmatrix} a_0 & 1 & 1 & \cdots & 1 \\ 1 & a_1 & 0 & \cdots & 0 \\ 1 & 0 & a_2 & \cdots & 0 \\ \vdots & \vdots & \vdots & & \vdots \\ 1 & 0 & 0 & \cdots & a_n \end{vmatrix}$ ($a_i \neq 0, i = 1,2,\cdots,n$);

(4) $D_n = \begin{vmatrix} 1+a_1 & 1 & 1 & \cdots & 1 & 1 \\ 1 & 1+a_2 & 1 & \cdots & 1 & 1 \\ 1 & 1 & 1+a_3 & \cdots & 1 & 1 \\ \vdots & \vdots & \vdots & & \vdots & \vdots \\ 1 & 1 & 1 & \cdots & 1 & 1+a_n \end{vmatrix}$ ($a_i \neq 0, i = 1,2,\cdots,n$);

(5) $D_n = \begin{vmatrix} 1 & 1 & \cdots & 1 & -a \\ 1 & 1 & \cdots & -a & 1 \\ \vdots & \vdots & & \vdots & \vdots \\ 1 & -a & \cdots & 1 & 1 \\ -a & 1 & \cdots & 1 & 1 \end{vmatrix}$;

(6) $D_n = \begin{vmatrix} \cos\theta & 1 & 0 & \cdots & 0 & 0 \\ 1 & 2\cos\theta & 1 & \cdots & 0 & 0 \\ 0 & 1 & 2\cos\theta & \cdots & 0 & 0 \\ \vdots & \vdots & \vdots & & \vdots & \vdots \\ 0 & 0 & 0 & \cdots & 1 & 2\cos\theta \end{vmatrix}$;

(7) $D_n = \begin{vmatrix} 5 & 3 & 0 & 0 & \cdots & 0 & 0 & 0 \\ 2 & 5 & 3 & 0 & \cdots & 0 & 0 & 0 \\ 0 & 2 & 5 & 3 & \cdots & 0 & 0 & 0 \\ \vdots & \vdots & \vdots & \vdots & & \vdots & \vdots & \vdots \\ 0 & 0 & 0 & 0 & \cdots & 2 & 5 & 3 \\ 0 & 0 & 0 & 0 & \cdots & 0 & 2 & 5 \end{vmatrix}$;

(8) $D_6 = \begin{vmatrix} 1 & 1 & 0 & 0 & 0 & 1 \\ x_1 & x_2 & 0 & 0 & 0 & x_3 \\ a_1 & b_1 & 1 & 1 & 1 & c_1 \\ a_2 & b_2 & x_1 & x_2 & x_3 & c_2 \\ x_1^2 & x_2^2 & 0 & 0 & 0 & x_3^2 \\ a_3 & b_3 & x_1^2 & x_2^2 & x_3^2 & c_3 \end{vmatrix}$.

11. 用克拉默法则解线性方程组：

(1) $\begin{cases} 2x_1 + 3x_2 + 11x_3 + 5x_4 = 2, \\ x_1 + x_2 + 5x_3 + 2x_4 = 1, \\ 2x_1 + x_2 + 3x_3 + 2x_4 = -3, \\ x_1 + x_2 + 3x_3 + 4x_4 = -3; \end{cases}$

(2) $\begin{cases} x_1 + 3x_2 - 2x_3 + x_4 = 1, \\ 2x_1 + 5x_2 - 3x_3 + 2x_4 = 3, \\ -3x_1 + 4x_2 + 8x_3 - 2x_4 = 4, \\ 6x_1 - x_2 - 6x_3 + 4x_4 = 2. \end{cases}$

12. 已知三个平面 $\begin{cases} x = ay + bz, \\ y = cz + ax, \\ z = bx + cy, \end{cases}$ 求证：它们至少相交于一条直线的充要条件为 $a^2 + b^2 + c^2 + 2abc = 1$.

13. 设 $f(x) = a_0 + a_1 x + a_2 x^2 + \cdots + a_n x^n$，试用克拉默法则证明：若 $f(x)$ 有 $n+1$ 个不同的根，则 $f(x) \equiv 0$.

（B）

一、填空题

1. 若九级排列 $3972i15j4$ 是奇排列，则 $i = $ _____ ，$j = $ _____ .

2. 行列式 $\begin{vmatrix} 1 & 0 & 2 & -1 \\ 0 & 2 & 1 & 0 \\ 1 & -1 & 0 & 1 \\ 1 & 2 & 3 & 4 \end{vmatrix} = $ _____ .

3. 设行列式 $D = \begin{vmatrix} 3 & 0 & 4 & 0 \\ 2 & 2 & 2 & 2 \\ 0 & -7 & 0 & 0 \\ 5 & 3 & -2 & 2 \end{vmatrix}$，其第四行各元素余子式之和的值为 _____ .

4. 设 $f(x) = \begin{vmatrix} x & -1 & 0 & x \\ 2 & 2 & 3 & x \\ -7 & 10 & 4 & 3 \\ 1 & -7 & 1 & x \end{vmatrix}$，则 $f(x)$ 的常数项 = _____ .

5. 若 $\begin{vmatrix} 1 & 2 & 3 & 4 \\ 5 & 6 & 7 & 8 \\ 0 & 0 & x & 3 \\ 0 & 0 & 4 & 5 \end{vmatrix} = 0$，则 $x = $ _____ .

6. $\begin{vmatrix} 1+x & 1 & 1 & 1 \\ 1 & 1-x & 1 & 1 \\ 1 & 1 & 1+y & 1 \\ 1 & 1 & 1 & 1-y \end{vmatrix} = \underline{\hspace{2cm}}.$

7. 设 $\begin{vmatrix} 1 & 1 & 1 & 1 \\ -1 & 1 & 2 & 3 \\ 1 & 1 & 4 & 15 \\ 1 & x & x^2 & x^3 \end{vmatrix} + \begin{vmatrix} 1 & 1 & 1 & 1 \\ 2 & 1 & 2 & 5 \\ 1 & 1 & 4 & 15 \\ 1 & x & x^2 & x^3 \end{vmatrix} + \begin{vmatrix} 1 & 1 & 1 & 1 \\ 1 & 2 & 4 & 8 \\ 0 & 2 & 5 & 12 \\ 1 & x & x^2 & x^3 \end{vmatrix} = 0$，则方程的解为

$x = \underline{\hspace{2cm}}.$

二、单项选择题

1. 若 n 阶行列式 $|a_{ij}|$ 中等于零的元素个数大于 $n^2 - n$，则该行列式 $|a_{ij}| = ($ 　　 $)$.

(A) 0 　　　　　　(B) 1 　　　　　　(C) -1 　　　　　　(D) 1 或 -1

2. 多项式 $f(x) = \begin{vmatrix} 1 & 2 & 3 & x \\ 1 & 2 & x & 3 \\ 1 & x & 2 & 3 \\ x & 1 & 2 & x \end{vmatrix}$ 中 x^4 与 x^3 的系数依次为(　　).

(A) $-1, -1$ 　　　(B) $1, -1$ 　　　(C) $-1, 1$ 　　　(D) $1, 1$

3. 行列式 $\begin{vmatrix} 1 & 1 & 0 & 0 \\ 0 & 2 & 2 & 0 \\ 0 & 0 & 3 & 3 \\ 4 & 0 & 0 & 4 \end{vmatrix} = ($ 　　 $)$.

(A) 48 　　　　　　(B) 24 　　　　　　(C) 12 　　　　　　(D) 0

4. 四阶行列式 $\begin{vmatrix} a_1 & 0 & 0 & b_1 \\ 0 & a_2 & b_2 & 0 \\ 0 & b_3 & a_3 & 0 \\ b_4 & 0 & 0 & a_4 \end{vmatrix}$ 的值等于(　　).

(A) $a_1 a_2 a_3 a_4 - b_1 b_2 b_3 b_4$ 　　　　　(B) $a_1 a_2 a_3 a_4 + b_1 b_2 b_3 b_4$

(C) $(a_1 a_2 - b_1 b_2)(a_3 a_4 - b_3 b_4)$ 　　　(D) $(a_2 a_3 - b_2 b_3)(a_1 a_4 - b_1 b_4)$

5. 已知 $\begin{vmatrix} a_{11} & a_{12} & a_{13} \\ a_{21} & a_{22} & a_{23} \\ a_{31} & a_{32} & a_{33} \end{vmatrix} = m \neq 0$，则 $\begin{vmatrix} a_{21} & a_{22} & a_{23} \\ 2a_{31} - 5a_{11} & 2a_{32} - 5a_{12} & 2a_{33} - 5a_{13} \\ 3a_{11} + 2a_{21} & 3a_{12} + 2a_{22} & 3a_{13} + 2a_{23} \end{vmatrix} = ($ 　　 $)$.

(A) $6m$ 　　　　　(B) $-6m$ 　　　　　(C) $12m$ 　　　　　(D) $-12m$

6. 设 $D = \begin{vmatrix} 1 & 2 & 3 & 4 \\ 2 & 3 & 4 & 1 \\ 3 & 4 & 1 & 2 \\ 4 & 1 & 2 & 3 \end{vmatrix}$,$A_{i4}$ 是 D 中元素 $a_{i4}(i=1,2,3,4)$ 的代数余子式,则 $A_{14}+$

$2A_{24}+3A_{34}+4A_{44} = ($　　$)$.

(A)0 　　　　　　(B)1 　　　　　　(C)-1 　　　　　　(D)D

7. 若线性方程组 $\begin{cases} x_1 + kx_2 - x_3 = 0 \\ \quad\quad 4x_2 + x_3 = 0 \\ kx_1 - 7x_2 - x_3 = 0 \end{cases}$ 只有零解,则 k 可为($\quad$).

(A)0 　　　　　　(B)-3 　　　　　(C)-1 　　　　　(D)-1 或 -3

8. 若线性方程组 $\begin{cases} kx \quad\quad + z = 0, \\ 2x + ky + z = 0, \\ kx - 2y + z = 0 \end{cases}$ 有非零解,则 k 的值为($\quad$).

(A)0 　　　　　　(B)2 　　　　　　(C)-1 　　　　　(D)-2

第 2 章 矩 阵

矩阵是线性代数的一个主要研究对象,也是一个重要的数学工具.在科学技术的各个分支及经济定量分析、经济管理等许多领域,拥有广泛的应用.今天,矩阵又为我们应用计算机来处理各类问题带来很大方便与可能.

本章的主要内容有:矩阵的概念;矩阵的基本运算——加法,数乘,乘法,求逆以及矩阵分块运算;矩阵的初等变换与矩阵的秩.

§2.1 矩阵的概念

2.1.1 矩阵的概念

矩阵是从解决实际问题的过程中抽象出来的一个数学概念,是数(或函数)的矩形数表.在给出矩阵定义之前,先看几个例子.

例 1 设有 5 个城市 A,B,C,D,E,其城市间有道路相通(用线段相连表示),如右下图所示. A,B,C,D,E 之间的通路关系可以利用矩形数表简明地表示出来,即

$$\begin{array}{c} \\ \begin{array}{c}A\\B\\C\\D\\E\end{array}\end{array}\begin{array}{c}\begin{array}{ccccc}A&B&C&D&E\end{array}\\\left(\begin{array}{ccccc}1&1&1&0&2\\1&1&1&3&1\\1&1&1&1&1\\0&3&1&1&1\\2&1&1&1&1\end{array}\right)\end{array}$$

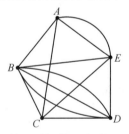

每一个数字给出了各个城市之间道路的相通情况,如第 2 行第 4 列的数字 3 表明 B 与 D 两城市间有 3 条道路相通.

例 2 国民经济的 n 个部门组成一个经济系统,各部门既是生产者,又是消耗者.设 c_{ij} 表示第 j 个部门生产的单位产值需消耗第 i 个部门产值数,称 c_{ij} 为第 j 个部门对第 i 个部门的直接消耗系数($c_{ij}\geqslant 0$).为简单起见令 $n=3$,如煤碳部门、电力部门、铁路运输部门,它们的关系如下表:

消耗系数　　　部门 部门		消耗部门		
		煤　碳	电　力	铁　运
生产部门	煤　碳	0	0.65	0.55
	电　力	0.25	0.05	0.10
	铁　运	0.25	0.05	0

引入矩形数表

$$\begin{pmatrix} 0 & 0.65 & 0.55 \\ 0.25 & 0.05 & 0.10 \\ 0.25 & 0.05 & 0 \end{pmatrix},$$

这就是一个简单的投入产出数学模型.

一般地,有

定义 2.1　由 $m \times n$ 个数 $a_{ij}(i=1,2,\cdots,m;\ j=1,2,\cdots,n)$ 排成的一个 m 行 n 列的矩形数表

$$\begin{pmatrix} a_{11} & a_{12} & \cdots & a_{1n} \\ a_{21} & a_{22} & \cdots & a_{2n} \\ \vdots & \vdots & & \vdots \\ a_{m1} & a_{m2} & \cdots & a_{mn} \end{pmatrix}$$

称为一个 $m \times n$ **矩阵**. 其中 a_{ij} 称为矩阵的第 i 行第 j 列的**元素**. 当 a_{ij} 均为实数时,称为**实矩阵**. 本书的矩阵除特别说明外,都指实矩阵.

通常用大写黑斜体字母 A,B,C 等表示矩阵. 有时为了指明矩阵的某些属性,也记为 $A_{m \times n}$ 或 $A=(a_{ij})_{m \times n}$,在不致引起混淆时,也可简记为 $A=(a_{ij})$.

特别地,当 $m=n$ 时,$A=(a_{ij})_{n \times n}$ 称为 n **阶方阵**或 n **阶矩阵**,记为 A_n,元素 a_{11},a_{22},$\cdots,a_{m}$ 称为方阵 A 的**主对角元**,它们所在位置叫做方阵 A 的**主对角线**,方阵的另一条对角线称为**副对角线**.

定义 2.2　设矩阵 $A=(a_{ij})_{m \times n}$,$B=(b_{ij})_{s \times r}$,如果 $m=s,n=r$ 且 $a_{ij}=b_{ij}(i=1,2,\cdots,$ $m,\ j=1,2,\cdots,n)$,则称矩阵 A 和 B **相等**,记作 $A=B$. 也就是说,只有完全相同的矩阵才叫做相等.

例如,设 $A=\begin{pmatrix} 2 & -3 & 4 \\ 0 & -4 & 5 \end{pmatrix}$,$B=\begin{pmatrix} 2 & x & 4 \\ y & -4 & z \end{pmatrix}$,若 $A=B$,则 $x=-3,y=0,z=5$.

2.1.2 几种特殊矩阵

1. 零矩阵

元素全为零的 $m \times n$ 矩阵称为**零矩阵**,记为 $\boldsymbol{O}_{m \times n}$,在不致引起混淆的情况下,可简记为 $\boldsymbol{O}$.

2. 行矩阵与列矩阵

只有一行的 $1 \times n$ 矩阵

$$(a_1 \quad a_2 \quad \cdots \quad a_n)$$

称为**行矩阵**,又称为 **n 维行向量**. 为了避免元素间的混淆,一般用逗号将各个元素隔开,也记作

$$(a_1, a_2, \cdots, a_n).$$

只有一列的 $n \times 1$ 矩阵

$$\begin{pmatrix} a_1 \\ a_2 \\ \vdots \\ a_n \end{pmatrix}$$

称为**列矩阵**,又称为 **n 维列向量**.

3. 上(下)三角形矩阵

方阵中,如果在主对角线之下的所有元素都是零(当 $i > j$ 时,$a_{ij} = 0$),即形如

$$\begin{pmatrix} a_{11} & a_{12} & \cdots & a_{1n} \\ 0 & a_{22} & \cdots & a_{2n} \\ \vdots & \vdots & & \vdots \\ 0 & 0 & \cdots & a_{nn} \end{pmatrix}$$

的方阵,称为**上三角形矩阵**. 类似地,在主对角线之上的所有元素都是零(当 $i < j$ 时,$a_{ij} = 0$),即形如

$$\begin{pmatrix} a_{11} & 0 & 0 & 0 \\ a_{21} & a_{22} & \cdots & 0 \\ \vdots & \vdots & & \vdots \\ a_{n1} & a_{n2} & \cdots & a_{nn} \end{pmatrix}$$

的方阵,称为**下三角形矩阵**.

4. 对角矩阵

如果方阵中非主对角线上的所有元素都是零(当 $i \neq j$ 时,$a_{ij} = 0$),即形如

$$\begin{pmatrix} a_{11} & 0 & \cdots & 0 \\ 0 & a_{22} & \cdots & 0 \\ \vdots & \vdots & & \vdots \\ 0 & 0 & \cdots & a_{nn} \end{pmatrix}$$

的方阵称为**对角矩阵**,可记作 $\mathrm{diag}(a_{11}, a_{22}, \cdots, a_{nn})$.

5. 数量矩阵

当对角矩阵的主对角上的元素都相同时,$\mathrm{diag}(\lambda, \lambda, \cdots, \lambda)$ 称为**数量矩阵**. 特别地,当 $\lambda = 1$ 时,称 n 阶数量矩阵

$$\begin{pmatrix} 1 & 0 & \cdots & 0 \\ 0 & 1 & \cdots & 0 \\ \vdots & \vdots & & \vdots \\ 0 & 0 & \cdots & 1 \end{pmatrix}$$

为 n 阶**单位矩阵**,记作 $\boldsymbol{E}_n$ 或 $\boldsymbol{E}$.

§2.2 矩阵的运算

矩阵的意义不仅在于将一些数据排成数表形式,而且在于探讨它们之间的相互关系——矩阵运算,使之能够反映某些数学研究对象的客观规律,从而使矩阵成为进行理论研究和解决实际问题的有力工具.

2.2.1 矩阵的线性运算

定义 2.3 设有两个 $m \times n$ 矩阵 $\boldsymbol{A} = (a_{ij})_{m \times n}$ 和 $\boldsymbol{B} = (b_{ij})_{m \times n}$,我们定义矩阵

$$\boldsymbol{C} = (c_{ij})_{m \times n} = (a_{ij} + b_{ij})_{m \times n},$$

称为 $\boldsymbol{A}$ 和 $\boldsymbol{B}$ 的**和**,记作 $\boldsymbol{C} = \boldsymbol{A} + \boldsymbol{B}$.

定义 2.4 设 $m \times n$ 矩阵 $\boldsymbol{A} = (a_{ij})_{m \times n}$,且 λ 是某一常数,我们定义矩阵

$$(\lambda a_{ij})_{m \times n},$$

称为常数 λ 与矩阵 $\boldsymbol{A}$ 的**数量乘法**,简称为**数乘**,记作 $\lambda \boldsymbol{A}$.

换句话说,常数 λ 与矩阵 $\boldsymbol{A}$ 的数乘就是把矩阵 $\boldsymbol{A}$ 的每一个元素都乘上 λ.

矩阵

$$\begin{pmatrix} -a_{11} & -a_{12} & \cdots & -a_{1n} \\ -a_{21} & -a_{22} & \cdots & -a_{2n} \\ \vdots & \vdots & & \vdots \\ -a_{m1} & -a_{m2} & \cdots & -a_{mn} \end{pmatrix}$$

称为矩阵 A 的**负矩阵**,记为 $-A$. 显然有

$$A+(-A)=O.$$

利用负矩阵,我们定义矩阵的**减法**:

$$A-B=A+(-B).$$

于是就有

$$A+B=C \Leftrightarrow A=C-B.$$

这就是我们熟悉的移项规则.

不难证明,矩阵的加法与数乘运算满足下列运算规律:

(1)$A+B=B+A$;

(2)$A+(B+C)=(A+B)+C$;

(3)$A+O=O+A$;

(4)$A+(-A)=O$;

(5)$1A=A$;

(6)$\lambda(\mu A)=(\lambda \mu)A$;

(7)$(\lambda+\mu)A=\lambda A+\mu A$;

(8)$\lambda(A+B)=\lambda A+\lambda B$.

在数学中,把具有上述八条规律的运算称为**线性运算**.

例 1　设 $A=\begin{pmatrix} 1 & 1 & 0 \\ 2 & -1 & 4 \end{pmatrix}$,$B=\begin{pmatrix} 2 & 2 & 1 \\ -3 & 1 & 2 \end{pmatrix}$,求 $2A-B$.

解　$2A-B=\begin{pmatrix} 2\times 1-2 & 2\times 1-2 & 2\times 0-1 \\ 2\times 2-(-3) & 2\times(-1)-1 & 2\times 4-2 \end{pmatrix}=\begin{pmatrix} 0 & 0 & -1 \\ 7 & -3 & 6 \end{pmatrix}.$

2.2.2　矩阵的乘法

先看一个例子:

例 2　某工厂由车间Ⅰ、车间Ⅱ、车间Ⅲ生产甲、乙两种商品.三个车间一天内生产甲、乙产品的数量矩阵(单位:kg)及甲、乙产品的单位价格和单位利润矩阵(单位:元)分别为

$$A=\begin{matrix} & \begin{matrix} 甲 & \quad 乙 \end{matrix} & \\ \begin{pmatrix} 120 & 200 \\ 150 & 180 \\ 115 & 220 \end{pmatrix} & \begin{matrix} 车间Ⅰ \\ 车间Ⅱ \\ 车间Ⅲ \end{matrix} \end{matrix},$$

$$B=\begin{matrix} \begin{matrix} 单位 & 单位 \\ 价格 & 利润 \end{matrix} \\ \begin{pmatrix} 50 & 20 \\ 40 & 15 \end{pmatrix} \begin{matrix} 甲 \\ 乙 \end{matrix} \end{matrix}$$

试将该厂三个车间一天内各自的总产值和总利润用矩阵表示.

解　依题意得,

某车间的总产值=甲产品生产数量×甲产品单位价格

　　　　　　　　　　＋乙产品生产数量×乙产品单位价格；

　　某车间的总利润＝甲产品生产数量×甲产品单位利润

　　　　　　　　　　＋乙产品生产数量×乙产品单位利润.

容易得出，三个车间一天内各自的总产值和总利润矩阵为

$$
C = \begin{bmatrix} 120 \times 50 + 200 \times 40 & 120 \times 20 + 200 \times 15 \\ 150 \times 50 + 180 \times 40 & 150 \times 20 + 180 \times 15 \\ 115 \times 50 + 220 \times 40 & 115 \times 20 + 220 \times 15 \end{bmatrix} \begin{matrix} 车间 \text{I} \\ 车间 \text{II} \\ 车间 \text{III} \end{matrix}.
$$

由于总产值是产品生产数量与产品单位价格之积，总利润是产品生产数量与产品单位利润之积. 因此可以把总产值和总利润矩阵 C 看成是产品的数量矩阵 A 与单位价格和单位利润矩阵 B 的积，即

$$
AB = \begin{bmatrix} 120 & 200 \\ 150 & 180 \\ 115 & 220 \end{bmatrix} \begin{pmatrix} 50 & 20 \\ 40 & 15 \end{pmatrix}
$$

$$
= \begin{bmatrix} 120 \times 50 + 200 \times 40 & 120 \times 20 + 200 \times 15 \\ 150 \times 50 + 180 \times 40 & 150 \times 20 + 180 \times 15 \\ 115 \times 50 + 220 \times 40 & 115 \times 20 + 220 \times 15 \end{bmatrix} = C,
$$

其中乘积矩阵 C 的第 i 行第 j 列元素 c_{ij} 等于矩阵 A 的第 i 行各元素与 B 的第 j 列对应各元素乘积之和，即

$$
c_{ij} = a_{i1}b_{1j} + a_{i2}b_{2j},
$$

其中 $i = 1, 2, 3$；$j = 1, 2$.

　　这样的乘积结构具有普遍意义. 受此启发，我们给出矩阵的乘法定义.

　　定义 2.5　给定 $m \times l$ 矩阵 $A = (a_{ij})_{m \times l}$ 与 $l \times n$ 矩阵 $B = (b_{ij})_{l \times n}$，作这样一个 $m \times n$ 矩阵 $C = (c_{ij})_{m \times n}$，它的第 i 行第 j 列的元素 c_{ij} 等于 A 的第 i 行元素与 B 的第 j 列对应元素乘积的和，即

$$
c_{ij} = a_{i1}b_{1j} + a_{i2}b_{2j} + \cdots + a_{il}b_{lj},
$$

其中 $i = 1, 2, \cdots, m$；$j = 1, 2, \cdots, n$. 称矩阵 C 为矩阵 A 与 B 的**乘积**，记为 $C = AB$.

　　这个乘法法则可表示如下：

$$
\begin{bmatrix} c_{11} & \cdots & c_{1j} & \cdots & c_{1n} \\ \vdots & & \vdots & & \vdots \\ c_{i1} & \cdots & \boxed{c_{ij}} & \cdots & c_{in} \\ \vdots & & \vdots & & \vdots \\ c_{m1} & \cdots & c_{mj} & \cdots & c_{mn} \end{bmatrix} = \begin{bmatrix} a_{11} & a_{12} & \cdots & a_{il} \\ \vdots & \vdots & & \vdots \\ \boxed{a_{i1} \quad a_{i2} \quad \cdots \quad a_{il}} \\ \vdots & \vdots & & \vdots \\ a_{m1} & a_{m2} & \cdots & a_{ml} \end{bmatrix} \begin{bmatrix} b_{11} & \cdots & \boxed{b_{1j}} & \cdots & b_{1n} \\ b_{21} & \cdots & b_{2j} & \cdots & b_{2n} \\ \vdots & & \vdots & & \vdots \\ b_{l1} & \cdots & \boxed{b_{lj}} & \cdots & b_{ln} \end{bmatrix}.
$$

由矩阵乘法的定义可以看出,只有当第一个矩阵 A 的列数等于第二个矩阵 B 的行数时,A 与 B 才能相乘,乘积 AB 的行数为 A 的行数,AB 的列数为 B 的列数.

例 3 设 $A = \begin{pmatrix} a_1 \\ a_2 \\ \vdots \\ a_n \end{pmatrix}$, $B = (b_1, b_2, \cdots, b_n)$,求 AB 与 BA.

解 $AB = \begin{pmatrix} a_1 \\ a_2 \\ \vdots \\ a_n \end{pmatrix} (b_1, b_2, \cdots, b_n) = \begin{pmatrix} a_1 b_1 & a_1 b_2 & \cdots & a_1 b_n \\ a_2 b_1 & a_2 b_2 & \cdots & a_2 b_n \\ \vdots & \vdots & & \vdots \\ a_n b_1 & a_n b_2 & \cdots & a_n b_n \end{pmatrix}$,

$$BA = (b_1, b_2, \cdots, b_n) \begin{pmatrix} a_1 \\ a_2 \\ \vdots \\ a_n \end{pmatrix} = b_1 a_1 + b_2 a_2 + \cdots + b_n a_n.$$

即 AB 是 n 阶矩阵,BA 是一阶矩阵.

例 4 设 $A = \begin{pmatrix} -2 & 4 & 2 \\ 5 & -3 & 1 \\ -1 & 0 & 1 \end{pmatrix}$, $B = \begin{pmatrix} 1 & 3 \\ 2 & 1 \\ -1 & 4 \end{pmatrix}$,求 AB.

解 $AB = \begin{pmatrix} -2 \times 1 + 4 \times 2 + 2 \times (-1) & -2 \times 3 + 4 \times 1 + 2 \times 4 \\ 5 \times 1 + (-3) \times 2 + 1 \times (-1) & 5 \times 3 + (-3) \times 1 + 1 \times 4 \\ -1 \times 1 + 0 \times 2 + 1 \times (-1) & -1 \times 3 + 0 \times 1 + 1 \times 4 \end{pmatrix} = \begin{pmatrix} 4 & 6 \\ -2 & 16 \\ -2 & 1 \end{pmatrix}.$

注意,B 是 3×2 矩阵,A 为 3×3 矩阵,B 的列数不等于 A 的行数,所以 B 与 A 不能相乘,即 BA 无意义.

例 5 设 $A = \begin{pmatrix} 1 & 1 \\ -1 & -1 \end{pmatrix}$, $B = \begin{pmatrix} 1 & -1 \\ -1 & 1 \end{pmatrix}$, $C = \begin{pmatrix} -1 & 1 \\ 1 & -1 \end{pmatrix}$,计算 AB,BA 及 AC.

解 $AB = \begin{pmatrix} 1 & 1 \\ -1 & -1 \end{pmatrix} \begin{pmatrix} 1 & -1 \\ -1 & 1 \end{pmatrix} = \begin{pmatrix} 0 & 0 \\ 0 & 0 \end{pmatrix},$

$BA = \begin{pmatrix} 1 & -1 \\ -1 & 1 \end{pmatrix} \begin{pmatrix} 1 & 1 \\ -1 & -1 \end{pmatrix} = \begin{pmatrix} 2 & 2 \\ -2 & -2 \end{pmatrix},$

$AC = \begin{pmatrix} 1 & 1 \\ -1 & -1 \end{pmatrix} \begin{pmatrix} -1 & 1 \\ 1 & -1 \end{pmatrix} = \begin{pmatrix} 0 & 0 \\ 0 & 0 \end{pmatrix}.$

从上面的例题中可以看出,矩阵的乘法与我们熟悉的数的乘法有许多不同之处:

(1)矩阵的乘法不满足交换律,即一般说来,$AB \neq BA$. 首先,当 $m \neq n$ 时,$A_{m \times l} B_{l \times n}$ 有

意义,但 $B_{l\times n}A_{m\times t}$ 没有意义(如例 4). 其次,$A_{m\times n}B_{n\times m}$ 和 $B_{n\times m}A_{m\times n}$ 虽然都有意义,但当 $m\neq n$ 时,第一个矩阵是 $m\times m$ 矩阵而第二个矩阵是 $n\times n$ 矩阵,它们不能相等(如例 3).最后,即使 $A_{n\times n}B_{n\times n}$ 和 $B_{n\times n}A_{n\times n}$ 都是 $n\times n$ 矩阵,但它们也未必相等(如例 5).

由于矩阵的乘法不满足交换律,为此将 AB 称为 A **左乘** B,或者说成 B **右乘** A.

(2)两个非零矩阵的乘积可以是零矩阵(如例 5),即当 $AB=O$ 时不一定有 $A=O$ 或 $B=O$.这是矩阵乘法的一个特点.

(3)矩阵乘法的消去律不成立,即当 $AB=AC$ 时不一定有 $B=C$(如例 5).

根据矩阵的乘法定义,可以验证矩阵的乘法满足以下运算规律:

(1)结合律 $(AB)C=A(BC)$;

(2)左乘分配律 $A(B+C)=AB+AC$;

右乘分配律 $(B+C)A=BA+CA$;

(3)$\lambda(AB)=(\lambda A)B=A(\lambda B)$(其中 λ 是常数).

例 6 如果两矩阵 A 与 B 相乘,有 $AB=BA$,则称矩阵 A 与 B 为**可交换**的.设 $A=\begin{pmatrix}1&1\\0&1\end{pmatrix}$,试求出所有与 A 可交换的矩阵.

解 由条件可知,如果 A 与 B 可交换,则 A 与 B 必为同阶方阵.故设

$$X=\begin{pmatrix}x_{11}&x_{12}\\x_{21}&x_{22}\end{pmatrix}$$

为与 A 可交换的矩阵.由于

$$AX=\begin{pmatrix}1&1\\0&1\end{pmatrix}\begin{pmatrix}x_{11}&x_{12}\\x_{21}&x_{22}\end{pmatrix}=\begin{pmatrix}x_{11}+x_{21}&x_{12}+x_{22}\\x_{21}&x_{22}\end{pmatrix},$$

$$XA=\begin{pmatrix}x_{11}&x_{12}\\x_{21}&x_{22}\end{pmatrix}\begin{pmatrix}1&1\\0&1\end{pmatrix}=\begin{pmatrix}x_{11}&x_{11}+x_{12}\\x_{21}&x_{21}+x_{22}\end{pmatrix},$$

则由 $AX=XA$ 可推得 $x_{21}=0$,$x_{11}=x_{22}$,且 x_{11},x_{12} 可取任意值,即

$$X=\begin{pmatrix}x_{11}&x_{12}\\0&x_{11}\end{pmatrix}.$$

例 7 对于单位矩阵 E_n,可直接计算知有如下的性质:

$$A_{m\times n}E_n=A_{m\times n},\quad E_nA_{n\times p}=A_{n\times p}.$$

特别地有

$$A_{n\times n}E_n=A_{n\times n}=E_nA_{n\times n}.$$

可见,单位矩阵在矩阵的乘法中的作用类似于常数 1 在数的乘法中的作用.

值得一提的是,线性方程组可以利用矩阵乘法表示出来.对于一般的线性方程组

$$\begin{cases} a_{11}x_1 + a_{12}x_2 + \cdots + a_{1n}x_n = b_1, \\ a_{21}x_1 + a_{22}x_2 + \cdots + a_{2n}x_n = b_2, \\ \qquad\qquad \cdots\cdots \\ a_{m1}x_1 + a_{m2}x_2 + \cdots + a_{mn}x_n = b_m, \end{cases}$$

若定义下列矩阵

$$A = \begin{pmatrix} a_{11} & a_{12} & \cdots & a_{1n} \\ a_{21} & a_{22} & \cdots & a_{2n} \\ \vdots & \vdots & & \vdots \\ a_{m1} & a_{m2} & \cdots & a_{mn} \end{pmatrix}, \quad x = \begin{pmatrix} x_1 \\ x_2 \\ \vdots \\ x_n \end{pmatrix}, \quad b = \begin{pmatrix} b_1 \\ b_2 \\ \vdots \\ b_n \end{pmatrix}.$$

则线性方程组可以简洁地用矩阵等式

$$Ax = b$$

来表示,其中 A 称为线性方程组的**系数矩阵**,而且矩阵

$$\begin{pmatrix} a_{11} & a_{12} & \cdots & a_{1n} & b_1 \\ a_{21} & a_{22} & \cdots & a_{2n} & b_2 \\ \vdots & \vdots & & \vdots & \vdots \\ a_{m1} & a_{m2} & \cdots & a_{mn} & b_n \end{pmatrix}$$

是由 b 结合 A 所得,称为方程组的**增广矩阵**,可记为 $\bar{A}$ 或 (A, b).

2.2.3 方阵的幂

由矩阵的乘法满足结合律,我们还可以定义**方阵的幂**的概念.

定义 2.6 设 A 为 n 阶矩阵,m 为正整数,m 个 A 连乘积,称为方阵 A 的 m 次幂,记作 A^m,即

$$A^m = \underbrace{AA\cdots A}_{m\text{个}} = A^{m-1}A.$$

我们再规定

$$A^0 = E.$$

这样,一个 n 阶矩阵的任意非负整数次方幂就有意义了.不难证明

$$A^kA^l = A^{k+l}, \quad (A^k)^l = A^{kl},$$

其中 k, l 为任意非负整数.应该注意的是,因为矩阵的乘法不适合交换律,所以一般 $(AB)^k$ 与 A^kB^k 不相等.

例 8 设 $A = \begin{pmatrix} 1 & 1 & 0 \\ 0 & 1 & 1 \\ 0 & 0 & 1 \end{pmatrix}$,求 A^3, A^4 及 $A^4 - A^3 + 2A$.

解 计算得

$$A^2 = \begin{pmatrix} 1 & 1 & 0 \\ 0 & 1 & 1 \\ 0 & 0 & 1 \end{pmatrix}\begin{pmatrix} 1 & 1 & 0 \\ 0 & 1 & 1 \\ 0 & 0 & 1 \end{pmatrix} = \begin{pmatrix} 1 & 2 & 1 \\ 0 & 1 & 2 \\ 0 & 0 & 1 \end{pmatrix},$$

$$A^3 = A^2 A = \begin{pmatrix} 1 & 2 & 1 \\ 0 & 1 & 2 \\ 0 & 0 & 1 \end{pmatrix}\begin{pmatrix} 1 & 1 & 0 \\ 0 & 1 & 1 \\ 0 & 0 & 1 \end{pmatrix} = \begin{pmatrix} 1 & 3 & 3 \\ 0 & 1 & 3 \\ 0 & 0 & 1 \end{pmatrix},$$

$$A^4 = A^3 A = \begin{pmatrix} 1 & 3 & 3 \\ 0 & 1 & 3 \\ 0 & 0 & 1 \end{pmatrix}\begin{pmatrix} 1 & 1 & 0 \\ 0 & 1 & 1 \\ 0 & 0 & 1 \end{pmatrix} = \begin{pmatrix} 1 & 4 & 6 \\ 0 & 1 & 4 \\ 0 & 0 & 1 \end{pmatrix},$$

从而

$$A^4 - A^3 + 2A = \begin{pmatrix} 1 & 4 & 6 \\ 0 & 1 & 4 \\ 0 & 0 & 1 \end{pmatrix} - \begin{pmatrix} 1 & 3 & 3 \\ 0 & 1 & 3 \\ 0 & 0 & 1 \end{pmatrix} + 2\begin{pmatrix} 1 & 1 & 0 \\ 0 & 1 & 1 \\ 0 & 0 & 1 \end{pmatrix} = \begin{pmatrix} 2 & 3 & 3 \\ 0 & 2 & 3 \\ 0 & 0 & 2 \end{pmatrix}.$$

设 $f(x) = a_0 x^m + a_1 x^{m-1} + \cdots + a_{m-1}x + a_m$ 是 x 的一个多项式，A 为 n 阶方阵，E 为与 A 同阶的单位矩阵，称

$$f(A) = a_0 A^m + a_1 A^{m-1} + \cdots + a_{m-1}A + a_m E$$

为矩阵 A 的 m 次多项式.

显然 n 阶方阵 A 的 m 次多项式仍为 n 阶方阵.

例 9 设矩阵 $A = \begin{pmatrix} 1 & -3 \\ 0 & 2 \end{pmatrix}$，且 $f(x) = x^2 - 3x + 2$，求 $f(A)$.

解 因为

$$A^2 = \begin{pmatrix} 1 & -3 \\ 0 & 2 \end{pmatrix}\begin{pmatrix} 1 & -3 \\ 0 & 2 \end{pmatrix} = \begin{pmatrix} 1 & -9 \\ 0 & 4 \end{pmatrix},$$

所以

$$f(A) = A^2 - 3A + 2E = \begin{pmatrix} 1 & -9 \\ 0 & 4 \end{pmatrix} - 3\begin{pmatrix} 1 & -3 \\ 0 & 2 \end{pmatrix} + 2\begin{pmatrix} 1 & 0 \\ 0 & 1 \end{pmatrix} = \begin{pmatrix} 0 & 0 \\ 0 & 0 \end{pmatrix}.$$

2.2.4 矩阵的转置

定义 2.7 设 $m \times n$ 矩阵

$$A = \begin{pmatrix} a_{11} & a_{12} & \cdots & a_{1n} \\ a_{21} & a_{22} & \cdots & a_{2n} \\ \vdots & \vdots & & \vdots \\ a_{m1} & a_{m2} & \cdots & a_{mn} \end{pmatrix},$$

把 $\boldsymbol{A}$ 的行列依次互换所得到的 $n \times m$ 矩阵

$$\begin{pmatrix} a_{11} & a_{21} & \cdots & a_{m1} \\ a_{12} & a_{22} & \cdots & a_{m2} \\ \vdots & \vdots & & \vdots \\ a_{1n} & a_{2n} & \cdots & a_{mn} \end{pmatrix}$$

称为 $\boldsymbol{A}$ 的**转置矩阵**,记为 $\boldsymbol{A}^{\mathrm{T}}$(或 $\boldsymbol{A}'$).

例如 $\boldsymbol{A} = \begin{pmatrix} 4 & -2 & 3 \\ 0 & 5 & -2 \end{pmatrix}$,则 $\boldsymbol{A}^{\mathrm{T}} = \begin{pmatrix} 4 & 0 \\ -2 & 5 \\ 3 & -2 \end{pmatrix}$;又如 $\boldsymbol{A} = (a_1, a_2, \cdots, a_n)$,

则 $\boldsymbol{A}^{\mathrm{T}} = \begin{pmatrix} a_1 \\ a_2 \\ \vdots \\ a_n \end{pmatrix}$.

矩阵的转置满足以下的运算法则:

(1) $(\boldsymbol{A}^{\mathrm{T}})^{\mathrm{T}} = \boldsymbol{A}$;

(2) $(\boldsymbol{A} + \boldsymbol{B})^{\mathrm{T}} = \boldsymbol{A}^{\mathrm{T}} + \boldsymbol{B}^{\mathrm{T}}$;

(3) $(\lambda \boldsymbol{A})^{\mathrm{T}} = \lambda \boldsymbol{A}^{\mathrm{T}}$($\lambda$ 是常数);

(4) $(\boldsymbol{A}\boldsymbol{B})^{\mathrm{T}} = \boldsymbol{B}^{\mathrm{T}} \boldsymbol{A}^{\mathrm{T}}$.

运算法则(1)表示两次转置就还原,这是显然的.(2)(3)也很容易由定义直接验证. 下面证明(4).

设 $\boldsymbol{A} = (a_{ij})_{m \times n}$,$\boldsymbol{A}^{\mathrm{T}} = (a'_{ij})_{n \times m}$,$\boldsymbol{B} = (b_{ij})_{n \times p}$,$\boldsymbol{B}^{\mathrm{T}} = (b'_{ij})_{p \times n}$(其中 $a_{ji} = a'_{ij}$,$b_{ji} = b'_{ij}$),则 $(\boldsymbol{A}\boldsymbol{B})^{\mathrm{T}}$ 与 $\boldsymbol{B}^{\mathrm{T}} \boldsymbol{A}^{\mathrm{T}}$ 都是 $p \times m$ 矩阵,且若 c_{ji} 为 $\boldsymbol{A}\boldsymbol{B}$ 中的第 j 行第 i 列元素,则 $(\boldsymbol{A}\boldsymbol{B})^{\mathrm{T}}$ 中的第 i 行第 j 列元素

$$c'_{ij} = c_{ji} = a_{j1}b_{1i} + a_{j2}b_{2i} + \cdots + a_{jn}b_{ni} = a'_{1j}b'_{i1} + a'_{2j}b'_{i2} + \cdots + a'_{nj}b'_{in}$$
$$= b'_{i1}a'_{1j} + b'_{i2}a'_{2j} + \cdots + b'_{in}a'_{nj}.$$

以上亦为 $\boldsymbol{B}^{\mathrm{T}} \boldsymbol{A}^{\mathrm{T}}$ 中的第 i 行第 j 列元素. 于是 $(\boldsymbol{A}\boldsymbol{B})^{\mathrm{T}}$ 与 $\boldsymbol{B}^{\mathrm{T}} \boldsymbol{A}^{\mathrm{T}}$ 的对应元素均相同,因此有

$$(\boldsymbol{A}\boldsymbol{B})^{\mathrm{T}} = \boldsymbol{B}^{\mathrm{T}} \boldsymbol{A}^{\mathrm{T}}.$$

运算法则(4)可以推广到多个矩阵乘积的情形. 由数学归纳法容易证明:

$$(\boldsymbol{A}_1 \boldsymbol{A}_2 \cdots \boldsymbol{A}_s)^{\mathrm{T}} = \boldsymbol{A}_s^{\mathrm{T}} \cdots \boldsymbol{A}_2^{\mathrm{T}} \boldsymbol{A}_1^{\mathrm{T}}.$$

例 10 设 $\boldsymbol{A} = \begin{pmatrix} 1 & 3 & 2 \\ 2 & -1 & 3 \end{pmatrix}$,$\boldsymbol{B} = \begin{pmatrix} 0 & 1 \\ 2 & 2 \\ 3 & -1 \end{pmatrix}$,于是

$$AB = \begin{pmatrix} 1 & 3 & 2 \\ 2 & -1 & 3 \end{pmatrix} \begin{bmatrix} 0 & 1 \\ 2 & 2 \\ 3 & -1 \end{bmatrix} = \begin{pmatrix} 12 & 5 \\ 7 & -3 \end{pmatrix},$$

$$B^{\mathrm{T}} A^{\mathrm{T}} = \begin{pmatrix} 0 & 2 & 3 \\ 1 & 2 & -1 \end{pmatrix} \begin{bmatrix} 1 & 2 \\ 3 & -1 \\ 2 & 3 \end{bmatrix} = \begin{pmatrix} 12 & 7 \\ 5 & -3 \end{pmatrix} = (AB)^{\mathrm{T}}.$$

定义 2.8　设 n 阶方阵 $A = (a_{ij})_{n \times n}$，若 $A^{\mathrm{T}} = A$，则 A 称为**对称矩阵**. 这就是说，若 A 为方阵，且 $a_{ij} = a_{ji} (i, j = 1, 2, \cdots, n)$，则 A 是对称的；若 $A^{\mathrm{T}} = -A$，则 A 称为**反对称矩阵**. 这就是说，若 A 为方阵，且 $a_{ij} = -a_{ji} (i, j = 1, 2, \cdots, n)$，则 A 是反对称的.

例如

$$A = \begin{bmatrix} 1 & 2 & 3 \\ 2 & 4 & 5 \\ 3 & 5 & 6 \end{bmatrix}, \qquad B = \begin{bmatrix} 0 & 2 & 3 \\ -2 & 0 & 5 \\ -3 & -5 & 0 \end{bmatrix},$$

A 是一个三阶对称矩阵，而 B 是一个三阶反对称矩阵.

应该注意到，反对称矩阵的主对角线上的元素皆为零.

例 11　设 A, B 都是 n 阶对称矩阵，试证 $A + B$ 为对称矩阵.

证　由已知条件知 $A^{\mathrm{T}} = A, B^{\mathrm{T}} = B$，则

$$(A + B)^{\mathrm{T}} = A^{\mathrm{T}} + B^{\mathrm{T}} = A + B,$$

即 $A + B$ 为对称矩阵.

必须注意的是，两个对称矩阵 A 和 B 的乘积不一定是对称矩阵. 这是因为 $(AB)^{\mathrm{T}} = B^{\mathrm{T}} A^{\mathrm{T}} = BA$，而 BA 不一定等于 AB. 只有当 A, B 可交换时，AB 才是对称矩阵.

例 12　设 A 是 $m \times n$ 矩阵，试证 $A^{\mathrm{T}} A$ 和 $A A^{\mathrm{T}}$ 都是对称矩阵.

证　因为 $A^{\mathrm{T}} A$ 是 n 阶矩阵，且 $(A^{\mathrm{T}} A)^{\mathrm{T}} = A^{\mathrm{T}} (A^{\mathrm{T}})^{\mathrm{T}} = A^{\mathrm{T}} A$，故 $A^{\mathrm{T}} A$ 是 n 阶对称矩阵. 同理可证 $A A^{\mathrm{T}}$ 是 m 阶对称矩阵.

例 13　证明：若 $A^{\mathrm{T}} = A$，且 $A^2 = O$，则 $A = O$.

证法 1　设 $A = (a_{ij})_{n \times n}$，由 $A^2 = A A^{\mathrm{T}} = O$ 得

$$A^2 = \begin{bmatrix} a_{11} & a_{12} & \cdots & a_{1n} \\ a_{21} & a_{22} & \cdots & a_{2n} \\ \vdots & \vdots & & \vdots \\ a_{n1} & a_{n2} & \cdots & a_{nn} \end{bmatrix} \begin{bmatrix} a_{11} & a_{21} & \cdots & a_{n1} \\ a_{12} & a_{22} & \cdots & a_{n2} \\ \vdots & \vdots & & \vdots \\ a_{1n} & a_{2n} & \cdots & a_{nn} \end{bmatrix} = O.$$

取 A^2 的主对角线上的元素有

$$a_{i1}^2 + a_{i2}^2 + \cdots + a_{in}^2 = 0, \quad i = 1, 2, \cdots, n.$$

由此得 $a_{ij} = 0 (i, j = 1, 2, \cdots, n)$，故 $A = O$.

证法 2 若 $A \neq O$,则 A 中至少有一个非零元.不妨设 $a_{ij} \neq 0$,则 A^2 中第 i 行第 i 列处

的元素等于 A 中第 i 行元素 $(a_{i1}, \cdots, a_{ij}, \cdots, a_{in})$ 与 $A^T (A^T = A)$ 中第 i 列元素 $\begin{pmatrix} a_{1i} \\ \vdots \\ a_{ji} \\ \vdots \\ a_{ni} \end{pmatrix}$ 的乘

积:$a_{i1}^2 + a_{i2}^2 + \cdots + a_{ij}^2 + \cdots a_{in}^2 \neq 0$,这与 $A^2 = O$ 矛盾.故 $A = O$.

2.2.5 方阵的行列式

定义 2.9 由 n 阶方阵 A 的元素按原来的位置所构成的行列式,称为**方阵 A 的行列式**,记作 $|A|$ 或 $\det A$.

方阵 A 和它的行列式 $|A|$ 当 $n \geq 2$ 时是两个完全不同的概念.方阵 A 代表的是一个数表,而 $|A|$ 是由该数表按一定的运算法则确定的一个数.

方阵的行列式具有以下性质:

(1) $|A^T| = |A|$;

(2) $|\lambda A| = \lambda^n |A|$;

(3) $|AB| = |A| |B|$.

证 (1)由行列式的性质 1,显然成立.

(2)设 $A = (a_{ij})_{n \times n}$,则

$$|\lambda A| = \begin{vmatrix} \lambda a_{11} & \lambda a_{12} & \cdots & \lambda a_{1n} \\ \lambda a_{21} & \lambda a_{22} & \cdots & \lambda a_{2n} \\ \vdots & \vdots & & \vdots \\ \lambda a_{n1} & \lambda a_{n2} & \cdots & \lambda a_{nn} \end{vmatrix} = \lambda^n \begin{vmatrix} a_{11} & a_{12} & \cdots & a_{1n} \\ a_{21} & a_{22} & \cdots & a_{2n} \\ \vdots & \vdots & & \vdots \\ a_{n1} & a_{n2} & \cdots & a_{nn} \end{vmatrix} = \lambda^n |A|.$$

注意,不要将这一结论与行列式的性质 3 混淆.

(3)设 $A = (a_{ij})_{n \times n}$,$B = (b_{ij})_{n \times n}$.作一个 $2n$ 阶行列式

$$D = \begin{vmatrix} a_{11} & a_{12} & \cdots & a_{1n} & 0 & 0 & \cdots & 0 \\ a_{21} & a_{22} & \cdots & a_{2n} & 0 & 0 & \cdots & 0 \\ \vdots & \vdots & & \vdots & \vdots & \vdots & & \vdots \\ a_{n1} & a_{n2} & \cdots & a_{nn} & 0 & 0 & \cdots & 0 \\ -1 & 0 & \cdots & 0 & b_{11} & b_{12} & \cdots & b_{1n} \\ 0 & -1 & \cdots & 0 & b_{21} & b_{22} & \cdots & b_{2n} \\ \vdots & \vdots & & \vdots & \vdots & \vdots & & \vdots \\ 0 & 0 & \cdots & -1 & b_{n1} & b_{n2} & \cdots & b_{nn} \end{vmatrix} = \begin{vmatrix} A & O \\ -E & B \end{vmatrix}.$$

由 §1.3 的例 7 知，$D = |\boldsymbol{A}||\boldsymbol{B}|$.

另一方面，在 D 中，将第 $n+1$ 行的 a_{i1} 倍，第 $n+2$ 的 a_{i2} 倍，$\cdots$，第 $2n$ 行的 a_{in} 倍加到第 i 行 $(i = 1, 2, \cdots, n)$，得

$$D = \begin{vmatrix} 0 & 0 & \cdots & 0 & c_{11} & c_{12} & \cdots & c_{1n} \\ 0 & 0 & \cdots & 0 & c_{21} & c_{22} & \cdots & c_{2n} \\ \vdots & \vdots & & \vdots & \vdots & \vdots & & \vdots \\ 0 & 0 & \cdots & 0 & c_{n1} & c_{n2} & \cdots & c_{m} \\ -1 & 0 & \cdots & 0 & b_{11} & b_{12} & \cdots & b_{1n} \\ 0 & -1 & \cdots & 0 & b_{21} & b_{22} & \cdots & b_{2n} \\ \vdots & \vdots & & \vdots & \vdots & \vdots & & \vdots \\ 0 & 0 & \cdots & -1 & b_{n1} & b_{n2} & \cdots & b_{m} \end{vmatrix} = \begin{vmatrix} \boldsymbol{O} & \boldsymbol{C} \\ -\boldsymbol{E} & \boldsymbol{B} \end{vmatrix},$$

其中 $\boldsymbol{C} = (c_{ij})_{n \times n}$，$c_{ij} = a_{i1}b_{1j} + a_{i2}b_{2j} + \cdots + a_{in}b_{nj}$.

再对 D 作变换 $c_j \leftrightarrow c_{n+j} (j = 1, 2, \cdots, n)$，有

$$D = (-1)^n \begin{vmatrix} \boldsymbol{C} & \boldsymbol{O} \\ \boldsymbol{B} & -\boldsymbol{E} \end{vmatrix}.$$

于是

$$D = (-1)^n |\boldsymbol{C}| |-\boldsymbol{E}| = (-1)^n |\boldsymbol{C}| \cdot (-1)^n = |\boldsymbol{C}|.$$

所以

$$|\boldsymbol{AB}| = |\boldsymbol{A}||\boldsymbol{B}|.$$

性质(3)可以推广到多个矩阵因子的情形，即对于 m 个 n 阶矩阵 $\boldsymbol{A}_1, \boldsymbol{A}_2, \cdots, \boldsymbol{A}_m$，总有

$$|\boldsymbol{A}_1 \boldsymbol{A}_2 \cdots \boldsymbol{A}_m| = |\boldsymbol{A}_1||\boldsymbol{A}_2| \cdots |\boldsymbol{A}_m|.$$

例 14 设 $\boldsymbol{A}, \boldsymbol{B}$ 均为三阶方阵，且 $|\boldsymbol{A}| = \dfrac{1}{2}$，$|\boldsymbol{B}| = 2$，求 $|2\boldsymbol{B}^{\mathrm{T}}\boldsymbol{A}^2|$ 的值.

解 $|2\boldsymbol{B}^{\mathrm{T}}\boldsymbol{A}^2| = 2^3 |\boldsymbol{B}^{\mathrm{T}}||\boldsymbol{A}^2| = 8|\boldsymbol{B}||\boldsymbol{A}|^2 = 8 \times 2 \times \dfrac{1}{4} = 4.$

§2.3 矩阵的逆

在上一节矩阵运算中我们看到，矩阵与数相仿，有加、减、乘三种运算. 矩阵的乘法是否也和数的乘法一样有逆运算除法呢？我们知道，只有非零数 a，才有"逆" a^{-1}，即 $\dfrac{1}{a}$（a 的倒数）. a 与它的倒数 a^{-1} 我们可以用等式

$$aa^{-1} = 1$$

来刻画. 注意到单位矩阵在矩阵乘法中的地位类似于 1 在数中的地位. 相仿地，我们引入

逆阵的概念.

定义 2.10 设 A 是 n 阶矩阵,如果存在 n 阶矩阵 B,使得

$$AB = BA = E, \tag{2-1}$$

则称 A 为**可逆矩阵**,简称 A **可逆**,而 B 就称为 A 的**逆矩阵**,记为 A^{-1}.

应该指出的是:首先,由矩阵的乘法规则,只有方阵才能满足(2-1),也就是说,只有对于方阵,我们才讨论其是否可逆的问题;其次,若 A 是可逆矩阵,则其逆矩阵是唯一的.事实上,若 B,C 均是 A 的逆矩阵,则有

$$AB = BA = E, \qquad\qquad AC = CA = E.$$

从而

$$B = BE = B(AC) = (BA)C = EC = C.$$

矩阵 A 在什么条件下是可逆的? 如果 A 可逆,怎样求 A^{-1}? 下面我们解决这些问题.

定义 2.11 如果 n 阶矩阵 A 的行列式 $|A| \neq 0$,则称 A 是**非奇异的**(或非退化的),否则称 A 为**奇异的**(或退化的).

定义 2.12 设 n 阶矩阵 $A = (a_{ij})_{n \times n}$,$A_{ij}$ 为 A 中元素 a_{ij} 的代数余子式,矩阵

$$\begin{bmatrix} A_{11} & A_{21} & \cdots & A_{n1} \\ A_{12} & A_{22} & \cdots & A_{n2} \\ \vdots & \vdots & & \vdots \\ A_{1n} & A_{2n} & \cdots & A_{nn} \end{bmatrix}$$

称为 A 的**伴随矩阵**,记为 A^* 或 adj$A$.

回忆第 1 章中行列式的按行展开定理,有

$$a_{k1}A_{i1} + a_{k2}A_{i2} + \cdots + a_{kn}A_{in} = \begin{cases} |A|, & i = k, \\ 0, & i \neq k. \end{cases}$$

我们得到

$$AA^* = \begin{bmatrix} a_{11} & a_{12} & \cdots & a_{1n} \\ a_{21} & a_{22} & \cdots & a_{2n} \\ \vdots & \vdots & & \vdots \\ a_{n1} & a_{n2} & \cdots & a_{nn} \end{bmatrix} \begin{bmatrix} A_{11} & A_{21} & \cdots & A_{n1} \\ A_{12} & A_{22} & \cdots & A_{n2} \\ \vdots & \vdots & & \vdots \\ A_{1n} & A_{2n} & \cdots & A_{nn} \end{bmatrix}$$

$$= \begin{bmatrix} |A| & 0 & \cdots & 0 \\ 0 & |A| & \cdots & 0 \\ \vdots & \vdots & & \vdots \\ 0 & 0 & \cdots & |A| \end{bmatrix} = |A| \begin{bmatrix} 1 & 0 & \cdots & 0 \\ 0 & 1 & \cdots & 0 \\ \vdots & \vdots & & \vdots \\ 0 & 0 & \cdots & 1 \end{bmatrix},$$

即

$$AA^* = |A|E. \tag{2-2}$$

类似地可得

$$A^*A = |A|E. \tag{2-3}$$

由此,我们可得到

定理 2.1 矩阵 A 是可逆的充分必要条件是 A 是非奇异的,且当 A 可逆时,有

$$A^{-1} = \frac{1}{|A|}A^* \tag{2-4}$$

证 如果 A 可逆,则存在 B,使得 $AB=E$.两边取行列式,得

$$|A||B| = |E| = 1.$$

因而 $|A| \neq 0$,即 A 非奇异.必要性得证.

下面证明充分性.

如果 A 非奇异,即 $|A| \neq 0$.由式(2-2),(2-3)可知

$$A\left(\frac{1}{|A|}A^*\right) = \left(\frac{1}{|A|}A^*\right)A = E.$$

故矩阵 A 可逆,并且

$$A^{-1} = \frac{1}{|A|}A^*.$$

推论 设 A,B 都是 n 阶矩阵,若 $AB=E$,则 A,B 均可逆,且

$$A^{-1} = B, \quad B^{-1} = A.$$

证 由 $AB=E$,可得 $|AB| = |A||B| = 1$,故 $|A| \neq 0$ 且 $|B| \neq 0$.由定理 2.1 知 A,B 都可逆,从而 A^{-1},B^{-1} 存在.在 $AB=E$ 两边左乘 A^{-1},得

$$A^{-1}(AB) = A^{-1}E, \quad 即 \ B = A^{-1}.$$

同理在等式 $AB=E$ 两边右乘 B^{-1},可得 $A = B^{-1}$.

这个推论表明,若 $AB=E$,则必有 $BA=E$,即 A,B 互为逆矩阵.因此,若要证明"A 可逆,且其逆为 B"这样的命题,只要验证一个 $AB=E$ 或 $BA=E$ 即可,不必像定义 2.10 那样,既检验 $AB=E$,又检验 $BA=E$.

定理 2.1 不仅给出了一个矩阵可逆的条件,同时也给出了求逆矩阵的一种方法,我们称之为**伴随矩阵法**.

例 1 单位矩阵 E 是可逆的,且 $E^{-1}=E$,因为 $EE=E$.

例 2 主对角线上元素都是非零数的对角阵是可逆的,且

$$\begin{pmatrix} a_1 & & & \\ & a_2 & & \\ & & \ddots & \\ & & & a_n \end{pmatrix}^{-1} = \begin{pmatrix} a_1^{-1} & & & \\ & a_2^{-1} & & \\ & & \ddots & \\ & & & a_n^{-1} \end{pmatrix}.$$

例 3 设 $A = \begin{pmatrix} a & b \\ c & d \end{pmatrix}$. 试证此矩阵可逆的充要条件为 $ad - bc \neq 0$. 若此条件成立的话,求 A^{-1}.

证 由定理 2.1 知,A 可逆 $\Leftrightarrow |A| \neq 0$,即

$$\begin{vmatrix} a & b \\ c & d \end{vmatrix} = ad - bc \neq 0.$$

又

$$A^* = \begin{pmatrix} A_{11} & A_{21} \\ A_{12} & A_{22} \end{pmatrix} = \begin{pmatrix} d & -b \\ -c & a \end{pmatrix}.$$

则

$$A^{-1} = \frac{1}{|A|} A^* = \frac{1}{ad - bc} \begin{pmatrix} d & -b \\ -c & a \end{pmatrix}.$$

从这个例子可以看出,当一个二阶矩阵可逆时,利用伴随矩阵法,很容易求出其逆矩阵(注意到 A^* 的元素与 A 的元素间的关系,便可直接写出 A^*). 这个结论要记住.

例 4 试判断三阶矩阵 $A = \begin{pmatrix} 1 & 1 & 1 \\ 1 & 2 & 1 \\ 1 & 1 & 3 \end{pmatrix}$ 是否可逆? 若可逆,求出其逆矩阵.

解 由于

$$|A| = \begin{vmatrix} 1 & 1 & 1 \\ 1 & 2 & 1 \\ 1 & 1 & 3 \end{vmatrix} = \begin{vmatrix} 1 & 1 & 1 \\ 0 & 1 & 0 \\ 0 & 0 & 2 \end{vmatrix} = 2 \neq 0,$$

所以 A 可逆. 并且

$$A^{-1} = \frac{1}{|A|} A^* = \frac{1}{|A|} \begin{pmatrix} A_{11} & A_{21} & A_{31} \\ A_{12} & A_{22} & A_{32} \\ A_{13} & A_{23} & A_{33} \end{pmatrix},$$

其中

$$A_{11} = \begin{vmatrix} 2 & 1 \\ 1 & 3 \end{vmatrix} = 5, \qquad A_{21} = -\begin{vmatrix} 1 & 1 \\ 1 & 3 \end{vmatrix} = -2, \qquad A_{31} = \begin{vmatrix} 1 & 1 \\ 2 & 1 \end{vmatrix} = -1,$$

$$A_{12} = -\begin{vmatrix} 1 & 1 \\ 1 & 3 \end{vmatrix} = -2, \qquad A_{22} = \begin{vmatrix} 1 & 1 \\ 1 & 3 \end{vmatrix} = 2, \qquad A_{32} = -\begin{vmatrix} 1 & 1 \\ 1 & 1 \end{vmatrix} = 0,$$

$$A_{13} = \begin{vmatrix} 1 & 2 \\ 1 & 1 \end{vmatrix} = -1, \qquad A_{23} = -\begin{vmatrix} 1 & 1 \\ 1 & 1 \end{vmatrix} = 0, \qquad A_{33} = \begin{vmatrix} 1 & 1 \\ 1 & 2 \end{vmatrix} = 1.$$

所以

$$\boldsymbol{A}^{-1}=\frac{1}{2}\begin{pmatrix}5 & -2 & -1\\ -2 & 2 & 0\\ -1 & 0 & 1\end{pmatrix}=\begin{pmatrix}\dfrac{5}{2} & -1 & -\dfrac{1}{2}\\ -1 & 1 & 0\\ -\dfrac{1}{2} & 0 & \dfrac{1}{2}\end{pmatrix}.$$

对于三阶以上的矩阵,用伴随矩阵法求逆矩阵,计算量一般是非常大的,在以后我们将给出另一种求法.

例 5 已知 n 阶方阵 $\boldsymbol{A}$ 满足矩阵方程 $\boldsymbol{A}^2-3\boldsymbol{A}-2\boldsymbol{E}=\boldsymbol{O}$,其中 $\boldsymbol{A}$ 给定. 证明 $\boldsymbol{A}$ 和 $\boldsymbol{A}+2\boldsymbol{E}$ 都可逆,并求出它们的逆矩阵.

证 由 $\boldsymbol{A}^2-3\boldsymbol{A}-2\boldsymbol{E}=\boldsymbol{O}$,得 $\boldsymbol{A}^2-3\boldsymbol{A}=2\boldsymbol{E}$,从而有

$$\boldsymbol{A}\left[\frac{1}{2}(\boldsymbol{A}-3\boldsymbol{E})\right]=\boldsymbol{E}.$$

由定理 2.1 推论知 $\boldsymbol{A}$ 可逆,且 $\boldsymbol{A}^{-1}=\frac{1}{2}(\boldsymbol{A}-3\boldsymbol{E})$.

又由 $\boldsymbol{A}^2-3\boldsymbol{A}-2\boldsymbol{E}=\boldsymbol{O}$,得 $(\boldsymbol{A}+2\boldsymbol{E})(\boldsymbol{A}-5\boldsymbol{E})=-8\boldsymbol{E}$,从而有

$$(\boldsymbol{A}+2\boldsymbol{E})\left[\frac{1}{8}(5\boldsymbol{E}-\boldsymbol{A})\right]=\boldsymbol{E},$$

故 $\boldsymbol{A}+2\boldsymbol{E}$ 可逆,且 $(\boldsymbol{A}+2\boldsymbol{E})^{-1}=\frac{1}{8}(5\boldsymbol{E}-\boldsymbol{A})$.

例 6 设 $\boldsymbol{A}=\begin{pmatrix}1 & 0 & 0\\ 2 & 2 & 0\\ 3 & 4 & 5\end{pmatrix}$,$\boldsymbol{A}^*$ 是 $\boldsymbol{A}$ 的伴随矩阵,求 $(\boldsymbol{A}^*)^{-1}$.

解 由 $\boldsymbol{A}\boldsymbol{A}^*=|\boldsymbol{A}|\boldsymbol{E}$,得 $\frac{\boldsymbol{A}}{|\boldsymbol{A}|}\boldsymbol{A}^*=\boldsymbol{E}$,故

$$(\boldsymbol{A}^*)^{-1}=\frac{\boldsymbol{A}}{|\boldsymbol{A}|}=\frac{1}{10}\begin{pmatrix}1 & 0 & 0\\ 2 & 2 & 0\\ 3 & 4 & 5\end{pmatrix}=\begin{pmatrix}\dfrac{1}{10} & 0 & 0\\ \dfrac{1}{5} & \dfrac{1}{5} & 0\\ \dfrac{3}{10} & \dfrac{2}{5} & \dfrac{1}{2}\end{pmatrix}.$$

利用定理 2.1,可简洁地证明第 1 章的克拉默法则. 首先将线性方程组

$$\begin{cases}a_{11}x_1+a_{12}x_2+\cdots+a_{1n}x_n=b_1,\\ a_{21}x_1+a_{22}x_2+\cdots+a_{2n}x_n=b_2,\\ \qquad\cdots\cdots\\ a_{n1}x_1+a_{n2}x_2+\cdots+a_{nn}x_n=b_n\end{cases}$$

改写为矩阵形式

$$Ax = b, \tag{2-5}$$

其中,$A = (a_{ij})_{n \times n}$ 为系数矩阵,$x = (x_1, x_2, \cdots, x_n)^{\mathrm{T}}$,$b = (b_1, b_2, \cdots, b_n)^{\mathrm{T}}$.克拉默法则的条件是 $D = |A| \neq 0$,即 A 可逆,故 A^{-1} 存在.在式(2-5)两边左乘 A^{-1} 得

$$x = A^{-1}b = \frac{1}{|A|}A^* b,$$

即

$$\begin{pmatrix} x_1 \\ x_2 \\ \vdots \\ x_n \end{pmatrix} = \frac{1}{D} \begin{pmatrix} A_{11} & A_{21} & \cdots & A_{n1} \\ A_{12} & A_{22} & \cdots & A_{n2} \\ \vdots & \vdots & & \vdots \\ A_{1n} & A_{2n} & \cdots & A_{nn} \end{pmatrix} \begin{pmatrix} b_1 \\ b_2 \\ \vdots \\ b_n \end{pmatrix},$$

此亦即

$$x_j = \frac{1}{D}(b_1 A_{1j} + b_2 A_{2j} + \cdots + b_n A_{nj}), \quad j = 1, 2, \cdots, n.$$

上述等式与将 D_j 按第 j 列展开计算 D_j 相同,故

$$x_j = \frac{D_j}{D}.$$

若 x_1, x_2 均为(2-5)的解,即 $Ax_1 = b, Ax_2 = b, Ax_1 = Ax_2$,两边同左乘 A^{-1} 即得 $x_1 = x_2$.唯一性得证.

例 7 若 A 为可逆矩阵,在矩阵方程 $AX = C$ 两边同左乘 A^{-1} 得其唯一解 $X = A^{-1}C$;在矩阵方程 $XA = C$ 两边同右乘 A^{-1} 得其唯一解 $X = CA^{-1}$.

例 8 已知 $AB - B = A$,其中 $B = \begin{pmatrix} 1 & -2 & 0 \\ 2 & 1 & 0 \\ 0 & 0 & 2 \end{pmatrix}$,求 A.

解 由 $AB - B = A$ 得 $AB - A = B$,即 $A(B - E) = B$.因为

$$|B - E| = \begin{vmatrix} 0 & -2 & 0 \\ 2 & 0 & 0 \\ 0 & 0 & 1 \end{vmatrix} = 4 \neq 0,$$

所以 $B - E$ 可逆.在 $A(B - E) = B$ 两边右乘 $(B - E)^{-1}$,得

$$A = B(B - E)^{-1} = [(B - E) + E](B - E)^{-1} = E + (B - E)^{-1}.$$

而

$$(B - E)^{-1} = \begin{pmatrix} 0 & -2 & 0 \\ 2 & 0 & 0 \\ 0 & 0 & 1 \end{pmatrix}^{-1} = \frac{1}{4} \begin{pmatrix} 0 & 2 & 0 \\ -2 & 0 & 0 \\ 0 & 0 & 4 \end{pmatrix} = \frac{1}{2} \begin{pmatrix} 0 & 1 & 0 \\ -1 & 0 & 0 \\ 0 & 0 & 2 \end{pmatrix}.$$

故

$$A = \begin{pmatrix} 1 & \dfrac{1}{2} & 0 \\ -\dfrac{1}{2} & 1 & 0 \\ 0 & 0 & 2 \end{pmatrix}.$$

可逆矩阵具有以下性质:

性质 1 如果 A 可逆,则 A^{-1} 也可逆,且 $(A^{-1})^{-1} = A$.

证 由 $AA^{-1} = E$,即得 A^{-1} 可逆,且 $(A^{-1})^{-1} = A$.

性质 2 如果 A 可逆,则 $\lambda A(\lambda \neq 0)$ 也可逆,且 $(\lambda A)^{-1} = \dfrac{1}{\lambda} A^{-1}$.

证 由于

$$(\lambda A)\left(\frac{1}{\lambda} A^{-1}\right) = \left(\lambda \cdot \frac{1}{\lambda}\right)(AA^{-1}) = 1E = E,$$

所以 λA 也可逆,且 $(\lambda A)^{-1} = \dfrac{1}{\lambda} A^{-1}$.

性质 3 如果 A 可逆,则 A^{T} 也可逆,且 $(A^{\mathrm{T}})^{-1} = (A^{-1})^{\mathrm{T}}$.

证 由于

$$A^{\mathrm{T}}(A^{-1})^{\mathrm{T}} = (A^{-1}A)^{\mathrm{T}} = E^{\mathrm{T}} = E,$$

所以 A^{T} 可逆,且 $(A^{\mathrm{T}})^{-1} = (A^{-1})^{\mathrm{T}}$.

性质 4 A, B 都可逆,则 AB 也可逆,且 $(AB)^{-1} = B^{-1}A^{-1}$.

证 由于

$$(AB)(B^{-1}A^{-1}) = A(BB^{-1})A^{-1} = AA^{-1} = E,$$

所以 AB 可逆,且 $(AB)^{-1} = B^{-1}A^{-1}$.

性质 4 可推广到多个 n 阶可逆矩阵乘积的情形. 即若 $A_1, A_2, \cdots, A_s$ 都可逆,则 $A_1 A_2 \cdots A_s$ 也可逆,且

$$(A_1 A_2 \cdots A_s)^{-1} = A_s^{-1} A_{s-1}^{-1} \cdots A_1^{-1}.$$

注意:若 A, B 都可逆,而 $A+B$ 不一定可逆,即使 $A+B$ 可逆,一般情况下 $(A+B)^{-1} \neq A^{-1} + B^{-1}$. 读者不难举出这样的例子(可用对角阵举例).

例 9 设 A, B, C 为同阶方阵,且 $AB = AC$. 若 A 可逆,则 $B = C$.

证 由于 A 可逆,故 A^{-1} 存在. 在等式 $AB = AC$ 两边同左乘 A^{-1} 即得 $B = C$.

这个例子说明,对于可逆矩阵而言,矩阵的消去律成立.

例 10 若 A 可逆,试证 A^* 也可逆,且 $(A^*)^{-1} = (A^{-1})^*$.

证 在 $AA^* = |A|E$ 两边取行列式得

$$|A||A^*| = |A|^n.$$

因为 A 可逆,故 $|A| \neq 0$. 所以 $|A^*| = |A|^{n-1} \neq 0$,说明 A^* 可逆.

在 $AA^* = |A|E$ 两边取逆矩阵,得

$$(A^*)^{-1}A^{-1} = \frac{1}{|A|}E^{-1} = \frac{1}{|A|}E.$$

上式两边同右乘 A,得

$$(A^*)^{-1} = \frac{1}{|A|}A.$$

而

$$(A^{-1})^* = |A^{-1}|(A^{-1})^{-1} = \frac{1}{|A|}A.$$

所以 $(A^*)^{-1} = (A^{-1})^*$.

例 11　设 A 为 n 阶方阵,且 $|A| = 3$,求 $|2A^* - 7A^{-1}|$.

解　由于 $A^* = |A|A^{-1} = 3A^{-1}$,所以

$$|2A^* - 7A^{-1}| = |6A^{-1} - 7A^{-1}| = |-A^{-1}| = (-1)^n|A^{-1}| = \frac{(-1)^n}{|A|} = \frac{(-1)^n}{3}.$$

§2.4　分块矩阵

在矩阵运算中,为了理论分析与计算方便,在处理大型矩阵(矩阵的行数和列数都比较大)的运算时,常常采用矩阵分块的方法,将大型矩阵的运算化为小矩阵的运算,这种技巧在实际应用中是非常重要的.本节将简单介绍如何将矩阵分块,分块矩阵的运算及一些特殊的分块矩阵的性质.

设 A 是一个矩阵,我们在它的行或列之间加上一些线,把这个矩阵分成若干个小矩阵,每个小矩阵称为矩阵 A 的**子块**,以子块为元素的矩阵称为**分块矩阵**.

例如,设矩阵 $A = (a_{ij})_{4\times 3}$ 分成

$$A = \begin{bmatrix} a_{11} & a_{12} & a_{13} \\ a_{21} & a_{22} & a_{23} \\ \hdashline a_{31} & a_{32} & a_{33} \\ a_{41} & a_{42} & a_{43} \end{bmatrix}.$$

若记

$$A_{11} = \begin{bmatrix} a_{11} \\ a_{21} \end{bmatrix}, \qquad A_{12} = \begin{bmatrix} a_{12} & a_{13} \\ a_{22} & a_{23} \end{bmatrix},$$

$$A_{21} = \begin{bmatrix} a_{31} \\ a_{41} \end{bmatrix}, \qquad A_{22} = \begin{bmatrix} a_{32} & a_{33} \\ a_{42} & a_{43} \end{bmatrix}.$$

则 $A_{11}, A_{12}, A_{21}, A_{22}$ 为 A 的子块,此时矩阵 A 可表示为分块矩阵形式

$$A = \begin{bmatrix} A_{11} & A_{12} \\ A_{21} & A_{22} \end{bmatrix}.$$

给定一个矩阵可以有各种不同的分块方法,如上面矩阵 A 也可分成

$$A = \begin{bmatrix} a_{11} & a_{12} & a_{13} \\ a_{21} & a_{22} & a_{23} \\ a_{31} & a_{32} & a_{33} \\ a_{41} & a_{42} & a_{43} \end{bmatrix}, \quad A = \begin{bmatrix} a_{11} & a_{12} & a_{13} \\ a_{21} & a_{22} & a_{23} \\ a_{31} & a_{32} & a_{33} \\ a_{41} & a_{42} & a_{43} \end{bmatrix}.$$

矩阵分块的目的是把一个大矩阵看成是由一些小矩阵组成的. 在矩阵运算中可把这些小矩阵当作"数"来处理. 某些矩阵经过适当分块后,可以使其结构简洁明了,便于运算.

下面我们讨论分块矩阵的运算. 这些运算不是一些新的运算,而只是矩阵运算的简化,其运算规则与普通矩阵的运算规则类似.

1. 加法运算

设 A, B 都是 $m \times n$ 矩阵,将 A, B 按相同的方法进行分块

$$A = \begin{bmatrix} A_{11} & A_{12} & \cdots & A_{1t} \\ A_{21} & A_{22} & \cdots & A_{2t} \\ \vdots & \vdots & & \vdots \\ A_{s1} & A_{s2} & \cdots & A_{st} \end{bmatrix}, \quad B = \begin{bmatrix} B_{11} & B_{12} & \cdots & B_{1t} \\ B_{21} & B_{22} & \cdots & B_{2t} \\ \vdots & \vdots & & \vdots \\ B_{s1} & B_{s2} & \cdots & B_{st} \end{bmatrix},$$

其中 A_{ij}, B_{ij} 都是 $m_i \times n_j$ 矩阵($i=1,2,\cdots,s$; $j=1,2,\cdots,t$),且 $\sum\limits_{i=1}^{s} m_i = m$, $\sum\limits_{j=1}^{t} n_j = n$.
则

$$A + B = \begin{bmatrix} A_{11}+B_{11} & A_{12}+B_{12} & \cdots & A_{1t}+B_{1t} \\ A_{21}+B_{21} & A_{22}+B_{22} & \cdots & A_{2t}+B_{2t} \\ \vdots & \vdots & & \vdots \\ A_{s1}+B_{s1} & A_{s2}+B_{s2} & \cdots & A_{st}+B_{st} \end{bmatrix}.$$

2. 数乘运算

设 λ 是一个常数,矩阵 A 分法如上,则

$$\lambda A = \begin{bmatrix} \lambda A_{11} & \lambda A_{12} & \cdots & \lambda A_{1t} \\ \lambda A_{21} & \lambda A_{22} & \cdots & \lambda A_{2t} \\ \vdots & \vdots & & \vdots \\ \lambda A_{s1} & \lambda A_{s2} & \cdots & \lambda A_{st} \end{bmatrix}.$$

由于矩阵的加法与数乘比较简单,一般不需用分块计算.

3. 乘法运算

设 $A=(a_{ij})_{m \times n}$, $B=(b_{ij})_{n \times p}$. 若对矩阵 A 的列的分法与对矩阵 B 的行的分法一致,即

$$
\begin{array}{c}
\begin{array}{cccc} n_1 & n_2 & \cdots & n_l \end{array} \\
A = \begin{pmatrix}
\boldsymbol{A}_{11} & \boldsymbol{A}_{12} & \cdots & \boldsymbol{A}_{1l} \\
\boldsymbol{A}_{21} & \boldsymbol{A}_{22} & \cdots & \boldsymbol{A}_{2l} \\
\vdots & \vdots & & \vdots \\
\boldsymbol{A}_{t1} & \boldsymbol{A}_{t2} & \cdots & \boldsymbol{A}_{tl}
\end{pmatrix}
\begin{matrix} m_1 \\ m_2 \\ \vdots \\ m_t \end{matrix}
\end{array}
,\qquad
\begin{array}{c}
\begin{array}{cccc} p_1 & p_2 & \cdots & p_r \end{array} \\
B = \begin{pmatrix}
\boldsymbol{B}_{11} & \boldsymbol{B}_{12} & \cdots & \boldsymbol{B}_{1r} \\
\boldsymbol{B}_{21} & \boldsymbol{B}_{22} & \cdots & \boldsymbol{B}_{2r} \\
\vdots & \vdots & & \vdots \\
\boldsymbol{B}_{l1} & \boldsymbol{B}_{l2} & \cdots & \boldsymbol{B}_{lr}
\end{pmatrix}
\begin{matrix} n_1 \\ n_2 \\ \vdots \\ n_l \end{matrix}
\end{array}
,
$$

其中 $\sum\limits_{i=1}^{t} m_i = m$, $\sum\limits_{i=1}^{l} n_i = n$, $\sum\limits_{i=1}^{r} p_i = p$. $\boldsymbol{A}_{ij}$ 是 $m_i \times n_j$ 小矩阵, $\boldsymbol{B}_{ij}$ 是 $n_i \times p_j$ 小矩阵,则有

$$
\begin{array}{c}
\begin{array}{cccc} p_1 & p_2 & \cdots & p_r \end{array} \\
C = AB = \begin{pmatrix}
\boldsymbol{C}_{11} & \boldsymbol{C}_{12} & \cdots & \boldsymbol{C}_{1r} \\
\boldsymbol{C}_{21} & \boldsymbol{C}_{22} & \cdots & \boldsymbol{C}_{2r} \\
\vdots & \vdots & & \vdots \\
\boldsymbol{C}_{t1} & \boldsymbol{C}_{t2} & \cdots & \boldsymbol{C}_{tr}
\end{pmatrix}
\begin{matrix} m_1 \\ m_2 \\ \vdots \\ m_t \end{matrix}
\end{array}
,
$$

其中

$$
\boldsymbol{C}_{ij} = \sum_{k=1}^{l} \boldsymbol{A}_{ik} \boldsymbol{B}_{kj} = \boldsymbol{A}_{i1} \boldsymbol{B}_{1j} + \boldsymbol{A}_{i2} \boldsymbol{B}_{2j} + \cdots + \boldsymbol{A}_{il} \boldsymbol{B}_{lj}, \ i = 1, 2, \cdots, t; \ j = 1, 2, \cdots, r.
$$

例 1 设 $A = \begin{pmatrix} 2 & 0 & 0 & 1 & 0 \\ 0 & 2 & 0 & 0 & 1 \\ 0 & 0 & 2 & 2 & -1 \\ 0 & 0 & 0 & 1 & 4 \\ 0 & 0 & 0 & 0 & 1 \end{pmatrix}$, $B = \begin{pmatrix} 1 & 1 & 1 \\ 1 & 1 & 1 \\ 1 & 1 & 1 \\ 0 & 1 & 0 \\ 0 & 0 & 1 \end{pmatrix}$, 利用分块矩阵计算 AB.

解 将矩阵 A, B 分块(比如先确定 A 的分法,再确定 B 的分法,因为 A 的列的分法必须与 B 的行的分法一致).

$$
A = \begin{pmatrix} 2 & 0 & 0 & 1 & 0 \\ 0 & 2 & 0 & 0 & 1 \\ 0 & 0 & 2 & 2 & -1 \\ 0 & 0 & 0 & 1 & 4 \\ 0 & 0 & 0 & 0 & 1 \end{pmatrix}
= \left(\begin{array}{ccc:cc} 2 & 0 & 0 & 1 & 0 \\ 0 & 2 & 0 & 0 & 1 \\ 0 & 0 & 2 & 2 & -1 \\ \hdashline 0 & 0 & 0 & 1 & 4 \\ 0 & 0 & 0 & 0 & 1 \end{array}\right)
\xlongequal{\text{记为}} \begin{pmatrix} 2\boldsymbol{E}_3 & \boldsymbol{A}_{12} \\ \boldsymbol{O}_{23} & \boldsymbol{A}_{21} \end{pmatrix},
$$

$$
B = \begin{pmatrix} 1 & 1 & 1 \\ 1 & 1 & 1 \\ 1 & 1 & 1 \\ 0 & 1 & 0 \\ 0 & 0 & 1 \end{pmatrix}
= \left(\begin{array}{c:cc} 1 & 1 & 1 \\ 1 & 1 & 1 \\ 1 & 1 & 1 \\ \hdashline 0 & 1 & 0 \\ 0 & 0 & 1 \end{array}\right)
= \begin{pmatrix} \boldsymbol{B}_{11} & \boldsymbol{B}_{12} \\ \boldsymbol{O}_{21} & \boldsymbol{E}_2 \end{pmatrix}.
$$

则有

$$AB = \begin{bmatrix} 2E_3 & A_{12} \\ O_{2\times 3} & A_{21} \end{bmatrix} \begin{bmatrix} B_{11} & B_{12} \\ O_{2\times 1} & E_2 \end{bmatrix} = \begin{bmatrix} 2B_{11} & 2B_{12}+A_{12} \\ O_{21} & A_{21} \end{bmatrix}.$$

这样 $2B_{11}, A_{21}$ 可直接写出, 仅需计算

$$2B_{12}+A_{12} = 2\begin{bmatrix} 1 & 1 \\ 1 & 1 \\ 1 & 1 \end{bmatrix} + \begin{bmatrix} 1 & 0 \\ 0 & 1 \\ 2 & -1 \end{bmatrix} = \begin{bmatrix} 3 & 2 \\ 2 & 3 \\ 4 & 1 \end{bmatrix}.$$

因此

$$AB = \begin{bmatrix} 2 & 3 & 2 \\ 2 & 2 & 3 \\ 2 & 4 & 1 \\ 0 & 1 & 4 \\ 0 & 0 & 1 \end{bmatrix}.$$

例 2　设矩阵 $A=(a_{ij})_{m\times n}$, $B=(b_{ij})_{n\times s}$. 若将 B 按列分成 s 块, 即

$$B = (B_1, B_2, \cdots, B_s),$$

其中 $B_j = (b_{1j}, b_{2j}, \cdots, b_{nj})^{\mathrm{T}}$ $(j=1,2,\cdots,s)$, 则

$$AB = A(B_1, B_2, \cdots, B_s) = (AB_1, AB_2, \cdots, AB_s).$$

若设 $AB=O$, 则 B 按上述方法分块后, 有

$$AB = (AB_1, AB_2, \cdots, AB_s) = (O, O, \cdots, O).$$

从而有 $AB_j = O_{m\times 1}$ $(j=1,2,\cdots,s)$, 即 B 的每一列都是线性方程组 $Ax=0$ 的解.

4. 转置

设分块矩阵

$$A = \begin{bmatrix} A_{11} & A_{12} & \cdots & A_{1q} \\ A_{21} & A_{22} & \cdots & A_{2q} \\ \vdots & \vdots & & \vdots \\ A_{p1} & A_{p2} & \cdots & A_{pq} \end{bmatrix},$$

则有

$$A^{\mathrm{T}} = \begin{bmatrix} A_{11}^{\mathrm{T}} & A_{21}^{\mathrm{T}} & \cdots & A_{p1}^{\mathrm{T}} \\ A_{12}^{\mathrm{T}} & A_{22}^{\mathrm{T}} & \cdots & A_{p2}^{\mathrm{T}} \\ \vdots & \vdots & & \vdots \\ A_{1q}^{\mathrm{T}} & A_{2q}^{\mathrm{T}} & \cdots & A_{pq}^{\mathrm{T}} \end{bmatrix}.$$

注意, 分块矩阵转置时, 不但要将行列互换, 而且行列互换后的各子矩阵都应转置.

5. 求逆

利用矩阵分块, 可以将高阶矩阵求逆归结为低阶矩阵求逆, 从而简化计算.

例 3 设分块矩阵 $D = \begin{pmatrix} A & O \\ C & B \end{pmatrix}$，其中 A，B 均为可逆矩阵，求分块矩阵 D 的逆矩阵 D^{-1}.

证 设分块矩阵

$$D^{-1} = \begin{pmatrix} X_{11} & X_{12} \\ X_{21} & X_{22} \end{pmatrix},$$

那么应该有

$$\begin{pmatrix} A & O \\ C & B \end{pmatrix} \begin{pmatrix} X_{11} & X_{12} \\ X_{21} & X_{22} \end{pmatrix} = \begin{pmatrix} E_k & O \\ O & E_r \end{pmatrix}.$$

比较等式两边，得

$$\begin{cases} AX_{11} = E_k \\ AX_{12} = O \\ CX_{11} + BX_{21} = O \\ CX_{12} + BX_{22} = E_r \end{cases}.$$

因为 A 可逆，用 A^{-1} 左乘第一、二式得

$$X_{11} = A^{-1}, \quad X_{12} = A^{-1}O = O.$$

将 $X_{12} = O$ 代入第四式得 $BX_{22} = E_r$，再以 B^{-1} 左乘，得

$$X_{22} = B^{-1}.$$

将 $X_{11} = A^{-1}$ 代入第三式得 $BX_{21} = -CX_{11} = -CA^{-1}$，以 B^{-1} 左乘，得

$$X_{21} = -B^{-1}CA^{-1}.$$

于是

$$D^{-1} = \begin{pmatrix} A^{-1} & O \\ -B^{-1}CA^{-1} & B^{-1} \end{pmatrix}.$$

特别地，当 $C = O$ 时，有

$$\begin{pmatrix} A & O \\ O & B \end{pmatrix}^{-1} = \begin{pmatrix} A^{-1} & O \\ O & B^{-1} \end{pmatrix}.$$

类似地，若 A，B 可逆，我们还可以得到：

(1) $\begin{pmatrix} A & C \\ O & B \end{pmatrix}^{-1} = \begin{pmatrix} A^{-1} & -A^{-1}CB^{-1} \\ O & B^{-1} \end{pmatrix}$；

(2) $\begin{pmatrix} O & A \\ B & O \end{pmatrix}^{-1} = \begin{pmatrix} O & B^{-1} \\ A^{-1} & O \end{pmatrix}$.

最后我们介绍一类分块矩阵，它的运算性质非常简明.

6. 准对角矩阵

形如

$$\begin{pmatrix} A_1 & O & \cdots & O \\ O & A_2 & \cdots & O \\ \vdots & \vdots & & \vdots \\ O & O & \cdots & A_l \end{pmatrix}$$

的分块矩阵,其中 A_i 是 $n_i \times n_i$ 矩阵 $(i=1,2,\cdots,l)$,称上述为**准对角矩阵**.

对于两个有相同分块的准对角矩阵

$$A = \begin{pmatrix} A_1 & O & \cdots & O \\ O & A_2 & \cdots & O \\ \vdots & \vdots & & \vdots \\ O & O & \cdots & A_l \end{pmatrix}, \qquad B = \begin{pmatrix} B_1 & O & \cdots & O \\ O & B_2 & \cdots & O \\ \vdots & \vdots & & \vdots \\ O & O & \cdots & B_l \end{pmatrix},$$

如果它们相应的分块是同阶的,则根据分块的运算,有

$$A + B = \begin{pmatrix} A_1 + B_1 & O & \cdots & O \\ O & A_2 + B_2 & \cdots & O \\ \vdots & \vdots & & \vdots \\ O & O & \cdots & A_l + B_l \end{pmatrix},$$

$$AB = \begin{pmatrix} A_1 B_1 & O & \cdots & O \\ O & A_2 B_2 & \cdots & O \\ \vdots & \vdots & & \vdots \\ O & O & \cdots & A_l B_l \end{pmatrix}.$$

如果 A_1,A_2,$\cdots$,A_l 都是可逆矩阵,则 A 也可逆,且

$$A^{-1} = \begin{pmatrix} A_1 & O & \cdots & O \\ O & A_2 & \cdots & O \\ \vdots & \vdots & & \vdots \\ O & O & \cdots & A_l \end{pmatrix}^{-1} = \begin{pmatrix} A_1^{-1} & O & \cdots & O \\ O & A_2^{-1} & \cdots & O \\ \vdots & \vdots & & \vdots \\ O & O & \cdots & A_l^{-1} \end{pmatrix}.$$

例 4 设 $A = \begin{pmatrix} 1 & 1 & 0 & 0 & 0 \\ -1 & 3 & 0 & 0 & 0 \\ 0 & 0 & -2 & 0 & 0 \\ 0 & 0 & 0 & 1 & 2 \\ 0 & 0 & 0 & 0 & 1 \end{pmatrix}$,求 A^{-1}.

解 设 $A_1 = \begin{pmatrix} 1 & 1 \\ -1 & 3 \end{pmatrix}$,$A_2 = (-2)$,$A_3 = \begin{pmatrix} 1 & 2 \\ 0 & 1 \end{pmatrix}$,则

$$A = \begin{pmatrix} A_1 & O & O \\ O & A_2 & O \\ O & O & A_3 \end{pmatrix},$$

而

$$A_1^{-1} = \frac{1}{4} \begin{pmatrix} 3 & -1 \\ 1 & 1 \end{pmatrix} = \begin{pmatrix} \dfrac{3}{4} & -\dfrac{1}{4} \\ \dfrac{1}{4} & \dfrac{1}{4} \end{pmatrix}, \quad A_2^{-1} = \left(-\frac{1}{2} \right), \quad A_3^{-1} = \begin{pmatrix} 1 & -2 \\ 0 & 1 \end{pmatrix}.$$

故

$$A^{-1} = \begin{pmatrix} A_1^{-1} & O & O \\ O & A_2^{-1} & O \\ O & O & A_3^{-1} \end{pmatrix} = \begin{pmatrix} \dfrac{3}{4} & -\dfrac{1}{4} & 0 & 0 & 0 \\ \dfrac{1}{4} & \dfrac{1}{4} & 0 & 0 & 0 \\ 0 & 0 & -\dfrac{1}{2} & 0 & 0 \\ 0 & 0 & 0 & 1 & -2 \\ 0 & 0 & 0 & 0 & 1 \end{pmatrix}.$$

例 5 设 $A = \begin{pmatrix} 1 & 1 & 0 & 0 \\ 0 & 1 & 0 & 0 \\ 0 & 0 & 1 & -1 \\ 0 & 0 & -1 & 1 \end{pmatrix}$, 求 A^n.

解 设 $A = \begin{pmatrix} B & O \\ O & C \end{pmatrix}$, 其中 $B = \begin{pmatrix} 1 & 1 \\ 0 & 1 \end{pmatrix}$, $C = \begin{pmatrix} 1 & -1 \\ -1 & 1 \end{pmatrix}$.

$$B^2 = \begin{pmatrix} 1 & 2 \\ 0 & 1 \end{pmatrix}, \quad B^3 = B^2 B = \begin{pmatrix} 1 & 3 \\ 0 & 1 \end{pmatrix}, \cdots$$

用数学归纳法可推得 $B^n = \begin{pmatrix} 1 & n \\ 0 & 1 \end{pmatrix}$.

$$C^2 = \begin{pmatrix} 1 & -1 \\ -1 & 1 \end{pmatrix} \begin{pmatrix} 1 & -1 \\ -1 & 1 \end{pmatrix} = \begin{pmatrix} 2 & -2 \\ -2 & 2 \end{pmatrix} = 2 \begin{pmatrix} 1 & -1 \\ -1 & 1 \end{pmatrix} = 2C,$$

故 $C^n = C^2 C^{n-2} = 2C^{n-1} = 2^{n-1} C$.

从而

$$A^n = \begin{pmatrix} B^n & O \\ O & C^n \end{pmatrix} = \begin{pmatrix} 1 & n & 0 & 0 \\ 0 & 1 & 0 & 0 \\ 0 & 0 & 2^{n-1} & -2^{n-1} \\ 0 & 0 & -2^{n-1} & 2^{n-1} \end{pmatrix}.$$

§2.5 矩阵的初等变换与初等矩阵

这一节我们介绍矩阵的初等变换以及它与矩阵乘法之间的联系.在此基础上,给出用初等变换求逆矩阵的方法.

2.5.1 矩阵的初等变换

定义 2.13 矩阵的**初等行(列)变换**是指对一个矩阵施行的下列变换:

(1)交换矩阵的某两行(列)的位置,如将第 i,j 行(列)对换,记为 $r_i \leftrightarrow r_j (c_i \leftrightarrow c_j)$,称为**对换行(列)变换**;

(2)用一个非零常数 k 乘以矩阵的某一行(列),即将第 i 行(列)的每一个元素乘 k,记为 $kr_i(kc_i)$,称为**倍乘行(列)变换**;

(3)将矩阵的某一行(列)乘以非零数 k 后加到另一行(列),即将第 j 行(列)的每一元素乘以 k 后加到第 i 行(列)的对应元素上,记为 $r_i + kr_j(c_i + kc_j)$,称为**倍加行(列)变换**.

定义 2.14 如果矩阵 B 可以由矩阵 A 经过有限次初等变换得到,则称 A 和 B 为**等价矩阵**,记作 $A \cong B$.

不难证明,矩阵间的等价关系具有下列性质:

(1)反身性 $A \cong A$;

(2)对称性 若 $A \cong B$,则 $B \cong A$;

(3)传递性 若 $A \cong B, B \cong C$,则 $A \cong C$.

例 1 已知矩阵

$$A = \begin{pmatrix} 3 & 1 & 5 & 6 \\ 1 & -1 & 3 & -2 \\ 2 & 1 & 3 & 5 \\ 1 & 1 & 1 & 1 \end{pmatrix},$$

对其作如下初等行变换:

$$A = \begin{pmatrix} 3 & 1 & 5 & 6 \\ 1 & -1 & 3 & -2 \\ 2 & 1 & 3 & 5 \\ 1 & 1 & 1 & 1 \end{pmatrix} \xrightarrow{r_1 \leftrightarrow r_4} \begin{pmatrix} 1 & 1 & 1 & 1 \\ 1 & -1 & 3 & -2 \\ 2 & 1 & 3 & 5 \\ 3 & 1 & 5 & 6 \end{pmatrix}$$

$$\xrightarrow[\substack{r_3 - 2r_1 \\ r_4 - 3r_1}]{r_2 - r_1} \begin{pmatrix} 1 & 1 & 1 & 1 \\ 0 & -2 & 2 & -3 \\ 0 & -1 & 1 & 3 \\ 0 & -2 & 2 & 3 \end{pmatrix} \xrightarrow{r_2 \leftrightarrow r_3} \begin{pmatrix} 1 & 1 & 1 & 1 \\ 0 & -1 & 1 & 3 \\ 0 & -2 & 2 & -3 \\ 0 & -2 & 2 & 3 \end{pmatrix}$$

$$\xrightarrow[r_4-2r_2]{r_3-2r_2} \begin{pmatrix} 1 & 1 & 1 & 1 \\ 0 & -1 & 1 & 3 \\ 0 & 0 & 0 & -9 \\ 0 & 0 & 0 & -3 \end{pmatrix} \xrightarrow{-\frac{1}{9}r_3} \begin{pmatrix} 1 & 1 & 1 & 1 \\ 0 & -1 & 1 & 3 \\ 0 & 0 & 0 & 1 \\ 0 & 0 & 0 & -3 \end{pmatrix}$$

$$\xrightarrow{r_4+3r_3} \begin{pmatrix} 1 & 1 & 1 & 1 \\ 0 & -1 & 1 & 3 \\ 0 & 0 & 0 & 1 \\ 0 & 0 & 0 & 0 \end{pmatrix} = \boldsymbol{B},$$

则 $\boldsymbol{A} \cong \boldsymbol{B}$.

一般地,形如矩阵 $\boldsymbol{B}$ 的矩阵称为**行阶梯形矩阵**,它具有以下两个特征:

(1)若有零行(矩阵中的元素全为零的行),则零行都位于矩阵的下方;

(2)从第一行起,每行第一个非零元前面零的个数逐行增加.

对矩阵 $\boldsymbol{B}$ 再作初等行变换:

$$\boldsymbol{B} = \begin{pmatrix} 1 & 1 & 1 & 1 \\ 0 & -1 & 1 & 3 \\ 0 & 0 & 0 & 1 \\ 0 & 0 & 0 & 0 \end{pmatrix} \xrightarrow[r_2-3r_3]{r_1-r_3} \begin{pmatrix} 1 & 1 & 1 & 0 \\ 0 & -1 & 1 & 0 \\ 0 & 0 & 0 & 1 \\ 0 & 0 & 0 & 0 \end{pmatrix} \xrightarrow{r_1+r_2} \begin{pmatrix} 1 & 0 & 2 & 0 \\ 0 & -1 & 1 & 0 \\ 0 & 0 & 0 & 1 \\ 0 & 0 & 0 & 0 \end{pmatrix}$$

$$\xrightarrow{-r_2} \begin{pmatrix} 1 & 0 & 2 & 0 \\ 0 & 1 & -1 & 0 \\ 0 & 0 & 0 & 1 \\ 0 & 0 & 0 & 0 \end{pmatrix} = \boldsymbol{C},$$

则有 $\boldsymbol{B} \cong \boldsymbol{C}$,从而 $\boldsymbol{A} \cong \boldsymbol{C}$.

称形如矩阵 $\boldsymbol{C}$ 的矩阵为**行简化阶梯形矩阵**,即阶梯形矩阵中非零行第一个非零元素为 1,且其所对应的列的其他元素都为零.

如果对矩阵 $\boldsymbol{C}$ 再作初等列变换:

$$\boldsymbol{C} = \begin{pmatrix} 1 & 0 & 2 & 0 \\ 0 & 1 & -1 & 0 \\ 0 & 0 & 0 & 1 \\ 0 & 0 & 0 & 0 \end{pmatrix} \xrightarrow{c_3-2c_1} \begin{pmatrix} 1 & 0 & 0 & 0 \\ 0 & 1 & -1 & 0 \\ 0 & 0 & 0 & 1 \\ 0 & 0 & 0 & 0 \end{pmatrix} \xrightarrow{c_3+c_2} \begin{pmatrix} 1 & 0 & 0 & 0 \\ 0 & 1 & 0 & 0 \\ 0 & 0 & 0 & 1 \\ 0 & 0 & 0 & 0 \end{pmatrix}$$

$$\xrightarrow{c_3 \leftrightarrow c_4} \begin{pmatrix} 1 & 0 & 0 & 0 \\ 0 & 1 & 0 & 0 \\ 0 & 0 & 1 & 0 \\ 0 & 0 & 0 & 0 \end{pmatrix} = \boldsymbol{D}.$$

矩阵 $\boldsymbol{D}$ 的左上角为一个单位矩阵 $\boldsymbol{E}_3$,其余的分块都是零矩阵.

一般地,我们称矩阵 D 为矩阵 A 的**等价标准形矩阵**,简称**标准形矩阵**,它具有以下特征:

(1)位于左上角的子块是一个 r 阶单位矩阵;

(2)其余的子块(如果有的话)都是零矩阵.

例 1 中,对矩阵 A 首先施行初等行变换后化为行阶梯形矩阵 B,再对矩阵 B 施行初等行变换化为行简化阶梯形矩阵 C,进一步施行初等列变换,将矩阵 C 化为标准形矩阵 D.

需要注意的是,将矩阵 A 进行初等行变换后化为行简化阶梯形矩阵 C 的过程,在本书接下来的章节中具有普遍意义.一般地,有

定理 2.2 (1)任意矩阵都可以经过若干次初等行变换化为行阶梯形矩阵与行简化阶梯形矩阵;

(2)任意矩阵都可以经过若干次初等变换化为标准形矩阵.

证 仅给出(2)的证明.设 A 为 $m \times n$ 矩阵.

如果 $A = O$,则其已是标准形矩阵;

如果 $A \neq O$,则不妨设 $a_{11} \neq 0$(假设 $a_{11} = 0$,因为 $A \neq O$,则 A 中必存在一个 $a_{ij} \neq 0$.经过交换行或列的初等变换,将 a_{ij} 移至矩阵 A 的左上角).将第一行元素乘以 $-\dfrac{a_{i1}}{a_{11}}$ 倍加到第 i 行上去($i = 2, 3, \cdots, m$),于是第一列的元素除 a_{11} 外都变成了零;再将第一列元素乘以 $-\dfrac{a_{1j}}{a_{11}}$ 倍加到第 j 列上去($j = 2, 3, \cdots, n$),从而第一行的元素除 a_{11} 外都变成了零;再以 $\dfrac{1}{a_{11}}$ 倍乘第一行,则矩阵 A 经过这样一系列初等变换后变成如下形状的矩阵

$$A \rightarrow \begin{bmatrix} 1 & 0 & \cdots & 0 \\ 0 & a_{22}^{(1)} & \cdots & a_{2n}^{(1)} \\ \vdots & \vdots & & \vdots \\ 0 & a_{m2}^{(1)} & \cdots & a_{mn}^{(1)} \end{bmatrix} = \begin{bmatrix} 1 & 0 & \cdots & 0 \\ 0 & & & \\ \vdots & & A_1 & \\ 0 & & & \end{bmatrix},$$

其中 A_1 是一个 $(m-1) \times (n-1)$ 矩阵.对 A_1 重复以上的步骤,这样下去就可以得到 A 的标准形.

2.5.2 初等矩阵

定义 2.15 将单位矩阵 E 作一次初等变换所得到的矩阵称为**初等矩阵**.

当然,每个初等变换都有一个与之对应的初等矩阵.

(1)对换矩阵 E 的第 i, j 行(列)的位置,得

$$\begin{matrix} i\,列 & & j\,列 \end{matrix}$$

$$\boldsymbol{P}(i,j)=\begin{pmatrix} 1 & & & & & & & & & & \\ & \ddots & & & & & & & & & \\ & & 1 & & & & & & & & \\ & & & 0 & \cdots & & 1 & & & & \\ & & & & 1 & & & & & & \\ & & & \vdots & & \ddots & \vdots & & & & \\ & & & & & & 1 & & & & \\ & & & 1 & \cdots & & 0 & & & & \\ & & & & & & & 1 & & & \\ & & & & & & & & \ddots & & \\ & & & & & & & & & 1 \end{pmatrix} \begin{matrix} \\ \\ \\ i\,行 \\ \\ \\ \\ j\,行 \\ \\ \\ \\ \end{matrix}.$$

（2）用非零常数 k 乘 $\boldsymbol{E}$ 的第 i 行（列），得

$$\boldsymbol{P}(i(k))=\begin{pmatrix} 1 & & & & & & \\ & \ddots & & & & & \\ & & 1 & & & & \\ & & & k & & & \\ & & & & 1 & & \\ & & & & & \ddots & \\ & & & & & & 1 \end{pmatrix} i\,行.$$

$$i\,列$$

（3）把矩阵 $\boldsymbol{E}$ 的第 j 行的 k 倍加到第 i 行（或第 i 列的 k 倍加到第 j 列），有

$$\begin{matrix} i\,列 & & j\,列 \end{matrix}$$

$$\boldsymbol{P}(i,j(k))=\begin{pmatrix} 1 & & & & & & \\ & \ddots & & & & & \\ & & 1 & \cdots & k & & \\ & & & \ddots & \vdots & & \\ & & & & 1 & & \\ & & & & & \ddots & \\ & & & & & & 1 \end{pmatrix} \begin{matrix} \\ \\ i\,行 \\ \\ j\,行 \\ \\ \\ \end{matrix}.$$

初等矩阵均可逆，其逆矩阵仍为初等矩阵，且

$$\boldsymbol{P}(i,j)^{-1}=\boldsymbol{P}(i,j),\ \boldsymbol{P}(i(k))^{-1}=\boldsymbol{P}\left(i\left(\frac{1}{k}\right)\right),\ \boldsymbol{P}(i,j(k))^{-1}=\boldsymbol{P}(i,j(-k)),$$

利用逆矩阵的定义很容易证明上述结论.

　　由矩阵乘法运算的特点,我们发现,矩阵的初等行(列)变换可用初等矩阵与该矩阵作乘法运算来实现.

　　定理 2.3　对一个 $m \times n$ 矩阵 A 作一次初等行变换相当于在 A 的左边乘上相应的 m 阶初等矩阵;对 A 作一次初等列变换就相当于在 A 的右边乘上相应的 n 阶初等矩阵.

　　证　仅对初等行变换的情形加以证明,初等列变换的情形可同样证明.

　　设 $B = (b_{ij})$ 为任意一个 m 阶矩阵.将 A 按行分块,A_i 为第 i 行($i = 1, 2, \cdots, m$),则由矩阵的分块乘法得

$$BA = \begin{pmatrix} b_{11}A_1 + b_{12}A_2 + \cdots + b_{1m}A_m \\ b_{21}A_1 + b_{22}A_2 + \cdots + b_{2m}A_m \\ \vdots \\ b_{m1}A_1 + b_{m2}A_2 + \cdots + b_{mm}A_m \end{pmatrix}.$$

特别地,令 $B = P(i, j)$,得

$$P(i, j)A = \begin{pmatrix} A_1 \\ \vdots \\ A_j \\ \vdots \\ A_i \\ \vdots \\ A_m \end{pmatrix} \begin{matrix} \\ \\ i\ 行 \\ \\ j\ 行 \\ \\ \\ \end{matrix},$$

这相当于把 A 的第 i 行与第 j 行互换.令 $B = P(i(k))$,得

$$P(i(k))A = \begin{pmatrix} A_1 \\ \vdots \\ kA_i \\ \vdots \\ A_m \end{pmatrix} \begin{matrix} \\ \\ i\ 行 \\ \\ \\ \end{matrix},$$

这相当于用非零常数 k 乘 A 的第 i 行.令 $B = P(i, j(k))$,得

$$P(i, j(k))A = \begin{pmatrix} A_1 \\ \vdots \\ A_i + kA_j \\ \vdots \\ A_j \\ \vdots \\ A_m \end{pmatrix} \begin{matrix} \\ \\ i\ 行 \\ \\ j\ 行 \\ \\ \\ \end{matrix},$$

这相当于把 A 的第 j 行的 k 倍加到第 i 行.

推论 矩阵 A 与 B 等价的充分必要条件是存在初等矩阵 P_1, P_2, $\cdots$, P_s 与 Q_1, Q_2, $\cdots$, Q_t, 使得

$$B = P_s \cdots P_2 P_1 A Q_1 Q_2 \cdots Q_t.$$

2.5.3 求逆矩阵的初等变换法

作为初等变换的应用, 下面我们给出另一种求逆矩阵的方法——**初等变换法**.

定理 2.4 n 阶矩阵 A 可逆的充分必要条件是它可以表示为若干个初等矩阵的乘积.

证 因为 A 可逆, 则由定理 2.3 的推论知, 存在 n 阶初等矩阵 P_1, P_2, $\cdots$, P_s 与 Q_1, Q_2, $\cdots$, Q_t, 使得

$$P_s \cdots P_2 P_1 A Q_1 Q_2 \cdots Q_t = E.$$

由初等矩阵的性质知, P_1, P_2, $\cdots$, P_s 与 Q_1, Q_2, $\cdots$, Q_t 都是可逆矩阵且其逆矩阵仍是初等矩阵, 因此

$$A = P_1^{-1} P_2^{-1} \cdots P_s^{-1} E Q_t^{-1} \cdots Q_2^{-1} Q_1^{-1} = P_1^{-1} P_2^{-1} \cdots P_s^{-1} Q_t^{-1} \cdots Q_2^{-1} Q_1^{-1},$$

故矩阵 A 可以表示为若干个初等矩阵的乘积.

推论 任意可逆矩阵都可经过初等行变换化为单位矩阵.

证 由定理 2.4 知, 若 A 是可逆矩阵, 则 A 可以表示为若干个初等矩阵的乘积, 即存在一系列初等矩阵 P_1, P_2, $\cdots$, P_s, 使得

$$A = P_1 P_2 \cdots P_s,$$

于是 A 的逆矩阵为

$$A^{-1} = P_s^{-1} P_{s-1}^{-1} \cdots P_1^{-1}. \tag{2-5}$$

因此

$$P_s^{-1} P_{s-1}^{-1} \cdots P_1^{-1} A = A^{-1} A = E, \tag{2-6}$$

上式表明, A 只用初等行变换(左乘初等矩阵相当于进行初等行变换)就可以化为单位矩阵.

事实上, 以上讨论提供了一个求逆矩阵的方法.

对可逆矩阵 A, 构造一个 $n \times 2n$ 矩阵 $(A \mid E)$, 由式(2-5)及(2-6), 用 A^{-1} 左乘 $(A \mid E)$, 根据分块矩阵的乘法, 得

$$P_s^{-1} P_{s-1}^{-1} \cdots P_1^{-1} (A \mid E) = (P_s^{-1} P_{s-1}^{-1} \cdots P_1^{-1} A \mid P_s^{-1} P_{s-1}^{-1} \cdots P_1^{-1} E) = (E \mid A^{-1}),$$

这就表明, 如果用一系列初等行变换把左边矩阵 A 化为单位矩阵 E, 那么同样地也可用这些初等行变换右边的单位矩阵 E 化为 A^{-1}.

例 2 设 $A = \begin{pmatrix} 2 & 1 & 1 \\ 3 & 1 & 2 \\ 1 & -1 & 0 \end{pmatrix}$, 求 A^{-1}.

解 $(A|E)=\begin{pmatrix}2&1&1&1&0&0\\3&1&2&0&1&0\\1&-1&0&0&0&1\end{pmatrix}\xrightarrow{r_1\leftrightarrow r_3}\begin{pmatrix}1&-1&0&0&0&1\\3&1&2&0&1&0\\2&1&1&1&0&0\end{pmatrix}$

$\xrightarrow[r_3-2r_1]{r_2-3r_1}\begin{pmatrix}1&-1&0&0&0&1\\0&4&2&0&1&-3\\0&3&1&1&0&-2\end{pmatrix}\xrightarrow{r_2-r_3}\begin{pmatrix}1&-1&0&0&0&1\\0&1&1&-1&1&-1\\0&3&1&1&0&-2\end{pmatrix}$

$\xrightarrow{r_3-3r_2}\begin{pmatrix}1&-1&0&0&0&1\\0&1&1&-1&1&-1\\0&0&-2&4&-3&1\end{pmatrix}\xrightarrow[r_3\times(-\frac{1}{2})]{r_2+\frac{1}{2}r_3}\begin{pmatrix}1&-1&0&0&0&1\\0&1&0&1&-\frac{1}{2}&-\frac{1}{2}\\0&0&1&-2&\frac{3}{2}&-\frac{1}{2}\end{pmatrix}$

$\xrightarrow{r_1+r_2}\begin{pmatrix}1&0&0&1&-\frac{1}{2}&\frac{1}{2}\\0&1&0&1&-\frac{1}{2}&-\frac{1}{2}\\0&0&1&-2&\frac{3}{2}&-\frac{1}{2}\end{pmatrix}.$

于是

$$A^{-1}=\begin{pmatrix}1&-\frac{1}{2}&\frac{1}{2}\\1&-\frac{1}{2}&-\frac{1}{2}\\-2&\frac{3}{2}&-\frac{1}{2}\end{pmatrix}=\frac{1}{2}\begin{pmatrix}2&-1&1\\2&-1&-1\\-4&3&-1\end{pmatrix}.$$

初等变换不仅可以求逆矩阵,还可以用来求解某些简单的矩阵方程. 事实上,若 $AX=B$,A 是 n 阶可逆矩阵,B 是 $n\times m$ 矩阵,则 $X=A^{-1}B$. 如果对矩阵 $(A|B)$ 仅施行初等行变换,由式(2-6)知

$$P_s^{-1}P_{s-1}^{-1}\cdots P_1^{-1}(A|B)=(P_s^{-1}P_{s-1}^{-1}\cdots P_1^{-1}A|P_s^{-1}P_{s-1}^{-1}\cdots P_1^{-1}B)=(E|A^{-1}B),$$

即对 A 施行初等行变换,把 A 化为单位矩阵 E 时,同样的初等行变换就将 B 化为 $A^{-1}B=X$.

例 3 假设矩阵 A 和 B 满足关系 $AB=A+2B$,其中

$$A=\begin{pmatrix}4&2&3\\1&1&0\\-1&2&3\end{pmatrix},$$

求矩阵 B.

解 依题意有 $(A-2E)B=A$. 由于

$$|A-2E| = \begin{vmatrix} 2 & 2 & 3 \\ 1 & -1 & 0 \\ -1 & 2 & 1 \end{vmatrix} = -1 \neq 0,$$

故 $A-2E$ 可逆,从而 $B=(A-2E)^{-1}A$.

$$(A-2E|A) = \begin{pmatrix} 2 & 2 & 3 & 4 & 2 & 3 \\ 1 & -1 & 0 & 1 & 1 & 0 \\ -1 & 2 & 1 & -1 & 2 & 3 \end{pmatrix}$$

$$\xrightarrow{r_1 \leftrightarrow r_2} \begin{pmatrix} 1 & -1 & 0 & 1 & 1 & 0 \\ 2 & 2 & 3 & 4 & 2 & 3 \\ -1 & 2 & 1 & -1 & 2 & 3 \end{pmatrix} \xrightarrow[r_3+r_1]{r_2-2r_1} \begin{pmatrix} 1 & -1 & 0 & 1 & 1 & 0 \\ 0 & 4 & 3 & 2 & 0 & 3 \\ 0 & 1 & 1 & 0 & 3 & 3 \end{pmatrix}$$

$$\xrightarrow{r_3 \leftrightarrow r_4} \begin{pmatrix} 1 & -1 & 0 & 1 & 1 & 0 \\ 0 & 1 & 1 & 0 & 3 & 3 \\ 0 & 4 & 3 & 2 & 0 & 3 \end{pmatrix} \xrightarrow{r_3-4r_2} \begin{pmatrix} 1 & -1 & 0 & 1 & 1 & 0 \\ 0 & 1 & 1 & 0 & 3 & 3 \\ 0 & 0 & -1 & 2 & -12 & -9 \end{pmatrix}$$

$$\xrightarrow{r_2+r_3} \begin{pmatrix} 1 & -1 & 0 & 1 & 1 & 0 \\ 0 & 1 & 0 & 2 & -9 & -6 \\ 0 & 0 & -1 & 2 & -12 & -9 \end{pmatrix} \xrightarrow[r_3 \times (-1)]{r_1+r_2} \begin{pmatrix} 1 & 0 & 0 & 3 & -8 & -6 \\ 0 & 1 & 0 & 2 & -9 & -6 \\ 0 & 0 & 1 & -2 & 12 & 9 \end{pmatrix}.$$

因此

$$B=(A-2E)^{-1}A = \begin{pmatrix} 3 & -8 & -6 \\ 2 & -9 & -6 \\ -2 & 12 & 9 \end{pmatrix}.$$

§2.6　矩阵的秩

这一节,我们介绍矩阵秩的概念及其求法.

定义 2.16　在一个 $m \times n$ 矩阵 A 中任意选定 k 行 k 列($k \leqslant \min(m,n)$),位于这些选定的行和列的交点上的 k^2 个元素按原来的顺序所组成的 k 阶行列式,称为 A 的一个 k 阶**子式**.

例 1　在矩阵

$$A = \begin{pmatrix} 1 & 1 & -1 & 1 & 1 \\ 0 & 3 & -1 & 1 & 2 \\ 0 & 0 & 0 & 2 & 3 \\ 0 & 0 & 0 & 0 & 0 \end{pmatrix}$$

中,选第 1,2 行和第 3,5 列,它们交点上的元素所组成的二阶行列式

$$\begin{vmatrix} -1 & 1 \\ -1 & 2 \end{vmatrix} = -1$$

就是一个二阶子式. 又如选第 $1,2,3$ 行和第 $1,2,4$ 列, 相应的三阶子式就是

$$\begin{vmatrix} 1 & 1 & 1 \\ 0 & 3 & 1 \\ 0 & 0 & 2 \end{vmatrix} = 6.$$

因为第 4 行元素全为零, 所以所有四阶子式都为零.

由于行和列的选法很多, 所以 k 阶子式也是很多的. 一个 $m \times n$ 矩阵的 k 阶子式有 $C_m^k C_n^k$ 个.

定义 2.17 设 A 是 $m \times n$ 矩阵, 若 A 中有一个 r 阶子式不为零, 同时所有 $r+1$ 阶子式全为零, 则称 A 的**秩**为 r, 记为秩 (A) 或 $r(A)$.

零矩阵的秩规定为 0. 若 A 为非零矩阵, 则 $r(A) \geqslant 1$.

从矩阵秩的定义不难看出:

(1) 若 A 为 $m \times n$ 矩阵, 则 $0 \leqslant r(A) \leqslant \min(m,n)$.

(2) $r(A^{\mathrm{T}}) = r(A)$; $r(kA) = r(A)(k \neq 0)$.

(3) 若 A 有一个 r 阶子式不为零, 则 $r(A) \geqslant r$; 若 A 的所有 $r+1$ 阶子式全为零, 则 $r(A) \leqslant r$.

(4) 对于 n 阶矩阵 A, 它的 n 阶子式只有一个 $|A|$, 且 A 不存在 $n+1$ 阶子式, 故 $r(A) = n \Leftrightarrow |A| \neq 0$; $r(A) < n \Leftrightarrow |A| = 0$. 由于 n 阶可逆矩阵的秩等于 n, 所以可逆矩阵也称为**满秩矩阵**.

例 2 设 A, B 是任意两个行数相同的矩阵, 试证 A 的秩不超过分块矩阵 (A, B) 的秩, 即 $r(A) \leqslant r(A, B)$.

证 设 $r(A) = r$, 则 A 中有一个不为零的 r 阶子式, 这个子式也是分块矩阵 (A, B) 中的一个 r 阶子式, 于是 $r(A, B) \geqslant r$, 即 $r(A) \leqslant r(A, B)$.

定理 2.5 初等变换不改变矩阵的秩.

证 先证明, 若 A 经过一次初等行变换化为 B, 则 $r(A) \leqslant r(B)$.

设 $r(A) = r$, 且 A 的某个 r 阶子式 $D_r \neq 0$.

当 $A \xrightarrow{r_i \leftrightarrow r_j} B$ 或 $A \xrightarrow{r_i \times k} B$ 时, 在 B 中总能找到与 D_r 相对应的 r 阶子式 D_r'. 由于 $D_r' = D_r$ 或 $D_r' = -D_r$ 或 $D_r' = kD_r$, 因此 $D_r' \neq 0$, 从而 $r(B) \geqslant r$.

$A \xrightarrow{r_i + kr_j} B$ 时, 分三种情形讨论: (1) D_r 中不含第 i 行; (2) D_r 中同时含第 i 行和第 j 行; (3) D_r 中含第 i 行但不含第 j 行.

对 (1)(2) 两种情形, 显然 B 中与 D_r 对应的 r 阶子式 $D_r' = D_r \neq 0$, 从而 $r(B) \geqslant r$.

对于情形 (3), 由于

$$D'_r = \begin{vmatrix} \vdots \\ \boldsymbol{\alpha}_i + k\boldsymbol{\alpha}_j \\ \vdots \end{vmatrix} = \begin{vmatrix} \vdots \\ \boldsymbol{\alpha}_i \\ \vdots \end{vmatrix} + k \begin{vmatrix} \vdots \\ \boldsymbol{\alpha}_j \\ \vdots \end{vmatrix} = D_r + k D''_r,$$

若 $D'_r \neq 0$，因 D''_r 中不含第 i 行知，$\boldsymbol{A}$ 有不含第 i 行的 r 阶非零子式，从而知 $r(\boldsymbol{B}) \geq r$；若 $D''_r = 0$，则 $D'_r = D_r \neq 0$，也有 $r(\boldsymbol{B}) \geq r$.

这样就证明了，若 $\boldsymbol{A}$ 经过一次初等行变换为 $\boldsymbol{B}$，则 $r(\boldsymbol{A}) \leq r(\boldsymbol{B})$. 由于 $\boldsymbol{B}$ 亦可以经过一次初等行变换变为 $\boldsymbol{A}$，故也有 $r(\boldsymbol{B}) \leq r(\boldsymbol{A})$. 因此 $r(\boldsymbol{A}) = r(\boldsymbol{B})$.

矩阵的秩经过一次初等行变换不变，即可知经过有限次初等行变换矩阵的秩仍不变.

设 $\boldsymbol{A}$ 经初等列变换变为 $\boldsymbol{B}$，则 $\boldsymbol{A}^{\mathrm{T}}$ 经过初等行变换变为 $\boldsymbol{B}^{\mathrm{T}}$，由上面的证明知 $r(\boldsymbol{A}) = r(\boldsymbol{B})$. 而 $r(\boldsymbol{A}^{\mathrm{T}}) = r(\boldsymbol{A})$，$r(\boldsymbol{B}^{\mathrm{T}}) = r(\boldsymbol{B})$，因此 $r(\boldsymbol{A}) = r(\boldsymbol{B})$.

总之，初等变换不改变矩阵的秩.

推论　若矩阵 $\boldsymbol{A}$ 与 $\boldsymbol{B}$ 等价，则 $r(\boldsymbol{A}) = r(\boldsymbol{B})$.

定理 2.6　阶梯形矩阵的秩等于其中非零行的个数.

证　设 $\boldsymbol{A}$ 是一阶梯型矩阵，不为零的行数是 r. 因为初等列变换不改变矩阵的秩，所以适当调换列的顺序，不妨设

$$\boldsymbol{A} = \begin{pmatrix} a_{11} & a_{12} & \cdots & a_{1r} & \cdots & a_{1n} \\ 0 & a_{22} & \cdots & a_{2r} & \cdots & a_{2n} \\ \vdots & \vdots & & \vdots & & \vdots \\ 0 & 0 & \cdots & a_{rr} & \cdots & a_{rn} \\ 0 & 0 & \cdots & 0 & \cdots & 0 \\ \vdots & \vdots & & \vdots & & \vdots \\ 0 & 0 & \cdots & 0 & \cdots & 0 \end{pmatrix},$$

其中 $a_{ii} \neq 0, i = 1, 2, \cdots, r$. 显然，$\boldsymbol{A}$ 的左上角的 r 阶子式

$$\begin{vmatrix} a_{11} & a_{12} & \cdots & a_{1r} \\ 0 & a_{22} & \cdots & a_{2r} \\ \vdots & \vdots & & \vdots \\ 0 & 0 & \cdots & a_{rr} \end{vmatrix} = a_{11} a_{22} \cdots a_{rr} \neq 0.$$

而 $\boldsymbol{A}$ 的任意 $r+1$ 阶子式中必有一行全为零，所以，$\boldsymbol{A}$ 的所有 $r+1$ 阶子式全为零. 因此，$\boldsymbol{A}$ 的秩为 r.

利用定义 2.17 确定一个矩阵的秩既不容易，也不方便. 而上面两个定理告诉我们，为了计算一个矩阵的秩，只要用初等行变换把它变成阶梯形，这个阶梯形矩阵中的非零的行的个数就是所求矩阵的秩.

例 3　设 $A = \begin{pmatrix} 1 & 3 & -2 & 5 & 4 \\ 1 & 4 & 1 & 3 & 5 \\ 1 & 4 & 2 & 4 & 3 \\ 2 & 7 & -3 & 6 & 13 \end{pmatrix}$，求 $r(A)$.

解　$A = \begin{pmatrix} 1 & 3 & -2 & 5 & 4 \\ 1 & 4 & 1 & 3 & 5 \\ 1 & 4 & 2 & 4 & 3 \\ 2 & 7 & -3 & 6 & 13 \end{pmatrix} \xrightarrow[\substack{r_3 - r_1 \\ r_4 - 2r_1}]{r_2 - r_1} \begin{pmatrix} 1 & 3 & -2 & 5 & 4 \\ 0 & 1 & 3 & -2 & 1 \\ 0 & 1 & 4 & -1 & -1 \\ 0 & 1 & 1 & -4 & 5 \end{pmatrix}$

$\xrightarrow[\substack{r_4 - r_2}]{r_3 - r_2} \begin{pmatrix} 1 & 3 & -2 & 5 & 4 \\ 0 & 1 & 3 & -2 & 1 \\ 0 & 0 & 1 & 1 & -2 \\ 0 & 0 & -2 & -2 & 4 \end{pmatrix} \xrightarrow{r_4 + 2r_3} \begin{pmatrix} 1 & 3 & -2 & 5 & 4 \\ 0 & 1 & 3 & -2 & 1 \\ 0 & 0 & 1 & 1 & -2 \\ 0 & 0 & 0 & 0 & 0 \end{pmatrix}$,

因此 $r(A) = 3$.

例 4　设 $A = \begin{pmatrix} a_1 b_1 & a_1 b_2 & \cdots & a_1 b_n \\ a_2 b_1 & a_2 b_2 & \cdots & a_2 b_n \\ \vdots & \vdots & & \vdots \\ a_n b_1 & a_n b_2 & \cdots & a_n b_n \end{pmatrix}$，其中 $a_i \neq 0, b_i \neq 0 (i = 1, 2, \cdots, n)$，求矩阵 A 的秩 $r(A)$.

解　由于 $a_i \neq 0, b_j \neq 0 (i, j = 1, 2, \cdots, n)$，故 $A \neq O$. 所以 $r(A) \geqslant 1$. 但由于 A 中任意两行或两列成比例，故 A 的任意二阶子式为零，因而 $r(A) < 2$. 因此 $r(A) = 1$.

例 5　设可逆矩阵 P, Q 使 $PAQ = B$，试证 $r(A) = r(B)$.

证　因为 P, Q 是可逆矩阵，故它们都可表为一系列初等矩阵的乘积. P 左乘 A 相当于对 A 作一系列的初等行变换，Q 右乘 A 相当于对 A 作一系列的初等列变换. 由定理 2.5 知初等变换不改变矩阵的秩，因而 $r(A) = r(B)$.

例 6　设 A, B 均为 n 阶非零矩阵，证明：若 $AB = O$，则必有 $r(A) < n$ 和 $r(B) < n$.

证　用反证法. 假设 $r(A) = n$，即 A 是满秩矩阵，故 A 可逆. 用 A^{-1} 左乘 $AB = O$ 得 $A^{-1}AB = O$，即 $B = O$. 这与题设 $B \neq O$ 矛盾. 故 $r(A) < n$. 同理可证 $r(B) < n$.

习 题 二

（A）

1. 设 $A = \begin{pmatrix} 1 & 1 & -2 \\ 2 & 0 & 3 \end{pmatrix}$，$B = \begin{pmatrix} -3 & -1 & 4 \\ 0 & 1 & 2 \end{pmatrix}$，求 $A - B$，$A^{\mathrm{T}} B$.

2. 杀虫剂喷在植物上以防治昆虫. 然而,一些杀虫剂却被植物吸收. 当昆虫吃了喷有药剂的植物后,也同时吸收了药剂. 为了知道一只食草虫吃下的药剂量,我们如此进行: 假设有 3 份杀虫剂、4 株植物,令 a_{ij} 代表被植物 j 吸收的杀虫剂 i 之量. 可以用矩阵表示如下:

$$\begin{array}{cccc} \text{植物 1} & \text{植物 2} & \text{植物 3} & \text{植物 4} \end{array}$$

$$A = \left(\begin{array}{cccc} 2 & 3 & 4 & 3 \\ 3 & 2 & 2 & 5 \\ 4 & 1 & 6 & 4 \end{array} \right) \begin{array}{l} \text{杀虫剂 1} \\ \text{杀虫剂 2}. \\ \text{杀虫剂 3} \end{array}$$

设有 3 只食草虫,令 b_{ij} 表示食草虫 j 每月所食的植物 i 之量,这资料可以用矩阵表示如下:

$$\begin{array}{ccc} \text{食草虫 1} & \text{食草虫 2} & \text{食草虫 3} \end{array}$$

$$B = \left(\begin{array}{ccc} 20 & 12 & 8 \\ 28 & 15 & 15 \\ 30 & 12 & 10 \\ 40 & 16 & 20 \end{array} \right) \begin{array}{l} \text{植物 1} \\ \text{植物 2} \\ \text{植物 3} \\ \text{植物 4} \end{array}.$$

试问 AB 中的元素代表什么意思?

3. 计算下列矩阵的乘积:

$(1) \begin{pmatrix} 1 & 0 & -1 \\ 1 & 1 & -3 \end{pmatrix} \begin{pmatrix} 0 & 3 \\ 1 & 2 \\ 3 & 1 \end{pmatrix};$

$(2) (1, -1, 2) \begin{pmatrix} 2 & -1 & 0 \\ 1 & 1 & 3 \\ 4 & 2 & 1 \end{pmatrix};$

$(3) \begin{pmatrix} 2 & -1 & 0 \\ 1 & 1 & 3 \\ 4 & 2 & 1 \end{pmatrix} \begin{pmatrix} 1 \\ -1 \\ 2 \end{pmatrix};$

$(4) (2, 3, -1) \begin{pmatrix} 1 \\ -1 \\ -1 \end{pmatrix};$

$(5) \begin{pmatrix} 1 \\ -1 \\ -1 \end{pmatrix} (2, 3, -1);$

$(6) (x_1, x_2) \begin{pmatrix} a_{11} & a_{12} \\ a_{21} & a_{22} \end{pmatrix} \begin{pmatrix} x_1 \\ x_2 \end{pmatrix}.$

4. 求所有与 A 可交换的矩阵,其中:

$(1) A = \begin{pmatrix} 1 & 1 \\ 0 & 1 \end{pmatrix};$

$(2) A = \begin{pmatrix} 1 & 1 & 0 \\ 0 & 1 & 1 \\ 0 & 0 & 1 \end{pmatrix}.$

5. 计算下列矩阵的幂:

$(1) \begin{pmatrix} 1 & 1 \\ 0 & 1 \end{pmatrix}^n;$

$(2) \begin{pmatrix} 0 & 1 \\ -1 & 0 \end{pmatrix}^n;$

(3) $\begin{pmatrix} \cos\varphi & -\sin\varphi \\ \sin\varphi & \cos\varphi \end{pmatrix}^n$;

(4) $\begin{pmatrix} 0 & 1 & 0 & 0 \\ 0 & 0 & 1 & 0 \\ 0 & 0 & 0 & 1 \\ 0 & 0 & 0 & 0 \end{pmatrix}^n$;

(5) $\begin{pmatrix} 1 & -1 & 2 \\ 2 & -2 & 4 \\ -1 & 1 & -2 \end{pmatrix}^n$;

(6) $\begin{pmatrix} 1 & 2 & 0 \\ 0 & 1 & 1 \\ 0 & 0 & 1 \end{pmatrix}^n$.

6. 设 $f(x) = 3x^2 - 2x + 5$, $A = \begin{pmatrix} 1 & -2 & 3 \\ 2 & -4 & 1 \\ 3 & -5 & 2 \end{pmatrix}$, 求 $f(A)$.

7. 对于任意 n 阶矩阵 A, 证明:

(1) $A + A^T$ 是对称矩阵, $A - A^T$ 是反对称矩阵;

(2) A 可表为一对称矩阵与一反对称矩阵之和.

8. 设 A, B 都是 n 阶对称矩阵. 证明:

(1) $A + B$, $A - 2B$ 也都是对称矩阵;

(2) AB 是对称矩阵的充分必要条件是 A 与 B 可交换;

(3) 若 $AB + E$ 可逆, $(AB + E)^{-1}A$ 也是对称矩阵.

9. 设 A 为 n 阶方阵且 $AA^T = E$, 又 $|A| < 0$. (1) 求行列式 $|A|$ 的值; (2) 求证行列式 $|A + E| = 0$.

10. n 阶矩阵 $A = (a_{ij})_{n \times n}$ 主对角线上元素之和称为矩阵 A 的**迹**, 记作 $\mathrm{tr}A$, 即 $\mathrm{tr}A = a_{11} + a_{22} + \cdots + a_{nn} = \sum_{i=1}^{n} a_{ii}$. 设 A, B 均为 n 阶矩阵, 证明:

(1) $\mathrm{tr}(A + B) = \mathrm{tr}A + \mathrm{tr}B$;

(2) $\mathrm{tr}(kA) = k\mathrm{tr}A$ (k 为任意常数);

(3) $\mathrm{tr}A^T = \mathrm{tr}A$;

(4) $\mathrm{tr}(AB) = \mathrm{tr}(BA)$.

11. 判断下列方阵是否可逆, 如果可逆, 求其逆矩阵:

(1) $\begin{pmatrix} 2 & 5 \\ 1 & 3 \end{pmatrix}$;

(2) $\begin{pmatrix} 1 & 1 & -1 \\ 2 & 1 & 0 \\ 1 & -1 & 0 \end{pmatrix}$;

12. 证明: 如果 A 为可逆对称矩阵, 则 A^{-1} 也是对称矩阵.

13. 设 A, B, C 为同阶方阵, 其中 C 为可逆矩阵, 且满足 $C^{-1}AC = B$. 求证: 对任意正整数 m, 有 $C^{-1}A^mC = B^m$.

14. 设 A 为 n 阶矩阵, 存在正整数 $k > 1$, 使 $A^k = O$ (称 A 为**幂零矩阵**). 证明: $E - A$ 可逆, 且 $(E - A)^{-1} = E + A + A^2 + \cdots + A^{k-1}$.

15. 证明: 若 A 是**幂等矩阵**(即 $A^2 = A$), 且 $A \neq E$, 则 A 不可逆.

16. 设方阵 A 满足 $A^2 - A - 2E = O$. 证明：

(1) A 和 $E - A$ 都是可逆矩阵，并求它们的逆矩阵；

(2) $A + E$ 和 $A - 2E$ 不可能同时都是可逆的.

17. 设 A，B 均为 n 阶矩阵，且 $AB = A + B$. 证明 $A - E$ 可逆，并求其逆.

18. 如果非奇异 n 阶方阵 A 的每行元素和均为 a，试证：A^{-1} 的行元素和必为 $\dfrac{1}{a}$.

19. 将矩阵适当分块后计算：

(1) $\begin{pmatrix} 0 & 0 & 1 & 0 \\ 0 & 0 & 0 & 1 \\ 1 & 0 & 2 & 3 \\ 0 & 1 & 1 & -2 \end{pmatrix} \begin{pmatrix} -2 & -1 & 3 & 0 \\ 1 & 2 & 0 & 3 \\ 1 & 0 & 0 & 0 \\ 0 & 1 & 0 & 0 \end{pmatrix}$；

(2) $\begin{pmatrix} 1 & 0 & -2 & 0 \\ 0 & 1 & 0 & -2 \\ 0 & 0 & 5 & 3 \end{pmatrix} \begin{pmatrix} 3 & 0 & -2 \\ 1 & 2 & 0 \\ 0 & 1 & 0 \\ 0 & 0 & 1 \end{pmatrix}$.

20. 设 A 和 B 为可逆矩阵，$X = \begin{pmatrix} O & A \\ B & O \end{pmatrix}$ 为分块矩阵，求 X^{-1}.

21. 设有分块矩阵 $\begin{pmatrix} A & B \\ C & D \end{pmatrix}$，其中矩阵 A，D 皆可逆. 试证

$$\begin{vmatrix} A & B \\ C & D \end{vmatrix} = |A - BD^{-1}C| \, |D|.$$

22. 用分块矩阵求逆公式求出下面矩阵的逆矩阵：

(1) $\begin{pmatrix} 1 & 2 & 0 & 0 \\ 3 & 4 & 0 & 0 \\ 0 & 0 & 5 & 6 \\ 0 & 0 & 7 & 8 \end{pmatrix}$；
(2) $\begin{pmatrix} 1 & 0 & 1 & 2 \\ 0 & 1 & 3 & 4 \\ 0 & 0 & 1 & 0 \\ 0 & 0 & 0 & 1 \end{pmatrix}$；

(3) $\begin{pmatrix} 0 & a_1 & 0 & \cdots & 0 \\ 0 & 0 & a_2 & \cdots & 0 \\ \vdots & \vdots & \vdots & & \vdots \\ 0 & 0 & 0 & \cdots & a_{n-1} \\ a_n & 0 & 0 & \cdots & 0 \end{pmatrix}$，其中 $\prod\limits_{i=1}^{n} a_i \neq 0$.

23. 用初等行变换法求下列矩阵的逆矩阵：

$(1)\begin{bmatrix} 2 & 2 & 3 \\ 1 & -1 & 0 \\ -1 & 2 & 1 \end{bmatrix};$ $(2)\begin{bmatrix} 1 & 2 & -1 \\ 3 & 1 & 0 \\ -1 & 0 & -2 \end{bmatrix};$ $(3)\begin{bmatrix} 2 & 1 & 0 & 0 \\ 3 & 2 & 0 & 0 \\ 5 & 7 & 1 & 8 \\ -1 & -3 & -1 & -6 \end{bmatrix}.$

24. 求解下列矩阵方程:

$(1)\begin{bmatrix} 1 & 1 & 4 \\ 0 & 1 & 2 \\ 2 & -1 & 0 \end{bmatrix}\boldsymbol{X}=\begin{vmatrix} 0 & -1 \\ -2 & 6 \\ 4 & -4 \end{vmatrix};$ $(2)\boldsymbol{X}\begin{bmatrix} 1 & 0 & 0 \\ 1 & 1 & 0 \\ 1 & 1 & 1 \end{bmatrix}=\begin{pmatrix} 1 & -2 & 1 \\ 0 & 1 & -1 \end{pmatrix};$

$(3)\begin{bmatrix} 1 & 2 & 3 \\ 2 & 1 & 2 \\ 1 & 3 & 4 \end{bmatrix}\boldsymbol{X}\begin{pmatrix} 7 & 9 \\ 4 & 5 \end{pmatrix}=\begin{bmatrix} 1 & 2 \\ 1 & 0 \\ 2 & 3 \end{bmatrix}.$

25. 若矩阵 $\boldsymbol{A}$ 是 $\boldsymbol{B}=\begin{vmatrix} 1 & -1 & 1 \\ 2 & 1 & 0 \\ 2 & 1 & 1 \end{vmatrix}$ 的逆矩阵,求 $(\boldsymbol{A}+2\boldsymbol{E})^{-1}(\boldsymbol{A}^2-4\boldsymbol{E})$,其中 $\boldsymbol{E}$ 为 3 阶

单位阵.

26. 已知矩阵 $\boldsymbol{A}=\begin{bmatrix} \dfrac{1}{2} & \dfrac{1}{2} & \dfrac{1}{3} \\ \dfrac{1}{2} & -\dfrac{1}{2} & 1 \\ 0 & 0 & -\dfrac{1}{3} \end{bmatrix},\boldsymbol{B}=\begin{pmatrix} 1 & 1 & 1 \\ 1 & -1 & 1 \\ -2 & 0 & 1 \end{pmatrix}$,又 $\boldsymbol{C}=\boldsymbol{A}^{-1}(\boldsymbol{A}\boldsymbol{B}\boldsymbol{A}-$

$\boldsymbol{B}^{-1})$,试求 $\boldsymbol{C}$.

27. 设 $\boldsymbol{AB}=\boldsymbol{A}-2\boldsymbol{B}$,其中 $\boldsymbol{A}=\begin{bmatrix} -1 & -1 & 0 \\ -1 & 0 & 1 \\ 2 & 2 & 1 \end{bmatrix}$,求矩阵 $\boldsymbol{B}$.

28. 已知 $\boldsymbol{X}=\boldsymbol{AX}+\boldsymbol{B}$,其中 $\boldsymbol{A}=\begin{bmatrix} 0 & 1 & 0 \\ -1 & 1 & 1 \\ -1 & 0 & -1 \end{bmatrix},\boldsymbol{B}=\begin{bmatrix} 1 & -1 \\ 2 & 0 \\ 5 & -3 \end{bmatrix}$,求矩阵 $\boldsymbol{X}$.

29. 设 3 阶矩阵 $\boldsymbol{X}$ 满足等式 $\boldsymbol{AX}=\boldsymbol{B}+2\boldsymbol{X}$,其中

$$\boldsymbol{A}=\begin{bmatrix} 3 & 1 & 1 \\ 0 & 1 & 2 \\ 0 & 0 & 4 \end{bmatrix},\boldsymbol{B}=\begin{bmatrix} 1 & 1 & 0 \\ 1 & 0 & 2 \\ 2 & 0 & 2 \end{bmatrix},$$

求矩阵 $\boldsymbol{X}$.

30. 设四阶矩阵

$$B = \begin{pmatrix} 1 & -1 & 0 & 0 \\ 0 & 1 & -1 & 0 \\ 0 & 0 & 1 & -1 \\ 0 & 0 & 0 & 1 \end{pmatrix}, \quad C = \begin{pmatrix} 2 & 1 & 3 & 4 \\ 0 & 2 & 1 & 3 \\ 0 & 0 & 2 & 1 \\ 0 & 0 & 0 & 2 \end{pmatrix},$$

且矩阵 A 满足关系式 $A(E - C^{-1}B)^{\mathrm{T}}C^{\mathrm{T}} = E$，其中 E 为四阶单位矩阵. 将上述关系式化简并求矩阵 A.

31. 设 $A = \begin{pmatrix} 1 & 0 & 0 \\ 1 & 1 & 0 \\ 1 & 1 & 1 \end{pmatrix}$, $B = \begin{pmatrix} 0 & 1 & 1 \\ 1 & 0 & 1 \\ 1 & 1 & 0 \end{pmatrix}$, X 是 3 阶方阵且满足

$$AXA + BXB = AXB + BXA + E,$$

求 X.

32. 已知矩阵 $A = \begin{pmatrix} 1 & -1 & 1 \\ -1 & 1 & -1 \\ 1 & -1 & 1 \end{pmatrix}$, E 为三阶单位矩阵, 向量 $\boldsymbol{\alpha} = (1, -1, 1)^{\mathrm{T}}$, 设矩阵 X 满足 $AX = X + \boldsymbol{\alpha}\boldsymbol{\alpha}^{\mathrm{T}}$.

(Ⅰ) 证明 $A - E$ 可逆;

(Ⅱ) 求 X.

33. 设 $A = \begin{pmatrix} 1 & 0 & 0 \\ 1 & 0 & 1 \\ 0 & 1 & 0 \end{pmatrix}$, 试证: 当 $n \geqslant 3$ 时, 恒有 $A^n = A^{n-2} + A^2 - E$, 其中 n 为自然数, 并利用它计算 A^{100}.

34. 求下列矩阵的秩:

(1) $\begin{pmatrix} 1 & 1 & -1 \\ 3 & 4 & -2 \\ 2 & 4 & 0 \\ 0 & 1 & 1 \end{pmatrix}$;   (2) $\begin{pmatrix} 1 & -1 & 2 & 1 & 0 \\ 2 & -2 & 4 & -2 & 0 \\ 3 & 0 & 6 & -1 & 1 \\ 0 & 3 & 0 & 0 & 1 \end{pmatrix}$;

(3) $\begin{pmatrix} 0 & 1 & 1 & -1 & 2 \\ 0 & 2 & -2 & -2 & 0 \\ 0 & -1 & -1 & 1 & 1 \\ 1 & 1 & 0 & 1 & -1 \end{pmatrix}$.

35. 设 A 是 n 阶矩阵, $r(A) = 1$. 证明:

$(1) \boldsymbol{A} = \begin{bmatrix} a_1 \\ a_2 \\ \vdots \\ a_n \end{bmatrix} (b_1, b_2, \cdots, b_n)$；

$(2) \boldsymbol{A}^2 = k\boldsymbol{A}$，其中 k 是 $\boldsymbol{A}$ 的主对角线元素之和.

36. 设 $\boldsymbol{A}$ 是 $m \times n$ 矩阵，$\boldsymbol{B}$ 是 $\boldsymbol{A}$ 的前 s 行构成的 $s \times n$ 矩阵. 证明：$r(\boldsymbol{B}) \geqslant r(\boldsymbol{A}) + s - m$.

37. 设 $\boldsymbol{A}, \boldsymbol{B}$ 都是 $m \times n$ 矩阵. 证明：$\boldsymbol{A}$ 与 $\boldsymbol{B}$ 等价的充分必要条件是 $r(\boldsymbol{A}) = r(\boldsymbol{B})$.

38. 已知 $\boldsymbol{A}, \boldsymbol{B}$ 皆为 n 阶方阵，且 $\boldsymbol{AB} = \boldsymbol{O}$. 若 $\boldsymbol{A}$ 给定，证明必存在满足题设的矩阵 $\boldsymbol{B}$ 使 $r(\boldsymbol{A}) + r(\boldsymbol{B}) = k$，其中 k 满足 $r(\boldsymbol{A}) \leqslant k \leqslant n$.

(B)

一、填空题

1. 设 $\boldsymbol{A}$ 为 4×3 矩阵，且 $\boldsymbol{A}^{\mathrm{T}} \boldsymbol{A} = \begin{bmatrix} 4 & -3 & 4 \\ a & 5 & b \\ c & 2 & 8 \end{bmatrix}$，则 $a = $ _____，$b = $ _____，$c = $ _____.

2. 设 $\boldsymbol{A}$ 是 3×1 矩阵，若 $\boldsymbol{A} \boldsymbol{A}^{\mathrm{T}} = \begin{bmatrix} 1 & -1 & 1 \\ -1 & 1 & -1 \\ 1 & -1 & 1 \end{bmatrix}$，则 $\boldsymbol{A}^{\mathrm{T}} \boldsymbol{A} = $ _____.

3. 设 $\boldsymbol{A} = \begin{pmatrix} 1 & -1 & 1 \\ 1 & 2 & 3 \end{pmatrix}$，$\boldsymbol{A}^{\mathrm{T}}$ 为 $\boldsymbol{A}$ 的转置矩阵，则行列式 $|\boldsymbol{A}^{\mathrm{T}} \boldsymbol{A}| = $ _____.

4. 设 3 阶矩阵 $\boldsymbol{A} = (\boldsymbol{\alpha}_1, \boldsymbol{\alpha}_2, \boldsymbol{\alpha}_3)$，$\boldsymbol{B} = (\boldsymbol{\alpha}_1 + \boldsymbol{\alpha}_3, \boldsymbol{\alpha}_1 + 2\boldsymbol{\alpha}_2, \boldsymbol{\alpha}_2 - 2\boldsymbol{\alpha}_3)$. 若 $|\boldsymbol{A}| = -1$，则 $|\boldsymbol{B}| = $ _____.

5. 设 2 阶矩阵 $\boldsymbol{A} = (\boldsymbol{\alpha}, \boldsymbol{\beta})$，$\boldsymbol{B} = \boldsymbol{\alpha} \boldsymbol{\beta}^{\mathrm{T}} - \boldsymbol{\beta} \boldsymbol{\alpha}^{\mathrm{T}}$，若 $\boldsymbol{A}$ 的行列式 $|\boldsymbol{A}| = -2$，则 $|\boldsymbol{B}| = $ _____.

6. 设矩阵 $\boldsymbol{A} = \begin{bmatrix} 0 & 0 & 1 \\ 0 & 2 & 2 \\ 1 & 1 & 2 \end{bmatrix}$，则 $\boldsymbol{A}^{-1} = $ _____.

7. 设矩阵 $\boldsymbol{A} = \begin{bmatrix} 0 & 0 & 1 \\ 0 & 1 & 0 \\ 1 & 0 & 0 \end{bmatrix}$，$\boldsymbol{C} = \begin{bmatrix} 1 & -1 & 0 \\ 0 & 1 & 0 \\ 0 & 0 & 1 \end{bmatrix}$，$\boldsymbol{D} = \begin{bmatrix} 1 & 2 & 3 \\ 0 & 2 & 3 \\ 0 & 0 & 3 \end{bmatrix}$，且 3 阶矩阵 $\boldsymbol{B}$ 满足 $\boldsymbol{ABC} = \boldsymbol{D}$，则 $|\boldsymbol{B}^{-1}| = $ _____.

8. 当 $A = \begin{pmatrix} \dfrac{1}{2} & -\dfrac{\sqrt{3}}{2} \\ \dfrac{\sqrt{3}}{2} & \dfrac{1}{2} \end{pmatrix}$ 时,$A^6 = E$,求 $A^{11} = $ _____.

9. 设 A,B,C 均为 n 阶矩阵,且 $AB = BC = CA = E$,则 $A^2 + B^2 + C^2 = $ _____.

10. 设 A 为四阶矩阵,A^* 为 A 的伴随矩阵,已知 $|A| = \dfrac{1}{3}$,则 $|(3A)^{-1} - 3A^*| = $

_____.

11. 设 A,B 均为 n 阶可逆矩阵,且 $(AB - E)^{-1} = AB - E$,则 $AB = $ _____.

12. 设 A,B 均为三阶方阵,E 为三阶单位矩阵,已知 $AB = 2A + B$,$B = \begin{pmatrix} 2 & 0 & 2 \\ 0 & 4 & 0 \\ 2 & 0 & 2 \end{pmatrix}$,则

$(A - E)^{-1} = $ _____.

13. 设 $A = \begin{pmatrix} 1 & 0 & 0 & 0 \\ 1 & 1 & 0 & 0 \\ 1 & 1 & 1 & 0 \\ 1 & 1 & 1 & 1 \end{pmatrix}$,则 $|A|$ 中所有元素代数余子式之和等于 _____.

14. $\begin{pmatrix} 0 & 0 & 2 & 1 \\ 0 & 0 & 1 & 1 \\ 2 & 5 & 0 & 0 \\ 1 & 3 & 0 & 0 \end{pmatrix}^{-1} = $ _____.

15. 设矩阵 $A = \begin{pmatrix} 1 & 1 \\ -1 & 2 \end{pmatrix}$,$A^*$ 是 A 的伴随矩阵.将 A 的第 2 列加到第 1 列得矩阵 B,则 $|A^*B| = $ _____.

16. $\begin{pmatrix} 0 & 0 & 1 \\ 0 & 1 & 0 \\ 1 & 0 & 0 \end{pmatrix}^9 \begin{pmatrix} 2 & 1 & 1 \\ 3 & 1 & 2 \\ 1 & -1 & 0 \end{pmatrix} \begin{pmatrix} 0 & 0 & 1 \\ 0 & 1 & 0 \\ 1 & 0 & 0 \end{pmatrix}^9 = $ _____.

17. 若矩阵 $\begin{pmatrix} 1 & -1 & 1 \\ 2 & 3 & 0 \\ 3 & 2 & a \end{pmatrix}$ 与 $\begin{pmatrix} 1 & 0 & 0 \\ 0 & 1 & 0 \\ 0 & 0 & 0 \end{pmatrix}$ 等价,则 $a = $ _____.

18. 设 A 为二阶非零矩阵,且满足 $A^2 = O$,则 $r(A) = $ _____.

19. 已知矩阵 $A = (a_{ij})_{3 \times 3}$ 满足 $a_{11} \neq 0$,且 $a_{ij} = A_{ij}(i,j = 1,2,3)$,其中 A_{ij} 是 a_{ij} 的代数余子式,则 $r(A) = $ _____.

二、单项选择题

1. 设向量组 $\boldsymbol{\alpha}_1,\boldsymbol{\alpha}_2,\boldsymbol{\alpha}_3$ 为 3 维列向量,矩阵 $\boldsymbol{A}=(\boldsymbol{\alpha}_1,\boldsymbol{\alpha}_2,\boldsymbol{\alpha}_3)$,$\boldsymbol{B}=(\boldsymbol{\alpha}_2,2\boldsymbol{\alpha}_1+\boldsymbol{\alpha}_2,\boldsymbol{\alpha}_3)$.
若行列式 $|\boldsymbol{A}|=3$ 则行列式 $|\boldsymbol{B}|=($).

(A)6 (B)3 (C)-3 (D)-6

2. 设 $\boldsymbol{A}$,$\boldsymbol{B}$ 为 n 阶矩阵,满足等式 $\boldsymbol{AB}=\boldsymbol{O}$,则必有( ).

(A)$\boldsymbol{A}=\boldsymbol{O}$ 或 $\boldsymbol{B}=\boldsymbol{O}$ (B)$\boldsymbol{A}+\boldsymbol{B}=\boldsymbol{O}$

(C)$\det\boldsymbol{A}=0$ 或 $\det\boldsymbol{B}=0$ (D)$\det\boldsymbol{A}+\det\boldsymbol{B}=0$

3. 设 $\boldsymbol{A}$ 为 n 阶反对称矩阵,则必有( ).

(A)$|\boldsymbol{A}|=0$ (B)$|\boldsymbol{A}|>0$

(C)$\boldsymbol{A}+\boldsymbol{A}^{\mathrm{T}}=\boldsymbol{O}$ (D)$\boldsymbol{A}^2$ 也是 n 阶反对称矩阵

4. 已知 $\boldsymbol{A}$,$\boldsymbol{B}$,$\boldsymbol{C}$ 均为 n 阶可逆矩阵,且 $\boldsymbol{ABC}=\boldsymbol{E}$,则下面结论必定成立的是( ).

(A)$\boldsymbol{ACB}=\boldsymbol{E}$ (B)$\boldsymbol{CBA}=\boldsymbol{E}$

(C)$\boldsymbol{BAC}=\boldsymbol{E}$ (D)$\boldsymbol{BCA}=\boldsymbol{E}$

5. 设 $\boldsymbol{A}$,$\boldsymbol{B}$,$\boldsymbol{C}$ 均为 n 阶矩阵,则下列结论中不正确的是( ).

(A)若 $\boldsymbol{ABC}=\boldsymbol{E}$,则 $\boldsymbol{A}$,$\boldsymbol{B}$,$\boldsymbol{C}$ 都可逆

(B)若 $\boldsymbol{AB}=\boldsymbol{AC}$,且 $\boldsymbol{A}$ 可逆,则 $\boldsymbol{B}=\boldsymbol{C}$

(C)若 $\boldsymbol{AB}=\boldsymbol{AC}$,且 $\boldsymbol{A}$ 可逆,则 $\boldsymbol{BA}=\boldsymbol{CA}$

(D)若 $\boldsymbol{AB}=\boldsymbol{O}$,且 $\boldsymbol{A}\neq\boldsymbol{O}$,则 $\boldsymbol{B}=\boldsymbol{O}$

6. 已知 n 阶矩阵 $\boldsymbol{A}$,$\boldsymbol{B}$,$\boldsymbol{C}$,其中 $\boldsymbol{B}$,$\boldsymbol{C}$ 均可逆,且 $2\boldsymbol{A}=\boldsymbol{AB}^{-1}+\boldsymbol{C}$,则 $\boldsymbol{A}=($).

(A)$\boldsymbol{C}(2\boldsymbol{E}-\boldsymbol{B})$ (B)$\boldsymbol{C}\left(\dfrac{1}{2}\boldsymbol{E}-\boldsymbol{B}\right)$

(C)$\boldsymbol{B}(2\boldsymbol{B}-\boldsymbol{E})^{-1}\boldsymbol{C}$ (D)$\boldsymbol{C}(2\boldsymbol{B}-\boldsymbol{E})^{-1}\boldsymbol{B}$

7. 设 $\boldsymbol{A}$ 为 3 阶矩阵,$\boldsymbol{E}$ 为 3 阶单位矩阵,且 $(\boldsymbol{A}-\boldsymbol{E})^{-1}=\boldsymbol{A}^2+\boldsymbol{A}+\boldsymbol{E}$,则 $\boldsymbol{A}$ 的行列式 $|\boldsymbol{A}|$
$=($).

(A)0 (B)2 (C)4 (D)8

8. 矩阵 $\begin{bmatrix} 0 & 0 & a \\ 0 & b & 0 \\ c & 0 & 0 \end{bmatrix}$ 的伴随矩阵是( ).

(A)$\begin{bmatrix} 0 & 0 & -bc \\ 0 & -ac & 0 \\ -ab & 0 & 0 \end{bmatrix}$ (B)$\begin{bmatrix} 0 & 0 & -ab \\ 0 & -ac & 0 \\ -bc & 0 & 0 \end{bmatrix}$

(C)$\begin{bmatrix} 0 & 0 & -bc \\ 0 & ac & 0 \\ -ab & 0 & 0 \end{bmatrix}$ (D)$\begin{bmatrix} 0 & 0 & -ab \\ 0 & ac & 0 \\ -bc & 0 & 0 \end{bmatrix}$

9. 设矩阵 $\boldsymbol{A} = \begin{pmatrix} a & b \\ c & d \end{pmatrix}$，且 $ad - bc = 1$，则 $\boldsymbol{A}^{-1} = ($ $)$.

(A) $\begin{pmatrix} d & -b \\ -c & a \end{pmatrix}$ (B) $\begin{pmatrix} a & -b \\ -c & d \end{pmatrix}$

(C) $\begin{pmatrix} a & -c \\ -b & d \end{pmatrix}$ (D) $\begin{pmatrix} d & -c \\ -b & a \end{pmatrix}$

10. 设 $\boldsymbol{A}$ 为 3 阶矩阵，$\boldsymbol{A}^*$ 为 $\boldsymbol{A}$ 的伴随矩阵，$\boldsymbol{A}$ 的行列式 $|\boldsymbol{A}| = 2$，则 $|-2\boldsymbol{A}^*| = ($ $)$.

(A) -2^5 (B) -2^3 (C) 2^3 (D) 2^5

11. 设 n 阶矩阵 $\boldsymbol{A}$ 非奇异 $(n \geqslant 2)$，$\boldsymbol{A}^*$ 是 $\boldsymbol{A}$ 的伴随矩阵，则下列结论错误的是(   ).

(A) $(\boldsymbol{A}^*)^{\mathrm{T}} = (\boldsymbol{A}^{\mathrm{T}})^*$ (B) $(\boldsymbol{A}^{-1})^* = (\boldsymbol{A}^*)^{-1}$

(C) $(k\boldsymbol{A})^* = k^n \boldsymbol{A}^*$，$k$ 为常数，且 $k \neq 0$ (D) $(\boldsymbol{A}^*)^* = |\boldsymbol{A}|^{n-2} \boldsymbol{A}$

12. 设 n 阶矩阵 $\boldsymbol{A}$ 与 $\boldsymbol{B}$ 等价，则必有(   ).

(A) 当 $|\boldsymbol{A}| = a(a \neq 0)$ 时，$|\boldsymbol{B}| = a$ (B) 当 $|\boldsymbol{A}| = a(a \neq 0)$ 时，$|\boldsymbol{B}| = -a$

(C) 当 $|\boldsymbol{A}| \neq 0$ 时，$|\boldsymbol{B}| = 0$ (D) 当 $|\boldsymbol{A}| = 0$ 时，$|\boldsymbol{B}| = 0$

13. 设矩阵 $\boldsymbol{A} = \begin{bmatrix} 1 & 2 & 1 \\ 2 & ab+4 & 2 \\ 2 & 4 & a+2 \end{bmatrix}$ 的秩为 2，则(   ).

(A) $a = 0, b = 0$ (B) $a = 0, b \neq 0$

(C) $a \neq 0, b = 0$ (D) $a \neq 0, b \neq 0$

14. 设矩阵

$$\boldsymbol{A} = \begin{bmatrix} a_{11} & a_{12} & a_{13} \\ a_{21} & a_{22} & a_{23} \\ a_{31} & a_{32} & a_{33} \end{bmatrix}, \qquad \boldsymbol{B} = \begin{bmatrix} a_{21} & a_{22} & a_{23} \\ a_{11} & a_{12} & a_{13} \\ a_{31}+a_{11} & a_{32}+a_{12} & a_{33}+a_{13} \end{bmatrix},$$

$$\boldsymbol{P}_1 = \begin{bmatrix} 0 & 1 & 0 \\ 1 & 0 & 0 \\ 0 & 0 & 1 \end{bmatrix}, \qquad \boldsymbol{P}_2 = \begin{bmatrix} 1 & 0 & 0 \\ 0 & 1 & 0 \\ 1 & 0 & 1 \end{bmatrix},$$

则必有(   ).

(A) $\boldsymbol{P}_1 \boldsymbol{P}_2 \boldsymbol{A} = \boldsymbol{B}$ (B) $\boldsymbol{P}_2 \boldsymbol{P}_1 \boldsymbol{A} = \boldsymbol{B}$

(C) $\boldsymbol{A} \boldsymbol{P}_1 \boldsymbol{P}_2 = \boldsymbol{B}$ (D) $\boldsymbol{A} \boldsymbol{P}_2 \boldsymbol{P}_1 = \boldsymbol{B}$

15. 将二阶矩阵 $\boldsymbol{A}$ 的第 2 列加到第 1 列得矩阵 $\boldsymbol{B}$，再交换 $\boldsymbol{B}$ 的第 1 行与第 2 行得单位矩阵，则 $\boldsymbol{A} = ($ $)$.

(A) $\begin{pmatrix} 0 & 1 \\ 1 & 1 \end{pmatrix}$ (B) $\begin{pmatrix} 0 & 1 \\ 1 & -1 \end{pmatrix}$

(C) $\begin{pmatrix} 1 & 1 \\ 1 & 0 \end{pmatrix}$ 　　　　　　　　　　　(D) $\begin{pmatrix} -1 & 1 \\ 1 & 0 \end{pmatrix}$

16. 设 A 为 2 阶可逆矩阵，A^* 为 A 的伴随矩阵，将 A 的第 1 行乘以 -1 得到矩阵 B，则(　　).

　　(A) A^{-1} 的第 1 行乘以 -1 得到矩阵 B^{-1}

　　(B) A^{-1} 的第 1 列乘以 -1 得到矩阵 B^{-1}

　　(C) A^* 的第 1 行乘以 -1 得到矩阵 B^*

　　(D) A^* 的第 1 列乘以 -1 得到矩阵 B^*

17. 设 A 为 n 阶可逆矩阵，A 的第二行乘以 2 为矩阵 B，则 A^{-1} 的(　　)为 B^{-1}.

　　(A) 第二行乘以 2 　　　　　　　　(B) 第二列乘以 2

　　(C) 第二行乘以 $\dfrac{1}{2}$ 　　　　　　(D) 第二列乘以 $\dfrac{1}{2}$

第 3 章　线性方程组

　　求解线性方程组是线性代数中最重要的问题之一. 科学研究和工程应用中的许多数学问题都涉及或可转化为求解某个(某类)线性方程组. 这一章我们讨论一般形式的线性方程组的求解问题,借助高斯(Gauss)消元法,给出了齐次线性方程组有非零解、非齐次线性方程组有解的条件和具体求解过程. 此外,利用向量组线性相关性和矩阵的秩,进一步揭示了方程组解与解相互之间的关系,并实现了方程组的有限个解线性表示它的无穷多个解;同时也考虑了向量空间的基和坐标.

§3.1　高斯消元法

　　高斯消元法在方程组的理论和求解中拥有广泛应用,我们先通过下面一个例子说明它的具体操作过程.

例 1　解线性方程组 $\begin{cases} 2x_1 - x_2 + 3x_3 = 1, \\ 4x_1 + 2x_2 + 5x_3 = 4, \\ 2x_1 + 2x_3 = 6, \\ 4x_1 - 2x_2 + 6x_3 = 2. \end{cases}$

　　解　第二个方程减去第一个方程的 2 倍,第三个方程减去第一个方程,第四个方程减去第一个方程的 2 倍,方程组变成

$$\begin{cases} 2x_1 - x_2 + 3x_3 = 1, \\ 4x_2 - x_3 = 2, \\ x_2 - x_3 = 5, \\ 0 = 0. \end{cases}$$

第二个方程减去第三个方程的 4 倍,把第二、第三个方程的次序互换,即得

$$\begin{cases} 2x_1 - x_2 + 3x_3 = 1, \\ x_2 - x_3 = 5, \\ 3x_3 = -18. \end{cases} \tag{3-1}$$

像式(3-1)这样形状的方程组称为**阶梯形方程组**. 将原方程组化为阶梯形方程组的过

程称为**消元过程**. 在此基础上, 再从后往前依次求出未知量 x_3, x_2, x_1 的过程称为**回代过程**, 即将第三个方程乘 $\frac{1}{3}$ 得 $x_3 = -6$; 再将 $x_3 = -6$ 代入第二个方程得 $x_2 = -1$; 再将 $x_3 = -6, x_2 = -1$ 代入第一个方程得 $x_1 = 9$. 这样, 方程组的解为

$$\begin{cases} x_1 = 9, \\ x_2 = -1, \\ x_3 = -6. \end{cases}$$

分析消元法过程, 不难看出, 它实际上是对方程组反复施行以下三种变换:

(1) 用一非零常数乘某一方程;

(2) 把一个方程的倍数加到另一个方程;

(3) 互换两个方程的位置.

这三种变换称为**线性方程组的初等变换**. 容易证明, 初等变换总是把方程组变成同解的方程组. 此外, 不难发现, 式(3-1)中的每个方程都是独立的, 而原方程组中却有多余的方程(第四个方程).

对方程组施行初等变换的过程, 就是对它的增广矩阵施行初等行变换的过程. 如例 1 的消元过程可以写成:

$$\begin{pmatrix} 2 & -1 & 3 & | & 1 \\ 4 & 2 & 5 & | & 4 \\ 2 & 0 & 2 & | & 6 \\ 4 & -2 & 6 & | & 2 \end{pmatrix} \xrightarrow[\substack{r_2 - 2r_1 \\ r_3 - r_1 \\ r_4 - 2r_1}]{} \begin{pmatrix} 2 & -1 & 3 & | & 1 \\ 0 & 4 & -1 & | & 2 \\ 0 & 1 & -1 & | & 5 \\ 0 & 0 & 0 & | & 0 \end{pmatrix} \xrightarrow{r_2 \leftrightarrow r_3} \begin{pmatrix} 2 & -1 & 3 & | & 1 \\ 0 & 1 & -1 & | & 5 \\ 0 & 4 & -1 & | & 2 \\ 0 & 0 & 0 & | & 0 \end{pmatrix}$$

$$\xrightarrow{r_3 - 4r_2} \begin{pmatrix} 2 & -1 & 3 & | & 1 \\ 0 & 1 & -1 & | & 5 \\ 0 & 0 & 3 & | & -18 \\ 0 & 0 & 0 & | & 0 \end{pmatrix},$$

最后这个矩阵所对应的线性方程组就是阶梯形方程组(3-1).

回代过程就是继续对这阶梯形矩阵施行初等行变换, 将之变成行简化阶梯形矩阵:

$$\begin{pmatrix} 2 & -1 & 3 & | & 1 \\ 0 & 1 & -1 & | & 5 \\ 0 & 0 & 3 & | & -18 \\ 0 & 0 & 0 & | & 0 \end{pmatrix} \xrightarrow{r_3 \times \frac{1}{3}} \begin{pmatrix} 2 & -1 & 3 & | & 1 \\ 0 & 1 & -1 & | & 5 \\ 0 & 0 & 1 & | & -6 \\ 0 & 0 & 0 & | & 0 \end{pmatrix} \xrightarrow[\substack{r_2 + r_3 \\ r_1 - 3r_3}]{} \begin{pmatrix} 2 & -1 & 0 & | & 19 \\ 0 & 1 & 0 & | & -1 \\ 0 & 0 & 1 & | & -6 \\ 0 & 0 & 0 & | & 0 \end{pmatrix}$$

$$\xrightarrow{r_1 + r_2} \begin{pmatrix} 2 & 0 & 0 & | & 18 \\ 0 & 1 & 0 & | & -1 \\ 0 & 0 & 1 & | & -6 \\ 0 & 0 & 0 & | & 0 \end{pmatrix} \xrightarrow{r_1 \times \frac{1}{2}} \begin{pmatrix} 1 & 0 & 0 & | & 9 \\ 0 & 1 & 0 & | & -1 \\ 0 & 0 & 1 & | & -6 \\ 0 & 0 & 0 & | & 0 \end{pmatrix}.$$

这样,就可以直接从这种行简化阶梯形矩阵"读出"原方程组的解:

$$\begin{cases} x_1 = 9, \\ x_2 = -1, \\ x_3 = -6. \end{cases}$$

对于一般线性方程组

$$\begin{cases} a_{11}x_1 + a_{12}x_2 + \cdots + a_{1n}x_n = b_1, \\ a_{21}x_1 + a_{22}x_2 + \cdots + a_{2n}x_n = b_2, \\ \qquad\qquad \vdots \\ a_{m1}x_1 + a_{m2}x_2 + \cdots + a_{mn}x_n = b_m, \end{cases} \tag{3-2}$$

其中 $x_1, x_2, \cdots, x_n$ 代表 n 个未知量,m 是方程的个数,我们称 $a_{ij}(i=1,2,\cdots,m; j=1, 2,\cdots,n)$ 为方程组的**系数**,$b_j(j=1,2,\cdots,m)$ 为**常数项**.方程组中未知量的个数 n 与方程的个数 m 不一定相等.系数 a_{ij} 的第一个指标 i 表示它在第 i 个方程,第二个指标 j 表示它是 x_j 的系数.

显然,如果知道了一个线性方程组的全部系数和常数项,那么这个线性方程组已经确定.确切地说,线性方程组(3-2)可以用它的增广矩阵

$$\bar{A} = \begin{pmatrix} a_{11} & a_{12} & \cdots & a_{1n} & b_1 \\ a_{21} & a_{22} & \cdots & a_{2n} & b_2 \\ \vdots & \vdots & & \vdots & \vdots \\ a_{m1} & a_{m2} & \cdots & a_{mn} & b_n \end{pmatrix}$$

表示.

对于方程组(3-2),用矩阵的初等行变换将其增广矩阵 $\bar{A}$ 化为阶梯形矩阵:

$$\bar{A} \rightarrow \begin{pmatrix} c_{11} & c_{12} & \cdots & c_{1r} & \cdots & c_{1n} & d_1 \\ 0 & c_{22} & \cdots & c_{2r} & \cdots & c_{2n} & d_2 \\ \vdots & \vdots & & \vdots & & \vdots & \vdots \\ 0 & 0 & \cdots & c_{rr} & \cdots & c_{rn} & d_r \\ 0 & 0 & \cdots & 0 & \cdots & 0 & d_{r+1} \\ 0 & 0 & \cdots & 0 & \cdots & 0 & 0 \\ \vdots & \vdots & & \vdots & & \vdots & \vdots \\ 0 & 0 & \cdots & 0 & \cdots & 0 & 0 \end{pmatrix} \tag{3-3}$$

式(3-3)对应的方程组为

$$\begin{cases} c_{11}x_1 + c_{12}x_2 + \cdots + c_{1r}x_r + \cdots + c_{1n}x_n = d_1, \\ \quad c_{22}x_2 + \cdots + c_{2r}x_r + \cdots + c_{2n}x_n = d_2, \\ \qquad\qquad \cdots\cdots \\ \quad\qquad\qquad c_{rr}x_r + \cdots + c_{rn}x_n = d_r, \\ \qquad\qquad\qquad\qquad\qquad 0 = d_{r+1}, \\ \qquad\qquad\qquad\qquad\qquad 0 = 0, \\ \qquad\qquad\qquad\qquad\qquad \cdots\cdots \\ \qquad\qquad\qquad\qquad\qquad 0 = 0, \end{cases} \tag{3-4}$$

其中 $c_{ii} \neq 0 (i=1,2,\cdots,r)$（若有某个 $c_{kk}=0$，只要把方程组中的某些项调动一下就可消除这种现象）. 方程组(3-4)中的"0＝0"这样一些恒等式可能不出现，也可能出现，这时去掉它们也不影响(3-4)的解，而且(3-4)与(3-2)是同解的.

现在考察方程组(3-4)的解的情况.

若(3-4)中有方程 $0=d_{r+1}$，而 $d_{r+1} \neq 0$. 这时不管 $x_1,x_2,\cdots,x_n$ 取什么值都不能使它成为等式，故(3-4)无解，因而(3-2)无解.

例 2　解线性方程组 $\begin{cases} x_1 \quad -x_2 + 2x_3 = 3, \\ 2x_1 + 3x_2 - 4x_3 = 2, \\ 4x_1 + x_2 \qquad = 8, \\ 5x_1 \qquad + 2x_3 = 9. \end{cases}$

解　对增广矩阵作初等行变换，

$$\overline{A} = \begin{pmatrix} 1 & -1 & 2 & 3 \\ 2 & 3 & -4 & 2 \\ 4 & 1 & 0 & 8 \\ 5 & 0 & 2 & 9 \end{pmatrix} \xrightarrow[\substack{r_3-4r_1 \\ r_4-5r_1}]{r_2-2r_1} \begin{pmatrix} 1 & -1 & 2 & 3 \\ 0 & 5 & -8 & -4 \\ 0 & 5 & -8 & -4 \\ 0 & 5 & -8 & -6 \end{pmatrix} \xrightarrow[r_4-r_2]{r_3-r_2} \begin{pmatrix} 1 & -1 & 2 & 3 \\ 0 & 5 & -8 & -4 \\ 0 & 0 & 0 & 0 \\ 0 & 0 & 0 & -2 \end{pmatrix}$$

$$\xrightarrow{r_3 \leftrightarrow r_4} \begin{pmatrix} 1 & -1 & 2 & 3 \\ 0 & 5 & -8 & -4 \\ 0 & 0 & 0 & -2 \\ 0 & 0 & 0 & 0 \end{pmatrix},$$

从最后一个矩阵的第三行 $(0\ 0\ 0 \ \vdots\ -2)$ 可以看出原方程组无解.

当 $d_{r+1}=0$ 或(3-4)中根本没有"0＝0"的方程时，分两种情形：

(1)若 $r=n$，这时阶梯形方程组为

$$\begin{cases} c_{11}x_1 + c_{12}x_2 + \cdots + c_{1n}x_n = d_1, \\ \quad c_{22}x_2 + \cdots + c_{2n}x_n = d_2, \\ \qquad\qquad \cdots\cdots \\ \qquad\qquad\qquad c_{nn}x_n = d_n, \end{cases} \tag{3-5}$$

其中，$c_{ii} \neq 0, i = 1, 2, \cdots, n$. 由最后一个方程开始，$x_n, x_{n-1}, \cdots, x_1$ 的值就可以逐个地唯一地确定了. 在这种情形下，方程组(3-5)，也就是方程组(3-2)有唯一的解.

(2)若 $r < n$，继续对(3-3)施以初等行变换：

$$\begin{pmatrix} c_{11} & c_{12} & \cdots & c_{1r} & \cdots & c_{1n} & \vdots & d_1 \\ 0 & c_{22} & \cdots & c_{2r} & \cdots & c_{2n} & \vdots & d_2 \\ \vdots & \vdots & & \vdots & & \vdots & \vdots & \vdots \\ 0 & 0 & \cdots & c_{rr} & \cdots & c_{rn} & \vdots & d_r \\ 0 & 0 & \cdots & 0 & \cdots & 0 & \vdots & 0 \\ 0 & 0 & \cdots & 0 & \cdots & 0 & \vdots & 0 \\ \vdots & \vdots & & \vdots & & \vdots & \vdots & \vdots \\ 0 & 0 & \cdots & 0 & \cdots & 0 & \vdots & 0 \end{pmatrix} \rightarrow \begin{pmatrix} 1 & 0 & \cdots & 0 & c'_{1,r+1} & \cdots & c'_{1n} & \vdots & d'_1 \\ \vdots & 1 & \cdots & 0 & c'_{2,r+1} & \cdots & c'_{2n} & \vdots & d'_1 \\ \vdots & \vdots & & \vdots & \vdots & & \vdots & \vdots & \vdots \\ 0 & 0 & \cdots & 1 & c'_{r,r+1} & \cdots & c'_{rn} & \vdots & d'_r \\ 0 & 0 & \cdots & 0 & 0 & & 0 & \vdots & 0 \\ 0 & 0 & \cdots & 0 & 0 & & 0 & \vdots & 0 \\ \vdots & \vdots & & \vdots & \vdots & & \vdots & \vdots & \vdots \\ 0 & 0 & \cdots & 0 & 0 & & 0 & \vdots & 0 \end{pmatrix}.$$

这时相对应的阶梯形方程组可以写成

$$\begin{cases} x_1 = d'_1 - c'_{1,r+1}x_{r+1} - \cdots - c'_{1n}x_n, \\ x_2 = d'_2 - c'_{2,r+1}x_{r+1} - \cdots - c'_{2n}x_n, \\ \qquad \cdots\cdots \\ x_r = d'_1 - c'_{r,r+1}x_{r+1} - \cdots - c'_{rn}x_n. \end{cases} \tag{3-6}$$

由此可见，任给 $x_{r+1}, \cdots, x_n$ 一组值，就唯一地确定 $x_1, x_2, \cdots, x_r$ 的值，也就是确定方程组(3-6)的一个解. 一般地，由(3-6)我们可以把 $x_1, x_2, \cdots, x_r$ 通过 $x_{r+1}, \cdots, x_n$ 表示出来. 这样一组表达式称为方程组(3-2)的**通解**或**一般解**，而 $x_{r+1}, \cdots, x_n$ 称为一组**自由未知量**.

例 3 解线性方程组 $\begin{cases} x_1 + 3x_2 + 4x_3 = -2, \\ 2x_1 + 5x_2 + 9x_3 = 3, \\ 3x_1 + 7x_2 + 14x_3 = 8. \end{cases}$

解 对增广矩阵作初等行变换：

$$\overline{A} = \begin{pmatrix} 1 & 3 & 4 & \vdots & -2 \\ 2 & 5 & 9 & \vdots & 3 \\ 3 & 7 & 14 & \vdots & 8 \end{pmatrix} \xrightarrow[r_3 - 3r_1]{r_2 - 2r_1} \begin{pmatrix} 1 & 3 & 4 & \vdots & -2 \\ 0 & -1 & 1 & \vdots & 7 \\ 0 & -2 & 2 & \vdots & 14 \end{pmatrix} \xrightarrow[r_2 \times (-1)]{r_3 - 2r_2} \begin{pmatrix} 1 & 3 & 4 & \vdots & -2 \\ 0 & 1 & -1 & \vdots & -7 \\ 0 & 0 & 0 & \vdots & 0 \end{pmatrix}$$

$$\xrightarrow{r_1 - 3r_2} \begin{pmatrix} 1 & 0 & 7 & \vdots & 19 \\ 0 & 1 & -1 & \vdots & -7 \\ 0 & 0 & 0 & \vdots & 0 \end{pmatrix}.$$

还原成方程组的形式，得

$$\begin{cases} x_1 \quad\;\; + 7x_3 = 19, \\ \quad\; x_2 - x_3 = -7, \end{cases}$$

把 x_3 移到右边,得

$$\begin{cases} x_1 = 19 - 7x_3, \\ x_2 = -7 + x_3. \end{cases}$$

这就是原方程组的一般解,其中 x_3 是自由未知量.

应该看到,$r > n$ 的情形是不可能出现的.

以上就是用消元法解线性方程组的整个过程. 总起来说,首先用初等变换化线性方程组(3-2)为阶梯形方程组,即相当于用初等行变换化它的增广矩阵 $\overline{\boldsymbol{A}}$ 成阶梯形矩阵(3-3):

(1)当 $d_{r+1} \neq 0$ 时,方程组(3-2)无解.

(2)当 $d_{r+1} = 0$ 时,方程组(3-2)有解,且若 $r = n$,方程组有唯一解;若 $r < n$,方程组有无穷多解.

归纳起来也就是下面的定理.

定理 3.1(线性方程组有解的判别定理)　非齐次线性方程组(3-2)有解的充分必要条件为它的系数矩阵

$$\boldsymbol{A} = \begin{bmatrix} a_{11} & a_{12} & \cdots & a_{1n} \\ a_{21} & a_{22} & \cdots & a_{2n} \\ \vdots & \vdots & & \vdots \\ a_{m1} & a_{m2} & \cdots & a_{mn} \end{bmatrix}$$

与增广矩阵

$$\overline{\boldsymbol{A}} = \begin{bmatrix} a_{11} & a_{12} & \cdots & a_{1n} & b_1 \\ a_{21} & a_{22} & \cdots & a_{2n} & b_2 \\ \vdots & \vdots & & \vdots & \vdots \\ a_{m1} & a_{m2} & \cdots & a_{mn} & b_n \end{bmatrix}$$

有相同的秩,即 $r(\boldsymbol{A}) = r(\overline{\boldsymbol{A}})$. 若 $r(\boldsymbol{A}) = r(\overline{\boldsymbol{A}}) = n$,则方程组有唯一解;若 $r(\boldsymbol{A}) = r(\overline{\boldsymbol{A}}) < n$,则方程组有无穷多解.

把定理 3.1 应用到齐次线性方程组

$$\begin{cases} a_{11}x_1 + a_{12}x_2 + \cdots + a_{1n}x_n = 0, \\ a_{21}x_1 + a_{22}x_2 + \cdots + a_{2n}x_n = 0, \\ \qquad \cdots\cdots \\ a_{m1}x_1 + a_{m2}x_2 + \cdots + a_{mn}x_n = 0 \end{cases} \tag{3-7}$$

就有

定理 3.2　对于齐次线性方程组(3-7),若 $r(\boldsymbol{A}) < n$,则方程组有非零解;而若 $r(\boldsymbol{A}) = n$,则方程组只有零解.

推论 1　如果齐次线性方程组(3-7)中方程的个数 m 小于未知量的个数 n,则它有非零解.

推论 2 当齐次线性方程组(3-7)方程的个数等于未知量的个数时,则它有非零解的充分必要条件是它的系数行列式等于 0.

§3.2 *n* 维向量

对于具体解线性方程组,高斯消元法是一个最有效和最基本的方法.但是,有时候需要直接从原方程组判断是否有解,这样,消元法并不适用.同时,用消元法化方程组成阶梯形,剩下来的方程是否唯一? 这些问题就要求揭示方程组中方程与方程之间,解与解之间的关系.为此,我们引入 n 维向量的概念.

定义 3.1 由 n 个数 a_1, a_2, $\cdots$, a_n 组成的有序数组 $(a_1, a_2, \cdots, a_n)$,称为一个 **n 维向量**,其中数 a_i 称为此向量的第 i 个**分量**.

以后我们用小写希腊字母 $\boldsymbol{\alpha}$, $\boldsymbol{\beta}$, $\boldsymbol{\gamma}$, $\cdots$ 来表示向量.

向量通常写成一行,有时候也可以写成一列:

$$\begin{bmatrix} a_1 \\ a_2 \\ \vdots \\ a_n \end{bmatrix}.$$

为了区别,前者称为 **n 维行向量**,后者称为 **n 维列向量**.它们的区别只是写法上的不同.

从矩阵的角度来看,一个 n 维行向量就是一个 $1 \times n$ 矩阵,而一个 n 维列向量则是一个 $n \times 1$ 矩阵,从而可以将列向量看作是行向量的转置.因此,习惯上,**n 维列向量往往写成** $(a_1, a_2, \cdots, a_n)^{\mathrm{T}}$.

定义 3.2 如果两个 n 维向量 $\boldsymbol{\alpha} = (a_1, a_2, \cdots, a_n)$,$\boldsymbol{\beta} = (b_1, b_2, \cdots, b_n)$ 的对应分量都相等,即 $a_i = b_i (i = 1, 2, \cdots, n)$,则称这两个向量是**相等**的,记作 $\boldsymbol{\alpha} = \boldsymbol{\beta}$.

两个 n 维向量之间的基本关系是用向量的加法和数量乘法来表达的.

定义 3.3 设 $\boldsymbol{\alpha} = (a_1, a_2, \cdots, a_n)$,$\boldsymbol{\beta} = (b_1, b_2, \cdots, b_n)$ 是两个 n 维向量,则向量

$$\boldsymbol{\gamma} = (a_1 + b_1, a_2 + b_2, \cdots, a_n + b_n)$$

称为向量 $\boldsymbol{\alpha}$ 与 $\boldsymbol{\beta}$ 的和,记为 $\boldsymbol{\gamma} = \boldsymbol{\alpha} + \boldsymbol{\beta}$.

定义 3.4 设 $\boldsymbol{\alpha} = (a_1, a_2, \cdots, a_n)$ 为 n 维向量,k 为任意常数,则向量

$$(ka_1, ka_2, \cdots, ka_n)$$

称为向量 $\boldsymbol{\alpha}$ 与常数 k 的**数乘**,记为 $k\boldsymbol{\alpha}$.

特别地,分量全为零的向量 $(0, 0, \cdots, 0)$ 称为**零向量**,记为 $\boldsymbol{0}$;向量 $(-a_1, -a_2, \cdots, -a_n)$ 称为向量 $\boldsymbol{\alpha} = (a_1, a_2, \cdots, a_n)$ 的**负向量**,记为 $-\boldsymbol{\alpha}$,从而向量的**减法**可以定义为

$$\boldsymbol{\alpha} - \boldsymbol{\beta} = (a_1 - b_1, a_2 - b_2, \cdots, a_n - b_n).$$

利用上述定义,容易验证向量的加法与数乘满足下列运算规律:

(1)$\boldsymbol{\alpha}+\boldsymbol{\beta}=\boldsymbol{\beta}+\boldsymbol{\alpha}$(加法交换律);

(2)$(\boldsymbol{\alpha}+\boldsymbol{\beta})+\boldsymbol{\gamma}=\boldsymbol{\alpha}+(\boldsymbol{\beta}+\boldsymbol{\gamma})$(加法结合律);

(3)$\boldsymbol{\alpha}+\boldsymbol{0}=\boldsymbol{\alpha}$;

(4)$\boldsymbol{\alpha}+(-\boldsymbol{\alpha})=\boldsymbol{0}$;

(5)$k(\boldsymbol{\alpha}+\boldsymbol{\beta})=k\boldsymbol{\alpha}+k\boldsymbol{\beta}$(数乘分配律);

(6)$(k+l)\boldsymbol{\alpha}=k\boldsymbol{\alpha}+l\boldsymbol{\alpha}$(数乘分配律);

(7)$(kl)\boldsymbol{\alpha}=k(l\boldsymbol{\alpha})$;

(8)$1\boldsymbol{\alpha}=\boldsymbol{\alpha}$.

例 1　设向量 $\boldsymbol{\alpha}_1=(1,2,1),\boldsymbol{\alpha}_2=(1,-1,0),\boldsymbol{\alpha}_3=(0,1,-1)$满足
$$3(\boldsymbol{\alpha}_1-\boldsymbol{\beta})+4(\boldsymbol{\alpha}_2+\boldsymbol{\beta})=2(\boldsymbol{\alpha}_3-\boldsymbol{\beta}),$$
求向量 $\boldsymbol{\beta}$.

解　由 $3(\boldsymbol{\alpha}_1-\boldsymbol{\beta})+4(\boldsymbol{\alpha}_2+\boldsymbol{\beta})=2(\boldsymbol{\alpha}_3-\boldsymbol{\beta})$解得

$$\boldsymbol{\beta}=\frac{1}{3}(-3\boldsymbol{\alpha}_1-4\boldsymbol{\alpha}_2+2\boldsymbol{\alpha}_3)=\frac{1}{3}[-3(1,2,1)-4(1,-1,0)+2(0,1,-1)]$$

$$=\frac{1}{3}(-7,0,-5)=\left(-\frac{7}{3},0,-\frac{5}{3}\right).$$

例 2　设 $m\times n$ 矩阵

$$\boldsymbol{A}=\begin{pmatrix} a_{11} & a_{12} & \cdots & a_{1n} \\ a_{21} & a_{22} & \cdots & a_{2n} \\ \vdots & \vdots & & \vdots \\ a_{m1} & a_{m2} & \cdots & a_{mn} \end{pmatrix},$$

把 $\boldsymbol{A}$ 中的每一列看作一个 m 维列向量,记

$$\boldsymbol{\alpha}_j=\begin{pmatrix} a_{1j} \\ a_{2j} \\ \vdots \\ a_{mj} \end{pmatrix},\ j=1,2,\cdots,n,$$

称向量组 $\boldsymbol{\alpha}_1,\boldsymbol{\alpha}_2,\cdots,\boldsymbol{\alpha}_n$ 为矩阵 $\boldsymbol{A}$ 的**列向量组**. 把 $\boldsymbol{A}$ 中的每一行看作一个 n 维行向量,记
$$\boldsymbol{\beta}_i=(a_{i1},a_{i2},\cdots,a_{in}),\ i=1,2,\cdots,m,$$
称向量组 $\boldsymbol{\beta}_1,\boldsymbol{\beta}_2,\cdots,\boldsymbol{\beta}_m$ 为矩阵 $\boldsymbol{A}$ 的**行向量组**;这样矩阵 $\boldsymbol{A}$ 可以写成如下两种分块矩阵的形式:

$$\boldsymbol{A}=(\boldsymbol{\alpha}_1,\boldsymbol{\alpha}_2,\cdots,\boldsymbol{\alpha}_n)\quad \text{或}\quad \boldsymbol{A}=\begin{pmatrix} \boldsymbol{\beta}_1 \\ \boldsymbol{\beta}_2 \\ \vdots \\ \boldsymbol{\beta}_m \end{pmatrix}.$$

对于线性方程组(3-2),如果引入向量组

$$\boldsymbol{\alpha}_1 = \begin{pmatrix} a_{11} \\ a_{21} \\ \vdots \\ a_{m1} \end{pmatrix}, \boldsymbol{\alpha}_2 = \begin{pmatrix} a_{12} \\ a_{22} \\ \vdots \\ a_{m2} \end{pmatrix}, \cdots, \boldsymbol{\alpha}_n = \begin{pmatrix} a_{1n} \\ a_{2n} \\ \vdots \\ a_{mn} \end{pmatrix}, \boldsymbol{b} = \begin{pmatrix} b_1 \\ b_2 \\ \vdots \\ b_m \end{pmatrix},$$

则(3-2)可以改写成向量方程

$$x_1\boldsymbol{\alpha}_1 + x_2\boldsymbol{\alpha}_2 + \cdots + x_n\boldsymbol{\alpha}_n = \boldsymbol{b}. \tag{3-8}$$

齐次方程组(3-7)等价于

$$x_1\boldsymbol{\alpha}_1 + x_2\boldsymbol{\alpha}_2 + \cdots + x_n\boldsymbol{\alpha}_n = \boldsymbol{0}. \tag{3-9}$$

因此,(3-2)是否有解等价于线性关系式(3-8)是否成立,而(3-7)是否有非零解取决于(3-9)的线性组合系数是否非零.

§3.3 向量组的线性相关性

这一节我们来进一步研究向量之间的关系.

3.3.1 向量的线性组合与线性表示

两个向量之间最简单的关系是成比例.所谓向量 $\boldsymbol{\alpha}$ 与 $\boldsymbol{\beta}$ 成比例就是说有一数 k 使

$$\boldsymbol{\alpha} = k\boldsymbol{\beta}.$$

在多个向量之间,成比例的关系表现为线性组合.

定义 3.5 对 $s+1$ 个 n 维向量 $\boldsymbol{\alpha}_1$,$\boldsymbol{\alpha}_2$,$\cdots\boldsymbol{\alpha}_s$,$\boldsymbol{\beta}$,如果有一组数 $k_1, k_2, \cdots, k_s$,使得

$$\boldsymbol{\beta} = k_1\boldsymbol{\alpha}_1 + k_2\boldsymbol{\alpha}_2 + \cdots + k_s\boldsymbol{\alpha}_s, \tag{3-10}$$

则称向量 $\boldsymbol{\beta}$ 是向量组 $\boldsymbol{\alpha}_1, \boldsymbol{\alpha}_2, \cdots, \boldsymbol{\alpha}_s$ 的一个**线性组合**,或称 $\boldsymbol{\beta}$ 能被向量组 $\boldsymbol{\alpha}_1, \boldsymbol{\alpha}_2, \cdots, \boldsymbol{\alpha}_s$ **线性表示**(或**线性表出**),其中 $k_1, k_2, \cdots, k_s$ 为表出系数.

例 1 由定义可以立即看出,零向量是任一向量组的线性组合(只要取系数全为 0 就行了).

例 2 任一个 n 维向量 $\boldsymbol{\alpha} = (a_1, a_2, \cdots, a_n)$ 都是向量组

$$\boldsymbol{\varepsilon}_1 = (1, 0, \cdots, 0), \boldsymbol{\varepsilon}_2 = (0, 1, \cdots, 0), \cdots, \boldsymbol{\varepsilon}_n = (0, 0, \cdots, 1)$$

的一个线性组合.因为

$$\boldsymbol{\alpha} = a_1\boldsymbol{\varepsilon}_1 + a_2\boldsymbol{\varepsilon}_2 + \cdots + a_n\boldsymbol{\varepsilon}_n,$$

其表出系数恰好是它的分量.通常向量组 $\boldsymbol{\varepsilon}_1, \boldsymbol{\varepsilon}_2, \cdots, \boldsymbol{\varepsilon}_n$ 称为 **n 维单位向量组**.

例1、例2可以通过"凑",实现将一个向量由特定的向量组线性表示,这依赖向量组的本身,往往是不容易的.注意到(3-10)等价于非齐次线性方程组

$$(\boldsymbol{\alpha}_1, \boldsymbol{\alpha}_2, \cdots, \boldsymbol{\alpha}_s) \begin{pmatrix} k_1 \\ k_2 \\ \vdots \\ k_s \end{pmatrix} = \boldsymbol{\beta}, \tag{3-11}$$

因此，$\boldsymbol{\beta}$ 能否被向量组 $\boldsymbol{\alpha}_1, \boldsymbol{\alpha}_2, \cdots, \boldsymbol{\alpha}_s$ 线性表示等价于非齐次线性方程组(3-11)是否有解，而这可以通过高斯消元法得到，即我们有下面的定理：

定理 3.3　向量 $\boldsymbol{\beta}$ 可由向量组 $\boldsymbol{\alpha}_1, \boldsymbol{\alpha}_2, \cdots, \boldsymbol{\alpha}_s$ 线性表示，当且仅当

$$\boldsymbol{A}\boldsymbol{x} = \boldsymbol{\beta} \tag{3-12}$$

有解，即 $r(\boldsymbol{A}, \boldsymbol{\beta}) = r(\boldsymbol{A})$，且(3-12)的解就是 $\boldsymbol{\beta}$ 由 $\boldsymbol{\alpha}_1, \boldsymbol{\alpha}_2, \cdots, \boldsymbol{\alpha}_s$ 线性表出的表出系数，其中

$$\boldsymbol{A} = (\boldsymbol{\alpha}_1, \boldsymbol{\alpha}_2, \cdots, \boldsymbol{\alpha}_s), \quad \boldsymbol{x} = (k_1, k_2, \cdots, k_s)^{\mathrm{T}}. \tag{3-13}$$

进一步，还可以有

推论　对于向量组 $\boldsymbol{\alpha}_1, \boldsymbol{\alpha}_2, \cdots, \boldsymbol{\alpha}_s, \boldsymbol{\beta}$，当 $r(\boldsymbol{A}, \boldsymbol{\beta}) = r(\boldsymbol{A})$ 时，$\boldsymbol{\beta}$ 可由向量组 $\boldsymbol{\alpha}_1, \boldsymbol{\alpha}_2, \cdots, \boldsymbol{\alpha}_s$ 线性表示. 此时，它有两种具体形式：

(1)当 $r(\boldsymbol{A}) = s$ 时，则 $\boldsymbol{\beta}$ 可由向量组 $\boldsymbol{\alpha}_1, \boldsymbol{\alpha}_2, \cdots, \boldsymbol{\alpha}_s$ 唯一线性表示；

(2)当 $r(\boldsymbol{A}) < s$ 时，则 $\boldsymbol{\beta}$ 可由向量组 $\boldsymbol{\alpha}_1, \boldsymbol{\alpha}_2, \cdots, \boldsymbol{\alpha}_s$ 无穷线性表示.

例 3　设 $\boldsymbol{\alpha}_1 = (1, 1, 1, 1)^{\mathrm{T}}, \boldsymbol{\alpha}_2 = (1, 1, -1, -1)^{\mathrm{T}}, \boldsymbol{\alpha}_3 = (1, -1, 1, -1)^{\mathrm{T}}, \boldsymbol{\alpha}_4 = (1, -1, -1, 1)^{\mathrm{T}}, \boldsymbol{\beta} = (1, 2, 1, 1)^{\mathrm{T}}$，问 $\boldsymbol{\beta}$ 能否被 $\boldsymbol{\alpha}_1, \boldsymbol{\alpha}_2, \boldsymbol{\alpha}_3, \boldsymbol{\alpha}_4$ 线性表出？若能，求出具体表达式.

解　由于

$$\overline{\boldsymbol{A}} = (\boldsymbol{\alpha}_1, \boldsymbol{\alpha}_2, \boldsymbol{\alpha}_3, \boldsymbol{\alpha}_4, \boldsymbol{\beta}) = \begin{pmatrix} 1 & 1 & 1 & 1 & 1 \\ 1 & 1 & -1 & -1 & 2 \\ 1 & -1 & 1 & -1 & 1 \\ 1 & -1 & -1 & 1 & 1 \end{pmatrix},$$

对其作初等行变换求得阶梯形矩阵：

$$\begin{pmatrix} 1 & 1 & 1 & 1 & 1 \\ 1 & 1 & -1 & -1 & 2 \\ 1 & -1 & 1 & -1 & 1 \\ 1 & -1 & -1 & 1 & 1 \end{pmatrix} \xrightarrow[\substack{r_3 - r_1 \\ r_4 - r_1}]{r_2 - r_1} \begin{pmatrix} 1 & 1 & 1 & 1 & 1 \\ 0 & 0 & -2 & -2 & 1 \\ 0 & -2 & 0 & -2 & 0 \\ 0 & -2 & -2 & 0 & 0 \end{pmatrix}$$

$$\xrightarrow[\substack{-\frac{1}{2}r_3 \\ -\frac{1}{2}r_2}]{r_2 \leftrightarrow r_4} \begin{pmatrix} 1 & 1 & 1 & 1 & 1 \\ 0 & 1 & 1 & 0 & 0 \\ 0 & 1 & 0 & 1 & 0 \\ 0 & 0 & -2 & -2 & 1 \end{pmatrix} \xrightarrow{r_3 - r_2} \begin{pmatrix} 1 & 1 & 1 & 1 & 1 \\ 0 & 1 & 1 & 0 & 0 \\ 0 & 0 & -1 & 1 & 0 \\ 0 & 0 & -2 & -2 & 1 \end{pmatrix} \xrightarrow{r_4 - 2r_2} \begin{pmatrix} 1 & 1 & 1 & 1 & 1 \\ 0 & 1 & 1 & 0 & 0 \\ 0 & 0 & -1 & 1 & 0 \\ 0 & 0 & 0 & -4 & 1 \end{pmatrix}.$$

因为 $r(A)=r(\overline{A})=n=4$,所以方程组有解且解是唯一的. 因此,$\boldsymbol{\beta}$ 能被 $\boldsymbol{\alpha}_1,\boldsymbol{\alpha}_2,\boldsymbol{\alpha}_3,\boldsymbol{\alpha}_4$ 线性表出.

下面求其表出系数. 将阶梯形矩阵还原成方程组:

$$\begin{cases} k_1+k_2+k_3+k_4=1, \\ \quad\ k_2+k_3\qquad=0, \\ \qquad\quad -k_3+k_4=0, \\ \qquad\qquad\quad -4k_4=1, \end{cases}$$

解得

$$k_1=\frac{5}{4},\quad k_2=\frac{1}{4},\quad k_3=-\frac{1}{4},\quad k_4=-\frac{1}{4}.$$

因此,

$$\boldsymbol{\beta}=\frac{5}{4}\boldsymbol{\alpha}_1+\frac{1}{4}\boldsymbol{\alpha}_2-\frac{1}{4}\boldsymbol{\alpha}_3-\frac{1}{4}\boldsymbol{\alpha}_4.$$

例 4 设三维向量 $\boldsymbol{\alpha}_1=(1+\lambda,1,1)^{\mathrm{T}}$,$\boldsymbol{\alpha}_2=(1,1+\lambda,1)^{\mathrm{T}}$,$\boldsymbol{\alpha}_3=(1,1,1+\lambda)^{\mathrm{T}}$,$\boldsymbol{\beta}=(0,\lambda,\lambda^2)^{\mathrm{T}}$. 问:当 λ 取何值时,$\boldsymbol{\beta}$ 是否可以由 $\boldsymbol{\alpha}_1,\boldsymbol{\alpha}_2,\boldsymbol{\alpha}_3$ 线性表出,且讨论表达式是否唯一.

解 $(\boldsymbol{\alpha}_1,\boldsymbol{\alpha}_2,\boldsymbol{\alpha}_3,\boldsymbol{\beta})=\begin{pmatrix} 1+\lambda & 1 & 1 & 0 \\ 1 & 1+\lambda & 1 & \lambda \\ 1 & 1 & 1+\lambda & \lambda^2 \end{pmatrix}$

$$\rightarrow \begin{pmatrix} 1 & 1 & 1+\lambda & \lambda^2 \\ 1 & 1+\lambda & 1 & \lambda \\ 1+\lambda & 1 & 1 & 0 \end{pmatrix} \rightarrow \begin{pmatrix} 1 & 1 & 1+\lambda & \lambda^2 \\ 0 & \lambda & -\lambda & \lambda-\lambda^2 \\ 0 & -\lambda & 1-(1+\lambda)^2 & -\lambda^3-\lambda^2 \end{pmatrix}$$

$$\rightarrow \begin{pmatrix} 1 & 1 & 1+\lambda & \lambda^2 \\ 0 & \lambda & -\lambda & \lambda-\lambda^2 \\ 0 & 0 & -\lambda^2-3\lambda & -\lambda^3-2\lambda^2+\lambda \end{pmatrix}.$$

(1)当 $\lambda=0$ 时,阶梯形为

$$\begin{pmatrix} 1 & 1 & 1 & 0 \\ 0 & 0 & 0 & 0 \\ 0 & 0 & 0 & 0 \end{pmatrix},$$

该阶梯形矩阵对应的方程组有无穷多解,即 $\boldsymbol{\beta}$ 可以由 $\boldsymbol{\alpha}_1,\boldsymbol{\alpha}_2,\boldsymbol{\alpha}_3$ 线性表出,表出方式无穷.

(2)当 $\lambda=-3$ 时,阶梯形为

$$\begin{pmatrix} 1 & 1 & -2 & 9 \\ 0 & -3 & 3 & -12 \\ 0 & 0 & 0 & 6 \end{pmatrix},$$

该阶梯形对应的方程组无解，所以 $\boldsymbol{\beta}$ 不可以由 $\boldsymbol{\alpha}_1$，$\boldsymbol{\alpha}_2$，$\boldsymbol{\alpha}_3$ 线性表出.

（3）当 $\lambda \neq 0$，-3 时，阶梯形矩阵为

$$\begin{bmatrix} 1 & 1 & 1+\lambda & \vdots & \lambda^2 \\ 0 & 1 & -1 & \vdots & 1-\lambda \\ 0 & 0 & -\lambda-3 & \vdots & -\lambda^2-2\lambda+1 \end{bmatrix}.$$

此时，$\boldsymbol{\beta}$ 可以由 $\boldsymbol{\alpha}_1$，$\boldsymbol{\alpha}_2$，$\boldsymbol{\alpha}_3$ 线性表出，表出方式唯一，对应的非齐次方程组的唯一解为：

$$x_1 = \frac{-\lambda-1}{\lambda+3}, \ x_2 = \frac{2}{\lambda+3}, \ x_3 = \frac{\lambda^2+2\lambda-1}{\lambda+3}.$$

即

$$\boldsymbol{\beta} = x_1\boldsymbol{\alpha}_1 + x_2\boldsymbol{\alpha}_2 + x_3\boldsymbol{\alpha}_3.$$

3.3.2　线性相关性

下面我们介绍向量组线性相关及无关的概念.

定义 3.6　给定向量组 $\boldsymbol{\alpha}_1$，$\boldsymbol{\alpha}_2$，$\cdots$，$\boldsymbol{\alpha}_s$，若存在 s 个不全为零的数 k_1，k_2，$\cdots$，k_s，使

$$k_1\boldsymbol{\alpha}_1 + k_2\boldsymbol{\alpha}_2 + \cdots + k_s\boldsymbol{\alpha}_s = \mathbf{0}, \tag{3-14}$$

则称向量组 $\boldsymbol{\alpha}_1$，$\boldsymbol{\alpha}_2$，$\cdots$，$\boldsymbol{\alpha}_s$ **线性相关**，否则称向量组 $\boldsymbol{\alpha}_1$，$\boldsymbol{\alpha}_2$，$\cdots$，$\boldsymbol{\alpha}_s$ **线性无关**.

向量组 $\boldsymbol{\alpha}_1$，$\boldsymbol{\alpha}_2$，$\cdots$，$\boldsymbol{\alpha}_s$ 线性无关，即没有不全为零的数 k_1，k_2，$\cdots$，k_s 使得

$$k_1\boldsymbol{\alpha}_1 + k_2\boldsymbol{\alpha}_2 + \cdots + k_s\boldsymbol{\alpha}_s = \mathbf{0}.$$

或者说，如果由

$$k_1\boldsymbol{\alpha}_1 + k_2\boldsymbol{\alpha}_2 + \cdots + k_s\boldsymbol{\alpha}_s = \mathbf{0}$$

可以推出

$$k_1 = k_2 = \cdots = k_s = 0.$$

对于由单个向量构成的向量组情形. 按定义，向量组 $\boldsymbol{\alpha}$ 线性相关就表示有 $k \neq 0$（因为只有一个数，所以不全为零就是它不等于零）使

$$k\boldsymbol{\alpha} = \mathbf{0}.$$

由数乘的性质推知 $\boldsymbol{\alpha} = \mathbf{0}$. 因此，向量组 $\boldsymbol{\alpha}$ 线性相关就表示 $\boldsymbol{\alpha} = \mathbf{0}$.

例 5　不难看出，由 n 维单位向量 $\boldsymbol{\varepsilon}_1$，$\boldsymbol{\varepsilon}_2$，$\cdots$，$\boldsymbol{\varepsilon}_n$ 组成的向量组是线性无关的. 事实上，由

$$k_1\boldsymbol{\varepsilon}_1 + k_2\boldsymbol{\varepsilon}_2 + \cdots + k_n\boldsymbol{\varepsilon}_n = \mathbf{0},$$

也就是

$$k_1(1, \ 0, \ \cdots, \ 0)^{\mathrm{T}} + k_2(0, \ 1, \ \cdots, \ 0)^{\mathrm{T}} + \cdots + k_n(0, \ 0, \ \cdots, \ 1)^{\mathrm{T}}$$

$$= (k_1, \ k_2, \ \cdots, \ k_n)^{\mathrm{T}} = (0, \ 0, \ \cdots, \ 0)^{\mathrm{T}}.$$

可以推出

$$k_1 = k_2 = \cdots = k_n = 0.$$

这就是说,$\boldsymbol{\varepsilon}_1$,$\boldsymbol{\varepsilon}_2$,$\cdots$,$\boldsymbol{\varepsilon}_n$ 线性无关.

类似于线性表出,(3-14)等价于齐次线性方程组

$$Ax = 0, \tag{3-15}$$

其中 $\boldsymbol{A}$,$\boldsymbol{x}$ 由(3-13)确定,因此,我们有下面的定理.

定理 3.4 向量组 $\boldsymbol{\alpha}_1$,$\boldsymbol{\alpha}_2$,$\cdots$,$\boldsymbol{\alpha}_s$ 是否线性相关的充要条件是线性方程组(3-15)是否有非零解,即是否有 $r(\boldsymbol{A}) < s$ 成立:

(1)当 $r(\boldsymbol{A}) = s$,$\boldsymbol{\alpha}_1$,$\boldsymbol{\alpha}_2$,$\cdots$,$\boldsymbol{\alpha}_s$ 是线性无关的;

(2)当 $r(\boldsymbol{A}) < s$,$\boldsymbol{\alpha}_1$,$\boldsymbol{\alpha}_2$,$\cdots$,$\boldsymbol{\alpha}_s$ 是线性相关的.

例 6 判断向量组 $\boldsymbol{\alpha}_1 = (2, -1, 3, 1)^{\mathrm{T}}$,$\boldsymbol{\alpha}_2 = (4, -2, 5, 4)^{\mathrm{T}}$,$\boldsymbol{\alpha}_3 = (2, -1, 4, -1)^{\mathrm{T}}$ 是否线性相关.

解 设 $x_1\boldsymbol{\alpha}_1 + x_2\boldsymbol{\alpha}_2 + x_3\boldsymbol{\alpha}_3 = \boldsymbol{0}$,按各个分量分别写出来就是下列方程组

$$\begin{cases} 2x_1 + 4x_2 + 2x_3 = 0, \\ -x_1 - 2x_2 - x_3 = 0, \\ 3x_1 + 5x_2 + 4x_3 = 0, \\ x_1 + 4x_2 - x_3 = 0. \end{cases}$$

方程组的系数矩阵

$$\boldsymbol{A} = \begin{pmatrix} 2 & 4 & 2 \\ -1 & -2 & -1 \\ 3 & 5 & 4 \\ 1 & 4 & -1 \end{pmatrix} \rightarrow \begin{pmatrix} 1 & 0 & 3 \\ 0 & 1 & -1 \\ 0 & 0 & 0 \\ 0 & 0 & 0 \end{pmatrix}.$$

由于 $r(\boldsymbol{A}) = 2 < 3$,所以方程组有无穷多解,当然有非零解,故 $\boldsymbol{\alpha}_1$,$\boldsymbol{\alpha}_2$,$\boldsymbol{\alpha}_3$ 线性相关. 特别的一组解,可取为 $(x_1, x_2, x_3)^{\mathrm{T}} = (3, -1, -1)^{\mathrm{T}}$,即 $3\boldsymbol{\alpha}_1 - \boldsymbol{\alpha}_2 - \boldsymbol{\alpha}_3 = \boldsymbol{0}$,或 $\boldsymbol{\alpha}_3 = 3\boldsymbol{\alpha}_1 - \boldsymbol{\alpha}_2$.

当向量组个数大于向量的维数,即 $s > n$ 时,注意到此时 $Ax = 0$ 一定有非零解,因此我们有下面的推论.

推论 1 对于 s 个 n 维向量构成的向量组 $\boldsymbol{\alpha}_1$,$\boldsymbol{\alpha}_2$,$\cdots$,$\boldsymbol{\alpha}_s$,如果 $s > n$,则 $\boldsymbol{\alpha}_1$,$\boldsymbol{\alpha}_2$,$\cdots$,$\boldsymbol{\alpha}_s$ 必线性相关.

利用向量组的秩判断向量组的线性相关性要涉及行初等变换消阶梯形并求解,这往往是不容易的. 因此能否从向量组构成的矩阵本身寻求相关性的判断是有意义的.

推论 2 设 n 个 n 维向量组 $\boldsymbol{\alpha}_1$,$\boldsymbol{\alpha}_2$,$\cdots$,$\boldsymbol{\alpha}_n$,记 $\boldsymbol{A} = (\boldsymbol{\alpha}_1, \boldsymbol{\alpha}_2, \cdots, \boldsymbol{\alpha}_n)$,则

(1)该向量组线性相关当且仅当 $|\boldsymbol{A}| = 0$;

(2)该向量组线性无关当且仅当 $|\boldsymbol{A}| \neq 0$.

推论 2 表明当向量组排成的矩阵 $\boldsymbol{A}$ 是方阵时,我们可以通过行列式是否为零判断该

向量组的相关性.

例 7　若实数 $a_1, a_2, \cdots, a_n$ 是互不相等的,且

$$\boldsymbol{\beta}_1 = \begin{pmatrix} 1 \\ a_1 \\ \vdots \\ a_1^{n-1} \end{pmatrix}, \boldsymbol{\beta}_2 = \begin{pmatrix} 1 \\ a_2 \\ \vdots \\ a_2^{n-1} \end{pmatrix}, \cdots, \boldsymbol{\beta}_n = \begin{pmatrix} 1 \\ a_n \\ \vdots \\ a_n^{n-1} \end{pmatrix},$$

证明:向量组 $\boldsymbol{\beta}_1, \boldsymbol{\beta}_2, \cdots, \boldsymbol{\beta}_n$ 是线性无关的.

证　向量组按列排成的行列式 $D = |\boldsymbol{\beta}_1, \boldsymbol{\beta}_2, \cdots, \boldsymbol{\beta}_n|$. 注意到 D 是 n 阶范德蒙行列式,且 $a_1, a_2, \cdots, a_n$ 是互不相等的,所以 $D \neq 0$. 因此由定理 3.4 推论 3 知,向量组 $\boldsymbol{\beta}_1, \boldsymbol{\beta}_2, \cdots, \boldsymbol{\beta}_n$ 线性无关的.

定理 3.5　如果向量组 $\boldsymbol{\alpha}_i = (a_{1i}, a_{2i}, \cdots, a_{ni})^{\mathrm{T}} (i = 1, 2, \cdots, s)$ 线性无关,那么在每一个向量上添一个分量所得到的 $n+1$ 维向量组 $\boldsymbol{\beta}_i = (a_{1i}, a_{2i}, \cdots, a_{ni}, a_{n+1,i})^{\mathrm{T}} (i = 1, 2, \cdots, s)$ 也线性无关.

证　由于 $\boldsymbol{\alpha}_1, \boldsymbol{\alpha}_2, \cdots, \boldsymbol{\alpha}_s$ 线性无关,则向量方程

$$k_1 \boldsymbol{\alpha}_1 + k_2 \boldsymbol{\alpha}_2 + \cdots + k_s \boldsymbol{\alpha}_s = \mathbf{0}$$

只有零解 $k_1 = k_2 = \cdots = k_s = 0$, 也即齐次线性方程组

$$\begin{cases} a_{11}k_1 + a_{12}k_2 + \cdots + a_{1s}k_s = 0, \\ a_{21}k_1 + a_{22}k_2 + \cdots + a_{2s}k_s = 0, \\ \qquad\qquad \vdots \\ a_{n1}k_1 + a_{n2}k_2 + \cdots + a_{ns}k_s = 0 \end{cases} \tag{3-16}$$

只有零解. 而 $\boldsymbol{\beta}_1, \boldsymbol{\beta}_2, \cdots, \boldsymbol{\beta}_s$ 线性无关等价于齐次线性方程组

$$\begin{cases} a_{11}k_1 + a_{12}k_2 + \cdots + a_{1s}k_s = 0, \\ a_{21}k_1 + a_{22}k_2 + \cdots + a_{2s}k_s = 0, \\ \qquad\qquad \cdots\cdots \\ a_{n1}k_1 + a_{n2}k_2 + \cdots + a_{ns}k_s = 0, \\ a_{n+1,1}k_1 + a_{n+1,2}k_2 + \cdots + a_{n+1,s}k_s = 0 \end{cases} \tag{3-17}$$

只有零解.

对照方程组(3-16)与(3-17)可以看出:方程组(3-17)的解全部满足方程组(3-16),即(3-17)的解全是(3-16)的解. 由于(3-16)只有零解,所以(3-17)也只有零解,从而向量组 $\boldsymbol{\beta}_1, \boldsymbol{\beta}_2, \cdots, \boldsymbol{\beta}_s$ 线性无关.

这个结果当然可以推广到添加几个分量的情形.

类似于上面的推理过程,我们有下面的推论.

推论　若向量组 $\boldsymbol{\alpha}_i = (a_{1i}, a_{2i}, \cdots, a_{ni})^{\mathrm{T}} (i = 1, 2, \cdots, s)$ 是线性相关的,则在每个向量

上减掉若干个分量所得到的 m 维的向量组：$\boldsymbol{\beta}_i = (a_{1i}, a_{2i}, \cdots, a_{mi})^{\mathrm{T}} (i=1,2,\cdots,s)$ 也是线性相关的，其中 $n > m$.

至此，我们已经从向量组对应的方程组求解和结构上进行了相关性的分析. 其实，向量组的线性相关性完全可以借助向量组本身相互之间的关系进行刻画.

定理 3.6 向量组 $\boldsymbol{\alpha}_1, \boldsymbol{\alpha}_2, \cdots, \boldsymbol{\alpha}_s$ 线性相关的充分必要条件是，其中至少有一个向量能被其余 $s-1$ 个向量线性表示.

证 必要性. 如果向量组 $\boldsymbol{\alpha}_1, \boldsymbol{\alpha}_2, \cdots, \boldsymbol{\alpha}_s$ 线性相关，则存在不全为零的数 $k_1, k_2, \cdots, k_s$ 使

$$k_1 \boldsymbol{\alpha}_1 + k_2 \boldsymbol{\alpha}_2 + \cdots + k_s \boldsymbol{\alpha}_s = \mathbf{0}.$$

由于 $k_1, k_2, \cdots, k_s$ 不全为零，不妨设 $k_s \neq 0$，于是上式可以改写为

$$\boldsymbol{\alpha}_s = -\frac{k_1}{k_s} \boldsymbol{\alpha}_1 - \frac{k_2}{k_s} \boldsymbol{\alpha}_2 - \cdots - \frac{k_{s-1}}{k_s} \boldsymbol{\alpha}_{s-1},$$

即 $\boldsymbol{\alpha}_s$ 可以由 $\boldsymbol{\alpha}_1, \boldsymbol{\alpha}_2, \cdots, \boldsymbol{\alpha}_{s-1}$ 线性表示.

充分性. 如果 $\boldsymbol{\alpha}_1, \boldsymbol{\alpha}_2, \cdots, \boldsymbol{\alpha}_s$ 中至少有一个向量能被其余向量线性表示. 不妨设 $\boldsymbol{\alpha}_s$ 可以由 $\boldsymbol{\alpha}_1, \boldsymbol{\alpha}_2, \cdots, \boldsymbol{\alpha}_{s-1}$ 线性表示，则存在 $k_1, k_2, \cdots, k_{s-1}$，使得

$$\boldsymbol{\alpha}_s = k_1 \boldsymbol{\alpha}_1 + k_2 \boldsymbol{\alpha}_2 + \cdots + k_{s-1} \boldsymbol{\alpha}_{s-1},$$

移项得

$$k_1 \boldsymbol{\alpha}_1 + k_2 \boldsymbol{\alpha}_2 + \cdots + k_{s-1} \boldsymbol{\alpha}_{s-1} - \boldsymbol{\alpha}_s = \mathbf{0},$$

因为数 $k_1, k_2, \cdots, k_{s-1}, -1$ 不全为零（至少 $-1 \neq 0$），所以按定义 3.6，向量组 $\boldsymbol{\alpha}_1, \boldsymbol{\alpha}_2, \cdots, \boldsymbol{\alpha}_s$ 线性相关.

从定理 3.6 可以看出，任意一个包含零向量的向量组一定是线性相关的. 还可看出，向量组 $\boldsymbol{\alpha}_1, \boldsymbol{\alpha}_2$ 线性相关就是 $\boldsymbol{\alpha}_1 = k\boldsymbol{\alpha}_2$ 或者 $\boldsymbol{\alpha}_2 = k\boldsymbol{\alpha}_1$.

由定理 3.6 还可得以下推论：

推论 向量组 $\boldsymbol{\alpha}_1, \boldsymbol{\alpha}_2, \cdots, \boldsymbol{\alpha}_s (s \geqslant 2)$ 线性无关的充分必要条件是，其中任何一个向量都不能被其余向量所组成的向量组线性表示.

定理 3.7 如果向量组 $\boldsymbol{\alpha}_1, \boldsymbol{\alpha}_2, \cdots, \boldsymbol{\alpha}_s$ 线性无关，而 $\boldsymbol{\alpha}_1, \boldsymbol{\alpha}_2, \cdots, \boldsymbol{\alpha}_s, \boldsymbol{\beta}$ 线性相关，则 $\boldsymbol{\beta}$ 可以由 $\boldsymbol{\alpha}_1, \boldsymbol{\alpha}_2, \cdots, \boldsymbol{\alpha}_s$ 线性表示，且表示法唯一.

证 由于 $\boldsymbol{\alpha}_1, \boldsymbol{\alpha}_2, \cdots, \boldsymbol{\alpha}_s, \boldsymbol{\beta}$ 线性相关，即存在不全为零的数 $k_1, k_2, \cdots, k_s, k_{s+1}$，使得

$$k_1 \boldsymbol{\alpha}_1 + k_2 \boldsymbol{\alpha}_2 + \cdots + k_s \boldsymbol{\alpha}_s + k_{s+1} \boldsymbol{\beta} = \mathbf{0}.$$

假若 $k_{s+1} = 0$，则有

$$k_1 \boldsymbol{\alpha}_1 + k_2 \boldsymbol{\alpha}_2 + \cdots + k_s \boldsymbol{\alpha}_s = \mathbf{0}.$$

由 $\boldsymbol{\alpha}_1, \boldsymbol{\alpha}_2, \cdots, \boldsymbol{\alpha}_s$ 线性无关，得 $k_1 = k_2 = \cdots = k_s = 0$，从而 $\boldsymbol{\alpha}_1, \boldsymbol{\alpha}_2, \cdots, \boldsymbol{\alpha}_s, \boldsymbol{\beta}$ 线性无关，这与题设 $\boldsymbol{\alpha}_1, \boldsymbol{\alpha}_2, \cdots, \boldsymbol{\alpha}_s, \boldsymbol{\beta}$ 线性相关矛盾，因而 $k_{s+1} \neq 0$，此时，

$$\boldsymbol{\beta} = -\frac{k_1}{k_{s+1}}\boldsymbol{\alpha}_1 - \frac{k_2}{k_{s+1}}\boldsymbol{\alpha}_2 - \cdots - \frac{k_s}{k_{s+1}}\boldsymbol{\alpha}_s,$$

即 $\boldsymbol{\beta}$ 可以由 $\boldsymbol{\alpha}_1$，$\boldsymbol{\alpha}_2$，$\cdots$，$\boldsymbol{\alpha}_s$ 线性表示.

假设

$$\boldsymbol{\beta} = k_1\boldsymbol{\alpha}_1 + k_2\boldsymbol{\alpha}_2 + \cdots + k_s\boldsymbol{\alpha}_s, \tag{①}$$

又设 $\boldsymbol{\beta}$ 还可以表示成

$$\boldsymbol{\beta} = l_1\boldsymbol{\alpha}_1 + l_2\boldsymbol{\alpha}_2 + \cdots + l_s\boldsymbol{\alpha}_s, \tag{②}$$

①与②相减,得

$$(k_1 - l_1)\boldsymbol{\alpha}_1 + (k_2 - l_2)\boldsymbol{\alpha}_2 + \cdots + (k_s - l_s)\boldsymbol{\alpha}_s = \boldsymbol{0}.$$

由于 $\boldsymbol{\alpha}_1$，$\boldsymbol{\alpha}_2$，$\cdots$，$\boldsymbol{\alpha}_s$ 线性无关,所以 $k_1 - l_1 = k_2 - l_2 = \cdots = k_s - l_s = 0$,即

$$k_1 = l_1, \quad k_2 = l_2, \quad \cdots, \quad k_s = l_s,$$

说明 $\boldsymbol{\beta}$ 由 $\boldsymbol{\alpha}_1$，$\boldsymbol{\alpha}_2$，$\cdots$，$\boldsymbol{\alpha}_s$ 线性表示的表示法唯一.

定理 3.8　如果一向量组的一部分线性相关,那么这个向量组线性相关.

证　设向量组为 $\boldsymbol{\alpha}_1$，$\boldsymbol{\alpha}_2$，$\cdots$，$\boldsymbol{\alpha}_r$，$\cdots$，$\boldsymbol{\alpha}_s (r \leqslant s)$,其中一部分,比如说 $\boldsymbol{\alpha}_1$，$\boldsymbol{\alpha}_2$，$\cdots$，$\boldsymbol{\alpha}_r$ 是线性相关的,即有不全为零的数 k_1，k_2，$\cdots$，k_r,使得

$$k_1\boldsymbol{\alpha}_1 + k_2\boldsymbol{\alpha}_2 + \cdots + k_r\boldsymbol{\alpha}_r = \boldsymbol{0}.$$

由上式显然有

$$k_1\boldsymbol{\alpha}_1 + k_2\boldsymbol{\alpha}_2 + \cdots + k_r\boldsymbol{\alpha}_r + 0\boldsymbol{\alpha}_{r+1} + \cdots + 0\boldsymbol{\alpha}_s = \boldsymbol{0}.$$

因为 $k_1, k_2, \cdots, k_r$ 不全为零,所以 $k_1, k_2, \cdots, k_r, 0, \cdots, 0$ 也不全为零,因而 $\boldsymbol{\alpha}_1, \boldsymbol{\alpha}_2, \cdots, \boldsymbol{\alpha}_s$ 是线性相关的.

换个说法,如果一向量组线性无关,那么它的任何一个非空的部分组也线性无关. 特别地,由于两个成比例的向量是线性相关的,所以,线性无关的向量组中一定不能包含两个成比例的向量.

3.3.3　两个向量组之间的表示关系

下面我们考虑向量组之间的线性相关性.

定义 3.7　设有两个同维向量组（Ⅰ）$\boldsymbol{\alpha}_1$，$\boldsymbol{\alpha}_2$，$\cdots$，$\boldsymbol{\alpha}_s$ 及（Ⅱ）$\boldsymbol{\beta}_1$，$\boldsymbol{\beta}_2$，$\cdots$，$\boldsymbol{\beta}_t$,若（Ⅱ）中的每一个向量都可以由（Ⅰ）中的向量线性表示,则称**向量组（Ⅱ）可以由向量组（Ⅰ）线性表示**. 若向量组（Ⅰ）与向量组（Ⅱ）可以相互线性表示,则称**向量组（Ⅰ）与向量组（Ⅱ）等价**.

与矩阵等价相仿,向量组的等价关系具有以下三条性质:

(1) 反身性　每一个向量组与其自身等价;

(2) 对称性　若向量组（Ⅰ）与（Ⅱ）等价,则向量组（Ⅱ）与（Ⅰ）等价;

(3) 传递性　若向量组（Ⅰ）与（Ⅱ）等价,（Ⅱ）与（Ⅲ）等价,则向量组（Ⅰ）与（Ⅲ）等价.

如果向量组(Ⅱ)可以由(Ⅰ)线性表示,则有

$$\begin{cases} \boldsymbol{\beta}_1 = k_{11}\boldsymbol{\alpha}_1 + k_{21}\boldsymbol{\alpha}_2 + \cdots + k_{s1}\boldsymbol{\alpha}_s, \\ \boldsymbol{\beta}_2 = k_{12}\boldsymbol{\alpha}_1 + k_{22}\boldsymbol{\alpha}_2 + \cdots + k_{s2}\boldsymbol{\alpha}_s, \\ \qquad\qquad \cdots\cdots \\ \boldsymbol{\beta}_t = k_{1t}\boldsymbol{\alpha}_1 + k_{2t}\boldsymbol{\alpha}_2 + \cdots + k_{st}\boldsymbol{\alpha}_s, \end{cases}$$

记 $\boldsymbol{A} = (\boldsymbol{\alpha}_1, \boldsymbol{\alpha}_2, \cdots, \boldsymbol{\alpha}_s), \boldsymbol{B} = (\boldsymbol{\beta}_1, \boldsymbol{\beta}_2, \cdots, \boldsymbol{\beta}_t), \boldsymbol{K} = (k_{ij})_{s\times t}$,对应的矩阵形式为

$$\boldsymbol{B} = \boldsymbol{AK}. \tag{3-18}$$

对于上述两个向量组的线性相关性,我们有下面的结论.

定理 3.9 如果 $\boldsymbol{\beta}_1, \boldsymbol{\beta}_2, \cdots, \boldsymbol{\beta}_t$ 能被 $\boldsymbol{\alpha}_1, \boldsymbol{\alpha}_2, \cdots, \boldsymbol{\alpha}_s$ 线性表示,且有(3-18)成立,令齐次线性方程组

$$\boldsymbol{Kx} = \boldsymbol{0}, \tag{3-19}$$

则 $\boldsymbol{\beta}_1, \boldsymbol{\beta}_2, \cdots, \boldsymbol{\beta}_t$ 的线性相关性是依赖(3-19)是否有非零解,即

(1)若 $r(\boldsymbol{K}) < t$,则 $\boldsymbol{\beta}_1, \boldsymbol{\beta}_2, \cdots, \boldsymbol{\beta}_t$ 必线性相关;

(2)若 $r(\boldsymbol{K}) = t$ 且 $\boldsymbol{\alpha}_1, \boldsymbol{\alpha}_2, \cdots, \boldsymbol{\alpha}_s$ 线性无关,则 $\boldsymbol{\beta}_1, \boldsymbol{\beta}_2, \cdots, \boldsymbol{\beta}_t$ 也线性无关.

证 (1)如果 $r(\boldsymbol{K}) < t$,则 $\boldsymbol{Kx} = \boldsymbol{0}$ 有非零解,即存在 $\boldsymbol{y}^* \neq \boldsymbol{0}$,使得 $\boldsymbol{Ky}^* = \boldsymbol{0}$,则

$$(\boldsymbol{\beta}_1, \boldsymbol{\beta}_2, \cdots, \boldsymbol{\beta}_t)\boldsymbol{y}^* = \boldsymbol{AKy}^* = \boldsymbol{0},$$

所以,$\boldsymbol{\beta}_1, \boldsymbol{\beta}_2, \cdots, \boldsymbol{\beta}_t$ 是线性相关的.

(2)考虑方程组

$$(\boldsymbol{\beta}_1, \boldsymbol{\beta}_2, \cdots, \boldsymbol{\beta}_t)\boldsymbol{y} = \boldsymbol{0},$$

利用(3-19),则

$$\boldsymbol{AKy} = \boldsymbol{0}.$$

如果 $\boldsymbol{\alpha}_1, \boldsymbol{\alpha}_2, \cdots, \boldsymbol{\alpha}_s$ 是线性无关的,则

$$\boldsymbol{Ky} = \boldsymbol{0},$$

由 $r(\boldsymbol{K}) = t$,则该方程组只有零解,所以 $\boldsymbol{\beta}_1, \boldsymbol{\beta}_2, \cdots, \boldsymbol{\beta}_t$ 是线性无关的.

注意到当 $t > s, r(\boldsymbol{K}) < t$,因此 $\boldsymbol{Kx} = \boldsymbol{0}$ 有非零解,所以下面的推论成立.

推论 1 设 n 维向量组(Ⅰ) $\boldsymbol{\alpha}_1, \boldsymbol{\alpha}_2, \cdots, \boldsymbol{\alpha}_s$ 和(Ⅱ) $\boldsymbol{\beta}_1, \boldsymbol{\beta}_2, \cdots, \boldsymbol{\beta}_t$,如果(Ⅱ)可以由(Ⅰ)线性表示,且 $t > s$,则向量组(Ⅱ)是线性相关的.

推论 1 表明,向量组如果可以由数量少的向量组线性表示,则向量组一定线性相关. 换个说法,即得

推论 2 若向量组 $\boldsymbol{\alpha}_1, \boldsymbol{\alpha}_2, \cdots, \boldsymbol{\alpha}_s$ 能够被向量组 $\boldsymbol{\beta}_1, \boldsymbol{\beta}_2, \cdots, \boldsymbol{\beta}_t$ 线性表示,且向量组 $\boldsymbol{\alpha}_1, \boldsymbol{\alpha}_2, \cdots, \boldsymbol{\alpha}_s$ 线性无关,则 $s \leqslant t$.

由推论 2,得

推论 3 两个线性无关的等价向量组,必含有相同个数的向量.

特别地,如果 K 是方阵,则定理可以进一步表示成为:

定理 3.10　如果 $\boldsymbol{\beta}_1,\boldsymbol{\beta}_2,\cdots,\boldsymbol{\beta}_s$ 能被 $\boldsymbol{\alpha}_1,\boldsymbol{\alpha}_2,\cdots,\boldsymbol{\alpha}_s$ 线性表示,且有(3-18)成立,对于齐次方程组(3-19),则

(1)如果 $|\boldsymbol{K}|=0$,则 $\boldsymbol{\beta}_1,\boldsymbol{\beta}_2,\cdots,\boldsymbol{\beta}_s$ 必线性相关;

(2)如果 $|\boldsymbol{K}|\neq 0$,则向量组 $\boldsymbol{\alpha}_1,\boldsymbol{\alpha}_2,\cdots,\boldsymbol{\alpha}_s$ 和 $\boldsymbol{\beta}_1,\boldsymbol{\beta}_2,\cdots,\boldsymbol{\beta}_t$ 是等价的.

例 8　证明:$\boldsymbol{\alpha}_1,\boldsymbol{\alpha}_2,\boldsymbol{\alpha}_3$ 线性无关的充分必要条件是 $\boldsymbol{\alpha}_1+\boldsymbol{\alpha}_2,\boldsymbol{\alpha}_2+\boldsymbol{\alpha}_3,\boldsymbol{\alpha}_3+\boldsymbol{\alpha}_1$ 线性无关.

证　注意到

$$(\boldsymbol{\alpha}_1+\boldsymbol{\alpha}_2,\boldsymbol{\alpha}_2+\boldsymbol{\alpha}_3,\boldsymbol{\alpha}_3+\boldsymbol{\alpha}_1)=(\boldsymbol{\alpha}_1,\boldsymbol{\alpha}_2,\boldsymbol{\alpha}_3)\begin{bmatrix}1&0&1\\1&1&0\\0&1&1\end{bmatrix},$$

及

$$\begin{vmatrix}1&0&1\\1&1&0\\0&1&1\end{vmatrix}=2\neq 0,$$

所以 $\boldsymbol{\alpha}_1,\boldsymbol{\alpha}_2,\boldsymbol{\alpha}_3$ 和 $\boldsymbol{\alpha}_1+\boldsymbol{\alpha}_2,\boldsymbol{\alpha}_2+\boldsymbol{\alpha}_3,\boldsymbol{\alpha}_3+\boldsymbol{\alpha}_1$ 具有相同的线性相关性,所以命题成立.

例 9　已知向量 $\boldsymbol{\alpha}_1,\boldsymbol{\alpha}_2,\cdots,\boldsymbol{\alpha}_s(s\geq 2)$ 线性无关,设

$$\boldsymbol{\beta}_1=\boldsymbol{\alpha}_1+\boldsymbol{\alpha}_2,\boldsymbol{\beta}_2=\boldsymbol{\alpha}_2+\boldsymbol{\alpha}_3,\cdots,\boldsymbol{\beta}_{s-1}=\boldsymbol{\alpha}_{s-1}+\boldsymbol{\alpha}_s,\boldsymbol{\beta}_s=\boldsymbol{\alpha}_s+\boldsymbol{\alpha}_1,$$

试讨论向量组 $\boldsymbol{\beta}_1,\boldsymbol{\beta}_2,\cdots,\boldsymbol{\beta}_s$ 的线性相关性.

解　由题设知

$$(\boldsymbol{\beta}_1,\boldsymbol{\beta}_2,\cdots,\boldsymbol{\beta}_s)=(\boldsymbol{\alpha}_1,\boldsymbol{\alpha}_2,\cdots,\boldsymbol{\alpha}_s)\boldsymbol{K},$$

其中

$$\boldsymbol{K}=\begin{bmatrix}1&0&0&\cdots&0&1\\1&1&0&\cdots&0&0\\0&1&1&\cdots&0&0\\\vdots&\vdots&\vdots&&\vdots&\vdots\\0&0&0&\cdots&1&0\\0&0&0&\cdots&1&1\end{bmatrix}_{s\times s}.$$

注意到

$$|\boldsymbol{K}|=1+(-1)^{s+1},$$

所以,

(1)当 s 是奇数时,$|\boldsymbol{K}|\neq 0$,$\boldsymbol{\beta}_1,\boldsymbol{\beta}_2,\cdots,\boldsymbol{\beta}_s$ 是线性无关的;

(2)当 s 是偶数时,$|\boldsymbol{K}|=0$,$\boldsymbol{\beta}_1,\boldsymbol{\beta}_2,\cdots,\boldsymbol{\beta}_s$ 是线性相关的.

§3.4 向量组的秩

由上节的讨论知,当一向量组线性相关时,至少有一向量能被其余向量线性表示.从线性表出的角度来说,该向量相对于向量组就是多余的.一个自然的问题是,给定一组向量,可否从中找到一个部分组,该部分组不含多余的向量而又和原来的向量组等价?

3.4.1 极大线性无关组

定义 3.8 一向量组的一个部分组称为一个**极大线性无关组**,如果这个部分组本身是线性无关的,并且从这一向量组中任意添一个向量(如果还有的话),所得的部分向量组都线性相关.

例如,在向量组 $\boldsymbol{\alpha}_1 = (2, -1, 3, 1)$,$\boldsymbol{\alpha}_2 = (4, -2, 5, 4)$,$\boldsymbol{\alpha}_3 = (2, -1, 4, -1)$ 中,由 $\boldsymbol{\alpha}_1$,$\boldsymbol{\alpha}_2$ 组成的部分组就是一个极大线性无关组.首先,$\boldsymbol{\alpha}_1$,$\boldsymbol{\alpha}_2$ 线性无关,因为它们不成比例.同时我们知道,$\boldsymbol{\alpha}_1$,$\boldsymbol{\alpha}_2$,$\boldsymbol{\alpha}_3$ 线性相关.不难看出,$\boldsymbol{\alpha}_2$,$\boldsymbol{\alpha}_3$ 也是一个极大线性无关组(请读者验证一下).

应该看到,一个线性无关向量组的极大无关组就是这个向量组自身.

极大线性无关组的一个基本性质是,任意一个极大线性无关组都与向量组本身等价.

事实上,设向量组为 $\boldsymbol{\alpha}_1$,$\boldsymbol{\alpha}_2$,$\cdots$,$\boldsymbol{\alpha}_r$,$\cdots$,$\boldsymbol{\alpha}_s$,而 $\boldsymbol{\alpha}_1$,$\boldsymbol{\alpha}_2$,$\cdots$,$\boldsymbol{\alpha}_r$ 是它的一个极大无关组.所谓等价就是它们可以互相线性表出.因为 $\boldsymbol{\alpha}_1$,$\boldsymbol{\alpha}_2$,$\cdots$,$\boldsymbol{\alpha}_r$ 是 $\boldsymbol{\alpha}_1$,$\boldsymbol{\alpha}_2$,$\cdots$,$\boldsymbol{\alpha}_s$ 的一部分,当然可以被这个向量组线性表出,即

$$\boldsymbol{\alpha}_i = 0\boldsymbol{\alpha}_1 + \cdots + 1\boldsymbol{\alpha}_i + 0\boldsymbol{\alpha}_{i+1} + \cdots + 0\boldsymbol{\alpha}_s, \quad i = 1, 2, \cdots, r.$$

因此,问题在于 $\boldsymbol{\alpha}_1$,$\boldsymbol{\alpha}_2$,$\cdots$,$\boldsymbol{\alpha}_r$,$\cdots$,$\boldsymbol{\alpha}_s$ 是否可以被 $\boldsymbol{\alpha}_1$,$\boldsymbol{\alpha}_2$,$\cdots$,$\boldsymbol{\alpha}_r$ 线性表出.向量 $\boldsymbol{\alpha}_1$,$\boldsymbol{\alpha}_2$,$\cdots$,$\boldsymbol{\alpha}_r$ 中每一个都可以被 $\boldsymbol{\alpha}_1$,$\boldsymbol{\alpha}_2$,$\cdots$,$\boldsymbol{\alpha}_r$ 线性表出是显然的.现在来看 $\boldsymbol{\alpha}_{r+1}$,$\cdots$,$\boldsymbol{\alpha}_s$ 中的向量,设 $\boldsymbol{\alpha}_j$ 是其中这样一个向量.由极大线性无关组 $\boldsymbol{\alpha}_1$,$\boldsymbol{\alpha}_2$,$\cdots$,$\boldsymbol{\alpha}_r$ 的极大性,向量组 $\boldsymbol{\alpha}_1$,$\boldsymbol{\alpha}_2$,$\cdots$,$\boldsymbol{\alpha}_r$,$\boldsymbol{\alpha}_j$ 线性相关,由定理 3.7 可知 $\boldsymbol{\alpha}_j$ 可以被 $\boldsymbol{\alpha}_1$,$\boldsymbol{\alpha}_2$,$\cdots$,$\boldsymbol{\alpha}_r$ 线性表出.

从上面的例子可以看到,向量组的极大线性无关组不是唯一的,但是每一个极大线性无关组都与向量组本身等价.因而,一向量组的任意两个极大线性无关组都是等价的.虽然极大线性无关组可以有很多,但是由定理 3.9 的推论 3,立即得出.

定理 3.11 一向量组的极大线性无关组都含有相同个数的向量.

定理 3.11 表明,极大线性无关组所含向量个数与极大线性无关组的选择无关,它直接反映了向量组本身的性质.因此,我们有

定义 3.9 向量组的极大线性无关组所含向量的个数称为该**向量组的秩**,记作 r($\boldsymbol{\alpha}_1$,$\boldsymbol{\alpha}_2$,$\cdots$,$\boldsymbol{\alpha}_s$).

例如,向量组 $\boldsymbol{\alpha}_1=(2,-1,3,1),\boldsymbol{\alpha}_2=(4,-2,5,4),\boldsymbol{\alpha}_3=(2,-1,4,-1)$ 的秩就是 2.仅含零向量的向量组没有极大线性无关组,我们规定它的秩为零.

因为线性无关的向量组就是它自身的极大线性无关组,所以一向量组线性无关的充分必要条件是它的秩与它所含向量的个数相同.

我们知道,每一向量组都与它的极大线性无关组等价.由等价的传递性可知,任意两个等价向量组的极大无关组也等价.所以,等价的向量组必有相同的秩.

例 1 已知向量组 $\boldsymbol{\alpha}_1,\boldsymbol{\alpha}_2,\cdots,\boldsymbol{\alpha}_s(s>1)$ 的秩为 r,且

$$\begin{cases} \boldsymbol{\beta}_1=\boldsymbol{\alpha}_2+\boldsymbol{\alpha}_3+\cdots+\boldsymbol{\alpha}_s, \\ \boldsymbol{\beta}_2=\boldsymbol{\alpha}_1+\boldsymbol{\alpha}_3+\cdots+\boldsymbol{\alpha}_s, \\ \qquad\cdots\cdots \\ \boldsymbol{\beta}_s=\boldsymbol{\alpha}_1+\boldsymbol{\alpha}_2+\cdots+\boldsymbol{\alpha}_{s-1}. \end{cases}$$

证明:向量组 $\boldsymbol{\beta}_1,\boldsymbol{\beta}_2,\cdots,\boldsymbol{\beta}_s$ 的秩也为 r.

证 只要证明这两向量组等价即可.

由题设,显然 $\boldsymbol{\beta}_1,\boldsymbol{\beta}_2,\cdots,\boldsymbol{\beta}_s$ 可由 $\boldsymbol{\alpha}_1,\boldsymbol{\alpha}_2,\cdots,\boldsymbol{\alpha}_s$ 线性表示,且有

$$\boldsymbol{\beta}_1+\boldsymbol{\beta}_2+\cdots+\boldsymbol{\beta}_s=(s-1)(\boldsymbol{\alpha}_1+\boldsymbol{\alpha}_2+\cdots+\boldsymbol{\alpha}_s),$$

即

$$\boldsymbol{\alpha}_1+\boldsymbol{\alpha}_2+\cdots+\boldsymbol{\alpha}_s=\frac{1}{s-1}(\boldsymbol{\beta}_1+\boldsymbol{\beta}_2+\cdots+\boldsymbol{\beta}_s).$$

从而有

$$\boldsymbol{\alpha}_i=\frac{1}{s-1}(\boldsymbol{\beta}_1+\boldsymbol{\beta}_2+\cdots+\boldsymbol{\beta}_s)-\boldsymbol{\beta}_i \quad (i=1,2,\cdots,s).$$

说明 $\boldsymbol{\alpha}_1,\boldsymbol{\alpha}_2,\cdots,\boldsymbol{\alpha}_s$ 可由 $\boldsymbol{\beta}_1,\boldsymbol{\beta}_2,\cdots,\boldsymbol{\beta}_s$ 线性表示.因此这两个向量组等价,它们有相同的秩.

3.4.2 向量组的秩与矩阵的秩的关系

在上一节我们定义了向量组的秩.如果我们把矩阵的每一行看成一个向量,那么矩阵就可以认为是由这些行向量组成的.同样,如果把每一列看成一个向量,那么矩阵也可以认为是由列向量组成的.

定义 3.10 所谓矩阵的**行秩**就是指矩阵的行向量组的秩;矩阵的**列秩**就是矩阵的列向量组的秩.

例如,矩阵

$$\boldsymbol{A}=\begin{pmatrix} 1 & 1 & 3 & 1 \\ 0 & 2 & -1 & 4 \\ 0 & 0 & 0 & 5 \\ 0 & 0 & 0 & 0 \end{pmatrix}$$

的行向量组是

$$\boldsymbol{\alpha}_1 = (1, 1, 3, 1), \boldsymbol{\alpha}_2 = (0, 2, -1, 4), \boldsymbol{\alpha}_3 = (0, 0, 0, 5), \boldsymbol{\alpha}_4 = (0, 0, 0, 0).$$

可以证明, $\boldsymbol{\alpha}_1, \boldsymbol{\alpha}_2, \boldsymbol{\alpha}_3$ 是向量组 $\boldsymbol{\alpha}_1, \boldsymbol{\alpha}_2, \boldsymbol{\alpha}_3, \boldsymbol{\alpha}_4$ 的一个极大线性无关组. 事实上, 由

$$k_1 \boldsymbol{\alpha}_1 + k_2 \boldsymbol{\alpha}_2 + k_3 \boldsymbol{\alpha}_3 = \boldsymbol{0},$$

即

$$k_1(1, 1, 3, 1) + k_2(0, 2, -1, 4) + k_3(0, 0, 0, 5)$$
$$= (k_1, k_1 + 2k_2, 3k_1 - k_2, k_1 + 4k_2 + 5k_3) = (0, 0, 0, 0),$$

可得 $k_1 = k_2 = k_3 = 0$, 这就证明了 $\boldsymbol{\alpha}_1, \boldsymbol{\alpha}_2, \boldsymbol{\alpha}_3$ 线性无关. 因为 $\boldsymbol{\alpha}_4$ 是零向量, 所以把 $\boldsymbol{\alpha}_4$ 添进去就线性相关了. 因此, 向量组 $\boldsymbol{\alpha}_1, \boldsymbol{\alpha}_2, \boldsymbol{\alpha}_3, \boldsymbol{\alpha}_4$ 的秩为3, 也就是说, 矩阵 A 的行秩为3.

A 的列向量组是

$$\boldsymbol{\beta}_1 = \begin{pmatrix} 1 \\ 0 \\ 0 \\ 0 \end{pmatrix}, \quad \boldsymbol{\beta}_2 = \begin{pmatrix} 1 \\ 2 \\ 0 \\ 0 \end{pmatrix}, \quad \boldsymbol{\beta}_3 = \begin{pmatrix} 3 \\ -1 \\ 0 \\ 0 \end{pmatrix}, \quad \boldsymbol{\beta}_4 = \begin{pmatrix} 1 \\ 4 \\ 5 \\ 0 \end{pmatrix}.$$

用同样的方法可证 $\boldsymbol{\beta}_1, \boldsymbol{\beta}_2, \boldsymbol{\beta}_4$ 线性无关而 $\boldsymbol{\beta}_3 = \dfrac{7}{2} \boldsymbol{\beta}_1 - \dfrac{1}{2} \boldsymbol{\beta}_2$, 所以把 $\boldsymbol{\beta}_3$ 添进去就线性相关了. 因此, $\boldsymbol{\beta}_1, \boldsymbol{\beta}_2, \boldsymbol{\beta}_4$ 是向量组 $\boldsymbol{\beta}_1, \boldsymbol{\beta}_2, \boldsymbol{\beta}_3, \boldsymbol{\beta}_4$ 的一个极大线性无关组, 于是向量组 $\boldsymbol{\beta}_1, \boldsymbol{\beta}_2, \boldsymbol{\beta}_3, \boldsymbol{\beta}_4$ 的秩为3. 换句话说, 矩阵 A 的秩也是3. 注意到 A 已是阶梯形矩阵, 其非零行个数为3, 也即矩阵 A 的秩也是3.

矩阵的行秩等于列秩等于矩阵的秩, 这一点不是偶然的. 下面我们来证明这个结果.

作为一个准备, 先利用行秩概念把定理3.2改进如下:

引理　如果齐次线性方程组

$$\begin{cases} a_{11}x_1 + a_{12}x_2 + \cdots + a_{1n}x_n = 0, \\ a_{21}x_1 + a_{22}x_2 + \cdots + a_{2n}x_n = 0, \\ \qquad \cdots\cdots \\ a_{m1}x_1 + a_{m2}x_2 + \cdots + a_{mn}x_n = 0 \end{cases} \tag{3-7}$$

的系数矩阵

$$A = \begin{pmatrix} a_{11} & a_{12} & \cdots & a_{1n} \\ a_{21} & a_{22} & \cdots & a_{2n} \\ \vdots & \vdots & & \vdots \\ a_{m1} & a_{m2} & \cdots & a_{mn} \end{pmatrix}$$

的行秩 $r < n$, 那么它有非零解.

证　以 $\boldsymbol{\alpha}_1, \boldsymbol{\alpha}_2, \cdots, \boldsymbol{\alpha}_m$ 代表矩阵 A 的行向量组, 因为它的秩为 r, 所以极大线性无关组是由 r 个向量组成. 不妨设 $\boldsymbol{\alpha}_1, \boldsymbol{\alpha}_2, \cdots, \boldsymbol{\alpha}_r$ 是其一个极大线性无关组. 我们知道, 向量

组 $\boldsymbol{\alpha}_1$，$\boldsymbol{\alpha}_2$，$\cdots$，$\boldsymbol{\alpha}_r$，$\cdots$，$\boldsymbol{\alpha}_m$ 与 $\boldsymbol{\alpha}_1$，$\cdots$，$\boldsymbol{\alpha}_r$ 是等价的，也就是说，方程组(3-7)与方程组

$$\begin{cases} a_{11}x_1 + a_{12}x_2 + \cdots + a_{1n}x_n = 0, \\ a_{21}x_1 + a_{22}x_2 + \cdots + a_{2n}x_n = 0, \\ \qquad\qquad \cdots\cdots \\ a_{r1}x_1 + a_{r2}x_2 + \cdots + a_{rn}x_n = 0 \end{cases} \tag{3-20}$$

同解. 对于方程组(3-20)应用定理 3.2 即得所要的结论.

由此可以证明：

定理 3.12　矩阵的行秩与列秩相等.

证　设讨论的矩阵为

$$A = \begin{pmatrix} a_{11} & a_{12} & \cdots & a_{1n} \\ a_{21} & a_{22} & \cdots & a_{2n} \\ \vdots & \vdots & & \vdots \\ a_{m1} & a_{m2} & \cdots & a_{mn} \end{pmatrix},$$

而 A 的行秩 $= r$，列秩 $= r_1$.

我们先来证 $r \leqslant r_1$.

设 $\boldsymbol{\alpha}_1$，$\boldsymbol{\alpha}_2$，$\cdots$，$\boldsymbol{\alpha}_m$ 代表矩阵 A 的行向量组，不妨设 $\boldsymbol{\alpha}_1$，$\boldsymbol{\alpha}_2$，$\cdots$，$\boldsymbol{\alpha}_r$ 是它的一个极大线性无关组. 因为 $\boldsymbol{\alpha}_1$，$\boldsymbol{\alpha}_2$，$\cdots$，$\boldsymbol{\alpha}_r$ 是线性无关的，所以方程组

$$x_1\boldsymbol{\alpha}_1 + x_2\boldsymbol{\alpha}_2 + \cdots + x_r\boldsymbol{\alpha}_r = \boldsymbol{0}$$

只有零解.

由引理，这个方程组的系数矩阵

$$\begin{pmatrix} a_{11} & a_{21} & \cdots & a_{r1} \\ a_{12} & a_{22} & \cdots & a_{r2} \\ \vdots & \vdots & & \vdots \\ a_{1n} & a_{2n} & \cdots & a_{rn} \end{pmatrix}$$

的行秩 $\geqslant r$. 故在它的行向量中可以找到 r 个线性无关的向量，比如说，向量组

$$(a_{11}, a_{21}, \cdots, a_{r1}), (a_{12}, a_{22}, \cdots, a_{r2}), \cdots, (a_{1r}, a_{2r}, \cdots, a_{rr})$$

线性无关. 根据上一节的说明，在这些向量上添上若干分量后所得的向量组

$$(a_{11}, a_{21}, \cdots, a_{r1}, \cdots, a_{m1}), (a_{12}, a_{22}, \cdots, a_{r2}, \cdots, a_{m2}), \cdots,$$
$$(a_{1r}, a_{2r}, \cdots, a_{rr}, \cdots, a_{mr})$$

也线性无关. 它们正好是矩阵 A 的 r 个列向量. 由它们的线性无关性可知矩阵 A 的列秩 r_1 至少是 r，也就是说 $r_1 \geqslant r$.

用同样的方法可证 $r \geqslant r_1$. 这样我们就证明了行秩与列秩的相等.

定理 3.13　矩阵的行(列)秩与矩阵的秩相等.

证　设矩阵 A 的行(列)秩为 r. 由定理 3.9 推论 1 知矩阵 A 中任意 $r+1$ 个行向量都线性相关,矩阵 A 的任意 $r+1$ 阶子式的行向量也线性相关,故这种子式全为零.

下面来证矩阵 A 中至少有一个 r 阶子式不为零. 因为 A 的行秩为 r,所以在 A 中有 r 个行向量线性无关,比如说,就是前 r 个行向量. 把这 r 行取出来,作一新的矩阵

$$A_1 = \begin{pmatrix} a_{11} & a_{12} & \cdots & a_{1n} \\ \vdots & \vdots & & \vdots \\ a_{r1} & a_{r2} & \cdots & a_{rn} \end{pmatrix}.$$

显然,矩阵 A_1 的行秩为 r,因而它的列秩也是 r,这就是说,在 A 中有 r 列线性无关. 不妨设前 r 列线性无关,因此,行列式

$$\begin{vmatrix} a_{11} & \cdots & a_{1r} \\ \vdots & & \vdots \\ a_{r1} & \cdots & a_{rr} \end{vmatrix} \neq 0,$$

它就是矩阵 A 中一个 r 阶子式. 这就证明了矩阵的秩也为 r.

从定理的证明中可以看出,在秩为 r 的矩阵中,不为零的 r 阶子式所在的行正是它行向量组的一个极大线性无关组,所在的列正是它列向量组的一个极大线性无关组.

例 2　设向量组

$$\boldsymbol{\alpha}_1 = \begin{pmatrix} -1 \\ -1 \\ 0 \\ 0 \end{pmatrix}, \boldsymbol{\alpha}_2 = \begin{pmatrix} 1 \\ 2 \\ 1 \\ -1 \end{pmatrix}, \boldsymbol{\alpha}_3 = \begin{pmatrix} 0 \\ 1 \\ 1 \\ -1 \end{pmatrix}, \boldsymbol{\alpha}_4 = \begin{pmatrix} 1 \\ 3 \\ 2 \\ 1 \end{pmatrix}, \boldsymbol{\alpha}_5 = \begin{pmatrix} 2 \\ 6 \\ 4 \\ -1 \end{pmatrix}.$$

求此向量组的秩和它的一个极大无关组,并将其余向量用该极大无关组线性表示.

解　构造矩阵 $A = (\boldsymbol{\alpha}_1, \boldsymbol{\alpha}_2, \boldsymbol{\alpha}_3, \boldsymbol{\alpha}_4, \boldsymbol{\alpha}_5)$,对 A 施行初等行变换将其化为阶梯形矩阵.

$$A = \begin{pmatrix} -1 & 1 & 0 & 1 & 2 \\ -1 & 2 & 1 & 3 & 6 \\ 0 & 1 & 1 & 2 & 4 \\ 0 & -1 & -1 & 1 & -1 \end{pmatrix} \xrightarrow[r_2 + r_1]{r_1 (-1)} \begin{pmatrix} 1 & -1 & 0 & -1 & -2 \\ 0 & 1 & 1 & 2 & 4 \\ 0 & 1 & 1 & 2 & 4 \\ 0 & -1 & -1 & 1 & -1 \end{pmatrix}$$

$$\xrightarrow[r_4 + r_2]{r_3 - r_2} \begin{pmatrix} 1 & -1 & 0 & -1 & -2 \\ 0 & 1 & 1 & 2 & 4 \\ 0 & 0 & 0 & 0 & 0 \\ 0 & 0 & 0 & 3 & 3 \end{pmatrix} \xrightarrow[r_3 \leftrightarrow r_4]{\frac{1}{3} r_4} \begin{pmatrix} 1 & -1 & 0 & -1 & -2 \\ 0 & 1 & 1 & 2 & 4 \\ 0 & 0 & 0 & 1 & 1 \\ 0 & 0 & 0 & 0 & 0 \end{pmatrix} = B,$$

故向量组的秩为 3,$\boldsymbol{\alpha}_1, \boldsymbol{\alpha}_2, \boldsymbol{\alpha}_4$ 是它的一个极大无关组(事实上,在每个"阶梯"上任取一个向量所组成的向量组都是它的极大无关组). 为将 $\boldsymbol{\alpha}_3, \boldsymbol{\alpha}_5$ 用此极大无关组线性表示,继续对矩阵 B 施行初等行变换,将其化为行简化阶梯形矩阵.

$$B \xrightarrow[\substack{r_1+r_3 \\ r_2-2r_3}]{} \begin{pmatrix} 1 & -1 & 0 & 0 & -1 \\ 0 & 1 & 1 & 0 & 2 \\ 0 & 0 & 0 & 1 & 1 \\ 0 & 0 & 0 & 0 & 0 \end{pmatrix} \xrightarrow{r_1+r_2} \begin{pmatrix} 1 & 0 & 1 & 0 & 1 \\ 0 & 1 & 1 & 0 & 2 \\ 0 & 0 & 0 & 1 & 1 \\ 0 & 0 & 0 & 0 & 0 \end{pmatrix},$$

从而"读出"

$$\boldsymbol{\alpha}_3 = \boldsymbol{\alpha}_1 + \boldsymbol{\alpha}_2, \quad \boldsymbol{\alpha}_5 = \boldsymbol{\alpha}_1 + 2\boldsymbol{\alpha}_2 + \boldsymbol{\alpha}_4.$$

上面的例子是以矩阵为工具研究向量组的问题,下面我们借助于向量研究矩阵的有关问题.

例 3 设 $\boldsymbol{A}$, $\boldsymbol{B}$ 皆为 $m \times n$ 阶矩阵,证明: $r(\boldsymbol{A}+\boldsymbol{B}) \leqslant r(\boldsymbol{A}) + r(\boldsymbol{B})$.

证 由于 $\boldsymbol{A}+\boldsymbol{B}$ 的列向量组可由 $\boldsymbol{A}$ 和 $\boldsymbol{B}$ 的列向量组线性表出,因此,结论是显然的.

例 4 设 $\boldsymbol{A}$ 为 $m \times l$ 矩阵, $\boldsymbol{B}$ 为 $l \times n$ 矩阵,证明: $r(\boldsymbol{AB}) \leqslant \min\{r(\boldsymbol{A}), r(\boldsymbol{B})\}$.

证 设 $\boldsymbol{A}$, $\boldsymbol{B}$ 的列分块分别为

$$\boldsymbol{A} = (\boldsymbol{\alpha}_1, \boldsymbol{\alpha}_2, \cdots, \boldsymbol{\alpha}_l), \quad \boldsymbol{B} = (\boldsymbol{\beta}_1, \boldsymbol{\beta}_2, \cdots, \boldsymbol{\beta}_n),$$

则

$$\boldsymbol{AB} = (\boldsymbol{A\beta}_1, \boldsymbol{A\beta}_2, \cdots, \boldsymbol{A\beta}_n).$$

注意到 $\boldsymbol{AB}$ 的每列 $\boldsymbol{A\beta}_j$ 是 $\boldsymbol{A}$ 的列向量的一个线性组合,即

$$\boldsymbol{A\beta}_j = (\boldsymbol{\alpha}_1, \boldsymbol{\alpha}_2, \cdots, \boldsymbol{\alpha}_l) \begin{pmatrix} b_{1j} \\ b_{2j} \\ \vdots \\ b_{lj} \end{pmatrix} = b_{1j}\boldsymbol{\alpha}_1 + b_{2j}\boldsymbol{\alpha}_2 + \cdots + b_{lj}\boldsymbol{\alpha}_l, \ j = 1, 2, \cdots, n,$$

即 $\boldsymbol{AB}$ 的列向量组可由 $\boldsymbol{A}$ 的列向量线性表出.因此, $r(\boldsymbol{AB}) \leqslant r(\boldsymbol{A})$.

另一方面,由于 $r(\boldsymbol{AB}) = r((\boldsymbol{AB})^{\mathrm{T}}) = r(\boldsymbol{B}^{\mathrm{T}}\boldsymbol{A}^{\mathrm{T}})$,利用前部分的证明,有

$$r(\boldsymbol{B}^{\mathrm{T}}\boldsymbol{A}^{\mathrm{T}}) \leqslant r(\boldsymbol{B}^{\mathrm{T}}) = r(\boldsymbol{B}), \ \text{即也有} \ r(\boldsymbol{AB}) \leqslant r(\boldsymbol{B}).$$

从而命题成立.

例 5 设

$$\boldsymbol{A} = \begin{pmatrix} a_1 b_1 & a_1 b_2 & \cdots & a_1 b_n \\ a_2 b_1 & a_2 b_2 & \cdots & a_2 b_n \\ \vdots & \vdots & & \vdots \\ a_n b_1 & a_n b_2 & \cdots & a_n b_n \end{pmatrix},$$

其中 $a_i \neq 0, b_i \neq 0 (i = 1, 2, \cdots, n)$,求 $r(\boldsymbol{A})$.

解 注意到

$$\boldsymbol{A} = \begin{pmatrix} a_1 \\ a_2 \\ \vdots \\ a_n \end{pmatrix} (b_1, b_2, \cdots, b_n) = \boldsymbol{\alpha\beta}^{\mathrm{T}},$$

其中 $\boldsymbol{\alpha}=(a_1, a_2, \cdots, a_n)^{\mathrm{T}}$,$\boldsymbol{\beta}=(b_1, b_2, \cdots, b_n)^{\mathrm{T}}$.则由例 4 得到

$$r(\boldsymbol{A}) \leqslant r(\boldsymbol{\alpha}) = 1.$$

又因为 $a_1 \neq 0$,所以 $r(\boldsymbol{A}) \geqslant 1$,因此 $r(\boldsymbol{A}) = 1$.

§3.5 向量空间

向量空间是线性代数最基本的概念之一. 这一节我们来介绍它的概念,并讨论它的一些简单性质和运算方法.

3.5.1 向量空间的概念

定义 3.11 设 V 为 n 维向量的非空集合,如果 V 对向量的加法和数乘运算封闭,即对于任意的 $\boldsymbol{\alpha}$, $\boldsymbol{\beta} \in V$ 与 $k \in \mathbf{R}$,有

$$\boldsymbol{\alpha} + \boldsymbol{\beta} \in V, \quad k\boldsymbol{\alpha} \in V,$$

则称集合 V 为**向量空间**.

定义 3.12 设 V 为向量空间,如果 $\boldsymbol{\alpha}_1$, $\boldsymbol{\alpha}_2$, $\cdots$, $\boldsymbol{\alpha}_r \in V$ 满足

(1)$\boldsymbol{\alpha}_1$, $\boldsymbol{\alpha}_2$, $\cdots$, $\boldsymbol{\alpha}_r$ 线性无关;

(2)V 中任一向量均可由 $\boldsymbol{\alpha}_1$, $\boldsymbol{\alpha}_2$, $\cdots$, $\boldsymbol{\alpha}_r$ 线性表示,则称 $\boldsymbol{\alpha}_1$, $\boldsymbol{\alpha}_2$, $\cdots$, $\boldsymbol{\alpha}_r$ 为向量空间 V 的一组**基**,r 称为向量空间 V 的**维数**,记为 $\dim V = r$,并称 V 为 r **维向量空间**.

按定义,n 维向量全体组成的集合 $\mathbf{R}^n$ 构成向量空间,且基本向量组

$$\boldsymbol{\varepsilon}_1 = (1, 0, \cdots, 0)^{\mathrm{T}}, \boldsymbol{\varepsilon}_2 = (0, 1, \cdots, 0)^{\mathrm{T}}, \cdots, \boldsymbol{\varepsilon}_n = (0, 0, \cdots, 1)^{\mathrm{T}},$$

是 $\mathbf{R}^n$ 的一组基,称为**标准基**. 也正是因为 $\mathbf{R}^n$ 的基含有 n 个向量,所以 $\mathbf{R}^n$ 称为 n 维向量空间.

再例如,$\mathbf{R}^3$ 的子集 $U = \{\boldsymbol{\alpha} = (a_1, a_2, 0)^{\mathrm{T}} \mid a_1, a_2 \in \mathbf{R}\}$ 是一个向量空间. 从几何角度看,是空间直角坐标系中 xOy 平面上的全体向量构成的. 又因为 $\boldsymbol{\varepsilon}_1 = (1, 0, 0)^{\mathrm{T}}$,$\boldsymbol{\varepsilon}_2 = (0, 1, 0)^{\mathrm{T}}$ 是 U 的一组基,故 U 的维数为 $\dim U = 2$.

只含零向量的集合 $\{\mathbf{0}\}$ 也构成向量空间,称为**零向量空间**,没有基,规定维数是零.

定义 3.13 设 U 是 $\mathbf{R}^n$ 的一个非空子集,如果 U 对向量的加法与数乘运算封闭(即也构成向量空间),称 U 为 $\mathbf{R}^n$ 的**子空间**.

易知,零向量空间 $\{\mathbf{0}\}$ 及 $\mathbf{R}^n$ 自身都是 $\mathbf{R}^n$ 的子空间,称它们为**平凡子空间**,其余的则称为**非平凡子空间**.

例 1 设 $\boldsymbol{A}$ 为 $m \times n$ 阶矩阵,证明齐次线性方程组 $\boldsymbol{A}\boldsymbol{x} = \mathbf{0}$ 的解集

$$S = \{\boldsymbol{\xi} \mid \boldsymbol{A}\boldsymbol{\xi} = \mathbf{0}, \boldsymbol{\xi} \in \mathbf{R}^n\}$$

是 $\mathbf{R}^n$ 的一个子空间.

证 因为 $\boldsymbol{A}\mathbf{0} = \mathbf{0}$,故 S 非空. 又对任意的 $\boldsymbol{\xi}_1, \boldsymbol{\xi}_2 \in S$ 与 $k \in \mathbf{R}$,有

$$A(\boldsymbol{\xi}_1+\boldsymbol{\xi}_2)=A\boldsymbol{\xi}_1+A\boldsymbol{\xi}_2=\mathbf{0}, \qquad A(k\boldsymbol{\xi}_1)=k(A\boldsymbol{\xi}_1)=\mathbf{0},$$

即 $\boldsymbol{\xi}_1+\boldsymbol{\xi}_2\in S, k\boldsymbol{\xi}_1\in S, S$ 对向量的加法与数乘运算封闭,故 S 是 $\mathbf{R}^n$ 的一个子空间.

如果 $\boldsymbol{\alpha}_1,\boldsymbol{\alpha}_2,\cdots,\boldsymbol{\alpha}_r$ 为向量空间 V 的一组基,则对任意的 $\boldsymbol{\alpha}\in V,\boldsymbol{\alpha}$ 可由 $\boldsymbol{\alpha}_1,\boldsymbol{\alpha}_2,\cdots,\boldsymbol{\alpha}_r$ 线性表示,由定理 3.7 知,其组合系数是唯一的,即存在唯一的一组数 $x_1,x_2,\cdots,x_r$,使得

$$\boldsymbol{\alpha}=x_1\boldsymbol{\alpha}_1+x_2\boldsymbol{\alpha}_2+\cdots+x_r\boldsymbol{\alpha}_r,$$

称这组有序数为向量 $\boldsymbol{\alpha}$ 在基 $\boldsymbol{\alpha}_1,\boldsymbol{\alpha}_2,\cdots,\boldsymbol{\alpha}_r$ 下的**坐标**,记为 $(x_1,x_2,\cdots,x_r)^{\mathrm{T}}$ 或 $(x_1,x_2,\cdots,x_r)$.

例 2　在 $\mathbf{R}^3$ 中取两组基

$$\boldsymbol{\alpha}_1=\begin{bmatrix}1\\0\\0\end{bmatrix},\boldsymbol{\alpha}_2=\begin{bmatrix}0\\-1\\0\end{bmatrix},\boldsymbol{\alpha}_3=\begin{bmatrix}0\\0\\-1\end{bmatrix}$$

和

$$\boldsymbol{\beta}_1=\begin{bmatrix}-1\\0\\0\end{bmatrix},\boldsymbol{\beta}_2=\begin{bmatrix}1\\-1\\0\end{bmatrix},\boldsymbol{\beta}_3=\begin{bmatrix}1\\2\\1\end{bmatrix},$$

分别求向量 $\boldsymbol{\alpha}=\begin{bmatrix}1\\2\\3\end{bmatrix}$ 在两个基下的坐标.

解　易得 $\boldsymbol{\alpha}=\boldsymbol{\alpha}_1-2\boldsymbol{\alpha}_2-3\boldsymbol{\alpha}_3$,故 $\boldsymbol{\alpha}$ 在基 $\boldsymbol{\alpha}_1,\boldsymbol{\alpha}_2,\boldsymbol{\alpha}_3$ 下的坐标为 $(1,-2,-3)$.

由

$$(\boldsymbol{\beta}_1,\boldsymbol{\beta}_2,\boldsymbol{\beta}_3,\boldsymbol{\alpha})=\begin{bmatrix}-1&1&1&\vdots&1\\0&-1&2&\vdots&2\\0&0&1&\vdots&3\end{bmatrix}\rightarrow\begin{bmatrix}1&0&0&\vdots&6\\0&1&0&\vdots&4\\0&0&1&\vdots&3\end{bmatrix},$$

可得 $\boldsymbol{\alpha}=6\boldsymbol{\beta}_1+4\boldsymbol{\beta}_2+3\boldsymbol{\beta}_3$,故 $\boldsymbol{\alpha}$ 在基 $\boldsymbol{\beta}_1,\boldsymbol{\beta}_2,\boldsymbol{\beta}_3$ 下的坐标为 $(6,4,3)$.

在 n 维向量空间中,任意 n 个线性无关的向量都可以取作空间的基.对不同的基,同一个向量的坐标一般是不同的,例 2 已经说明了这一点.下面我们研究,随着基的改变向量的坐标是怎样变化的.

3.5.2　基变换与坐标变换

设 $\boldsymbol{\alpha}_1,\boldsymbol{\alpha}_2,\cdots,\boldsymbol{\alpha}_n$ 与 $\boldsymbol{\beta}_1,\boldsymbol{\beta}_2,\cdots,\boldsymbol{\beta}_n$ 是 n 维向量空间 $\mathbf{R}^n$ 的两组基,且设它们的关系是

$$\begin{cases}\boldsymbol{\beta}_1=c_{11}\boldsymbol{\alpha}_1+c_{21}\boldsymbol{\alpha}_2+\cdots+c_{n1}\boldsymbol{\alpha}_n,\\\boldsymbol{\beta}_2=c_{12}\boldsymbol{\alpha}_1+c_{22}\boldsymbol{\alpha}_2+\cdots+c_{n2}\boldsymbol{\alpha}_n,\\\qquad\cdots\cdots\\\boldsymbol{\beta}_n=c_{1n}\boldsymbol{\alpha}_1+c_{2n}\boldsymbol{\alpha}_2+\cdots+c_{nn}\boldsymbol{\alpha}_n.\end{cases}\qquad(3\text{-}21)$$

利用矩阵形式可表示为

$$(\boldsymbol{\beta}_1,\ \boldsymbol{\beta}_2,\ \cdots,\ \boldsymbol{\beta}_n)=(\boldsymbol{\alpha}_1,\ \boldsymbol{\alpha}_2,\ \cdots,\ \boldsymbol{\alpha}_n)\begin{pmatrix} c_{11} & c_{12} & \cdots & c_{1n} \\ c_{21} & c_{22} & \cdots & c_{2n} \\ \vdots & \vdots & & \vdots \\ c_{n1} & c_{n2} & \cdots & c_{nn} \end{pmatrix}, \tag{3-22}$$

或简记为

$$(\boldsymbol{\beta}_1,\ \boldsymbol{\beta}_2,\ \cdots,\ \boldsymbol{\beta}_n)=(\boldsymbol{\alpha}_1,\ \boldsymbol{\alpha}_2,\ \cdots,\ \boldsymbol{\alpha}_n)\boldsymbol{C}, \tag{3-23}$$

其中 $\boldsymbol{C}=(c_{ij})_{n\times n}$. 式(3-21)或(3-22)称为**基变换公式**,而 $\boldsymbol{C}$ 称为由基 $\boldsymbol{\alpha}_1,\ \boldsymbol{\alpha}_2,\ \cdots,\ \boldsymbol{\alpha}_n$ 到基 $\boldsymbol{\beta}_1,\ \boldsymbol{\beta}_2,\ \cdots,\ \boldsymbol{\beta}_n$ 的**过渡矩阵**.

若记 $\boldsymbol{A}=(\boldsymbol{\alpha}_1,\ \boldsymbol{\alpha}_2,\ \cdots,\ \boldsymbol{\alpha}_n)$,$\boldsymbol{B}=(\boldsymbol{\beta}_1,\ \boldsymbol{\beta}_2,\ \cdots,\ \boldsymbol{\beta}_n)$,则 $\boldsymbol{A}$,$\boldsymbol{B}$ 均是可逆的,从而再由式(3-23)知,过渡矩阵 $\boldsymbol{C}$ 可逆,且

$$\boldsymbol{C}=\boldsymbol{A}^{-1}\boldsymbol{B}. \tag{3-24}$$

对于任意的向量 $\boldsymbol{\alpha}\in \mathbf{R}^n$,设其在基 $\boldsymbol{\alpha}_1,\ \boldsymbol{\alpha}_2,\ \cdots,\ \boldsymbol{\alpha}_n$ 下的坐标为 $(x_1,\ x_2,\ \cdots,x_n)^{\mathrm{T}}$,在基 $\boldsymbol{\beta}_1,\ \boldsymbol{\beta}_2,\ \cdots,\ \boldsymbol{\beta}_n$ 下的坐标为 $(y_1,y_2,\cdots,y_n)^{\mathrm{T}}$,则

$$\boldsymbol{\alpha}=x_1\boldsymbol{\alpha}_1+x_2\boldsymbol{\alpha}_2+\cdots+x_n\boldsymbol{\alpha}_n=(\boldsymbol{\alpha}_1,\ \boldsymbol{\alpha}_2,\ \cdots,\ \boldsymbol{\alpha}_n)\begin{pmatrix} x_1 \\ x_2 \\ \vdots \\ x_n \end{pmatrix},$$

且

$$\boldsymbol{\alpha}=y_1\boldsymbol{\beta}_1+y_2\boldsymbol{\beta}_2+\cdots+y_n\boldsymbol{\beta}_n=(\boldsymbol{\beta}_1,\ \boldsymbol{\beta}_2,\ \cdots,\ \boldsymbol{\beta}_n)\begin{pmatrix} y_1 \\ y_2 \\ \vdots \\ y_n \end{pmatrix}$$

$$=(\boldsymbol{\alpha}_1,\ \boldsymbol{\alpha}_2,\ \cdots,\ \boldsymbol{\alpha}_n)\boldsymbol{C}\begin{pmatrix} y_1 \\ y_2 \\ \vdots \\ y_n \end{pmatrix}.$$

由于 $\boldsymbol{\alpha}$ 在基 $\boldsymbol{\alpha}_1,\ \boldsymbol{\alpha}_2,\ \cdots,\ \boldsymbol{\alpha}_n$ 下的坐标唯一,所以

$$\begin{pmatrix} x_1 \\ x_2 \\ \vdots \\ x_n \end{pmatrix}=\boldsymbol{C}\begin{pmatrix} y_1 \\ y_2 \\ \vdots \\ y_n \end{pmatrix},\ 或 \begin{pmatrix} y_1 \\ y_2 \\ \vdots \\ y_n \end{pmatrix}=\boldsymbol{C}^{-1}\begin{pmatrix} x_1 \\ x_2 \\ \vdots \\ x_n \end{pmatrix}, \tag{3-25}$$

式(3-25)称为**坐标变换公式**.

例 3　已知 $\mathbf{R}^3$ 中的两个向量组

$$\boldsymbol{\alpha}_1 = \begin{bmatrix} 1 \\ 1 \\ 0 \end{bmatrix}, \boldsymbol{\alpha}_2 = \begin{bmatrix} 0 \\ -1 \\ 1 \end{bmatrix}, \boldsymbol{\alpha}_3 = \begin{bmatrix} 1 \\ 0 \\ 2 \end{bmatrix}$$

和

$$\boldsymbol{\beta}_1 = \begin{bmatrix} 3 \\ 1 \\ 0 \end{bmatrix}, \boldsymbol{\beta}_2 = \begin{bmatrix} 0 \\ 1 \\ 1 \end{bmatrix}, \boldsymbol{\beta}_3 = \begin{bmatrix} 1 \\ 0 \\ 4 \end{bmatrix}.$$

(1) 验证 $\boldsymbol{\alpha}_1$，$\boldsymbol{\alpha}_2$，$\boldsymbol{\alpha}_3$ 与 $\boldsymbol{\beta}_1$，$\boldsymbol{\beta}_2$，$\boldsymbol{\beta}_3$ 均为 $\mathbf{R}^3$ 的基；

(2) 求由基 $\boldsymbol{\alpha}_1$，$\boldsymbol{\alpha}_2$，$\boldsymbol{\alpha}_3$ 到基 $\boldsymbol{\beta}_1$，$\boldsymbol{\beta}_2$，$\boldsymbol{\beta}_3$ 的过渡矩阵；

(3) 写出坐标变换公式.

解　(1) 只需证明 $\boldsymbol{\alpha}_1$，$\boldsymbol{\alpha}_2$，$\boldsymbol{\alpha}_3$ 与 $\boldsymbol{\beta}_1$，$\boldsymbol{\beta}_2$，$\boldsymbol{\beta}_3$ 均线性无关. 事实上，由

$$|\boldsymbol{\alpha}_1, \boldsymbol{\alpha}_2, \boldsymbol{\alpha}_3| = \begin{vmatrix} 1 & 0 & 1 \\ 1 & -1 & 0 \\ 0 & 1 & 2 \end{vmatrix} = -1 \neq 0$$

和

$$|\boldsymbol{\beta}_1, \boldsymbol{\beta}_2, \boldsymbol{\beta}_3| = \begin{vmatrix} 3 & 0 & 1 \\ 1 & 1 & 0 \\ 0 & 1 & 4 \end{vmatrix} = 13 \neq 0,$$

知 $\boldsymbol{\alpha}_1$，$\boldsymbol{\alpha}_2$，$\boldsymbol{\alpha}_3$ 与 $\boldsymbol{\beta}_1$，$\boldsymbol{\beta}_2$，$\boldsymbol{\beta}_3$ 均线性无关，故它们都是 $\mathbf{R}^3$ 的基.

(2) 设由基 $\boldsymbol{\alpha}_1$，$\boldsymbol{\alpha}_2$，$\boldsymbol{\alpha}_3$ 到基 $\boldsymbol{\beta}_1$，$\boldsymbol{\beta}_2$，$\boldsymbol{\beta}_3$ 的过渡矩阵为 $\boldsymbol{C}$，即

$$(\boldsymbol{\beta}_1, \boldsymbol{\beta}_2, \boldsymbol{\beta}_3) = (\boldsymbol{\alpha}_1, \boldsymbol{\alpha}_2, \boldsymbol{\alpha}_3)\boldsymbol{C},$$

记 $\boldsymbol{A} = (\boldsymbol{\alpha}_1, \boldsymbol{\alpha}_2, \boldsymbol{\alpha}_3)$，$\boldsymbol{B} = (\boldsymbol{\beta}_1, \boldsymbol{\beta}_2, \boldsymbol{\beta}_3)$，则由 $\boldsymbol{A}$，$\boldsymbol{B}$ 的可逆性.

$$\boldsymbol{C} = \boldsymbol{A}^{-1}\boldsymbol{B} = \begin{bmatrix} 2 & -1 & -1 \\ 2 & -2 & -1 \\ -1 & 1 & 1 \end{bmatrix} \begin{bmatrix} 3 & 0 & 1 \\ 1 & 1 & 0 \\ 0 & 1 & 4 \end{bmatrix} = \begin{bmatrix} 5 & -2 & -2 \\ 4 & -3 & -2 \\ -2 & 2 & 3 \end{bmatrix}.$$

(3) 设向量 $\boldsymbol{\alpha} \in \mathbf{R}^3$ 在基 $\boldsymbol{\alpha}_1$，$\boldsymbol{\alpha}_2$，$\boldsymbol{\alpha}_3$ 下的坐标为 $(x_1, x_2, x_3)^{\mathrm{T}}$，在基 $\boldsymbol{\beta}_1$，$\boldsymbol{\beta}_2$，$\boldsymbol{\beta}_3$ 下的坐标为 $(y_1, y_2, y_3)^{\mathrm{T}}$，则有坐标变换公式

$$\begin{bmatrix} x_1 \\ x_2 \\ x_3 \end{bmatrix} = \begin{bmatrix} 5 & -2 & -2 \\ 4 & -3 & -2 \\ -2 & 2 & 3 \end{bmatrix} \begin{bmatrix} y_1 \\ y_2 \\ y_3 \end{bmatrix}.$$

由于向量空间中涉及的运算是线性运算，故也称其为**线性空间**.

§3.6   线性方程组解的结构

§3.1解决了线性方程组有解的判别条件,现在我们进一步来讨论线性方程组的解的结构.但在方程组的解是唯一的情况下,当然没有什么结构问题.在有多个解的情况下,所谓解的结构问题就是解与解之间的关系问题.下面我们将证明,虽然在这时有无穷多个解,但是全部的解都可以用有限个解表示.这就是本节要讨论的问题和要得到的主要结果.

3.6.1   齐次线性方程组解的结构

前面我们看到,n 元线性方程组的解是 n 维向量(称为线性方程组的**解向量**).在解不是唯一的情况下,作为方程组的解的这些向量之间有什么关系呢? 我们先来看齐次线性方程组的情况.

齐次线性方程组

$$\begin{cases} a_{11}x_1 + a_{12}x_2 + \cdots + a_{1n}x_n = 0, \\ a_{21}x_1 + a_{22}x_2 + \cdots + a_{2n}x_n = 0, \\ \qquad\qquad \cdots\cdots \\ a_{m1}x_1 + a_{m2}x_2 + \cdots + a_{mn}x_n = 0 \end{cases} \qquad (3\text{-}7)$$

的解所成的集合具有下面重要的性质:

性质   如果 $\boldsymbol{\eta}_1, \boldsymbol{\eta}_2$ 是齐次线性方程组(3-7)的两个解,则对任意常数 $k_1, k_2, k_1\boldsymbol{\eta}_1 + k_2\boldsymbol{\eta}_2$ 也是(3-7)的解.

证   设方程组(3-7)的矩阵形式是 $\boldsymbol{A}\boldsymbol{x}=\boldsymbol{0}$,则由条件得 $\boldsymbol{A}\boldsymbol{\eta}_1=\boldsymbol{0}, \boldsymbol{A}\boldsymbol{\eta}_2=\boldsymbol{0}.$ 而

$$\boldsymbol{A}(k_1\boldsymbol{\eta}_1 + k_2\boldsymbol{\eta}_2) = k_1\boldsymbol{A}\boldsymbol{\eta}_1 + k_2\boldsymbol{A}\boldsymbol{\eta}_2 = \boldsymbol{0} + \boldsymbol{0} = \boldsymbol{0},$$

即 $k_1\boldsymbol{\eta}_1 + k_2\boldsymbol{\eta}_2$ 是方程组(3-7)的解.

对于齐次线性方程组,这个性质说明解的线性组合还是方程组的解.如果方程组有几个解,那么解的所有可能的线性组合就给出了无穷多的解.我们要问的是:齐次线性方程组的全部解是否能够通过它的有限的几个解的线性组合给出? 回答是肯定的.为此,我们引入下面的定义.

定义 3.14   齐次线性方程组(3-7)的一组解 $\boldsymbol{\eta}_1, \boldsymbol{\eta}_2, \cdots, \boldsymbol{\eta}_s$ 称为(3-7)的一个**基础解系**,如果

(1)向量组 $\boldsymbol{\eta}_1, \boldsymbol{\eta}_2, \cdots, \boldsymbol{\eta}_s$ 线性无关.

(2)(3-7)的任意解均可被 $\boldsymbol{\eta}_1, \boldsymbol{\eta}_2, \cdots, \boldsymbol{\eta}_s$ 线性表示;

应该注意,定义中的条件(2)是为了保证基础解系中没有多余的解.事实上,如果 $\boldsymbol{\eta}_1,$

$\boldsymbol{\eta}_2$，$\cdots$，$\boldsymbol{\eta}_s$ 线性相关，也就是其中至少有一个可以表示成其他的解的线性组合，比如说，$\boldsymbol{\eta}_s$ 可以表成 $\boldsymbol{\eta}_1$，$\boldsymbol{\eta}_2$，$\cdots$，$\boldsymbol{\eta}_{s-1}$ 的线性组合，那么 $\boldsymbol{\eta}_1$，$\boldsymbol{\eta}_2$，$\cdots$，$\boldsymbol{\eta}_{s-1}$ 显然也具有条件（2）的性质.

基础解系是不唯一的，由定义容易看出，任何一个线性无关的与某一个基础解系等价的向量组都是基础解系（请读者自己证明）.

定理 3.14　如果在齐次线性方程组（3-7）有非零解的情况下，那么其一定存在基础解系，并且基础解系所含解的个数等于 $n-r$，这里 r 是系数矩阵的秩.

证　设齐次线性方程组（3-7）的系数矩阵的秩为 r. 如果 $r=n$，那么方程组只有零解，当然也不存在基础解系. 以下设 $r<n$. 由高斯消元法，不失一般性，设对矩阵 $\boldsymbol{A}$ 作初等行变换将其化为行简化阶梯形矩阵：

$$\boldsymbol{A} \rightarrow \begin{pmatrix} 1 & 0 & \cdots & 0 & c_{1,r+1} & \cdots & c_{1n} \\ 0 & 1 & \cdots & 0 & c_{2,r+1} & \cdots & c_{2n} \\ \vdots & \vdots & & \vdots & \vdots & & \vdots \\ 0 & 0 & \cdots & 1 & c_{r,r+1} & \cdots & c_{rn} \\ 0 & 0 & \cdots & 0 & 0 & \cdots & 0 \\ \vdots & \vdots & & \vdots & \vdots & & \vdots \\ 0 & 0 & \cdots & 0 & 0 & \cdots & 0 \end{pmatrix},$$

则方程组（3-7）的解为

$$\begin{cases} x_1 = -c_{1,r+1}x_{r+1} - c_{1,r+2}x_{r+2} - \cdots - c_{1n}x_n \\ x_2 = -c_{2,r+1}x_{r+1} - c_{2,r+2}x_{r+2} - \cdots - c_{2n}x_n \\ \qquad \cdots\cdots \\ x_r = -c_{r,r+1}x_{r+1} - c_{r,r+2}x_{r+2} - \cdots - c_{rn}x_n \end{cases}, \tag{3-26}$$

其中 x_{r+1}，$\cdots$，x_n 为自由未知量，而 x_1，$\cdots$，x_r 的值被这些自由未知量唯一确定.

依次取 $\begin{bmatrix} x_{r+1} \\ x_{r+2} \\ \vdots \\ x_n \end{bmatrix}$ 为 $\boldsymbol{\varepsilon}_1 = \begin{bmatrix} 1 \\ 0 \\ \vdots \\ 0 \end{bmatrix}$，$\boldsymbol{\varepsilon}_2 = \begin{bmatrix} 0 \\ 1 \\ \vdots \\ 0 \end{bmatrix}$，$\cdots$，$\boldsymbol{\varepsilon}_{n-r} = \begin{bmatrix} 0 \\ 0 \\ \vdots \\ 1 \end{bmatrix}$，将它们代入（3-26），就得到

方程组（3-7）的 $n-r$ 个解向量：

$$\boldsymbol{\eta}_1 = \begin{pmatrix} -c_{1,r+1} \\ -c_{2,r+1} \\ \vdots \\ -c_{r,r+1} \\ 1 \\ 0 \\ \vdots \\ 0 \end{pmatrix}, \quad \boldsymbol{\eta}_2 = \begin{pmatrix} -c_{1,r+2} \\ -c_{2,r+2} \\ \vdots \\ -c_{r,r+2} \\ 0 \\ 1 \\ \vdots \\ 0 \end{pmatrix}, \quad \cdots, \quad \boldsymbol{\eta}_{n-r} = \begin{pmatrix} -c_{1n} \\ -c_{2n} \\ \vdots \\ -c_{rr} \\ 0 \\ 0 \\ \vdots \\ 1 \end{pmatrix}.$$

下面证明 $\boldsymbol{\eta}_1$，$\boldsymbol{\eta}_2$，$\cdots$，$\boldsymbol{\eta}_{n-r}$ 就是所需要的一个基础解系.

(1)由于基本向量组 $\boldsymbol{\varepsilon}_1$，$\cdots$，$\boldsymbol{\varepsilon}_{n-r}$ 是线性无关的，而 $\boldsymbol{\eta}_1$，$\boldsymbol{\eta}_2$，$\cdots$，$\boldsymbol{\eta}_{n-r}$ 是由基本向量组中每个向量添加 r 个分量得到的，由定理 3.5 可知，$\boldsymbol{\eta}_1$，$\cdots$，$\boldsymbol{\eta}_{n-r}$ 是线性无关的.

(2)设 $\boldsymbol{\eta} = (k_1, k_2, \cdots, k_r, k_{r+1}, \cdots, k_n)^{\mathrm{T}}$ 是(3-7)的任意一个解向量,构造

$$\boldsymbol{\eta}^* = k_{r+1}\boldsymbol{\eta}_1 + k_{r+2}\boldsymbol{\eta}_2 + \cdots + k_n\boldsymbol{\eta}_{n-r},$$

由性质知，$\boldsymbol{\eta}^*$ 也是(3-7)的一个解向量. 注意到 $\boldsymbol{\eta}$ 和 $\boldsymbol{\eta}^*$ 最后 $n-r$ 个分量相同，而这两个解向量的前 r 个分量由后面 $n-r$ 个分量唯一确定，所以

$$\boldsymbol{\eta} = \boldsymbol{\eta}^* = k_{r+1}\boldsymbol{\eta}_1 + k_{r+2}\boldsymbol{\eta}_2 + \cdots + k_n\boldsymbol{\eta}_{n-r},$$

即(3-7)的任一解向量都可被 $\boldsymbol{\eta}_1$，$\boldsymbol{\eta}_2$，$\cdots$，$\boldsymbol{\eta}_{n-r}$ 线性表示.

定理的证明事实上就是一个具体找基础解系的方法.

例 1 求齐次线性方程组 $\begin{cases} x_1 - x_2 + 5x_3 - x_4 = 0, \\ 2x_1 + 2x_2 - 4x_3 + 6x_4 = 0, \\ 3x_1 - x_2 + 8x_3 + x_4 = 0, \\ x_1 + 3x_2 - 9x_3 + 7x_4 = 0 \end{cases}$ 的一个基础解系,并用基础

解系表示它的一般解.

解 用矩阵的初等行变换把系数矩阵化为行简化阶梯形矩阵:

$$\boldsymbol{A} = \begin{pmatrix} 1 & -1 & 5 & -1 \\ 2 & 2 & -4 & 6 \\ 3 & -1 & 8 & 1 \\ 1 & 3 & -9 & 7 \end{pmatrix} \xrightarrow[\substack{r_2 - 2r_1 \\ r_3 - 3r_1 \\ r_4 - r_1}]{} \begin{pmatrix} 1 & -1 & 5 & -1 \\ 0 & 4 & -14 & 8 \\ 0 & 2 & -7 & 4 \\ 0 & 4 & -14 & 8 \end{pmatrix}$$

$$\xrightarrow[\substack{\frac{1}{4}r_2 \\ r_3 - 2r_2 \\ r_4 - 4r_2}]{} \begin{pmatrix} 1 & -1 & 5 & -1 \\ 0 & 1 & -\dfrac{7}{2} & 2 \\ 0 & 0 & 0 & 0 \\ 0 & 0 & 0 & 0 \end{pmatrix} \xrightarrow{r_1 + r_2} \begin{pmatrix} 1 & 0 & \dfrac{3}{2} & 1 \\ 0 & 1 & -\dfrac{7}{2} & 2 \\ 0 & 0 & 0 & 0 \\ 0 & 0 & 0 & 0 \end{pmatrix}.$$

由最后一个矩阵可知,系数矩阵的秩 $r(\boldsymbol{A})=2$,齐次方程组的基础解系含有 $4-2=2$ 个解向量,取 x_3,x_4 作为自由变量,则还原为方程组的形式为

$$\begin{cases} x_1 = -\dfrac{3}{2}x_3 - x_4, \\[2mm] x_2 = \dfrac{7}{2}x_3 - 2x_4. \end{cases}$$

令 $x_3=1$,$x_4=0$,解得 $x_1=-\dfrac{3}{2}$,$x_2=\dfrac{7}{2}$,得解 $\boldsymbol{\eta}_1=\left(-\dfrac{3}{2},\dfrac{7}{2},1,0\right)^{\mathrm{T}}$;

令 $x_3=0$,$x_4=1$,解得 $x_1=-1$,$x_2=-2$,得解 $\boldsymbol{\eta}_2=(-1,-2,0,1)^{\mathrm{T}}$.

因此,方程组的基础解系为 $\boldsymbol{\eta}_1$,$\boldsymbol{\eta}_2$,其全部解为

$$\boldsymbol{x}=k_1\boldsymbol{\eta}_1+k_2\boldsymbol{\eta}_2 \quad (k_1, k_2 \text{ 是任意常数}).$$

例 2　设 $\boldsymbol{A}=(a_{ij})_{m\times n}$,$\boldsymbol{B}=(b_{ij})_{n\times t}$,且 $\boldsymbol{AB}=\boldsymbol{O}$,试证:$r(\boldsymbol{A})+r(\boldsymbol{B})\leqslant n$.

证　设 $\boldsymbol{A}$ 的秩为 r,$\boldsymbol{B}$ 的秩为 s,把矩阵 $\boldsymbol{B}$ 按列分块:

$$\boldsymbol{B}=(\boldsymbol{b}_1, \boldsymbol{b}_2, \cdots, \boldsymbol{b}_t).$$

根据分块矩阵的运算

$$\boldsymbol{AB}=\boldsymbol{A}(\boldsymbol{b}_1, \boldsymbol{b}_2, \cdots, \boldsymbol{b}_t)=(\boldsymbol{Ab}_1, \boldsymbol{Ab}_2, \cdots, \boldsymbol{Ab}_t).$$

因为 $\boldsymbol{AB}=\boldsymbol{O}$,所以

$$\boldsymbol{Ab}_i=\boldsymbol{0} \ (i=1, 2, \cdots, t),$$

即 $\boldsymbol{b}_i(i=1, 2, \cdots, t)$ 是齐次线性方程组 $\boldsymbol{Ax}=\boldsymbol{0}$ 的解向量.

向量组 $\boldsymbol{b}_1$,$\boldsymbol{b}_2$,$\cdots$,$\boldsymbol{b}_t$ 可以由齐次线性方程组 $\boldsymbol{Ax}=\boldsymbol{0}$ 的基础解系表示,而 $\boldsymbol{Ax}=\boldsymbol{0}$ 的基础解系含有 $n-r(\boldsymbol{A})$ 个解向量,所以 $r(\boldsymbol{B})\leqslant n-r(\boldsymbol{A})$,即 $r(\boldsymbol{A})+r(\boldsymbol{B})\leqslant n$.

3.6.2　非齐次线性方程组解的结构

把非齐次线性方程组

$$\begin{cases} a_{11}x_1 + a_{12}x_2 + \cdots + a_{1n}x_n = b_1, \\ a_{21}x_1 + a_{22}x_2 + \cdots + a_{2n}x_n = b_2, \\ \qquad\qquad \cdots\cdots \\ a_{m1}x_1 + a_{m2}x_2 + \cdots + a_{mn}x_n = b_m \end{cases} \tag{3-2}$$

的常数项换成 0,就得到齐次方程组(3-7).方程组(3-7)称为方程组(3-2)的**导出组**.方程组(3-2)的解与它导出组(3-7)的解之间有密切的关系:

性质　设 $\boldsymbol{\eta}_1^*$,$\boldsymbol{\eta}_2^*$ 是非齐次方程组(3-2)的两个解,$\boldsymbol{\eta}$ 是相应的导出方程组(3-7)的解,则

(1)$\boldsymbol{\eta}_1^*-\boldsymbol{\eta}_2^*$ 是导出方程组(3-7)的解;

(2)$\boldsymbol{\eta}_1^*+\boldsymbol{\eta}$ 是非齐次方程组(3-2)的解.

证 设方程组(3-2)的矩阵形式为 $Ax = b$. 由条件知 $A\eta_1^* = b$，$A\eta_2^* = b$，$A\eta = 0$.

(1)由于

$$A(\eta_1^* - \eta_2^*) = A\eta_1^* - A\eta_2^* = b - b = 0,$$

故 $\eta_1^* - \eta_2^*$ 是导出方程组(3-7)的解.

(2)由于

$$A(\eta_1^* + \eta) = A\eta_1^* + A\eta = b + 0 = b,$$

故 $\eta_1^* + \eta$ 仍是方程组(3-2)的解.

定理 3.15 设 η^* 是方程组(3-2)的一个解，η_1，η_2，$\cdots$，η_{n-r} 是相应的导出组(3-7)的一个基础解系，则方程组(3-2)的全部解为

$$x = \eta^* + k_1\eta_1 + k_2\eta_2 + \cdots + k_{n-r}\eta_{n-r},$$

其中 k_1，k_2，$\cdots$，k_{n-r} 为任意常数.

证 设 x 是方程组(3-2)的任意一个解，令 $\eta = x - \eta^*$，则 η 是导出组(3-7)的任一个解，而 η 可以用导出组(3-7)的基础解系线性表示，即

$$\eta = k_1\eta_1 + k_2\eta_2 + \cdots + k_{n-r}\eta_{n-r},$$

于是方程组(3-2)的全部解都可以表示为

$$x = \eta^* + k_1\eta_1 + k_2\eta_2 + \cdots + k_{n-r}\eta_{n-r}. \tag{3-27}$$

式(3-27)也称为非齐次线性方程组(3-2)的**通解**，η^* 称为方程组(3-2)的一个**特解**.

推论 在方程组(3-2)有解的条件下，解是唯一的充分必要条件是它的导出组(3-7)只有零解.

证 充分性. 如果方程组(3-2)有两个不同的解，那么它的差就是导出组的一个非零解. 因之，如果导出组只有零解，那么方程组有唯一解.

必要性. 如果导出组有非零解，那么这个解与方程组(3-2)的一个解(因为它有解)的和就是(3-2)的另一个解，也就是说，(3-2)不止一个解. 因此，如果方程组(3-2)有唯一解，那么它的导出组只有零解.

例 3 求线性方程组 $\begin{cases} x_1 - x_2 + \quad x_4 - x_5 = 1, \\ 2x_1 + \quad x_3 - \quad x_5 = 2, \\ 3x_1 - x_2 - x_3 - x_4 - x_5 = 0 \end{cases}$ 的全部解，并把它表示成向量形式.

解 将方程组的增广矩阵 $\overline{A}$ 作初等行变换化成行简化阶梯形矩阵

$$\overline{A} = \begin{pmatrix} 1 & -1 & 0 & 1 & -1 & \vdots & 1 \\ 2 & 0 & 1 & 0 & -1 & \vdots & 2 \\ 3 & -1 & -1 & -1 & -1 & \vdots & 0 \end{pmatrix} \xrightarrow[r_3 - 3r_1]{r_2 - 2r_1} \begin{pmatrix} 1 & -1 & 0 & 1 & -1 & \vdots & 1 \\ 0 & 2 & 1 & -2 & 1 & \vdots & 0 \\ 0 & 2 & -1 & -4 & 2 & \vdots & -3 \end{pmatrix}$$

$$\xrightarrow{r_3-r_2}\begin{pmatrix}1 & -1 & 0 & 1 & -1 & \vdots & 1 \\ 0 & 2 & 1 & -2 & 1 & \vdots & 0 \\ 0 & 0 & -2 & -2 & 1 & \vdots & -3\end{pmatrix}\xrightarrow[r_2-r_3]{-\frac{1}{2}r_3}\begin{pmatrix}1 & -1 & 0 & 1 & -1 & \vdots & 1 \\ 0 & 2 & 0 & -3 & \dfrac{3}{2} & \vdots & -\dfrac{3}{2} \\ 0 & 0 & 1 & 1 & -\dfrac{1}{2} & \vdots & \dfrac{3}{2}\end{pmatrix}$$

$$\xrightarrow[r_1+r_2]{\frac{1}{2}r_2}\begin{pmatrix}1 & 0 & 0 & -\dfrac{1}{2} & -\dfrac{1}{4} & \vdots & \dfrac{1}{4} \\ 0 & 1 & 0 & -\dfrac{3}{2} & \dfrac{3}{4} & \vdots & -\dfrac{3}{4} \\ 0 & 0 & 1 & 1 & -\dfrac{1}{2} & \vdots & \dfrac{3}{2}\end{pmatrix},$$

得原方程的同解方程组

$$\begin{cases}x_1 = \dfrac{1}{4} + \dfrac{1}{2}x_4 + \dfrac{1}{4}x_5, \\[2mm] x_2 = -\dfrac{3}{4} + \dfrac{3}{2}x_4 - \dfrac{3}{4}x_5, \\[2mm] x_3 = \dfrac{3}{2} - x_4 + \dfrac{1}{2}x_5,\end{cases}\qquad(3\text{-}28)$$

其中 x_4,x_5 为自由未知量.

令自由未知量 $x_4 = x_5 = 0$，代入上式解得 $x_1 = \dfrac{1}{4}$，$x_2 = -\dfrac{3}{4}$，$x_3 = \dfrac{3}{2}$，从而原方程组的一个特解为

$$\boldsymbol{\eta}^* = \left(\dfrac{1}{4}, -\dfrac{3}{4}, \dfrac{3}{2}, 0, 0\right)^{\mathrm{T}}.$$

下面再求它的导出组的一个基础解系. 由于非齐次线性方程组与其导出组的系数矩阵相同，因此，我们只需在式(3-28)中把常数项换成零，就可以得到导出组的系数矩阵化为阶梯形并还原成方程组的形式：

$$\begin{cases}x_1 = \dfrac{1}{2}x_4 + \dfrac{1}{4}x_5, \\[2mm] x_2 = \dfrac{3}{2}x_4 - \dfrac{3}{4}x_5, \\[2mm] x_3 = -x_4 + \dfrac{1}{2}x_5,\end{cases}\qquad(3\text{-}29)$$

其中 x_4,x_5 为自由未知量.

令 $x_4 = 1, x_5 = 0$，且代入方程组(3-29)得 $x_1 = \dfrac{1}{2}$，$x_2 = \dfrac{3}{2}$，$x_3 = -1$. 因此 $\boldsymbol{\eta}_1 = \left(\dfrac{1}{2}, \dfrac{3}{2}, -1, 1, 0\right)^{\mathrm{T}}$；

令 $x_4 = 0, x_5 = 1$,且代入方程组(3-29)得 $x_1 = \dfrac{1}{4}, x_2 = -\dfrac{3}{4}, x_3 = \dfrac{1}{2}$,因此 $\boldsymbol{\eta}_2 = \left(\dfrac{1}{4}, -\dfrac{3}{4}, \dfrac{1}{2}, 0, 1\right)^{\mathrm{T}}$.

从而导出方程组的基础解系为 $\boldsymbol{\eta}_1$,$\boldsymbol{\eta}_2$,故原方程组的全部解可表示为

$$x = \boldsymbol{\eta}^* + k_1 \boldsymbol{\eta}_1 + k_2 \boldsymbol{\eta}_2,$$

其中 k_1, k_2 为任意常数.

例 4 问 k 为何值时,线性方程组 $\begin{cases} x_1 + x_2 + kx_3 = 4 \\ -x_1 + kx_2 + x_3 = k^2 \\ x_1 - x_2 + 2x_3 = -4 \end{cases}$ 有唯一解、无解、有无穷多组解? 在有无穷多组解的情况下求出其通解.

解 对其增广矩阵进行初等行变换,即

$$\bar{\boldsymbol{A}} = \begin{pmatrix} 1 & 1 & k & 4 \\ -1 & k & 1 & k^2 \\ 1 & -1 & 2 & -4 \end{pmatrix} \xrightarrow[r_3-r_1]{r_2+r_1} \begin{pmatrix} 1 & 1 & k & 4 \\ 0 & k+1 & k+1 & k^2+4 \\ 0 & -2 & 2-k & -8 \end{pmatrix} \xrightarrow{r_2 \leftrightarrow r_3} \begin{pmatrix} 1 & 1 & k & 4 \\ 0 & -2 & 2-k & -8 \\ 0 & k+1 & k+1 & k^2+4 \end{pmatrix}$$

$$\xrightarrow{r_3+\frac{k+1}{2}r_2} \begin{pmatrix} 1 & 1 & k & 4 \\ 0 & -2 & 2-k & -8 \\ 0 & 0 & (k+1)(4-k)/2 & k(k-4) \end{pmatrix}.$$

(1)当 $k \neq -1$ 且 $k \neq 4$ 时,$r(\bar{\boldsymbol{A}}) = r(\boldsymbol{A}) = 3$,故方程组有唯一解;

(2)当 $k = -1$ 时,$\bar{\boldsymbol{A}} \to \begin{pmatrix} 1 & 1 & -1 & 4 \\ 0 & 2 & -3 & 8 \\ 0 & 0 & 0 & 5 \end{pmatrix}$,因 $r(\bar{\boldsymbol{A}}) \neq r(\boldsymbol{A})$,故方程组无解;

(3)当 $k = 4$ 时,$\bar{\boldsymbol{A}} \to \begin{pmatrix} 1 & 1 & 4 & 4 \\ 0 & 1 & 1 & 4 \\ 0 & 0 & 0 & 0 \end{pmatrix}$,因 $r(\bar{\boldsymbol{A}}) = r(\boldsymbol{A}) = 2 < 3$,故方程组有无穷多组解.

① 齐次线性方程组的阶梯形矩阵为 $\begin{pmatrix} 1 & 1 & 4 \\ 0 & 1 & 1 \\ 0 & 0 & 0 \end{pmatrix}$,自由变量为 x_3,对应的方程组为

$$\begin{cases} x_1 + x_2 + 4x_3 = 0, \\ x_2 + x_3 = 0, \end{cases}$$

取 $x_3 = 1$,得到基础解系为 $\boldsymbol{\eta}_1 = \begin{pmatrix} -3 \\ -1 \\ 1 \end{pmatrix}$,所以齐次的通解为 $\boldsymbol{\eta} = c\boldsymbol{\eta}_1$,其中 c 是任意常数.

② 非齐次线性方程组的阶梯形矩阵为 $\begin{pmatrix} 1 & 1 & 4 & \vdots & 4 \\ 0 & 1 & 1 & \vdots & 4 \\ 0 & 0 & 0 & \vdots & 0 \end{pmatrix}$，还原成为方程组为

$$\begin{cases} x_1 + x_2 + 4x_3 = 4, \\ \quad\quad x_2 + x_3 = 4, \end{cases}$$

取自由变量 $x_3 = 0$，得到非齐次的特解 $\boldsymbol{\xi}_0 = \begin{pmatrix} 0 \\ 4 \\ 0 \end{pmatrix}$.

所以非齐次方程组的通解为

$$\boldsymbol{x} = \begin{pmatrix} 0 \\ 4 \\ 0 \end{pmatrix} + c\begin{pmatrix} -3 \\ -1 \\ 1 \end{pmatrix} \quad (c \text{ 是任意常数}).$$

注　对于含参数的方程组的求解，首先需要确定参数的范围，这往往借助于消元法实现，但在具体的讨论过程中，往往会漏解. 因此，如果系数阵是方阵，也可以通过克拉默法则得到参数的取值. 例如，例 4 中 k 的范围也可以这样得到：

$$|\boldsymbol{A}| = \begin{vmatrix} 1 & 1 & k \\ -1 & k & 1 \\ 1 & -1 & 2 \end{vmatrix} = (k+1)(4-k),$$

令 $|\boldsymbol{A}| = 0$ 得到 k 的范围.

例 5　设四个未知数的非齐次线性方程组的系数矩阵的秩为 3，已知 $\boldsymbol{\eta}_1, \boldsymbol{\eta}_2, \boldsymbol{\eta}_3$ 是它的三个解向量，且 $\boldsymbol{\eta}_1 = (2, 3, 4, 5)^{\mathrm{T}}$，$\boldsymbol{\eta}_2 + \boldsymbol{\eta}_3 = (1, 2, 3, 4)^{\mathrm{T}}$，求该方程组的全部解.

解　要求非齐次线性方程组的全部解，只需求出它的一个特解和对应齐次方程组的一个基础解系即可. 由条件，$\boldsymbol{\eta}_1$ 即为非齐次方程的一个特解，下面求齐次方程组的一个基础解系.

因为系数矩阵的秩为 3，因此齐次方程组的基础解系包含 $4-3=1$ 个解向量. 由于 $\boldsymbol{\eta}_1, \boldsymbol{\eta}_2, \boldsymbol{\eta}_3$ 为非齐次方程组的解，则 $\boldsymbol{\xi} = \dfrac{1}{2}(\boldsymbol{\eta}_2 + \boldsymbol{\eta}_3)$ 是非齐次的一个解. 所以

$$\boldsymbol{\eta}_1 - \boldsymbol{\xi} = (2, 3, 4, 5)^{\mathrm{T}} - \left(\frac{1}{2}, 1, \frac{3}{2}, 2\right)^{\mathrm{T}} = \left(\frac{3}{2}, 2, \frac{5}{2}, 3\right)^{\mathrm{T}}$$

为导出组的一个基础解系，从而原方程组的全部解为

$$(2, 3, 4, 5)^{\mathrm{T}} + k(3, 4, 5, 6)^{\mathrm{T}},$$

其中 k 为任意常数.

习 题 三

（A）

1. 用高斯消元法解下列方程组：

(1) $\begin{cases} 4x_1 + 2x_2 - x_3 = 2, \\ 3x_1 - 2x_2 + 2x_3 = 10, \\ 11x_1 + x_2 = 8; \end{cases}$ (2) $\begin{cases} 2x_1 + 3x_2 + x_3 = 4, \\ x_1 - 2x_2 + 4x_3 = -5, \\ 3x_1 + 8x_2 - 2x_3 = 13, \\ 4x_1 - x_2 + 9x_3 = -16; \end{cases}$

(3) $\begin{cases} x_1 + 5x_2 - x_3 - x_4 = -1, \\ x_1 - 2x_2 + x_3 + 3x_4 = 3, \\ 3x_1 + 8x_2 - x_3 + x_4 = 1, \\ x_1 - 9x_2 + 3x_3 + 7x_4 = 7; \end{cases}$ (4) $\begin{cases} 2x_1 + x_2 - x_3 + x_4 = 1, \\ 4x_1 + 2x_2 - 2x_3 + x_4 = 2, \\ 2x_1 + x_2 - x_3 - x_4 = 1. \end{cases}$

2. 已知向量 $\boldsymbol{\alpha}_1 = (4, 5, -5, 3)$，$\boldsymbol{\alpha}_2 = (10, 1, 5, 10)$，$\boldsymbol{\alpha}_3 = (4, 1, -1, 1)$，如果 $3(\boldsymbol{\alpha}_1 - \boldsymbol{\alpha}) + 2(\boldsymbol{\alpha}_2 + \boldsymbol{\alpha}) - 5(\boldsymbol{\alpha}_3 - \boldsymbol{\alpha}) = \boldsymbol{0}$，求 $\boldsymbol{\alpha}$.

3. 判断向量 $\boldsymbol{\beta}$ 能否被向量组 $\boldsymbol{\alpha}_1$，$\boldsymbol{\alpha}_2$，$\boldsymbol{\alpha}_3$ 线性表示，若能，写出它的一种表示式：

(1) $\boldsymbol{\alpha}_1 = (-1, 3, 0, -5)^{\mathrm{T}}$，$\boldsymbol{\alpha}_2 = (2, 0, 7, -3)^{\mathrm{T}}$，$\boldsymbol{\alpha}_3 = (-4, 1, -2, -6)^{\mathrm{T}}$，$\boldsymbol{\beta} = (8, 3, -1, -25)^{\mathrm{T}}$；

(2) $\boldsymbol{\alpha}_1 = (3, -5, 2, -4)^{\mathrm{T}}$，$\boldsymbol{\alpha}_2 = (-1, 7, -3, 6)^{\mathrm{T}}$，$\boldsymbol{\alpha}_3 = (3, 11, -5, 10)^{\mathrm{T}}$，$\boldsymbol{\beta} = (2, -30, 13, -26)^{\mathrm{T}}$；

(3) $\boldsymbol{\alpha}_1 = (1, 1, 1, 1)^{\mathrm{T}}$，$\boldsymbol{\alpha}_2 = (1, 1, -1, -1)^{\mathrm{T}}$，$\boldsymbol{\alpha}_3 = (1, -1, 1, -1)^{\mathrm{T}}$，$\boldsymbol{\alpha}_4 = (1, -1, -1, 1)^{\mathrm{T}}$，$\boldsymbol{\beta} = (1, 2, 1, 1)^{\mathrm{T}}$.

4. 已知 $\boldsymbol{\alpha}_1 = (1, 2, 1)^{\mathrm{T}}$，$\boldsymbol{\alpha}_2 = (1, 1, 2)^{\mathrm{T}}$，$\boldsymbol{\alpha}_3 = (1, -1, 4)^{\mathrm{T}}$，$\boldsymbol{\beta} = (1, 0, a)^{\mathrm{T}}$，问 a 为何值时，(1) $\boldsymbol{\beta}$ 不能由 $\boldsymbol{\alpha}_1$，$\boldsymbol{\alpha}_2$，$\boldsymbol{\alpha}_3$ 线性表出；(2) $\boldsymbol{\beta}$ 可由 $\boldsymbol{\alpha}_1$，$\boldsymbol{\alpha}_2$，$\boldsymbol{\alpha}_3$ 线性表出，并写出线性表达式.

5. 证明：任意一个三维向量 $\boldsymbol{\alpha} = (a_1, a_2, a_3)^{\mathrm{T}}$ 都可被向量组 $\boldsymbol{\alpha}_1 = (1, 0, 0)^{\mathrm{T}}$，$\boldsymbol{\alpha}_2 = (1, 1, 0)^{\mathrm{T}}$，$\boldsymbol{\alpha}_3 = (1, 1, 1)^{\mathrm{T}}$ 线性表示，并且表示式唯一，写出这种表示式.

6. 设 $\boldsymbol{\beta}_1 = \boldsymbol{\alpha}_1 + \boldsymbol{\alpha}_2$，$\boldsymbol{\beta}_2 = \boldsymbol{\alpha}_2 + \boldsymbol{\alpha}_3$，$\boldsymbol{\beta}_3 = \boldsymbol{\alpha}_3 + \boldsymbol{\alpha}_4$，$\boldsymbol{\beta}_4 = \boldsymbol{\alpha}_4 + \boldsymbol{\alpha}_1$，证明：$\boldsymbol{\beta}_1$，$\boldsymbol{\beta}_2$，$\boldsymbol{\beta}_3$，$\boldsymbol{\beta}_4$ 线性相关.

7. 设向量组 $\boldsymbol{\alpha}_1$，$\boldsymbol{\alpha}_2$，$\boldsymbol{\alpha}_3$ 线性无关，问当常数 l, m 满足什么条件时，向量组 $l\boldsymbol{\alpha}_2 - \boldsymbol{\alpha}_1$，$m\boldsymbol{\alpha}_3 - \boldsymbol{\alpha}_2$，$\boldsymbol{\alpha}_1 - \boldsymbol{\alpha}_3$ 也线性无关.

8. 设 $\boldsymbol{\alpha}_1$，$\boldsymbol{\alpha}_2$，$\boldsymbol{\alpha}_3$ 线性无关，而 $\boldsymbol{\alpha}_2$，$\boldsymbol{\alpha}_3$，$\boldsymbol{\alpha}_4$ 线性相关，问：(1) $\boldsymbol{\alpha}_4$ 能被 $\boldsymbol{\alpha}_1$，$\boldsymbol{\alpha}_2$，$\boldsymbol{\alpha}_3$ 线性表出吗？(2) $\boldsymbol{\alpha}_1$ 能被 $\boldsymbol{\alpha}_2$，$\boldsymbol{\alpha}_3$，$\boldsymbol{\alpha}_4$ 线性表出吗？证明你的结论.

9.设向量 $\boldsymbol{\beta}$ 可由向量组 $\boldsymbol{\alpha}_1$，$\boldsymbol{\alpha}_2$，$\cdots$，$\boldsymbol{\alpha}_m$ 线性表出,但不能由 $\boldsymbol{\alpha}_1$，$\boldsymbol{\alpha}_2$，$\cdots$，$\boldsymbol{\alpha}_{m-1}$ 线性表出,证明 $\boldsymbol{\alpha}_m$ 可由 $\boldsymbol{\alpha}_1$，$\boldsymbol{\alpha}_2$，$\cdots$，$\boldsymbol{\alpha}_{m-1}$，$\boldsymbol{\beta}$ 线性表出.

10.设向量组 $\boldsymbol{\alpha}_1$，$\boldsymbol{\alpha}_2$，$\cdots$，$\boldsymbol{\alpha}_t$（ $t > 2$ ）线性无关,试证向量组

$$\boldsymbol{\beta}_1 = \boldsymbol{\alpha}_2 + \boldsymbol{\alpha}_3 + \cdots + \boldsymbol{\alpha}_{t-1} + \boldsymbol{\alpha}_t,$$
$$\boldsymbol{\beta}_2 = \boldsymbol{\alpha}_1 + \boldsymbol{\alpha}_3 + \cdots + \boldsymbol{\alpha}_{t-1} + \boldsymbol{\alpha}_t,$$
$$\cdots\cdots$$
$$\boldsymbol{\beta}_t = \boldsymbol{\alpha}_1 + \boldsymbol{\alpha}_2 + \cdots + \boldsymbol{\alpha}_{t-1},$$

也线性无关.

11.求下列向量组的一个极大无关组及秩,并把其余向量用极大无关组线性表出:

(1) $\boldsymbol{\alpha}_1 = (2,1,3,-1)^{\mathrm{T}}$，$\boldsymbol{\alpha}_2 = (3,-1,2,0)^{\mathrm{T}}$，$\boldsymbol{\alpha}_3 = (1,3,4,-2)^{\mathrm{T}}$，$\boldsymbol{\alpha}_4 = (4,-3,1,1)^{\mathrm{T}}$；

(2) $\boldsymbol{\alpha}_1 = (1,1,1,1)^{\mathrm{T}}$，$\boldsymbol{\alpha}_2 = (1,1,-1,-1)^{\mathrm{T}}$，$\boldsymbol{\alpha}_3 = (1,-1,-1,1)^{\mathrm{T}}$，$\boldsymbol{\alpha}_4 = (-1,-1,1,1)^{\mathrm{T}}$；

(3) $\boldsymbol{\alpha}_1 = (1,-1,2,4)^{\mathrm{T}}$，$\boldsymbol{\alpha}_2 = (0,3,1,2)^{\mathrm{T}}$，$\boldsymbol{\alpha}_3 = (3,0,7,14)^{\mathrm{T}}$，$\boldsymbol{\alpha}_4 = (2,1,5,6)^{\mathrm{T}}$，$\boldsymbol{\alpha}_5 = (1,-1,2,0)^{\mathrm{T}}$.

12.已知向量组 $\boldsymbol{\alpha}_1 = (1,-1,0,5)^{\mathrm{T}}$，$\boldsymbol{\alpha}_2 = (2,0,1,4)^{\mathrm{T}}$，$\boldsymbol{\alpha}_3 = (3,1,2,3)^{\mathrm{T}}$，$\boldsymbol{\alpha}_4 = (4,2,3,a)^{\mathrm{T}}$，其中 a 是参数.求该向量组的秩与一个极大线性无关组,并将其余向量用该极大线性无关组线性表示.

13.已知向量组（Ⅰ）$\boldsymbol{\alpha}_1$，$\boldsymbol{\alpha}_2$，$\boldsymbol{\alpha}_3$,向量组（Ⅱ）$\boldsymbol{\alpha}_1$，$\boldsymbol{\alpha}_2$，$\boldsymbol{\alpha}_3$，$\boldsymbol{\alpha}_4$ 和向量组（Ⅲ）$\boldsymbol{\alpha}_1$，$\boldsymbol{\alpha}_2$，$\boldsymbol{\alpha}_3$，$\boldsymbol{\alpha}_5$,如果各向量组的秩分别为 $r(Ⅰ) = r(Ⅱ) = 3$，$r(Ⅲ) = 4$,试证:向量组 $\boldsymbol{\alpha}_1$，$\boldsymbol{\alpha}_2$，$\boldsymbol{\alpha}_3$，$\boldsymbol{\alpha}_5 - \boldsymbol{\alpha}_4$ 的秩为 4.

14.设向量组（Ⅰ）与向量组（Ⅱ）有相同的秩,且（Ⅰ）可以由（Ⅱ）线性表示,求证这两个向量组等价.

15.设 $\boldsymbol{A}$ 是 $n \times m$ 矩阵,$\boldsymbol{B}$ 是 $m \times n$ 矩阵,其中 $n < m$，$\boldsymbol{E}$ 是 n 阶单位矩阵,若 $\boldsymbol{AB} = \boldsymbol{E}$,证明 $\boldsymbol{B}$ 的列向量组线性无关.

16.如果 n 阶方阵满足 $\boldsymbol{A}^2 = \boldsymbol{E}$,求证: $r(\boldsymbol{A} + \boldsymbol{E}) + r(\boldsymbol{A} - \boldsymbol{E}) = n$.

17.设 $\boldsymbol{A}$ 是 n 阶矩阵,且 $\boldsymbol{A} = \boldsymbol{A}^2$,试证 $r(\boldsymbol{A}) + r(\boldsymbol{A} - \boldsymbol{E}) = n$.

18.设 $\boldsymbol{A}^*$ 是 n 阶方阵 $\boldsymbol{A}$ 的伴随矩阵,证明:

$$r(\boldsymbol{A}^*) = \begin{cases} n, & \text{当 } r(\boldsymbol{A}) = n, \\ 1, & \text{当 } r(\boldsymbol{A}) = n-1, \\ 0, & \text{当 } r(\boldsymbol{A}) < n-1. \end{cases}$$

19.设 $\boldsymbol{a}_1$，$\boldsymbol{a}_2$，$\cdots$，$\boldsymbol{a}_k$ 是一组 n 维向量,其秩为 r;又 $\boldsymbol{b}_1$，$\boldsymbol{b}_2$，$\cdots$，$\boldsymbol{b}_l$ 是另一组 n 维向量,其秩为 s,证明:向量组 $\{\boldsymbol{a}_i + \boldsymbol{b}_j \mid i = 1, 2, \cdots, k, ; j = 1, 2, \cdots, l\}$ 的秩不超过

$min\{r+s, n\}$.

20.设 A, B 皆为 n 阶方阵,且 $r(A)=r_1$, $r(B)=r_2$,试证:
$$r(AB) \geqslant r_1+r_2-n.$$

21.证明:$\boldsymbol{\alpha}_1=(1,1,1,1)^T$, $\boldsymbol{\alpha}_2=(1,1,-1,-1)^T$, $\boldsymbol{\alpha}_3=(1,-1,1,-1)^T$, $\boldsymbol{\alpha}_4=(1,-1,-1,1)^T$ 是 $\mathbf{R}^4$ 的一组基,且写出 $\boldsymbol{\beta}=(1,2,1,1)^T$ 在该组基下的坐标.

22.设 $\boldsymbol{\xi}_1$, $\boldsymbol{\xi}_2$, $\boldsymbol{\xi}_3$ 是一组基,试写出:

(1)基 $\boldsymbol{\xi}_1$, $\boldsymbol{\xi}_2$, $\boldsymbol{\xi}_3$ 到 $\boldsymbol{\xi}_2$, $\boldsymbol{\xi}_1$, $\boldsymbol{\xi}_3$ 的过渡阵;

(2)基 $\boldsymbol{\xi}_1$, $\boldsymbol{\xi}_2$, $\boldsymbol{\xi}_3$ 到 $\boldsymbol{\xi}_1$, $\boldsymbol{\xi}_1+\boldsymbol{\xi}_2$, $\boldsymbol{\xi}_1+\boldsymbol{\xi}_2+\boldsymbol{\xi}_3$ 的过渡阵.

23.设 $\mathbf{R}^3$ 中基 $\boldsymbol{\alpha}_1$, $\boldsymbol{\alpha}_2$, $\boldsymbol{\alpha}_3$ 到基 $\boldsymbol{\beta}_1$, $\boldsymbol{\beta}_2$, $\boldsymbol{\beta}_3$ 的过渡阵为

$$A=\begin{bmatrix} 1 & 1 & -1 \\ -1 & 1 & 1 \\ 1 & -1 & 1 \end{bmatrix},$$

如果

(1)$\boldsymbol{\alpha}_1=(1,0,0)^T$, $\boldsymbol{\alpha}_2=(1,1,0)^T$, $\boldsymbol{\alpha}_3=(1,1,1)^T$,求基 $\boldsymbol{\beta}_1$, $\boldsymbol{\beta}_2$, $\boldsymbol{\beta}_3$;

(2)$\boldsymbol{\beta}_1=(0,1,1)^T$, $\boldsymbol{\beta}_2=(1,0,2)^T$, $\boldsymbol{\beta}_3=(2,1,0)^T$,求基 $\boldsymbol{\alpha}_1$, $\boldsymbol{\alpha}_2$, $\boldsymbol{\alpha}_3$.

24.已知 $\mathbf{R}^3$ 的两组基为:$\boldsymbol{\alpha}_1=(1,2,1)^T$, $\boldsymbol{\alpha}_2=(2,3,3)^T$, $\boldsymbol{\alpha}_3=(3,7,1)^T$; $\boldsymbol{\beta}_1=(3,1,4)^T$, $\boldsymbol{\beta}_2=(5,2,1)^T$, $\boldsymbol{\beta}_3=(1,1,-6)^T$.求:

(1)向量 $\boldsymbol{\gamma}=(3,6,2)^T$ 在基 $\boldsymbol{\alpha}_1$, $\boldsymbol{\alpha}_2$, $\boldsymbol{\alpha}_3$ 下的坐标;

(2)基 $\boldsymbol{\alpha}_1$, $\boldsymbol{\alpha}_2$, $\boldsymbol{\alpha}_3$ 到基 $\boldsymbol{\beta}_1$, $\boldsymbol{\beta}_2$, $\boldsymbol{\beta}_3$ 的过渡矩阵;

(3)求 $\boldsymbol{\gamma}$ 在基 $\boldsymbol{\beta}_1$, $\boldsymbol{\beta}_2$, $\boldsymbol{\beta}_3$ 下的坐标.

25.在 $\mathbf{R}^4$ 中找一个向量 $\boldsymbol{\gamma}$,它在自然基 $\boldsymbol{\varepsilon}_1$, $\boldsymbol{\varepsilon}_2$, $\boldsymbol{\varepsilon}_3$, $\boldsymbol{\varepsilon}_4$ 和基 $\boldsymbol{\beta}_1=(2,1,-1,1)^T$, $\boldsymbol{\beta}_2=(0,3,1,0)^T$, $\boldsymbol{\beta}_3=(5,3,2,1)^T$, $\boldsymbol{\beta}_4=(6,6,1,3)^T$ 下有相同的坐标.

26.在 $\mathbf{R}^n$ 中,对任一个向量 $\boldsymbol{\alpha}$,设 $\boldsymbol{\alpha}$ 在基 $\boldsymbol{\alpha}_1$, $\boldsymbol{\alpha}_2$, $\cdots$, $\boldsymbol{\alpha}_n$ 下的坐标为 $\boldsymbol{x}=(x_1, x_2, \cdots, x_n)^T$,在基 $\boldsymbol{\beta}_1$, $\boldsymbol{\beta}_2$, $\cdots$, $\boldsymbol{\beta}_n$ 下的坐标为 $\boldsymbol{y}=(y_1, y_2, \cdots, y_n)^T$,且有下面的表达式成立

$$\begin{cases} y_1 = x_1, \\ y_2 = x_2-x_1, \\ y_3 = x_3-x_2, \\ \qquad \cdots\cdots \\ y_n = x_n-x_{n-1}, \end{cases}$$

求 $\boldsymbol{\alpha}_1$, $\boldsymbol{\alpha}_2$, $\cdots$, $\boldsymbol{\alpha}_n$ 到 $\boldsymbol{\beta}_1$, $\boldsymbol{\beta}_2$, $\cdots$, $\boldsymbol{\beta}_n$ 的过渡阵 A.

27.求下列齐次线性方程组的基础解系,并用此基础解系表示方程组的全部解:

(1)$\begin{cases} 2x_1-4x_2+5x_3+3x_4=0, \\ 3x_1-6x_2+4x_3+2x_4=0, \\ 4x_1-8x_2+17x_3+11x_4=0; \end{cases}$

$$(2)\begin{cases} x_1 + x_2 - x_4 - x_5 = 0, \\ x_1 - x_2 + 2x_3 - x_4 = 0, \\ 4x_1 - 2x_2 + 6x_3 + 3x_4 - 4x_5 = 0, \\ 2x_1 + 4x_2 - 2x_3 + 4x_4 - 7x_5 = 0. \end{cases}$$

28. 求下列线性方程组的全部解,并把它表示成向量形式:

$$(1)\begin{cases} 2x_1 + x_2 - x_3 + x_4 = 1, \\ x_1 + 2x_2 + x_3 - x_4 = 2, \\ x_1 + x_2 + 2x_3 + x_4 = 3; \end{cases}$$

$$(2)\begin{cases} x_1 + x_2 - 3x_4 - x_5 = 2, \\ x_1 - x_2 + 2x_3 - x_4 = 1, \\ 4x_1 - 2x_2 + 6x_3 + 3x_4 - 4x_5 = 8, \\ 2x_1 + 4x_2 - 2x_3 + 4x_4 - 7x_5 = 9. \end{cases}$$

29. 已知 X, Y, Z 是方程组 $\begin{cases} x + z = a, \\ 2x - y + z = b, \\ 7x - 2y + 5z = c \end{cases}$ 的一组解.(1)讨论方程组的解是否唯一;(2)求此方程组的解.

30. 对于线性方程组

$$\begin{cases} x_1 + x_2 + x_3 = 2, \\ x_1 + 2x_2 + ax_3 = -1, \\ 2x_1 + 3x_2 = b, \end{cases}$$

讨论 a, b 取何值时,方程组无解、有唯一解和无穷多解,并在方程组有无穷多解时,求出通解.

31. 向量组

$$\boldsymbol{\alpha}_1 = \begin{bmatrix} -2 \\ 1 \\ 1 \end{bmatrix}, \boldsymbol{\alpha}_2 = \begin{bmatrix} 1 \\ -2 \\ 1 \end{bmatrix}, \boldsymbol{\alpha}_3 = \begin{bmatrix} 1 \\ 1 \\ a \end{bmatrix}, \boldsymbol{\beta} = \begin{bmatrix} 0 \\ 3 \\ b \end{bmatrix},$$

当 a, b 为何值时,向量 $\boldsymbol{\beta}$ 能由向量组 $\boldsymbol{\alpha}_1, \boldsymbol{\alpha}_2, \boldsymbol{\alpha}_3$ 线性表示;当表达式不唯一时,求其一般表示式.

32. 设线性方程组

$$\begin{cases} x_1 - x_2 + 2x_3 + x_4 = 1, \\ 2x_1 - x_2 + x_3 + 2x_4 = 3, \\ x_1 - x_3 + x_4 = 2, \\ 3x_1 - x_2 + 3x_4 = 5. \end{cases}$$

（Ⅰ）求方程组的通解；

（Ⅱ）求方程组满足条件 $x_1 = x_2$ 的全部解.

33. 设 $A = \begin{pmatrix} 1 & 2 & 1 \\ 1 & a+2 & a+1 \\ -1 & a-2 & 2a-3 \end{pmatrix}$，若存在 3 阶非零矩阵 B，使 $AB = O$.

（Ⅰ）求 a 的值；

（Ⅱ）求方程组 $AX = O$ 的通解.

34. 设 $A = \begin{pmatrix} a & 1 & 1 \\ 0 & a-1 & 0 \\ 1 & 1 & a \end{pmatrix}$，$\boldsymbol{\beta} = \begin{pmatrix} -2 \\ 1 \\ 1 \end{pmatrix}$，已知线性方程组 $A\boldsymbol{x} = \boldsymbol{\beta}$ 有 2 个不同的解，求 a

的值和方程组 $A\boldsymbol{x} = \boldsymbol{\beta}$ 的通解.

35. 设矩阵 $A = \begin{pmatrix} 1 & -1 & -1 \\ -1 & 2 & 3 \\ 0 & 1 & 2 \\ 0 & -1 & 1 \end{pmatrix}$，$B = \begin{pmatrix} 0 & -2 \\ 1 & 6 \\ 1 & a \\ -1 & 5 \end{pmatrix}$. 当 a 取何值时，存在矩阵 X 使得

$AX = B$，并求出矩阵 X.

36. 已知 $A(1, 1)$，$B(2, 2)$，$C(a, 1)$ 为坐标平面 xOy 上的点，其中 a 为参数，问是否存在经过点 A，B，C 的曲线 $y = k_1 x + k_2 x^2 + k_3 x^3$？如果存在，求出曲线方程.

37. 设 A 是 $m \times n$ 矩阵，又 $\boldsymbol{x} = (x_1, x_2, \cdots, x_n)^{\mathrm{T}}$，$\boldsymbol{b} = (b_1, b_2, \cdots, b_n)^{\mathrm{T}}$，试证：$A^{\mathrm{T}} A \boldsymbol{x} = A^{\mathrm{T}} \boldsymbol{b}$ 一定有解.

38. 设 n 个未知数的非齐次线性方程组 $A\boldsymbol{x} = \boldsymbol{b}$ 的系数矩阵的秩为 r，又设 $\boldsymbol{\eta}_1$，$\boldsymbol{\eta}_2$，$\cdots$，$\boldsymbol{\eta}_{n-r+1}$ 是其 $n-r+1$ 个线性无关的解向量，试证它的任一解 $\boldsymbol{\eta}$ 可表示为

$$\boldsymbol{\eta} = k_1 \boldsymbol{\eta}_1 + k_2 \boldsymbol{\eta}_2 + \cdots + k_{n-r+1} \boldsymbol{\eta}_{n-r+1},$$

其中 $k_1 + k_2 + \cdots + k_{n-r+1} = 1$.

39. 设矩阵 $A = (\boldsymbol{\alpha}_1, \boldsymbol{\alpha}_2, \cdots, \boldsymbol{\alpha}_n)$，且 $r(A) = n$，若矩阵 B 的 n 个列向量为 $\boldsymbol{\alpha}_1 + \boldsymbol{\alpha}_2$，$\boldsymbol{\alpha}_2 + \boldsymbol{\alpha}_3$，$\cdots$，$\boldsymbol{\alpha}_{n-1} + \boldsymbol{\alpha}_n$，$\boldsymbol{\alpha}_n + \boldsymbol{\alpha}_1$，问线性方程组 $B\boldsymbol{x} = \boldsymbol{0}$ 是否有非零解？

40. 已知四阶方阵 $A = (\boldsymbol{\alpha}_1, \boldsymbol{\alpha}_2, \boldsymbol{\alpha}_3, \boldsymbol{\alpha}_4)$，$\boldsymbol{\alpha}_1$，$\boldsymbol{\alpha}_2$，$\boldsymbol{\alpha}_3$，$\boldsymbol{\alpha}_4$ 均为四维列向量，其中 $\boldsymbol{\alpha}_2$，$\boldsymbol{\alpha}_3$，$\boldsymbol{\alpha}_4$ 线性无关，$\boldsymbol{\alpha}_1 = 2\boldsymbol{\alpha}_2 - \boldsymbol{\alpha}_3$. 如果 $\boldsymbol{\beta} = \boldsymbol{\alpha}_1 + \boldsymbol{\alpha}_2 + \boldsymbol{\alpha}_3 + \boldsymbol{\alpha}_4$，求线性方程组 $A\boldsymbol{x} = \boldsymbol{\beta}$ 的通解.

41. 已知三阶的实数矩阵 $A = (a_{ij})_{3 \times 3}$ 满足条件：$(1) a_{ij} = A_{ij}$，这里 $i, j = 1, 2, 3$，A_{ij} 是 A 的代数余子式；$(2) a_{33} = -1$. 试求：（Ⅰ）$|A|$ 的值；（Ⅱ）求解线性方程组 $A\boldsymbol{x} = \boldsymbol{b}$，其中 $\boldsymbol{x} = (x_1, x_2, x_3)^{\mathrm{T}}$，$\boldsymbol{b} = (0, 0, 1)^{\mathrm{T}}$.

42. 设矩阵 A 的 n 个列向量为 $\boldsymbol{a}_i = (a_{1i}, a_{2i}, a_{mi})^{\mathrm{T}} (i = 1, 2, \cdots, n)$，$n$ 阶矩阵 B 的 n 个列向量为 $\boldsymbol{\alpha}_1 + \boldsymbol{\alpha}_2$，$\boldsymbol{\alpha}_2 + \boldsymbol{\alpha}_3$，$\cdots$，$\boldsymbol{\alpha}_{n-1} + \boldsymbol{\alpha}_n$，$\boldsymbol{\alpha}_n + \boldsymbol{\alpha}_1$. 试问：当 A 的秩 $rA = n$ 时，线性齐次方程

组 $Bx=0$ 是否有非零解？证明你的结论.

（B）

一、填空题

1. 若方程组 $\begin{pmatrix} 1 & 2 & 1 \\ 1 & 1 & a+1 \\ 0 & 3 & 3 \end{pmatrix}\begin{pmatrix} x_1 \\ x_2 \\ x_3 \end{pmatrix}=\begin{pmatrix} 0 \\ 0 \\ 0 \end{pmatrix}$ 有非零解,则 $a=$ _____.

2. 若线性方程组 $\begin{cases} x_1+x_2=-a_1, \\ x_2+x_3=a_2, \\ x_3+x_4=-a_3, \\ x_4+x_1=a_4 \end{cases}$ 有解,则常数 a_1,a_2,a_3,a_4 应满足条件_____.

3. 设向量组 $\boldsymbol{\alpha}=(1,0,1)^{\mathrm{T}},\boldsymbol{\beta}=(2,k,-1)^{\mathrm{T}},\boldsymbol{\gamma}=(-1,1,-4)^{\mathrm{T}}$ 线性相关,则 $k=$ _____.

4. 设三阶矩阵 $\boldsymbol{A}=\begin{pmatrix} 1 & 2 & -2 \\ 2 & 1 & 2 \\ 3 & 0 & 4 \end{pmatrix}$,三维列向量 $\boldsymbol{\alpha}=(a,1,1)^{\mathrm{T}}$.已知 $\boldsymbol{A\alpha}$ 与 $\boldsymbol{\alpha}$ 线性相关,则 $a=$ _____.

5. 已知向量组 $\boldsymbol{\alpha}_1=(1,2,-1,1),\boldsymbol{\alpha}_2=(2,0,t,0),\boldsymbol{\alpha}_3=(0,-4,5,-2)$ 的秩为 2,则 $t=$ _____.

6. 已知 $\boldsymbol{A}=\begin{pmatrix} 1 & 2 & -2 \\ 4 & t & 3 \\ 3 & -1 & 1 \end{pmatrix}$,$\boldsymbol{B}$ 为三阶矩阵且 $r(\boldsymbol{B})=1$,若 $\boldsymbol{AB=O}$,则 $t=$ _____.

7. 已知三维线性空间的一组基底为 $\boldsymbol{\alpha}_1=(1,1,0),\boldsymbol{\alpha}_2=(1,0,1),\boldsymbol{\alpha}_3=(0,1,1)$,则向量 $\boldsymbol{u}=(2,0,0)$ 在上述基底下的坐标是_____.

8. 从 $\boldsymbol{R}^2$ 的基 $\boldsymbol{\alpha}_1=\begin{pmatrix} 1 \\ 0 \end{pmatrix},\boldsymbol{\alpha}_2=\begin{pmatrix} 1 \\ -1 \end{pmatrix}$ 到基 $\boldsymbol{\beta}_1=\begin{pmatrix} 1 \\ 1 \end{pmatrix},\boldsymbol{\beta}_2=\begin{pmatrix} 1 \\ 2 \end{pmatrix}$ 的过渡矩阵为_____.

9. 设 $\boldsymbol{\alpha}_1=(1,2,-1,0)^{\mathrm{T}},\boldsymbol{\alpha}_2=(1,1,0,2)^{\mathrm{T}},\boldsymbol{\alpha}_3=(2,1,1,a)^{\mathrm{T}}$.若由 $\boldsymbol{\alpha}_1,\boldsymbol{\alpha}_2,\boldsymbol{\alpha}_3$ 生成的向量空间的维数为 2,则 $a=$ _____.

10. 设 $\boldsymbol{\eta}_1,\boldsymbol{\eta}_2,\cdots,\boldsymbol{\eta}_t$ 及 $\lambda_1\boldsymbol{\eta}_1+\lambda_2\boldsymbol{\eta}_2+\cdots+\lambda_t\boldsymbol{\eta}_t$ 都是非齐次线性方程组 $\boldsymbol{Ax=b}$ 的解向量,则 $\lambda_1+\lambda_2+\cdots+\lambda_t=$ _____.

11. 设 $\boldsymbol{A}$ 是 4×3 矩阵,$r(\boldsymbol{A})=2$,已知 $\boldsymbol{\eta}_1,\boldsymbol{\eta}_2,\boldsymbol{\eta}_3$ 是 $\boldsymbol{Ax=b}$ 的三个解,且满足 $\boldsymbol{\eta}_1+\boldsymbol{\eta}_2=(1,2,1)^{\mathrm{T}},\boldsymbol{\eta}_2+\boldsymbol{\eta}_3=(0,1,2)^{\mathrm{T}}$,则该方程组的通解 $\boldsymbol{x}=$ _____.

12. 设 $\boldsymbol{A}=(a_{ij})_{3\times 3}$ 是实矩阵,且满足 $\boldsymbol{A}^{\mathrm{T}}\boldsymbol{A=E},a_{11}=1,\boldsymbol{b}=(1,0,0)^{\mathrm{T}}$,则线性方程组

$Ax = b$ 的解是_____.

13.设 n 阶矩阵 A 的各行元素之和均为零,且 A 的秩为 $n-1$,则线性方程组 $Ax = 0$ 的通解为_____.

二、选择题

1.设向量组 Ⅰ:$\boldsymbol{\alpha}_1, \boldsymbol{\alpha}_2, \cdots, \boldsymbol{\alpha}_m$,其秩为 r;向量组 Ⅱ:$\boldsymbol{\alpha}_1, \boldsymbol{\alpha}_2, \cdots, \boldsymbol{\alpha}_m, \boldsymbol{\beta}$,其秩为 s. 则 $r = s$ 是向量组 Ⅰ 与向量组 Ⅱ 等价的(   ).

(A)充分非必要条件   (B)必要非充分条件

(C)充分必要条件   (D)既非充分也非必要条件

2.设向量组 $\boldsymbol{\alpha}_1, \boldsymbol{\alpha}_2, \boldsymbol{\alpha}_3$ 与向量组 $\boldsymbol{\alpha}_1, \boldsymbol{\alpha}_2$ 等价,则(   ).

(A)$\boldsymbol{\alpha}_1, \boldsymbol{\alpha}_2$ 线性相关   (B)$\boldsymbol{\alpha}_1, \boldsymbol{\alpha}_2$ 线性无关

(C)$\boldsymbol{\alpha}_1, \boldsymbol{\alpha}_2, \boldsymbol{\alpha}_3$ 线性相关   (D)$\boldsymbol{\alpha}_1, \boldsymbol{\alpha}_2, \boldsymbol{\alpha}_3$ 线性无关

3.设向量组 $\boldsymbol{\alpha}_1, \boldsymbol{\alpha}_2, \boldsymbol{\alpha}_3$ 线性无关,则下列向量组中线性无关的是(   ).

(A)$\boldsymbol{\alpha}_1 - \boldsymbol{\alpha}_2, \boldsymbol{\alpha}_2 - \boldsymbol{\alpha}_3, \boldsymbol{\alpha}_3 - \boldsymbol{\alpha}_1$ (B)$\boldsymbol{\alpha}_1 + \boldsymbol{\alpha}_2, \boldsymbol{\alpha}_2 - \boldsymbol{\alpha}_3, \boldsymbol{\alpha}_3 + \boldsymbol{\alpha}_1$

(C)$\boldsymbol{\alpha}_1 + \boldsymbol{\alpha}_2, \boldsymbol{\alpha}_2 + \boldsymbol{\alpha}_3, \boldsymbol{\alpha}_3 + \boldsymbol{\alpha}_1$ (D)$\boldsymbol{\alpha}_1 - \boldsymbol{\alpha}_2, \boldsymbol{\alpha}_2 + \boldsymbol{\alpha}_3, \boldsymbol{\alpha}_3 + \boldsymbol{\alpha}_1$

4.n 维向量组 $\boldsymbol{\alpha}_1, \boldsymbol{\alpha}_2, \cdots, \boldsymbol{\alpha}_s (3 \leqslant s \leqslant n)$ 线性无关的充分必要条件是(   ).

(A)存在一组不全为 0 的数 $k_1, k_2, \cdots, k_s$,使 $k_1 \boldsymbol{\alpha}_1 + k_2 \boldsymbol{\alpha}_2 + \cdots + k_s \boldsymbol{\alpha}_s \neq 0$

(B)$\boldsymbol{\alpha}_1, \boldsymbol{\alpha}_2, \cdots, \boldsymbol{\alpha}_s$ 中任意两个向量都线性无关

(C)$\boldsymbol{\alpha}_1, \boldsymbol{\alpha}_2, \cdots, \boldsymbol{\alpha}_s$ 中存在一个向量,它不能用其余向量线性表出

(D)$\boldsymbol{\alpha}_1, \boldsymbol{\alpha}_2, \cdots, \boldsymbol{\alpha}_s$ 中任意一个向量都不能用其余向量线性表出

5.设 A 为 n 阶方阵且 $|A| = 0$,则(   ).

(A)A 中必有两行(列)的元素对应成比例

(B)A 中任意一行(列)向量是其余各行(列)向量的线性组合

(C)A 中必有一行(列)向量是其余各行(列)向量的线性组合

(D)A 中至少有一行(列)的元素全为 0

6. 设向量组 Ⅰ:$\boldsymbol{\alpha}_1, \boldsymbol{\alpha}_2, \cdots, \boldsymbol{\alpha}_r$ 可由向量组 Ⅱ:$\boldsymbol{\beta}_1, \boldsymbol{\beta}_2, \cdots, \boldsymbol{\beta}_s$ 线性表示,则(   ).

(A) 当 $r < s$ 时,向量组 Ⅱ 必线性相关

(B) 当 $r > s$ 时,向量组 Ⅱ 必线性相关

(C) 当 $r < s$ 时,向量组 Ⅰ 必线性相关

(D) 当 $r > s$ 时,向量组 Ⅰ 必线性相关

7. 设 n 元齐次线性方程组 $AX = 0$ 的系数矩阵 A 的秩为 r,则 $AX = 0$ 有非零解的充分必要条件是(   ).

(A) $r = n$ (B) $r < n$

(C) $r \geqslant n$ (D) $r > n$

8. 设 A 为 $m \times n$ 矩阵,齐次线性方程组 $AX = 0$ 仅有零解的充分条件是(   ).

(A)A 的列向量线性无关　　　　(B)A 的列向量线性相关

(C)A 的行向量线性无关　　　　(D)A 的行向量线性相关

9.设 A,B 都是 n 阶非零矩阵,且 $AB=O$,则 A 和 B 的秩(　　).

(A)必有一个等于零　　　　(B)都小于 n

(C)一个小于 n,一个等于 n　　　　(D)都等于 n

10.要使 $\xi_1=\begin{pmatrix}1\\0\\2\end{pmatrix},\xi_2=\begin{pmatrix}0\\1\\-1\end{pmatrix}$ 都是线性方程组 $AX=0$ 的解,只要系数矩阵 A 为(　　).

(A)$(-2,1,1)$　　　　(B)$\begin{pmatrix}2&0&-1\\0&1&1\end{pmatrix}$

(C)$\begin{pmatrix}-1&0&2\\0&1&-1\end{pmatrix}$　　　　(D)$\begin{pmatrix}0&1&-1\\4&-2&-2\\0&1&1\end{pmatrix}$

11. 设 A 是 $m\times n$ 矩阵,$AX=0$ 是非齐次线性方程组 $AX=b$ 所对应的齐次线性方程组,则下列结论正确的是(　　).

(A)若 $AX=0$ 仅有零解,则 $AX=b$ 有唯一解

(B)若 $AX=0$ 有非零解,则 $AX=b$ 有无穷多个解

(C)若 $AX=b$ 有无穷多个解,则 $AX=0$ 仅有零解

(D)若 $AX=b$ 有无穷多个解,则 $AX=0$ 有非零解

12. 非齐次线性方程组 $AX=b$ 中未知量个数为 n,方程个数为 m,系数矩阵 A 的秩为 r,则(　　).

(A)$r=m$ 时,方程组 $AX=b$ 有解

(B)$r=n$ 时,方程组 $AX=b$ 有唯一解

(C)$m=n$ 时,方程组 $AX=b$ 有唯一解

(D)$r<n$ 时,方程组 $AX=b$ 有无穷多解

13. 设 A 是 $m\times n$ 矩阵,B 是 $n\times m$ 矩阵,则线性方程组 $(AB)x=0$(　　).

(A) 当 $n>m$ 时仅有零解　　　　(B) 当 $n>m$ 时必有非零解

(C) 当 $m>n$ 时仅有零解　　　　(D) 当 $m>n$ 时必有非零解

14.设矩阵 $A=\begin{pmatrix}1&-1&0&0\\0&1&-1&0\\0&0&1&-1\\-1&0&0&a\end{pmatrix},\beta=\begin{pmatrix}1\\2\\3\\b\end{pmatrix}$.若线性方程组 $AX=\beta$ 无解,则(　　).

(A)$a=1,b\neq-6$　　　　(B)$a\neq1,b\neq-6$

(C)$a=1,b=-6$ (D)$a\neq1,b=-6$

15. 设 A,B 为 5 阶非零矩阵,且 $AB=O$. (   ).

(A)若 $r(A)=1$,则 $r(B)=4$ (B)若 $r(A)=2$,则 $r(B)=3$

(C)若 $r(A)=3$,则 $r(B)=2$ (D)若 $r(A)=4$,则 $r(B)=1$

16. 设 A 为 4×5 阶矩阵,若 $\alpha_1,\alpha_2,\alpha_3$ 为线性方程组 $A^{\mathrm{T}}x=0$ 的基础解系,则 $r(A)=$
(   ).

(A)4   (B)3   (C)2   (D)1

17. 设 $\alpha_1=\begin{pmatrix}1\\2\\1\end{pmatrix}$, $\alpha_2=\begin{pmatrix}-1\\1\\2\end{pmatrix}$ 可以由 $\beta_1=\begin{pmatrix}1\\0\\a\end{pmatrix}$, $\beta_2=\begin{pmatrix}0\\1\\b\end{pmatrix}$ 线性表示,则(   ).

(A) $a=1,b=1$ (B) $a=1,b=-1$

(C) $a=-1,b=1$ (D) $a=-1,b=-1$

第 4 章 方阵的特征值和特征向量

方阵的特征值和特征向量的理论刻画了方阵的一些本质特征,是线性代数中十分重要的内容,有关结果在几何学、力学、常微分方程动力系统、管理工程及数量经济等领域都有着广泛的应用.

本章主要介绍方阵的特征值、特征向量和矩阵相似的概念及有关理论,讨论矩阵在相似意义下的对角化问题.

§4.1 矩阵的特征值和特征向量

4.1.1 矩阵的特征值与特征向量的概念

很多数学问题的求解,以及工程技术和经济管理的许多定量分析模型中,常常需要寻求数 λ 和非零向量 $\boldsymbol{\alpha}$,使得 $\boldsymbol{A\alpha} = \lambda\boldsymbol{\alpha}$.

例 1(预测问题) 污染与工业发展水平关系的定量分析.

设 x_0 是某地区的污染水平(以空气或河湖水质的某种污染指数为测量单位),y_0 是目前的工业发展水平(以某种工业发展指数为测算单位). 以 5 年为一个发展周期,一个周期后的污染水平和工业发展水平分别记为 x_1 和 y_1. 它们之间的关系是

$$\begin{cases} x_1 = 3x_0 + y_0, \\ y_1 = 2x_0 + 2y_0, \end{cases}$$

写成矩阵形式,就是

$$\begin{bmatrix} x_1 \\ y_1 \end{bmatrix} = \begin{pmatrix} 3 & 1 \\ 2 & 2 \end{pmatrix} \begin{pmatrix} x_0 \\ y_0 \end{pmatrix} \text{ 或 } \boldsymbol{\alpha}_1 = \boldsymbol{A}\boldsymbol{\alpha}_0,$$

其中 $\boldsymbol{\alpha}_1 = \begin{bmatrix} x_1 \\ y_1 \end{bmatrix}, \boldsymbol{\alpha}_0 = \begin{bmatrix} x_0 \\ y_0 \end{bmatrix}, \boldsymbol{A} = \begin{pmatrix} 3 & 1 \\ 2 & 2 \end{pmatrix}$.

如果当前的水平为 $\boldsymbol{\alpha}_0 = \begin{pmatrix} 1 \\ 1 \end{pmatrix}$,则

$$\boldsymbol{\alpha}_1 = \begin{bmatrix} x_1 \\ y_1 \end{bmatrix} = \begin{pmatrix} 3 & 1 \\ 2 & 2 \end{pmatrix} \begin{pmatrix} 1 \\ 1 \end{pmatrix} = 4 \begin{pmatrix} 1 \\ 1 \end{pmatrix} = 4\boldsymbol{\alpha}_0,$$

即 $A\alpha_0 = 4\alpha_0$. 由此可以预测 n 个周期后的污染水平与工业发展水平:

$$\alpha_n = 4\alpha_{n-1} = 4^2\alpha_{n-2} = \cdots = 4^n\alpha_0.$$

上述讨论中,表达式 $A\alpha_0 = 4\alpha_0$ 反映了矩阵 A 作用在向量 α_0 上只改变了常数倍的关系,类似的问题还有很多,我们把具有这种性质的非零向量 α_0 称为矩阵 A 的特征向量,数 4 称为对应于 α_0 的特征值.

定义 4.1 设 A 是 n 阶方阵,如果存在数 λ 以及 n 维非零列向量 α,满足

$$A\alpha = \lambda\alpha , \tag{4-1}$$

则称 λ 为方阵 A 的一个**特征值**,α 为方阵 A 的属于(对应于)特征值 λ 的一个**特征向量**.

注意:特征值问题是对方阵而言的,本章中的矩阵如不加说明,都指方阵.

例 2 对于 n 阶单位矩阵 E 及任一非零的 n 维列向量 α,有 $E\alpha = \alpha$,所以 $\lambda = 1$ 是 E 的一个特征值,任一非零的 n 维列向量 α 都是 E 的属于特征值 $\lambda = 1$ 的特征向量.

例 3 已知向量 $\alpha = \begin{pmatrix} 1 \\ 1 \\ -1 \end{pmatrix}$ 是方阵 $A = \begin{pmatrix} 2 & -1 & 2 \\ 5 & a & 3 \\ -1 & b & -2 \end{pmatrix}$ 的一个特征向量,试确定参数 a, b 及特征向量 α 所对应的特征值 λ.

解 由特征值和特征向量的定义知,$A\alpha = \lambda\alpha$,即

$$\begin{pmatrix} 2 & -1 & 2 \\ 5 & a & 3 \\ -1 & b & -2 \end{pmatrix}\begin{pmatrix} 1 \\ 1 \\ -1 \end{pmatrix} = \lambda\begin{pmatrix} 1 \\ 1 \\ -1 \end{pmatrix},$$

于是

$$\begin{pmatrix} -1 \\ 2+a \\ b+1 \end{pmatrix} = \begin{pmatrix} \lambda \\ \lambda \\ -\lambda \end{pmatrix},$$

故

$$-1 = \lambda, \quad 2+a = \lambda, \quad 1+b = -\lambda,$$

从而解得 $\lambda = -1, a = -3, b = 0$.

例 4 若 $A^2 = A$,证明 A 的特征值为 0 或 1.

证 由 $A\alpha = \lambda\alpha$,得

$$A^2\alpha = A(A\alpha) = A(\lambda\alpha) = \lambda(A\alpha) = \lambda^2\alpha,$$

而 $A^2 = A$,故

$$\lambda^2\alpha = \lambda\alpha, \quad \text{或} \quad (\lambda^2 - \lambda)\alpha = 0,$$

因为 $\alpha \neq 0$,所以 $\lambda^2 - \lambda = 0$,即 λ 为 0 或 1.

4.1.2 特征值与特征向量的求法

现在给出寻找特征值和特征向量的方法.将式(4-1)改写为

$$(\lambda E - A)\boldsymbol{\alpha} = \boldsymbol{0},$$

由于 $\boldsymbol{\alpha} \neq \boldsymbol{0}$，因此 $\boldsymbol{\alpha}$ 是齐次线性方程组

$$(\lambda E - A)\boldsymbol{x} = \boldsymbol{0} \tag{4-2}$$

的非零解. 方程组(4-2)有非零解当且仅当其系数行列式为零，即

$$|\lambda E - A| = 0, \tag{4-3}$$

从而矩阵 A 的特征值 λ 是方程 $|\lambda E - A| = 0$ 的根.

由行列式的定义知，式(4-3)的左边展开是一个关于 λ 的 n 次多项式. 根据代数学基本定理，方程(4-3)在复数范围内恰有 n 个根(包括重根)，由此可知，若 A 是一个 n 阶方阵，则 A 在复数范围内恰有 n 个特征值(包括重根). 需要注意的是，即使矩阵 A 的元素全为实数，其特征值也可能是复数.

为了叙述方便，引入如下术语：

定义 4.2　设 n 阶方阵 $A = (a_{ij})$，则称

$$f(\lambda) = |\lambda E - A| = \begin{vmatrix} \lambda - a_{11} & -a_{12} & \cdots & -a_{1n} \\ -a_{21} & \lambda - a_{22} & \cdots & -a_{2n} \\ \vdots & \vdots & & \vdots \\ -a_{n1} & -a_{n2} & \cdots & \lambda - a_{nn} \end{vmatrix} \tag{4-4}$$

为方阵 A 的**特征多项式**，$|\lambda E - A| = 0$ 为方阵 A 的**特征方程**.

由此，确定方阵 A 的特征值和特征向量的方法可以分成以下几步：

(1)求出特征方程 $|\lambda E - A| = 0$ 全部的根，它们即是方阵 A 的全部特征值；

(2)对每一个特征值 λ_i，解齐次线性方程组 $(\lambda_i E - A)\boldsymbol{x} = \boldsymbol{0}$，求出一组基础解系 $\boldsymbol{\alpha}_1, \boldsymbol{\alpha}_2, \cdots, \boldsymbol{\alpha}_{n-r_i}$，其中 r_i 为矩阵 $\lambda_i E - A$ 的秩(它们就是属于这个特征值的几个线性无关的特征向量)，则矩阵 A 的属于特征值 λ_i 的全部特征向量为

$$k_1 \boldsymbol{\alpha}_1 + k_2 \boldsymbol{\alpha}_2 + \cdots + k_{n-r_i} \boldsymbol{\alpha}_{n-r_i},$$

其中 $k_1, k_2, \cdots, k_{n-r_i}$ 为不全为零的任意常数.

例 5　求矩阵 $A = \begin{bmatrix} -2 & 1 & 1 \\ 0 & 2 & 0 \\ -4 & 1 & 3 \end{bmatrix}$ 的特征值与特征向量.

解　矩阵 A 的特征方程为

$$|\lambda E - A| = \begin{vmatrix} \lambda + 2 & -1 & -1 \\ 0 & \lambda - 2 & 0 \\ 4 & -1 & \lambda - 3 \end{vmatrix} = (\lambda - 2)^2 (\lambda + 1) = 0,$$

所以矩阵 A 的特征值为 $\lambda_1 = -1, \lambda_2 = \lambda_3 = 2$(二重根).

当 $\lambda_1 = -1$ 时，解齐次线性方程组 $(-E - A)\boldsymbol{x} = \boldsymbol{0}$，由

$$-E-A=\begin{pmatrix} 1 & -1 & -1 \\ 0 & -3 & 0 \\ 4 & -1 & -4 \end{pmatrix}\rightarrow\begin{pmatrix} 1 & 0 & -1 \\ 0 & 1 & 0 \\ 0 & 0 & 0 \end{pmatrix},$$

得基础解系为 $\boldsymbol{\alpha}_1=(1,0,1)^{\mathrm{T}}$,于是属于特征值 $\lambda_1=-1$ 的全部特征向量为 $k_1\boldsymbol{\alpha}_1(k_1$ 为任意非零常数).

当 $\lambda_2=\lambda_3=2$ 时,解齐次线性方程组 $(2E-A)x=0$,由

$$2E-A=\begin{pmatrix} 4 & -1 & -1 \\ 0 & 0 & 0 \\ 4 & -1 & -1 \end{pmatrix}\rightarrow\begin{pmatrix} 4 & -1 & -1 \\ 0 & 0 & 0 \\ 0 & 0 & 0 \end{pmatrix},$$

得基础解系为 $\boldsymbol{\alpha}_2=(1,4,0)^{\mathrm{T}}$,$\boldsymbol{\alpha}_3=(1,0,4)^{\mathrm{T}}$,于是属于特征值 $\lambda_2=\lambda_3=2$ 的全部特征向量为 $k_2\boldsymbol{\alpha}_2+k_3\boldsymbol{\alpha}_3(k_1,k_2$ 为不全为零的任意常数).

例 6 求矩阵 $\boldsymbol{A}=\begin{pmatrix} 0 & -1 & 0 \\ 1 & -2 & 0 \\ -1 & 0 & -1 \end{pmatrix}$ 的特征值与特征向量.

解 因为 $\boldsymbol{A}$ 的特征方程为

$$|\lambda E-A|=\begin{vmatrix} \lambda & 1 & 0 \\ -1 & \lambda+2 & 0 \\ 1 & 0 & \lambda+1 \end{vmatrix}=(\lambda+1)^3=0,$$

所以特征值为 $\lambda_1=\lambda_2=\lambda_3=-1$.

当 $\lambda_1=\lambda_2=\lambda_3=-1$ 时,解齐次线性方程组 $(-E-A)x=0$,由

$$-E-A=\begin{pmatrix} -1 & 1 & 0 \\ -1 & 1 & 0 \\ 1 & 0 & 0 \end{pmatrix}\rightarrow\begin{pmatrix} 1 & 0 & 0 \\ 0 & 1 & 0 \\ 0 & 0 & 0 \end{pmatrix},$$

得它的一个基础解系为 $\boldsymbol{\alpha}=(0,0,1)^{\mathrm{T}}$,于是属于特征值 $\lambda_1=\lambda_2=\lambda_3=-1$ 的全部特征向量为 $k\boldsymbol{\alpha}(k$ 为任意非零常数).

4.1.3 矩阵的特征值和特征向量的性质

下面我们讨论方阵的特征值和特征向量的性质.

定理 4.1 设 n 阶矩阵 $\boldsymbol{A}=(a_{ij})$ 的 n 个特征值是 $\lambda_1,\lambda_2,\cdots,\lambda_n$(包括重特征值),则

(1) $\sum\limits_{i=1}^{n}\lambda_i=\sum\limits_{i=1}^{n}a_{ii}$,其中 $\sum\limits_{i=1}^{n}a_{ii}$ 称为 $\boldsymbol{A}$ 的**迹**,记为 $\mathrm{tr}(\boldsymbol{A})$;

(2) $\prod\limits_{i=1}^{n}\lambda_i=|\boldsymbol{A}|$.

证 因为方阵 $\boldsymbol{A}=(a_{ij})$ 的特征多项式

$$f(\lambda) = |\lambda E - A| = \begin{vmatrix} \lambda - a_{11} & -a_{12} & \cdots & -a_{1n} \\ -a_{21} & \lambda - a_{22} & \cdots & -a_{2n} \\ \vdots & \vdots & & \vdots \\ -a_{n1} & -a_{n2} & \cdots & \lambda - a_{nn} \end{vmatrix}$$

展开式中,有一项是主对角元的连乘积

$$(\lambda - a_{11})(\lambda - a_{22})\cdots(\lambda - a_{nn}),$$

展开式的其余各项,至多包含 $n-2$ 个主对角元,它们对 λ 的次数最高是 $n-2$,因此 $f(\lambda)$ 是关于 λ 的 n 次多项式,且 n 次和 $n-1$ 次的项只能在主对角元的连乘积中出现,它们是

$$\lambda^n - (a_{11} + a_{22} + \cdots + a_{nn})\lambda^{n-1},$$

在 $f(\lambda)$ 中令 $\lambda = 0$,即得常数项 $|-A| = (-1)^n|A|$,于是

$$f(\lambda) = \lambda^n - (a_{11} + a_{22} + \cdots + a_{nn})\lambda^{n-1} + \cdots + (-1)^n|A|. \tag{4-5}$$

另一方面,设方阵 A 的特征值是 $\lambda_1, \lambda_2, \cdots, \lambda_n$,则

$$\begin{aligned} f(\lambda) &= (\lambda - \lambda_1)(\lambda - \lambda_2)\cdots(\lambda - \lambda_n) \\ &= \lambda^n - (\lambda_1 + \lambda_2 + \cdots + \lambda_n)\lambda^{n-1} + \cdots + (-1)^n\lambda_1\lambda_2\cdots\lambda_n, \end{aligned} \tag{4-6}$$

比较(4-5),(4-6)的系数,即得所要证明的结果.

由定理 4.1 易得:

推论　方阵 A 可逆的充分必要条件是 A 的特征值全不为零.

定理 4.2　设 α 是矩阵 A 的属于特征值 λ_0 的特征向量,则对任意的非零常数 k,向量 $k\alpha$ 也是矩阵 A 的属于特征值 λ_0 的特征向量;若 α 与 β 同是 A 的属于特征值 λ_0 的特征向量,则 $\alpha + \beta$ 也是 A 的属于特征值 λ_0 的特征向量.

证　因为 $A(k\alpha) = kA\alpha = k(\lambda_0\alpha) = \lambda_0(k\alpha)$,所以 $k\alpha$ 也是矩阵 A 的属于特征值 λ_0 的特征向量.

类似可证另一结论.

由定理 4.2 知,A 的若干个属于特征值 λ_0 的特征向量的任意非零线性组合,仍是 A 的属于特征值 λ_0 的特征向量. 也就是说,特征向量不是被特征值所唯一确定的. 相反,特征值却是被特征向量所唯一决定的,因为,一个特征向量只能属于一个特征值(读者可以自己验证).

定理 4.3　方阵 A 与它的转置 A^T 有相同的特征值.

证　因为

$$|\lambda E - A^T| = |(\lambda E - A)^T| = |\lambda E - A|,$$

即 A 和 A^T 的特征多项式相同,因此特征值相同.

这里需要强调的是,尽管 A 和 A^T 的特征值相同,但它们的特征向量却不一定相同.

定理 4.4　设 λ 是方阵 A 的特征值,α 是 A 的属于 λ 的特征向量,则

(1)$k\lambda$ 是 $k\boldsymbol{A}$ 的特征值(k 是任意常数),且 $\boldsymbol{\alpha}$ 是 $k\boldsymbol{A}$ 的属于特征值 $k\lambda$ 的特征向量;

(2)λ^m 是 $\boldsymbol{A}^m$ 的特征值(m 是正整数),且 $\boldsymbol{\alpha}$ 是 $\boldsymbol{A}^m$ 的属于特征值 λ^m 的特征向量;

(3)当 $\boldsymbol{A}$ 可逆时,λ^{-1} 是 $\boldsymbol{A}^{-1}$ 的特征值,且 $\boldsymbol{\alpha}$ 是 $\boldsymbol{A}^{-1}$ 的属于特征值 λ^{-1} 的特征向量;

(4)当 $\boldsymbol{A}$ 可逆时,$\dfrac{|\boldsymbol{A}|}{\lambda}$ 是 $\boldsymbol{A}^*$ 的特征值,且 $\boldsymbol{\alpha}$ 是 $\boldsymbol{A}^*$ 的属于特征值 $\dfrac{|\boldsymbol{A}|}{\lambda}$ 的特征向量.

证 (1)在已知条件 $\boldsymbol{A\alpha}=\lambda\boldsymbol{\alpha}$ 两边同乘常数 k,得

$$k(\boldsymbol{A\alpha})=k(\lambda\boldsymbol{\alpha}), \quad 即 \quad (k\boldsymbol{A})\boldsymbol{\alpha}=(k\lambda)\boldsymbol{\alpha}.$$

故 $k\lambda$ 是 $k\boldsymbol{A}$ 的特征值,且 $\boldsymbol{\alpha}$ 是 $k\boldsymbol{A}$ 的属于特征值 $k\lambda$ 的特征向量.

(2)在 $\boldsymbol{A\alpha}=\lambda\boldsymbol{\alpha}$ 两边左乘 $\boldsymbol{A}$,得

$$\boldsymbol{A}(\boldsymbol{A\alpha})=\boldsymbol{A}(\lambda\boldsymbol{\alpha})=\lambda(\boldsymbol{A\alpha})=\lambda(\lambda\boldsymbol{\alpha}),$$

即

$$\boldsymbol{A}^2\boldsymbol{\alpha}=\lambda^2\boldsymbol{\alpha},$$

上述步骤再重复 $m-2$ 次,可得

$$\boldsymbol{A}^m\boldsymbol{\alpha}=\lambda^m\boldsymbol{\alpha},$$

故 λ^m 是 $\boldsymbol{A}^m$ 的特征值,$\boldsymbol{\alpha}$ 为 $\boldsymbol{A}^m$ 属于 λ^m 的特征向量.

(3)当 $\boldsymbol{A}$ 可逆时,$\lambda\neq0$.在 $\boldsymbol{A\alpha}=\lambda\boldsymbol{\alpha}$ 两边左乘 $\boldsymbol{A}^{-1}$,得

$$\boldsymbol{\alpha}=\boldsymbol{A}^{-1}(\boldsymbol{A\alpha})=\boldsymbol{A}^{-1}(\lambda\boldsymbol{\alpha})=\lambda\boldsymbol{A}^{-1}\boldsymbol{\alpha},$$

因此

$$\boldsymbol{A}^{-1}\boldsymbol{\alpha}=\lambda^{-1}\boldsymbol{\alpha},$$

故 λ^{-1} 是 $\boldsymbol{A}^{-1}$ 的特征值,且 $\boldsymbol{\alpha}$ 是 $\boldsymbol{A}^{-1}$ 的属于 λ^{-1} 的特征向量.

(4)当 $\boldsymbol{A}$ 可逆时,由 $\boldsymbol{A}^*=|\boldsymbol{A}|\boldsymbol{A}^{-1}$ 及结论(1),即可得(3).

例 7 设 λ 是方阵 $\boldsymbol{A}$ 的特征值,$\boldsymbol{\alpha}$ 是相应的特征向量,

$$p(x)=a_mx^m+a_{m-1}x^{m-1}+\cdots+a_1x+a_0$$

为任一多项式,证明 $p(\lambda)$ 是矩阵多项式 $p(\boldsymbol{A})$ 的特征值,$\boldsymbol{\alpha}$ 为相应的特征向量.

证 因为

$$
\begin{aligned}
p(\boldsymbol{A})\boldsymbol{\alpha} &= (a_m\boldsymbol{A}^m+a_{m-1}\boldsymbol{A}^{m-1}+\cdots+a_1\boldsymbol{A}+a_0\boldsymbol{E})\boldsymbol{\alpha} \\
&= a_m\boldsymbol{A}^m\boldsymbol{\alpha}+a_{m-1}\boldsymbol{A}^{m-1}\boldsymbol{\alpha}+\cdots+a_1\boldsymbol{A\alpha}+a_0\boldsymbol{\alpha} \\
&= a_m\lambda^m\boldsymbol{\alpha}+a_{m-1}\lambda^{m-1}\boldsymbol{\alpha}+\cdots+a_1\lambda\boldsymbol{\alpha}+a_0\boldsymbol{\alpha} \\
&= p(\lambda)\boldsymbol{\alpha},
\end{aligned}
$$

故 $p(\lambda)$ 是 $p(\boldsymbol{A})$ 的特征值,$\boldsymbol{\alpha}$ 为相应的特征向量.

因此,求方阵多项式的特征值有非常简便的计算方法.只要 λ 是方阵 $\boldsymbol{A}$ 的一个特征值,那么 $p(\lambda)$ 就是 $p(\boldsymbol{A})$ 的特征值.

定理 4.5 设 $\boldsymbol{A}$ 为 n 阶方阵,$\lambda_1,\lambda_2,\cdots,\lambda_m$ 是 $\boldsymbol{A}$ 的 m 个互不相同的特征值,$\boldsymbol{\alpha}_1,\boldsymbol{\alpha}_2,$ $\cdots,\boldsymbol{\alpha}_m$ 分别是属于 $\lambda_1,\lambda_2,\cdots,\lambda_m$ 的特征向量,则 $\boldsymbol{\alpha}_1,\boldsymbol{\alpha}_2,\cdots,\boldsymbol{\alpha}_m$ 线性无关,即属于不同

特征值的特征向量线性无关.

证 用数学归纳法. 当 $m=1$ 时, 因 $\boldsymbol{\alpha}_1$ 为 λ_1 对应的特征向量, 故 $\boldsymbol{\alpha}_1 \neq \mathbf{0}$, 从而必线性无关.

现假设结论对 $m-1$ 时成立, 即 $\boldsymbol{\alpha}_1, \boldsymbol{\alpha}_2, \cdots, \boldsymbol{\alpha}_{m-1}$ 线性无关, 要证明 $\boldsymbol{\alpha}_1, \boldsymbol{\alpha}_2, \cdots, \boldsymbol{\alpha}_m$ 线性无关. 设有 m 个数 $k_1, k_2, \cdots, k_m$, 使得

$$k_1 \boldsymbol{\alpha}_1 + k_2 \boldsymbol{\alpha}_2 + \cdots + k_m \boldsymbol{\alpha}_m = \mathbf{0} \tag{4-7}$$

成立. 等式两边左乘 $\boldsymbol{A}$, 得

$$k_1 \boldsymbol{A}\boldsymbol{\alpha}_1 + k_2 \boldsymbol{A}\boldsymbol{\alpha}_2 + \cdots + k_m \boldsymbol{A}\boldsymbol{\alpha}_m = \mathbf{0},$$

而 $\boldsymbol{A}\boldsymbol{\alpha}_k = \lambda_k \boldsymbol{\alpha}$ $(k=1, 2, \cdots, m)$, 因此

$$k_1 \lambda_1 \boldsymbol{\alpha}_1 + k_2 \lambda_2 \boldsymbol{\alpha}_2 + \cdots + k_m \lambda_m \boldsymbol{\alpha}_m = \mathbf{0}, \tag{4-8}$$

将式 (4-7) 两边同乘以 λ_m, 再与式 (4-8) 相减, 得

$$k_1(\lambda_m - \lambda_1)\boldsymbol{\alpha}_1 + k_2(\lambda_m - \lambda_2)\boldsymbol{\alpha}_2 + \cdots + k_{m-1}(\lambda_m - \lambda_{m-1})\boldsymbol{\alpha}_{m-1} = \mathbf{0},$$

由归纳假设, $\boldsymbol{\alpha}_1, \boldsymbol{\alpha}_2, \cdots, \boldsymbol{\alpha}_{m-1}$ 线性无关, 因此

$$k_1(\lambda_m - \lambda_1) = k_2(\lambda_m - \lambda_2) = \cdots = k_{m-1}(\lambda_m - \lambda_{m-1}) = 0.$$

又因为 $\lambda_1, \lambda_2, \cdots, \lambda_m$ 互不相同, 于是有

$$k_1 = k_2 = \cdots = k_{m-1} = 0,$$

代入式 (4-7) 得 $k_m \boldsymbol{\alpha}_m = \mathbf{0}$, 而 $\boldsymbol{\alpha}_m \neq \mathbf{0}$, 于是 $k_m = 0$. 即 $\boldsymbol{\alpha}_1, \boldsymbol{\alpha}_2, \cdots, \boldsymbol{\alpha}_m$ 线性无关.

由数学归纳法, 定理得证.

用类似证明定理 4.5 的方法, 我们还可以证明下述更一般的定理.

定理 4.6 设 $\boldsymbol{A}$ 为 n 阶方阵, $\lambda_1, \lambda_2, \cdots, \lambda_m$ 是 $\boldsymbol{A}$ 的 m 个互不相同的特征值, $\boldsymbol{\alpha}_{i1},$ $\boldsymbol{\alpha}_{i2}, \cdots, \boldsymbol{\alpha}_{is_i}$ 是 $\boldsymbol{A}$ 的属于 $\lambda_i (i=1, 2, \cdots, m)$ 的线性无关的特征向量, 则向量组

$$\boldsymbol{\alpha}_{11}, \boldsymbol{\alpha}_{12}, \cdots, \boldsymbol{\alpha}_{1s_1}, \boldsymbol{\alpha}_{21}, \boldsymbol{\alpha}_{22}, \cdots, \boldsymbol{\alpha}_{2s_2}, \cdots, \boldsymbol{\alpha}_{m1}, \boldsymbol{\alpha}_{m2}, \cdots, \boldsymbol{\alpha}_{ms_m}$$

线性无关, 即属于各个特征值的线性无关的向量合在一起仍线性无关.

关于对应于同一个特征值的特征向量间的关系, 有

定理 4.7 若 λ 是方阵 $\boldsymbol{A}$ 的 k 重特征值, 则对应于 λ 的线性无关特征向量的个数不超过 k 个.

根据定理 4.6 和定理 4.7, n 阶方阵 $\boldsymbol{A}$ 线性无关的特征向量的个数不会多于 n.

§4.2 相似矩阵与矩阵的对角化

对角矩阵可以认为是矩阵中最简单的一种. 对于任一 n 阶方阵 $\boldsymbol{A}$ 是否可将它化为对角矩阵, 并保持 $\boldsymbol{A}$ 的许多原有性质, 在理论和应用方面都具有重要意义.

4.2.1 相似矩阵的概念和性质

定义 4.3 设 $\boldsymbol{A}$ 与 $\boldsymbol{B}$ 是 n 阶方阵, 如果存在 n 阶可逆方阵 $\boldsymbol{P}$, 使得

$$P^{-1}AP=B,$$

则称矩阵 A 与 B 相似,记作 $A \sim B$.

相似是同阶方阵之间的一种重要关系,容易证明相似矩阵具有下列三种基本特性:

(1)反身性　对任何方阵 A,总有 $A \sim A$;

(2)对称性　若 $A \sim B$,则 $B \sim A$;

(3)传递性　若 $A \sim B,B \sim C$,则 $A \sim C$.

例如:$A = \begin{pmatrix} 3 & -1 \\ -1 & 3 \end{pmatrix}, P = \begin{pmatrix} 1 & -1 \\ -1 & 2 \end{pmatrix}, Q = \begin{pmatrix} -1 & 1 \\ 1 & 1 \end{pmatrix}$,显然 P,Q 均可逆.由

$$P^{-1}AP = \begin{pmatrix} 1 & -1 \\ -1 & 2 \end{pmatrix}^{-1} \begin{pmatrix} 3 & -1 \\ -1 & 3 \end{pmatrix} \begin{pmatrix} 1 & -1 \\ -1 & 2 \end{pmatrix} = \begin{pmatrix} 4 & -3 \\ 0 & 2 \end{pmatrix},$$

$$Q^{-1}AQ = \begin{pmatrix} -1 & 1 \\ 1 & 1 \end{pmatrix}^{-1} \begin{pmatrix} 3 & -1 \\ -1 & 3 \end{pmatrix} \begin{pmatrix} -1 & 1 \\ 1 & 1 \end{pmatrix} = \begin{pmatrix} 4 & 0 \\ 0 & 2 \end{pmatrix},$$

得 $A \sim \begin{pmatrix} 4 & -3 \\ 0 & 2 \end{pmatrix}, A \sim \begin{pmatrix} 4 & 0 \\ 0 & 2 \end{pmatrix}$.

由此可以看出,与矩阵 A 相似的矩阵不是唯一的,也未必是对角矩阵.然而,对某些矩阵,可以通过适当选取可逆矩阵 P,使得 $P^{-1}AP$ 为对角矩阵.

定理 4.8　相似矩阵有相同的特征多项式,从而有相同的特征值.

证　设矩阵 A 与 B 相似,即存在可逆矩阵 P,使得 $P^{-1}AP = B$,于是

$$|\lambda E - B| = |\lambda E - P^{-1}AP| = |P^{-1}(\lambda E - A)P| = |P^{-1}||\lambda E - A||P| = |\lambda E - A|,$$

即 A 与 B 的特征多项式相同,从而它们的特征值也完全相同.

由定理 4.8 及特征值的性质,我们不难得出如下推论.

推论　设矩阵 A 与 B 相似,则

(1)$|A| = |B|$,即 A 与 B 的行列式相等;

(2)$\mathrm{tr}(A) = \mathrm{tr}(B)$,即 A 与 B 的迹相等;

(3)$r(A) = r(B)$,即 A 与 B 的秩相等.

需要注意的是,定理 4.8 的逆定理不成立,即特征值相同的矩阵不一定相似.例如对于矩阵 $A = \begin{pmatrix} 1 & 1 \\ 0 & 1 \end{pmatrix}$ 与 $E = \begin{pmatrix} 1 & 0 \\ 0 & 1 \end{pmatrix}$,两者有相同的特征多项式 $(\lambda - 1)^2$,但它们不相似.因为若有 $P^{-1}AP = E$,则 $A = PEP^{-1} = E$,即单位矩阵只能与它自身相似.

定理 4.9　设 $A \sim B$,则

(1)$A^{\mathrm{T}} \sim B^{\mathrm{T}}$;

(2)$A^m \sim B^m$,其中 m 为正整数;

(3)若 A 可逆,则 B 也可逆,且 $A^{-1} \sim B^{-1}, A^* \sim B^*$.

证　仅证明(3)的一部分,其余结论的证明请读者自己完成.

由 $A \sim B$ 知存在可逆矩阵 P,使得 $P^{-1}AP = B$. 当 A 可逆时,B 是可逆矩阵的乘积,故 B 也可逆,且

$$(P^{-1}AP)^{-1} = B^{-1},$$

即

$$P^{-1}A^{-1}P = B^{-1},$$

所以 $A^{-1} \sim B^{-1}$.

例 1 已知矩阵 $A = \begin{pmatrix} 2 & 0 & 0 \\ 0 & 0 & 1 \\ 0 & 1 & x \end{pmatrix}$ 与 $B = \begin{pmatrix} 2 & 0 & 0 \\ 0 & 3 & 4 \\ 0 & -2 & y \end{pmatrix}$ 相似,求 x, y 的值.

解 因为 $A \sim B$,所以 A, B 有相同的行列式和迹,即

$$-2 = 2(3y + 8),$$

和

$$2 + 0 + x = 2 + 3 + y,$$

由此可得 $x = 0$, $y = -3$.

4.2.2 矩阵可相似对角化的条件

定理 4.8 及其推论表明,如果两个矩阵 A 与 B 相似,则 A 与 B 具有相同的行列式、相同的秩及相同的特征值,即相似矩阵在很多地方都存在相同的性质. 如果一个方阵 A 与一个较简单的矩阵 B 相似,则可以通过研究 B 的性质,获得 A 的若干性质,简化某些运算. 下面讨论方阵相似于对角矩阵的问题.

定义 4.4 如果方阵 A 相似于一个对角矩阵,则称矩阵 A 可(相似)对角化.

并非任何一个方阵都可以对角化,例如矩阵 $A = \begin{pmatrix} 1 & 1 \\ 0 & 1 \end{pmatrix}$ 就不能对角化. 因此,需要先讨论矩阵可对角化的条件. 现在我们来证明以下基本定理.

定理 4.10 n 阶矩阵 A 与一个对角矩阵相似的充分必要条件是 A 有 n 个线性无关的特征向量.

证 必要性. 设 A 与对角矩阵 $\Lambda = \mathrm{diag}(\lambda_1, \lambda_2, \cdots, \lambda_n)$ 相似,则存在可逆阵 P,使得

$$P^{-1}AP = \begin{pmatrix} \lambda_1 & & & \\ & \lambda_2 & & \\ & & \ddots & \\ & & & \lambda_n \end{pmatrix} = \Lambda,$$

即

$$AP = P\begin{pmatrix} \lambda_1 & & & \\ & \lambda_2 & & \\ & & \ddots & \\ & & & \lambda_n \end{pmatrix} = P\Lambda.$$

设可逆矩阵 P 按列分块为

$$P = (\pmb{\alpha}_1, \pmb{\alpha}_2, \cdots, \pmb{\alpha}_n),$$

则有

$$A(\pmb{\alpha}_1, \pmb{\alpha}_2, \cdots, \pmb{\alpha}_n) = (\pmb{\alpha}_1, \pmb{\alpha}_2, \cdots, \pmb{\alpha}_n)\begin{pmatrix} \lambda_1 & & & \\ & \lambda_2 & & \\ & & \ddots & \\ & & & \lambda_n \end{pmatrix},$$

即有分块矩阵等式

$$(A\pmb{\alpha}_1, A\pmb{\alpha}_2, \cdots, A\pmb{\alpha}_n) = (\lambda_1\pmb{\alpha}_1, \lambda_2\pmb{\alpha}_2, \cdots, \lambda_n\pmb{\alpha}_n),$$

从而可得列向量等式

$$A\pmb{\alpha}_i = \lambda_i\pmb{\alpha}_i, \quad i = 1, 2, \cdots, n.$$

由于 P 可逆, $\pmb{\alpha}_i \neq 0 (i=1,2,\cdots,n)$, 所以 $\pmb{\alpha}_1, \pmb{\alpha}_2, \cdots, \pmb{\alpha}_n$ 分别是 A 的属于特征值 λ_1, $\lambda_2, \cdots, \lambda_n$ 的特征向量. 且由 P 可逆可知 $\pmb{\alpha}_1, \pmb{\alpha}_2, \cdots, \pmb{\alpha}_n$ 线性无关, 这就证明了 P 的 n 个列向量就是 A 的 n 个线性无关的特征向量.

充分性. 设 $\pmb{\alpha}_1, \pmb{\alpha}_2, \cdots, \pmb{\alpha}_n$ 为 A 的分别属于特征值 $\lambda_1, \lambda_2, \cdots, \lambda_n$ 的 n 个线性无关的特征向量, 则有

$$A\pmb{\alpha}_i = \lambda_i\pmb{\alpha}_i, \quad i = 1, 2, \cdots, n.$$

取 $P = (\pmb{\alpha}_1, \pmb{\alpha}_2, \cdots, \pmb{\alpha}_n)$, 因为 $\pmb{\alpha}_1, \pmb{\alpha}_2, \cdots, \pmb{\alpha}_n$ 线性无关, 所以 P 可逆, 于是由上式有

$$A(\pmb{\alpha}_1, \pmb{\alpha}_2, \cdots, \pmb{\alpha}_n) = (\pmb{\alpha}_1, \pmb{\alpha}_2, \cdots, \pmb{\alpha}_n)\begin{pmatrix} \lambda_1 & & & \\ & \lambda_2 & & \\ & & \ddots & \\ & & & \lambda_n \end{pmatrix}.$$

记对角矩阵 $\Lambda = \mathrm{diag}(\lambda_1, \lambda_2, \cdots, \lambda_n)$, 上式就是 $AP = P\Lambda$, 于是 $P^{-1}AP = \Lambda$, 即矩阵 A 与对角矩阵 Λ 相似.

推论 1 如果 n 阶矩阵 A 有 n 个互不相同的特征值, 则矩阵 A 可相似对角化.

推论 1 给出了 A 可对角化的一个充分条件, 事实上, 由于 n 个互不相同的特征值对应的特征向量线性无关, 所以矩阵 A 必有 n 个线性无关的特征向量, 故矩阵 A 可对角化.

当矩阵 A 的特征方程有重根时, 情况要复杂得多. 根据定理 4.7 与定理 4.8, A 能否对角化可由下面推论来判别.

推论 2　n 阶矩阵 A 可对角化的充分必要条件是 A 的每个重特征值对应的线性无关的特征向量个数等于其重数.

例如 §4.1 例 5 中,二重特征值 $\lambda_2 = \lambda_3 = 2$ 对应两个线性无关的特征向量,所以矩阵可以对角化;而在例 6 中,三重特征值 $\lambda_1 = \lambda_2 = \lambda_3 = -1$ 只对应一个线性无关的特征向量,所以矩阵不可以对角化.

定理 4.10 及推论 2 给出了一个矩阵可对角化的充要条件,而且定理 4.10 的证明本身还给出了对角化的具体方法.现将 n 阶矩阵 A 对角化方法归纳如下:

(1)解特征方程 $|\lambda E - A| = 0$,求出 A 的所有特征值;

(2)对于不同的特征值 λ_i,解方程组 $(\lambda_i E - A)x = 0$,求出基础解系.如果每一个 λ_i 的重数等于基础解系中向量的个数,则 A 可对角化,否则,A 不可对角化;

(3)若 A 可对角化,设所有线性无关的特征向量为 $\alpha_1, \alpha_2, \cdots, \alpha_n$,则所求的可逆矩阵 $P = (\alpha_1, \alpha_2, \cdots, \alpha_n)$,并且有 $P^{-1}AP = \Lambda$,其中

$$\Lambda = \begin{pmatrix} \lambda_1 & & & \\ & \lambda_2 & & \\ & & \ddots & \\ & & & \lambda_n \end{pmatrix}.$$

注意,Λ 的主对角线元素为全部的特征值,其排列顺序与 P 中列向量的排列顺序对应.

例 2　判断下面两个矩阵能否对角化,若能对角化,求可逆矩阵 P 及对角矩阵 Λ,使得 $P^{-1}AP = \Lambda$:

$$(1)A = \begin{pmatrix} 2 & -1 & -1 \\ 0 & -1 & 0 \\ 0 & 2 & 1 \end{pmatrix}; \qquad (2)A = \begin{pmatrix} 4 & 2 & 3 \\ 2 & 1 & 2 \\ -1 & -2 & 0 \end{pmatrix}.$$

解　(1)A 的特征方程为

$$|\lambda E - A| = \begin{vmatrix} \lambda - 2 & 1 & 1 \\ 0 & \lambda + 1 & 0 \\ 0 & -2 & \lambda - 1 \end{vmatrix} = (\lambda - 2)(\lambda + 1)(\lambda - 1) = 0,$$

故 A 的特征值为 $\lambda_1 = 2, \lambda_2 = -1, \lambda_3 = 1$,全部是单根,所以 A 可以对角化.

当 $\lambda_1 = 2$ 时,解齐次线性方程组 $(2E - A)x = 0$,由

$$2E - A = \begin{pmatrix} 0 & 1 & 1 \\ 0 & 3 & 0 \\ 0 & -2 & 1 \end{pmatrix} \rightarrow \begin{pmatrix} 0 & 1 & 0 \\ 0 & 0 & 1 \\ 0 & 0 & 0 \end{pmatrix},$$

得基础解系 $\alpha_1 = (1, 0, 0)^{\mathrm{T}}$.

当 $\lambda_2 = -1$ 时,解齐次线性方程组 $(-E-A)x=0$,由

$$-E-A=\begin{pmatrix} -3 & 1 & 1 \\ 0 & 0 & 0 \\ 0 & -2 & -2 \end{pmatrix} \rightarrow \begin{pmatrix} 1 & 0 & 0 \\ 0 & 1 & 1 \\ 0 & 0 & 0 \end{pmatrix},$$

得基础解系 $\boldsymbol{\alpha}_2=(0,-1,1)^{\mathrm{T}}$.

当 $\lambda_3 = 1$ 时,解齐次线性方程组 $(E-A)x=0$,由

$$E-A=\begin{pmatrix} -1 & 1 & 1 \\ 0 & 2 & 0 \\ 0 & -2 & 0 \end{pmatrix} \rightarrow \begin{pmatrix} 1 & 0 & -1 \\ 0 & 1 & 0 \\ 0 & 0 & 0 \end{pmatrix},$$

得基础解系 $\boldsymbol{\alpha}_3=(1,0,1)^{\mathrm{T}}$.

令

$$\boldsymbol{P}=(\boldsymbol{\alpha}_1,\boldsymbol{\alpha}_2,\boldsymbol{\alpha}_3)=\begin{pmatrix} 1 & 0 & 1 \\ 0 & -1 & 0 \\ 0 & 1 & 1 \end{pmatrix}, \quad \boldsymbol{\Lambda}=\begin{pmatrix} \lambda_1 & & \\ & \lambda_2 & \\ & & \lambda_3 \end{pmatrix}=\begin{pmatrix} 2 & & \\ & -1 & \\ & & 1 \end{pmatrix},$$

则有 $\boldsymbol{P}^{-1}\boldsymbol{A}\boldsymbol{P}=\boldsymbol{\Lambda}$.

(2)$\boldsymbol{A}$ 的特征方程为

$$|\lambda\boldsymbol{E}-\boldsymbol{A}|=\begin{vmatrix} \lambda-4 & -2 & -3 \\ -2 & \lambda-1 & -2 \\ 1 & 2 & \lambda \end{vmatrix}=(\lambda-1)^2(\lambda-3)=0,$$

故 $\boldsymbol{A}$ 的特征值为 $\lambda_1=\lambda_2=1,\lambda_3=3$.

当 $\lambda_1=\lambda_2=1$ 时,解齐次线性方程组 $(E-A)x=0$,由

$$E-A=\begin{pmatrix} -3 & -2 & -3 \\ -2 & 0 & -2 \\ 1 & 2 & 1 \end{pmatrix} \rightarrow \begin{pmatrix} 1 & 0 & 1 \\ 0 & 1 & 0 \\ 0 & 0 & 0 \end{pmatrix},$$

得基础解系 $\boldsymbol{\alpha}=(-1,0,1)^{\mathrm{T}}$.

因为属于 $\lambda_1 = \lambda_2 = 1$ 的线性无关的特征向量只有一个,所以 $\boldsymbol{A}$ 不可对角化.

例 3 设 $\boldsymbol{A}=\begin{pmatrix} 2 & 0 & 0 \\ 1 & 2 & -1 \\ 1 & 0 & 1 \end{pmatrix}$,求 $\boldsymbol{A}$ 的 5 次幂.

解 一般来说,求矩阵的高次幂是比较困难的,但若矩阵 $\boldsymbol{A}$ 能对角化,即存在可逆阵 $\boldsymbol{P}$,使得 $\boldsymbol{P}^{-1}\boldsymbol{A}\boldsymbol{P}=\boldsymbol{\Lambda}$,其中 $\boldsymbol{\Lambda}$ 是对角阵,则由 $\boldsymbol{A}=\boldsymbol{P}\boldsymbol{\Lambda}\boldsymbol{P}^{-1}$,有

$$\boldsymbol{A}^n=(\boldsymbol{P}\boldsymbol{\Lambda}\boldsymbol{P}^{-1})(\boldsymbol{P}\boldsymbol{\Lambda}\boldsymbol{P}^{-1})\cdots(\boldsymbol{P}\boldsymbol{\Lambda}\boldsymbol{P}^{-1})=\boldsymbol{P}\boldsymbol{\Lambda}^n\boldsymbol{P}^{-1},$$

而对角阵 $\boldsymbol{\Lambda}$ 的幂是容易计算的.

矩阵 A 的特征多项式为

$$|\lambda E-A|=\begin{vmatrix} \lambda-2 & 0 & 0 \\ -1 & \lambda-2 & 1 \\ -1 & 0 & \lambda-1 \end{vmatrix}=(\lambda-1)(\lambda-2)^2,$$

故 A 的特征值为 $\lambda_1=1$，$\lambda_2=\lambda_3=2$.

当 $\lambda_1=1$ 时，解齐次线性方程组 $(E-A)x=0$，由

$$E-A=\begin{pmatrix} -1 & 0 & 0 \\ -1 & -1 & 1 \\ -1 & 0 & 0 \end{pmatrix}\rightarrow\begin{pmatrix} 1 & 0 & 0 \\ 0 & 1 & -1 \\ 0 & 0 & 0 \end{pmatrix},$$

得基础解系 $\alpha_1=(0,1,1)^T$.

当 $\lambda_2=\lambda_3=2$ 时，解齐次线性方程组 $(2E-A)x=0$，由

$$2E-A=\begin{pmatrix} 0 & 0 & 0 \\ -1 & 0 & 1 \\ -1 & 0 & 1 \end{pmatrix}\rightarrow\begin{pmatrix} 1 & 0 & -1 \\ 0 & 0 & 0 \\ 0 & 0 & 0 \end{pmatrix}$$

得基础解系 $\alpha_2=(0,1,0)^T$，$\alpha_3=(1,0,1)^T$.

取 $P=\begin{pmatrix} 0 & 0 & 1 \\ 1 & 1 & 0 \\ 1 & 0 & 1 \end{pmatrix}$，则

$$P^{-1}=\begin{pmatrix} -1 & 0 & 1 \\ 1 & 1 & -1 \\ 1 & 0 & 0 \end{pmatrix}, \qquad P^{-1}AP=\begin{pmatrix} 1 & & \\ & 2 & \\ & & 2 \end{pmatrix},$$

于是

$$A^5=P\begin{pmatrix} 1 & 0 & 0 \\ 0 & 2 & 0 \\ 0 & 0 & 2 \end{pmatrix}^5 P^{-1}=\begin{pmatrix} 0 & 0 & 1 \\ 1 & 1 & 0 \\ 1 & 0 & 1 \end{pmatrix}\begin{pmatrix} 1^5 & 0 & 0 \\ 0 & 2^5 & 0 \\ 0 & 0 & 2^5 \end{pmatrix}\begin{pmatrix} -1 & 0 & 1 \\ 1 & 1 & -1 \\ 1 & 0 & 0 \end{pmatrix}$$

$$=\begin{pmatrix} 32 & 0 & 0 \\ 31 & 32 & -31 \\ 31 & 0 & 1 \end{pmatrix}.$$

§4.3　实对称矩阵的对角化

一般的矩阵不一定可相似对角化，然而实对称矩阵却一定可相似对角化. 在经济计量学和一些经济数学模型中，经常会出现实对称矩阵，实对称矩阵的这一性质对于简化

问题有重要作用.为了讨论实对称矩阵的有关性质,先研究向量内积和正交矩阵的概念及性质.

4.3.1 向量的内积

定义 4.5 设 n 维实向量 $\boldsymbol{\alpha}=(a_1,a_2,\cdots,a_n)^{\mathrm{T}}$, $\boldsymbol{\beta}=(b_1,b_2,\cdots,b_n)^{\mathrm{T}}$, 实数

$$\boldsymbol{\alpha}^{\mathrm{T}}\boldsymbol{\beta}=\sum_{i=1}^{n}a_ib_i=a_1b_1+a_2b_2+\cdots+a_nb_n$$

称为向量 $\boldsymbol{\alpha}$ 和 $\boldsymbol{\beta}$ 的**内积**,记作 $(\boldsymbol{\alpha},\boldsymbol{\beta})$.

例如,设 $\boldsymbol{\alpha}=(-1,-3,-2,7)^{\mathrm{T}}$, $\boldsymbol{\beta}=(4,-2,1,0)^{\mathrm{T}}$,则

$$(\boldsymbol{\alpha},\boldsymbol{\beta})=(-1)\times4+(-3)\times(-2)+(-2)\times1+7\times0=0.$$

向量的内积具有下列基本性质:

(1)对称性 $(\boldsymbol{\alpha},\boldsymbol{\beta})=(\boldsymbol{\beta},\boldsymbol{\alpha})$;

(2)线性性 $(k\boldsymbol{\alpha},\boldsymbol{\beta})=(\boldsymbol{\alpha},k\boldsymbol{\beta})=k(\boldsymbol{\alpha},\boldsymbol{\beta})$, $(\boldsymbol{\alpha}+\boldsymbol{\beta},\boldsymbol{\gamma})=(\boldsymbol{\alpha},\boldsymbol{\gamma})+(\boldsymbol{\beta},\boldsymbol{\gamma})$;

(3)正定性 $(\boldsymbol{\alpha},\boldsymbol{\alpha})\geqslant0$,当且仅当 $\boldsymbol{\alpha}=\boldsymbol{0}$ 时 $(\boldsymbol{\alpha},\boldsymbol{\alpha})=0$.

以上证明留给读者.

定义 4.6 设 $\boldsymbol{\alpha}$ 为 n 维实向量,将非负实数 $\sqrt{\boldsymbol{\alpha}^{\mathrm{T}}\boldsymbol{\alpha}}$ 定义为 $\boldsymbol{\alpha}$ 的**长度**,记为 $\|\boldsymbol{\alpha}\|$,即若 $\boldsymbol{\alpha}=(a_1,a_2,\cdots,a_n)^{\mathrm{T}}$,则有

$$\|\boldsymbol{\alpha}\|=\sqrt{\boldsymbol{\alpha}^{\mathrm{T}}\boldsymbol{\alpha}}=\sqrt{a_1^2+a_2^2+\cdots+a_n^2}.$$

当 $\|\boldsymbol{\alpha}\|=1$ 时,称 $\boldsymbol{\alpha}$ 为**单位向量**.

不难看出,若把三维向量 $\boldsymbol{\alpha}$ 看作空间中一个点的坐标, $\|\boldsymbol{\alpha}\|$ 就是该点到原点的距离. n 维向量的长度则是这一概念的推广.

由定义不难证明,向量的长度具有以下性质:

(1) $\|\boldsymbol{\alpha}\|\geqslant0$,当且仅当 $\boldsymbol{\alpha}=0$ 时 $\|\boldsymbol{\alpha}\|=0$;

(2) $\|k\boldsymbol{\alpha}\|=|k|\cdot\|\boldsymbol{\alpha}\|$ (k 为实数).

例 1 证明:对任意非零向量 $\boldsymbol{\alpha}$, $\dfrac{1}{\|\boldsymbol{\alpha}\|}\boldsymbol{\alpha}$ 为单位向量.

证 因为 $\left\|\dfrac{1}{\|\boldsymbol{\alpha}\|}\boldsymbol{\alpha}\right\|=\dfrac{1}{\|\boldsymbol{\alpha}\|}\cdot\|\boldsymbol{\alpha}\|=1$,所以 $\dfrac{1}{\|\boldsymbol{\alpha}\|}\boldsymbol{\alpha}$ 为单位向量.

通常把这种用非零向量 $\boldsymbol{\alpha}$ 数乘其长度倒数,得到一个单位向量的做法,称为把向量 $\boldsymbol{\alpha}$ **单位化**.

4.3.2 标准正交基和正交矩阵

定义 4.7 如果两个 n 维向量 $\boldsymbol{\alpha}$ 和 $\boldsymbol{\beta}$ 的内积等于零,即 $(\boldsymbol{\alpha},\boldsymbol{\beta})=0$,则称向量 $\boldsymbol{\alpha}$ 与 $\boldsymbol{\beta}$ **正交**(或**垂直**),记为 $\boldsymbol{\alpha}\perp\boldsymbol{\beta}$.

例如,设 $\boldsymbol{\alpha}=(-2,1)$,$\boldsymbol{\beta}=(1,2)$,则 $(\boldsymbol{\alpha},\boldsymbol{\beta})=0$,即 $\boldsymbol{\alpha}$ 与 $\boldsymbol{\beta}$ 正交.其几何意义是,在坐标平面上,连结原点和点 $(-2,1)$、$(1,2)$ 的两个有向线段是相互垂直的.两个 n 维向量正交的概念是这一事实的推广.

显然,零向量与任何向量都正交.

例 2　设 $\boldsymbol{\alpha}=(-1,0,3)^{\mathrm{T}}$,$\boldsymbol{\beta}=(1,-2,1)^{\mathrm{T}}$,求一个三维单位向量 $\boldsymbol{\gamma}$,使它与向量 $\boldsymbol{\alpha}$,$\boldsymbol{\beta}$ 都正交.

解　设 $\boldsymbol{\eta}=(x_1,x_2,x_3)^{\mathrm{T}}$ 与 $\boldsymbol{\alpha}$,$\boldsymbol{\beta}$ 都正交,依定义,有

$$\begin{cases} (\boldsymbol{\alpha},\boldsymbol{\eta})=-x_1+3x_3=0 \\ (\boldsymbol{\beta},\boldsymbol{\eta})=x_1-2x_2+x_3=0 \end{cases}.$$

解这齐次线性方程组得通解为 $k(3,2,1)^{\mathrm{T}}$,特别取 $k=1$,得 $\boldsymbol{\eta}=(3,2,1)^{\mathrm{T}}$,将其单位化,得

$$\boldsymbol{\gamma}=\frac{1}{\|\boldsymbol{\eta}\|}\boldsymbol{\eta}=\frac{1}{\sqrt{3^2+2^2+1^2}}(3,2,1)^{\mathrm{T}}=\left(\frac{3}{\sqrt{14}},\frac{2}{\sqrt{14}},\frac{1}{\sqrt{14}}\right)^{\mathrm{T}}.$$

定义 4.8　若 n 维非零向量组 $\boldsymbol{\alpha}_1,\boldsymbol{\alpha}_2,\cdots,\boldsymbol{\alpha}_s$ 两两正交,即

$$(\boldsymbol{\alpha}_i,\boldsymbol{\alpha}_j)=0 \quad (i,j=1,2,\cdots,s,i\neq j),$$

则称向量组 $\boldsymbol{\alpha}_1,\boldsymbol{\alpha}_2,\cdots,\boldsymbol{\alpha}_s$ 为正交向量组.

定理 4.11　若 $\boldsymbol{\alpha}_1,\boldsymbol{\alpha}_2,\cdots,\boldsymbol{\alpha}_s$ 是正交向量组,则 $\boldsymbol{\alpha}_1,\boldsymbol{\alpha}_2,\cdots,\boldsymbol{\alpha}_s$ 线性无关.

证　设有数 $k_1,k_2,\cdots,k_s$,使得

$$k_1\boldsymbol{\alpha}_1+k_2\boldsymbol{\alpha}_2+\cdots+k_s\boldsymbol{\alpha}_s=\boldsymbol{0},$$

任取向量 $\boldsymbol{\alpha}_i(1\leqslant i\leqslant s)$,与上式两端作内积,得

$$k_1(\boldsymbol{\alpha}_i,\boldsymbol{\alpha}_1)+\cdots+k_i(\boldsymbol{\alpha}_i,\boldsymbol{\alpha}_i)+\cdots+k_s(\boldsymbol{\alpha}_i,\boldsymbol{\alpha}_s)=0.$$

由于 $(\boldsymbol{\alpha}_i,\boldsymbol{\alpha}_j)=0$ $(j\neq i)$,所以

$$k_i(\boldsymbol{\alpha}_i,\boldsymbol{\alpha}_i)=0,$$

而 $(\boldsymbol{\alpha}_i,\boldsymbol{\alpha}_i)\neq 0$,所以 $k_i=0$,由 $\boldsymbol{\alpha}_i$ 的任意性,可得

$$k_1=k_2=\cdots=k_s=0,$$

即 $\boldsymbol{\alpha}_1,\boldsymbol{\alpha}_2,\cdots,\boldsymbol{\alpha}_s$ 线性无关.

进一步,若 n 维向量组 $\boldsymbol{\alpha}_1,\boldsymbol{\alpha}_2,\cdots,\boldsymbol{\alpha}_n$ 都是单位向量,且两两正交,则称 $\boldsymbol{\alpha}_1,\boldsymbol{\alpha}_2,\cdots,\boldsymbol{\alpha}_n$ 为 $\mathbf{R}^n$ 的一组标准正交基(规范正交基).

我们常常把标准正交基所满足的两个条件合并写成内积等式

$$(\boldsymbol{\alpha}_i,\boldsymbol{\alpha}_j)=\delta_{ij}=\begin{cases} 1, & i=j \\ 0, & i\neq j \end{cases} \quad (i,j=1,2,\cdots,n),$$

其中专用记号 δ_{ij} 称为 Kronecker 符号.

例如,$\boldsymbol{\varepsilon}_1=(1,0,\cdots,0)^{\mathrm{T}}$,$\boldsymbol{\varepsilon}_2=(0,1,\cdots,0)^{\mathrm{T}}$,$\cdots$,$\boldsymbol{\varepsilon}_n=(0,0,\cdots,1)^{\mathrm{T}}$ 就是一组标准正交基.

定理 4.11 说明,一个向量组线性无关是该向量组为正交向量组的必要条件,但要注意定理并不是可逆的.然而,对于任一线性无关的向量组 $\alpha_1, \alpha_2, \cdots, \alpha_s$,我们可以求出一个等价的正交向量组.这一方法称为**施密特正交化方法**.

定理 4.12 设 $\alpha_1, \alpha_2, \cdots, \alpha_s (s \geqslant 2)$ 是一个线性无关的向量组,令

$$\beta_1 = \alpha_1,$$

$$\beta_2 = \alpha_2 - \frac{(\alpha_2, \beta_1)}{(\beta_1, \beta_1)} \beta_1,$$

$$\beta_3 = \alpha_3 - \frac{(\alpha_3, \beta_1)}{(\beta_1, \beta_1)} \beta_1 - \frac{(\alpha_3, \beta_2)}{(\beta_2, \beta_2)} \beta_2,$$

$$\cdots\cdots$$

$$\beta_s = \alpha_s - \frac{(\alpha_s, \beta_1)}{(\beta_1, \beta_1)} \beta_1 - \frac{(\alpha_s, \beta_2)}{(\beta_2, \beta_2)} \beta_2 - \cdots - \frac{(\alpha_s, \beta_{s-1})}{(\beta_{s-1}, \beta_{s-1})} \beta_{s-1},$$

则 $\beta_1, \beta_2, \cdots, \beta_s$ 是正交向量组,且与 $\alpha_1, \alpha_2, \cdots, \alpha_s$ 等价.

例 3 将向量组 $\alpha_1 = (0, 1, 1)^T, \alpha_2 = (0, -1, 2)^T, \alpha_3 = (1, -1, -1)^T$ 化为标准正交向量组.

解 先将 $\alpha_1, \alpha_2, \alpha_3$ 正交化:

$$\beta_1 = \alpha_1 = (0, 1, 1)^T,$$

$$\beta_2 = \alpha_2 - \frac{(\alpha_2, \beta_1)}{(\beta_1, \beta_1)} \beta_1 = (0, -1, 2)^T - \frac{1}{2}(0, 1, 1)^T = \frac{3}{2}(0, -1, 1)^T,$$

$$\beta_3 = \alpha_3 - \frac{(\alpha_3, \beta_1)}{(\beta_1, \beta_1)} \beta_1 - \frac{(\alpha_3, \beta_2)}{(\beta_2, \beta_2)} \beta_2$$

$$= (1, -1, -1)^T - \frac{-2}{2}(0, 1, 1)^T - \frac{0}{\frac{9}{2}} \cdot \frac{3}{2}(0, -1, 1)^T = (1, 0, 0)^T.$$

再将 $\beta_1, \beta_2, \beta_3$ 单位化:

$$\gamma_1 = \frac{1}{\sqrt{2}}(0, 1, 1)^T, \quad \gamma_2 = \frac{1}{\sqrt{2}}(0, -1, 1)^T, \quad \gamma_3 = (1, 0, 0)^T.$$

则 $\gamma_1, \gamma_2, \gamma_3$ 就是一标准正交向量组.

定义 4.9 如果 n 阶实矩阵 Q 满足 $Q^T Q = E$,则称 Q 为**正交矩阵**.

例如单位矩阵 E 是正交矩阵.

正交矩阵有如下性质:

(1)矩阵 Q 为正交矩阵的充分必要条件是 $Q^{-1} = Q^T$;

(2)正交矩阵是满秩的,且其行列式为 1 或 −1;

(3)正交矩阵的逆矩阵仍为正交矩阵;

(4)正交矩阵的伴随矩阵仍为正交矩阵;

(5)两个正交矩阵之积仍为正交矩阵.

证　仅证明性质 5,其余性质请读者自己证明.

设 P 与 Q 都是 n 阶正交矩阵,则
$$(PQ)^{\mathrm{T}}(PQ)=Q^{\mathrm{T}}P^{\mathrm{T}}PQ=Q^{\mathrm{T}}(P^{\mathrm{T}}P)Q=Q^{\mathrm{T}}EQ=Q^{\mathrm{T}}Q=E,$$
所以 PQ 是正交矩阵.

定理 4.13　n 阶矩阵 Q 为正交矩阵的充分必要条件是 Q 的行(列)向量组是标准正交向量组.

证　将 Q 用行向量组表示,则
$$QQ^{\mathrm{T}}=\begin{bmatrix}\boldsymbol{\alpha}_1\\\boldsymbol{\alpha}_2\\\vdots\\\boldsymbol{\alpha}_n\end{bmatrix}(\boldsymbol{\alpha}_1^{\mathrm{T}},\boldsymbol{\alpha}_2^{\mathrm{T}},\cdots,\boldsymbol{\alpha}_n^{\mathrm{T}})=\begin{bmatrix}\boldsymbol{\alpha}_1\boldsymbol{\alpha}_1^{\mathrm{T}}&\boldsymbol{\alpha}_1\boldsymbol{\alpha}_2^{\mathrm{T}}&\cdots&\boldsymbol{\alpha}_1\boldsymbol{\alpha}_n^{\mathrm{T}}\\\boldsymbol{\alpha}_2\boldsymbol{\alpha}_1^{\mathrm{T}}&\boldsymbol{\alpha}_2\boldsymbol{\alpha}_2^{\mathrm{T}}&\cdots&\boldsymbol{\alpha}_2\boldsymbol{\alpha}_n^{\mathrm{T}}\\\vdots&\vdots&&\vdots\\\boldsymbol{\alpha}_n\boldsymbol{\alpha}_1^{\mathrm{T}}&\boldsymbol{\alpha}_n\boldsymbol{\alpha}_2^{\mathrm{T}}&\cdots&\boldsymbol{\alpha}_n\boldsymbol{\alpha}_n^{\mathrm{T}}\end{bmatrix}=E$$
等价于
$$\boldsymbol{\alpha}_i\boldsymbol{\alpha}_j^{\mathrm{T}}=\delta_{ij}=\begin{cases}1,&i=j\\0,&i\neq j\end{cases}\quad(i,j=1,2,\cdots,n).$$
由此说明 Q 为正交矩阵的充要条件是 Q 的行向量都是单位向量,且两两正交.

由于 Q 的行向量组就是 Q^{T} 的列向量组,Q 是正交矩阵当且仅当 Q^{T} 是正交矩阵,所以上述结论对 Q 的列向量也成立.

例 4　可以直接验证以下两个方阵都是正交矩阵:
$$A_1=\frac{1}{3}\begin{bmatrix}2&-1&2\\-1&2&2\\2&2&-1\end{bmatrix},\qquad A_2=\begin{bmatrix}0&\dfrac{1}{\sqrt{2}}&-\dfrac{1}{\sqrt{2}}\\-\dfrac{2}{\sqrt{6}}&\dfrac{1}{\sqrt{6}}&\dfrac{1}{\sqrt{6}}\\\dfrac{1}{\sqrt{3}}&\dfrac{1}{\sqrt{3}}&\dfrac{1}{\sqrt{3}}\end{bmatrix}.$$

验证方法如下:每个行向量中的各个分量的平方之和都为 1,而且任意两个行向量中对应分量乘积之和都为 0.

4.3.3　实对称矩阵的对角化

前面已经提到,实对称矩阵一定可以对角化,并且其特征值,特征向量还具有许多特殊的性质,下面我们将给出一些具体的结论.为了证明这些重要结论,先介绍复矩阵和复向量的有关概念和性质.

定义 4.10　元素为复数的矩阵和向量,称为**复矩阵**和**复向量**.

定义 4.11　设 a_{ij} 为复数,$A=(a_{ij})_{m\times n}$,$\overline{A}=(\overline{a}_{ij})_{m\times n}$,$\overline{a}_{ij}$ 是 a_{ij} 的共轭复数,则称 $\overline{A}$ 是 A

的共轭矩阵.

由定义 4.11 可知:$\overline{\overline{A}}=A,\overline{A^{\mathrm{T}}}=\overline{A}^{\mathrm{T}}$;当 A 为实对称矩阵时,$\overline{A}^{\mathrm{T}}=A$.

由上述定义及共轭复数的运算性质,易证共轭矩阵有以下性质:

(1)$\overline{kA}=\bar{k}\,\overline{A}$($k$ 为复数);

(2)$\overline{A+B}=\overline{A}+\overline{B}$;

(3)$\overline{AB}=\overline{A}\,\overline{B}$;

(4)$\overline{(AB)^{\mathrm{T}}}=\overline{B}^{\mathrm{T}}\,\overline{A}^{\mathrm{T}}$;

(5)若 A 可逆,则 $\overline{A^{-1}}=(\overline{A})^{-1}$;

(6)$|\overline{A}|=\overline{|A|}$.

定理 4.14　实对称矩阵的特征值都是实数.

证　设 λ 是 A 的任一特征值. 因为 A 是实对称矩阵,所以 $\overline{A}=A,A^{\mathrm{T}}=A$,而

$$\overline{\alpha}^{\mathrm{T}}(A\alpha)=\overline{\alpha}^{\mathrm{T}}A^{\mathrm{T}}\alpha=(A\overline{\alpha})^{\mathrm{T}}\alpha=(\overline{A\alpha})^{\mathrm{T}}\alpha,$$

上式左边为 $\lambda\overline{\alpha}^{\mathrm{T}}\alpha$,右边为 $\overline{\lambda}\overline{\alpha}^{\mathrm{T}}\alpha$,因此

$$\lambda\,\overline{\alpha}^{\mathrm{T}}\alpha=\overline{\lambda}\overline{\alpha}^{\mathrm{T}}\alpha.$$

又因为 α 是非零向量,$\overline{\alpha}^{\mathrm{T}}\alpha>0$,所以 $\lambda=\overline{\lambda}$,即 λ 是实数.

定理 4.15　实对称矩阵的属于不同特征值的特征向量彼此正交.

证　设 A 是一个实对称矩阵,λ,μ 是 A 的两个不同的特征值,α,β 分别是对应的特征向量,则由

$$\lambda(\alpha,\beta)=(\lambda\alpha,\beta)=(A\alpha,\beta)=(A\alpha)^{\mathrm{T}}\beta=\alpha^{\mathrm{T}}A^{\mathrm{T}}\beta$$
$$=\alpha^{\mathrm{T}}A\beta=(\alpha,A\beta)=(\alpha,\mu\beta)=\mu(\alpha,\beta),$$

从而得

$$(\lambda-\mu)(\alpha,\beta)=0,$$

而 $\lambda\neq\mu$,故 $(\alpha,\beta)=0$,即 α 与 β 正交.

定理 4.16　设 A 为 n 阶实对称矩阵,λ_i 是 A 的 $n_i(i=1,2,\cdots,s)$ 重互异特征值($n_1+n_2+\cdots+n_s=n$),则 A 的属于特征值 λ_i 的线性无关的特征向量恰有 n_i 个,从而实对称矩阵 A 可对角化.

由齐次线性方程组解的性质知,将 n 阶实对称矩阵 A 的每个 n_i 重特征值 λ_i 对应的 n_i 个线性无关的特征向量用施密特正交化方法正交化后,再将它们单位化,仍是 A 的属于特征值 λ_i 的特征向量. 由此可知,n 阶实对称矩阵 A 一定有 n 个正交的单位特征向量. 用其构成正交矩阵 Q,有

$$Q^{-1}AQ=\Lambda,$$

其中 $\Lambda=\mathrm{diag}(\lambda_1,\lambda_2,\cdots,\lambda_n)$.

定理 4.17　设 A 是一实对称矩阵,则一定存在正交矩阵 Q,使 $Q^{-1}AQ$ 为对角矩阵.

反之,若实矩阵 A 正交相似于某个对角矩阵,则 A 一定是对称矩阵.

下面我们仅说明充分性.

当 A 正交相似于对角矩阵 Λ 时,根据 $Q^{\mathrm{T}}AQ=\Lambda$,就可推出
$$A=(Q^{\mathrm{T}})^{-1}\Lambda Q^{-1}=(Q^{-1})^{\mathrm{T}}\Lambda Q^{-1},$$
又由于 Λ 本身也为对称矩阵,于是必有
$$A^{\mathrm{T}}=(Q^{-1})^{\mathrm{T}}\Lambda^{\mathrm{T}}Q^{-1}=(Q^{-1})^{\mathrm{T}}\Lambda Q^{-1}=A.$$

定理 4.17 表明,实方阵 A 正交相似于对角矩阵当且仅当 A 是对称矩阵.

例 5　设 $A=\begin{pmatrix} 4 & 2 & 2 \\ 2 & 4 & 2 \\ 2 & 2 & 4 \end{pmatrix}$,求正交矩阵 Q,使 $Q^{-1}AQ$ 为对角阵.

解　特征方程为
$$|\lambda E-A|=\begin{vmatrix} \lambda-4 & -2 & -2 \\ -2 & \lambda-4 & -2 \\ -2 & -2 & \lambda-4 \end{vmatrix}=(\lambda-8)(\lambda-2)^2=0,$$
故 A 的特征值为 $\lambda_1=8,\lambda_2=\lambda_3=2$.

对 $\lambda_1=8$,相应的特征向量为 $\alpha_1=(1,1,1)^{\mathrm{T}}$;

对 $\lambda_2=\lambda_3=2$,相应的特征向量为 $\alpha_2=(-1,1,0)^{\mathrm{T}},\alpha_3=(-1,0,1)^{\mathrm{T}}$,由施密特正交化方法,得
$$\beta_2=\alpha_2,\ \beta_3=\alpha_3-\frac{(\alpha_3,\beta_2)}{(\beta_2,\beta_2)}\beta_2=\frac{1}{2}(-1,-1,2)^{\mathrm{T}}.$$

再将 α_1,β_2,β_3 单位化得,
$$\gamma_1=\left(\frac{1}{\sqrt{3}},\frac{1}{\sqrt{3}},\frac{1}{\sqrt{3}}\right)^{\mathrm{T}},\quad \gamma_2=\left(-\frac{1}{\sqrt{2}},\frac{1}{\sqrt{2}},0\right)^{\mathrm{T}},\quad \gamma_3=\left(-\frac{1}{\sqrt{6}},-\frac{1}{\sqrt{6}},\frac{2}{\sqrt{6}}\right)^{\mathrm{T}},$$
于是得正交阵
$$Q=(\gamma_1,\gamma_2,\gamma_3)=\begin{pmatrix} \frac{1}{\sqrt{3}} & -\frac{1}{\sqrt{2}} & -\frac{1}{\sqrt{6}} \\ \frac{1}{\sqrt{3}} & \frac{1}{\sqrt{2}} & -\frac{1}{\sqrt{6}} \\ \frac{1}{\sqrt{3}} & 0 & \frac{2}{\sqrt{6}} \end{pmatrix},$$
使得
$$Q^{-1}AQ=\begin{pmatrix} 8 & & \\ & 2 & \\ & & 2 \end{pmatrix}.$$

现在,我们把上述求解实方阵 A 的正交相似对角化的具体计算步骤归纳如下:

(1)求出实对称矩阵 A 的全部特征值;

(2)若特征值是单根,则求出一个特征向量,并加以单位化;若特征值是 n_i 重根,则求出 n_i 个线性无关的特征向量,然后用施密特正交化方法化为正交组,再单位化;

(3)将这些两两正交的单位特征向量按列拼起来,就得到了正交矩阵 Q.

例 6 设三阶实对称矩阵 A 的特征值是 $1,2,3$,属于特征值 $1,2$ 的特征向量分别为 $\alpha_1 = (-1,-1,1)^T, \alpha_2 = (1,-2,-1)^T$.(1)求属于特征值 3 的特征向量;(2)求矩阵 A.

解 (1)设属于特征值 3 的特征向量为 $\boldsymbol{\alpha}_3 = (x_1, x_2, x_3)$,由于实对称矩阵的属于不同特征值的特征向量彼此正交,于是有 $\boldsymbol{\alpha}_1^T \boldsymbol{\alpha}_3 = 0, \boldsymbol{\alpha}_2^T \boldsymbol{\alpha}_3 = 0$,即

$$\begin{cases} -x_1 - x_2 + x_3 = 0 \\ x_1 - 2x_2 - x_3 = 0 \end{cases}.$$

解此齐次线性方程组,得其一个基础解系为 $(1, 0, 1)^T$,所以属于特征值 3 的全部特征向量为 $k(1, 0, 1)^T$(k 为任意非零常数).

(2)记 $\boldsymbol{P} = \begin{pmatrix} -1 & 1 & 1 \\ -1 & -2 & 0 \\ 1 & -1 & 1 \end{pmatrix}$,求得 $\boldsymbol{P}^{-1} = \dfrac{1}{6} \begin{pmatrix} -2 & -2 & 2 \\ 1 & -2 & -1 \\ 3 & 0 & 3 \end{pmatrix}$,从而

$$\boldsymbol{A} = \boldsymbol{P} \begin{pmatrix} 1 & & \\ & 2 & \\ & & 3 \end{pmatrix} \boldsymbol{P}^{-1} = \frac{1}{6} \begin{pmatrix} -1 & 1 & 1 \\ -1 & -2 & 0 \\ 1 & -1 & 1 \end{pmatrix} \begin{pmatrix} 1 & & \\ & 2 & \\ & & 3 \end{pmatrix} \begin{pmatrix} -2 & -2 & 2 \\ 1 & -2 & -1 \\ 3 & 0 & 3 \end{pmatrix}$$

$$= \frac{1}{6} \begin{pmatrix} 13 & -2 & 5 \\ -2 & 10 & 2 \\ 5 & 2 & 13 \end{pmatrix}.$$

习题四

(A)

1.求矩阵 $\boldsymbol{A} = \begin{pmatrix} -3 & -1 & 2 \\ 0 & -1 & 4 \\ -1 & 0 & 1 \end{pmatrix}$ 的实特征值及对应的特征向量.

2.设

$$\boldsymbol{A} = \begin{pmatrix} -1 & 2 & 2 \\ 2 & -1 & -2 \\ 2 & -2 & -1 \end{pmatrix}.$$

(1)试求矩阵 A 的特征值；

(2)利用(1)小题的结果,求矩阵 $E+A^{-1}$ 的特征值,其中 E 是三阶单位矩阵.

3.设 $A=\begin{bmatrix} 1 & -1 & 1 \\ 2 & 4 & a \\ -3 & -3 & 5 \end{bmatrix}$,6 是 A 的一个特征值,(1)求 a 的值;(2)求 A 的全部特征值和特征向量.

4.设向量 $\boldsymbol{\alpha}=(-1,-2,1)^{\mathrm{T}}$ 是矩阵 $A=\begin{bmatrix} -1 & 1 & 0 \\ -4 & a & 0 \\ b & 0 & 2 \end{bmatrix}$ 的特征向量.

(1)求常数 a,b 及向量 $\boldsymbol{\alpha}$ 所对应的特征值 λ；

(2)求矩阵 A 的全部特征值和特征向量.

5.设向量 $\boldsymbol{\beta}=(1,1,2)^{\mathrm{T}}$ 是矩阵 $A=\begin{bmatrix} 1 & a & -1 \\ 1 & 1 & -1 \\ 0 & 4 & b \end{bmatrix}$ 的特征向量.

(1)求 a,b 的值；

(2)求方程组 $A^2 x = \boldsymbol{\beta}$ 的通解.

6.设 A 为 n 阶矩阵,λ_1 和 λ_2 是 A 的两个不同的特征值,x_1,x_2 是分别属于 λ_1 和 λ_2 的特征向量.试证明 x_1+x_2 不是 A 的特征向量.

7.设 A 是 n 阶矩阵,试证结论：

(1)若 A 是幂零矩阵,即存在正整数 k,使 $A^k=O$,则 A 的特征值为 0；

(2)若 A 是对合阵,即 $A^2=E$,则 A 的特征值为 1 或 -1.

8.设矩阵 $A=\begin{bmatrix} a & -1 & c \\ 5 & b & 3 \\ 1-c & 0 & -a \end{bmatrix}$,其行列式 $|A|=-1$,又 A 的伴随矩阵 A^* 有一个特征值 λ_0,属于 λ_0 的一个特征向量为 $\boldsymbol{\alpha}=(-1,-1,1)^{\mathrm{T}}$,求 a,b,c 和 λ_0 的值.

9.已知 $\boldsymbol{\xi}=\begin{bmatrix} 1 \\ 1 \\ -1 \end{bmatrix}$ 是矩阵 $A=\begin{bmatrix} 2 & -1 & 2 \\ 5 & a & 3 \\ -1 & b & -2 \end{bmatrix}$ 的一个特征向量.

(1)试确定参数 a,b 及特征向量 $\boldsymbol{\xi}$ 所对应的特征值；

(2)问 A 能否相似于对角阵? 说明理由.

10.已知矩阵 $A=\begin{bmatrix} 1 & -1 & 1 \\ 2 & 4 & -2 \\ -3 & -3 & 5 \end{bmatrix}$.

(1)求 A 的特征值；

(2)求可逆矩阵 和对角阵 C, 使得 $P^{-1}AP = C$.

11. 设 $A = \begin{pmatrix} a & -1 & 1 \\ -1 & 0 & 1 \\ 1 & b & 0 \end{pmatrix}$, $\alpha = \begin{pmatrix} -1 \\ -1 \\ 1 \end{pmatrix}$ 为 A 的属于特征值 -2 的特征向量.

(1)求 a, b 的值;

(2)求可逆矩阵 P 和对角矩阵 Q, 使得 $P^{-1}AP = Q$.

12. 已知 1 是矩阵 $A = \begin{pmatrix} 0 & a & 1 \\ 1 & 1 & -1 \\ 1 & 0 & 0 \end{pmatrix}$ 的二重特征值, (1)求 a 的值; (2)求可逆矩阵 P 和对角矩阵 Q 使 $P^{-1}AP = Q$.

13. 设 3 阶矩阵 A 的特征值为 $1, 1, -2$, 对应的特征向量依次为

$$\alpha_1 = \begin{pmatrix} 0 \\ 1 \\ 0 \end{pmatrix}, \alpha_2 = \begin{pmatrix} 1 \\ 0 \\ 1 \end{pmatrix}, \alpha_3 = \begin{pmatrix} 1 \\ 0 \\ -1 \end{pmatrix}.$$

(1)求矩阵 A;

(2)求 A^{2009}.

14. 设矩阵 $A = \begin{pmatrix} 1 & 2 & 0 \\ 2 & 1 & 0 \\ 0 & 0 & -1 \end{pmatrix}$.

(1)求可逆矩阵 P 和对角矩阵 Λ, 使得 $P^{-1}AP = \Lambda$;

(2)求 A^{101}.

15. 设 $A = \begin{pmatrix} 0 & 0 & 1 \\ x & 1 & y \\ 1 & 0 & 0 \end{pmatrix}$ 有三个线性无关的特征向量, 求 x 和 y 应满足的条件.

16. 已知矩阵 $A = \begin{pmatrix} 0 & 2 & 1 \\ 0 & 1 & 0 \\ 1 & a & 0 \end{pmatrix}$ 相似于对角矩阵.

(1)求 a 的值;

(2)求可逆矩阵 P 和对角矩阵 Λ, 使得 $P^{-1}AP = \Lambda$.

17. 设矩阵 A 与 B 相似, 且

$$A = \begin{pmatrix} 1 & -2 & -4 \\ -2 & x & -2 \\ -4 & -2 & 1 \end{pmatrix}, B = \begin{pmatrix} 5 & & \\ & y & \\ & & -4 \end{pmatrix},$$

(1)求 x, y 的值;

(2)求可逆矩阵 P,使 $P^{-1}AP=B$.

18.已知 $A = \begin{pmatrix} 13 & 14 & 4 \\ 14 & 24 & 18 \\ 4 & 18 & 29 \end{pmatrix}$,求满足 $X^2 = A$ 的矩阵 X.

19.设 $P = (\boldsymbol{\alpha}_1, \boldsymbol{\alpha}_2, \boldsymbol{\alpha}_3)$ 为 3 阶可矩阵,方阵 A 满足 $A\boldsymbol{\alpha}_1 = \boldsymbol{\alpha}_1 + \boldsymbol{\alpha}_3$,$A\boldsymbol{\alpha}_2 = -\boldsymbol{\alpha}_1 + 2\boldsymbol{\alpha}_2 + \boldsymbol{\alpha}_3$,$A\boldsymbol{\alpha}_3 = 2\boldsymbol{\alpha}_3$.

(1)求 $P^{-1}AP$;

(2)证明 A 可相似对角化.

20.设矩阵 A 的特征值都为 ± 1,且 A 可对角化,证明:$A^2 = E$.

21.已知三维向量 $\boldsymbol{\alpha}_1 = (1, 2, 3)^{\mathrm{T}}$,试求非零向量 $\boldsymbol{\alpha}_2, \boldsymbol{\alpha}_3$ 使得 $\boldsymbol{\alpha}_1, \boldsymbol{\alpha}_2, \boldsymbol{\alpha}_3$ 成为正交向量组.

22.利用施密特方法求与下列向量组等价的标准正交向量组:

(1)$\boldsymbol{\alpha}_1 = (2, 1, 3, -1)^{\mathrm{T}}$,$\boldsymbol{\alpha}_2 = (7, 4, 3, -3)^{\mathrm{T}}$,$\boldsymbol{\alpha}_3 = (1, 1, -6, 0)^{\mathrm{T}}$;

(2)$\boldsymbol{\alpha}_1 = (0, 1, -1)^{\mathrm{T}}$,$\boldsymbol{\alpha}_2 = (1, 0, 0)^{\mathrm{T}}$,$\boldsymbol{\alpha}_3 = (1, 1, 1)^{\mathrm{T}}$.

23.判断下列矩阵是否是正交矩阵:

$$(1)\begin{pmatrix} 1 & -\dfrac{1}{2} & \dfrac{1}{3} \\ -\dfrac{1}{2} & 1 & \dfrac{1}{2} \\ \dfrac{1}{3} & \dfrac{1}{2} & -1 \end{pmatrix};\qquad (2)\begin{pmatrix} \dfrac{1}{2} & \dfrac{1}{2} & \dfrac{1}{2} & \dfrac{1}{2} \\ \dfrac{1}{2} & \dfrac{1}{2} & -\dfrac{1}{2} & -\dfrac{1}{2} \\ \dfrac{1}{2} & -\dfrac{1}{2} & \dfrac{1}{2} & -\dfrac{1}{2} \\ \dfrac{1}{2} & -\dfrac{1}{2} & -\dfrac{1}{2} & \dfrac{1}{2} \end{pmatrix}.$$

24.若 A 与 B 是正交矩阵,证明 $\begin{pmatrix} A & O \\ O & B \end{pmatrix}$ 也是正交矩阵.

25.若 A 为实对称矩阵,且 $A^2 + 6A + 8E = O$,证明 $A + 3E$ 是正交矩阵.

26.试证反对称实矩阵的特征值是零或纯虚数.

27.设 A,B 和 $A+B$ 都是 n 阶正交矩阵,证明 $(A+B)^{-1} = A^{-1} + B^{-1}$.

28.设 λ 是 n 阶正交阵 A 的特征值,证明:$\dfrac{1}{\lambda}$ 也是 A 的特征值.

29.(1)若 A, B 都是正交矩阵,且 $\left|\dfrac{A}{B}\right| = -1$,试证:$r\left[(A+B)^*\right] \leqslant 1$.

(2)若 A 是正交矩阵,且 $|A| = -1$,试证:$A+E$ 不可逆.

(3)若 A, B 都是正交矩阵,$|A| + |B| = 0$,试证:$|A+B| = 0$.

30.求正交矩阵 Q,使 $Q^{-1}AQ$ 为对角矩阵:

$(1)\boldsymbol{A}=\begin{bmatrix} 2 & 0 & 0 \\ 0 & 3 & 2 \\ 0 & 2 & 3 \end{bmatrix};$ $\qquad (2)\boldsymbol{A}=\begin{bmatrix} 2 & 2 & -2 \\ 2 & 5 & -4 \\ -2 & -4 & 5 \end{bmatrix};$ $\qquad (3)\ \boldsymbol{A}=\begin{bmatrix} 3 & 2 & 4 \\ 2 & 0 & 2 \\ 4 & 2 & 3 \end{bmatrix}.$

31. 设矩阵 $\boldsymbol{A}=\begin{bmatrix} 1 & 1 & a \\ 1 & a & 1 \\ a & 1 & 1 \end{bmatrix}, \boldsymbol{\beta}=\begin{bmatrix} 1 \\ 1 \\ -2 \end{bmatrix}.$ 已知线性方程组 $\boldsymbol{AX}=\boldsymbol{\beta}$ 有解但不惟一,试求
(1) a 的值;(2)正交矩阵 $\boldsymbol{Q}$,使 $\boldsymbol{Q}^\mathrm{T}\boldsymbol{AQ}$ 为对角矩阵.

32. 设三阶实对称矩阵 $\boldsymbol{A}$ 的秩为 2,$\lambda_1=\lambda_2=6$ 是 $\boldsymbol{A}$ 的二重特征值.若 $\boldsymbol{\alpha}_1=(1,1,0)^\mathrm{T}$,
$\boldsymbol{\alpha}_2=(2,1,1)^\mathrm{T}$,$\boldsymbol{\alpha}_3=(-1,2,-3)^\mathrm{T}$ 都是 $\boldsymbol{A}$ 的属于特征值 6 的特征向量.(1)求 $\boldsymbol{A}$ 的另一特征值和对应的特征向量;(2)求矩阵 $\boldsymbol{A}$.

33. 已知 6,3,3 是 3 阶实对称矩阵 $\boldsymbol{A}$ 的三个特征值,又向量 $(-1,0,1)^\mathrm{T}$,$(1,-2,1)^\mathrm{T}$ 是 $\boldsymbol{A}$ 属于特征值 3 的两个特征向量.(1)求 $\boldsymbol{A}$ 属于特征值 6 的特征向量;(2)求矩阵 $\boldsymbol{A}$.

34. 已知 $\boldsymbol{T}^\mathrm{T}\boldsymbol{AT}=\begin{bmatrix} 1 & 0 & 0 \\ 0 & 3 & 0 \\ 0 & 0 & 7 \end{bmatrix}$,其中 $\boldsymbol{T}=\begin{bmatrix} -\dfrac{1}{\sqrt{3}} & \dfrac{1}{\sqrt{2}} & \dfrac{1}{\sqrt{6}} \\ \dfrac{1}{\sqrt{3}} & \dfrac{1}{\sqrt{2}} & -\dfrac{1}{\sqrt{6}} \\ \dfrac{1}{\sqrt{3}} & 0 & \dfrac{2}{\sqrt{6}} \end{bmatrix}$ 为正交矩阵,且 $\boldsymbol{A}=$

$\begin{bmatrix} 3 & 0 & 2 \\ 0 & 3 & -2 \\ 2 & -2 & 5 \end{bmatrix}$,求 $\boldsymbol{A}$ 的特征值和特征向量.

35. 构造一个 3 阶实对称矩阵,使其特征值为 1,1,-1,且对应特征值 1 有特征向量 $(1,1,1)^\mathrm{T}$ 和 $(2,2,1)^\mathrm{T}$.

(B)

一、填空题

1. 已知 λ 为 n 阶矩阵 $\boldsymbol{A}$ 的特征值,$\boldsymbol{\alpha}$ 为对应的特征向量,若 $\boldsymbol{P}$ 为 n 阶可逆阵,则 $\boldsymbol{P}^{-1}\boldsymbol{AP}$ 必有特征值_____,对应的特征向量为_____.

2. n 阶零矩阵的全部特征向量为_____.

3. 设 n 阶矩阵 $\boldsymbol{A}$ 的元素全为 1,则 $\boldsymbol{A}$ 的 n 个特征值是_____.

4. 设 $\boldsymbol{A}$ 为 n 阶方阵,其秩满足 $r(\boldsymbol{E}+\boldsymbol{A})+r(\boldsymbol{A}-\boldsymbol{E})=n$,且 $\boldsymbol{A}\neq\boldsymbol{E}$,则 $\boldsymbol{A}$ 必有特征值_____.

5. 设矩阵 $\boldsymbol{A}=\begin{bmatrix} 1 & -1 & 0 \\ 2 & x & 0 \\ 4 & 2 & 1 \end{bmatrix}$ 有特征值 $\lambda_1=1,\lambda_2=2$,则 $x=$_____,$\boldsymbol{A}$ 的另一特征值

$\lambda_3 =$ _____.

6.设 2 阶矩阵 A 的特征值为 1,2,则行列式 $|A-3A^{-1}|=$ _____.

7.设四阶方阵 A 满足条件 $|3E+A|=0$,$AA^T=2E$,$|A|<0$,其中 E 是四阶单位阵,则方阵 A 的伴随矩阵 A^* 的一个特征值为 _____.

8.设 A 是三阶奇异矩阵,已知 $E+A$,$2E-A$ 均不可逆,则 A 相似于对角阵 Λ = _____.

9.设 A 为实对称矩阵,$\alpha_1=(1,1,3)^T$ 与 $\alpha_2=(4,5,a)^T$ 分别是属于 A 的互异特征值 λ_1 与 λ_2 的特征向量,则 $a=$ _____.

10.设 A,B 是 n 阶正交矩阵,并且 $|A|+|B|=0$,则 $|A+B|=$ _____.

二、选择题

1.设 λ_1,λ_2 是矩阵 A 的两个不同的特征值,对应的特征向量分别为 α_1,α_2,则 α_1,$A(\alpha_1+\alpha_2)$ 线性无关的充分必要条件是(　　).

(A)$\lambda_1\neq 0$ 　　　　(B)$\lambda_2\neq 0$ 　　　　(C)$\lambda_1=0$ 　　　　(D)$\lambda_2=0$

2.已知 A 是三阶矩阵,$r(A)=1$,则 $\lambda=0$(　　).

(A)必是 A 的二重特征值 　　　　(B)至少是 A 的二重特征值

(C)至多是 A 的二重特征值 　　　　(D)一重、二重、三重特征值都可能

3.设 $\lambda=2$ 为三阶矩阵 A 的一个特征值,α_1,α_2 是 A 的属于 $\lambda=2$ 的特征向量.若 $\alpha_1=(1,2,0)^T$,$\alpha_2=(1,0,1)^T$,向量 $\beta=(-1,2,-2)^T$,则 $A\beta=$(　　).

(A)$(2,2,1)^T$ 　　　　　　　　(B)$(-1,2,-2)^T$

(C)$(-2,4,-4)^T$ 　　　　　　　(D)$(-2,-4,4)^T$

4.设 $\lambda=2$ 是非奇异矩阵 A 的一个特征值,则矩阵 $\left(\frac{1}{3}A^2\right)^{-1}$ 有一个特征值等于(　　).

(A)$\frac{4}{3}$ 　　　　(B)$\frac{3}{4}$ 　　　　(C)$\frac{1}{2}$ 　　　　(D)$\frac{1}{4}$

5.下列矩阵中不能相似于对角矩阵的为(　　).

(A)$\begin{pmatrix}1 & 1\\0 & 1\end{pmatrix}$ 　　(B)$\begin{pmatrix}1 & 1\\0 & 2\end{pmatrix}$ 　　(C)$\begin{pmatrix}1 & 1\\1 & 2\end{pmatrix}$ 　　(D)$\begin{pmatrix}1 & 2\\1 & 2\end{pmatrix}$

6.设矩阵 $B=\begin{bmatrix}0 & 0 & 1\\0 & 1 & 0\\1 & 0 & 0\end{bmatrix}$.已知矩阵 A 相似于 B,则秩$(A-2E)$ 与秩$(A-E)$ 之和等于(　　).

(A)2 　　　　(B)3 　　　　(C)4 　　　　(D)5

7.n 阶方阵 A 具有 n 个不同的特征值是 A 与对角阵相似的(　　).

(A)充分必要条件 　　　　　　(B)充分而非必要条件

(C)必要而非充分条件   (D)既非充分也非必要条件

8.设 A,B 为 n 阶矩阵,且 A 与 B 相似,E 为 n 阶单位矩阵,则(   ).

(A)$\lambda E-A=\lambda E-B$

(B)A 与 B 有相同的特征值和特征向量

(C)A 与 B 都相似于一个对角矩阵

(D)对任意常数 t,$tE-A$ 与 $tE-B$ 相似

9.设 A 是 n 阶实对称矩阵,P 是 n 阶可逆矩阵.已知 n 维列向量 α 是 A 的属于特征值 λ 的特征向量,则矩阵 $(P^{-1}AP)^{\mathrm{T}}$ 属于特征值 λ 的特征向量是(   ).

(A)$P^{-1}\alpha$ (B)$P^{\mathrm{T}}\alpha$ (C)$P\alpha$ (D)$(P^{-1})^{\mathrm{T}}\alpha$

10.下列各结论中不正确的是(   ).

(A)单位矩阵 E 是正交矩阵   (B)两个正交矩阵的和是正交矩阵

(C)两个正交矩阵的积是正交矩阵   (D)正交矩阵的逆矩阵是正交矩阵

第 5 章 实二次型

二次型的理论起源于解析几何中的二次曲线和二次曲面方程的化简问题. 在本章中, 我们把在第 4 章中所建立的实对称矩阵的基本定理, 具体运用到求实二次型的标准化问题, 并讨论正定二次型和正定矩阵.

§5.1 实二次型的基本概念

5.1.1 实二次型的定义

定义 5.1 含有 n 个未知量 $x_1, x_2, \cdots, x_n$ 的实系数二次齐次多项式

$$
\begin{aligned}
f(x_1, x_2, \cdots, x_n) = {} & a_{11}x_1^2 + 2a_{12}x_1x_2 + 2a_{13}x_1x_3 + \cdots + 2a_{1n}x_1x_n \\
& + a_{22}x_2^2 + 2a_{23}x_2x_3 + \cdots + 2a_{2n}x_2x_n \\
& + \cdots\cdots \\
& \qquad\qquad + a_{n-1,n-1}x_{n-1}^2 + 2a_{n-1,n}x_{n-1}x_n \\
& \qquad\qquad\qquad + a_{n,n}x_n^2
\end{aligned} \tag{5-1}
$$

称为 n 元实二次型.

由于 $x_ix_j = x_jx_i$ 具有对称性, 若令 $a_{ij} = a_{ji}$, 其中 $i,j = 1,2,\cdots,n$, 则式(5-1)可以写成如下的对称形式:

$$
\begin{aligned}
f(x_1, x_2, \cdots, x_n) = {} & a_{11}x_1^2 + a_{12}x_1x_2 + a_{13}x_1x_3 + \cdots + a_{1n}x_1x_n \\
& + a_{21}x_2x_1 + a_{22}x_2^2 + a_{23}x_2x_3 + \cdots + a_{2n}x_2x_n \\
& + \cdots \\
& + a_{n1}x_nx_1 + a_{n2}x_nx_2 + a_{n3}x_nx_3 + \cdots + a_{nn}x_n^2 \\
= {} & \sum_{i=1}^{n}\sum_{j=1}^{n} a_{ij}x_ix_j
\end{aligned} \tag{5-2}
$$

记

$$
\boldsymbol{x} = \begin{bmatrix} x_1 \\ x_2 \\ \vdots \\ x_n \end{bmatrix}, \qquad \boldsymbol{A} = \begin{bmatrix} a_{11} & a_{12} & \cdots & a_{1n} \\ a_{21} & a_{22} & \cdots & a_{2n} \\ \vdots & \vdots & & \vdots \\ a_{n1} & a_{n2} & \cdots & a_{nn} \end{bmatrix},
$$

这里 $a_{ij} = a_{ji}, i,j = 1,2,\cdots,n$. 实二次型(5-1)可简写成矩阵形式:

$$
\begin{aligned}
f(x_1, x_2, \cdots, x_n) &= x_1(a_{11}x_1 + a_{12}x_2 + a_{13}x_3 + \cdots + a_{1n}x_n) \\
&\quad + x_2(a_{21}x_1 + a_{22}x_2 + a_{23}x_3 + \cdots + a_{2n}x_n) \\
&\quad + \cdots\cdots \\
&\quad + x_n(a_{n1}x_1 + a_{n2}x_2 + a_{n3}x_3 + \cdots + a_{nn}x_n) \\
&= (x_1, x_2, \cdots, x_n) \begin{bmatrix} a_{11}x_1 + a_{12}x_2 + \cdots + a_{1n}x_n \\ a_{21}x_1 + a_{22}x_2 + \cdots + a_{2n}x_n \\ \vdots \\ a_{n1}x_1 + a_{n2}x_2 + \cdots + a_{nn}x_n \end{bmatrix} \\
&= (x_1, x_2, \cdots, x_n) \begin{bmatrix} a_{11} & a_{12} & \cdots & a_{1n} \\ a_{21} & a_{22} & \cdots & a_{2n} \\ \vdots & \vdots & & \vdots \\ a_{n1} & a_{n2} & \cdots & a_{nn} \end{bmatrix} \begin{bmatrix} x_1 \\ x_2 \\ \vdots \\ x_n \end{bmatrix} \\
&= \boldsymbol{x}^{\mathrm{T}} \boldsymbol{A} \boldsymbol{x},
\end{aligned}
$$

即

$$
f(x_1, x_2, \cdots, x_n) = \boldsymbol{x}^{\mathrm{T}} \boldsymbol{A} \boldsymbol{x}, \tag{5-3}
$$

其中 $\boldsymbol{A}^{\mathrm{T}} = \boldsymbol{A}$,也即 $\boldsymbol{A}$ 为实对称矩阵.

从上面的推导过程可以看到,任给一个二次型,可唯一地确定一个对称矩阵 $\boldsymbol{A}$;反之,任给一个对称矩阵 $\boldsymbol{A}$,也可唯一地确定一个二次型 $\boldsymbol{x}^{\mathrm{T}} \boldsymbol{A} \boldsymbol{x}$,这样二次型与对称矩阵之间就建立了一一对应关系. 因此,对称矩阵 $\boldsymbol{A}$ 称为**二次型 f 的矩阵**,也把 f 称为**对称矩阵 $\boldsymbol{A}$ 的二次型**,对称矩阵的秩称为**二次型 f 的秩**.

由此可见,n 元实二次型与 n 阶实对称矩阵之间密切相关,完全可以用第 4 章中关于实对称矩阵的结论讨论二次型.

例 1 设二次型 $f(x_1, x_2, x_3) = x_1^2 - 3x_3^2 - 4x_1x_2 + 2x_2x_3$,试求二次型的矩阵 $\boldsymbol{A}$ 及二次型的秩,并将二次型用矩阵形式表示.

解 所求的矩阵为

$$
\boldsymbol{A} = \begin{bmatrix} 1 & -2 & 0 \\ -2 & 0 & 1 \\ 0 & 1 & -3 \end{bmatrix}.
$$

对矩阵 $\boldsymbol{A}$ 施以初等行变换,有

$$\boldsymbol{A}=\begin{pmatrix} 1 & -2 & 0 \\ -2 & 0 & 1 \\ 0 & 1 & -3 \end{pmatrix} \rightarrow \begin{pmatrix} 1 & -2 & 0 \\ 0 & 1 & -3 \\ 0 & 0 & -11 \end{pmatrix},$$

所以 $r(\boldsymbol{A})=3$,即二次型 f 的秩为 3.

二次型的矩阵表示形式为

$$f(x_1, x_2, x_3)=(x_1, x_2, x_3)\begin{pmatrix} 1 & -2 & 0 \\ -2 & 0 & 1 \\ 0 & 1 & -3 \end{pmatrix}\begin{pmatrix} x_1 \\ x_2 \\ x_3 \end{pmatrix}.$$

例 2　设 $\boldsymbol{A}=\begin{pmatrix} 3 & -\dfrac{1}{2} & 1 \\ -\dfrac{1}{2} & -1 & \dfrac{1}{2} \\ 1 & \dfrac{1}{2} & 1 \end{pmatrix}$,写出以 $\boldsymbol{A}$ 为矩阵的二次型.

解　由对称矩阵直接写出对应的二次型

$$f(x_1, x_2, x_3)=3x_1^2-x_1 x_2+2x_1 x_3-x_2^2+x_2 x_3+x_3^2.$$

5.1.2　线性变换与矩阵的合同

在平面解析几何中,为了确定二次方程 $ax^2+2bxy+cy^2=d$ 所表示的曲线性态,通常利用转轴公式

$$\begin{cases} x=x'\cos\theta-y'\sin\theta, \\ y=x'\sin\theta+y'\cos\theta. \end{cases} \tag{5-4}$$

选择适当的 θ,可使上面的二次方程化为

$$a'x'^2+b'y'^2=d.$$

式(5-4)中,x,y 由 x',y' 的线性表达式给出,通常称为线性变换.下面是一般的定义.

定义 5.2　设 $x_1,x_2,\cdots,x_n$ 和 $y_1,y_2,\cdots,y_n$ 是两组变量,它们之间的关系式

$$\begin{cases} x_1=c_{11}y_1+c_{12}y_2+\cdots+c_{1n}y_n, \\ x_2=c_{21}y_1+c_{22}y_2+\cdots+c_{2n}y_n, \\ \qquad\qquad\vdots \\ x_n=c_{n1}y_1+c_{n2}y_2+\cdots+c_{nn}x_n \end{cases} \tag{5-5}$$

称为由变量 x_1,x_2,$\cdots$,x_n 到 y_1,y_2,$\cdots$,y_n 的一个**线性变换**,简称线性变换.

记

$$C = \begin{pmatrix} c_{11} & c_{12} & \cdots & c_{1n} \\ c_{21} & c_{22} & \cdots & c_{2n} \\ \vdots & \vdots & & \vdots \\ c_{n1} & c_{n2} & \cdots & c_{nn} \end{pmatrix}, \quad x = \begin{pmatrix} x_1 \\ x_2 \\ \vdots \\ x_n \end{pmatrix}, \quad y = \begin{pmatrix} y_1 \\ y_2 \\ \vdots \\ y_n \end{pmatrix},$$

则线性变换(5-5)可写成矩阵形式

$$x = Cy. \tag{5-6}$$

矩阵 C 称为**线性变换**(5-5)或(5-6)的**矩阵**. 若 $|C| \neq 0$, 则称线性变换为**可逆的**或**非退化的**. 特别地, 当 C 是正交矩阵时, 称这个线性变换为**正交线性变换**, 简称**正交变换**.

将二次型 $f(x_1, x_2, \cdots, x_n) = x^T A x$ 代入可逆变换(5-6), 得

$$x^T A x = (Cy)^T A(Cy) = y^T (C^T A C) y,$$

由于 A 是实对称阵, 则 $C^T A C$ 也是实对称阵, 于是 $y^T (C^T A C) y$ 是一个以 $y_1, y_2, \cdots, y_n$ 为变量的二次型. 也就是说, 经过一个可逆的线性变换, 二次型还是变成二次型, 且变换后二次型的矩阵 $B = C^T A C$. 这个式子给出了变换前后两个二次型的矩阵之间的关系, 由此引入

定义 5.3 设 A, B 是两个 n 阶矩阵, 如果存在 n 阶可逆矩阵 C, 使得

$$B = C^T A C,$$

则称 A 与 B 是**合同的**, 或 A 合同于 B, 记作 $A \simeq B$.

由定义 5.3 知, 经过可逆线性变换, 新二次型的矩阵与原二次型的矩阵是合同的. 合同也是矩阵之间的一种关系, 由定义容易证明, 合同关系具有以下性质:

(1) 反身性 对任意的 n 阶方阵 A, 有 $A \simeq A$;

(2) 对称性 若 $A \simeq B$, 则 $B \simeq A$;

(3) 传递性 若 $A \simeq B, B \simeq C$, 则 $A \simeq C$.

注意, 当所用的可逆线性变换是正交变换时, 矩阵合同和矩阵相似是等价的.

容易得到: 一个二次型经非退化线性变换后, 原二次型的对应矩阵与新二次型的对应矩阵是合同的.

定理 5.1 任意实对称矩阵必合同于对角矩阵.

定理 5.1 就是运用矩阵合同的概念叙述定理 4.16 的结果.

§5.2 二次型的标准形

5.2.1 二次型的标准形

由于二次型中最简单的情况是只含有平方项的二次型

$$d_1 y_1^2 + d_2 y_2^2 + \cdots + d_n y_n^2,$$

因此二次型讨论的一个基本问题是:如何通过一个可逆的线性变换把二次型化为只含平方项而不含交叉项的二次型.

定义 5.4 如果二次型只含有变量的平方项,即

$$f(y_1, y_2, \cdots, y_n) = d_1 y_1^2 + d_2 y_2^2 + \cdots + d_n y_n^2$$

$$= (y_1, y_2, \cdots, y_n) \begin{pmatrix} d_1 & 0 & \cdots & 0 \\ 0 & d_2 & \cdots & 0 \\ \vdots & \vdots & & \vdots \\ 0 & 0 & \cdots & d_n \end{pmatrix} \begin{pmatrix} y_1 \\ y_2 \\ \vdots \\ y_n \end{pmatrix}, \tag{5-7}$$

则称这种形式为二次型的**标准形**.

不难看出,二次型的标准形(5-7)的矩阵是对角矩阵 $\boldsymbol{\Lambda} = \mathrm{diag}(d_1, d_2, \cdots, d_n)$,其秩为非零系数 $d_i (1 \leqslant i \leqslant n)$ 的个数.

从前面的分析可以看出,一个二次型是否可以经过一个可逆线性变换化成标准形就等价于二次型矩阵 $\boldsymbol{A}$ 是否存在可逆矩阵 $\boldsymbol{C}$,使得 $\boldsymbol{C}^{\mathrm{T}} \boldsymbol{A} \boldsymbol{C}$ 成为对角矩阵,也即对称矩阵 $\boldsymbol{A}$ 是否合同于一个对角阵.

5.2.2 用正交变换法化二次型为标准形

由于二次型的矩阵为实对称矩阵,而对于实对称矩阵,一定存在正交矩阵 $\boldsymbol{Q}$,使 $\boldsymbol{Q}^{\mathrm{T}} \boldsymbol{A} \boldsymbol{Q}$ 为对角矩阵,由此可得如下定理:

定理 5.2 对于一个二次型 $f(x_1, x_2, \cdots, x_n) = \boldsymbol{x}^{\mathrm{T}} \boldsymbol{A} \boldsymbol{x}$,一定存在一个正交线性变换 $\boldsymbol{x} = \boldsymbol{Q} \boldsymbol{y}$,使得二次型化为标准形

$$\lambda_1 y_1^2 + \lambda_2 y_2^2 + \cdots + \lambda_n y_n^2,$$

其中 $\lambda_i (i = 1, 2, \cdots, n)$ 是二次型矩阵 $\boldsymbol{A}$ 的全部特征值.

证 因为二次型的对应矩阵 $\boldsymbol{A}$ 是实对称矩阵,所以存在 n 阶正交矩阵 $\boldsymbol{Q}$,使得

$$\boldsymbol{Q}^{\mathrm{T}} \boldsymbol{A} \boldsymbol{Q} = \boldsymbol{Q}^{-1} \boldsymbol{A} \boldsymbol{Q} = \boldsymbol{\Lambda} = \mathrm{diag}(\lambda_1, \lambda_2, \cdots, \lambda_n),$$

其中 $\lambda_i (i = 1, 2, \cdots, n)$ 是二次型矩阵 $\boldsymbol{A}$ 的全部特征值.

作正交线性变换 $\boldsymbol{x} = \boldsymbol{Q} \boldsymbol{y}$,则

$$f(x_1, x_2, \cdots, x_n) = \boldsymbol{x}^{\mathrm{T}} \boldsymbol{A} \boldsymbol{x} = (\boldsymbol{Q} \boldsymbol{y})^{\mathrm{T}} \boldsymbol{A} (\boldsymbol{Q} \boldsymbol{y}) = \boldsymbol{y}^{\mathrm{T}} (\boldsymbol{Q}^{\mathrm{T}} \boldsymbol{A} \boldsymbol{Q}) \boldsymbol{y}$$

$$= \boldsymbol{y}^{\mathrm{T}} \boldsymbol{\Lambda} \boldsymbol{y} = \lambda_1 y_1^2 + \lambda_2 y_2^2 + \cdots + \lambda_n y_n^2.$$

定理 5.2 给出了用正交线性变换化二次型为标准形的具体步骤:

(1)求出二次型矩阵的全部特征值 $\lambda_1 (n_1 \text{ 重}), \lambda_2 (n_2 \text{ 重}), \cdots, \lambda_s (n_s \text{ 重})$,其中 $n_1 + n_2 + \cdots + n_s = n$;

(2)对每一个 $\lambda_j (j = 1, 2, \cdots, s)$,求出它的基础解系 $\boldsymbol{\alpha}_1^{(j)}, \boldsymbol{\alpha}_2^{(j)}, \cdots, \boldsymbol{\alpha}_{n_j}^{(j)}$ 并正交化;

(3)以这些特征向量为列作正交矩阵 Q，使 $Q^{\mathrm{T}}AQ=\mathrm{diag}(\lambda_1, \lambda_2, \cdots, \lambda_n)$；

(4)作正交线性变换 $x=Qy$，其中 $y=(y_1, y_2, \cdots, y_n)^{\mathrm{T}}$，则二次型 $f(x_1, x_2, \cdots, x_n)$ 化为标准形 $\lambda_1 y_1^2 + \lambda_2 y_2^2 + \cdots + \lambda_n y_n^2$.

例 3 用正交线性变换将二次型
$$f(x_1, x_2, x_3) = 4x_1^2 + 4x_2^2 + 4x_3^2 + 4x_1 x_2 + 4x_1 x_3 + 4x_2 x_3$$
化为标准形，并写出所用的正交线性变换.

解 二次型对应的矩阵为
$$A = \begin{bmatrix} 4 & 2 & 2 \\ 2 & 4 & 2 \\ 2 & 2 & 4 \end{bmatrix},$$

其特征方程为
$$|\lambda E - A| = \begin{vmatrix} \lambda-4 & -2 & -2 \\ -2 & \lambda-4 & -2 \\ -2 & -2 & \lambda-4 \end{vmatrix} = (\lambda-2)^2(\lambda-8) = 0,$$

解得特征值为 $\lambda_1 = \lambda_2 = 2$（二重）和 $\lambda_3 = 8$.

当 $\lambda_1 = \lambda_2 = 2$ 时，解齐次线性方程组 $(2E-A)x=0$，得它的一个基础解系
$$\alpha_1 = (-1, 1, 0)^{\mathrm{T}}, \alpha_2 = (-1, 0, 1)^{\mathrm{T}}.$$

将 α_1, α_2 正交化，得
$$\beta_1 = \alpha_1 = (-1, 1, 0)^{\mathrm{T}},$$
$$\beta_2 = \alpha_2 - \frac{(\alpha_2, \beta_1)}{(\beta_1, \beta_1)}\beta_1 = \left(-\frac{1}{2}, -\frac{1}{2}, 1\right)^{\mathrm{T}}.$$

再将 β_1, β_2 单位化，得
$$\gamma_1 = \frac{1}{\|\beta_1\|}\beta_1 = \left(-\frac{1}{\sqrt{2}}, \frac{1}{\sqrt{2}}, 0\right)^{\mathrm{T}},$$
$$\gamma_2 = \frac{1}{\|\beta_2\|}\beta_2 = \left(-\frac{1}{\sqrt{6}}, -\frac{1}{\sqrt{6}}, \frac{2}{\sqrt{6}}\right)^{\mathrm{T}}.$$

当 $\lambda_3 = 8$ 时，解齐次线性方程组 $(8E-A)x=0$，得它的一个基础解系
$$\alpha_3 = (1, 1, 1)^{\mathrm{T}}.$$

将其单位化，得
$$\gamma_3 = \frac{1}{\|\alpha_3\|}\alpha_3 = \left(\frac{1}{\sqrt{3}}, \frac{1}{\sqrt{3}}, \frac{1}{\sqrt{3}}\right)^{\mathrm{T}}.$$

令矩阵

$$Q=(\boldsymbol{\gamma}_1, \boldsymbol{\gamma}_2, \boldsymbol{\gamma}_3)=\begin{pmatrix} -\dfrac{1}{\sqrt{2}} & -\dfrac{1}{\sqrt{6}} & \dfrac{1}{\sqrt{3}} \\[2mm] \dfrac{1}{\sqrt{2}} & -\dfrac{1}{\sqrt{6}} & \dfrac{1}{\sqrt{3}} \\[2mm] 0 & \dfrac{2}{\sqrt{6}} & \dfrac{1}{\sqrt{3}} \end{pmatrix},$$

则 Q 即为所求的正交矩阵,且有

$$\boldsymbol{Q}^{\mathrm{T}}\boldsymbol{A}\boldsymbol{Q}=\begin{pmatrix} 2 & & \\ & 2 & \\ & & 8 \end{pmatrix}.$$

此时,作正交线性变换 $\boldsymbol{x}=\boldsymbol{Q}\boldsymbol{y}$,则原二次型化为标准形

$$f = 2y_1^2 + 2y_2^2 + 8y_3^2.$$

例 4　已知二次型

$$f(x_1, x_2, x_3) = x_1^2 + ax_2^2 + x_3^2 + 2bx_1x_2 + 2x_1x_3 + 2x_2x_3,$$

可经正交变换 $\boldsymbol{x}=\boldsymbol{Q}\boldsymbol{y}$ 化为 $f(x_1, x_2, x_3) = f(y_1, y_2, y_3) = y_2^2 + 4y_3^2$,求 a,b 的值和正交矩阵 $\boldsymbol{Q}$.

解　由题意可知矩阵 $\boldsymbol{A}=\begin{pmatrix} 1 & b & 1 \\ b & a & 1 \\ 1 & 1 & 1 \end{pmatrix}$ 与矩阵 $\boldsymbol{B}=\begin{pmatrix} 0 & & \\ & 1 & \\ & & 4 \end{pmatrix}$ 相似,所以 $0,1,4$ 是矩阵 $\boldsymbol{A}$ 的特征值,从而

$$\begin{cases} 2+a=5, \\ |\boldsymbol{A}|=-(b-1)^2=0, \end{cases}$$

解得 $a=3, b=1$.

特征值 $0,1,4$ 各自所对应的单位特征向量分别为

$$\boldsymbol{\alpha}_1=\frac{1}{\sqrt{2}}(1, 0, -1)^{\mathrm{T}}, \boldsymbol{\alpha}_2=\frac{1}{\sqrt{3}}(1, -1, 1)^{\mathrm{T}}, \boldsymbol{\alpha}_3=\frac{1}{\sqrt{6}}(1, 2, 1)^{\mathrm{T}},$$

从而所求的正交矩阵为

$$\boldsymbol{Q}=\begin{pmatrix} \dfrac{1}{\sqrt{2}} & \dfrac{1}{\sqrt{3}} & \dfrac{1}{\sqrt{6}} \\[2mm] 0 & -\dfrac{1}{\sqrt{3}} & \dfrac{2}{\sqrt{6}} \\[2mm] -\dfrac{1}{\sqrt{2}} & \dfrac{1}{\sqrt{3}} & \dfrac{1}{\sqrt{6}} \end{pmatrix}.$$

例 5　已知二次型

$$f(x_1, x_2, x_3) = 5x_1^2 + 5x_2^2 + cx_3^2 - 2x_1x_2 + 6x_1x_3 - 6x_2x_3$$

的秩为 2.

(1)求参数 c 及二次型对应的矩阵的特征值;

(2)指出方程 $f(x_1, x_2, x_3) = 1$ 表示何种二次曲面.

解 二次型的对应矩阵为

$$A = \begin{pmatrix} 5 & -1 & 3 \\ -1 & 5 & -3 \\ 3 & -3 & c \end{pmatrix}.$$

(1)用初等变换化 A 为阶梯形矩阵:

$$A = \begin{pmatrix} 5 & -1 & 3 \\ -1 & 5 & -3 \\ 3 & -3 & c \end{pmatrix} \rightarrow \begin{pmatrix} 1 & -5 & 3 \\ 0 & 2 & -1 \\ 0 & 0 & c-3 \end{pmatrix},$$

由 $r(A) = 2$ 得 $c = 3$.

矩阵 A 的特征方程为

$$|\lambda E - A| = \begin{vmatrix} \lambda-5 & 1 & -3 \\ 1 & \lambda-5 & 3 \\ -3 & 3 & \lambda-3 \end{vmatrix} = \lambda(\lambda-4)(\lambda-9) = 0,$$

则 A 的特征值为 $0, 4, 9$.

(2)由于存在正交变换 $x = Qy$ 把二次型 $f = x^T A x$ 化为标准形

$$f = y^T \begin{pmatrix} \lambda_1 & & \\ & \lambda_2 & \\ & & \lambda_3 \end{pmatrix} y = 4y_1^2 + 9y_2^2,$$

故 $f(x_1, x_2, x_3) = 1$ 可以通过正交变换 $x = Qy$ 化为

$$4y_1^2 + 9y_2^2 = 1,$$

它表示椭圆柱面.

5.2.3 用配方法化二次型为标准形

除了用正交变换法把二次型化为标准形外,还可以作一般的可逆线性变换,将二次型化为标准形,其中一种常用的方法就是配方法,其具体步骤为:

(1)若二次型含有 x_i 的平方项,则先把含有 x_i 的乘积项集中,然后配方,再对其余的变量重复上述过程,直到所有变量都配方成平方项为止,经过可逆线性变换,就得到标准形.

(2)若二次型中不含有平方项,但是 $a_{ij} \neq 0 \ (i \neq j)$,则先作可逆变换

$$\begin{cases} x_i = y_i - y_j \\ x_j = y_i + y_j \quad (k = 1, 2, \cdots, n \text{ 且 } k \neq i, j), \\ x_k = y_k \end{cases}$$

化二次型为含有平方项的二次型,然后再按(1)中方法配方.

例 6　利用配方法将例 3 化为标准形,即利用配方法化二次型

$$f(x_1, x_2, x_3) = 4x_1^2 + 4x_2^2 + 4x_3^2 + 4x_1 x_2 + 4x_1 x_3 + 4x_2 x_3$$

为标准形,并求所用的变换矩阵.

解　因 f 中含有 x_1 的平方项,故先把含 x_1 的项归并起来,再配方得

$$f = 4(x_1^2 + x_1(x_2 + x_3)) + 4x_2^2 + 4x_3^2 + 4x_2 x_3$$

$$= 4\left(x_1 + \frac{1}{2}x_2 + \frac{1}{2}x_3\right)^2 + 3x_2^2 + 2x_2 x_3 + 3x_3^2$$

$$= 4\left(x_1 + \frac{1}{2}x_2 + \frac{1}{2}x_3\right)^2 + 3\left(x_2 + \frac{1}{3}x_3\right)^2 + \frac{8}{3}x_3^2.$$

令

$$\begin{cases} y_1 = x_1 + \dfrac{1}{2}x_2 + \dfrac{1}{2}x_3, \\[2mm] y_2 = x_2 + \dfrac{1}{3}x_3, \\[2mm] y_3 = x_3, \end{cases}$$

即变换

$$\begin{cases} x_1 = y_1 - \dfrac{1}{2}y_2 - \dfrac{1}{3}y_3, \\[2mm] x_2 = y_2 - \dfrac{1}{3}y_3, \\[2mm] x_3 = y_3 \end{cases}$$

将 f 化成标准形

$$f = 4y_1^2 + 3y_2^2 + \frac{8}{3}y_3^2,$$

所用非退化线性变换的矩阵为

$$C = \begin{pmatrix} 1 & -\dfrac{1}{2} & -\dfrac{1}{3} \\[2mm] 0 & 1 & -\dfrac{1}{3} \\[2mm] 0 & 0 & 1 \end{pmatrix}, |C| = 1 \neq 0.$$

例 7　化二次型 $f(x_1, x_2, x_3) = x_1 x_2 + x_1 x_3 + 2x_2 x_3$ 为标准形.

解　因 f 中不含有平方项,但是含有乘积项 $x_1 x_2$,故令

$$\begin{cases} x_1 = y_1 + y_2, \\ x_2 = y_1 - y_2, \\ x_3 = y_3, \end{cases}$$

代入原二次型,配方得

$$f = y_1^2 + 3y_1 y_3 - y_2^2 - y_2 y_3 = \left(y_1 + \frac{3}{2}y_3\right)^2 - \frac{9}{4}y_3^2 - y_2^2 - y_2 y_3$$

$$= \left(y_1 + \frac{3}{2}y_3\right)^2 - \left(y_2 + \frac{1}{2}y_3\right)^2 - 2y_3^2.$$

再令

$$\begin{cases} z_1 = y_1 + \dfrac{3}{2}y_3, \\ z_2 = y_2 + \dfrac{1}{2}y_3, \\ z_3 = y_3, \end{cases}$$

即

$$\begin{cases} y_1 = z_1 - \dfrac{3}{2}z_3, \\ y_2 = z_2 - \dfrac{1}{2}z_3, \\ y_3 = z_3, \end{cases}$$

则原二次型 f 化成标准形

$$f = z_1^2 - z_2^2 - 2z_3^2,$$

所用线性变换矩阵为

$$\boldsymbol{C} = \begin{pmatrix} 1 & 1 & 0 \\ 1 & -1 & 0 \\ 0 & 0 & 1 \end{pmatrix} \begin{pmatrix} 1 & 0 & -\dfrac{3}{2} \\ 0 & 1 & -\dfrac{1}{2} \\ 0 & 0 & 1 \end{pmatrix} = \begin{pmatrix} 1 & 1 & -2 \\ 1 & -1 & -1 \\ 0 & 0 & 1 \end{pmatrix}.$$

一般地,可以证明,任何二次型都可以利用配方法找到可逆线性变换,将其化为标准形,且在标准形中所含的项数等于二次型的秩.

5.2.4 初等变换法化二次型为标准形

由定理 5.1 知,任意实对称矩阵 $\boldsymbol{A}$ 必合同于对角矩阵 $\boldsymbol{\Lambda}$,即存在可逆矩阵 $\boldsymbol{P}$,使得

$$\boldsymbol{P}^{\mathrm{T}}\boldsymbol{A}\boldsymbol{P} = \boldsymbol{\Lambda}. \tag{5-8}$$

由于 $\boldsymbol{P}$ 可逆,所以 $\boldsymbol{P}$ 等于有限个初等矩阵 $\boldsymbol{P}_1$, $\boldsymbol{P}_2$, $\cdots$, $\boldsymbol{P}_s$ 的乘积,即

$$P = P_1 P_2 \cdots P_s,$$

因此(5-8)式可写为

$$(P_1 P_2 \cdots P_s)^{\mathrm{T}} A (P_1 P_2 \cdots P_s) = \Lambda,$$

即

$$P_s^{\mathrm{T}} \cdots P_2^{\mathrm{T}} P_1^{\mathrm{T}} A P_1 P_2 \cdots P_s = \Lambda. \tag{5-9}$$

另外

$$E P_1 P_2 \cdots P_s = EP = P. \tag{5-10}$$

由初等矩阵 P_i 右乘矩阵 A 与初等矩阵 P_i^{T} 左乘矩阵 A 的初等变换意义及式(5-9)和式(5-10)知,利用矩阵的初等变换一定可把二次型化为标准形,具体方法为:

给定 n 个变量的二次型 $f = x^{\mathrm{T}} A x$,由矩阵 A 和 n 阶单位矩阵 E 构成 $2n \times n$ 矩阵 $\left(\dfrac{A}{E} \right)$,对矩阵 $\left(\dfrac{A}{E} \right)$ 施以成对的行列初等变换,即对矩阵 $\left(\dfrac{A}{E} \right)$ 施以某种初等列变换的同时,也对其施以相同的初等行变换. 当把 $\left(\dfrac{A}{E} \right)$ 中的矩阵 A 变换为对角矩阵 Λ 时,$\left(\dfrac{A}{E} \right)$ 中的单位矩阵 E 就变换成了所求的可逆矩阵 P,从而得到可逆线性变换 $x = Py$ 把二次型 $f = x^{\mathrm{T}} A x$ 化为标准形 $f = y^{\mathrm{T}} \Lambda y$. 这就是化二次型为标准形的初等变换法.

例 8 用初等变换法把二次型

$$f(x_1, x_2, x_3) = x_1^2 + 2x_2^2 + 2x_3^2 - 2x_1 x_2 + 4x_1 x_3 - 6x_2 x_3$$

化为标准形,并求出所用的非退化线性变换.

解 二次型 f 对应的矩阵

$$A = \begin{pmatrix} 1 & -1 & 2 \\ -1 & 2 & -3 \\ 2 & -3 & 2 \end{pmatrix}.$$

于是

$$\left(\frac{A}{E} \right) = \begin{pmatrix} 1 & -1 & 2 \\ -1 & 2 & -3 \\ 2 & -3 & 2 \\ 1 & 0 & 0 \\ 0 & 1 & 0 \\ 0 & 0 & 1 \end{pmatrix} \rightarrow \begin{pmatrix} 1 & 0 & 0 \\ 0 & 1 & 0 \\ 0 & 0 & -3 \\ 1 & 1 & -1 \\ 0 & 1 & 1 \\ 0 & 0 & 1 \end{pmatrix} = \left(\frac{\Lambda}{P} \right),$$

则

$$P = \begin{pmatrix} 1 & 1 & -1 \\ 0 & 1 & 1 \\ 0 & 0 & 1 \end{pmatrix}, \quad \Lambda = \begin{pmatrix} 1 & & \\ & 1 & \\ & & -3 \end{pmatrix},$$

所用的非退化线性变换为

$$\boldsymbol{x}=\boldsymbol{P}\boldsymbol{y}, \text{即} \begin{pmatrix} x_1 \\ x_2 \\ x_3 \end{pmatrix} = \begin{pmatrix} 1 & 1 & -1 \\ 0 & 1 & 1 \\ 0 & 0 & 1 \end{pmatrix} \begin{pmatrix} y_1 \\ y_2 \\ y_3 \end{pmatrix}.$$

二次型的标准形为

$$f = \boldsymbol{y}^{\mathrm{T}} \boldsymbol{\Lambda} \boldsymbol{y} = y_1^2 + y_2^2 - 3y_3^2.$$

§5.3　二次型的规范形与惯性定理

　　由上节中的例题可以看出,一个二次型可以用不同的可逆线性变换化成不同的标准形,虽然二次型的标准形并不唯一,但是,同一个二次型在化为标准形后,标准形中所含正、负平方项的个数却是相同的.下面给出二次型的规范形的概念.

　　定义 5.5　如果二次型 $f(x_1, x_2, \cdots, x_n) = \boldsymbol{x}^{\mathrm{T}} \boldsymbol{A} \boldsymbol{x}$,经过可逆线性变换 $\boldsymbol{x}=\boldsymbol{C}\boldsymbol{y}$ 可以化为

$$y_1^2 + \cdots + y_p^2 - y_{p+1}^2 - \cdots - y_r^2 \quad (p \leqslant r \leqslant n), \tag{5-11}$$

则称式(5-11)为二次型 $f(x_1, x_2, \cdots, x_n)$ 的**规范形**.

　　定理 5.3(惯性定理)　任何一个二次型 $f(x_1, x_2, \cdots, x_n) = \boldsymbol{x}^{\mathrm{T}} \boldsymbol{A} \boldsymbol{x}$ 都可以经过可逆线性变换化为规范形

$$y_1^2 + \cdots + y_p^2 - y_{p+1}^2 - \cdots - y_r^2 \quad (p \leqslant r \leqslant n),$$

且其规范形是唯一的,其中 $r = r(\boldsymbol{A})$ 是二次型的秩.

　　这里所谓的唯一是指规范形中指标 p 和 r 由二次型唯一确定.

　　定义 5.6　在实二次型的规范形中,正项的个数 p 称为它的**正惯性指数**,负项的个数 $r-p$ 称为它的**负惯性指数**,它们的差 $2p-r$ 称为**符号差**.

　　推论　正(负)惯性指数即为 $\boldsymbol{A}$ 的正(负)的特征值的个数.

　　确定二次型的规范形的方法是:

　　(1) 先求二次型 $f(x_1, x_2, \cdots, x_n) = \boldsymbol{x}^{\mathrm{T}} \boldsymbol{A} \boldsymbol{x}$ 的标准形

$$d_1 y_1^2 + \cdots + d_p y_p^2 - d_{p+1} y_{p+1}^2 - \cdots - d_r y_r^2,$$

其中 $d_i > 0 \quad (i = 1, 2, \cdots, r)$;

　　(2) 再作可逆线性变换

$$\begin{cases} y_1 = \dfrac{1}{\sqrt{d_1}}z_1, \\ \quad\cdots\cdots \\ y_r = \dfrac{1}{\sqrt{d_r}}z_r, \\ y_{r+1} = z_{r+1}, \\ y_n = z_n, \end{cases}$$

则原二次型化为规范形 $z_1^2 + \cdots + z_p^2 - z_{p+1}^2 - \cdots - z_r^2$.

例 9　化二次型 $f = x_1x_2 + x_1x_3 + 2x_2x_3$ 为规范形.

解　由例 7 知，通过配方法，将二次型 f 化为标准形 $f = z_1^2 - z_2^2 - 2z_3^2$. 作可逆变换

$$\begin{cases} w_1 = z_1, \\ w_2 = z_2, \\ w_3 = \sqrt{2}\,z_3, \end{cases}$$

也即

$$\begin{cases} z_1 = w_1, \\ z_2 = w_2, \\ z_3 = \dfrac{1}{\sqrt{2}}w_3, \end{cases}$$

则原二次型 f 化为规范形 $f = w_1^2 - w_2^2 - w_3^2$.

二次型的规范形(5-11)的矩阵是对角矩阵

$$\begin{bmatrix} \boldsymbol{E}_p & & \\ & -\boldsymbol{E}_{r-p} & \\ & & \boldsymbol{O}_{n-r} \end{bmatrix}.$$

惯性定理用矩阵的语言可表述为：任意一个秩为 r 的实对称矩阵 $\boldsymbol{A}$ 与对角矩阵

$$\begin{bmatrix} \boldsymbol{E}_p & & \\ & -\boldsymbol{E}_{r-p} & \\ & & \boldsymbol{O}_{n-r} \end{bmatrix}$$

合同.

利用惯性定理可得到实对称矩阵合同的判别方法.

定理 5.4　设 $\boldsymbol{A}$，$\boldsymbol{B}$ 都是 n 阶实对称矩阵，则 $\boldsymbol{A}$，$\boldsymbol{B}$ 合同的充要条件是 $\boldsymbol{A}$，$\boldsymbol{B}$ 有相同的秩和相同的正惯性指数.

例 10　设 $\boldsymbol{A} = \begin{bmatrix} 1 & 2 & 0 \\ 2 & 2 & 0 \\ 0 & 0 & -1 \end{bmatrix}$，试问

$$B=E, \quad C=\begin{bmatrix} 1 & & \\ & 1 & \\ & & -1 \end{bmatrix}, \quad D=\begin{bmatrix} 1 & & \\ & -1 & \\ & & -1 \end{bmatrix}$$

中哪个矩阵与 A 合同？并说明理由.

解 由 $|\lambda E-A|=(\lambda+1)(\lambda^2-3\lambda-2)=0$,得 A 的特征值 $\lambda_1=-1,\lambda_{2,3}=\dfrac{3\pm\sqrt{17}}{2}$. 从而 $r(A)=3$,且正惯性指数为 1. 而矩阵 B,C 的正惯性指数分别为 3 和 2,所以矩阵 B,C 与矩阵 A 不合同. 又矩阵 D 的正惯性指数为 $1,r(D)=3$,所以矩阵 A 与矩阵 D 合同.

§5.4　正定二次型和正定矩阵

二次型的规范形是唯一的,因此可以利用二次型的规范形(也可用标准形)对二次型进行分类. 在各种分类中,最重要的一类二次型就是正定二次型.

定义 5.7 设实二次型 $f(x_1,x_2,\cdots,x_n)=x^TAx$,如果对于任意的 $x=(x_1,x_2,\cdots,x_n)^T\neq 0$,有

$$f(x_1,x_2,\cdots,x_n)=x^TAx>0,$$

则称该二次型为**正定二次型**,并称 A 是**正定矩阵**.

例 11 二次型 $f(x_1,x_2,x_3)=x_1^2+2x_2^2+3x_3^2$ 是正定的,而 $g(x_1,x_2,x_3)=x_1^2+x_2^2-x_3^2$ 不是正定的.

解 因为对于任意的 $x=(x_1,x_2,x_3)^T\neq 0$,都有

$$f(x_1,x_2,x_3)=x_1^2+2x_2^2+3x_3^2>0,$$

所以二次型 $f(x_1,x_2,x_3)=x_1^2+2x_2^2+3x_3^2$ 是正定的.

而对于 $x=(0,0,1)^T\neq 0$,有 $g(0,0,1)=-1<0$,所以 $g(x_1,x_2,x_3)=x_1^2+x_2^2-x_3^2$ 不是正定的.

上面的例子说明,由二次型的标准形或规范形可以很容易地判别它的正定性. 那么通过可逆线性变换将二次型化为标准形或规范形是否改变二次型的正定性呢？

定理 5.5 可逆线性变换不改变二次型的正定性.

证 设二次型 $f(x_1,x_2,\cdots,x_n)=x^TAx$ 为正定二次型,经可逆线性变换 $x=Cy$,二次型化为

$$f(x_1,x_2,\cdots,x_n)=x^TAx=y^TBy=g(y_1,y_2,\cdots,y_n),$$

其中 $B=C^TAC$.

下面证明 $g(y_1,y_2,\cdots,y_n)$ 也是正定的.

对于任意 $z=(z_1,z_2,\cdots,z_n)^T\neq 0$,由于 C 可逆,得 $r=Cz\neq 0$. 再由原二次型的正定性,有

$$g(z) = z^T B z = z^T (C^T A C) z = r^T A r > 0,$$

因此,二次型 $g = y^T B y$ 也是正定二次型.

既然可逆线性变换不改变二次型的正定性,因此,可以先利用可逆线性变换将二次型化为标准形或规范形,再利用二次型的标准形或规范形的正定性来判别二次型的正定性.

根据二次型的标准形或规范形判别二次型为正定的判别方法可以归纳为如下定理.

定理 5.6　实二次型 $f(x_1, x_2, \cdots, x_n) = x^T A x$ 为正定的充分必要条件是它的标准形

$$f = d_1 y_1^2 + d_2 y_2^2 + \cdots + d_n y_n^2$$

的系数 $d_i > 0 \ (i = 1, 2, \cdots, n)$,即它的规范形的 n 个系数全为 1,也即它的正惯性指数等于 n.

证　设经可逆线性变换 $x = C y$,将二次型 $f(x_1, x_2, \cdots, x_n) = x^T A x$ 化为标准形 $f = d_1 y_1^2 + d_2 y_2^2 + \cdots + d_n y_n^2$.

充分性. 设标准形的系数 $d_i > 0 \ (i = 1, 2, \cdots, n)$,对任意的 $x = (x_1, x_2, \cdots, x_n)^T \neq 0$,则 $y = C^{-1} x \neq 0$,即 y 中至少有一个分量 $y_s (1 \leqslant s \leqslant n)$ 不为零,因此

$$f(x_1, x_2, \cdots, x_n) = x^T A x = y^T (C^T A C) y = d_1 y_1^2 + d_2 y_2^2 + \cdots + d_n y_n^2 > 0,$$

即 $f(x_1, x_2, \cdots, x_n)$ 是正定二次型.

必要性. 用反证法. 假设标准形的某个系数 $d_i \leqslant 0$,则当

$$y = \varepsilon_i = (0, \cdots, 0, 1, 0, \cdots, 0)^T$$

时,有 $x = C \varepsilon_i \neq 0$,使得 $f = x^T A x = d_i \leqslant 0$,这与 $f = x^T A x$ 正定矛盾,所以标准形的系数 $d_i > 0 \ (i = 1, 2, \cdots, n)$.

实二次型的正定性可以由如下等价命题来判别.

定理 5.7　设二次型 $f(x_1, x_2, \cdots, x_n) = x^T A x$,其中 A 为 n 阶实对称矩阵,则下列命题等价:

(1) $f = x^T A x$ 是正定二次型(或 A 是正定矩阵);

(2) 矩阵 A 的特征值均大于零;

(3) A 与同阶单位矩阵 E 合同;

(4) 存在可逆矩阵 P,使 $A = P^T P$.

证　(1) $\Rightarrow$ (2) 对于实二次型 $f(x_1, x_2, \cdots, x_n) = x^T A x$,存在正交变换 $x = C y$,使

$$f = x^T A x = \lambda_1 y_1^2 + \lambda_2 y_2^2 + \cdots + \lambda_n y_n^2,$$

其中 $\lambda_i (i = 1, 2, \cdots, n)$ 是 A 的特征值.

因为 A 是正定的,由定理 5.6 知 $\lambda_i > 0 (i = 1, 2, \cdots, n)$.

(2) $\Rightarrow$ (3) 由于 A 的特征值均大于零,所以 A 的正惯性指数等于 n,因此存在可逆矩

阵 P，使 $P^TAP=E$，即 A 与单位矩阵 E 合同.

(3)$\Rightarrow$(4) 因为 A 与单位矩阵 E 合同，即存在可逆矩阵 Q，使 $Q^TAQ=E$，即
$$A=(Q^T)^{-1}Q^{-1}=(Q^{-1})^TQ^{-1},$$

令 $P=Q^{-1}$，则矩阵 P 可逆，且使 $A=P^TP$.

(4)$\Rightarrow$(1) 任取 $x=(x_1,x_2,\cdots,x_n)^T\neq\mathbf{0}$，因为 P 为可逆矩阵，则 $Px\neq0$，于是
$$f=x^TAx=x^TP^TPx=(Px)^T(Px)>0,$$

所以 $f=x^TAx$ 是正定的.

例 12 判断二次型 $f(x_1,x_2,x_3)=x_1^2+2x_2^2+3x_3^2-2x_1x_2-2x_2x_3$ 是否是正定的.

解 二次型对应的矩阵为
$$A=\begin{bmatrix} 1 & -1 & 0 \\ -1 & 2 & -1 \\ 0 & -1 & 3 \end{bmatrix}.$$

由特征多项式
$$|\lambda E-A|=\begin{vmatrix} \lambda-1 & 1 & 0 \\ 1 & \lambda-2 & 1 \\ 0 & 1 & \lambda-3 \end{vmatrix}=(\lambda-2)(\lambda^2-4\lambda+1),$$

求得 A 的特征值为 $2,2\pm\sqrt{3}$，全为正，因此二次型正定.

实对称矩阵 A 的正定性还可以通过 A 的行列式来判别. 下面先给出矩阵 A 正定的两个必要条件，再给一个充分必要条件.

定理 5.8 设 $A=(a_{ij})$ 为 n 阶正定矩阵，则

(1) A 的主对角元 $a_{ii}>0$ $(i=1,2,\cdots,n)$;

(2) A 的行列式 $|A|>0$.

证 (1) 因为 A 是正定矩阵，所以
$$f=x^TAx=\sum_{i=1}^n\sum_{j=1}^n a_{ij}x_ix_j$$

是正定二次型. 取 $x_i=(0,\cdots,1,\cdots,0)^T$，则 $f(x_i)=a_{ii}>0$ $(i=0,1,\cdots,n)$.

(2) 因为 A 正定，所以 A 的特征值全大于零，即得 $|A|=\lambda_1\lambda_2\cdots\lambda_n>0$.

定义 5.8 设 $A=(a_{ij})$ 为 n 阶矩阵，称行列式
$$\Delta_k=\begin{vmatrix} a_{11} & a_{12} & \cdots & a_{1k} \\ a_{21} & a_{22} & \cdots & a_{2k} \\ \vdots & \vdots & & \vdots \\ a_{k1} & a_{k2} & \cdots & a_{kk} \end{vmatrix}$$

为矩阵 A 的 $k(k=1,2,\cdots,n)$ 阶顺序主子式.

例如三阶矩阵

$$A = \begin{pmatrix} 1 & -1 & 2 \\ -1 & 0 & -1 \\ 2 & -1 & 2 \end{pmatrix}$$

共有三个顺序主子式，它们是

$$\Delta_1 = |1|, \quad \Delta_2 = \begin{vmatrix} 1 & -1 \\ -1 & 0 \end{vmatrix}, \quad \Delta_3 = \begin{vmatrix} 1 & -1 & 2 \\ -1 & 0 & -1 \\ 2 & -1 & 2 \end{vmatrix} = |A|.$$

定理 5.9　二次型 $f = x^{\mathrm{T}} A x$ 正定的充分必要条件是矩阵 A 的全部顺序主子式均大于零.

例 13　判断二次型

$$f(x_1, x_2, x_3) = 2x_1^2 + 5x_2^2 + 5x_3^2 + 4x_1 x_2 - 4x_1 x_3 - 8x_2 x_3$$

是否正定.

解法 1　利用配方法将二次型化为标准形.

$$\begin{aligned} f(x_1, x_2, x_3) &= 2x_1^2 + 5x_2^2 + 5x_3^2 + 4x_1 x_2 - 4x_1 x_3 - 8x_2 x_3 \\ &= 2(x_1 + x_2 - x_3)^2 + 3\left(x_2 - \frac{2}{3}x_3\right)^2 + \frac{5}{3}x_3^2. \end{aligned}$$

令

$$\begin{cases} y_1 = x_1 + x_2 - x_3, \\ y_2 = x_2 - \dfrac{2}{3}x_3, \\ y_3 = x_3, \end{cases}$$

则二次型的标准形为

$$f = 2y_1^2 + 3y_2^2 + \frac{5}{3}y_3^2.$$

因为它的标准形的 3 个系数均为正，即正惯性指数为 3，故二次型为正定的.

解法 2　利用矩阵 A 的特征值进行判别.

二次型 f 的矩阵为

$$A = \begin{pmatrix} 2 & 2 & -2 \\ 2 & 5 & -4 \\ -2 & -4 & 5 \end{pmatrix}.$$

矩阵 A 的特征方程为

$$|\lambda E - A| = \begin{vmatrix} \lambda-2 & -2 & 2 \\ -2 & \lambda-5 & 4 \\ 2 & 4 & \lambda-5 \end{vmatrix} = (\lambda-1)^2(\lambda-10) = 0,$$

则 A 的特征值为 1(二重特征根)和 10,均大于零,故二次型为正定的.

解法 3 利用矩阵 A 的顺序主子式进行判别.

由于

$$\Delta_1 = |2| = 2 > 0, \quad \Delta_2 = \begin{vmatrix} 2 & 2 \\ 2 & 5 \end{vmatrix} = 6 > 0, \quad \Delta_3 = \begin{vmatrix} 2 & 2 & -2 \\ 2 & 5 & -4 \\ -2 & -4 & 5 \end{vmatrix} = 10 > 0,$$

即 A 的各阶顺序主子式都为正,故二次型为正定的.

例 14 问 t 取何值时,二次型

$$f(x_1, x_2, x_3) = 2x_1^2 + 2x_2^2 + 2x_3^2 - 2tx_1x_2 - 2tx_1x_3 - 2tx_2x_3$$

为正定二次型?

解 二次型 f 的对应矩阵为

$$A = \begin{pmatrix} 2 & -t & -t \\ -t & 2 & -t \\ -t & -t & 2 \end{pmatrix}.$$

要使 f 为正定,只需 A 的各阶顺序主子式都大于零,即

$$\Delta_1 = |2| = 2 > 0, \qquad \Delta_2 = \begin{vmatrix} 2 & -t \\ -t & 2 \end{vmatrix} = 4 - t^2 > 0,$$

$$\Delta_3 = \begin{vmatrix} 2 & -t & -t \\ -t & 2 & -t \\ -t & -t & 2 \end{vmatrix} = 2(1-t)(2+t)^2 > 0.$$

解联立不等式

$$\begin{cases} 4 - t^2 > 0, \\ 2(1-t)(2+t)^2 > 0, \end{cases}$$

得 $-2 < t < 1$,即当 $-2 < t < 1$ 时,二次型 f 为正定的.

例 15 如果 A 是正定矩阵,求证 A^{-1} 也是正定矩阵.

证 由 A 正定知 $|A| > 0$,故 A 可逆,且 A^{-1} 是实对称阵.

设 λ 是 A 的任一特征值,则 $\lambda > 0$,于是 A^{-1} 的特征值 $\dfrac{1}{\lambda} > 0$. 由 λ 的任意性,说明 A^{-1} 的全部特征值都是正的,因此 A^{-1} 也是正定矩阵.

在二次型分类中,除了正定二次型之外,类似的还有负定二次型、半正定二次型、半负定二次型、不定二次型等概念. 这里,我们仅作简要介绍.

定义 5.9 设 $f = x^{\mathrm{T}}Ax$(其中 $A^{\mathrm{T}} = A$)是一个实二次型,对于任意的非零向量

$$x = (x_1, x_2, \cdots, x_n)^{\mathrm{T}} \neq \mathbf{0}.$$

(1)若恒有 $f = x^{\mathrm{T}}Ax \geqslant 0$,则称 f 是半正定二次型,A 称为**半正定矩阵**;

(2)若恒有 $f=x^{\mathrm{T}}Ax<0$,则称 f 是负定二次型,A 称为**负定矩阵**;

(3)若恒有 $f=x^{\mathrm{T}}Ax\leqslant0$,则称 f 是半负定二次型,A 称为**半负定矩阵**.

(4)若二次型不是有定的,则称 f 为**不定二次型**.

定理 5.10 设实二次型 $f=x^{\mathrm{T}}Ax$,则下列命题等价:

(1)f 是负定二次型(或 A 是负定矩阵);

(2)f 的负惯性指数为 n;

(3)A 的特征值均小于零;

(4)A 的奇数阶顺序主子式全小于零,偶数阶顺序主子式全大于零.

例 16 判定下列二次型是否是有定二次型:

(1) $f=-2x_1^2+6x_2^2-4x_3^2+2x_1x_2+2x_1x_3$;

(2) $f=x_1^2+2x_2^2+3x_3^2-4x_1x_2-4x_2x_3$.

解 (1)f 的矩阵为

$$A=\begin{bmatrix} -2 & 1 & 1 \\ 1 & 6 & 0 \\ 1 & 0 & -4 \end{bmatrix},$$

其顺序主子式

$$\Delta_1=-2<0, \qquad\qquad \Delta_2=\begin{vmatrix} -2 & 1 \\ 1 & 6 \end{vmatrix}=-13<0,$$

$$\Delta_3=\begin{vmatrix} -2 & 1 & 1 \\ 1 & 6 & 0 \\ 1 & 0 & -4 \end{vmatrix}=-38<0,$$

故二次型 f 为负定二次型.

(2)f 的矩阵为

$$A=\begin{bmatrix} 1 & -2 & 0 \\ -2 & 2 & -2 \\ 0 & -2 & 3 \end{bmatrix},$$

其顺序主子式

$$\Delta_1=1>0, \qquad \Delta_2=\begin{vmatrix} 1 & -2 \\ -2 & 2 \end{vmatrix}=-2<0,$$

故二次型 f 为不定二次型.

习 题 五

(A)

1．写出下列二次型对应的矩阵：

(1) $f(x_1, x_2, x_3) = x_1^2 + x_2^2 + x_3^2 + x_4^2 + 2x_1x_2 - 2x_1x_4 - 2x_2x_3 + 2x_3x_4$；

(2) $f(x_1, x_2, x_3) = 2x_1x_2 + 2x_1x_3 - 2x_1x_4 - 2x_2x_3 + 2x_2x_4 + 2x_3x_4$．

2．写出下列矩阵对应的二次型：

$$(1) A = \begin{bmatrix} 0 & 0 & 2 \\ 0 & 2 & 0 \\ 2 & 0 & 0 \end{bmatrix}; \qquad\qquad (2) A = \begin{bmatrix} 2 & 1 & 1 \\ 1 & 0 & 3 \\ 1 & 3 & 1 \end{bmatrix}.$$

3．用正交变换化下列二次型为标准形，并写出所用的正交变换：

(1) $f(x_1, x_2, x_3) = 2x_1^2 + 5x_2^2 + 5x_3^2 + 4x_1x_2 - 4x_1x_3 - 8x_2x_3$；

(2) $f(x_1, x_2, x_3) = 2x_1x_2 + 2x_1x_3 + 2x_2x_3$．

4．设二次型 $f(x_1, x_2, x_3) = 3x_1^2 + 3x_2^2 + 5x_3^2 + 4x_1x_3 - 4x_2x_3$．(1)写出二次型的矩阵表示；(2)求正交矩阵 P，作变换 $(x_1, x_2, x_3)^{\mathrm{T}} = P(y_1, y_2, y_3)^{\mathrm{T}}$，化二次型为 y_1, y_2, y_3 的平方和．

5．设有二次型

$$f(x_1, x_2, x_3) = ax_1^2 + 4x_2^2 + bx_3^2 + 4x_1x_2 - 4x_1x_3 + 8x_2x_3,$$

经过正交变换化为 $y_1^2 + 6y_2^2 - 6y_3^2$，求 a, b 的值和正交变换矩阵 P．

6．设实二次型 $f(x_1, x_2, x_3) = x_1^2 + x_2^2 + x_3^2 + 2\alpha x_1x_2 + 2x_1x_3 + 2\beta x_2x_3$ 经正交变换 $x = Qy$ 化成标准形 $f = y_2^2 + 2y_3^2$，求 α, β．

7．用配方法化下列二次型为标准形，并求出所用的非退化线性变换：

(1) $f(x_1, x_2, x_3) = x_1^2 + 2x_2^2 + 2x_1x_2 - 2x_1x_3 + 2x_2x_3$；

(2) $f(x_1, x_2, x_3) = x_1x_2 + x_1x_3 + x_2x_3$．

8．用初等变换法化二次型

$$f(x_1, x_2, x_3) = 3x_1^2 + 2x_2^2 - x_3^2 + 6x_1x_2 - 12x_1x_3 - 8x_2x_3$$

为标准形，并求出所用的非退化线性变换．

9．已知二次型

$$f(x_1, x_2, x_3) = 5x_1^2 + 5x_2^2 + cx_3^2 - 2x_1x_2 + 6x_1x_3 - 6x_2x_3$$

的秩为 2，

(1) 求参数 c 及此二次型对应的特征值．

(2) 指出方程 $f(x_1, x_2, x_3) = 1$ 表示何种二次曲面．

10. 判定下列矩阵是否是正定矩阵：

$(1)\boldsymbol{A} = \begin{pmatrix} 10 & 4 & 12 \\ 4 & 2 & -14 \\ 12 & -14 & 1 \end{pmatrix};$ 　　　　　　$(2)\boldsymbol{A} = \begin{pmatrix} 1 & 1 & 1 \\ 1 & 2 & 2 \\ 1 & 2 & 3 \end{pmatrix}.$

11. 讨论参数 t 满足什么条件时下列二次型是正定二次型：

(1) $f(x_1, x_2, x_3) = x_1^2 + 4x_2^2 + 2x_3^2 + 2tx_1x_2 + 2x_2x_3$；

(2) $f(x_1, x_2, x_3) = 5x_1^2 + x_2^2 + tx_3^2 + 4x_1x_2 - 2x_1x_3 + 2x_2x_3$.

12. 设 $\boldsymbol{A}$ 是 n 阶正定矩阵，求方程组 $\boldsymbol{A}x = \boldsymbol{0}$ 的解集合.

13. 设矩阵

$$\boldsymbol{A} = \begin{pmatrix} 1 & 0 & 1 \\ 0 & 2 & 0 \\ 1 & 0 & 1 \end{pmatrix}, \qquad \boldsymbol{B} = (\boldsymbol{A} + k\boldsymbol{E})^2.$$

(1) 求对角矩阵 $\boldsymbol{\Lambda}$，使得 $\boldsymbol{B} \sim \boldsymbol{\Lambda}$；

(2) k 满足什么条件时 $\boldsymbol{B}$ 正定？

14. 设 $\boldsymbol{A}$ 是三阶实对称矩阵，且 $\boldsymbol{A}^2 + 2\boldsymbol{A} = \boldsymbol{O}, r(\boldsymbol{A}) = 2.$

(1) 求 $\boldsymbol{A}$ 全部特征值；

(2) k 为何值时，$\boldsymbol{A} + k\boldsymbol{E}$ 为正定矩阵.

15. 设 $\boldsymbol{A}, \boldsymbol{B}$ 都是 n 阶正定矩阵，证明 $\boldsymbol{A} + \boldsymbol{B}$ 也是正定矩阵.

16. 设 $\boldsymbol{A}$ 是正定矩阵，证明 $\boldsymbol{A}^*$ 也是正定矩阵.

17. 设 $\boldsymbol{A}$ 是 $m \times n$ 阶实矩阵，且 $r(\boldsymbol{A}) = n$，证明 $\boldsymbol{A}^{\mathrm{T}}\boldsymbol{A}$ 是正定矩阵.

18. 设 $\boldsymbol{A}$ 是 n 阶正定矩阵，$\boldsymbol{E}$ 是 n 阶单位矩阵，证明 $|\boldsymbol{A} + \boldsymbol{E}| > 1$.

19. 设 $\boldsymbol{A}$ 为实对称矩阵，且满足 $\boldsymbol{A}^2 - 3\boldsymbol{A} + 2\boldsymbol{E} = \boldsymbol{O}$，证明 $\boldsymbol{A}$ 为正定矩阵.

20. 设 $\boldsymbol{A}, \boldsymbol{B}$ 分别是 m, n 阶正定矩阵，证明分块矩阵 $\begin{pmatrix} \boldsymbol{A} & \boldsymbol{O} \\ \boldsymbol{O} & \boldsymbol{B} \end{pmatrix}$ 也是正定矩阵.

21. 设 $\boldsymbol{A}$ 是一个 n 阶实对称矩阵，且 $|\boldsymbol{A}| < 0$. 证明存在实 n 维向量 $\boldsymbol{\alpha}$，使得 $\boldsymbol{\alpha}^{\mathrm{T}}\boldsymbol{A}\boldsymbol{\alpha} < 0$.

22. 设

$$\boldsymbol{A} = \begin{pmatrix} 1 & 1 & & & \\ 1 & 3 & & & \\ & & a & a^2 & a^3 \\ & & 0 & a & a^2 \\ & & 0 & 0 & a \end{pmatrix}, \qquad x = \begin{pmatrix} x_1 \\ x_2 \\ x_3 \\ x_4 \\ x_5 \end{pmatrix}.$$

(1) 给出矩阵 $\boldsymbol{A}$ 可逆的条件，并求 $\boldsymbol{A}^{-1}$；

(2)当 A 不可逆时,二次型 $x^{\mathrm{T}}Ax$ 是否正定,说明理由.

（B）

一、填空题

1.已知二次型 $f(x_1,x_2,x_3)=-2x_1^2-2x_2^2-x_3^2-2tx_1x_2-2x_2x_3$,当 $t=$ _____ 时,该二次型的秩为 2.

2.二次型 $f(x_1,x_2,x_3)=x_1^2+4x_1x_2+x_2^2+x_3^2$ 的正惯性指数为_____,负惯性指数为_____,符号差为_____,秩为_____.

3.设实矩阵 $\begin{bmatrix} 2-a & 1 & 0 \\ 1 & 1 & 0 \\ 0 & 0 & a+3 \end{bmatrix}$ 为正定矩阵,则 a 的取值范围为_____.

4.三阶实对称矩阵 A 的特征值为 $\lambda_1=\lambda_2=1,\lambda_3=2$,则二次型 $f(x_1,x_2,x_3)=x^{\mathrm{T}}Ax$ 的规范形为_____.

5.二次型 $f(x_1,x_2,\cdots,x_n)=x_1^2+x_2^2+\cdots+x_r^2$,则当 $r=$ _____ 时 f 正定.

二、选择题

1.下列多项式中为二次型的是（   ）.

(A) $f(x_1,x_2)=x_1^2+2x_1x_2+4x_2^2-1$

(B) $f(x_1,x_2,x_3)=x_1^2+2x_1x_2+x_2^2-3x_3$

(C) $f(x_1,x_2)=\sqrt{2}x_1^2+x_1x_2+\lg5x_2^2-1$

(D) $f(x_1,x_2,x_3)=3x_1^2-2x_2x_3$

2.任何一个 n 阶满秩矩阵必定与 n 阶单位矩阵（   ）.

(A)合同　　　　(B)相似　　　　(C)等价　　　　(D)以上都不对

3.设 $A=\begin{bmatrix} 1 & 1 & 1 & 1 \\ 1 & 1 & 1 & 1 \\ 1 & 1 & 1 & 1 \\ 1 & 1 & 1 & 1 \end{bmatrix}$,$B=\begin{bmatrix} 4 & 0 & 0 & 0 \\ 0 & 0 & 0 & 0 \\ 0 & 0 & 0 & 0 \\ 0 & 0 & 0 & 0 \end{bmatrix}$,则 A 与 B（   ）.

(A)合同且相似　　　　　　　　(B)合同但不相似

(C)不合同但相似　　　　　　　(D)不合同且不相似

4.设矩阵 $A=\begin{bmatrix} 2 & -1 & -1 \\ -1 & 2 & -1 \\ -1 & -1 & 2 \end{bmatrix}$,$B=\begin{bmatrix} 1 & 0 & 0 \\ 0 & 1 & 0 \\ 0 & 0 & 0 \end{bmatrix}$,则 A 与 B（   ）.

(A)合同且相似　　　　　　　　(B)合同,但不相似

(C)不合同,但相似　　　　　　(D)既不合同,也不相似

5.设 A,B 均为 n 阶实对称矩阵,且 $A \simeq B$,则( ).

(A)A,B 都是对角矩阵　　　　　(B)A,B 有相同的特征值

(C)$|A| = |B|$　　　　　　　　　(D)$r(A) = r(B)$

6.$A = \begin{pmatrix} 1 & 0 & 0 \\ 0 & m & n+2 \\ 0 & m-1 & m \end{pmatrix}$ 为正定矩阵,则 m 必满足( ).

(A) $m > \dfrac{1}{2}$　　　　　　　(B) $m < \dfrac{3}{2}$

(C) $m > -2$　　　　　　　　　(D)与 n 有关,不能确定

7.设 A 为 n 阶对称矩阵,A 是正定矩阵的充要条件是( ).

(A)二次型 $x^{\mathrm{T}} A x$ 的负惯性指数为零　(B)A 无负特征值

(C)A 与单位矩阵合同　　　　　(D)存在 n 阶矩阵 C,使得 $A = C^{\mathrm{T}} C$

8.若 A,B 为 n 阶正定矩阵,则( ).

(A)AB,$A+B$ 都正定　　　　　(B)AB 正定,$A+B$ 非正定

(C)AB 非正定,$A+B$ 正定　　　(D)AB 不一定正定,$A+B$ 正定

附录 I 习题全解

习 题 一 全 解

(A)

1.计算下列行列式：

$$(1)\ \begin{vmatrix} a^2 & ab \\ ab & b^2 \end{vmatrix};\qquad (2)\ \begin{vmatrix} 1 & 0 & -1 \\ 3 & 5 & 0 \\ 0 & 4 & 1 \end{vmatrix};\qquad (3)\ \begin{vmatrix} 1 & x & x \\ x & 2 & x \\ x & x & 3 \end{vmatrix}.$$

解 (1)原式 $= a^2 \times b^2 - ab \times ab = a^2b^2 - a^2b^2 = 0.$

(2)原式 $= 1 \times 5 \times 1 + 0 + (-1) \times 3 \times 4 - 0 - 0 - 0 = 5 - 12 = -7.$

(3)原式 $= 1 \times 2 \times 3 + x \times x \times x + x \times x \times x - x \times 2 \times x - x \times x \times 1 - 3 \times x \times x$

$\qquad = 2x^3 - 6x^2 + 6.$

2.求以下六级排列的逆序数，并指出它们的奇偶性：

(1)531246；　　　　(2)264351；　　　　(3)416235.

解 (1) $\tau(531246) = 4 + 2 + 0 + 0 + 0 = 6$，偶排列；

(2) $\tau(264351) = 1 + 4 + 2 + 1 + 1 = 9$，奇排列；

(3) $\tau(416235) = 3 + 0 + 3 + 0 + 0 = 6$，偶排列.

3.在六阶行列式中，$a_{23}a_{31}a_{42}a_{56}a_{14}a_{65}$，$a_{32}a_{43}a_{14}a_{51}a_{66}a_{25}$ 这两项应带有什么符号？

解 $(-1)^{\tau(234516)+\tau(312645)} a_{23}a_{31}a_{42}a_{56}a_{14}a_{65} = (-1)^{4+4} a_{23}a_{31}a_{42}a_{56}a_{14}a_{65}$

$\qquad\qquad\qquad\qquad\qquad\qquad\qquad\qquad = + a_{23}a_{31}a_{42}a_{56}a_{14}a_{65},$

$(-1)^{\tau(341562)+\tau(234165)} a_{32}a_{43}a_{14}a_{51}a_{66}a_{25} = (-1)^{6+4} a_{32}a_{43}a_{14}a_{51}a_{66}a_{25}$

$\qquad\qquad\qquad\qquad\qquad\qquad\qquad\qquad = a_{32}a_{43}a_{14}a_{51}a_{66}a_{25}.$

4. 利用行列式的定义计算行列式：

$$(1) \begin{vmatrix} 0 & 0 & \cdots & 0 & 1 \\ 0 & 0 & \cdots & 2 & 0 \\ \vdots & \vdots & & \vdots & \vdots \\ 0 & n-1 & \cdots & 0 & 0 \\ n & 0 & \cdots & 0 & 0 \end{vmatrix}.$$

解 行列式只含一个非零项 $a_{1n}a_{2,n-1}\cdots a_{n-1,2}a_{n1}$，它带有符号

$$(-1)^{\tau(n(n-1)\cdots 1)} = (-1)^{(n-1)+(n-2)+\cdots+1} = (-1)^{\frac{n(n-1)}{2}},$$

因此

$$原式 = (-1)^{\frac{n(n-1)}{2}} 1 \cdot 2 \cdots (n-1) \cdot n = (-1)^{\frac{n(n-1)}{2}} n!.$$

$$(2) \begin{vmatrix} 0 & 1 & 0 & \cdots & 0 \\ 0 & 0 & 2 & & 0 \\ \vdots & \vdots & \vdots & & \vdots \\ 0 & 0 & 0 & \cdots & n-1 \\ n & 0 & 0 & \cdots & 0 \end{vmatrix}.$$

解 此行列式只有一个非零项 $a_{12}a_{23}\cdots a_{n-1n}a_{n1}$，它带有符号 $(-1)^{\tau(23\cdots n1)} = (-1)^{n-1}$，

因此

$$原式 = (-1)^{n-1} 1 \cdot 2 \cdots (n-1) \cdot n = (-1)^{n-1} n!.$$

5. 利用行列式的性质计算行列式：

$$(1) \begin{vmatrix} 246 & 427 & 327 \\ 1\,014 & 543 & 443 \\ -342 & 721 & 621 \end{vmatrix}.$$

解 原式 $\xrightarrow{c_1 + c_2 + c_3} \begin{vmatrix} 1\,000 & 427 & 327 \\ 2\,000 & 543 & 443 \\ 1\,000 & 721 & 621 \end{vmatrix} \xrightarrow{c_2 - c_3} \begin{vmatrix} 1\,000 & 100 & 327 \\ 2\,000 & 100 & 443 \\ 1\,000 & 100 & 621 \end{vmatrix}$

$$= 10^5 \begin{vmatrix} 1 & 1 & 327 \\ 2 & 1 & 443 \\ 1 & 1 & 621 \end{vmatrix} \xrightarrow{c_1 - c_2} 10^5 \begin{vmatrix} 0 & 1 & 327 \\ 1 & 1 & 443 \\ 0 & 1 & 621 \end{vmatrix}$$

$$\xrightarrow{按第1列展开} 10^5 (-1)^{2+1} \begin{vmatrix} 1 & 327 \\ 1 & 621 \end{vmatrix} = -10^5 (621 - 327) = -294 \times 10^5.$$

$$(2) \begin{vmatrix} 1 & 1 & 1 & 1 \\ -1 & 1 & 1 & 1 \\ -1 & -1 & 1 & 1 \\ -1 & -1 & -1 & 1 \end{vmatrix}.$$

解 原式 $\xrightarrow[\substack{r_4+r_1}]{\substack{r_2+r_1 \\ r_3+r_1}}$ $\begin{vmatrix} 1 & 1 & 1 & 1 \\ 0 & 2 & 2 & 2 \\ 0 & 0 & 2 & 2 \\ 0 & 0 & 0 & 2 \end{vmatrix} = 1 \times 2 \times 2 \times 2 = 8.$

(3) $\begin{vmatrix} 5 & 0 & 4 & 2 \\ 1 & -1 & 2 & 1 \\ 4 & 1 & 2 & 0 \\ 1 & 1 & 1 & 1 \end{vmatrix}.$

解 原式 $\xrightarrow{r_1 \leftrightarrow r_4}$ $- \begin{vmatrix} 1 & 1 & 1 & 1 \\ 1 & -1 & 2 & 1 \\ 4 & 1 & 2 & 0 \\ 5 & 0 & 4 & 2 \end{vmatrix}$ $\xrightarrow[\substack{r_4-5r_1}]{\substack{r_2-r_1 \\ r_3-4r_1}}$ $- \begin{vmatrix} 1 & 1 & 1 & 1 \\ 0 & -2 & 1 & 0 \\ 0 & -3 & -2 & -4 \\ 0 & -5 & -1 & -3 \end{vmatrix}$

$\xrightarrow{r_2-r_3}$ $- \begin{vmatrix} 1 & 1 & 1 & 1 \\ 0 & 1 & 3 & 4 \\ 0 & -3 & -2 & -4 \\ 0 & -5 & -1 & -3 \end{vmatrix}$ $\xrightarrow[\substack{r_4+5r_2}]{\substack{r_3+3r_2}}$ $- \begin{vmatrix} 1 & 1 & 1 & 1 \\ 0 & 1 & 3 & 4 \\ 0 & 0 & 7 & 8 \\ 0 & 0 & 14 & 17 \end{vmatrix}$

$\xrightarrow{r_4-2r_3}$ $- \begin{vmatrix} 1 & 1 & 1 & 1 \\ 0 & 1 & 3 & 4 \\ 0 & 0 & 7 & 8 \\ 0 & 0 & 0 & 1 \end{vmatrix} = -7.$

(4) $\begin{vmatrix} 1 & 2 & 3 & 4 \\ 2 & 3 & 4 & 1 \\ 3 & 4 & 1 & 2 \\ 4 & 1 & 2 & 3 \end{vmatrix}.$

解 原式 $\xrightarrow{r_1+r_2+r_3+r_4}$ $10 \begin{vmatrix} 1 & 1 & 1 & 1 \\ 2 & 3 & 4 & 1 \\ 3 & 4 & 1 & 2 \\ 4 & 1 & 2 & 3 \end{vmatrix}$ $\xrightarrow[\substack{r_4-4r_1}]{\substack{r_2-2r_1 \\ r_3-3r_1}}$ $10 \begin{vmatrix} 1 & 1 & 1 & 1 \\ 0 & 1 & 2 & -1 \\ 0 & 1 & -2 & -1 \\ 0 & -3 & -2 & -1 \end{vmatrix}$

$\xrightarrow[\substack{r_4+3r_2}]{\substack{r_3-r_2}}$ $10 \begin{vmatrix} 1 & 1 & 1 & 1 \\ 0 & 1 & 2 & -1 \\ 0 & 0 & -4 & 0 \\ 0 & 0 & 4 & -4 \end{vmatrix}$ $\xrightarrow{r_4+r_3}$ $10 \begin{vmatrix} 1 & 1 & 1 & 1 \\ 0 & 1 & 2 & -1 \\ 0 & 0 & -4 & 0 \\ 0 & 0 & 0 & -4 \end{vmatrix} = 160.$

(5) $\begin{vmatrix} a+b+2c & a & b \\ c & 2a+b+c & b \\ c & a & a+2b+c \end{vmatrix}$.

解 原式 $\xrightarrow{c_1+c_2+c_3} 2(a+b+c)\begin{vmatrix} 1 & a & b \\ 1 & 2a+b+c & b \\ 1 & a & a+2b+c \end{vmatrix}$

$\xrightarrow[r_3-r_1]{r_2-r_1} 2(a+b+c)\begin{vmatrix} 1 & a & b \\ 0 & a+b+c & 0 \\ 0 & 0 & a+b+c \end{vmatrix} = 2(a+b+c)^3$.

(6) $\begin{vmatrix} a^2 & (a+1)^2 & (a+2)^2 & (a+3)^2 \\ b^2 & (b+1)^2 & (b+2)^2 & (b+3)^2 \\ c^2 & (c+1)^2 & (c+2)^2 & (c+3)^2 \\ d^2 & (d+1)^2 & (d+2)^2 & (d+3)^2 \end{vmatrix}$.

解 原式 $\xrightarrow[i=2,3,4]{c_i-c_1} \begin{vmatrix} a^2 & 2a+1 & 4a+4 & 6a+9 \\ b^2 & 2b+1 & 4b+4 & 6b+9 \\ c^2 & 2c+1 & 4c+4 & 6c+9 \\ d^2 & 2d+1 & 4d+4 & 6d+9 \end{vmatrix}$

$\xrightarrow[c_4-3c_2]{c_3-2c_2} \begin{vmatrix} a^2 & 2a+1 & 2 & 6 \\ b^2 & 2b+1 & 2 & 6 \\ c^2 & 2c+1 & 2 & 6 \\ d^2 & 2d+1 & 2 & 6 \end{vmatrix} = 0$.

6.证明： $\begin{vmatrix} a_1+b_1 & b_1+c_1 & c_1+a_1 \\ a_2+b_2 & b_2+c_2 & c_2+a_2 \\ a_3+b_3 & b_3+c_3 & c_3+a_3 \end{vmatrix} = 2\begin{vmatrix} a_1 & b_1 & c_1 \\ a_2 & b_2 & c_2 \\ a_3 & b_3 & c_3 \end{vmatrix}$.

证 左端 $\xrightarrow{c_1+c_2+c_3} 2\begin{vmatrix} a_1+b_1+c_1 & b_1+c_1 & c_1+a_1 \\ a_2+b_2+c_2 & b_2+c_2 & c_2+a_2 \\ a_3+b_3+c_3 & b_3+c_3 & c_3+a_3 \end{vmatrix}$

$\xrightarrow[c_3-c_1]{c_2-c_1} 2\begin{vmatrix} a_1+b_1+c_1 & -a_1 & -b_1 \\ a_2+b_2+c_2 & -a_2 & -b_2 \\ a_3+b_3+c_3 & -a_3 & -b_3 \end{vmatrix} \xrightarrow{c_1+c_2+c_3} 2\begin{vmatrix} c_1 & -a_1 & -b_1 \\ c_2 & -a_2 & -b_2 \\ c_3 & -a_3 & -b_3 \end{vmatrix}$

$\xrightarrow[c_2\leftrightarrow c_3]{c_1\leftrightarrow c_2} 2\begin{vmatrix} -a_1 & -b_1 & c_1 \\ -a_2 & -b_2 & c_2 \\ -a_3 & -b_3 & c_3 \end{vmatrix} = 2\begin{vmatrix} a_1 & b_1 & c_1 \\ a_2 & b_2 & c_2 \\ a_3 & b_3 & c_3 \end{vmatrix}$.

7.若 $f(x)$，$g(x)$，$h(x)$ 在 $[a,b]$ 上连续，在 (a,b) 内可导，证明：$\exists \xi \in (a,b)$，使

得 $\begin{vmatrix} f(a) & g(a) & h(a) \\ f(b) & g(b) & h(b) \\ f'(\xi) & g'(\xi) & h'(\xi) \end{vmatrix} = 0$，且由此导出拉格朗日中值定理和柯西中值定理.

　　证　设 $F(x) = \begin{vmatrix} f(a) & g(a) & h(a) \\ f(b) & g(b) & h(b) \\ f(x) & g(x) & h(x) \end{vmatrix}$，则 $F(x)$ 在 $[a,b]$ 上连续，在 (a,b) 内可

导,且由行列式性质易知 $F(a) = F(b) = 0$，则根据罗尔定理，$\exists \xi \in (a,b)$ 使得 $F'(\xi) = 0$，即

$$\begin{vmatrix} f(a) & g(a) & h(a) \\ f(b) & g(b) & h(b) \\ f'(\xi) & g'(\xi) & h'(\xi) \end{vmatrix} = 0.$$

　　若取 $g(x) = x, h(x) = 1$，则行列式为

$$\begin{vmatrix} f(a) & a & 1 \\ f(b) & b & 1 \\ f'(\xi) & 1 & 0 \end{vmatrix} = 0,\ 即\ f(b) - f(a) = f'(\xi)(b-a),$$

此即拉格朗日中值定理.

　　若取 $h(x) = 1$，则行列式为

$$\begin{vmatrix} f(a) & g(a) & 1 \\ f(b) & g(b) & 1 \\ f'(\xi) & g'(\xi) & 0 \end{vmatrix} = 0,\ 即\ \frac{f(b) - f(a)}{g(b) - g(a)} = \frac{f'(\xi)}{g'(\xi)},$$

此即柯西中值定理.

　　8.若 n 阶行列式 D 的元素满足 $a_{ij} = -a_{ji}(i,j = 1,2,\cdots,n)$，则称行列式 D 为**反对称行列式**.证明奇数阶反对称行列式的值为零.

　　证　由 $a_{ij} = -a_{ji}(i,j = 1,2,\cdots,n)$ 得 $a_{ii} = 0\ (i = 1,2,\cdots,n)$，于是 n 阶反对称行列式 D 为

$$D = \begin{vmatrix} 0 & a_{12} & \cdots & a_{1n} \\ -a_{12} & 0 & \cdots & a_{2n} \\ \vdots & \vdots & & \vdots \\ -a_{1n} & -a_{2n} & \cdots & 0 \end{vmatrix}.$$

依据性质 1 和性质 3 得，

$$D = D^{\mathrm{T}} = \begin{vmatrix} 0 & -a_{12} & \cdots & -a_{1n} \\ a_{12} & 0 & \cdots & -a_{2n} \\ \vdots & \vdots & & \vdots \\ a_{1n} & a_{2n} & \cdots & 0 \end{vmatrix} = (-1)^n \begin{vmatrix} 0 & a_{12} & \cdots & a_{1n} \\ -a_{12} & 0 & \cdots & a_{2n} \\ \vdots & \vdots & & \vdots \\ -a_{1n} & -a_{2n} & \cdots & 0 \end{vmatrix} = (-1)^n D,$$

当 n 是奇数时,有 $D = -D$,即 $D = 0$.

9. n 阶行列式 D 的第 i 行、第 j 列元素 $a_{ij} = |i-j|$ ($i, j = 1, 2, \cdots, n$),试计算行列式 D.

解 由题设知

$$D = \begin{vmatrix} 0 & 1 & 2 & \cdots & n-1 \\ 1 & 0 & 1 & \cdots & n-2 \\ 2 & 1 & 0 & \cdots & n-3 \\ \vdots & \vdots & \vdots & & \vdots \\ n-1 & n-2 & n-3 & \cdots & 0 \end{vmatrix}.$$

从最后一行起每行减去前面一行,然后将 n 列分别加到它前面的每一列,得

$$D = \begin{vmatrix} n-1 & 1+(n-1) & 2+(n-1) & \cdots & n-1 \\ 0 & -2 & -2 & \cdots & -1 \\ 0 & 0 & -2 & \cdots & -1 \\ \vdots & \vdots & \vdots & & \vdots \\ 0 & 0 & 0 & \cdots & -1 \end{vmatrix} = (-1)^{n-1}(n-1)2^{n-2}.$$

10. 计算下列行列式的值:

$$(1) D_n = \begin{vmatrix} a & 0 & 0 & \cdots & 0 & 1 \\ 0 & a & 0 & \cdots & 0 & 0 \\ 0 & 0 & a & \cdots & 0 & 0 \\ \vdots & \vdots & \vdots & & \vdots & \vdots \\ 0 & 0 & 0 & \cdots & a & 0 \\ 1 & 0 & 0 & \cdots & 0 & a \end{vmatrix}.$$

解 $D_n \xrightarrow{\text{按第 1 列展开}} a \begin{vmatrix} a & & & \\ & a & & \\ & & \ddots & \\ & & & a \\ & & & & a \end{vmatrix}_{n-1} + (-1)^{n+1} \begin{vmatrix} 0 & 0 & \cdots & 0 & 1 \\ a & 0 & \cdots & 0 & 0 \\ 0 & a & \cdots & 0 & 0 \\ \vdots & \vdots & & \vdots & \vdots \\ 0 & 0 & \cdots & a & 0 \end{vmatrix}_{n-1}$

$$\xrightarrow{\text{后一个按第 1 行展开}} aa^{n-1} + (-1)^{n+1}(-1)^{1+(n-1)} \cdot 1 \cdot \begin{vmatrix} a & 0 & \cdots & 0 & 1 \\ 0 & a & \cdots & 0 & 0 \\ 0 & 0 & a & 0 & 0 \\ \vdots & \vdots & & \vdots & \vdots \\ 0 & 0 & \cdots & 0 & a \end{vmatrix}_{n-2}$$

$$= a^n - a^{n-2} = a^{n-2}(a^2 - 1).$$

$$(2) D_{n+1} = \begin{vmatrix} -a_1 & a_1 & 0 & \cdots & 0 & 0 \\ 0 & -a_2 & a_2 & \cdots & 0 & 0 \\ \vdots & \vdots & \vdots & & \vdots & \vdots \\ 0 & 0 & 0 & \cdots & -a_n & a_n \\ 1 & 1 & 1 & \cdots & 1 & 1 \end{vmatrix}.$$

解 $$D_{n+1} \xrightarrow{\text{第 2 列到第 } n \text{ 列均加到第 1 列}} \begin{vmatrix} 0 & a_1 & 0 & \cdots & 0 & 0 \\ 0 & -a_2 & a_2 & \cdots & 0 & 0 \\ \vdots & \vdots & \vdots & & \vdots & \vdots \\ 0 & 0 & 0 & \cdots & -a_n & a_n \\ n+1 & 1 & 1 & \cdots & 1 & 1 \end{vmatrix}_{n+1}$$

$$\xrightarrow{\text{按第 1 列展开}} (-1)^{n+1+1}(n+1) \begin{vmatrix} a_1 & & & \\ & a_2 & & \\ & & \ddots & \\ & & & a_n \end{vmatrix} = (-1)^n(n+1)a_1 a_2 \cdots a_n.$$

$$(3) D_{n+1} = \begin{vmatrix} a_0 & 1 & 1 & \cdots & 1 \\ 1 & a_1 & 0 & \cdots & 0 \\ 1 & 0 & a_2 & \cdots & 0 \\ \vdots & \vdots & \vdots & & \vdots \\ 1 & 0 & 0 & \cdots & a_n \end{vmatrix} (a_i \neq 0, i = 1, 2, \cdots, n).$$

解 $$D_{n+1} \xrightarrow[i=2,\cdots,n+1]{c_1 - \frac{1}{a_{i-1}} c_i} \begin{vmatrix} a_0 - \frac{1}{a_1} - \frac{1}{a_2} \cdots - \frac{1}{a_n} & 1 & 1 & \cdots & 1 \\ 0 & a_1 & 0 & \cdots & 0 \\ 0 & 0 & a_2 & \cdots & 0 \\ \vdots & & \vdots & \vdots & & \vdots \\ 0 & 0 & 0 & \cdots & a_n \end{vmatrix}$$

$$= \left(a_0 - \frac{1}{a_1} - \frac{1}{a_2} \cdots - \frac{1}{a_n} \right) a_1 a_2 \cdots a_n = \left(a_0 - \sum_{i=1}^{n} \frac{1}{a_i} \right) \prod_{i=1}^{n} a_i.$$

$$(4)D_n = \begin{vmatrix} 1+a_1 & 1 & 1 & \cdots & 1 & 1 \\ 1 & 1+a_2 & 1 & \cdots & 1 & 1 \\ 1 & 1 & 1+a_3 & \cdots & 1 & 1 \\ \vdots & \vdots & \vdots & & \vdots & \vdots \\ 1 & 1 & 1 & \cdots & 1 & 1+a_n \end{vmatrix} \quad (a_i \neq 0, i=1,2,\cdots,n).$$

解法 1　为 D_n 添加一行一列,得到一个与其相等的行列式.

$$D_n = \begin{vmatrix} 1 & 1 & 1 & 1 & \cdots & 1 & 1 \\ 0 & 1+a_1 & 1 & 1 & \cdots & 1 & 1 \\ 0 & 1 & 1+a_2 & 1 & \cdots & 1 & 1 \\ \vdots & \vdots & \vdots & \vdots & & \vdots & \vdots \\ 0 & 1 & 1 & 1 & \cdots & 1 & 1+a_n \end{vmatrix}_{n+1}$$

$$\xlongequal[i=2,\cdots,n+1]{r_i - r_1} \begin{vmatrix} 1 & 1 & 1 & \cdots & 1 & 1 \\ -1 & a_1 & 0 & \cdots & 0 & 0 \\ -1 & 0 & a_2 & \cdots & 0 & 0 \\ \vdots & \vdots & \vdots & & \vdots & \vdots \\ -1 & 0 & 0 & \cdots & 0 & a_n \end{vmatrix}$$

$$\xlongequal[i=1,2,3,\cdots,n]{c_1 + \frac{1}{a_i}c_{i+1}} \begin{vmatrix} 1+\sum_{i=1}^{n}\frac{1}{a_i} & 1 & 1 & \cdots & 1 & 1 \\ 0 & a_1 & 0 & \cdots & 0 & 0 \\ 0 & 0 & a_2 & \cdots & 0 & 0 \\ \vdots & \vdots & \vdots & & \vdots & \vdots \\ 0 & 0 & 0 & \cdots & 0 & a_n \end{vmatrix} = \left(1+\sum_{i=1}^{n}\frac{1}{a_i}\right)\prod_{i=1}^{n}a_i.$$

解法 2　$D_n \xlongequal[i=2,3,\cdots,n]{r_i - r_1} \begin{vmatrix} 1+a_1 & 1 & 1 & \cdots & 1 & 1 \\ -a_1 & a_2 & 0 & \cdots & 0 & 0 \\ -a_1 & 0 & a_3 & \cdots & 0 & 0 \\ \vdots & \vdots & \vdots & & \vdots & \vdots \\ -a_1 & 0 & 0 & \cdots & 0 & a_n \end{vmatrix}$

$$= a_1 a_2 \cdots a_n \begin{vmatrix} 1+\frac{1}{a_1} & \frac{1}{a_2} & \frac{1}{a_3} & \cdots & \frac{1}{a_{n-1}} & \frac{1}{a_n} \\ -1 & 1 & 0 & \cdots & 0 & 0 \\ -1 & 0 & 1 & \cdots & 0 & 0 \\ \vdots & \vdots & \vdots & & \vdots & \vdots \\ -1 & 0 & 0 & \cdots & 0 & 1 \end{vmatrix}$$

$$\xlongequal[i=2,3,\cdots,n]{c_1+c_i} a_1 a_2 \cdots a_n \begin{vmatrix} 1+\sum\limits_{i=1}^{n}\dfrac{1}{a_i} & \dfrac{1}{a_2} & \dfrac{1}{a_3} & \cdots & \dfrac{1}{a_{n-1}} & \dfrac{1}{a_n} \\ 0 & 1 & 0 & \cdots & 0 & 0 \\ 0 & 0 & 1 & \cdots & 0 & 0 \\ \vdots & \vdots & \vdots & & \vdots & \vdots \\ 0 & 0 & 0 & \cdots & 0 & 1 \end{vmatrix}$$

$$= a_1 a_2 \cdots a_n \left(1+\sum_{i=1}^{n}\frac{1}{a_i}\right).$$

$$(5)\, D_n = \begin{vmatrix} 1 & 1 & \cdots & 1 & -a \\ 1 & 1 & \cdots & -a & 1 \\ \vdots & \vdots & & \vdots & \vdots \\ 1 & -a & \cdots & 1 & 1 \\ -a & 1 & \cdots & 1 & 1 \end{vmatrix}.$$

解 $D_n \xlongequal[i=2,3,\cdots,n]{r_i-r_1} \begin{vmatrix} 1 & 1 & \cdots & 1 & -a \\ 0 & 0 & \cdots & -1-a & 1+a \\ \vdots & \vdots & & \vdots & \vdots \\ 0 & -1-a & \cdots & 0 & 1+a \\ -1-a & 0 & \cdots & 0 & 1+a \end{vmatrix}$

$$= (1+a)^{n-1} \begin{vmatrix} 1 & 1 & \cdots & 1 & -a \\ 0 & 0 & \cdots & -1 & 1 \\ \vdots & \vdots & & \vdots & \vdots \\ 0 & -1 & \cdots & 0 & 1 \\ -1 & 0 & \cdots & 0 & 1 \end{vmatrix}$$

$$\xlongequal{c_n+c_{n-1}+\cdots+c_1} (1+a)^{n-1} \begin{vmatrix} 1 & 1 & \cdots & 1 & -a+n-1 \\ 0 & 0 & \cdots & -1 & 0 \\ \vdots & \vdots & & \vdots & \vdots \\ 0 & -1 & \cdots & 0 & 0 \\ -1 & 0 & \cdots & 0 & 0 \end{vmatrix}$$

$$\xlongequal{\text{按第 } n \text{ 列展开}} (1+a)^{n-1}(-1)^{1+n}(n-a-1) \begin{vmatrix} 0 & \cdots & 0 & -1 \\ 0 & \cdots & -1 & 0 \\ \vdots & & \vdots & \vdots \\ -1 & \cdots & 0 & 0 \end{vmatrix}_{n-1}$$

$$= (1+a)^{n-1}(-1)^{1+n}(n-a-1)(-1)^{\frac{(n-1)(n-2)}{2}}(-1)^{n-1}$$

$$= (-1)^{\frac{(n-1)(n-2)}{2}}(1+a)^{n-1}(n-a-1).$$

$$(6)\, D_n = \begin{vmatrix} \cos\theta & 1 & 0 & \cdots & 0 & 0 \\ 1 & 2\cos\theta & 1 & \cdots & 0 & 0 \\ 0 & 1 & 2\cos\theta & \cdots & 0 & 0 \\ \vdots & \vdots & \vdots & & \vdots & \vdots \\ 0 & 0 & 0 & \cdots & 1 & 2\cos\theta \end{vmatrix}.$$

解 由于 $D_1 = \cos\theta, D_2 = \begin{vmatrix} \cos\theta & 1 \\ 1 & 2\cos\theta \end{vmatrix} = 2\cos^2\theta - 1 = \cos2\theta$, 因而猜想

$$D_n = \cos n\theta.$$

现在用第二数学归纳法来证明.

当 $n = 1$ 时结论成立.

归纳假设结论对 $\leqslant n-1$ 都成立, 再证 n 时, 对 D_n 按照第 n 列展开, 得

$$D_n = 2\cos\theta D_{n-1} - \begin{vmatrix} \cos\theta & 1 & & & \\ 1 & 2\cos\theta & 1 & & \\ & & \ddots & \ddots & \ddots \\ & & & 1 & 2\cos\theta & 1 \\ & & & & 0 & 1 \end{vmatrix}$$

$$= 2\cos\theta D_{n-1} - D_{n-2} = 2\cos\theta\cos(n-1)\theta - \cos(n-2)\theta$$

$$= \{\cos[\theta + (n-1)\theta] + \cos[(n-1)\theta - \theta]\} - \cos(n-2)\theta = \cos n\theta,$$

所以 $D_n = \cos n\theta$.

注 先由低阶行列式的值, 归纳出高阶行列式的值, 并用归纳法证明, 是求 n 阶行列式(特别是三条线的行列式)的常用方法.

$$(7)\, D_n = \begin{vmatrix} 5 & 3 & 0 & 0 & \cdots & 0 & 0 & 0 \\ 2 & 5 & 3 & 0 & \cdots & 0 & 0 & 0 \\ 0 & 2 & 5 & 3 & \cdots & 0 & 0 & 0 \\ \vdots & \vdots & \vdots & \vdots & & \vdots & \vdots & \vdots \\ 0 & 0 & 0 & 0 & \cdots & 2 & 5 & 3 \\ 0 & 0 & 0 & 0 & \cdots & 0 & 2 & 5 \end{vmatrix}.$$

解 将行列式按第 1 行展开, 得

$$D_n = 5D_{n-1} - 3 \begin{vmatrix} 2 & 3 & 0 & \cdots & 0 & 0 \\ 0 & 5 & 3 & \cdots & 0 & 0 \\ 0 & 2 & 5 & \cdots & 0 & 0 \\ \vdots & \vdots & \vdots & & \vdots & \vdots \\ 0 & 0 & 0 & \cdots & 5 & 3 \\ 0 & 0 & 0 & \cdots & 2 & 5 \end{vmatrix} = 5D_{n-1} - 6D_{n-2}.$$

由 $D_n = 5D_{n-1} - 6D_{n-2}$ 可得 $D_n - 2D_{n-1} = 3(D_{n-1} - 2D_{n-2})$. 递推下去得到

$$D_n - 2D_{n-1} = 3(D_{n-1} - 2D_{n-2}) = 3^2(D_{n-2} - 2D_{n-3}) = \cdots = 3^{n-2}(D_2 - 2D_1).$$

同样由 $D_n = 5D_{n-1} - 6D_{n-2}$ 可得 $D_n - 3D_{n-1} = 2(D_{n-1} - 3D_{n-2})$. 递推下去得到

$$D_n - 3D_{n-1} = 2(D_{n-1} - 3D_{n-2}) = 2^2(D_{n-2} - 3D_{n-3}) = \cdots = 2^{n-2}(D_2 - 3D_1).$$

而 $D_1 = |\,5\,| = 5, D_2 = \begin{vmatrix} 5 & 3 \\ 2 & 5 \end{vmatrix} = 19,$所以

$$\begin{cases} D_n - 2D_{n-1} = 3^n, \\ D_n - 3D_{n-1} = 2^n, \end{cases}$$

解得 $D_n = 3^{n+1} - 2^{n+1}.$

$$(8)\, D_6 = \begin{vmatrix} 1 & 1 & 0 & 0 & 0 & 1 \\ x_1 & x_2 & 0 & 0 & 0 & x_3 \\ a_1 & b_1 & 1 & 1 & 1 & c_1 \\ a_2 & b_2 & x_1 & x_2 & x_3 & c_2 \\ x_1^2 & x_2^2 & 0 & 0 & 0 & x_3^2 \\ a_3 & b_3 & x_1^2 & x_2^2 & x_3^2 & c_3 \end{vmatrix}.$$

分析　通过行列对换把零元素聚到一起.

解　先进行变换:第五行依次与第四行、第三行对换,共进行了 2 次对换,得

$$D_6 = (-1)^2 \begin{vmatrix} 1 & 1 & 0 & 0 & 0 & 1 \\ x_1 & x_2 & 0 & 0 & 0 & x_3 \\ x_1^2 & x_2^2 & 0 & 0 & 0 & x_3^2 \\ a_1 & b_1 & 1 & 1 & 1 & c_1 \\ a_2 & b_2 & x_1 & x_2 & x_3 & c_2 \\ a_3 & b_3 & x_1^2 & x_2^2 & x_3^2 & c_3 \end{vmatrix}.$$

再进行列变换:第六列依次与第五列、第四列、第三列对换,共进行了 3 次对换,得

$$D_6 = (-1)^2 (-1)^3 \begin{vmatrix} 1 & 1 & 1 & 0 & 0 & 0 \\ x_1 & x_2 & x_3 & 0 & 0 & 0 \\ x_1^2 & x_2^2 & x_3^2 & 0 & 0 & 0 \\ a_1 & b_1 & c_1 & 1 & 1 & 1 \\ a_2 & b_2 & c_2 & x_1 & x_2 & x_3 \\ a_3 & b_3 & c_3 & x_1^2 & x_2^2 & x_3^2 \end{vmatrix}.$$

故

$$D_6 = - \begin{vmatrix} 1 & 1 & 1 \\ x_1 & x_2 & x_3 \\ x_1^2 & x_2^2 & x_3^2 \end{vmatrix} \cdot \begin{vmatrix} 1 & 1 & 1 \\ x_1 & x_2 & x_3 \\ x_1^2 & x_2^2 & x_3^2 \end{vmatrix} = - (x_2 - x_1)^2 (x_3 - x_1)^2 (x_3 - x_2)^2.$$

11. 用克拉默法则解下列线性方程组:

(1) $\begin{cases} 2x_1 + 3x_2 + 11x_3 + 5x_4 = 2, \\ x_1 + x_2 + 5x_3 + 2x_4 = 1, \\ 2x_1 + x_2 + 3x_3 + 2x_4 = -3, \\ x_1 + x_2 + 3x_3 + 4x_4 = -3. \end{cases}$

解 方程组的系数行列式

$$D = \begin{vmatrix} 2 & 3 & 11 & 5 \\ 1 & 1 & 5 & 2 \\ 2 & 1 & 3 & 2 \\ 1 & 1 & 3 & 4 \end{vmatrix} \xrightarrow[\substack{r_1 - 2r_2 \\ r_3 - 2r_2 \\ r_4 - r_2}]{} \begin{vmatrix} 0 & 1 & 1 & 1 \\ 1 & 1 & 5 & 2 \\ 0 & -1 & -7 & -2 \\ 0 & 0 & -2 & 2 \end{vmatrix} \xrightarrow{\text{按第1列展开}} - \begin{vmatrix} 1 & 1 & 1 \\ -1 & -7 & -2 \\ 0 & -2 & 2 \end{vmatrix}$$

$$\xrightarrow{r_2 + r_1} - \begin{vmatrix} 1 & 1 & 1 \\ 0 & -6 & -1 \\ 0 & -2 & 2 \end{vmatrix} \xrightarrow{\text{按第1列展开}} - \begin{vmatrix} -6 & -1 \\ -2 & 2 \end{vmatrix} = -(-12-2) = 14.$$

又

$$D_1 = \begin{vmatrix} 2 & 3 & 11 & 5 \\ 1 & 1 & 5 & 2 \\ -3 & 1 & 3 & 2 \\ -3 & 1 & 3 & 4 \end{vmatrix} = -28, \qquad D_2 = \begin{vmatrix} 2 & 2 & 11 & 5 \\ 1 & 1 & 5 & 2 \\ 2 & -3 & 3 & 2 \\ 1 & -3 & 3 & 4 \end{vmatrix} = 0,$$

$$D_3 = \begin{vmatrix} 2 & 3 & 2 & 5 \\ 1 & 1 & 1 & 2 \\ 2 & 1 & -3 & 2 \\ 1 & 1 & -3 & 4 \end{vmatrix} = 14, \qquad D_4 = \begin{vmatrix} 2 & 3 & 11 & 2 \\ 1 & 1 & 5 & 1 \\ 2 & 1 & 3 & -3 \\ 1 & 1 & 3 & -3 \end{vmatrix} = -14.$$

根据克拉默法则,方程组有唯一解

$$x_1 = \frac{D_1}{D} = -2, \quad x_2 = \frac{D_2}{D} = 0, \quad x_3 = \frac{D_3}{D} = 1, \quad x_4 = \frac{D_4}{D} = -1.$$

(2) $\begin{cases} x_1 + 3x_2 - 2x_3 + x_4 = 1, \\ 2x_1 + 5x_2 - 3x_3 + 2x_4 = 3, \\ -3x_1 + 4x_2 + 8x_3 - 2x_4 = 4, \\ 6x_1 - x_2 - 6x_3 + 4x_4 = 2. \end{cases}$

解 方程组的系数行列式

$$D = \begin{vmatrix} 1 & 3 & -2 & 1 \\ 2 & 5 & -3 & 2 \\ -3 & 4 & 8 & -2 \\ 6 & -1 & -6 & 4 \end{vmatrix} \xlongequal[r_4 - 6r_1]{\substack{r_2 - 2r_1 \\ r_3 + 3r_1}} \begin{vmatrix} 1 & 3 & -2 & 1 \\ 0 & -1 & 1 & 0 \\ 0 & 13 & 2 & 1 \\ 0 & -19 & 6 & -2 \end{vmatrix} \xlongequal{\text{按第 1 列展开}} \begin{vmatrix} -1 & 1 & 0 \\ 13 & 2 & 1 \\ -19 & 6 & -2 \end{vmatrix}$$

$$\xlongequal{c_1 + c_2} \begin{vmatrix} 0 & 1 & 0 \\ 15 & 2 & 1 \\ -13 & 6 & -2 \end{vmatrix} \xlongequal{\text{按第 1 行展开}} - \begin{vmatrix} 15 & 1 \\ -13 & -2 \end{vmatrix} = 17 \neq 0.$$

又

$$D_1 = \begin{vmatrix} 1 & 3 & -2 & 1 \\ 3 & 5 & -3 & 2 \\ 4 & 4 & 8 & -2 \\ 2 & -1 & -6 & 4 \end{vmatrix} = -34, \qquad D_2 = \begin{vmatrix} 1 & 1 & -2 & 1 \\ 2 & 3 & -3 & 2 \\ -3 & 4 & 8 & -2 \\ 6 & 2 & -6 & 4 \end{vmatrix} = 0,$$

$$D_3 = \begin{vmatrix} 1 & 3 & 1 & 1 \\ 2 & 5 & 3 & 2 \\ -3 & 4 & 4 & -2 \\ 6 & -1 & 2 & 4 \end{vmatrix} = 17, \qquad D_4 = \begin{vmatrix} 1 & 3 & -2 & 1 \\ 2 & 5 & -3 & 3 \\ -3 & 4 & 8 & 4 \\ 6 & -1 & -6 & 2 \end{vmatrix} = 85.$$

根据克拉默法则,方程组有唯一解:

$$x_1 = \frac{D_1}{D} = -2, \quad x_2 = \frac{D_2}{D} = 0, \quad x_3 = \frac{D_3}{D} = 1, \quad x_4 = \frac{D_4}{D} = 5.$$

12.已知三个平面 $\begin{cases} x = ay + bz, \\ y = cz + ax, \\ z = bx + cy, \end{cases}$ 求证:它们至少相交于一条直线的充要条件为

$a^2 + b^2 + c^2 + 2abc = 1.$

证 显然三平面均过原点$(0,0,0)$.而三平面至少相交于一直线当且仅当三平面至少相交于另一点,当且仅当下列齐次线性方程组

$$\begin{cases} -x + ay + bz = 0, \\ ax - y + cz = 0, \\ bx + cy - z = 0 \end{cases}$$

有非零解,即系数行列式 $\begin{vmatrix} -1 & a & b \\ a & -1 & c \\ b & c & -1 \end{vmatrix} = 0$,或 $-1 + 2abc + a^2 + b^2 + c^2 = 0$. 故三平

面至少相交于一条直线的充要条件为 $a^2 + b^2 + c^2 + 2abc = 1$.

13. 设 $f(x) = a_0 + a_1 x + a_2 x^2 + \cdots + a_n x^n$,试用克拉默法则证明:若 $f(x)$ 有 $n+1$ 个不同的根,则 $f(x) \equiv 0$.

证　依题意,不妨设 $x_1, x_2, \cdots, x_{n+1}$ 是 $f(x)$ 的 $n+1$ 个互不相同的根,则

$$\begin{cases} a_0 + a_1 x_1 + a_2 x_1^2 + \cdots + a_n x_1^n = 0, \\ a_0 + a_1 x_2 + a_2 x_2^2 + \cdots + a_n x_2^n = 0, \\ \qquad\qquad\qquad \vdots \\ a_0 + a_1 x_{n+1} + a_2 x_{n+1}^2 + \cdots + a_n x_{n+1}^n = 0. \end{cases}$$

上式是关于 $a_0, a_1, \cdots, a_n$ 的齐次线性方程组,其系数行列式为

$$D_{n+1} = \begin{vmatrix} 1 & x_1 & x_1^2 & \cdots & x_1^n \\ 1 & x_2 & x_2^2 & \cdots & x_2^n \\ \vdots & \vdots & \vdots & & \vdots \\ 1 & x_{n+1} & x_{n+1}^2 & \cdots & x_{n+1}^n \end{vmatrix} = \begin{vmatrix} 1 & 1 & 1 & 1 \\ x_1 & x_2 & \cdots & x_{n+1} \\ x_1^2 & x_2^2 & \cdots & x_{n+1}^2 \\ \vdots & \vdots & & \vdots \\ x_1^n & x_2^n & \cdots & x_{n+1}^n \end{vmatrix} = D_{n+1}^{\mathrm{T}},$$

显然 D_{n+1}^{T} 为 $n+1$ 阶范德蒙行列式,故

$$D_{n+1} = \prod_{1 \leqslant j < i \leqslant n} (x_j - x_i) \neq 0.$$

根据克拉默法则,方程组只有零解,即 $a_0 = a_1 = \cdots = a_n = 0$,故 $f(x) \equiv 0$.

（B）

一、填空题

1. 若九级排列 $3972\,i\,15\,j\,4$ 是奇排列,则 $i = \underline{\quad 8 \quad}$,$j = \underline{\quad 6 \quad}$.

解　i, j 只能取 8 或 6.

　　$i = 8, j = 6$ 时,$\tau(397281564) = 21$,奇排列,

　　$i = 6, j = 8$ 时,$\tau(397261584) = 20$,偶排列.

故 $i = 8, j = 6$.

2. 行列式 $\begin{vmatrix} 1 & 0 & 2 & -1 \\ 0 & 2 & 1 & 0 \\ 1 & -1 & 0 & 1 \\ 1 & 2 & 3 & 4 \end{vmatrix} = \underline{\quad -15 \quad}$.

解　原式 $\xrightarrow[r_4-r_1]{r_3-r_1}$ $\begin{vmatrix} 1 & 0 & 2 & -1 \\ 0 & 2 & 1 & 0 \\ 0 & -1 & -2 & 2 \\ 0 & 2 & 1 & 5 \end{vmatrix}$ $\xrightarrow{\text{按第 1 列展开}}$ $\begin{vmatrix} 2 & 1 & 0 \\ -1 & -2 & 2 \\ 2 & 1 & 5 \end{vmatrix}$

$\xrightarrow{r_1 \leftrightarrow r_2}$ $-\begin{vmatrix} -1 & -2 & 2 \\ 2 & 1 & 0 \\ 2 & 1 & 5 \end{vmatrix}$ $\xrightarrow[r_3+2r_1]{r_2+2r_1}$ $-\begin{vmatrix} -1 & -2 & 2 \\ 0 & -3 & 4 \\ 0 & -3 & 9 \end{vmatrix}$

$\xrightarrow{\text{按第 1 列展开}}$ $(-1)\begin{vmatrix} -3 & 4 \\ -3 & 9 \end{vmatrix} = -27+12 = -15.$

3. 设行列式 $D = \begin{vmatrix} 3 & 0 & 4 & 0 \\ 2 & 2 & 2 & 2 \\ 0 & -7 & 0 & 0 \\ 5 & 3 & -2 & 2 \end{vmatrix}$，第四行各元素余子式之和的值为 ___−28___.

解　$M_{41}+M_{42}+M_{43}+M_{44} = -A_{41}+A_{42}-A_{43}+A_{44} = \begin{vmatrix} 3 & 0 & 4 & 0 \\ 2 & 2 & 2 & 2 \\ 0 & -7 & 0 & 0 \\ -1 & 1 & -1 & 1 \end{vmatrix}$

$\xrightarrow{\text{按第 3 行展开}}$ $-7 \times (-1)^{3+2} \begin{vmatrix} 3 & 4 & 0 \\ 2 & 2 & 2 \\ -1 & -1 & 1 \end{vmatrix} = -28.$

4. 设 $f(x) = \begin{vmatrix} x & -1 & 0 & x \\ 2 & 2 & 3 & x \\ -7 & 10 & 4 & 3 \\ 1 & -7 & 1 & x \end{vmatrix}$，则 $f(x)$ 的常数项 = ___3___.

解法 1　常数项必不能含 x，观察行列式的第四列，有三个元素都是 x，故第四列只能选 3，它位于第三行. 同理，第三行选定后，第一行只能选（−1）. 剩下第二行可以选 2 或 3. 有两种情况：

(1) 第二行若选 2，则第四行只能选 1，即 −1，2，3，1，其行标是顺序，列标为 2,1,4,3，故一个常数项是 $(-1)^{\tau(2143)}(-1) \cdot 2 \cdot 3 \cdot 1 = -6$；

(2) 第二行若选 3，则第四行只能选 1，即 −1，3，3，1，其行标是顺序，列标为 2,3,4,1，故另一个一个常数项是 $(-1)^{\tau(2341)}(-1) \cdot 3 \cdot 3 \cdot 1 = 9.$

所以，$f(x)$ 的常数项为 $(-6)+9=3$.

解法 2　常数项 $= f(0) = \begin{vmatrix} 0 & -1 & 0 & 0 \\ 2 & 2 & 3 & 0 \\ -7 & 10 & 4 & 3 \\ 1 & -7 & 1 & 0 \end{vmatrix} \xrightarrow{\text{按第 4 列展开}} 3(-1)^{3+4} \begin{vmatrix} 0 & -1 & 0 \\ 2 & 2 & 3 \\ 1 & -7 & 1 \end{vmatrix}$

$\xrightarrow{c_3 - c_1} -3 \begin{vmatrix} 0 & -1 & 0 \\ 2 & 2 & 1 \\ 1 & -7 & 0 \end{vmatrix} \xrightarrow{\text{按第 3 列展开}} -3(-1)^{2+3} \begin{vmatrix} 0 & -1 \\ 1 & -7 \end{vmatrix} = 3.$

5.若 $\begin{vmatrix} 1 & 2 & 3 & 4 \\ 5 & 6 & 7 & 8 \\ 0 & 0 & x & 3 \\ 0 & 0 & 4 & 5 \end{vmatrix} = 0$, 则 $x = \underline{\dfrac{12}{5}}$.

解　由 $\begin{vmatrix} 1 & 2 & 3 & 4 \\ 5 & 6 & 7 & 8 \\ 0 & 0 & x & 3 \\ 0 & 0 & 4 & 5 \end{vmatrix} = \begin{vmatrix} 1 & 2 \\ 5 & 6 \end{vmatrix} \begin{vmatrix} x & 3 \\ 4 & 5 \end{vmatrix} = (6-10)(5x-12) = 0$, 得 $x = \dfrac{12}{5}$.

6. $\begin{vmatrix} 1+x & 1 & 1 & 1 \\ 1 & 1-x & 1 & 1 \\ 1 & 1 & 1+y & 1 \\ 1 & 1 & 1 & 1-y \end{vmatrix} = \underline{x^2 y^2}$.

解　原式 $\xrightarrow[r_3 - r_4]{r_1 - r_2} \begin{vmatrix} x & x & 0 & 0 \\ 1 & 1-x & 1 & 1 \\ 0 & 0 & y & y \\ 1 & 1 & 1 & 1-y \end{vmatrix} \xrightarrow[c_4 - c_3]{c_2 - c_1} \begin{vmatrix} x & 0 & 0 & 0 \\ 1 & -x & 1 & 0 \\ 0 & 0 & y & 0 \\ 1 & 0 & 1 & -y \end{vmatrix}$

$\xrightarrow{\text{按第 1 行展开}} x(-1)^{1+1} \begin{vmatrix} -x & 1 & 0 \\ 0 & y & 0 \\ 0 & 1 & -y \end{vmatrix}$

$\xrightarrow{\text{按第 1 列展开}} x(-1)^{1+1}(-x) \begin{vmatrix} y & 0 \\ 1 & -y \end{vmatrix} = x^2 y^2.$

7.设 $\begin{vmatrix} 1 & 1 & 1 & 1 \\ -1 & 1 & 2 & 3 \\ 1 & 1 & 4 & 15 \\ 1 & x & x^2 & x^3 \end{vmatrix} + \begin{vmatrix} 1 & 1 & 1 & 1 \\ 2 & 1 & 2 & 5 \\ 1 & 1 & 4 & 15 \\ 1 & x & x^2 & x^3 \end{vmatrix} + \begin{vmatrix} 1 & 1 & 1 & 1 \\ 1 & 2 & 4 & 8 \\ 0 & 2 & 5 & 12 \\ 1 & x & x^2 & x^3 \end{vmatrix} = 0$, 则方程的解为

$x = \underline{1 \text{ 或 } 2 \text{ 或 } 3}$.

分析　单独计算三个行列式很费时,观察前两个行列式,发现只有一行不同,故可逆

用拆项性质,将前两个行列式合并.

解 由
$$\begin{vmatrix} 1 & 1 & 1 & 1 \\ -1 & 1 & 2 & 3 \\ 1 & 1 & 4 & 15 \\ 1 & x & x^2 & x^3 \end{vmatrix} + \begin{vmatrix} 1 & 1 & 1 & 1 \\ 2 & 1 & 2 & 5 \\ 1 & 1 & 4 & 15 \\ 1 & x & x^2 & x^3 \end{vmatrix} + \begin{vmatrix} 1 & 1 & 1 & 1 \\ 1 & 2 & 4 & 8 \\ 0 & 2 & 5 & 12 \\ 1 & x & x^2 & x^3 \end{vmatrix}$$

$$= \begin{vmatrix} 1 & 1 & 1 & 1 \\ 1 & 2 & 4 & 8 \\ 1 & 1 & 4 & 15 \\ 1 & x & x^2 & x^3 \end{vmatrix} + \begin{vmatrix} 1 & 1 & 1 & 1 \\ 1 & 2 & 4 & 8 \\ 0 & 2 & 5 & 12 \\ 1 & x & x^2 & x^3 \end{vmatrix} = \begin{vmatrix} 1 & 1 & 1 & 1 \\ 1 & 2 & 4 & 8 \\ 1 & 3 & 9 & 27 \\ 1 & x & x^2 & x^3 \end{vmatrix}$$

$$= (2-1)(3-1)(3-2)(x-1)(x-2)(x-3) = 0,$$

得 $x = 1$ 或 2 或 3.

二、选择题

1. 若 n 阶行列式 $|a_{ij}|$ 中等于零的个数大于 $n^2 - n$,则该行列式 $|a_{ij}| = ($ **A** $)$.

(A)0　　　　　　　(B)1　　　　　　　(C)-1　　　　　　　(D)1 或 -1

解 n 阶行列式中共有 n^2 个元素,如果零元素的个数多于 $n^2 - n$ 个,则非零元素的个数少于 $n^2 - (n^2 - n) = n$ 个,故此行列式中至少有一行(或列)的元素全为 0,所以该行列式等于 0.

2. 多项式 $f(x) = \begin{vmatrix} 1 & 2 & 3 & x \\ 1 & 2 & x & 3 \\ 1 & x & 2 & 3 \\ x & 1 & 2 & x \end{vmatrix}$ 中 x^4 与 x^3 的系数依次为 $($ **B** $)$.

(A)$-1,-1$　　　　(B)$1,-1$　　　　(C)$-1,1$　　　　(D)$1,1$

解 行列式是不同行不同列元素乘积的代数和,其一般项是

$$(-1)^{\tau(j_1 j_2 \cdots j_n)} a_{1j_1} a_{2j_2} \cdots a_{nj_n}.$$

本题中,含 x^4 项必须每行元素中都要有 x 项,因而只能是 $a_{14} a_{23} a_{32} a_{41}$,而 $\tau(4321) = 3 + 2 + 1 = 6$,故 x^4 的系数为 1.

含 x^3 项是一定没有 a_{14},也一定没有 a_{41} 的,那只有是 $a_{11} a_{23} a_{32} a_{44}$,而 $\tau(1324) = 1$,故 x^3 的系数为 -1.

3. 行列式 $\begin{vmatrix} 1 & 1 & 0 & 0 \\ 0 & 2 & 2 & 0 \\ 0 & 0 & 3 & 3 \\ 4 & 0 & 0 & 4 \end{vmatrix} = ($ **D** $)$.

(A)48　　　　　　　(B)24　　　　　　　(C)12　　　　　　　(D)0

解 原式 $\xrightarrow{\text{按第 1 列展开}}$ $\begin{vmatrix} 2 & 2 & 0 \\ 0 & 3 & 3 \\ 0 & 0 & 4 \end{vmatrix} - 4 \begin{vmatrix} 1 & 0 & 0 \\ 2 & 2 & 0 \\ 0 & 3 & 3 \end{vmatrix} = 2 \times 3 \times 4 - 4 \times 1 \times 2 \times 3 = 0.$

4. 四阶行列式 $\begin{vmatrix} a_1 & 0 & 0 & b_1 \\ 0 & a_2 & b_2 & 0 \\ 0 & b_3 & a_3 & 0 \\ b_4 & 0 & 0 & a_4 \end{vmatrix}$ 的值等于（ **D** ）.

(A) $a_1 a_2 a_3 a_4 - b_1 b_2 b_3 b_4$ 　　　　　　(B) $a_1 a_2 a_3 a_4 + b_1 b_2 b_3 b_4$

(C) $(a_1 a_2 - b_1 b_2)(a_3 a_4 - b_3 b_4)$ 　　　(D) $(a_2 a_3 - b_2 b_3)(a_1 a_4 - b_1 b_4)$

解 原式 $\xrightarrow{\text{按第 1 行展开}}$ $a_1 \begin{vmatrix} a_2 & b_2 & 0 \\ b_3 & a_3 & 0 \\ 0 & 0 & a_4 \end{vmatrix} - b_1 \begin{vmatrix} 0 & a_2 & b_2 \\ 0 & b_3 & a_3 \\ b_4 & 0 & 0 \end{vmatrix}$

$$= a_1 a_4 \begin{vmatrix} a_2 & b_2 \\ b_3 & a_3 \end{vmatrix} - b_1 b_4 \begin{vmatrix} a_2 & b_2 \\ b_3 & a_3 \end{vmatrix} = (a_2 a_3 - b_2 b_3)(a_1 a_4 - b_1 b_4).$$

5. 已知 $\begin{vmatrix} a_{11} & a_{12} & a_{13} \\ a_{21} & a_{22} & a_{23} \\ a_{31} & a_{32} & a_{33} \end{vmatrix} = m \neq 0$, 则 $\begin{vmatrix} a_{21} & a_{22} & a_{23} \\ 2a_{31} - 5a_{11} & 2a_{32} - 5a_{12} & 2a_{33} - 5a_{13} \\ 3a_{11} + 2a_{21} & 3a_{12} + 2a_{22} & 3a_{13} + 2a_{23} \end{vmatrix} =$

（ **A** ）.

(A) $6m$ 　　　　(B) $-6m$ 　　　　(C) $12m$ 　　　　(D) $-12m$

解 原式 $\xrightarrow{r_3 - 2r_1}$ $\begin{vmatrix} a_{21} & a_{22} & a_{23} \\ 2a_{31} - 5a_{11} & 2a_{32} - 5a_{12} & 2a_{33} - 5a_{13} \\ 3a_{11} & 3a_{12} & 3a_{13} \end{vmatrix}$

$$= 3 \begin{vmatrix} a_{21} & a_{22} & a_{23} \\ 2a_{31} - 5a_{11} & 2a_{32} - 5a_{12} & 2a_{33} - 5a_{13} \\ a_{11} & a_{12} & a_{13} \end{vmatrix}$$

$$\xrightarrow{r_2 + 5r_3} 3 \begin{vmatrix} a_{21} & a_{22} & a_{23} \\ 2a_{31} & 2a_{32} & 2a_{33} \\ a_{11} & a_{12} & a_{13} \end{vmatrix} = 6 \begin{vmatrix} a_{11} & a_{12} & a_{13} \\ a_{21} & a_{22} & a_{23} \\ a_{31} & a_{32} & a_{33} \end{vmatrix} = 6m.$$

6. 设 $D = \begin{vmatrix} 1 & 2 & 3 & 4 \\ 2 & 3 & 4 & 1 \\ 3 & 4 & 1 & 2 \\ 4 & 1 & 2 & 3 \end{vmatrix}$, A_{i4} 是 D 中元素 $a_{i4}(i = 1, 2, 3, 4)$ 的代数余子式, 则 A_{14}

$+ 2A_{24} + 3A_{34} + 4A_{44} = $（ **A** ）.

(A)0 (B)1 (C)−1 (D) D

分析 注意到 $A_{14}+2A_{24}+3A_{34}+4A_{44}$ 中四个代数余子式的系数 $1,2,3,4$ 恰好是行列式 D 的第一列的值,也就是所求式子的值可看作第一列元素与第四列元素对应的代数余子式的乘积之和.

解 由于 $A_{14}+2A_{24}+3A_{34}+4A_{44}$ 是第一列元素与第四列元素对应的代数余子式的乘积之和,故为 0.

7.若线性方程组 $\begin{cases} x_1+kx_2-x_3=0, \\ \quad\quad 4x_2+x_3=0, \\ kx_1-7x_2-x_3=0 \end{cases}$ 只有零解,则 k 可为(**A**).

(A)0 (B)−3 (C)−1 (D)−1 或 −3

解 齐次线性方程组只有零解,即系数行列式

$$D = \begin{vmatrix} 1 & k & -1 \\ 0 & 4 & 1 \\ k & -7 & -1 \end{vmatrix} = k^2+4k+3 = (k+1)(k+3) \neq 0,$$

从而 $k \neq -1$ 且 $k \neq -3$.

8.若线性方程组 $\begin{cases} kx+\quad\quad z=0, \\ 2x+ky+z=0, \\ kx-2y+z=0 \end{cases}$ 有非零解,则 k 的值为(**B**).

(A)0 (B)2 (C)−1 (D)−2

解 齐次线性方程组有非零解,即系数行列式

$$D = \begin{vmatrix} k & 0 & 1 \\ 2 & k & 1 \\ k & -2 & 1 \end{vmatrix} = 2k-4 = 0,$$

从而 $k=2$.

习 题 二 全 解

(A)

1.设 $A = \begin{bmatrix} 1 & 1 & -2 \\ 2 & 0 & 3 \end{bmatrix}$, $B = \begin{bmatrix} -3 & -1 & 4 \\ 0 & 1 & 2 \end{bmatrix}$,求 $A-B, A^{\mathrm{T}}B$.

解 $A-B = \begin{bmatrix} 1-(-3) & 1-(-1) & -2-4 \\ 2-0 & 0-1 & 3-2 \end{bmatrix} = \begin{bmatrix} 4 & 2 & -6 \\ 2 & -1 & 1 \end{bmatrix}$.

$$A^{\mathrm{T}}B = \begin{pmatrix} 1 & 2 \\ 1 & 0 \\ -2 & 3 \end{pmatrix} \begin{pmatrix} -3 & -1 & 4 \\ 0 & 1 & 2 \end{pmatrix}$$

$$= \begin{pmatrix} 1\times(-3)+2\times0 & 1\times(-1)+2\times1 & 1\times4+2\times2 \\ 1\times(-3)+0\times0 & 1\times(-1)+0\times1 & 1\times4+0\times2 \\ (-2)\times(-3)+3\times0 & (-2)\times(-1)+3\times1 & (-2)\times4+3\times2 \end{pmatrix}$$

$$= \begin{pmatrix} -3 & 1 & 8 \\ -3 & -1 & 4 \\ 6 & 5 & -2 \end{pmatrix}.$$

2. 杀虫剂喷在植物上以防治昆虫. 然而, 一些杀虫剂却被植物吸收. 当昆虫吃了喷有药剂的植物后, 也同时吸收了药剂. 为了知道一只食草虫吃下的药剂量, 我们如此进行: 假设有 3 份杀虫剂、4 株植物, 令 a_{ij} 代表被植物 j 吸收的杀虫剂 i 之量. 可以用矩阵表示如下:

$$\begin{array}{cccc} \text{植物1} & \text{植物2} & \text{植物3} & \text{植物4} \end{array}$$
$$A = \begin{pmatrix} 2 & 3 & 4 & 3 \\ 3 & 2 & 2 & 5 \\ 4 & 1 & 6 & 4 \end{pmatrix} \begin{matrix} \text{杀虫剂1} \\ \text{杀虫剂2.} \\ \text{杀虫剂3} \end{matrix}$$

设有 3 只食草虫, 令 b_{ij} 表示食草虫 j 每月所食的植物 i 之量, 这资料可以用矩阵表示如下:

$$\begin{array}{ccc} \text{食草虫1} & \text{食草虫2} & \text{食草虫3} \end{array}$$
$$B = \begin{pmatrix} 20 & 12 & 8 \\ 28 & 15 & 15 \\ 30 & 12 & 10 \\ 40 & 16 & 20 \end{pmatrix} \begin{matrix} \text{植物1} \\ \text{植物2} \\ \text{植物3} \\ \text{植物4} \end{matrix}$$

试问 AB 中的元素代表什么意思?

解　AB 中的元素 c_{ij} 表示昆虫 j 吸收了杀虫剂 i 之量. 比如,

$$c_{23} = 3\times8+2\times15+2\times10+5\times20 = 174,$$

c_{23} 表示食草虫 3 吸收杀虫剂 2 的量为 174 毫克.

3. 计算下列矩阵的乘积:

$(1)\begin{pmatrix} 1 & 0 & -1 \\ 1 & 1 & -3 \end{pmatrix}\begin{pmatrix} 0 & 3 \\ 1 & 2 \\ 3 & 1 \end{pmatrix}.$

解 $\begin{pmatrix} 1 & 0 & -1 \\ 1 & 1 & -3 \end{pmatrix} \begin{bmatrix} 0 & 3 \\ 1 & 2 \\ 3 & 1 \end{bmatrix}$

$= \begin{pmatrix} 1\times0+0\times1+(-1)\times3 & 1\times3+0\times2+(-1)\times1 \\ 1\times0+1\times1+(-3)\times3 & 1\times3+1\times2+(-3)\times1 \end{pmatrix} = \begin{pmatrix} -3 & 2 \\ -8 & 2 \end{pmatrix}.$

$(2)(1,-1,2) \begin{bmatrix} 2 & -1 & 0 \\ 1 & 1 & 3 \\ 4 & 2 & 1 \end{bmatrix}.$

解 $(1,-1,2) \begin{bmatrix} 2 & -1 & 0 \\ 1 & 1 & 3 \\ 4 & 2 & 1 \end{bmatrix}$

$= (1\times2+(-1)\times1+2\times4, 1\times(-1)+(-1)\times1+2\times2, 1\times0+(-1)\times3+2\times1)$

$= (9,2,-1).$

$(3) \begin{bmatrix} 2 & -1 & 0 \\ 1 & 1 & 3 \\ 4 & 2 & 1 \end{bmatrix} \begin{bmatrix} 1 \\ -1 \\ 2 \end{bmatrix}.$

解 $\begin{bmatrix} 2 & -1 & 0 \\ 1 & 1 & 3 \\ 4 & 2 & 1 \end{bmatrix} \begin{bmatrix} 1 \\ -1 \\ 2 \end{bmatrix} = \begin{bmatrix} 2\times1+(-1)\times(-1)+0\times2 \\ 1\times1+1\times(-1)+3\times2 \\ 4\times1+2\times(-1)+1\times2 \end{bmatrix} = \begin{bmatrix} 3 \\ 6 \\ 4 \end{bmatrix}.$

$(4)(2,3,-1) \begin{bmatrix} 1 \\ -1 \\ -1 \end{bmatrix}.$

解 $(2,3,-1) \begin{bmatrix} 1 \\ -1 \\ -1 \end{bmatrix} = 2\times1+3\times(-1)+(-1)\times(-1) = 0.$

$(5) \begin{bmatrix} 1 \\ -1 \\ -1 \end{bmatrix} (2,3,-1).$

解 $\begin{bmatrix} 1 \\ -1 \\ -1 \end{bmatrix} (2,3,-1) = \begin{bmatrix} 1\times2 & 1\times3 & 1\times(-1) \\ (-1)\times2 & (-1)\times3 & (-1)\times(-1) \\ 1\times2 & (-1)\times3 & (-1)\times(-1) \end{bmatrix}$

$= \begin{bmatrix} 2 & 3 & -1 \\ -2 & -3 & 1 \\ -2 & -3 & 1 \end{bmatrix}.$

$(6)(x_1,x_2)\begin{pmatrix}a_{11}&a_{12}\\a_{21}&a_{22}\end{pmatrix}\begin{pmatrix}x_1\\x_2\end{pmatrix}.$

解　$(x_1,x_2)\begin{pmatrix}a_{11}&a_{12}\\a_{21}&a_{22}\end{pmatrix}\begin{pmatrix}x_1\\x_2\end{pmatrix}=(x_1,x_2)\begin{pmatrix}a_{11}x_1+a_{12}x_2\\a_{21}x_1+a_{22}x_2\end{pmatrix}$

$\qquad\qquad=x_1(a_{11}x_1+a_{12}x_2)+x_2(a_{21}x_1+a_{22}x_2)$

$\qquad\qquad=a_{11}x_1^2+(a_{12}+a_{21})x_1x_2+a_{22}x_2^2.$

4.求所有与 A 可交换的矩阵,其中:

$(1)A=\begin{pmatrix}1&1\\0&1\end{pmatrix}.$

解　设与 A 可交换的矩阵为 $B=\begin{pmatrix}b_{11}&b_{12}\\b_{21}&b_{22}\end{pmatrix}$,由 $AB=BA$,即

$$\begin{pmatrix}b_{11}+b_{21}&b_{12}+b_{22}\\b_{21}&b_{22}\end{pmatrix}=\begin{pmatrix}b_{11}&b_{12}+b_{11}\\b_{21}&b_{22}+b_{21}\end{pmatrix},$$

解得 $b_{21}=0$, $b_{22}=b_{11}$, b_{12} 为任意常数,即

$$B=\begin{pmatrix}a&b\\0&a\end{pmatrix}(a,b\ 为任意常数).$$

$(2)A=\begin{pmatrix}1&1&0\\0&1&1\\0&0&1\end{pmatrix}.$

解　设 $B=\begin{pmatrix}b_{11}&b_{12}&b_{13}\\b_{21}&b_{22}&b_{23}\\b_{31}&b_{32}&b_{33}\end{pmatrix}$,由 $AB=BA$,即

$$\begin{pmatrix}b_{11}+b_{21}&b_{12}+b_{22}&b_{13}+b_{23}\\b_{21}+b_{31}&b_{22}+b_{32}&b_{23}+b_{33}\\b_{31}&b_{32}&b_{33}\end{pmatrix}=\begin{pmatrix}b_{11}&b_{11}+b_{12}&b_{12}+b_{13}\\b_{21}&b_{21}+b_{22}&b_{22}+b_{23}\\b_{31}&b_{31}+b_{32}&b_{32}+b_{33}\end{pmatrix},$$

从而解得 $b_{21}=b_{31}=b_{32}=0$, $b_{11}=b_{22}=b_{33}$, $b_{12}=b_{23}$, b_{13} 任意常数,即

$$B=\begin{pmatrix}a&b&c\\0&a&b\\0&0&a\end{pmatrix}(a,b,c\ 为任意常数).$$

5.计算下列矩阵的幂:

$(1)\begin{pmatrix}1&1\\0&1\end{pmatrix}^n.$

解　设 $A=\begin{pmatrix}1&1\\0&1\end{pmatrix}=\begin{pmatrix}1&0\\0&1\end{pmatrix}+\begin{pmatrix}0&1\\0&0\end{pmatrix}=E+B$,则

$$A^n = (E+B)^n = E^n + C_n^1 E^{n-1} B + C_n^2 E^{n-2} B^2 + \cdots + B^n,$$

而

$$B^0 = E, \ B^1 = B, \ B^2 = B^3 = \cdots = O,$$

故

$$A^n = E^n + C_n^1 B^1 E^{n-1} = E + nB = \begin{pmatrix} 1 & n \\ 0 & 1 \end{pmatrix}.$$

注 该题也可以利用归纳法求取.

(2) $\begin{pmatrix} 0 & 1 \\ -1 & 0 \end{pmatrix}^n$.

解 设 $A = \begin{pmatrix} 0 & 1 \\ -1 & 0 \end{pmatrix}$,则 $A^2 = -E$,所以

$$\begin{pmatrix} 0 & 1 \\ -1 & 0 \end{pmatrix}^n = \begin{cases} (-1)^k E, & n = 2k, \\ (-1)^k A, & n = 2k+1. \end{cases}$$

(3) $\begin{pmatrix} \cos \varphi & -\sin \varphi \\ \sin \varphi & \cos \varphi \end{pmatrix}^n$.

解 设 $A = \begin{pmatrix} \cos \varphi & -\sin \varphi \\ \sin \varphi & \cos \varphi \end{pmatrix}$,则

$$A^2 = \begin{bmatrix} \cos^2 \varphi - \sin^2 \varphi & -2\sin \varphi \cos \varphi \\ 2\sin \varphi \cos \varphi & \cos^2 \varphi - \sin^2 \varphi \end{bmatrix} = \begin{pmatrix} \cos 2\varphi & -\sin 2\varphi \\ \sin 2\varphi & \cos 2\varphi \end{pmatrix}.$$

猜测

$$A^n = \begin{pmatrix} \cos n\varphi & -\sin n\varphi \\ \sin n\varphi & \cos n\varphi \end{pmatrix}.$$

下证:当幂次为 $n+1$ 时也满足上述表达式. 因为

$$A^{n+1} = A^n A = \begin{pmatrix} \cos n\varphi & -\sin n\varphi \\ \sin n\varphi & \cos n\varphi \end{pmatrix} \begin{pmatrix} \cos \varphi & -\sin \varphi \\ \sin \varphi & \cos \varphi \end{pmatrix}$$

$$= \begin{pmatrix} \cos n\varphi \cos \varphi - \sin n\varphi \sin \varphi & -\cos n\varphi \sin \varphi - \sin n\varphi \cos \varphi \\ \sin n\varphi \cos \varphi + \cos n\varphi \sin \varphi & \cos n\varphi \cos \varphi - \sin n\varphi \sin \varphi \end{pmatrix}$$

$$= \begin{pmatrix} \cos(n+1)\varphi & -\sin(n+1)\varphi \\ \sin(n+1)\varphi & \cos(n+1)\varphi \end{pmatrix},$$

所以,结论成立.

(4) $\begin{bmatrix} 0 & 1 & 0 & 0 \\ 0 & 0 & 1 & 0 \\ 0 & 0 & 0 & 1 \\ 0 & 0 & 0 & 0 \end{bmatrix}$.

解 设 $A = \begin{pmatrix} 0 & 1 & 0 & 0 \\ 0 & 0 & 1 & 0 \\ 0 & 0 & 0 & 1 \\ 0 & 0 & 0 & 0 \end{pmatrix}$,直接求幂可得

$$A^2 = \begin{pmatrix} 0 & 0 & 1 & 0 \\ 0 & 0 & 0 & 1 \\ 0 & 0 & 0 & 0 \\ 0 & 0 & 0 & 0 \end{pmatrix}, \quad A^3 = \begin{pmatrix} 0 & 0 & 0 & 1 \\ 0 & 0 & 0 & 0 \\ 0 & 0 & 0 & 0 \\ 0 & 0 & 0 & 0 \end{pmatrix}, \quad A^4 = \begin{pmatrix} 0 & 0 & 0 & 0 \\ 0 & 0 & 0 & 0 \\ 0 & 0 & 0 & 0 \\ 0 & 0 & 0 & 0 \end{pmatrix},$$

当 $n \geqslant 5$ 时,

$$A^n = \begin{pmatrix} 0 & 0 & 0 & 0 \\ 0 & 0 & 0 & 0 \\ 0 & 0 & 0 & 0 \\ 0 & 0 & 0 & 0 \end{pmatrix}.$$

(5) $\begin{pmatrix} 1 & -1 & 2 \\ 2 & -2 & 4 \\ -1 & 1 & -2 \end{pmatrix}$.

解 设

$$A = \begin{pmatrix} 1 & -1 & 2 \\ 2 & -2 & 4 \\ -1 & 1 & -2 \end{pmatrix} = \begin{pmatrix} 1 \\ 2 \\ -1 \end{pmatrix} (1, -1, 2) = \alpha^{\mathrm{T}} \beta,$$

其中 $\alpha = (1, 2, -1)$,$\beta = (1, -1, 2)$.

又因为 $\beta \alpha^{\mathrm{T}} = (1, -1, 2) \begin{pmatrix} 1 \\ 2 \\ -1 \end{pmatrix} = -3$,所以

$$A^n = (\alpha^{\mathrm{T}} \beta)^n = (\alpha^{\mathrm{T}} \beta)(\alpha^{\mathrm{T}} \beta)(\alpha^{\mathrm{T}} \beta) \cdots (\alpha^{\mathrm{T}} \beta)$$
$$= \alpha^{\mathrm{T}} \underbrace{(\beta \alpha^{\mathrm{T}})(\beta \alpha^{\mathrm{T}}) \cdots (\beta \alpha^{\mathrm{T}})}_{(n-1)\text{个}} \beta = (-3)^{n-1} \alpha^{\mathrm{T}} \beta = (-3)^{n-1} A.$$

(6) $\begin{pmatrix} 1 & 2 & 0 \\ 0 & 1 & 1 \\ 0 & 0 & 1 \end{pmatrix}^n$.

解 设

$$A = \begin{pmatrix} 1 & 2 & 0 \\ 0 & 1 & 1 \\ 0 & 0 & 1 \end{pmatrix} = E + \begin{pmatrix} 0 & 2 & 0 \\ 0 & 0 & 1 \\ 0 & 0 & 0 \end{pmatrix},$$

令 $\boldsymbol{B} = \begin{pmatrix} 0 & 2 & 0 \\ 0 & 0 & 1 \\ 0 & 0 & 0 \end{pmatrix}$，易得

$$\boldsymbol{B}^2 = \begin{pmatrix} 0 & 0 & 2 \\ 0 & 0 & 0 \\ 0 & 0 & 0 \end{pmatrix}, \quad \boldsymbol{B}^n = \boldsymbol{O} \quad (n \geqslant 3).$$

由二项式定理，得

$$\boldsymbol{A}^n = (\boldsymbol{E} + \boldsymbol{B})^n = \boldsymbol{E} + n\boldsymbol{B} + \frac{n(n-1)}{2}\boldsymbol{B}^2 = \begin{pmatrix} 1 & 2n & n^2 - n \\ 0 & 1 & n \\ 0 & 0 & 1 \end{pmatrix}.$$

注 这一解法将 $\boldsymbol{A}$ 分解为两个可交换矩阵的和，且两个新矩阵的 n 次幂都容易计算，然后利用二项式展开定理求出结果，其中 $\boldsymbol{B}^k = \boldsymbol{O}(k \geqslant 3)$ 是重要的.

6. 设 $f(x) = 3x^2 - 2x + 5$，$\boldsymbol{A} = \begin{pmatrix} 1 & -2 & 3 \\ 2 & -4 & 1 \\ 3 & -5 & 2 \end{pmatrix}$，求 $f(\boldsymbol{A})$.

解 $f(\boldsymbol{A}) = 3\boldsymbol{A}^2 - 2\boldsymbol{A} + 5\boldsymbol{E} = \begin{pmatrix} 18 & -27 & 21 \\ -9 & 21 & 12 \\ -3 & 12 & 24 \end{pmatrix} - \begin{pmatrix} 2 & -4 & 6 \\ 4 & -8 & 2 \\ 6 & -10 & 4 \end{pmatrix} + 5\boldsymbol{E}$

$$= \begin{pmatrix} 21 & -23 & 15 \\ -13 & 34 & 10 \\ -9 & 22 & 25 \end{pmatrix}.$$

7. 对于任意 n 阶矩阵 $\boldsymbol{A}$，证明：

(1) $\boldsymbol{A} + \boldsymbol{A}^{\mathrm{T}}$ 是对称矩阵，$\boldsymbol{A} - \boldsymbol{A}^{\mathrm{T}}$ 是反对称矩阵；

(2) $\boldsymbol{A}$ 可表为一对称矩阵与一反对称矩阵之和.

证 (1) 由于 $(\boldsymbol{A} + \boldsymbol{A}^{\mathrm{T}})^{\mathrm{T}} = \boldsymbol{A}^{\mathrm{T}} + (\boldsymbol{A}^{\mathrm{T}})^{\mathrm{T}} = \boldsymbol{A}^{\mathrm{T}} + \boldsymbol{A} = \boldsymbol{A} + \boldsymbol{A}^{\mathrm{T}}$，故 $\boldsymbol{A} + \boldsymbol{A}^{\mathrm{T}}$ 是对称的.

由于 $(\boldsymbol{A} - \boldsymbol{A}^{\mathrm{T}})^{\mathrm{T}} = \boldsymbol{A}^{\mathrm{T}} - (\boldsymbol{A}^{\mathrm{T}})^{\mathrm{T}} = \boldsymbol{A}^{\mathrm{T}} - \boldsymbol{A} = -(\boldsymbol{A} - \boldsymbol{A}^{\mathrm{T}})$，故 $\boldsymbol{A} - \boldsymbol{A}^{\mathrm{T}}$ 是反对称的.

(2) 因为 $\boldsymbol{A} = \frac{1}{2}[(\boldsymbol{A} + \boldsymbol{A}^{\mathrm{T}}) + (\boldsymbol{A} - \boldsymbol{A}^{\mathrm{T}})]$，故由(1)知结论成立.

8. 设 $\boldsymbol{A}, \boldsymbol{B}$ 都是 n 阶对称矩阵. 证明：

(1) $\boldsymbol{A} + \boldsymbol{B}$，$\boldsymbol{A} - 2\boldsymbol{B}$ 也都是对称矩阵；

(2) $\boldsymbol{AB}$ 是对称矩阵的充分必要条件是 $\boldsymbol{A}$ 与 $\boldsymbol{B}$ 可交换；

(3) 若 $\boldsymbol{AB} + \boldsymbol{E}$ 可逆，$(\boldsymbol{AB} + \boldsymbol{E}^{-1})\boldsymbol{A}$ 也是对称矩阵。

证 (1) 因为 $\boldsymbol{A}^{\mathrm{T}} = \boldsymbol{A}$，$\boldsymbol{B}^{\mathrm{T}} = \boldsymbol{B}$，而

$$(\boldsymbol{A} + \boldsymbol{B})^{\mathrm{T}} = \boldsymbol{A}^{\mathrm{T}} + \boldsymbol{B}^{\mathrm{T}} = \boldsymbol{A} + \boldsymbol{B}, \qquad (\boldsymbol{A} - 2\boldsymbol{B})^{\mathrm{T}} = \boldsymbol{A}^{\mathrm{T}} - 2\boldsymbol{B}^{\mathrm{T}} = \boldsymbol{A} - 2\boldsymbol{B},$$

所以,$A+B$ 和 $A-2B$ 都是对称矩阵.

(2)因为 $(AB)^T=B^TA^T=BA$,所以 $(AB)^T=AB$ 的充分必要条件是 $AB=BA$,即 A 与 B 可交换;

(3)因为

$$[(AB+E)^{-1}A]^T = A^T[(AB+E)^{-1}]^T = A(B^TA^T+E^T)^{-1}$$
$$= A(BA+E)^{-1} = [(BA+E)A^{-1}]^{-1} = (B+A^{-1})^{-1}$$
$$= [A^{-1}(AB+E)]^{-1} = (AB+E)^{-1}A,$$

所以 $(AB+E)^{-1}A$ 为对称矩阵.

9.设 A 为 n 阶方阵且 $AA^T=E$,又 $|A|<0$.(1)求行列式 $|A|$ 的值;(2)求证行列式 $|A+E|=0$.

解　(1)由 $|AA^T|=|A|^2=1$,且 $|A|<0$ 知,$|A|=-1$.

(2)由

$$|A+E|=|A+AA^T|=|A(E+A^T)|=|A||E+A^T|$$
$$=-|(E+A)^T|=-|E+A|,$$

得 $|A+E|=0$.

10. n 阶矩阵 $A=(a_{ij})_{n\times n}$ 主对角线上元素之和称为矩阵 A 的迹,记作 tr$A$,即 tr$A$ $=a_{11}+a_{22}+\cdots+a_{nn}=\sum\limits_{i=1}^{n}a_{ii}$. 设 A,B 均为 n 阶矩阵,证明:

(1)tr$(A+B)=$tr$A+$tr$B$;　　　　　　　(2)tr$(kA)=k$tr$A$(k 为任意常数);

(3)tr$A^T=$tr$A$;　　　　　　　　　　　　(4)tr$(AB)=$tr(BA).

证　由迹的定义显然可知(1)(2)(3)成立,下面只证明(4):

$$\text{tr}(AB)=\sum_{i=1}^{n}\sum_{k=1}^{n}a_{ik}b_{ki}=\sum_{k=1}^{n}\sum_{i=1}^{n}b_{ki}a_{ik}=\text{tr}(BA).$$

11.判断下列方阵是否可逆,如果可逆,求其逆矩阵:

(1) $\begin{pmatrix} 2 & 5 \\ 1 & 3 \end{pmatrix}$.

解　设 $A=\begin{pmatrix} 2 & 5 \\ 1 & 3 \end{pmatrix}$. 因为 $|A|=1\neq0$,所以 A 可逆,且

$$A^{-1}=\frac{1}{|A|}A^*=\begin{pmatrix} 3 & -5 \\ -1 & 2 \end{pmatrix}.$$

(2) $\begin{vmatrix} 1 & 1 & -1 \\ 2 & 1 & 0 \\ 1 & -1 & 0 \end{vmatrix}$.

解 设 $A = \begin{pmatrix} 1 & 1 & -1 \\ 2 & 1 & 0 \\ 1 & -1 & 0 \end{pmatrix}$. 因为 $|A| = \begin{vmatrix} 1 & 1 & -1 \\ 2 & 1 & 0 \\ 1 & -1 & 0 \end{vmatrix} = 3 \neq 0$,所以 A 可逆,且

$$A^{-1} = \frac{1}{|A|} A^* = \frac{1}{|A|} \begin{pmatrix} A_{11} & A_{21} & A_{31} \\ A_{12} & A_{22} & A_{32} \\ A_{13} & A_{23} & A_{33} \end{pmatrix} = \frac{1}{3} \begin{pmatrix} 0 & 1 & 1 \\ 0 & 1 & -2 \\ -3 & 2 & -1 \end{pmatrix}.$$

12. 证明:如果 A 为可逆对称矩阵,则 A^{-1} 也是对称矩阵.

证 由 A 可逆知 A^{-1} 也是可逆的,且 $(A^{-1})^{\mathrm{T}} = (A^{\mathrm{T}})^{-1} = A^{-1}$,所以 A^{-1} 也是对称矩阵.

13. 设 A,B,C 为同阶方阵,其中 C 为可逆矩阵,且满足 $C^{-1}AC = B$. 求证:对任意正整数 m,有 $C^{-1}A^mC = B^m$.

证 $B^m = \underbrace{(C^{-1}AC)(C^{-1}AC)\cdots(C^{-1}AC)}_{m\text{个}}$

$$= C^{-1}A(CC^{-1})A(CC^{-1})\cdots(CC^{-1})AC = C^{-1}A^mC.$$

14. 设 A 为 n 阶矩阵,存在正整数 $k > 1$,使 $A^k = O$(称 A 为**幂零矩阵**). 证明:$E - A$ 可逆,且 $(E-A)^{-1} = E + A + A^2 + \cdots + A^{k-1}$.

证 因为

$$(E-A)(E + A + A^2 + \cdots + A^{k-1}) = E - A^k = E,$$

所以 $E - A$ 可逆,且 $(E-A)^{-1} = E + A + A^2 + \cdots + A^{k-1}$.

15. 证明:若 A 是**幂等矩阵**(即 $A^2 = A$),且 $A \neq E$,则 A 不可逆.

证 反证法. 假设 A 可逆,则 A^{-1} 存在,在 $A^2 = A$ 两边分别左乘 A^{-1},得到 $A = E$,与已知矛盾. 所以假设错误,即 A 不可逆.

16. 设方阵 A 满足 $A^2 - A - 2E = O$. 证明:

(1) A 和 $E - A$ 都是可逆矩阵,并求它们的逆矩阵;

(2) $A + E$ 和 $A - 2E$ 不可能同时都是可逆的.

证 (1) 由 $A^2 - A - 2E = O$ 可得

$$A\frac{A-E}{2} = E \text{ 和 } -\frac{A}{2}(E-A) = E.$$

因此,A 和 $E - A$ 都是可逆矩阵,且

$$A^{-1} = \frac{A-E}{2} \text{ 和 } (E-A)^{-1} = -\frac{A}{2}.$$

(2) $A^2 - A - 2E = (A+E)(A-2E) = O$,两边取行列式得

$$|A+E||A-2E| = 0, \text{ 即 } |A+E| = 0 \text{ 或 } |A-2E| = 0,$$

所以 $A + E$ 和 $A - 2E$ 不可能同时都是可逆的.

17. 设 $\boldsymbol{A}$，$\boldsymbol{B}$ 均为 n 阶矩阵，且 $\boldsymbol{AB}=\boldsymbol{A}+\boldsymbol{B}$. 证明 $\boldsymbol{A}-\boldsymbol{E}$ 可逆，并求其逆.

解 由 $\boldsymbol{AB}=\boldsymbol{A}+\boldsymbol{B}$，得 $(\boldsymbol{A}-\boldsymbol{E})(\boldsymbol{B}-\boldsymbol{E})=\boldsymbol{E}$，所以 $\boldsymbol{A}-\boldsymbol{E}$ 可逆，且 $(\boldsymbol{A}-\boldsymbol{E})^{-1}=\boldsymbol{B}-\boldsymbol{E}$.

18. 如果非奇异 n 阶方阵 $\boldsymbol{A}$ 的每行元素和均为 a，试证：$\boldsymbol{A}^{-1}$ 的行元素和必为 $\dfrac{1}{a}$.

证 由题设，得

$$\boldsymbol{A}\begin{pmatrix}1\\1\\\vdots\\1\end{pmatrix}=\begin{pmatrix}a\\a\\\vdots\\a\end{pmatrix}, \qquad (*)$$

因为 $\boldsymbol{A}$ 是非奇异的，从而 $\boldsymbol{A}$ 可逆，用 $\boldsymbol{A}^{-1}$ 左乘 $(*)$ 式两边得

$$\boldsymbol{A}^{-1}\begin{pmatrix}a\\a\\\vdots\\a\end{pmatrix}=\begin{pmatrix}1\\1\\\vdots\\1\end{pmatrix}, \ \text{即} \ a\boldsymbol{A}^{-1}\begin{pmatrix}1\\1\\\vdots\\1\end{pmatrix}=\begin{pmatrix}1\\1\\\vdots\\1\end{pmatrix} \ \text{或} \ \boldsymbol{A}^{-1}\begin{pmatrix}1\\1\\\vdots\\1\end{pmatrix}=\begin{pmatrix}\dfrac{1}{a}\\\dfrac{1}{a}\\\vdots\\\dfrac{1}{a}\end{pmatrix},$$

即 $\boldsymbol{A}^{-1}$ 的行元素和为 $\dfrac{1}{a}$.

19. 将矩阵适当分块后计算：

$$(1)\begin{pmatrix}0 & 0 & 1 & 0\\0 & 0 & 0 & 1\\1 & 0 & 2 & 3\\0 & 1 & 1 & -2\end{pmatrix}\begin{pmatrix}-2 & -1 & 3 & 0\\1 & 2 & 0 & 3\\1 & 0 & 0 & 0\\0 & 1 & 0 & 0\end{pmatrix}.$$

解

$$\begin{pmatrix}0 & 0 & 1 & 0\\0 & 0 & 0 & 1\\1 & 0 & 2 & 3\\0 & 1 & 1 & -2\end{pmatrix}\begin{pmatrix}-2 & -1 & 3 & 0\\1 & 2 & 0 & 3\\1 & 0 & 0 & 0\\0 & 1 & 0 & 0\end{pmatrix}=\begin{pmatrix}\boldsymbol{O} & \boldsymbol{E}\\\boldsymbol{E} & \boldsymbol{A}_1\end{pmatrix}\begin{pmatrix}\boldsymbol{B}_1 & 3\boldsymbol{E}\\\boldsymbol{E} & \boldsymbol{O}\end{pmatrix}$$

$$=\begin{pmatrix}\boldsymbol{E} & \boldsymbol{O}\\\boldsymbol{B}_1+\boldsymbol{A}_1 & 3\boldsymbol{E}\end{pmatrix}=\begin{pmatrix}1 & 0 & 0 & 0\\0 & 1 & 0 & 0\\0 & 2 & 3 & 0\\2 & 0 & 0 & 3\end{pmatrix},$$

其中 $\boldsymbol{A}_1=\begin{pmatrix}2 & 3\\1 & -2\end{pmatrix}$，$\boldsymbol{B}_1=\begin{pmatrix}-2 & -1\\1 & 2\end{pmatrix}$.

$(2)\begin{pmatrix}1 & 0 & \vdots & -2 & 0\\ 0 & 1 & \vdots & 0 & -2\\ \cdots & \cdots & \vdots & \cdots & \cdots\\ 0 & 0 & \vdots & 5 & 3\end{pmatrix}\begin{pmatrix}3 & \vdots & 0 & -2\\ 1 & \vdots & 2 & 0\\ \cdots & \vdots & \cdots & \cdots\\ 0 & \vdots & 1 & 0\\ 0 & \vdots & 0 & 1\end{pmatrix}.$

解 令 $\boldsymbol{\alpha}=\begin{pmatrix}5\\3\end{pmatrix},\boldsymbol{\beta}=\begin{pmatrix}3\\1\end{pmatrix},\boldsymbol{B}_1=\begin{pmatrix}0 & -2\\ 2 & 0\end{pmatrix}$，则

$$\begin{pmatrix}1 & 0 & \vdots & -2 & 0\\ 0 & 1 & \vdots & 0 & -2\\ \cdots & \cdots & \vdots & \cdots & \cdots\\ 0 & 0 & \vdots & 5 & 3\end{pmatrix}\begin{pmatrix}3 & \vdots & 0 & -2\\ 1 & \vdots & 2 & 0\\ \cdots & \vdots & \cdots & \cdots\\ 0 & \vdots & 1 & 0\\ 0 & \vdots & 0 & 1\end{pmatrix}=\begin{pmatrix}\boldsymbol{E} & -2\boldsymbol{E}\\ \boldsymbol{0} & \boldsymbol{\alpha}^{\mathrm{T}}\end{pmatrix}\begin{pmatrix}\boldsymbol{\beta} & \boldsymbol{B}_1\\ \boldsymbol{0} & \boldsymbol{E}\end{pmatrix}$$

$$=\begin{pmatrix}\boldsymbol{\beta} & \boldsymbol{B}_1-2\boldsymbol{E}\\ \boldsymbol{0} & \boldsymbol{\alpha}^{\mathrm{T}}\end{pmatrix}=\begin{pmatrix}3 & -2 & -2\\ 1 & 2 & -2\\ 0 & 5 & 3\end{pmatrix}.$$

20. 设 $\boldsymbol{A}$ 和 $\boldsymbol{B}$ 为可逆矩阵，$\boldsymbol{X}=\begin{pmatrix}\boldsymbol{O} & \boldsymbol{A}\\ \boldsymbol{B} & \boldsymbol{O}\end{pmatrix}$ 为分块矩阵，求 $\boldsymbol{X}^{-1}$.

解 设 $\boldsymbol{X}^{-1}=\begin{pmatrix}\boldsymbol{X}_{11} & \boldsymbol{X}_{12}\\ \boldsymbol{X}_{21} & \boldsymbol{X}_{22}\end{pmatrix}$，则

$$\begin{pmatrix}\boldsymbol{O} & \boldsymbol{A}\\ \boldsymbol{B} & \boldsymbol{O}\end{pmatrix}\begin{pmatrix}\boldsymbol{X}_{11} & \boldsymbol{X}_{12}\\ \boldsymbol{X}_{21} & \boldsymbol{X}_{22}\end{pmatrix}=\begin{pmatrix}\boldsymbol{A}\boldsymbol{X}_{21} & \boldsymbol{A}\boldsymbol{X}_{22}\\ \boldsymbol{B}\boldsymbol{X}_{11} & \boldsymbol{B}\boldsymbol{X}_{12}\end{pmatrix}=\begin{pmatrix}\boldsymbol{E}_r & \boldsymbol{O}\\ \boldsymbol{O} & \boldsymbol{E}_s\end{pmatrix},$$

比较等式两边，得

$$\begin{cases}\boldsymbol{A}\boldsymbol{X}_{21}=\boldsymbol{E}_r,\\ \boldsymbol{A}\boldsymbol{X}_{22}=\boldsymbol{O},\\ \boldsymbol{B}\boldsymbol{X}_{11}=\boldsymbol{O},\\ \boldsymbol{B}\boldsymbol{X}_{12}=\boldsymbol{E}_s,\end{cases}\quad 即\quad\begin{cases}\boldsymbol{X}_{21}=\boldsymbol{A}^{-1},\\ \boldsymbol{X}_{22}=\boldsymbol{O},\\ \boldsymbol{X}_{11}=\boldsymbol{O},\\ \boldsymbol{X}_{12}=\boldsymbol{B}^{-1},\end{cases}$$

从而 $\boldsymbol{X}^{-1}=\begin{pmatrix}\boldsymbol{O} & \boldsymbol{B}^{-1}\\ \boldsymbol{A}^{-1} & \boldsymbol{O}\end{pmatrix}$.

21. 设有分块矩阵 $\begin{pmatrix}\boldsymbol{A} & \boldsymbol{B}\\ \boldsymbol{C} & \boldsymbol{D}\end{pmatrix}$，其中矩阵 $\boldsymbol{A}$，$\boldsymbol{D}$ 皆可逆.试证

$$\begin{vmatrix}\boldsymbol{A} & \boldsymbol{B}\\ \boldsymbol{C} & \boldsymbol{D}\end{vmatrix}=|\boldsymbol{A}-\boldsymbol{B}\boldsymbol{D}^{-1}\boldsymbol{C}||\boldsymbol{D}|.$$

证 设 $\boldsymbol{E}_1$，$\boldsymbol{E}_2$ 分别是与 $\boldsymbol{A}$，$\boldsymbol{D}$ 同阶的单位矩阵.由于

$$\begin{pmatrix}\boldsymbol{E}_1 & -\boldsymbol{B}\boldsymbol{D}^{-1}\\ \boldsymbol{O} & \boldsymbol{E}_2\end{pmatrix}\begin{pmatrix}\boldsymbol{A} & \boldsymbol{B}\\ \boldsymbol{C} & \boldsymbol{D}\end{pmatrix}=\begin{pmatrix}\boldsymbol{A}-\boldsymbol{B}\boldsymbol{D}^{-1} & \boldsymbol{B}-\boldsymbol{B}\boldsymbol{D}^{-1}\boldsymbol{D}\\ \boldsymbol{C} & \boldsymbol{D}\end{pmatrix}$$

$$= \begin{pmatrix} A - BD^{-1} & O \\ C & D \end{pmatrix},$$

所以

$$\begin{vmatrix} E_1 & -BD^{-1} \\ O & E_2 \end{vmatrix} \begin{vmatrix} A & B \\ C & D \end{vmatrix} = \begin{vmatrix} A - BD^{-1} & O \\ C & D \end{vmatrix} = |A - BD^{-1}C| \, |D|.$$

而 $\begin{vmatrix} E_1 & -BD^{-1} \\ O & E_2 \end{vmatrix} = |E_1| \, |E_2| = 1$，故

$$\begin{vmatrix} A & B \\ C & D \end{vmatrix} = |A - BD^{-1}C| \, |D|.$$

22.用分块矩阵求逆公式求出下面矩阵的逆矩阵：

(1) $\begin{pmatrix} 1 & 2 & 0 & 0 \\ 3 & 4 & 0 & 0 \\ 0 & 0 & 5 & 6 \\ 0 & 0 & 7 & 8 \end{pmatrix}$.

解 $\begin{pmatrix} 1 & 2 & 0 & 0 \\ 3 & 4 & 0 & 0 \\ 0 & 0 & 5 & 6 \\ 0 & 0 & 7 & 8 \end{pmatrix}^{-1} = \begin{pmatrix} 1 & 2 & 0 & 0 \\ 3 & 4 & 0 & 0 \\ 0 & 0 & 5 & 6 \\ 0 & 0 & 7 & 8 \end{pmatrix}^{-1} = \begin{pmatrix} A & O \\ O & B \end{pmatrix}^{-1} = \begin{pmatrix} A^{-1} & O \\ O & B^{-1} \end{pmatrix}$

$$= \begin{pmatrix} -2 & 1 & 0 & 0 \\ \dfrac{3}{2} & -\dfrac{1}{2} & 0 & 0 \\ 0 & 0 & -4 & 3 \\ 0 & 0 & \dfrac{7}{2} & -\dfrac{5}{2} \end{pmatrix}.$$

(2) $\begin{pmatrix} 1 & 0 & 1 & 2 \\ 0 & 1 & 3 & 4 \\ 0 & 0 & 1 & 0 \\ 0 & 0 & 0 & 1 \end{pmatrix}$.

解 $\begin{pmatrix} 1 & 0 & 1 & 2 \\ 0 & 1 & 3 & 4 \\ 0 & 0 & 1 & 0 \\ 0 & 0 & 0 & 1 \end{pmatrix}^{-1} = \begin{pmatrix} 1 & 0 & 1 & 2 \\ 0 & 1 & 3 & 4 \\ 0 & 0 & 1 & 0 \\ 0 & 0 & 0 & 1 \end{pmatrix}^{-1} = \begin{pmatrix} A & C \\ O & B \end{pmatrix}^{-1} = \begin{pmatrix} A^{-1} & -A^{-1}CB^{-1} \\ O & B^{-1} \end{pmatrix}$

$$= \begin{pmatrix} 1 & 0 & -1 & -2 \\ 0 & 1 & -3 & -4 \\ 0 & 0 & 1 & 0 \\ 0 & 0 & 0 & 1 \end{pmatrix}.$$

(3) $\begin{pmatrix} 0 & a_1 & 0 & \cdots & 0 \\ 0 & 0 & a_2 & \cdots & 0 \\ \vdots & \vdots & \vdots & & \vdots \\ 0 & 0 & 0 & \cdots & a_{n-1} \\ a_n & 0 & 0 & \cdots & 0 \end{pmatrix}$，其中 $\prod\limits_{i=1}^{n} a_i \neq 0$.

解 $\begin{pmatrix} 0 & a_1 & 0 & \cdots & 0 \\ 0 & 0 & a_2 & \cdots & 0 \\ \vdots & \vdots & \vdots & & \vdots \\ 0 & 0 & 0 & \cdots & a_{n-1} \\ a_n & 0 & 0 & \cdots & 0 \end{pmatrix}^{-1} = \begin{pmatrix} 0 & \vdots & a_1 & 0 & \cdots & 0 \\ 0 & \vdots & 0 & 0 & a_2 & \cdots & 0 \\ \vdots & \vdots & \vdots & \vdots & & \vdots \\ 0 & \vdots & 0 & 0 & \cdots & a_{n-1} \\ \hline a_n & \vdots & 0 & 0 & \cdots & 0 \end{pmatrix}^{-1}$

$$= \begin{pmatrix} \mathbf{0} & \mathbf{A} \\ a_n & \mathbf{0} \end{pmatrix}^{-1} = \begin{pmatrix} \mathbf{0} & a_n^{-1} \\ \mathbf{A}^{-1} & \mathbf{0} \end{pmatrix} = \begin{pmatrix} 0 & 0 & \cdots & 0 & \dfrac{1}{a_n} \\ \dfrac{1}{a_1} & 0 & \cdots & 0 & 0 \\ 0 & \dfrac{1}{a_2} & \cdots & 0 & 0 \\ \vdots & \vdots & & \vdots & \vdots \\ 0 & 0 & \cdots & \dfrac{1}{a_{n-1}} & 0 \end{pmatrix}.$$

23.用初等行变换法求下列矩阵的逆矩阵:

(1) $\begin{pmatrix} 2 & 2 & 3 \\ 1 & -1 & 0 \\ -1 & 2 & 1 \end{pmatrix}$.

解 $\begin{pmatrix} 2 & 2 & 3 & \vdots & 1 & 0 & 0 \\ 1 & -1 & 0 & \vdots & 0 & 1 & 0 \\ -1 & 2 & 1 & \vdots & 0 & 0 & 1 \end{pmatrix} \xrightarrow{r_1 \leftrightarrow r_2} \begin{pmatrix} 1 & -1 & 0 & \vdots & 0 & 1 & 0 \\ 2 & 2 & 3 & \vdots & 1 & 0 & 0 \\ -1 & 2 & 1 & \vdots & 0 & 0 & 1 \end{pmatrix}$

$\xrightarrow[r_3 + r_1]{r_2 + (-2)r_1} \begin{pmatrix} 1 & -1 & 0 & \vdots & 0 & 1 & 0 \\ 0 & 4 & 3 & \vdots & 1 & -2 & 0 \\ 0 & 1 & 1 & \vdots & 0 & 1 & 1 \end{pmatrix} \xrightarrow{r_2 \leftrightarrow r_3} \begin{pmatrix} 1 & -1 & 0 & \vdots & 0 & 1 & 0 \\ 0 & 1 & 1 & \vdots & 0 & 1 & 1 \\ 0 & 4 & 3 & \vdots & 1 & -2 & 0 \end{pmatrix}$

$$\xrightarrow{r_3 - 4r_2} \begin{pmatrix} 1 & -1 & 0 & \vdots & 0 & 1 & 0 \\ 0 & 1 & 1 & \vdots & 0 & 1 & 1 \\ 0 & 0 & -1 & \vdots & 1 & -6 & -4 \end{pmatrix} \xrightarrow[\substack{r_1+r_2 \\ (-1)\cdot r_3}]{r_2+r_3} \begin{pmatrix} 1 & 0 & 0 & \vdots & 1 & -4 & -3 \\ 0 & 1 & 0 & \vdots & 1 & -5 & -3 \\ 0 & 0 & 1 & \vdots & -1 & 6 & 4 \end{pmatrix},$$

所以 $\begin{pmatrix} 2 & 2 & 3 \\ 1 & -1 & 0 \\ -1 & 2 & 1 \end{pmatrix}^{-1} = \begin{pmatrix} 1 & -4 & -3 \\ 1 & -5 & -3 \\ -1 & 6 & 4 \end{pmatrix}.$

(2) $\begin{pmatrix} 1 & 2 & -1 \\ 3 & 1 & 0 \\ -1 & 0 & -2 \end{pmatrix}.$

解 $\begin{pmatrix} 1 & 2 & -1 & \vdots & 1 & 0 & 0 \\ 3 & 1 & 0 & \vdots & 0 & 1 & 0 \\ -1 & 0 & -2 & \vdots & 0 & 0 & 1 \end{pmatrix} \xrightarrow[\substack{r_3+r_1}]{r_2-3r_1} \begin{pmatrix} 1 & 2 & -1 & \vdots & 1 & 0 & 0 \\ 0 & -5 & 3 & \vdots & -3 & 1 & 0 \\ 0 & 2 & -3 & \vdots & 1 & 0 & 1 \end{pmatrix}$

$\xrightarrow{r_2+2r_3} \begin{pmatrix} 1 & 2 & -1 & \vdots & 1 & 0 & 0 \\ 0 & -1 & -3 & \vdots & -1 & 1 & 2 \\ 0 & 2 & -3 & \vdots & 1 & 0 & 1 \end{pmatrix} \xrightarrow{r_3+2r_2} \begin{pmatrix} 1 & 2 & -1 & \vdots & 1 & 0 & 0 \\ 0 & -1 & -3 & \vdots & -1 & 1 & 2 \\ 0 & 0 & -9 & \vdots & -1 & 2 & 5 \end{pmatrix}$

$\xrightarrow[\substack{(-\frac{1}{9})r_3}]{\substack{(-1)r_2 \\ r_1-2r_2}} \begin{pmatrix} 1 & 0 & -7 & \vdots & -1 & 2 & 4 \\ 0 & 1 & 3 & \vdots & 1 & -1 & -2 \\ 0 & 0 & 1 & \vdots & \dfrac{1}{9} & -\dfrac{2}{9} & -\dfrac{5}{9} \end{pmatrix} \xrightarrow[\substack{r_1+7r_3}]{r_2-3r_3} \begin{pmatrix} 1 & 0 & 0 & \vdots & -\dfrac{2}{9} & \dfrac{4}{9} & \dfrac{1}{9} \\ 0 & 1 & 0 & \vdots & \dfrac{2}{3} & -\dfrac{1}{3} & -\dfrac{1}{3} \\ 0 & 0 & 1 & \vdots & \dfrac{1}{9} & -\dfrac{2}{9} & -\dfrac{5}{9} \end{pmatrix},$

所以 $\begin{pmatrix} 1 & 2 & -1 \\ 3 & 1 & 0 \\ -1 & 0 & -2 \end{pmatrix}^{-1} = \begin{pmatrix} -\dfrac{2}{9} & \dfrac{4}{9} & \dfrac{1}{9} \\ \dfrac{2}{3} & -\dfrac{1}{3} & -\dfrac{1}{3} \\ \dfrac{1}{9} & -\dfrac{2}{9} & -\dfrac{5}{9} \end{pmatrix}.$

(3) $\begin{pmatrix} 2 & 1 & 0 & 0 \\ 3 & 2 & 0 & 0 \\ 5 & 7 & 1 & 8 \\ -1 & -3 & -1 & -6 \end{pmatrix}.$

解 $\begin{pmatrix} 2 & 1 & 0 & 0 & \vdots & 1 & 0 & 0 & 0 \\ 3 & 2 & 0 & 0 & \vdots & 0 & 1 & 0 & 0 \\ 5 & 7 & 1 & 8 & \vdots & 0 & 0 & 1 & 0 \\ -1 & -3 & -1 & -6 & \vdots & 0 & 0 & 0 & 1 \end{pmatrix}$

$$\xrightarrow{r_1-r_2}\begin{pmatrix}-1 & -1 & 0 & 0 & \vdots & 1 & -1 & 0 & 0\\ 3 & 2 & 0 & 0 & \vdots & 0 & 1 & 0 & 0\\ 5 & 7 & 1 & 8 & \vdots & 0 & 0 & 1 & 0\\ -1 & -3 & -1 & -6 & \vdots & 0 & 0 & 0 & 1\end{pmatrix}$$

$$\xrightarrow[\substack{r_3+5r_1\\ r_4-r_1}]{r_2+3r_1}\begin{pmatrix}-1 & -1 & 0 & 0 & \vdots & 1 & -1 & 0 & 0\\ 0 & -1 & 0 & 0 & \vdots & 3 & -2 & 0 & 0\\ 0 & 2 & 1 & 8 & \vdots & 5 & -5 & 1 & 0\\ 0 & -2 & -1 & -6 & \vdots & -1 & 1 & 0 & 1\end{pmatrix}$$

$$\xrightarrow[r_4-2r_2]{r_3+2r_2}\begin{pmatrix}-1 & 0 & 0 & 0 & \vdots & -2 & 1 & 0 & 0\\ 0 & -1 & 0 & 0 & \vdots & 3 & -2 & 0 & 0\\ 0 & 0 & 1 & 8 & \vdots & 11 & -9 & 1 & 0\\ 0 & 0 & -1 & -6 & \vdots & -7 & 5 & 0 & 1\end{pmatrix}$$

$$\xrightarrow{r_4+r_3}\begin{pmatrix}-1 & 0 & 0 & 0 & \vdots & -2 & 1 & 0 & 0\\ 0 & -1 & 0 & 0 & \vdots & 3 & -2 & 0 & 0\\ 0 & 0 & 1 & 8 & \vdots & 11 & -9 & 1 & 0\\ 0 & 0 & 0 & 2 & \vdots & 4 & -4 & 1 & 1\end{pmatrix}$$

$$\xrightarrow[r_3-8r_4]{\frac{1}{2}r_4}\begin{pmatrix}1 & 0 & 0 & 0 & \vdots & 2 & -1 & 0 & 0\\ 0 & 1 & 0 & 0 & \vdots & -3 & 2 & 0 & 0\\ 0 & 0 & 1 & 0 & \vdots & -5 & 7 & -3 & -4\\ 0 & 0 & 0 & 1 & \vdots & 2 & -2 & \frac{1}{2} & \frac{1}{2}\end{pmatrix},$$

所以 $\begin{pmatrix}2 & 1 & 0 & 0\\ 3 & 2 & 0 & 0\\ 5 & 7 & 1 & 8\\ -1 & -3 & -1 & -6\end{pmatrix}^{-1}=\begin{pmatrix}2 & -1 & 0 & 0\\ -3 & 2 & 0 & 0\\ -5 & 7 & -3 & -4\\ 2 & -2 & \frac{1}{2} & \frac{1}{2}\end{pmatrix}.$

24.求解下列矩阵方程:

(1) $\begin{pmatrix}1 & 1 & 4\\ 0 & 1 & 2\\ 2 & -1 & 0\end{pmatrix}\boldsymbol{X}=\begin{pmatrix}0 & -1\\ -2 & 6\\ 4 & -4\end{pmatrix}.$

解 $\boldsymbol{X}=\begin{pmatrix}1 & 1 & 4\\ 0 & 1 & 2\\ 2 & -1 & 0\end{pmatrix}^{-1}\begin{pmatrix}0 & -1\\ -2 & 6\\ 4 & -4\end{pmatrix}=\begin{pmatrix}-1 & 2 & 1\\ -2 & 4 & 1\\ 1 & -\frac{3}{2} & -\frac{1}{2}\end{pmatrix}\begin{pmatrix}0 & -1\\ -2 & 6\\ 4 & -4\end{pmatrix}$

$$= \begin{pmatrix} 0 & 9 \\ -4 & 22 \\ 1 & -8 \end{pmatrix}.$$

$(2)\ \boldsymbol{X} \begin{pmatrix} 1 & 0 & 0 \\ 1 & 1 & 0 \\ 1 & 1 & 1 \end{pmatrix} = \begin{pmatrix} 1 & -2 & 1 \\ 0 & 1 & -1 \end{pmatrix}.$

解　$\boldsymbol{X} = \begin{pmatrix} 1 & -2 & 1 \\ 0 & 1 & -1 \end{pmatrix} \begin{pmatrix} 1 & 0 & 0 \\ 1 & 1 & 0 \\ 1 & 1 & 1 \end{pmatrix}^{-1} = \begin{pmatrix} 1 & -2 & 1 \\ 0 & 1 & -1 \end{pmatrix} \begin{pmatrix} 1 & 0 & 0 \\ -1 & 1 & 0 \\ 0 & -1 & 1 \end{pmatrix}$

$\qquad = \begin{pmatrix} 3 & -3 & 1 \\ -1 & 2 & -1 \end{pmatrix}.$

$(3)\ \begin{pmatrix} 1 & 2 & 3 \\ 2 & 1 & 2 \\ 1 & 3 & 4 \end{pmatrix} \boldsymbol{X} \begin{pmatrix} 7 & 9 \\ 4 & 5 \end{pmatrix} = \begin{pmatrix} 1 & 2 \\ 1 & 0 \\ 2 & 3 \end{pmatrix}.$

解　$\boldsymbol{X} = \begin{pmatrix} 1 & 2 & 3 \\ 2 & 1 & 2 \\ 1 & 3 & 4 \end{pmatrix}^{-1} \begin{pmatrix} 1 & 2 \\ 1 & 0 \\ 2 & 3 \end{pmatrix} \begin{pmatrix} 7 & 9 \\ 4 & 5 \end{pmatrix}^{-1}$

$\qquad = \begin{pmatrix} -2 & 1 & 1 \\ -6 & 1 & 4 \\ 5 & -1 & -3 \end{pmatrix} \begin{pmatrix} 1 & 2 \\ 1 & 0 \\ 2 & 3 \end{pmatrix} \begin{pmatrix} -5 & 9 \\ 4 & -7 \end{pmatrix} = \begin{pmatrix} -9 & 16 \\ -15 & 27 \\ 14 & -25 \end{pmatrix}.$

25. 若矩阵 $\boldsymbol{A}$ 是 $\boldsymbol{B} = \begin{pmatrix} 1 & -1 & 1 \\ 2 & 1 & 0 \\ 2 & 1 & 1 \end{pmatrix}$ 的逆矩阵，求 $(\boldsymbol{A} + 2\boldsymbol{E})^{-1}(\boldsymbol{A}^2 - 4\boldsymbol{E})$，其中 $\boldsymbol{E}$ 为 3 阶

单位阵.

　　解　由于

$$|\boldsymbol{B}| = \begin{vmatrix} 1 & -1 & 1 \\ 2 & 1 & 0 \\ 2 & 1 & 1 \end{vmatrix} = 3,$$

所以

$$\boldsymbol{A} = \boldsymbol{B}^{-1} = \boldsymbol{B}^* = \frac{1}{3} \begin{pmatrix} 1 & 2 & -1 \\ -2 & -1 & 2 \\ 0 & -3 & 3 \end{pmatrix}.$$

$(\boldsymbol{A} + 2\boldsymbol{E})^{-1}(\boldsymbol{A}^2 - 4\boldsymbol{E}) = (\boldsymbol{A} + 2\boldsymbol{E})^{-1}(\boldsymbol{A} + 2\boldsymbol{E})(\boldsymbol{A} - 2\boldsymbol{E}) = \boldsymbol{A} - 2\boldsymbol{E}$

$$= \begin{pmatrix} 1 & 2 & -1 \\ -1 & -1 & 1 \\ -1 & -3 & 2 \end{pmatrix} - \begin{pmatrix} 2 & 0 & 0 \\ 0 & 2 & 0 \\ 0 & 0 & 2 \end{pmatrix} = \begin{pmatrix} -1 & 2 & -1 \\ -1 & -3 & 1 \\ -1 & -3 & 0 \end{pmatrix}.$$

26. 已知矩阵 $A = \begin{pmatrix} \dfrac{1}{2} & \dfrac{1}{2} & \dfrac{1}{3} \\ \dfrac{1}{2} & -\dfrac{1}{2} & 1 \\ 0 & 0 & -\dfrac{1}{3} \end{pmatrix}$，$B = \begin{pmatrix} 1 & 1 & 1 \\ 1 & -1 & 1 \\ -2 & 0 & 1 \end{pmatrix}$，又 $C = A^{-1}(ABA - B^{-1})$，试求 C.

解　$C = A^{-1}ABA - A^{-1}B^{-1} = BA - (BA)^{-1}$，而

$$BA = \begin{pmatrix} 1 & 1 & 1 \\ 1 & -1 & 1 \\ -2 & 0 & 1 \end{pmatrix} \begin{pmatrix} \dfrac{1}{2} & \dfrac{1}{2} & \dfrac{1}{3} \\ \dfrac{1}{2} & -\dfrac{1}{2} & 1 \\ 0 & 0 & -\dfrac{1}{3} \end{pmatrix} = \begin{pmatrix} 1 & 0 & 1 \\ 0 & 1 & -1 \\ -1 & -1 & -1 \end{pmatrix}.$$

又由

$$(BA \mid E) = \begin{pmatrix} 1 & 0 & 1 & \vdots & 1 & 0 & 0 \\ 0 & 1 & -1 & \vdots & 0 & 1 & 0 \\ -1 & -1 & -1 & \vdots & 0 & 0 & 1 \end{pmatrix} \xrightarrow{r_3 + r_1} \begin{pmatrix} 1 & 0 & 1 & \vdots & 1 & 0 & 0 \\ 0 & 1 & -1 & \vdots & 0 & 1 & 0 \\ 0 & -1 & 0 & \vdots & 1 & 0 & 1 \end{pmatrix}$$

$$\xrightarrow{r_2 \leftrightarrow r_3} \begin{pmatrix} 1 & 0 & 1 & \vdots & 1 & 0 & 0 \\ 0 & -1 & 0 & \vdots & 1 & 0 & 1 \\ 0 & 1 & -1 & \vdots & 0 & 1 & 0 \end{pmatrix} \xrightarrow[r_2 \times (-1)]{r_3 + r_2} \begin{pmatrix} 1 & 0 & 1 & \vdots & 1 & 0 & 0 \\ 0 & 1 & 0 & \vdots & -1 & 0 & -1 \\ 0 & 0 & -1 & \vdots & 1 & 1 & 1 \end{pmatrix}$$

$$\xrightarrow[r_3 \times (-1)]{r_1 + r_3} \begin{pmatrix} 1 & 0 & 0 & \vdots & 2 & 1 & 1 \\ 0 & 1 & 0 & \vdots & -1 & 0 & -1 \\ 0 & 0 & 1 & \vdots & -1 & -1 & -1 \end{pmatrix},$$

故 $(BA)^{-1} = \begin{pmatrix} 2 & 1 & 1 \\ -1 & 0 & -1 \\ -1 & -1 & -1 \end{pmatrix}.$

$$C = BA - (BA)^{-1} = \begin{pmatrix} 1 & 0 & 1 \\ 0 & 1 & -1 \\ -1 & -1 & -1 \end{pmatrix} - \begin{pmatrix} 2 & 1 & 1 \\ -1 & 0 & -1 \\ -1 & -1 & -1 \end{pmatrix} = \begin{pmatrix} -1 & -1 & 0 \\ 1 & 1 & 0 \\ 0 & 0 & 0 \end{pmatrix}.$$

27. 设 $AB = A - 2B$，其中 $A = \begin{pmatrix} -1 & -1 & 0 \\ -1 & 0 & 1 \\ 2 & 2 & 1 \end{pmatrix}$，求矩阵 B.

解　由题设有 $(A+2E)B=A.$ 由于

$$|A+2E|=\begin{vmatrix} 1 & -1 & 0 \\ -1 & 2 & 1 \\ 2 & 2 & 3 \end{vmatrix}=-1\neq 0,$$

故 $A+2E$ 可逆,从而 $B^{-1}=(A+2E)^{-1}A.$

$$(A+2E\mid E)=\begin{pmatrix} 1 & -1 & 0 & \vdots & 1 & 0 & 0 \\ -1 & 2 & 1 & \vdots & 0 & 1 & 0 \\ 2 & 2 & 3 & \vdots & 0 & 0 & 1 \end{pmatrix}\xrightarrow[r_3-2r_1]{r_2+r_1}\begin{pmatrix} 1 & -1 & 0 & \vdots & 1 & 0 & 0 \\ 0 & 1 & 1 & \vdots & 1 & 1 & 0 \\ 0 & 4 & 3 & \vdots & -2 & 0 & 1 \end{pmatrix}$$

$$\xrightarrow{r_3-4r_2}\begin{pmatrix} 1 & -1 & 0 & \vdots & 1 & 0 & 0 \\ 0 & 1 & 1 & \vdots & 1 & 1 & 0 \\ 0 & 0 & -1 & \vdots & -6 & -4 & 1 \end{pmatrix}$$

$$\xrightarrow[r_3\times(-1)]{r_2+r_3}\begin{pmatrix} 1 & -1 & 0 & \vdots & 1 & 0 & 0 \\ 0 & 1 & 0 & \vdots & -5 & -3 & 1 \\ 0 & 0 & 1 & \vdots & 6 & 4 & -1 \end{pmatrix}$$

$$\xrightarrow{r_1+r_2}\begin{pmatrix} 1 & 0 & 0 & \vdots & -4 & -3 & 1 \\ 0 & 1 & 0 & \vdots & -5 & -3 & 1 \\ 0 & 0 & 1 & \vdots & 6 & 4 & -1 \end{pmatrix},$$

因此

$$B=(A+2E)^{-1}A=\begin{pmatrix} -4 & -3 & 1 \\ -5 & -3 & 1 \\ 6 & 4 & -1 \end{pmatrix}\begin{pmatrix} -1 & -1 & 0 \\ -1 & 0 & 1 \\ 2 & 2 & 1 \end{pmatrix}=\begin{pmatrix} 9 & 6 & -2 \\ 10 & 7 & -2 \\ -12 & -8 & 3 \end{pmatrix}.$$

28.已知 $X=AX+B$,其中 $A=\begin{pmatrix} 0 & 1 & 0 \\ -1 & 1 & 1 \\ -1 & 0 & -1 \end{pmatrix}$, $B=\begin{pmatrix} 1 & -1 \\ 2 & 0 \\ 5 & -3 \end{pmatrix}$,求矩阵 X.

解　$X=(E-A)^{-1}B=\begin{pmatrix} 1 & -1 & 0 \\ 1 & 0 & -1 \\ 1 & 0 & 2 \end{pmatrix}^{-1}\begin{pmatrix} 1 & -1 \\ 2 & 0 \\ 5 & -3 \end{pmatrix}$

$$=\frac{1}{3}\begin{pmatrix} 0 & 2 & 1 \\ 3 & 2 & 1 \\ 0 & -1 & 1 \end{pmatrix}\begin{pmatrix} 1 & -1 \\ 2 & 0 \\ 5 & -3 \end{pmatrix}=\begin{pmatrix} 3 & -1 \\ 2 & 0 \\ 1 & -1 \end{pmatrix}.$$

29.设 3 阶矩阵 X 满足等式 $AX=B+2X$,其中

$$A=\begin{pmatrix} 3 & 1 & 1 \\ 0 & 1 & 2 \\ 0 & 0 & 4 \end{pmatrix}, B=\begin{pmatrix} 1 & 1 & 0 \\ 1 & 0 & 2 \\ 2 & 0 & 2 \end{pmatrix},$$

求矩阵 $\boldsymbol{X}$.

解 由 $\boldsymbol{AX}=\boldsymbol{B}+2\boldsymbol{X}$ 可推出 $(\boldsymbol{A}-2\boldsymbol{E})\boldsymbol{X}=\boldsymbol{B}$,其中

$$
\boldsymbol{A}-2\boldsymbol{E}=\begin{pmatrix}3 & 1 & 1\\ 0 & 1 & 2\\ 0 & 0 & 4\end{pmatrix}-\begin{pmatrix}2 & 0 & 0\\ 0 & 2 & 0\\ 0 & 0 & 2\end{pmatrix}=\begin{pmatrix}1 & 1 & 1\\ 0 & -1 & 2\\ 0 & 0 & 2\end{pmatrix},
$$

其逆矩阵为

$$
(\boldsymbol{A}-2\boldsymbol{E})^{-1}=\begin{pmatrix}1 & 1 & -\dfrac{3}{2}\\ 0 & -1 & 1\\ 0 & 0 & \dfrac{1}{2}\end{pmatrix},
$$

所以

$$
\boldsymbol{X}=(\boldsymbol{A}-2\boldsymbol{E})^{-1}\boldsymbol{B}=\begin{pmatrix}1 & 1 & -\dfrac{3}{2}\\ 0 & -1 & 1\\ 0 & 0 & \dfrac{1}{2}\end{pmatrix}\begin{pmatrix}1 & 1 & 0\\ 1 & 0 & 2\\ 2 & 0 & 2\end{pmatrix}=\begin{pmatrix}-1 & 1 & -1\\ 1 & 0 & 0\\ 1 & 0 & 1\end{pmatrix}.
$$

30.设四阶矩阵

$$
\boldsymbol{B}=\begin{pmatrix}1 & -1 & 0 & 0\\ 0 & 1 & -1 & 0\\ 0 & 0 & 1 & -1\\ 0 & 0 & 0 & 1\end{pmatrix},\quad \boldsymbol{C}=\begin{pmatrix}2 & 1 & 3 & 4\\ 0 & 2 & 1 & 3\\ 0 & 0 & 2 & 1\\ 0 & 0 & 0 & 2\end{pmatrix},
$$

且矩阵 $\boldsymbol{A}$ 满足关系式 $\boldsymbol{A}(\boldsymbol{E}-\boldsymbol{C}^{-1}\boldsymbol{B})^{\mathrm{T}}\boldsymbol{C}^{\mathrm{T}}=\boldsymbol{E}$,其中 $\boldsymbol{E}$ 为四阶单位矩阵. 将上述关系式化简并求矩阵 $\boldsymbol{A}$.

解 因为

$$
\boldsymbol{A}(\boldsymbol{E}-\boldsymbol{C}^{-1}\boldsymbol{B})^{\mathrm{T}}\boldsymbol{C}^{\mathrm{T}}=\boldsymbol{A}\left[\boldsymbol{C}(\boldsymbol{E}-\boldsymbol{C}^{-1}\boldsymbol{B})\right]^{\mathrm{T}}=\boldsymbol{A}(\boldsymbol{C}-\boldsymbol{B})^{\mathrm{T}}=\boldsymbol{E},
$$

于是

$$
\boldsymbol{A}=\left[(\boldsymbol{C}-\boldsymbol{B})^{\mathrm{T}}\right]^{-1}=\begin{pmatrix}1 & 0 & 0 & 0\\ 2 & 1 & 0 & 0\\ 3 & 2 & 1 & 0\\ 4 & 3 & 2 & 1\end{pmatrix}^{-1}=\begin{pmatrix}1 & 0 & 0 & 0\\ -2 & 1 & 0 & 0\\ 1 & -2 & 1 & 0\\ 0 & 1 & -2 & 1\end{pmatrix}.
$$

31.设 $\boldsymbol{A}=\begin{pmatrix}1 & 0 & 0\\ 1 & 1 & 0\\ 1 & 1 & 1\end{pmatrix}$,$B=\begin{pmatrix}0 & 1 & 1\\ 1 & 0 & 1\\ 1 & 1 & 0\end{pmatrix}$,$\boldsymbol{X}$ 是 3 阶方阵且满足

$$
\boldsymbol{AXA}+\boldsymbol{BXB}=\boldsymbol{AXB}+\boldsymbol{BXA}+\boldsymbol{E},
$$

求 X.

解 由题设得 $(AXA - AXB) - (BXA - BXB) = E$，即

$$AX(A - B) - BX(A - B) = E, \text{亦即} (A - B)X(A - B) = E.$$

由

$$|A - B| = \begin{vmatrix} 1 & -1 & -1 \\ 0 & 1 & -1 \\ 0 & 0 & 1 \end{vmatrix} = 1 \neq 0$$

知 $A - B$ 可逆.

所以

$$X = (A - B)^{-1}(A - B)^{-1} = \begin{pmatrix} 1 & 1 & 2 \\ 0 & 1 & 1 \\ 0 & 0 & 1 \end{pmatrix} \begin{pmatrix} 1 & 1 & 2 \\ 0 & 1 & 1 \\ 0 & 0 & 1 \end{pmatrix} = \begin{pmatrix} 1 & 2 & 5 \\ 0 & 1 & 2 \\ 0 & 0 & 1 \end{pmatrix}.$$

32.已知矩阵 $A = \begin{pmatrix} 1 & -1 & 1 \\ -1 & 1 & -1 \\ 1 & -1 & 1 \end{pmatrix}$，$E$ 为三阶单位矩阵，向量 $\alpha = (1, -1, 1)^{\mathrm{T}}$，设

矩阵 X 满足 $AX = X + \alpha\alpha^{\mathrm{T}}$.

（Ⅰ）证明 $A - E$ 可逆；

（Ⅱ）求 X.

解 （Ⅰ）因为

$$A - E = \begin{pmatrix} 1 & -1 & 1 \\ -1 & 1 & -1 \\ 1 & -1 & 1 \end{pmatrix} - \begin{pmatrix} 1 & 0 & 0 \\ 0 & 1 & 0 \\ 0 & 0 & 1 \end{pmatrix} = \begin{pmatrix} 0 & -1 & 1 \\ -1 & 0 & -1 \\ 1 & -1 & 0 \end{pmatrix},$$

而 $|A - E| = 2 \neq 0$，所以 $A - E$ 可逆.

（Ⅱ）由 $AX = X + \alpha\alpha^{\mathrm{T}}$ 得 $X = (A - E)^{-1}\alpha\alpha^{\mathrm{T}}$.

因为

$$(A - E)^{-1} = \frac{1}{2}\begin{pmatrix} -1 & -1 & 1 \\ -1 & -1 & -1 \\ 1 & -1 & -1 \end{pmatrix}, \quad \alpha\alpha^{\mathrm{T}} = \begin{pmatrix} 1 & -1 & 1 \\ -1 & 1 & -1 \\ 1 & -1 & 1 \end{pmatrix},$$

所以

$$X = \frac{1}{2}\begin{pmatrix} -1 & -1 & 1 \\ -1 & -1 & -1 \\ 1 & -1 & -1 \end{pmatrix} \begin{pmatrix} 1 & -1 & 1 \\ -1 & 1 & -1 \\ 1 & -1 & 1 \end{pmatrix} = \frac{1}{2}\begin{pmatrix} 1 & -1 & 1 \\ -1 & 1 & -1 \\ 1 & -1 & 1 \end{pmatrix}.$$

33. 设 $\boldsymbol{A} = \begin{pmatrix} 1 & 0 & 0 \\ 1 & 0 & 1 \\ 0 & 1 & 0 \end{pmatrix}$，试证：当 $n \geqslant 3$ 时，恒有 $\boldsymbol{A}^n = \boldsymbol{A}^{n-2} + \boldsymbol{A}^2 - \boldsymbol{E}$，其中 n 为自然

数，并利用它计算 $\boldsymbol{A}^{100}$.

证 当 $n = 3$ 时，由

$$\boldsymbol{A}^3 = \boldsymbol{A}^2 \boldsymbol{A} = \begin{pmatrix} 1 & 0 & 0 \\ 1 & 0 & 1 \\ 0 & 1 & 0 \end{pmatrix}^2 \begin{pmatrix} 1 & 0 & 0 \\ 1 & 0 & 1 \\ 0 & 1 & 0 \end{pmatrix} = \begin{pmatrix} 1 & 0 & 0 \\ 1 & 1 & 0 \\ 1 & 0 & 1 \end{pmatrix} \begin{pmatrix} 1 & 0 & 0 \\ 1 & 0 & 1 \\ 0 & 1 & 0 \end{pmatrix} = \begin{pmatrix} 1 & 0 & 0 \\ 2 & 0 & 1 \\ 1 & 1 & 0 \end{pmatrix},$$

$$\boldsymbol{A}^{3-2} + \boldsymbol{A}^2 - \boldsymbol{E} = \begin{pmatrix} 1 & 0 & 0 \\ 1 & 0 & 1 \\ 0 & 1 & 0 \end{pmatrix} + \begin{pmatrix} 1 & 0 & 0 \\ 1 & 1 & 0 \\ 1 & 0 & 1 \end{pmatrix} - \begin{pmatrix} 1 & 0 & 0 \\ 0 & 1 & 0 \\ 0 & 0 & 1 \end{pmatrix} = \begin{pmatrix} 1 & 0 & 0 \\ 2 & 0 & 1 \\ 1 & 1 & 0 \end{pmatrix},$$

知 $\boldsymbol{A}^3 = \boldsymbol{A}^{3-2} + \boldsymbol{A}^2 - \boldsymbol{E}$，即命题成立.

假设 $n = k$ 时命题成立，则当 $n = k+1$ 时，有

$$\boldsymbol{A}^{k+1} = \boldsymbol{A}^k \boldsymbol{A} = (\boldsymbol{A}^{k-2} + \boldsymbol{A}^2 - \boldsymbol{E}) \boldsymbol{A} = \boldsymbol{A}^{k-1} + \boldsymbol{A}^3 - \boldsymbol{A}$$
$$= \boldsymbol{A}^{(k+1)-2} + (\boldsymbol{A}^{3-2} + \boldsymbol{A}^2 - \boldsymbol{E}) - \boldsymbol{A} = \boldsymbol{A}^{(k+1)-2} + \boldsymbol{A}^2 - \boldsymbol{E},$$

命题也成立，故当 $n \geqslant 3$ 时，等式 $\boldsymbol{A}^n = \boldsymbol{A}^{n-2} + \boldsymbol{A}^2 - \boldsymbol{E}$ 恒成立.

$$\boldsymbol{A}^{100} = \boldsymbol{A}^{98} + \boldsymbol{A}^2 - \boldsymbol{E} = \boldsymbol{A}^{96} + 2\boldsymbol{A}^2 - 2\boldsymbol{E} = \cdots = 50\boldsymbol{A}^2 - 49\boldsymbol{E}$$

$$= 50 \begin{pmatrix} 1 & 0 & 0 \\ 1 & 1 & 0 \\ 1 & 0 & 1 \end{pmatrix} - 49 \begin{pmatrix} 1 & 0 & 0 \\ 0 & 0 & 1 \\ 0 & 0 & 1 \end{pmatrix} = \begin{pmatrix} 1 & 0 & 0 \\ 50 & 1 & 0 \\ 50 & 0 & 1 \end{pmatrix}.$$

34. 求下列矩阵的秩：

(1) $\begin{pmatrix} 1 & 1 & -1 \\ 3 & 4 & -2 \\ 2 & 4 & 0 \\ 0 & 1 & 1 \end{pmatrix}$.

解 $\boldsymbol{A} = \begin{pmatrix} 1 & 1 & -1 \\ 3 & 4 & -2 \\ 2 & 4 & 0 \\ 0 & 1 & 1 \end{pmatrix} \xrightarrow[r_3 - 2r_1]{r_2 - 3r_1} \begin{pmatrix} 1 & 1 & -1 \\ 0 & 1 & 1 \\ 0 & 2 & 2 \\ 0 & 1 & 1 \end{pmatrix} \xrightarrow[r_4 - r_2]{r_3 - 2r_2} \begin{pmatrix} 1 & 1 & -1 \\ 0 & 1 & 1 \\ 0 & 0 & 0 \\ 0 & 0 & 0 \end{pmatrix},$

所以 $r(\boldsymbol{A}) = 2$.

(2) $\begin{pmatrix} 1 & -1 & 2 & 1 & 0 \\ 2 & -2 & 4 & -2 & 0 \\ 3 & 0 & 6 & -1 & 1 \\ 0 & 3 & 0 & 0 & 1 \end{pmatrix}$.

解 $A = \begin{pmatrix} 1 & -1 & 2 & 1 & 0 \\ 2 & -2 & 4 & -2 & 0 \\ 3 & 0 & 6 & -1 & 1 \\ 0 & 3 & 0 & 0 & 1 \end{pmatrix} \xrightarrow[r_3-3r_1]{r_2-2r_1} \begin{pmatrix} 1 & -1 & 2 & 1 & 0 \\ 0 & 0 & 0 & -4 & 0 \\ 0 & 3 & 0 & -4 & 1 \\ 0 & 3 & 0 & 0 & 1 \end{pmatrix}$

$\xrightarrow[r_3 \leftrightarrow r_4]{r_2 \leftrightarrow r_3} \begin{pmatrix} 1 & -1 & 2 & 1 & 0 \\ 0 & 3 & 0 & -4 & 1 \\ 0 & 3 & 0 & 0 & 1 \\ 0 & 0 & 0 & -4 & 0 \end{pmatrix} \xrightarrow{r_3-r_2} \begin{pmatrix} 1 & -1 & 2 & 1 & 0 \\ 0 & 3 & 0 & -4 & 1 \\ 0 & 0 & 0 & 4 & 0 \\ 0 & 0 & 0 & -4 & 0 \end{pmatrix}$

$\xrightarrow{r_4+r_3} \begin{pmatrix} 1 & -1 & 2 & 1 & 0 \\ 0 & 3 & 0 & -4 & 1 \\ 0 & 0 & 0 & 4 & 0 \\ 0 & 0 & 0 & 0 & 0 \end{pmatrix},$

所以 $r(A)=3$.

(3) $\begin{pmatrix} 0 & 1 & 1 & -1 & 2 \\ 0 & 2 & -2 & -2 & 0 \\ 0 & -1 & -1 & 1 & 1 \\ 1 & 1 & 0 & 1 & -1 \end{pmatrix}$.

解 取 $A = \begin{pmatrix} 1 & 1 & -1 & 2 \\ 2 & -2 & -2 & 0 \\ -1 & -1 & 1 & 1 \\ 1 & 0 & 1 & -1 \end{pmatrix}$,则 $|A|$ 是所给矩阵的一个 4 阶子式,注意到 $|A|$

$=24 \neq 0$,所以所给矩阵的秩至少为 4. 又因为它只有 4 行,所以它的秩至多为 4,因此,所给矩阵的秩为 4.

35. 设 A 是 n 阶矩阵,$r(A)=1$. 证明:

(1) $A = \begin{pmatrix} a_1 \\ a_2 \\ \vdots \\ a_n \end{pmatrix} (b_1, b_2, \cdots, b_n)$;

(2) $A^2 = kA$,其中 k 是 A 的主对角线元素之和.

证 (1) 因 $r(A)=1$,则 A 中至少有一行不全为零,而其余各行都是它的倍数. 于是可设

$$A = \begin{pmatrix} a_1 b_1 & a_1 b_2 & \cdots & a_1 b_n \\ a_2 b_1 & a_2 b_2 & \cdots & a_2 b_n \\ \vdots & \vdots & & \vdots \\ a_n b_1 & a_n b_2 & \cdots & a_n b_n \end{pmatrix},$$

由此即知 $A = \begin{pmatrix} a_1 \\ a_2 \\ \vdots \\ a_n \end{pmatrix} (b_1, b_2, \cdots, b_n).$

$$(2) A^2 = \begin{pmatrix} a_1 \\ a_2 \\ \vdots \\ a_n \end{pmatrix} (b_1, b_2, \cdots, b_n) \begin{pmatrix} a_1 \\ a_2 \\ \vdots \\ a_n \end{pmatrix} (b_1, b_2, \cdots, b_n)$$

$$= \begin{pmatrix} a_1 \\ a_2 \\ \vdots \\ a_n \end{pmatrix} k (b_1, b_2, \cdots, b_n) = k \begin{pmatrix} a_1 \\ a_2 \\ \vdots \\ a_n \end{pmatrix} (b_1, b_2, \cdots, b_n),$$

其中 $k = a_1 b_1 + a_2 b_2 + \cdots + a_n b_n.$

36. 设 A 是 $m \times n$ 矩阵, B 是 A 的前 s 行构成的 $s \times n$ 矩阵. 证明: $r(B) \geqslant r(A) + s - m.$

证　考虑 A 去掉 B 剩下的 $m - s$ 行, 我们记为 C, 则 $r(C) \leqslant m - s$. 而 $r(A) \leqslant r(C) + r(B)$, 因此 $r(A) - r(B) \leqslant m - s$, 即 $r(B) \geqslant r(A) + s - m.$

37. 设 A, B 都是 $m \times n$ 矩阵. 证明: A 与 B 等价的充分必要条件是 $r(A) = r(B).$

证　先证必要性. 如果 A 与 B 等价, 则存在可逆阵 P, Q, 使得 $A = PBQ$, 所以 $r(A) = r(B).$

再证充分性. 因为 $r(A) = r(B) = r$, 依题设得

$$A \cong \begin{pmatrix} E_r & O \\ O & O \end{pmatrix}_{m \times n}, \quad B \cong \begin{pmatrix} E_r & O \\ O & O \end{pmatrix}_{m \times n},$$

故由等价的对称性和传递性得 $A \cong B.$

38. 已知 A, B 皆为 n 阶方阵, 且 $AB = O$. 若 A 给定, 证明必存在满足题设的矩阵 B 使 $r(A) + r(B) = k$, 其中 k 满足 $r(A) \leqslant k \leqslant n.$

证　设 $r(A) = r$, 则存在可逆矩阵 P, Q 使得

$$PAQ = \begin{pmatrix} E_r & \\ & O \end{pmatrix}, \quad 即 A = P^{-1} \begin{pmatrix} E_r & \\ & O \end{pmatrix} Q^{-1}.$$

对于 $r \leqslant k \leqslant n$ 的 k，取 $\boldsymbol{B} = \boldsymbol{Q} \begin{bmatrix} \boldsymbol{O} & & \\ & \boldsymbol{E}_{k-r} & \\ & & \boldsymbol{O} \end{bmatrix} \boldsymbol{P}$，显然 $r(\boldsymbol{B}) = k - r$. 此时

$$\boldsymbol{AB} = \boldsymbol{P}^{-1} \begin{pmatrix} \boldsymbol{E}_r & \\ & \boldsymbol{O} \end{pmatrix} \boldsymbol{Q}^{-1} \boldsymbol{Q} \begin{bmatrix} \boldsymbol{O} & & \\ & \boldsymbol{E}_{k-r} & \\ & & \boldsymbol{O} \end{bmatrix} \boldsymbol{P} = \boldsymbol{O},$$

且 $r(\boldsymbol{A}) + r(\boldsymbol{B}) = r + (n-k) = k$.

(B)

一、填空题

1.设 $\boldsymbol{A}$ 为 4×3 矩阵，且 $\boldsymbol{A}^{\mathrm{T}}\boldsymbol{A} = \begin{bmatrix} 4 & -3 & 4 \\ a & 5 & b \\ c & 2 & 8 \end{bmatrix}$，则 $a = \underline{\ -3\ }$，$b = \underline{\ 2\ }$，$c = \underline{\ 4\ }$.

解 由 $(\boldsymbol{A}^{\mathrm{T}}\boldsymbol{A})^{\mathrm{T}} = \boldsymbol{A}^{\mathrm{T}}(\boldsymbol{A}^{\mathrm{T}})^{\mathrm{T}} = \boldsymbol{A}^{\mathrm{T}}\boldsymbol{A}$ 知 $\boldsymbol{A}^{\mathrm{T}}\boldsymbol{A}$ 是对称矩阵，故 $a = -3, b = 2, c = 4$.

2.设 $\boldsymbol{A}$ 是 3×1 矩阵，若 $\boldsymbol{AA}^{\mathrm{T}} = \begin{bmatrix} 1 & -1 & 1 \\ -1 & 1 & -1 \\ 1 & -1 & 1 \end{bmatrix}$，则 $\boldsymbol{A}^{\mathrm{T}}\boldsymbol{A} = \underline{\ 3\ }$.

解 设 $\boldsymbol{A} = \begin{bmatrix} a_1 \\ a_2 \\ a_3 \end{bmatrix}$，则 $\boldsymbol{A}^{\mathrm{T}}\boldsymbol{A} = (a_1, a_2, a_3) \begin{bmatrix} a_1 \\ a_2 \\ a_3 \end{bmatrix} = a_1^2 + a_2^2 + a_3^2$.

由

$$\boldsymbol{AA}^{\mathrm{T}} = \begin{bmatrix} a_1^2 & a_1 a_2 & a_1 a_3 \\ a_1 a_2 & a_2^2 & a_2 a_3 \\ a_1 a_3 & a_2 a_3 & a_3^2 \end{bmatrix} = \begin{bmatrix} 1 & -1 & 1 \\ -1 & 1 & -1 \\ 1 & -1 & 1 \end{bmatrix}$$

得 $a_1^2 = a_2^2 = a_3^2 = 1$，故 $\boldsymbol{A}^{\mathrm{T}}\boldsymbol{A} = 3$.

3.设 $\boldsymbol{A} = \begin{pmatrix} 1 & -1 & 1 \\ 1 & 2 & 3 \end{pmatrix}$，$\boldsymbol{A}^{\mathrm{T}}$ 为 $\boldsymbol{A}$ 的转置矩阵，则行列式 $|\boldsymbol{A}^{\mathrm{T}}\boldsymbol{A}| = \underline{\ 0\ }$.

解 由 $\boldsymbol{A}$ 是 2×3 矩阵，知 $\boldsymbol{A}^{\mathrm{T}}\boldsymbol{A}$ 是 3 阶矩阵，而 $r(\boldsymbol{A}^{\mathrm{T}}\boldsymbol{A}) \leqslant r(\boldsymbol{A}) \leqslant 2$，故 $|\boldsymbol{A}^{\mathrm{T}}\boldsymbol{A}| = 0$.

4.设 3 阶矩阵 $\boldsymbol{A} = (\boldsymbol{\alpha}_1, \boldsymbol{\alpha}_2, \boldsymbol{\alpha}_3)$，$\boldsymbol{B} = (\boldsymbol{\alpha}_1 + \boldsymbol{\alpha}_3, \boldsymbol{\alpha}_1 + 2\boldsymbol{\alpha}_2, \boldsymbol{\alpha}_2 - 2\boldsymbol{\alpha}_3)$. 若 $|\boldsymbol{A}| = -1$，则 $|\boldsymbol{B}| = \underline{\ 3\ }$.

解 $\boldsymbol{B} = (\boldsymbol{\alpha}_1 + \boldsymbol{\alpha}_3, \boldsymbol{\alpha}_1 + 2\boldsymbol{\alpha}_2, \boldsymbol{\alpha}_2 - 2\boldsymbol{\alpha}_3) = (\boldsymbol{\alpha}_1, \boldsymbol{\alpha}_2, \boldsymbol{\alpha}_3) \begin{bmatrix} 1 & 1 & 0 \\ 0 & 2 & 1 \\ 1 & 0 & -2 \end{bmatrix} = \boldsymbol{A} \begin{bmatrix} 1 & 1 & 0 \\ 0 & 2 & 1 \\ 1 & 0 & -2 \end{bmatrix}$，

$$|\boldsymbol{B}| = |\boldsymbol{A}| \begin{vmatrix} 1 & 1 & 0 \\ 0 & 2 & 1 \\ 1 & 0 & -2 \end{vmatrix} = -1 \times (-3) = 3.$$

5.设 2 阶矩阵 $\boldsymbol{A} = (\boldsymbol{\alpha}, \boldsymbol{\beta})$，$\boldsymbol{B} = \boldsymbol{\alpha}\boldsymbol{\beta}^{\mathrm{T}} - \boldsymbol{\beta}\boldsymbol{\alpha}^{\mathrm{T}}$，若 $\boldsymbol{A}$ 的行列式 $|\boldsymbol{A}| = -2$，则 $|\boldsymbol{B}| = \underline{\quad 4 \quad}$.

解 设 $\boldsymbol{\alpha} = \begin{bmatrix} x_1 \\ x_2 \end{bmatrix}$，$\boldsymbol{\beta} = \begin{bmatrix} y_1 \\ y_2 \end{bmatrix}$，则有

$$|\boldsymbol{A}| = |\boldsymbol{\alpha}, \boldsymbol{\beta}| = \begin{vmatrix} x_1 & y_1 \\ x_2 & y_2 \end{vmatrix} = x_1 y_2 - x_2 y_1 = -2.$$

于是

$$\boldsymbol{B} = \begin{bmatrix} x_1 \\ x_2 \end{bmatrix} (y_1, y_2) - \begin{bmatrix} y_1 \\ y_2 \end{bmatrix} (x_1, x_2) = \begin{bmatrix} x_1 y_1 & x_1 y_2 \\ x_2 y_1 & x_2 y_2 \end{bmatrix} - \begin{bmatrix} x_1 y_1 & x_2 y_1 \\ x_1 y_2 & x_2 y_2 \end{bmatrix}$$

$$= \begin{bmatrix} 0 & x_1 y_2 - x_2 y_1 \\ x_2 y_1 - x_1 y_2 & 0 \end{bmatrix} = \begin{pmatrix} 0 & -2 \\ 2 & 0 \end{pmatrix},$$

$$|\boldsymbol{B}| = \begin{vmatrix} 0 & -2 \\ 2 & 0 \end{vmatrix} = 0 - (-4) = 4.$$

6.设矩阵 $\boldsymbol{A} = \begin{pmatrix} 0 & 0 & 1 \\ 0 & 2 & 2 \\ 1 & 1 & 2 \end{pmatrix}$，则 $\boldsymbol{A}^{-1} = \begin{pmatrix} -1 & -\dfrac{1}{2} & 1 \\ -1 & \dfrac{1}{2} & 0 \\ 1 & 0 & 0 \end{pmatrix}$.

解 $(\boldsymbol{A} \mid \boldsymbol{E}) = \begin{pmatrix} 0 & 0 & 1 & 1 & 0 & 0 \\ 0 & 2 & 2 & 0 & 1 & 0 \\ 1 & 1 & 2 & 0 & 0 & 1 \end{pmatrix} \xrightarrow{r_1 \leftrightarrow r_3} \begin{pmatrix} 1 & 1 & 2 & 0 & 0 & 1 \\ 0 & 2 & 2 & 0 & 1 & 0 \\ 0 & 0 & 1 & 1 & 0 & 0 \end{pmatrix}$

$\xrightarrow[r_2 - 2r_3]{r_1 - 2r_3} \begin{pmatrix} 1 & 1 & 0 & -2 & 0 & 1 \\ 0 & 2 & 0 & -2 & 1 & 0 \\ 0 & 0 & 1 & 1 & 0 & 0 \end{pmatrix} \xrightarrow[r_2 \div 2]{r_1 - \frac{1}{2}r_2} \begin{pmatrix} 1 & 0 & 0 & -1 & -\dfrac{1}{2} & 1 \\ 0 & 1 & 0 & -1 & \dfrac{1}{2} & 0 \\ 0 & 0 & 1 & 1 & 0 & 0 \end{pmatrix}$,

所以 $\boldsymbol{A}^{-1} = \begin{pmatrix} -1 & -\dfrac{1}{2} & 1 \\ -1 & \dfrac{1}{2} & 0 \\ 1 & 0 & 0 \end{pmatrix}$.

7.设矩阵 $A=\begin{pmatrix} 0 & 0 & 1 \\ 0 & 1 & 0 \\ 1 & 0 & 0 \end{pmatrix}$, $C=\begin{pmatrix} 1 & -1 & 0 \\ 0 & 1 & 0 \\ 0 & 0 & 1 \end{pmatrix}$, $D=\begin{pmatrix} 1 & 2 & 3 \\ 0 & 2 & 3 \\ 0 & 0 & 3 \end{pmatrix}$,且 3 阶矩阵 B 满足

$ABC=D$,则 $|B^{-1}|=\underline{-\dfrac{1}{6}}$.

解 对 $ABC=D$ 两边取行列式得 $|ABC|=|D|$,即 $|A||B||C|=|D|$. 而

$$|A|=\begin{vmatrix} 0 & 0 & 1 \\ 0 & 1 & 0 \\ 1 & 0 & 0 \end{vmatrix}=-1,\ |C|=\begin{vmatrix} 1 & -1 & 0 \\ 0 & 1 & 0 \\ 0 & 0 & 1 \end{vmatrix}=1,\ |D|=\begin{vmatrix} 1 & 2 & 3 \\ 0 & 2 & 3 \\ 0 & 0 & 3 \end{vmatrix}=6,$$

所以 $|B|=-6$,$|B^{-1}|=|B|^{-1}=-\dfrac{1}{6}$.

8.当 $A=\begin{pmatrix} \dfrac{1}{2} & -\dfrac{\sqrt{3}}{2} \\ \dfrac{\sqrt{3}}{2} & \dfrac{1}{2} \end{pmatrix}$ 时,$A^6=E$,求 $A^{11}=\underline{\dfrac{1}{2}\begin{pmatrix} 1 & \sqrt{3} \\ -\sqrt{3} & 1 \end{pmatrix}}$.

解 由 $A^6=E$,得 $A^{12}=A^{11}A=E$,故 $A^{11}=A^{-1}=\dfrac{1}{2}\begin{pmatrix} 1 & \sqrt{3} \\ -\sqrt{3} & 1 \end{pmatrix}$.

9.设 A,B,C 均为 n 阶矩阵,且 $AB=BC=CA=E$,则 $A^2+B^2+C^2=\underline{3E}$.

解 依题设可知 A,B,C 均可逆,且有 $A^{-1}=B=C^{-1}=A$,即 $B=A$. 同理可得 $C=A$.
于是

$$A^2+B^2+C^2=3A^2=3E.$$

10.设 A 为四阶矩阵,A^* 为 A 的伴随矩阵,已知 $|A|=\dfrac{1}{3}$,则 $|(3A)^{-1}-3A^*|=\underline{\dfrac{16}{27}}$.

解 $|(3A)^{-1}-3A^*|=\left|\dfrac{1}{3}A^{-1}-3|A|A^{-1}\right|=\left|-\dfrac{2}{3}A^{-1}\right|=\left(-\dfrac{2}{3}\right)^4|A|^{-1}=\dfrac{16}{27}$.

11.设 A,B 均为 n 阶可逆矩阵,且 $(AB-E)^{-1}=AB-E$,则 $AB=\underline{2E}$.

解 由 $(AB-E)^{-1}=AB-E$ 知 $(AB-E)(AB-E)=E$,由此得 $AB(AB-2E)=O$. 又因为 A,B 均可逆,所以 $AB-2E=O$,即 $AB=2E$.

12.设 A,B 均为三阶方阵,E 为三阶单位矩阵,已知 $AB=2A+B$,$B=\begin{pmatrix} 2 & 0 & 2 \\ 0 & 4 & 0 \\ 2 & 0 & 2 \end{pmatrix}$,则

$(A-E)^{-1}=\underline{\begin{pmatrix} 0 & 0 & 1 \\ 0 & 1 & 0 \\ 1 & 0 & 0 \end{pmatrix}}$.

解 由 $AB=2A+B$ 有$,(A-E)B=2(A-E)+2E,$ 即 $\dfrac{1}{2}(B-2E)(A-E)=E,$ 故

$$(A-E)^{-1}=\frac{1}{2}(B-2E)=\begin{pmatrix}0&0&1\\0&1&0\\1&0&0\end{pmatrix}.$$

13. 设 $A=\begin{pmatrix}1&0&0&0\\1&1&0&0\\1&1&1&0\\1&1&1&1\end{pmatrix},$ 则 $|A|$ 中所有元素代数余子式之和等于 ___1___ .

解 $|A|$ 中所有元素代数余子式之和即为 A^* 中所有元素之和,而

$$A^*=|A|A^{-1}=\begin{pmatrix}1&0&0&0\\1&1&0&0\\1&1&1&0\\1&1&1&1\end{pmatrix}^{-1}=\begin{pmatrix}1&0&0&0\\-1&1&0&0\\0&-1&1&0\\0&0&-1&1\end{pmatrix},$$

故所求之和等于 1.

14. $\begin{pmatrix}0&0&2&1\\0&0&1&1\\2&5&0&0\\1&3&0&0\end{pmatrix}^{-1}=\begin{pmatrix}0&0&3&-5\\0&0&-1&2\\1&-1&0&0\\-1&2&0&0\end{pmatrix}$.

解 $\begin{pmatrix}0&0&2&1\\0&0&1&1\\2&5&0&0\\1&3&0&0\end{pmatrix}^{-1}=\begin{pmatrix}O&A\\B&O\end{pmatrix}^{-1}=\begin{pmatrix}O&B^{-1}\\A^{-1}&O\end{pmatrix}=\begin{pmatrix}0&0&3&-5\\0&0&-1&2\\1&-1&0&0\\-1&2&0&0\end{pmatrix}.$

15. 设矩阵 $A=\begin{pmatrix}1&1\\-1&2\end{pmatrix},A^*$ 是 A 的伴随矩阵. 将 A 的第 2 列加到第 1 列得矩阵 B, 则 $|A^*B|=$ ___9___ .

解 令 $P=\begin{pmatrix}1&0\\1&1\end{pmatrix},$ 由题设$:B=AP,$ 则 $|A^*B|=|A^*AP|=|A|E||P|=|A|^2=9.$

16. $\begin{pmatrix}0&0&1\\0&1&0\\1&0&0\end{pmatrix}^9\begin{pmatrix}2&1&1\\3&1&2\\1&-1&0\end{pmatrix}\begin{pmatrix}0&0&1\\0&1&0\\1&0&0\end{pmatrix}^9=\begin{pmatrix}0&-1&1\\2&1&3\\1&1&2\end{pmatrix}$.

解 令 $P=\begin{pmatrix}0&0&1\\0&1&0\\1&0&0\end{pmatrix},A=\begin{pmatrix}2&1&1\\3&1&2\\1&-1&0\end{pmatrix}.$ 显然 P 是由单位矩阵 E 交换第一行和第

三行所得到的初等矩阵，PA 即对 A 作相应的行变换：交换其第一行和第三行．AP 即对 A 作相应的列变换：交换其第一列和第三列．注意到 $P^2=E$，则

$$\begin{pmatrix} 0 & 0 & 1 \\ 0 & 1 & 0 \\ 1 & 0 & 0 \end{pmatrix}^9 \begin{pmatrix} 2 & 1 & 1 \\ 3 & 1 & 2 \\ 1 & -1 & 0 \end{pmatrix} \begin{pmatrix} 0 & 0 & 1 \\ 0 & 1 & 0 \\ 1 & 0 & 0 \end{pmatrix}^9 = P^9AP^9 = PAP = \begin{pmatrix} 0 & -1 & 1 \\ 2 & 1 & 3 \\ 1 & 1 & 2 \end{pmatrix}.$$

17.若矩阵 $\begin{pmatrix} 1 & -1 & 1 \\ 2 & 3 & 0 \\ 3 & 2 & a \end{pmatrix}$ 与 $\begin{pmatrix} 1 & 0 & 0 \\ 0 & 1 & 0 \\ 0 & 0 & 0 \end{pmatrix}$ 等价，则 $a=\underline{\quad 1 \quad}$.

解 设 $A=\begin{pmatrix} 1 & -1 & 1 \\ 2 & 3 & 0 \\ 3 & 2 & a \end{pmatrix}$, $B=\begin{pmatrix} 1 & 0 & 0 \\ 0 & 1 & 0 \\ 0 & 0 & 0 \end{pmatrix}$. 由 A 与 B 等价知，$r(A)=r(B)=2$，即有

$$|A| = \begin{vmatrix} 1 & -1 & 1 \\ 2 & 3 & 0 \\ 3 & 2 & a \end{vmatrix} = 0,$$

解得 $a=1$.

18.设 A 为二阶非零矩阵，且满足 $A^2=O$，则 $r(A)=\underline{\quad 1 \quad}$.

解 由 A 为非零矩阵知 $r(A)\geqslant 1$；又由 $A^2=O$ 得 $|A|=0$，即 $r(A)\leqslant 1$. 故 $r(A)=1$.

19.已知矩阵 $A=(a_{ij})_{3\times3}$ 满足 $a_{11}\neq 0$，且 $a_{ij}=A_{ij}(i,j=1,2,3)$，其中 A_{ij} 是 a_{ij} 的代数余子式，则 $r(A)=\underline{\quad 3 \quad}$.

解 注意到 $a_{11}\neq 0$，则

$$|A| = a_{11}A_{11} + a_{12}A_{12} + a_{13}A_{13} = a_{11}^2 + a_{12}^2 + a_{13}^2 > 0,$$

故 $r(A)=3$.

二、单项选择题

1.设向量组 $\alpha_1,\alpha_2,\alpha_3$ 为 3 维列向量，矩阵 $A=(\alpha_1,\alpha_2,\alpha_3)$，$B=(\alpha_2,2\alpha_1+\alpha_2,\alpha_3)$. 若行列式 $|A|=3$ 则行列式 $|B|=(\quad D\quad)$.

(A)6   (B)3   (C)-3 (D)-6

解 $|B| = |\alpha_2,2\alpha_1+\alpha_2,\alpha_3| = |\alpha_2,2\alpha_1,\alpha_3| + |\alpha_2,\alpha_2,\alpha_3|$
$= 2|\alpha_2,\alpha_1,\alpha_3| + 0 = -2|\alpha_1,\alpha_2,\alpha_3| = -2\times3 = -6$.

2.设 A，B 为 n 阶矩阵，满足等式 $AB=O$，则必有（ C ）.

(A)$A=O$ 或 $B=O$ (B)$A+B=O$

(C)$\det A=0$ 或 $\det B=0$ (D)$\det A+\det B=0$

解 $AB=O$ 两边取行列式得 $|A||B|=0$，即有 $|A|=0$ 或 $|B|=0$.

3.设 A 为 n 阶反对称矩阵，则必有（ C ）.

(A)$|A|=0$ (B)$|A|>0$

(C)$A+A^T=O$ (D)A^2 也是 n 阶反对称矩阵

解 由 A 为 n 阶反对称矩阵,即 $A=-A^T$,立即可得 $A+A^T=O$. 而
$$(A^2)^T=(A^T)^2=(-A)(-A)=A^2,$$
即 A^2 是 n 阶对称矩阵.

4.已知 A,B,C 均为 n 阶可逆矩阵,且 $ABC=E$,则下面结论必定成立的是(**D**).

(A)$ACB=E$ (B)$CBA=E$

(C)$BAC=E$ (D)$BCA=E$

解法1 由关系式 $ABC=E$ 知 A 是可逆的,在此等式两边左乘 A^{-1},同时右乘 A 得 $A^{-1}(ABC)A=A^{-1}EA$,即 $BCA=E$.

解法2 由 $ABC=E$ 可知 A 与 BC 是互逆的,所以 $BCA=E$.

5.设 A,B,C 均为 n 阶矩阵,则下列结论中不正确的是(**D**).

(A)若 $ABC=E$,则 A,B,C 都可逆

(B)若 $AB=AC$,且 A 可逆,则 $B=C$

(C)若 $AB=AC$,且 A 可逆,则 $BA=CA$

(D)若 $AB=O$,且 $A\neq O$,则 $B=O$

解 (A)$ABC=E$ 两边取行列式,得 $|A||B||C|=1$,则有 $|A|\neq0$,$|B|\neq0$,$|C|\neq0$,即 A,B,C 都可逆.

(B)若 $AB=AC$,且 A 可逆,则 $A^{-1}(AB)=A^{-1}(AC)$,即有 $B=C$.

(C)由(B)知 $B=C$,两边同时右乘 A 可得 $BA=CA$.

(D)取 $A=\begin{pmatrix}1&1\\1&1\end{pmatrix}\neq O$,$B=\begin{pmatrix}-1&1\\1&-1\end{pmatrix}$ 满足 $AB=O$,但 $B\neq O$.

6.已知 n 阶矩阵 A,B,C,其中 B,C 均可逆,且 $2A=AB^{-1}+C$,则 $A=$(**D**).

(A)$C(2E-B)$ (B)$C\left(\dfrac{1}{2}E-B\right)$

(C)$B(2B-E)^{-1}C$ (D)$C(2B-E)^{-1}B$

解 由 $2A=AB^{-1}+C$,得 $A(2E-B^{-1})=C$,则
$$A=C(2E-B^{-1})^{-1}=C(B^{-1}(2B-E))^{-1}=C(2B-E)^{-1}B.$$

7.设 A 为 3 阶矩阵,E 为 3 阶单位矩阵,且 $(A-E)^{-1}=A^2+A+E$,则 A 的行列式 $|A|=$(**B**).

(A)0   (B)2   (C)4   (D)8

解 由 $(A-E)^{-1}=A^2+A+E$ 知 $E=(A-E)(A^2+A+E)$,即 $E=A^3-E$,亦即 $A^3=2E$.两边取行列式得:$|A|^3=2^3$,从而 $|A|=2$.

8.矩阵 $\begin{bmatrix}0&0&a\\0&b&0\\c&0&0\end{bmatrix}$ 的伴随矩阵是(**B**).

(A) $\begin{bmatrix} 0 & 0 & -bc \\ 0 & -ac & 0 \\ -ab & 0 & 0 \end{bmatrix}$ (B) $\begin{bmatrix} 0 & 0 & -ab \\ 0 & -ac & 0 \\ -bc & 0 & 0 \end{bmatrix}$

(C) $\begin{bmatrix} 0 & 0 & -bc \\ 0 & ac & 0 \\ -ab & 0 & 0 \end{bmatrix}$ (D) $\begin{bmatrix} 0 & 0 & -ab \\ 0 & ac & 0 \\ -bc & 0 & 0 \end{bmatrix}$

解 设 $\boldsymbol{A} = \begin{bmatrix} 0 & 0 & a \\ 0 & b & 0 \\ c & 0 & 0 \end{bmatrix}$，则

$A_{11} = \begin{vmatrix} b & 0 \\ 0 & 0 \end{vmatrix} = 0,$ $A_{21} = -\begin{vmatrix} 0 & a \\ 0 & 0 \end{vmatrix} = 0,$ $A_{31} = \begin{vmatrix} 0 & a \\ b & 0 \end{vmatrix} = -ab,$

$A_{12} = -\begin{vmatrix} 0 & 0 \\ c & 0 \end{vmatrix} = 0,$ $A_{22} = \begin{vmatrix} 0 & a \\ c & 0 \end{vmatrix} = -ac,$ $A_{32} = -\begin{vmatrix} 0 & a \\ 0 & 0 \end{vmatrix} = 0,$

$A_{13} = \begin{vmatrix} 0 & b \\ c & 0 \end{vmatrix} = -bc,$ $A_{23} = -\begin{vmatrix} 0 & 0 \\ c & 0 \end{vmatrix} = 0,$ $A_{33} = \begin{vmatrix} 0 & 0 \\ 0 & b \end{vmatrix} = 0.$

所以

$$\boldsymbol{A}^* = \begin{bmatrix} A_{11} & A_{21} & A_{31} \\ A_{12} & A_{22} & A_{32} \\ A_{13} & A_{23} & A_{33} \end{bmatrix} = \begin{bmatrix} 0 & 0 & -ab \\ 0 & -ac & 0 \\ -bc & 0 & 0 \end{bmatrix}.$$

9.设矩阵 $\boldsymbol{A} = \begin{pmatrix} a & b \\ c & d \end{pmatrix}$，且 $ad - bc = 1$，则 $\boldsymbol{A}^{-1} = ($ **A** $)$.

(A) $\begin{pmatrix} d & -b \\ -c & a \end{pmatrix}$ (B) $\begin{pmatrix} a & -b \\ -c & d \end{pmatrix}$

(C) $\begin{pmatrix} a & -c \\ -b & d \end{pmatrix}$ (D) $\begin{pmatrix} d & -c \\ -b & a \end{pmatrix}$

解 $\boldsymbol{A}^{-1} = \dfrac{1}{|\boldsymbol{A}|}\boldsymbol{A}^* = \dfrac{1}{ad - bc}\begin{pmatrix} d & -b \\ -c & a \end{pmatrix} = \begin{pmatrix} d & -b \\ -c & a \end{pmatrix}.$

10.设 $\boldsymbol{A}$ 为 3 阶矩阵，$\boldsymbol{A}^*$ 为 $\boldsymbol{A}$ 的伴随矩阵，$\boldsymbol{A}$ 的行列式 $|\boldsymbol{A}| = 2$，则 $|-2\boldsymbol{A}^*| = ($ **A** $)$.
(A) -2^5 (B) -2^3 (C) 2^3 (D) 2^5
解 $|-2\boldsymbol{A}^*| = (-2)^3|\boldsymbol{A}^*| = (-2)^3|\boldsymbol{A}|^{3-1} = (-2)^3 \cdot 2^2 = -2^5.$

11.设 n 阶矩阵 $\boldsymbol{A}$ 非奇异 $(n \geqslant 2)$，$\boldsymbol{A}^*$ 是 $\boldsymbol{A}$ 的伴随矩阵，则下列结论错误的是 $($ **C** $)$.
(A) $(\boldsymbol{A}^*)^{\mathrm{T}} = (\boldsymbol{A}^{\mathrm{T}})^*$ (B) $(\boldsymbol{A}^{-1})^* = (\boldsymbol{A}^*)^{-1}$
(C) $(k\boldsymbol{A})^* = k^n\boldsymbol{A}^*$，$k$ 为常数，且 $k \neq 0$ (D) $(\boldsymbol{A}^*)^* = |\boldsymbol{A}|^{n-2}\boldsymbol{A}$

解 (A)$(A^*)^T = (|A|A^{-1})^T = |A|(A^{-1})^T = |A^T|(A^T)^{-1} = (A^T)^*$.

(B)$A^{-1} = \dfrac{1}{|A|}A^*$ 两边取逆得

$$(A^{-1})^{-1} = \left(\dfrac{1}{|A|}A^*\right)^{-1} = |A|(A^*)^{-1}, \text{即} (A^*)^{-1} = \dfrac{1}{|A|}A.$$

在 $A^{-1} = \dfrac{1}{|A|}A^*$ 中,用 A^{-1} 代换 A,得

$$A = \dfrac{1}{|A^{-1}|}(A^{-1})^* = |A|(A^{-1})^*, \text{即} (A^{-1})^* = \dfrac{1}{|A|}A.$$

由此即证得 $(A^{-1})^* = (A^*)^{-1}$.

(C)设 $A = (a_{ij})_{n\times n}$,$(kA)^* = (b_{ij})_{n\times n}$,那么 b_{ij} 为行列式 $|kA|$ 中划去第 j 行和第 i 列的代数余子式($n-1$ 阶行列式),若其中每行提出公因子 k 后,有 $b_{ij} = k^{n-1}A_{ji}(i,j=1,2,\cdots,n)$. 由此可得 $(kA)^* = k^{n-1}A^*$.

(D)伴随矩阵的基本关系式为 $AA^* = A^*A = |A|E$. 将 A^* 视为关系式中的矩阵 A,则有 $A^*(A^*)^* = |A^*|E$. 利用结果 $|A^*| = |A|^{n-1}$ 及 $(A^*)^{-1} = \dfrac{1}{|A|}A$,可得

$$(A^*)^* = |A^*|(A^*)^{-1} = |A|^{n-1}\dfrac{1}{|A|}A = |A|^{n-2}A.$$

注 $AA^* = A^*A = |A|E$,这是一个基本关系式,在证明中常用到. 值得注意的是,每一个矩阵 A,不论其是否可逆都有伴随矩阵 A^*,而且等式 $AA^* = A^*A = |A|E$ 不论 A 是否可逆均成立,只是在 A 不可逆时 $AA^* = A^*A = O$ 而已.

12.设 n 阶矩阵 A 与 B 等价,则必有(**D**).

(A)当 $|A| = a(a\neq 0)$ 时,$|B| = a$

(B)当 $|A| = a(a\neq 0)$ 时,$|B| = -a$

(C)当 $|A| \neq 0$ 时,$|B| = 0$

(D)当 $|A| = 0$ 时,$|B| = 0$

解 矩阵 A 与 B 等价,由矩阵等价的定义,存在可逆矩阵 P 和 Q 使得 $A = PBQ$,两边取行列式,得 $|A| = |P|\cdot|B|\cdot|Q|$. 由矩阵 P 和 Q 可逆,有 $|P|\cdot|Q|\neq 0$,所以当 $|A| = 0$ 时,$|B| = 0$,即选(D). 也可根据 A 与 B 等价,当且仅当 $r(A) = r(B)$ 这一结论来考虑:当 $|A| = 0$ 时,$r(A) < n$,故 $r(B) < n$,即 $|B| = 0$,所以选(D). 还可以用排除法,由于 $2E$ 与 E 等价,于是(A),(B),(C)不正确,即选(D).

13.设矩阵 $A = \begin{bmatrix} 1 & 2 & 1 \\ 2 & ab+4 & 2 \\ 2 & 4 & a+2 \end{bmatrix}$ 的秩为 2,则(**C**).

(A)$a=0, b=0$ (B)$a=0, b\neq 0$

(C)$a\neq0,b=0$　　　　　　　　　　　　　　(D)$a\neq0,b\neq0$

解　由于 $A=\begin{bmatrix}1&2&1\\2&ab+4&2\\2&4&a+2\end{bmatrix}\rightarrow\begin{bmatrix}1&2&1\\0&ab&0\\0&0&a\end{bmatrix}$，而 $r(A)=2$，所以 $a\neq0,b=0$.

14. 设矩阵

$$A=\begin{bmatrix}a_{11}&a_{12}&a_{13}\\a_{21}&a_{22}&a_{23}\\a_{31}&a_{32}&a_{33}\end{bmatrix},\qquad B=\begin{bmatrix}a_{21}&a_{22}&a_{23}\\a_{11}&a_{12}&a_{13}\\a_{31}+a_{11}&a_{32}+a_{12}&a_{33}+a_{13}\end{bmatrix},$$

$$P_1=\begin{bmatrix}0&1&0\\1&0&0\\0&0&1\end{bmatrix},\qquad P_2=\begin{bmatrix}1&0&0\\0&1&0\\1&0&1\end{bmatrix},$$

则必有（　**A**　）.

(A)$P_1P_2A=B$　　　　　　　　　　　(B)$P_2P_1A=B$

(C)$AP_1P_2=B$　　　　　　　　　　　(D)$AP_2P_1=B$

解　B 可视为将 A 进行下列行变换：交换 A 的第一、二行，再将 A 的第二行加到第三行上，或者将 A 的第一行加到第三行上，再交换 A 的第一、二行，即 $P_1P_2A=B$.

15. 将二阶矩阵 A 的第 2 列加到第 1 列得矩阵 B，再交换 B 的第 1 行与第 2 行得单位矩阵，则 $A=$（　**D**　）.

(A)$\begin{pmatrix}0&1\\1&1\end{pmatrix}$　　　　　(B)$\begin{pmatrix}0&1\\1&-1\end{pmatrix}$

(C)$\begin{pmatrix}1&1\\1&0\end{pmatrix}$　　　　　(D)$\begin{pmatrix}-1&1\\1&0\end{pmatrix}$

解　由题设得

$$E=\begin{pmatrix}0&1\\1&0\end{pmatrix}B=\begin{pmatrix}0&1\\1&0\end{pmatrix}A\begin{pmatrix}1&0\\1&1\end{pmatrix},$$

所以

$$A=\begin{pmatrix}0&1\\1&0\end{pmatrix}^{-1}\begin{pmatrix}1&0\\1&1\end{pmatrix}^{-1}=\left[\begin{pmatrix}1&0\\1&0\end{pmatrix}\begin{pmatrix}0&1\\1&0\end{pmatrix}\right]^{-1}=\begin{pmatrix}0&1\\1&1\end{pmatrix}^{-1}=\begin{pmatrix}-1&1\\1&0\end{pmatrix}.$$

16. 设 A 为 2 阶可逆矩阵，A^* 为 A 的伴随矩阵，将 A 的第 1 行乘以 -1 得到矩阵 B，则（　**B**　）.

(A)A^{-1} 的第 1 行乘以 -1 得到矩阵 B^{-1}

(B)A^{-1} 的第 1 列乘以 -1 得到矩阵 B^{-1}

(C)A^* 的第 1 行乘以 -1 得到矩阵 B^*

(D)A^* 的第 1 列乘以 -1 得到矩阵 B^*

解 由题设知 $P_1(-1)A=B$,则

$$[P_1(-1)A]^{-1}=B^{-1},即 A^{-1}[P_1(-1)]^{-1}=B^{-1},亦即 A^{-1}P_1(-1)=B^{-1}.$$

由此可知选项(B)正确.

17.设 A 为 n 阶可逆矩阵,A 的第二行乘以 2 为矩阵 B,则 A^{-1} 的(**D**)为 B^{-1}.

(A)第二行乘以 2　　　　　　　　(B)第二列乘以 2

(C)第二行乘以 $\dfrac{1}{2}$　　　　　　　　(D)第二列乘以 $\dfrac{1}{2}$

解 设 P 为 E 的第二行乘以 2 所得,即 $P=\begin{pmatrix} 1 & & & & \\ & 2 & & & \\ & & 1 & & \\ & & & \ddots & \\ & & & & 1 \end{pmatrix}$,那么 A 的第二行乘

以 2 为矩阵 B 即为 $PA=B$.

易得 $P^{-1}=\begin{pmatrix} 1 & & & & \\ & \dfrac{1}{2} & & & \\ & & 1 & & \\ & & & \ddots & \\ & & & & 1 \end{pmatrix}$,在 $PA=B$ 两边取逆得 $A^{-1}P^{-1}=B^{-1}$,即 A^{-1} 的第二

列乘以 $\dfrac{1}{2}$ 为 B^{-1}.

习 题 三 全 解

(A)

1.用高斯消元法解下列方程组:

(1) $\begin{cases} 4x_1+2x_2-\ \ x_3=2, \\ 3x_1-2x_2+2x_3=10, \\ 11x_1+x_2\ \ \ \ \ \ \ =8. \end{cases}$

解 $\bar{A}=\begin{pmatrix} 4 & 2 & -1 & \vdots & 2 \\ 3 & -2 & 2 & \vdots & 10 \\ 11 & 1 & 0 & \vdots & 8 \end{pmatrix} \xrightarrow{r_1-r_2} \begin{pmatrix} 1 & 4 & -3 & \vdots & -8 \\ 3 & -2 & 2 & \vdots & 10 \\ 11 & 1 & 0 & \vdots & 8 \end{pmatrix}$

$$\xrightarrow[r_3-11r_1]{r_2-3r_1}
\begin{pmatrix}
1 & 4 & -3 & \vdots & -8 \\
0 & -14 & 11 & \vdots & 34 \\
0 & -43 & 33 & \vdots & 96
\end{pmatrix}
\xrightarrow{-r_3+r_2}
\begin{pmatrix}
1 & 4 & -3 & \vdots & -8 \\
0 & -14 & 11 & \vdots & 34 \\
0 & 1 & 0 & \vdots & 6
\end{pmatrix}$$

$$\xrightarrow[r_3+14r_3]{r_2\leftrightarrow r_3}
\begin{pmatrix}
1 & 4 & -3 & \vdots & -8 \\
0 & 1 & 0 & \vdots & 6 \\
0 & 0 & 11 & \vdots & 118
\end{pmatrix}
\xrightarrow[r_1+3r_3]{\frac{1}{11}r_3}
\begin{pmatrix}
1 & 4 & 0 & \vdots & \frac{266}{11} \\
0 & 1 & 0 & \vdots & 6 \\
0 & 0 & 1 & \vdots & \frac{118}{11}
\end{pmatrix}$$

$$\xrightarrow{r_1-4r_2}
\begin{pmatrix}
1 & 0 & 0 & \vdots & \frac{2}{11} \\
0 & 1 & 0 & \vdots & 6 \\
0 & 0 & 1 & \vdots & \frac{118}{11}
\end{pmatrix}.$$

由于 $r(\overline{A})=r(A)=3$，所以方程组有唯一解 $\begin{cases} x_1=\dfrac{2}{11}, \\ x_2=6, \\ x_3=\dfrac{118}{11}. \end{cases}$

$(2)\begin{cases} 2x_1+3x_2+x_3=4, \\ x_1-2x_2+4x_3=-5, \\ 3x_1+8x_2-2x_3=13, \\ 4x_1-x_2+9x_3=-16. \end{cases}$

解 $\overline{A}=\begin{pmatrix} 2 & 3 & 1 & \vdots & 4 \\ 1 & -2 & 4 & \vdots & -5 \\ 3 & 8 & -2 & \vdots & 13 \\ 4 & -1 & 9 & \vdots & -16 \end{pmatrix}
\xrightarrow{r_1\leftrightarrow r_2}
\begin{pmatrix} 1 & -2 & 4 & \vdots & -5 \\ 2 & 3 & 1 & \vdots & 4 \\ 3 & 8 & -2 & \vdots & 13 \\ 4 & -1 & 9 & \vdots & -16 \end{pmatrix}$

$$\xrightarrow[\substack{r_3-3r_1 \\ r_4-4r_1}]{r_2-2r_1}
\begin{pmatrix} 1 & -2 & 4 & \vdots & -5 \\ 0 & 7 & -7 & \vdots & 14 \\ 0 & 14 & -14 & \vdots & 28 \\ 0 & 7 & -7 & \vdots & 4 \end{pmatrix}
\xrightarrow[r_4-r_2]{r_3-2r_2}
\begin{pmatrix} 1 & -2 & 4 & \vdots & -5 \\ 0 & 7 & -7 & \vdots & 14 \\ 0 & 0 & 0 & \vdots & 0 \\ 0 & 0 & 0 & \vdots & -10 \end{pmatrix}$$

$$\xrightarrow{r_3\leftrightarrow r_4}
\begin{pmatrix} 1 & -2 & 4 & \vdots & -5 \\ 0 & 7 & -7 & \vdots & 14 \\ 0 & 0 & 0 & \vdots & -10 \\ 0 & 0 & 0 & \vdots & 0 \end{pmatrix},$$

由于 $r(\overline{A})=3\neq r(A)=2$，所以方程组无解.

(3) $\begin{cases} x_1 + 5x_2 - x_3 - x_4 = -1, \\ x_1 - 2x_2 + x_3 + 3x_4 = 3, \\ 3x_1 + 8x_2 - x_3 + x_4 = 1, \\ x_1 - 9x_2 + 3x_3 + 7x_4 = 7. \end{cases}$

解 $\overline{A} = \begin{pmatrix} 1 & 5 & -1 & -1 & \vdots & -1 \\ 1 & -2 & 1 & 3 & \vdots & 3 \\ 3 & 8 & -1 & 1 & \vdots & 1 \\ 1 & -9 & 3 & 7 & \vdots & 7 \end{pmatrix} \xrightarrow[\substack{r_3 - 3r_1 \\ r_4 - r_1}]{r_2 - r_1} \begin{pmatrix} 1 & 5 & -1 & -1 & \vdots & -1 \\ 0 & -7 & 2 & 4 & \vdots & 4 \\ 0 & -7 & 2 & 4 & \vdots & 4 \\ 0 & -14 & 4 & 8 & \vdots & 8 \end{pmatrix}$

$\xrightarrow[\substack{r_3 - r_2 \\ r_4 - 2r_2}]{} \begin{pmatrix} 1 & 5 & -1 & -1 & \vdots & -1 \\ 0 & -7 & 2 & 4 & \vdots & 4 \\ 0 & 0 & 0 & 0 & \vdots & 0 \\ 0 & 0 & 0 & 0 & \vdots & 0 \end{pmatrix} \rightarrow \begin{pmatrix} 1 & 0 & \frac{3}{7} & \frac{13}{7} & \vdots & \frac{13}{7} \\ 0 & 1 & -\frac{2}{7} & -\frac{4}{7} & \vdots & -\frac{4}{7} \\ 0 & 0 & 0 & 0 & \vdots & 0 \\ 0 & 0 & 0 & 0 & \vdots & 0 \end{pmatrix},$

由于 $r(\overline{A}) = r(A) = 2 < 4$,于是方程组有无穷多个解:

$$\begin{cases} x_1 = \dfrac{1}{7}(13 - 3x_3 - 13x_4), \\ x_2 = -\dfrac{1}{7}(4 - 2x_3 - 4x_4) \end{cases} \quad (x_3, x_4 \text{ 为自由变量}).$$

(4) $\begin{cases} 2x_1 + x_2 - x_3 + x_4 = 1, \\ 4x_1 + 2x_2 - 2x_3 + x_4 = 2, \\ 2x_1 + x_2 - x_3 - x_4 = 1. \end{cases}$

解 $\overline{A} = \begin{pmatrix} 2 & 1 & -1 & 1 & \vdots & 1 \\ 4 & 2 & -2 & 1 & \vdots & 2 \\ 2 & 1 & -1 & -1 & \vdots & 1 \end{pmatrix} \xrightarrow[\substack{r_3 - r_1}]{r_2 - 2r_1} \begin{pmatrix} 2 & 1 & -1 & 1 & \vdots & 1 \\ 0 & 0 & 0 & -1 & \vdots & 0 \\ 0 & 0 & 0 & -2 & \vdots & 0 \end{pmatrix}$

$\xrightarrow[\substack{-r_2}]{r_3 - 2r_2} \begin{pmatrix} 2 & 1 & -1 & 1 & \vdots & 1 \\ 0 & 0 & 0 & 1 & \vdots & 0 \\ 0 & 0 & 0 & 0 & \vdots & 0 \end{pmatrix} \rightarrow \begin{pmatrix} 1 & \frac{1}{2} & -\frac{1}{2} & 0 & \vdots & \frac{1}{2} \\ 0 & 0 & 0 & 1 & \vdots & 0 \\ 0 & 0 & 0 & 0 & \vdots & 0 \end{pmatrix}.$

由于 $r(\overline{A}) = r(A) = 2 < 4$,于是方程组有无穷多解:

$$\begin{cases} x_1 = \dfrac{1}{2} - \dfrac{1}{2}x_2 + \dfrac{1}{2}x_3, \\ x_4 = 0 \end{cases} \quad (x_2, x_3 \text{ 为自由变量}).$$

2. 已知向量 $\boldsymbol{\alpha}_1 = (4, 5, -5, 3)$,$\boldsymbol{\alpha}_2 = (10, 1, 5, 10)$,$\boldsymbol{\alpha}_3 = (4, 1, -1, 1)$,如果 $3(\boldsymbol{\alpha}_1 - \boldsymbol{\alpha}) + 2(\boldsymbol{\alpha}_2 + \boldsymbol{\alpha}) - 5(\boldsymbol{\alpha}_3 - \boldsymbol{\alpha}) = \boldsymbol{0}$,求 $\boldsymbol{\alpha}$.

解 由等式解得:$\boldsymbol{\alpha}=\dfrac{1}{4}(-3\boldsymbol{\alpha}_1-2\boldsymbol{\alpha}_2+5\boldsymbol{\alpha}_3)=(-3,-3,0,-6)$.

3.判断向量 $\boldsymbol{\beta}$ 能否被向量组 $\boldsymbol{\alpha}_1$,$\boldsymbol{\alpha}_2$,$\boldsymbol{\alpha}_3$ 线性表示,若能,写出它的一种表示式:

(1)$\boldsymbol{\alpha}_1=(-1,3,0,-5)^{\mathrm{T}}$,$\boldsymbol{\alpha}_2=(2,0,7,-3)^{\mathrm{T}}$,$\boldsymbol{\alpha}_3=(-4,1,-2,-6)^{\mathrm{T}}$,$\boldsymbol{\beta}=(8,3,-1,-25)^{\mathrm{T}}$.

分析 将向量组按照列排成矩阵,然后进行初等行变换.

解 $(\boldsymbol{\alpha}_1,\boldsymbol{\alpha}_2,\boldsymbol{\alpha}_3,\boldsymbol{\beta})=\begin{pmatrix}-1&2&-4&8\\3&0&1&3\\0&7&-2&-1\\-5&-3&-6&-25\end{pmatrix}\xrightarrow[r_4-5r_1]{r_2+3r_1}\begin{pmatrix}-1&2&-4&8\\0&6&-11&27\\0&7&-2&-1\\0&-13&14&-65\end{pmatrix}$

$\xrightarrow{r_2-r_3}\begin{pmatrix}-1&2&-4&8\\0&-1&-9&28\\0&7&-2&-1\\0&-13&14&-65\end{pmatrix}\xrightarrow[r_4-13r_2]{r_3+7r_2}\begin{pmatrix}-1&2&-4&8\\0&-1&-9&28\\0&0&-65&195\\0&0&131&-429\end{pmatrix}$

$\xrightarrow{r_4+2r_3}\begin{pmatrix}-1&2&-4&8\\0&-1&-9&28\\0&0&-65&195\\0&0&1&-39\end{pmatrix}\xrightarrow{r_3\leftrightarrow r_4}\begin{pmatrix}-1&2&-4&8\\0&-1&-9&28\\0&0&1&-39\\0&0&-65&195\end{pmatrix}$

$\xrightarrow{\frac{1}{65}r_4}\begin{pmatrix}-1&2&-4&8\\0&-1&-9&28\\0&0&1&-39\\0&0&-1&3\end{pmatrix}\xrightarrow{r_4+r_3}\begin{pmatrix}-1&2&-4&8\\0&-1&-9&28\\0&0&1&-39\\0&0&0&-36\end{pmatrix}$.

因为 $r(\boldsymbol{\alpha}_1,\boldsymbol{\alpha}_2,\boldsymbol{\alpha}_3)=3\neq4=r(\boldsymbol{\alpha}_1,\boldsymbol{\alpha}_2,\boldsymbol{\alpha}_3,\boldsymbol{\beta})$,所以 $\boldsymbol{\beta}$ 不能被向量组 $\boldsymbol{\alpha}_1$,$\boldsymbol{\alpha}_2$,$\boldsymbol{\alpha}_3$ 线性表示.

(2)$\boldsymbol{\alpha}_1=(3,-5,2,-4)^{\mathrm{T}}$,$\boldsymbol{\alpha}_2=(-1,7,-3,6)^{\mathrm{T}}$,$\boldsymbol{\alpha}_3=(3,11,-5,10)^{\mathrm{T}}$,$\boldsymbol{\beta}=(2,-30,13,-26)^{\mathrm{T}}$.

解 $(\boldsymbol{\alpha}_1,\boldsymbol{\alpha}_2,\boldsymbol{\alpha}_3,\boldsymbol{\beta})=\begin{pmatrix}3&-1&3&2\\-5&7&11&-30\\2&-3&-5&13\\-4&6&10&-26\end{pmatrix}$

$\xrightarrow{r_2-r_4}\begin{pmatrix}3&-1&3&2\\-1&1&1&-4\\2&-3&-5&13\\-4&6&10&-26\end{pmatrix}\xrightarrow{r_1\leftrightarrow r_2}\begin{pmatrix}-1&1&1&-4\\3&-1&3&2\\2&-3&-5&13\\-4&6&10&-26\end{pmatrix}$

$$\xrightarrow[\substack{r_2+3r_1 \\ r_3+2r_1 \\ r_4-4r_1}]{} \begin{pmatrix} -1 & 1 & 1 & -4 \\ 0 & 2 & 6 & -10 \\ 0 & -1 & -3 & 5 \\ 0 & 2 & 6 & -10 \end{pmatrix} \xrightarrow[\substack{\frac{1}{2}r_2 \\ r_3+r_2 \\ r_4-2r_2}]{} \begin{pmatrix} -1 & 1 & 1 & -4 \\ 0 & 1 & 3 & -5 \\ 0 & 0 & 0 & 0 \\ 0 & 0 & 0 & 0 \end{pmatrix}$$

$$\xrightarrow[\substack{-r_1 \\ r_1+r_2}]{} \begin{pmatrix} 1 & 0 & 2 & -1 \\ 0 & 1 & 3 & -5 \\ 0 & 0 & 0 & 0 \\ 0 & 0 & 0 & 0 \end{pmatrix}.$$

由于 $r(\boldsymbol{\alpha}_1,\boldsymbol{\alpha}_2,\boldsymbol{\alpha}_3)=r(\boldsymbol{\alpha}_1,\boldsymbol{\alpha}_2,\boldsymbol{\alpha}_3,\boldsymbol{\beta})$，所以 $\boldsymbol{\beta}$ 能被向量组 $\boldsymbol{\alpha}_1$，$\boldsymbol{\alpha}_2$，$\boldsymbol{\alpha}_3$ 线性表示．上述非齐次方程组的无穷解为：

$$\begin{cases} x_1=-1-2x_3, \\ x_2=-5-3x_3. \end{cases}$$

令 $x_3=0$，解得 $x_1=-1$，$x_2=-5$，则 $\boldsymbol{\beta}$ 可以被向量组 $\boldsymbol{\alpha}_1$，$\boldsymbol{\alpha}_2$，$\boldsymbol{\alpha}_3$ 线性表示为：$\boldsymbol{\beta}=-\boldsymbol{\alpha}_1-5\boldsymbol{\alpha}_2$．

(3) $\boldsymbol{\alpha}_1=(1,1,1,1)^{\mathrm{T}}$，$\boldsymbol{\alpha}_2=(1,1,-1,-1)^{\mathrm{T}}$，$\boldsymbol{\alpha}_3=(1,-1,1,-1)^{\mathrm{T}}$，$\boldsymbol{\alpha}_4=(1,-1,-1,1)^{\mathrm{T}}$，$\boldsymbol{\beta}=(1,2,1,1)^{\mathrm{T}}$．

解 $(\boldsymbol{\alpha}_1,\boldsymbol{\alpha}_2,\boldsymbol{\alpha}_3,\boldsymbol{\alpha}_4,\boldsymbol{\beta})=\begin{pmatrix} 1 & 1 & 1 & 1 & 1 \\ 1 & 1 & -1 & -1 & 2 \\ 1 & -1 & 1 & -1 & 1 \\ 1 & -1 & -1 & 1 & 1 \end{pmatrix} \rightarrow \begin{pmatrix} 1 & 0 & 0 & 0 & \frac{5}{4} \\ 0 & 1 & 0 & 0 & \frac{1}{4} \\ 0 & 0 & 1 & 0 & -\frac{1}{4} \\ 0 & 0 & 0 & 1 & -\frac{1}{4} \end{pmatrix}.$

由于 $r(\boldsymbol{\alpha}_1,\boldsymbol{\alpha}_2,\boldsymbol{\alpha}_3,\boldsymbol{\alpha}_4)=r(\boldsymbol{\alpha}_1,\boldsymbol{\alpha}_2,\boldsymbol{\alpha}_3,\boldsymbol{\alpha}_4,\boldsymbol{\beta})=4$，故 $\boldsymbol{\beta}$ 能被向量组 $\boldsymbol{\alpha}_1$，$\boldsymbol{\alpha}_2$，$\boldsymbol{\alpha}_3$，$\boldsymbol{\alpha}_4$ 唯一表示，且

$$\boldsymbol{\beta}=\frac{5}{4}\boldsymbol{\alpha}_1+\frac{1}{4}\boldsymbol{\alpha}_2-\frac{1}{4}\boldsymbol{\alpha}_3-\frac{1}{4}\boldsymbol{\alpha}_4.$$

4. 已知 $\boldsymbol{\alpha}_1=(1,2,1)^{\mathrm{T}}$，$\boldsymbol{\alpha}_2=(1,1,2)^{\mathrm{T}}$，$\boldsymbol{\alpha}_3=(1,-1,4)^{\mathrm{T}}$，$\boldsymbol{\beta}=(1,0,a)^{\mathrm{T}}$，问 a 为何值时，(1) $\boldsymbol{\beta}$ 不能由 $\boldsymbol{\alpha}_1$，$\boldsymbol{\alpha}_2$，$\boldsymbol{\alpha}_3$ 线性表出；(2) $\boldsymbol{\beta}$ 可由 $\boldsymbol{\alpha}_1$，$\boldsymbol{\alpha}_2$，$\boldsymbol{\alpha}_3$ 线性表出，并写出线性表达式．

解 (1) 设 $\boldsymbol{\beta}=x_1\boldsymbol{\alpha}_1+x_2\boldsymbol{\alpha}_2+x_3\boldsymbol{\alpha}_3$，则

$$\begin{cases} x_1+x_2+x_3=1, \\ 2x_1+x_2-x_3=0, \\ x_1+2x_2+4x_3=a, \end{cases}$$

因为

$$\overline{A} = \begin{pmatrix} 1 & 1 & 1 & 1 \\ 2 & 1 & -1 & 0 \\ 1 & 2 & 4 & a \end{pmatrix} \rightarrow \begin{pmatrix} 1 & 1 & 1 & 1 \\ 0 & -1 & -3 & -2 \\ 0 & 1 & 3 & a-1 \end{pmatrix} \rightarrow \begin{pmatrix} 1 & 1 & 1 & 1 \\ 0 & 1 & 3 & 2 \\ 0 & 0 & 0 & a-3 \end{pmatrix}.$$

所以,当 $a \neq 3$ 时,$\boldsymbol{\beta}$ 不能由 $\boldsymbol{\alpha}_1, \boldsymbol{\alpha}_2, \boldsymbol{\alpha}_3$ 线性表出.

(2)当 $a = 3$ 时,$\boldsymbol{\beta}$ 可由 $\boldsymbol{\alpha}_1, \boldsymbol{\alpha}_2, \boldsymbol{\alpha}_3$ 线性表出,此时

$$\overline{A} \rightarrow \begin{pmatrix} 1 & 1 & 1 & 1 \\ 0 & 1 & 3 & 2 \\ 0 & 0 & 0 & 0 \end{pmatrix} \rightarrow \begin{pmatrix} 1 & 0 & -2 & -1 \\ 0 & 1 & 3 & 2 \\ 0 & 0 & 0 & 0 \end{pmatrix},$$

其同解方程组为

$$\begin{cases} x_1 - 2x_3 = -1, \\ x_2 + 3x_3 = 2, \end{cases}$$

令 $x_3 = k$,其中 k 是任意实数,得方程组的一般解:$x_1 = 2k-1, x_2 = 2-3k$,即

$$\boldsymbol{\beta} = (2k-1)\boldsymbol{\alpha}_1 + (2-3k)\boldsymbol{\alpha}_2 + k\boldsymbol{\alpha}_3,\text{其中 } k \text{ 是任意实数.}$$

5.证明:任意一个三维向量 $\boldsymbol{\alpha} = (a_1, a_2, a_3)^\mathrm{T}$ 都可被向量组 $\boldsymbol{\alpha}_1 = (1, 0, 0)^\mathrm{T}$,$\boldsymbol{\alpha}_2 = (1, 1, 0)^\mathrm{T}$,$\boldsymbol{\alpha}_3 = (1, 1, 1)^\mathrm{T}$ 线性表示,并且表示式唯一,写出这种表示式.

证法 1　设 $\boldsymbol{\alpha} = k_1\boldsymbol{\alpha}_1 + k_2\boldsymbol{\alpha}_2 + k_3\boldsymbol{\alpha}_3$,对方程组的增广矩阵施行初等行变换,有

$$(\boldsymbol{\alpha}_1, \boldsymbol{\alpha}_2, \boldsymbol{\alpha}_3, \boldsymbol{\alpha}) = \begin{pmatrix} 1 & 1 & 1 & \vdots & a_1 \\ 0 & 1 & 1 & \vdots & a_2 \\ 0 & 0 & 1 & \vdots & a_3 \end{pmatrix} \rightarrow \begin{pmatrix} 1 & 0 & 0 & \vdots & a_1 - a_2 \\ 0 & 1 & 0 & \vdots & a_2 - a_3 \\ 0 & 0 & 1 & \vdots & a_3 \end{pmatrix},$$

故结论成立,且有 $\boldsymbol{\alpha} = (a_1 - a_2)\boldsymbol{\alpha}_1 + (a_2 - a_3)\boldsymbol{\alpha}_2 + a_3\boldsymbol{\alpha}_3$.

证法 2　设 $\boldsymbol{\alpha} = k_1\boldsymbol{\alpha}_1 + k_2\boldsymbol{\alpha}_2 + k_3\boldsymbol{\alpha}_3$,因为

$$|\boldsymbol{\alpha}_1, \boldsymbol{\alpha}_2, \boldsymbol{\alpha}_3| = \begin{vmatrix} 1 & 1 & 1 \\ 0 & 1 & 1 \\ 0 & 0 & 1 \end{vmatrix} = 1 \neq 0,$$

所以结论成立.

下面求表出系数,即方程组的解 $\begin{pmatrix} k_1 \\ k_2 \\ k_3 \end{pmatrix} = (\boldsymbol{\alpha}_1, \boldsymbol{\alpha}_2, \boldsymbol{\alpha}_3)^{-1} \begin{pmatrix} a_1 \\ a_2 \\ a_3 \end{pmatrix}.$

注意到 $(\boldsymbol{\alpha}_1, \boldsymbol{\alpha}_2, \boldsymbol{\alpha}_3)^{-1} = \begin{pmatrix} 1 & 1 & 1 \\ 0 & 1 & 1 \\ 0 & 0 & 1 \end{pmatrix}^{-1} = \begin{pmatrix} 1 & -1 & 0 \\ 0 & 1 & -1 \\ 0 & 0 & 1 \end{pmatrix},$所以 $\begin{pmatrix} k_1 \\ k_2 \\ k_3 \end{pmatrix} = \begin{pmatrix} a_1 - a_2 \\ a_2 - a_3 \\ a_3 \end{pmatrix},$即

$$\boldsymbol{\alpha} = (a_1 - a_2)\boldsymbol{\alpha}_1 + (a_2 - a_3)\boldsymbol{\alpha}_2 + a_3\boldsymbol{\alpha}_3.$$

6. 设 $\boldsymbol{\beta}_1 = \boldsymbol{\alpha}_1 + \boldsymbol{\alpha}_2$, $\boldsymbol{\beta}_2 = \boldsymbol{\alpha}_2 + \boldsymbol{\alpha}_3$, $\boldsymbol{\beta}_3 = \boldsymbol{\alpha}_3 + \boldsymbol{\alpha}_4$, $\boldsymbol{\beta}_4 = \boldsymbol{\alpha}_4 + \boldsymbol{\alpha}_1$, 证明: $\boldsymbol{\beta}_1$, $\boldsymbol{\beta}_2$, $\boldsymbol{\beta}_3$, $\boldsymbol{\beta}_4$ 线性相关.

证法 1 直接观察有下列等式:

$$\boldsymbol{\beta}_1 - \boldsymbol{\beta}_2 + \boldsymbol{\beta}_3 - \boldsymbol{\beta}_4 = (\boldsymbol{\alpha}_1 + \boldsymbol{\alpha}_2) - (\boldsymbol{\alpha}_2 + \boldsymbol{\alpha}_3) + (\boldsymbol{\alpha}_3 + \boldsymbol{\alpha}_4) - (\boldsymbol{\alpha}_4 + \boldsymbol{\alpha}_1) = \boldsymbol{0},$$

即存在不全零的数 $1, -1, 1, -1$, 使 $\boldsymbol{\beta}_1 - \boldsymbol{\beta}_2 + \boldsymbol{\beta}_3 - \boldsymbol{\beta}_4 = \boldsymbol{0}$ 成立, 故向量组 $\boldsymbol{\beta}_1$, $\boldsymbol{\beta}_2$, $\boldsymbol{\beta}_3$, $\boldsymbol{\beta}_4$ 线性相关.

证法 2 设

$$k_1 \boldsymbol{\beta}_1 + k_2 \boldsymbol{\beta}_2 + k_3 \boldsymbol{\beta}_3 + k_4 \boldsymbol{\beta}_4 = \boldsymbol{0}, \qquad\qquad (*)$$

即 $\quad k_1(\boldsymbol{\alpha}_1 + \boldsymbol{\alpha}_2) + k_2(\boldsymbol{\alpha}_2 + \boldsymbol{\alpha}_3) + k_3(\boldsymbol{\alpha}_3 + \boldsymbol{\alpha}_4) + k_4(\boldsymbol{\alpha}_4 + \boldsymbol{\alpha}_1) = \boldsymbol{0}.$

整理得 $\quad (k_1 + k_4)\boldsymbol{\alpha}_1 + (k_1 + k_2)\boldsymbol{\alpha}_2 + (k_2 + k_3)\boldsymbol{\alpha}_3 + (k_3 + k_4)\boldsymbol{\alpha}_4 = \boldsymbol{0},$

令

$$\begin{cases} k_1 + k_4 = 0, \\ k_1 + k_2 = 0, \\ k_2 + k_3 = 0, \\ k_3 + k_4 = 0, \end{cases}$$

因方程组的系数矩阵的行列式为

$$\begin{vmatrix} 1 & 0 & 0 & 1 \\ 1 & 1 & 0 & 0 \\ 0 & 1 & 1 & 0 \\ 0 & 0 & 1 & 1 \end{vmatrix} = 0,$$

方程组 $(*)$ 有非零解, 即存在不全为零的数 k_1, k_2, k_3, k_4 使 $(*)$ 成立, 故向量组 $\boldsymbol{\beta}_1$, $\boldsymbol{\beta}_2$, $\boldsymbol{\beta}_3$, $\boldsymbol{\beta}_4$ 线性相关.

7. 设向量组 $\boldsymbol{\alpha}_1$, $\boldsymbol{\alpha}_2$, $\boldsymbol{\alpha}_3$ 线性无关, 问当常数 l, m 满足什么条件时, 向量组 $l\boldsymbol{\alpha}_2 - \boldsymbol{\alpha}_1$, $m\boldsymbol{\alpha}_3 - \boldsymbol{\alpha}_2$, $\boldsymbol{\alpha}_1 - \boldsymbol{\alpha}_3$ 也线性无关.

证 设 $k_1(l\boldsymbol{\alpha}_2 - \boldsymbol{\alpha}_1) + k_2(m\boldsymbol{\alpha}_3 - \boldsymbol{\alpha}_2) + k_3(\boldsymbol{\alpha}_1 - \boldsymbol{\alpha}_3) = 0$, 即

$$(-k_1 + k_3)\boldsymbol{\alpha}_1 + (lk_1 - k_2)\boldsymbol{\alpha}_2 + (mk_2 - k_3)\boldsymbol{\alpha}_3 = 0.$$

由 $\boldsymbol{\alpha}_1$, $\boldsymbol{\alpha}_2$, $\boldsymbol{\alpha}_3$ 线性无关, 得

$$\begin{cases} -k_1 + k_3 = 0, \\ lk_1 - k_2 = 0, \\ mk_2 - k_3 = 0. \end{cases}$$

当方程组的系数行列式

$$\begin{vmatrix} -1 & 0 & 1 \\ l & -1 & 0 \\ 0 & m & -1 \end{vmatrix} \neq 0,$$

即 $lm \neq 0$ 时,方程组有唯一零解,亦即向量组 $l\boldsymbol{\alpha}_2 - \boldsymbol{\alpha}_1$,$m\boldsymbol{\alpha}_3 - \boldsymbol{\alpha}_2$,$\boldsymbol{\alpha}_1 - \boldsymbol{\alpha}_3$ 线性无关.

8. 设 $\boldsymbol{\alpha}_1$,$\boldsymbol{\alpha}_2$,$\boldsymbol{\alpha}_3$ 线性无关,而 $\boldsymbol{\alpha}_2$,$\boldsymbol{\alpha}_3$,$\boldsymbol{\alpha}_4$ 线性相关,问:(1) $\boldsymbol{\alpha}_4$ 能被 $\boldsymbol{\alpha}_1$,$\boldsymbol{\alpha}_2$,$\boldsymbol{\alpha}_3$ 线性表出吗?(2) $\boldsymbol{\alpha}_1$ 能被 $\boldsymbol{\alpha}_2$,$\boldsymbol{\alpha}_3$,$\boldsymbol{\alpha}_4$ 线性表出吗?证明你的结论.

证 (1)能. 因向量组 $\boldsymbol{\alpha}_1$,$\boldsymbol{\alpha}_2$,$\boldsymbol{\alpha}_3$ 线性无关,所以其部分组向量组 $\boldsymbol{\alpha}_2$,$\boldsymbol{\alpha}_3$ 也线性无关,又由已知向量组 $\boldsymbol{\alpha}_2$,$\boldsymbol{\alpha}_3$,$\boldsymbol{\alpha}_4$ 线性相关,故 $\boldsymbol{\alpha}_4$ 可由 $\boldsymbol{\alpha}_2$,$\boldsymbol{\alpha}_3$ 线性表示,也可由 $\boldsymbol{\alpha}_1$,$\boldsymbol{\alpha}_2$,$\boldsymbol{\alpha}_3$ 线性表示.

(2)不能. 反证法. 假设 $\boldsymbol{\alpha}_1$ 能由 $\boldsymbol{\alpha}_2$,$\boldsymbol{\alpha}_3$,$\boldsymbol{\alpha}_4$ 线性表示,即有数 k_2,k_3,k_4 使

$$\boldsymbol{\alpha}_1 = k_2\boldsymbol{\alpha}_2 + k_3\boldsymbol{\alpha}_3 + k_4\boldsymbol{\alpha}_4, \qquad (*)$$

又由(1),$\boldsymbol{\alpha}_4$ 可由 $\boldsymbol{\alpha}_2$,$\boldsymbol{\alpha}_3$ 线性表示,即有 $\boldsymbol{\alpha}_4 = a\boldsymbol{\alpha}_2 + b\boldsymbol{\alpha}_3$,代入 $(*)$ 式得

$$\boldsymbol{\alpha}_1 = k_2\boldsymbol{\alpha}_2 + k_3\boldsymbol{\alpha}_3 + k_4\boldsymbol{\alpha}_4 = (k_2 + ak_4)\boldsymbol{\alpha}_2 + (k_3 + bk_4)\boldsymbol{\alpha}_3,$$

说明 $\boldsymbol{\alpha}_1$ 能由 $\boldsymbol{\alpha}_2$,$\boldsymbol{\alpha}_3$ 线性表示,即 $\boldsymbol{\alpha}_1$,$\boldsymbol{\alpha}_2$,$\boldsymbol{\alpha}_3$ 线性相关,与题设矛盾,所以 $\boldsymbol{\alpha}_1$ 不能由 $\boldsymbol{\alpha}_2$,$\boldsymbol{\alpha}_3$,$\boldsymbol{\alpha}_4$ 线性表示.

9. 设向量 $\boldsymbol{\beta}$ 可由向量组 $\boldsymbol{\alpha}_1$,$\boldsymbol{\alpha}_2$,$\cdots$,$\boldsymbol{\alpha}_m$ 线性表出,但不能由 $\boldsymbol{\alpha}_1$,$\boldsymbol{\alpha}_2$,$\cdots$,$\boldsymbol{\alpha}_{m-1}$ 线性表出,证明 $\boldsymbol{\alpha}_m$ 可由 $\boldsymbol{\alpha}_1$,$\boldsymbol{\alpha}_2$,$\cdots$,$\boldsymbol{\alpha}_{m-1}$,$\boldsymbol{\beta}$ 线性表出.

证 $\boldsymbol{\beta}$ 可由向量组 $\boldsymbol{\alpha}_1$,$\boldsymbol{\alpha}_2$,$\cdots$,$\boldsymbol{\alpha}_m$ 线性表出,则存在 k_1,k_2,$\cdots$,k_m,使得

$$\boldsymbol{\beta} = k_1\boldsymbol{\alpha}_1 + k_2\boldsymbol{\alpha}_2 + \cdots + k_m\boldsymbol{\alpha}_m.$$

注意到 $\boldsymbol{\beta}$ 不能由 $\boldsymbol{\alpha}_1$,$\boldsymbol{\alpha}_2$,$\cdots$,$\boldsymbol{\alpha}_{m-1}$ 线性表出,所以 $k_m \neq 0$. 因此有

$$\boldsymbol{\alpha}_m = \frac{k_1}{k_m}\boldsymbol{\alpha}_1 + \frac{k_2}{k_m}\boldsymbol{\alpha}_2 + \cdots + \frac{k_{m-1}}{k_m}\boldsymbol{\alpha}_{m-1} - \frac{1}{k_m}\boldsymbol{\beta},$$

即 $\boldsymbol{\alpha}_m$ 可由 $\boldsymbol{\alpha}_1$,$\boldsymbol{\alpha}_2$,$\cdots$,$\boldsymbol{\alpha}_{m-1}$,$\boldsymbol{\beta}$ 线性表出.

10. 设向量组 $\boldsymbol{\alpha}_1$,$\boldsymbol{\alpha}_2$,$\cdots$,$\boldsymbol{\alpha}_t$ $(t > 2)$ 线性无关,试证向量组

$$\boldsymbol{\beta}_1 = \boldsymbol{\alpha}_2 + \boldsymbol{\alpha}_3 + \cdots + \boldsymbol{\alpha}_{t-1} + \boldsymbol{\alpha}_t,$$

$$\boldsymbol{\beta}_2 = \boldsymbol{\alpha}_1 + \boldsymbol{\alpha}_3 + \cdots + \boldsymbol{\alpha}_{t-1} + \boldsymbol{\alpha}_t,$$

$$\cdots\cdots$$

$$\boldsymbol{\beta}_t = \boldsymbol{\alpha}_1 + \boldsymbol{\alpha}_2 + \cdots + \boldsymbol{\alpha}_{t-1},$$

也线性无关.

证 设 $k_1\boldsymbol{\beta}_1 + k_2\boldsymbol{\beta}_2 + \cdots + k_t\boldsymbol{\beta}_t = 0$,即

$$(k_2 + k_3 + \cdots + k_t)\boldsymbol{\alpha}_1 + (k_1 + k_3 + \cdots + k_t)\boldsymbol{\alpha}_2 + \cdots + (k_1 + k_2 + \cdots + k_{t-1})\boldsymbol{\alpha}_t = 0.$$

由 $\boldsymbol{\alpha}_1$,$\boldsymbol{\alpha}_2$,$\cdots$,$\boldsymbol{\alpha}_t$ 线性无关,得

$$\begin{cases} k_2 + k_3 + \cdots + k_t = 0, \\ k_1 + k_3 + \cdots + k_t = 0, \\ \cdots\cdots \\ k_1 + k_2 + \cdots + k_{t-1} = 0. \end{cases} \qquad (*)$$

将 $(*)$ 中诸式相加得

$$(k_1 + k_2 + \cdots + k_t)(t - 2) = 0.$$

由 $t>2$ 可得 $k_1+k_2+\cdots+k_t=0$. 用此式分别减去(＊)中的诸式,可得 $k_1=k_2=\cdots=k_t=0$, 因而向量组 $\boldsymbol{\beta}_1$, $\boldsymbol{\beta}_2$, $\cdots$, $\boldsymbol{\beta}_t$ 也线性无关.

11. 求下列向量组的一个极大无关组及秩,并把其余向量用极大无关组线性表出:

(1) $\boldsymbol{\alpha}_1=(2,1,3,-1)^T$, $\boldsymbol{\alpha}_2=(3,-1,2,0)^T$, $\boldsymbol{\alpha}_3=(1,3,4,-2)^T$, $\boldsymbol{\alpha}_4=(4,-3,1,1)^T$.

解 $(\boldsymbol{\alpha}_1,\boldsymbol{\alpha}_2,\boldsymbol{\alpha}_3,\boldsymbol{\alpha}_4)=\begin{pmatrix}2 & 3 & 1 & 4 \\ 1 & -1 & 3 & -3 \\ 3 & 2 & 4 & 1 \\ -1 & 0 & -2 & 1\end{pmatrix}\rightarrow\begin{pmatrix}1 & -1 & 3 & -3 \\ 2 & 3 & 1 & 4 \\ 3 & 2 & 4 & 1 \\ -1 & 0 & -2 & 1\end{pmatrix}$

$$\rightarrow\begin{pmatrix}1 & -1 & 3 & -3 \\ 0 & 5 & -5 & 10 \\ 0 & 5 & -5 & 10 \\ 0 & -1 & 1 & -2\end{pmatrix}\rightarrow\begin{pmatrix}1 & -1 & 3 & -3 \\ 0 & 1 & -1 & 2 \\ 0 & 0 & 0 & 0 \\ 0 & 0 & 0 & 0\end{pmatrix}\rightarrow\begin{pmatrix}1 & 0 & 2 & -1 \\ 0 & 1 & -1 & 2 \\ 0 & 0 & 0 & 0 \\ 0 & 0 & 0 & 0\end{pmatrix},$$

可得向量组的秩为 2, 取 $\boldsymbol{\alpha}_1$, $\boldsymbol{\alpha}_2$ 为一极大无关组, 且

$$\boldsymbol{\alpha}_3=2\boldsymbol{\alpha}_1-\boldsymbol{\alpha}_2, \qquad \boldsymbol{\alpha}_4=-\boldsymbol{\alpha}_1+2\boldsymbol{\alpha}_2.$$

(2) $\boldsymbol{\alpha}_1=(1,1,1,1)^T$, $\boldsymbol{\alpha}_2=(1,1,-1,-1)^T$, $\boldsymbol{\alpha}_3=(1,-1,-1,1)^T$, $\boldsymbol{\alpha}_4=(-1,-1,1,1)^T$.

解 $(\boldsymbol{\alpha}_1,\boldsymbol{\alpha}_2,\boldsymbol{\alpha}_3,\boldsymbol{\alpha}_4)=\begin{pmatrix}1 & 1 & 1 & -1 \\ 1 & 1 & -1 & -1 \\ 1 & -1 & -1 & 1 \\ 1 & -1 & 1 & 1\end{pmatrix}\rightarrow\begin{pmatrix}1 & 1 & 1 & -1 \\ 0 & 0 & -2 & 0 \\ 0 & -2 & -2 & 2 \\ 0 & -2 & 0 & 2\end{pmatrix}$

$$\rightarrow\begin{pmatrix}1 & 1 & 1 & -1 \\ 0 & -2 & 0 & 2 \\ 0 & 0 & -2 & 0 \\ 0 & 0 & -2 & 0\end{pmatrix}\rightarrow\begin{pmatrix}1 & 1 & 1 & -1 \\ 0 & 1 & 0 & -1 \\ 0 & 0 & 1 & 0 \\ 0 & 0 & 0 & 0\end{pmatrix}\rightarrow\begin{pmatrix}1 & 0 & 0 & 0 \\ 0 & 1 & 0 & -1 \\ 0 & 0 & 1 & 0 \\ 0 & 0 & 0 & 0\end{pmatrix},$$

得向量组的秩为 3, 取极大无关组为 $\boldsymbol{\alpha}_1$, $\boldsymbol{\alpha}_2$, $\boldsymbol{\alpha}_3$, 且 $\boldsymbol{\alpha}_4=-\boldsymbol{\alpha}_2$.

(3) $\boldsymbol{\alpha}_1=(1,-1,2,4)^T$, $\boldsymbol{\alpha}_2=(0,3,1,2)^T$, $\boldsymbol{\alpha}_3=(3,0,7,14)^T$, $\boldsymbol{\alpha}_4=(2,1,5,6)^T$, $\boldsymbol{\alpha}_5=(1,-1,2,0)^T$.

解 $(\boldsymbol{\alpha}_1,\boldsymbol{\alpha}_2,\boldsymbol{\alpha}_3,\boldsymbol{\alpha}_4,\boldsymbol{\alpha}_5)=\begin{pmatrix}1 & 0 & 3 & 2 & 1 \\ -1 & 3 & 0 & 1 & -1 \\ 2 & 1 & 7 & 5 & 2 \\ 4 & 2 & 14 & 6 & 0\end{pmatrix}\rightarrow\begin{pmatrix}1 & 0 & 3 & 2 & 1 \\ 0 & 3 & 3 & 3 & 0 \\ 0 & 1 & 1 & 1 & 0 \\ 0 & 2 & 2 & -2 & -4\end{pmatrix}$

$$\rightarrow\begin{pmatrix}1 & 0 & 3 & 2 & 1 \\ 0 & 1 & 1 & 1 & 0 \\ 0 & 0 & 0 & 0 & 0 \\ 0 & 0 & 0 & -4 & -4\end{pmatrix}\rightarrow\begin{pmatrix}1 & 0 & 3 & 2 & 1 \\ 0 & 1 & 1 & 1 & 0 \\ 0 & 0 & 0 & 1 & 1 \\ 0 & 0 & 0 & 0 & 0\end{pmatrix}$$

$$\rightarrow \begin{pmatrix} 1 & 0 & 3 & 0 & -1 \\ 0 & 1 & 1 & 0 & -1 \\ 0 & 0 & 0 & 1 & 1 \\ 0 & 0 & 0 & 0 & 0 \end{pmatrix},$$

所以向量组的秩为 3,取极大无关组为 $\boldsymbol{\alpha}_1$,$\boldsymbol{\alpha}_2$,$\boldsymbol{\alpha}_4$,且

$$\boldsymbol{\alpha}_3 = 3\boldsymbol{\alpha}_1 + \boldsymbol{\alpha}_2, \quad \boldsymbol{\alpha}_5 = -\boldsymbol{\alpha}_1 - \boldsymbol{\alpha}_2 + \boldsymbol{\alpha}_4.$$

12.已知向量组 $\boldsymbol{\alpha}_1 = (1,-1,0,5)^{\mathrm{T}}$,$\boldsymbol{\alpha}_2 = (2,0,1,4)^{\mathrm{T}}$,$\boldsymbol{\alpha}_3 = (3,1,2,3)^{\mathrm{T}}$,$\boldsymbol{\alpha}_4 = (4,2,3,a)^{\mathrm{T}}$,其中 a 是参数.求该向量组的秩与一个极大线性无关组,并将其余向量用该极大线性无关组线性表示.

解　经初等行变换得

$$(\boldsymbol{\alpha}_1,\boldsymbol{\alpha}_2,\boldsymbol{\alpha}_3,\boldsymbol{\alpha}_4) = \begin{pmatrix} 1 & 2 & 3 & 4 \\ -1 & 0 & 1 & 2 \\ 0 & 1 & 2 & 3 \\ 5 & 4 & 3 & a \end{pmatrix} \rightarrow \begin{pmatrix} 1 & 0 & -1 & -2 \\ 0 & 1 & 2 & 3 \\ 0 & 0 & 0 & a-2 \\ 0 & 0 & 0 & 0 \end{pmatrix}.$$

所以,当 $a=2$ 时,向量组 $\boldsymbol{\alpha}_1$,$\boldsymbol{\alpha}_2$,$\boldsymbol{\alpha}_3$,$\boldsymbol{\alpha}_4$ 的秩为 2,一个极大线性无关组为 $\boldsymbol{\alpha}_1$,$\boldsymbol{\alpha}_2$.

$$\boldsymbol{\alpha}_3 = -\boldsymbol{\alpha}_1 + 2\boldsymbol{\alpha}_2; \qquad \boldsymbol{\alpha}_4 = -2\boldsymbol{\alpha}_1 + 3\boldsymbol{\alpha}_2.$$

当 $a \neq 2$ 时,向量组 $\boldsymbol{\alpha}_1$,$\boldsymbol{\alpha}_2$,$\boldsymbol{\alpha}_3$,$\boldsymbol{\alpha}_4$ 的秩为 3,一个极大线性无关组为 $\boldsymbol{\alpha}_1$,$\boldsymbol{\alpha}_2$,$\boldsymbol{\alpha}_4$.

$$\boldsymbol{\alpha}_3 = -\boldsymbol{\alpha}_1 + 2\boldsymbol{\alpha}_2 + 0\boldsymbol{\alpha}_4.$$

13.已知向量组(Ⅰ)$\boldsymbol{\alpha}_1$,$\boldsymbol{\alpha}_2$,$\boldsymbol{\alpha}_3$,向量组(Ⅱ)$\boldsymbol{\alpha}_1$,$\boldsymbol{\alpha}_2$,$\boldsymbol{\alpha}_3$,$\boldsymbol{\alpha}_4$ 和向量组(Ⅲ)$\boldsymbol{\alpha}_1$,$\boldsymbol{\alpha}_2$,$\boldsymbol{\alpha}_3$,$\boldsymbol{\alpha}_5$,如果各向量组的秩分别为 $r(Ⅰ) = r(Ⅱ) = 3$,$r(Ⅲ) = 4$,试证:向量组 $\boldsymbol{\alpha}_1$,$\boldsymbol{\alpha}_2$,$\boldsymbol{\alpha}_3$,$\boldsymbol{\alpha}_5 - \boldsymbol{\alpha}_4$ 的秩为 4.

证　即要证 $\boldsymbol{\alpha}_1$,$\boldsymbol{\alpha}_2$,$\boldsymbol{\alpha}_3$,$\boldsymbol{\alpha}_5 - \boldsymbol{\alpha}_4$ 线性无关.反证法.假设 $\boldsymbol{\alpha}_1$,$\boldsymbol{\alpha}_2$,$\boldsymbol{\alpha}_3$,$\boldsymbol{\alpha}_5 - \boldsymbol{\alpha}_4$ 线性相关.由 $r(Ⅰ) = 3$ 知 $\boldsymbol{\alpha}_1$,$\boldsymbol{\alpha}_2$,$\boldsymbol{\alpha}_3$ 线性无关,则 $\boldsymbol{\alpha}_5 - \boldsymbol{\alpha}_4$ 可由 $\boldsymbol{\alpha}_1$,$\boldsymbol{\alpha}_2$,$\boldsymbol{\alpha}_3$ 线性表示,设为

$$\boldsymbol{\alpha}_5 - \boldsymbol{\alpha}_4 = l_1 \boldsymbol{\alpha}_1 + l_2 \boldsymbol{\alpha}_2 + l_3 \boldsymbol{\alpha}_3. \tag{1}$$

又 $r(Ⅱ) = 3$ 可知 $\boldsymbol{\alpha}_4$ 可由 $\boldsymbol{\alpha}_1$,$\boldsymbol{\alpha}_2$,$\boldsymbol{\alpha}_3$ 线性表示,即

$$\boldsymbol{\alpha}_4 = k_1 \boldsymbol{\alpha}_1 + k_2 \boldsymbol{\alpha}_2 + k_3 \boldsymbol{\alpha}_3. \tag{2}$$

(1)、(2)两式相加,可得

$$\boldsymbol{\alpha}_5 = (k_1 + l_1) \boldsymbol{\alpha}_1 + (k_2 + l_2) \boldsymbol{\alpha}_2 + (k_3 + l_3) \boldsymbol{\alpha}_3,$$

即 $\boldsymbol{\alpha}_5$ 可由 $\boldsymbol{\alpha}_1$,$\boldsymbol{\alpha}_2$,$\boldsymbol{\alpha}_3$ 线性表示,这与 $r(Ⅲ) = 4$ 矛盾,假设错误,即 $\boldsymbol{\alpha}_1$,$\boldsymbol{\alpha}_2$,$\boldsymbol{\alpha}_3$,$\boldsymbol{\alpha}_5 - \boldsymbol{\alpha}_4$ 线性无关,其秩为 4.

14.设向量组(Ⅰ)与向量组(Ⅱ)有相同的秩,且(Ⅰ)可以由(Ⅱ)线性表示,求证这两个向量组等价.

分析　只需证向量组(Ⅱ)可以由向量组(Ⅰ)线性表示.

解 设向量组（Ⅰ）$\boldsymbol{\alpha}_1$，$\boldsymbol{\alpha}_2$，$\cdots$，$\boldsymbol{\alpha}_s$，其极大无关组设为（Ⅰ′）$\boldsymbol{\alpha}_1$，$\boldsymbol{\alpha}_2$，$\cdots$，$\boldsymbol{\alpha}_r$；设向量组（Ⅱ）$\boldsymbol{\beta}_1$，$\boldsymbol{\beta}_2$，$\cdots$，$\boldsymbol{\beta}_t$，其极大无关组设为（Ⅱ′）$\boldsymbol{\beta}_1$，$\boldsymbol{\beta}_2$，$\cdots$，$\boldsymbol{\beta}_r$.

构造向量组（Ⅲ）$\boldsymbol{\alpha}_1$，$\boldsymbol{\alpha}_2$，$\cdots$，$\boldsymbol{\alpha}_s$，$\boldsymbol{\beta}_1$，$\boldsymbol{\beta}_2$，$\cdots$，$\boldsymbol{\beta}_t$，则依题设知，向量组（Ⅲ）可以由向量组（Ⅱ）线性表示,且向量组（Ⅱ′）是向量组（Ⅲ）的极大无关组,因而（Ⅲ）的秩也为 r.

又向量组（Ⅰ′）也是向量组（Ⅲ）的部分组,且线性无关,因而向量组（Ⅰ′）是向量组（Ⅲ）的极大无关组,从而向量组（Ⅱ）可以由向量组（Ⅰ′）线性表示,也即向量组（Ⅱ）可以由向量组（Ⅰ）线性表示.

15. 设 $\boldsymbol{A}$ 是 $n \times m$ 矩阵,$\boldsymbol{B}$ 是 $m \times n$ 矩阵,其中 $n < m$，$\boldsymbol{E}$ 是 n 阶单位矩阵,若 $\boldsymbol{AB} = \boldsymbol{E}$，证明 $\boldsymbol{B}$ 的列向量组线性无关.

证法 1 只需证得 $\boldsymbol{B}$ 的秩为 n. 利用结论 $r(\boldsymbol{AB}) \leqslant \min[r(\boldsymbol{A}), r(\boldsymbol{B})]$ 证明 $\boldsymbol{B}$ 的秩为 n.

由矩阵秩的定义可得 $r(\boldsymbol{B}) \leqslant n$；又由结论：$n = r(\boldsymbol{E}) = r(\boldsymbol{AB}) \leqslant r(\boldsymbol{B})$，即有 $r(\boldsymbol{B}) = n$. 由此说明 $\boldsymbol{B}$ 的列向量线性无关.

证法 2 直接用线性无关的定义证明. 设 $\boldsymbol{B}$ 的列向量为 $\boldsymbol{\beta}_1$，$\boldsymbol{\beta}_2$，$\cdots$，$\boldsymbol{\beta}_n$，若 $x_1\boldsymbol{\beta}_1 + x_2\boldsymbol{\beta}_2 + \cdots + x_n\boldsymbol{\beta}_n = \boldsymbol{0}$ 成立,即

$$(\boldsymbol{\beta}_1, \boldsymbol{\beta}_2, \cdots, \boldsymbol{\beta}_n)\begin{pmatrix} x_1 \\ x_2 \\ \vdots \\ x_n \end{pmatrix} = \begin{pmatrix} 0 \\ 0 \\ \vdots \\ 0 \end{pmatrix}$$

成立,亦即 $\boldsymbol{Bx} = \boldsymbol{0}$，其中 $\boldsymbol{x} = (x_1, x_2, \cdots, x_n)^{\mathrm{T}}$. 两边左乘 $\boldsymbol{A}$，得

$$(\boldsymbol{AB})\boldsymbol{x} = \boldsymbol{0}, \quad 即 \ \boldsymbol{Ex} = \boldsymbol{0}, \ 得 \ \boldsymbol{x} = \boldsymbol{0},$$

故有 $\boldsymbol{B}$ 的列向量组 $\boldsymbol{\beta}_1$，$\boldsymbol{\beta}_2$，$\cdots$，$\boldsymbol{\beta}_n$ 线性无关.

16. 如果 n 阶方阵满足 $\boldsymbol{A}^2 = \boldsymbol{E}$，求证：$r(\boldsymbol{A}+\boldsymbol{E}) + r(\boldsymbol{A}-\boldsymbol{E}) = n$.

解 等式 $\boldsymbol{A}^2 = \boldsymbol{E}$ 可以改写成 $(\boldsymbol{A}+\boldsymbol{E})(\boldsymbol{A}-\boldsymbol{E}) = \boldsymbol{O}$，故

$$r(\boldsymbol{A}+\boldsymbol{E}) + r(\boldsymbol{A}-\boldsymbol{E}) \leqslant n.$$

又因为 $r(\boldsymbol{A}-\boldsymbol{E}) = r(\boldsymbol{E}-\boldsymbol{A})$，所以

$$r(\boldsymbol{A}+\boldsymbol{E}) + r(\boldsymbol{A}-\boldsymbol{E}) = r(\boldsymbol{A}+\boldsymbol{E}) + r(\boldsymbol{E}-\boldsymbol{A}) \geqslant r(2\boldsymbol{E}).$$

注意到 $r(2\boldsymbol{E}) = n$，所以 $r(\boldsymbol{A}+\boldsymbol{E}) + r(\boldsymbol{A}-\boldsymbol{E}) \geqslant n$. 因此,

$$r(\boldsymbol{A}+\boldsymbol{E}) + r(\boldsymbol{A}-\boldsymbol{E}) = n.$$

17. 设 $\boldsymbol{A}$ 是 n 阶矩阵,且 $\boldsymbol{A} = \boldsymbol{A}^2$，试证 $r(\boldsymbol{A}) + r(\boldsymbol{A}-\boldsymbol{E}) = n$.

证 由 $\boldsymbol{A} = \boldsymbol{A}^2$，得 $\boldsymbol{A}(\boldsymbol{A}-\boldsymbol{E}) = \boldsymbol{O}$，故 $r(\boldsymbol{A}) + r(\boldsymbol{A}-\boldsymbol{E}) \leqslant n$.

另一方面,又有

$$n = r(\boldsymbol{E}) = r[\boldsymbol{A}+(\boldsymbol{E}-\boldsymbol{A})] \leqslant r(\boldsymbol{A}) + r(\boldsymbol{E}-\boldsymbol{A}) = r(\boldsymbol{A}) + r(\boldsymbol{A}-\boldsymbol{E}),$$

从而 $r(\boldsymbol{A}) + r(\boldsymbol{A}-\boldsymbol{E}) = n$.

18. 设 A^* 是 n 阶方阵 A 的伴随矩阵,证明:

$$r(A^*)=\begin{cases} n, & \text{当 } r(A)=n, \\ 1, & \text{当 } r(A)=n-1, \\ 0, & \text{当 } r(A)<n-1. \end{cases}$$

解 A^* 和 A 满足 $A^*A=|A|E$.

(1)若 $r(A)=n$,即 A 可逆,故 A^* 也可逆,从而 $r(A^*)=n$.

(2)若 $r(A)=n-1$,即 $|A|=0$,则有 $AA^*=O$,所以 $r(A^*)+r(A)\leqslant n$,即 $r(A^*)\leqslant 1$.
又由 $r(A)=n-1$ 知,A 至少存在一个非零 $n-1$ 阶子式,而 A 的所有 $n-1$ 阶子式也即为 A^* 的所有元素,从而 A^* 是非零矩阵,故 $r(A^*)\geqslant 1$.因此 $r(A^*)=1$.

(3)若 $r(A)<n-1$,因 A^* 的元素由 A 的 n^2 个 $n-1$ 阶子式构成,而 $r(A)<n-1$ 表明 A 的所有 $n-1$ 阶子式均为零,即 $A^*=O$,所以 $r(A^*)=0$.

19. 设 a_1,a_2,$\cdots$,a_k 是一组 n 维向量,其秩为 r;又 b_1,b_2,$\cdots$,b_l 是另一组 n 维向量,其秩为 s,证明:向量组 $\{a_i+b_j \mid i=1,2,\cdots,k,\ ;j=1,2,\cdots,l\}$ 的秩不超过 $\min\{r+s,n\}$.

证 若 $n\leqslant r+s$,结论显然成立.

若 $n>r+s$,不妨设 a_1,a_2,$\cdots$,a_r 和 b_1,b_2,$\cdots$,b_s 分别是题设两组向量的极大无关组,则 $\{a_i+b_j \mid i=1,2,\cdots,k,\ ;j=1,2,\cdots,l\}$ 中的任意向量均可由下面 $r+s$ 个向量

$$a_1,a_2,\cdots,a_r,b_1,b_2,\cdots,b_s$$

线性表出.

因此,向量组 a_i+b_j 的秩不超过 $r+s=\min\{r+s,n\}$,即

$$r(a_i+b_j)\leqslant \min\{r+s,n\}.$$

20. 设 A,B 皆为 n 阶方阵,且 $r(A)=r_1$,$r(B)=r_2$,试证:

$$r(AB)\geqslant r_1+r_2-n.$$

证 由题设 $r(A)=r_1$ 知,存在可逆矩阵 P,Q 使得

$$PAQ=\begin{pmatrix} E_{r_1} & O \\ O & O \end{pmatrix}.$$

令 $Q^{-1}B=\begin{pmatrix} B_1 \\ B_2 \end{pmatrix}$,其中 B_1 是 $r_1\times n$ 矩阵,B_2 是 $(n-r_1)\times n$ 矩阵.

因为 $r(AB)=r(PAQQ^{-1}B)$,而

$$PAQQ^{-1}B=\begin{pmatrix} E_{r_1} & O \\ O & O \end{pmatrix}\begin{pmatrix} B_1 \\ B_2 \end{pmatrix}=\begin{pmatrix} B_1 \\ O \end{pmatrix}.$$

设 $r(AB)=r$,则 $r\begin{pmatrix} B_1 \\ O \end{pmatrix}=r(B_1)=r$. 但 $r(Q^{-1}B)=r(B)=r_2$,故 B_2 中线性无关

的行数为 $r_2 - r$,而 B 的行数为 $n - r_1$,所以

$$r_2 - r \leqslant n - r_1, \ \text{即} \ r \geqslant r_1 + r_2 - n.$$

注 矩阵的秩的不等式:$r(A) + r(B) - n \leqslant r(AB) \leqslant \min\{r(A), r(B)\}$,称为西尔维斯特不等式.

21.证明:$\boldsymbol{\alpha}_1 = (1, 1, 1, 1)^T, \boldsymbol{\alpha}_2 = (1, 1, -1, -1)^T, \boldsymbol{\alpha}_3 = (1, -1, 1, -1)^T, \boldsymbol{\alpha}_4 = (1, -1, -1, 1)^T$ 是 $\mathbf{R}^4$ 的一组基,且写出 $\boldsymbol{\beta} = (1, 2, 1, 1)^T$ 在该组基下的坐标.

证 只需证明 $\boldsymbol{\alpha}_1, \boldsymbol{\alpha}_2, \boldsymbol{\alpha}_3, \boldsymbol{\alpha}_4$ 线性无关即可.因为

$$|\boldsymbol{A}| = |\boldsymbol{\alpha}_1, \boldsymbol{\alpha}_2, \boldsymbol{\alpha}_3, \boldsymbol{\alpha}_4| = \begin{vmatrix} 1 & 1 & 1 & 1 \\ 1 & 1 & -1 & -1 \\ 1 & -1 & 1 & -1 \\ 1 & -1 & -1 & 1 \end{vmatrix} = -16 \neq 0,$$

所以 $\boldsymbol{\alpha}_1, \boldsymbol{\alpha}_2, \boldsymbol{\alpha}_3, \boldsymbol{\alpha}_4$ 线性无关,从而是 $\mathbf{R}^4$ 的一组基.

另一方面,由

$$(\boldsymbol{\alpha}_1, \boldsymbol{\alpha}_2, \boldsymbol{\alpha}_3, \boldsymbol{\alpha}_4, \boldsymbol{\beta}) = \begin{pmatrix} 1 & 1 & 1 & 1 & \vdots & 1 \\ 1 & 1 & -1 & -1 & \vdots & 2 \\ 1 & -1 & 1 & -1 & \vdots & 1 \\ 1 & -1 & -1 & 1 & \vdots & 1 \end{pmatrix} \rightarrow \begin{pmatrix} 1 & 0 & 0 & 0 & \vdots & \dfrac{5}{4} \\ 0 & 1 & 0 & 0 & \vdots & \dfrac{1}{4} \\ 0 & 0 & 1 & 0 & \vdots & -\dfrac{1}{4} \\ 0 & 0 & 0 & 1 & \vdots & -\dfrac{1}{4} \end{pmatrix},$$

得 $\boldsymbol{\beta}$ 在基 $\boldsymbol{\alpha}_1, \boldsymbol{\alpha}_2, \boldsymbol{\alpha}_3, \boldsymbol{\alpha}_4$ 下的坐标为 $\boldsymbol{A}^{-1}\boldsymbol{\beta} = \left(\dfrac{5}{4}, \dfrac{1}{4}, -\dfrac{1}{4}, -\dfrac{1}{4}\right)^T$.

22.设 $\boldsymbol{\xi}_1, \boldsymbol{\xi}_2, \boldsymbol{\xi}_3$ 是一组基,试写出:

(1)基 $\boldsymbol{\xi}_1, \boldsymbol{\xi}_2, \boldsymbol{\xi}_3$ 到 $\boldsymbol{\xi}_2, \boldsymbol{\xi}_1, \boldsymbol{\xi}_3$ 的过渡阵;

(2)基 $\boldsymbol{\xi}_1, \boldsymbol{\xi}_2, \boldsymbol{\xi}_3$ 到 $\boldsymbol{\xi}_1, \boldsymbol{\xi}_1 + \boldsymbol{\xi}_2, \boldsymbol{\xi}_1 + \boldsymbol{\xi}_2 + \boldsymbol{\xi}_3$ 的过渡阵.

解 (1)由 $(\boldsymbol{\xi}_2, \boldsymbol{\xi}_1, \boldsymbol{\xi}_3) = (\boldsymbol{\xi}_1, \boldsymbol{\xi}_2, \boldsymbol{\xi}_3)\boldsymbol{K}_1$,写出过渡阵 $\boldsymbol{K}_1 = \begin{pmatrix} 0 & 1 & 0 \\ 1 & 0 & 0 \\ 0 & 0 & 1 \end{pmatrix}$.

(2)由 $(\boldsymbol{\xi}_1, \boldsymbol{\xi}_1 + \boldsymbol{\xi}_2, \boldsymbol{\xi}_1 + \boldsymbol{\xi}_2 + \boldsymbol{\xi}_3) = (\boldsymbol{\xi}_1, \boldsymbol{\xi}_2, \boldsymbol{\xi}_3)\boldsymbol{K}_2$,写出过渡阵为

$$\boldsymbol{K}_2 = \begin{pmatrix} 1 & 1 & 1 \\ 0 & 1 & 1 \\ 0 & 0 & 1 \end{pmatrix}.$$

23.设 $\mathbf{R}^3$ 中基 $\boldsymbol{\alpha}_1, \boldsymbol{\alpha}_2, \boldsymbol{\alpha}_3$ 到基 $\boldsymbol{\beta}_1, \boldsymbol{\beta}_2, \boldsymbol{\beta}_3$ 的过渡阵为

$$A = \begin{pmatrix} 1 & 1 & -1 \\ -1 & 1 & 1 \\ 1 & -1 & 1 \end{pmatrix}.$$

如果

(1)$\alpha_1 = (1, 0, 0)^T, \alpha_2 = (1, 1, 0)^T, \alpha_3 = (1, 1, 1)^T$,求基 $\beta_1, \beta_2, \beta_3$;

(2)$\beta_1 = (0, 1, 1)^T, \beta_2 = (1, 0, 2)^T, \beta_3 = (2, 1, 0)^T$,求基 $\alpha_1, \alpha_2, \alpha_3$.

解 (1)$(\beta_1, \beta_2, \beta_3) = (\alpha_1, \alpha_2, \alpha_3)A = \begin{pmatrix} 1 & 1 & 1 \\ 0 & 1 & 1 \\ 0 & 0 & 1 \end{pmatrix}\begin{pmatrix} 1 & 1 & -1 \\ -1 & 1 & 1 \\ 1 & -1 & 1 \end{pmatrix}$

$$= \begin{pmatrix} 1 & 1 & 1 \\ 0 & 0 & 2 \\ 1 & -1 & 1 \end{pmatrix}.$$

即 $\beta_1 = (1, 0, 1)^T, \beta_2 = (1, 0, -1)^T, \beta_3 = (1, 2, 1)^T$.

(2)$(\alpha_1, \alpha_2, \alpha_3) = (\beta_1, \beta_2, \beta_3)A^{-1} = \begin{pmatrix} 0 & 1 & 2 \\ 1 & 0 & 1 \\ 1 & 2 & 0 \end{pmatrix}\begin{pmatrix} 1 & 1 & -1 \\ -1 & 1 & 1 \\ 1 & -1 & 1 \end{pmatrix}^{-1}$

$$= \begin{pmatrix} 0 & 1 & 2 \\ 1 & 0 & 1 \\ 1 & 2 & 0 \end{pmatrix}\begin{pmatrix} \frac{1}{2} & 0 & \frac{1}{2} \\ \frac{1}{2} & \frac{1}{2} & 0 \\ 0 & \frac{1}{2} & \frac{1}{2} \end{pmatrix} = \begin{pmatrix} \frac{1}{2} & \frac{3}{2} & 1 \\ \frac{1}{2} & \frac{1}{2} & 1 \\ \frac{3}{2} & 1 & \frac{1}{2} \end{pmatrix},$$

即 $\alpha_1 = \left(\frac{1}{2}, \frac{1}{2}, \frac{3}{2}\right)^T, \alpha_2 = \left(\frac{3}{2}, \frac{1}{2}, 1\right)^T, \alpha_3 = \left(1, 1, \frac{1}{2}\right)^T$.

24.已知 $\mathbf{R}^3$ 的两组基为:$\alpha_1 = (1,2,1)^T, \alpha_2 = (2,3,3)^T, \alpha_3 = (3,7,1)^T$;$\beta_1 = (3,1,4)^T, \beta_2 = (5,2,1)^T, \beta_3 = (1,1,-6)^T$.求:

(1)向量 $\gamma = (3, 6, 2)^T$ 在基 $\alpha_1, \alpha_2, \alpha_3$ 下的坐标;

(2)基 $\alpha_1, \alpha_2, \alpha_3$ 到基 $\beta_1, \beta_2, \beta_3$ 的过渡矩阵;

(3)求 γ 在基 $\beta_1, \beta_2, \beta_3$ 下的坐标.

解 (1)设 $\gamma = k_1\alpha_1 + k_2\alpha_2 + k_3\alpha_3$,由

$$\begin{pmatrix} 1 & 2 & 3 & \vdots & 3 \\ 2 & 3 & 7 & \vdots & 6 \\ 1 & 3 & 1 & \vdots & 2 \end{pmatrix} \rightarrow \begin{pmatrix} 1 & 2 & 3 & \vdots & 3 \\ 0 & -1 & 1 & \vdots & 0 \\ 0 & 1 & -2 & \vdots & -1 \end{pmatrix} \rightarrow \cdots \rightarrow \begin{pmatrix} 1 & 0 & 0 & \vdots & -2 \\ 0 & 1 & 0 & \vdots & 1 \\ 0 & 0 & 1 & \vdots & 1 \end{pmatrix},$$

得 γ 在基 $\alpha_1, \alpha_2, \alpha_3$ 下的坐标为 $x = (-2, 1, 1)^T$.

(2)由 $(\boldsymbol{\beta}_1, \boldsymbol{\beta}_2, \boldsymbol{\beta}_3) = (\boldsymbol{\alpha}_1, \boldsymbol{\alpha}_2, \boldsymbol{\alpha}_3)K$,得基 $\boldsymbol{\alpha}_1, \boldsymbol{\alpha}_2, \boldsymbol{\alpha}_3$ 到基 $\boldsymbol{\beta}_1, \boldsymbol{\beta}_2, \boldsymbol{\beta}_3$ 的过渡矩阵为

$$K = (\boldsymbol{\alpha}_1, \boldsymbol{\alpha}_2, \boldsymbol{\alpha}_3)^{-1}(\boldsymbol{\beta}_1, \boldsymbol{\beta}_2, \boldsymbol{\beta}_3) = \begin{pmatrix} -27 & -71 & -41 \\ 9 & 20 & 9 \\ 4 & 12 & 8 \end{pmatrix}.$$

(3)由坐标转换公式知,$\boldsymbol{\gamma}$ 在基 $\boldsymbol{\beta}_1, \boldsymbol{\beta}_2, \boldsymbol{\beta}_3$ 下的坐标为

$$y = K^{-1}x = \begin{pmatrix} -27 & -71 & -41 \\ 9 & 20 & 9 \\ 4 & 12 & 8 \end{pmatrix}^{-1} \begin{pmatrix} -2 \\ 1 \\ 1 \end{pmatrix} = \frac{1}{4} \begin{pmatrix} 153 \\ -106 \\ 83 \end{pmatrix}.$$

25. 在 $\mathbf{R}^4$ 中找一个向量 $\boldsymbol{\gamma}$,它在自然基 $\boldsymbol{\varepsilon}_1, \boldsymbol{\varepsilon}_2, \boldsymbol{\varepsilon}_3, \boldsymbol{\varepsilon}_4$ 和基 $\boldsymbol{\beta}_1 = (2, 1, -1, 1)^{\mathrm{T}}, \boldsymbol{\beta}_2 = (0, 3, 1, 0)^{\mathrm{T}}, \boldsymbol{\beta}_3 = (5, 3, 2, 1)^{\mathrm{T}}, \boldsymbol{\beta}_4 = (6, 6, 1, 3)^{\mathrm{T}}$ 下有相同的坐标.

解 设向量 $\boldsymbol{\gamma}$ 在 $\boldsymbol{\varepsilon}_1, \boldsymbol{\varepsilon}_2, \boldsymbol{\varepsilon}_3, \boldsymbol{\varepsilon}_4$ 基与 $\boldsymbol{\beta}_1, \boldsymbol{\beta}_2, \boldsymbol{\beta}_3, \boldsymbol{\beta}_4$ 基下的坐标为 x,即

$$(\boldsymbol{\varepsilon}_1, \boldsymbol{\varepsilon}_2, \boldsymbol{\varepsilon}_3, \boldsymbol{\varepsilon}_4)x = (\boldsymbol{\beta}_1, \boldsymbol{\beta}_2, \boldsymbol{\beta}_3, \boldsymbol{\beta}_4)x,$$

记 $B = (\boldsymbol{\beta}_1, \boldsymbol{\beta}_2, \boldsymbol{\beta}_3, \boldsymbol{\beta}_4)$,则上式即为 $(B - E)x = 0$,此时

$$B - E = \begin{pmatrix} 1 & 0 & 5 & 6 \\ 1 & 2 & 3 & 6 \\ -1 & 1 & 1 & 1 \\ 1 & 0 & 1 & 2 \end{pmatrix} \rightarrow \cdots \rightarrow \begin{pmatrix} 1 & 0 & 0 & 1 \\ 0 & 1 & 0 & 1 \\ 0 & 0 & 1 & 1 \\ 0 & 0 & 0 & 0 \end{pmatrix}.$$

所以,所求向量为 $\boldsymbol{\gamma} = k(1, 1, 1, -1)^{\mathrm{T}}$,其中 k 为任意常数.

26. 在 $\mathbf{R}^n$ 中,对任一个向量 $\boldsymbol{\alpha}$,设 $\boldsymbol{\alpha}$ 在基 $\boldsymbol{\alpha}_1, \boldsymbol{\alpha}_2, \cdots, \boldsymbol{\alpha}_n$ 下的坐标为 $x = (x_1, \cdots, x_n)^{\mathrm{T}}$,在基 $\boldsymbol{\beta}_1, \boldsymbol{\beta}_2, \cdots, \boldsymbol{\beta}_n$ 下的坐标为 $y = (y_1, \cdots, y_n)^{\mathrm{T}}$,且有下面的表达式成立

$$\begin{cases} y_1 = x_1, \\ y_2 = x_2 - x_1, \\ y_3 = x_3 - x_2, \\ \qquad \cdots\cdots \\ y_n = x_n - x_{n-1}, \end{cases}$$

求 $\boldsymbol{\alpha}_1, \boldsymbol{\alpha}_2, \cdots, \boldsymbol{\alpha}_n$ 到 $\boldsymbol{\beta}_1, \boldsymbol{\beta}_2, \cdots, \boldsymbol{\beta}_n$ 的过渡阵 A.

解 由题设,得

$$y = \begin{pmatrix} 1 & 0 & \cdots & 0 & 0 \\ -1 & 1 & \cdots & 0 & 0 \\ 0 & -1 & \cdots & 0 & 0 \\ \vdots & \vdots & & \vdots & \vdots \\ 0 & 0 & \cdots & -1 & 1 \end{pmatrix} x = Bx.$$

另一方面,由于 $\boldsymbol{\alpha} = (\boldsymbol{\alpha}_1, \boldsymbol{\alpha}_2, \cdots, \boldsymbol{\alpha}_n)x = (\boldsymbol{\beta}_1, \boldsymbol{\beta}_2, \cdots, \boldsymbol{\beta}_n)y$,且

$$(\boldsymbol{\beta}_1, \boldsymbol{\beta}_2, \cdots, \boldsymbol{\beta}_n) = (\boldsymbol{\alpha}_1, \boldsymbol{\alpha}_2, \cdots, \boldsymbol{\alpha}_n)\boldsymbol{A},$$

所以 $\boldsymbol{x} = \boldsymbol{A}\boldsymbol{y}$，因此，

$$\boldsymbol{A} = \boldsymbol{B}^{-1} = \begin{pmatrix} 1 & & & & \\ 1 & 1 & & & \\ 1 & 1 & 1 & & \\ \vdots & \vdots & \vdots & \ddots & \\ 1 & 1 & 1 & \cdots & 1 \end{pmatrix}.$$

27.求下列齐次线性方程组的基础解系，并用此基础解系表示方程组的全部解：

(1) $\begin{cases} 2x_1 - 4x_2 + 5x_3 + 3x_4 = 0 \\ 3x_1 - 6x_2 + 4x_3 + 2x_4 = 0. \\ 4x_1 - 8x_2 + 17x_3 + 11x_4 = 0 \end{cases}$

解　用矩阵的初等行变换把系数矩阵 $\boldsymbol{A}$ 化为行简化阶梯形矩阵：

$$\boldsymbol{A} = \begin{pmatrix} 2 & -4 & 5 & 3 \\ 3 & -6 & 4 & 2 \\ 4 & -8 & 17 & 11 \end{pmatrix} \rightarrow \begin{pmatrix} -1 & 2 & 1 & 1 \\ 3 & -6 & 4 & 2 \\ 4 & -8 & 17 & 11 \end{pmatrix} \rightarrow \begin{pmatrix} -1 & 2 & 1 & 1 \\ 0 & 0 & 7 & 5 \\ 0 & 0 & 21 & 15 \end{pmatrix}$$

$$\rightarrow \begin{pmatrix} -1 & 2 & 1 & 1 \\ 0 & 0 & 7 & 5 \\ 0 & 0 & 0 & 0 \end{pmatrix} \rightarrow \begin{pmatrix} 1 & -2 & 0 & -\dfrac{2}{7} \\ 0 & 0 & 1 & \dfrac{5}{7} \\ 0 & 0 & 0 & 0 \end{pmatrix}.$$

因为系数矩阵的秩 $r(\boldsymbol{A}) = 2$，所以方程组的基础解系含有 $4 - 2 = 2$ 个解向量，取 x_2，x_4 作为自由变量，则还原为方程组的形式为

$$\begin{cases} x_1 = 2x_2 + \dfrac{2}{7}x_4, \\ x_3 = -\dfrac{5}{7}x_4. \end{cases}$$

分别取 $x_2 = 1$，$x_4 = 0$ 和 $x_2 = 0$，$x_4 = 1$，得方程组的基础解系为

$$\boldsymbol{\eta}_1 = (2, 1, 0, 0)^{\mathrm{T}}, \qquad \boldsymbol{\eta}_2 = \left(\frac{2}{7}, 0, -\frac{5}{7}, 1\right)^{\mathrm{T}}.$$

于是方程组的全部解为

$$\boldsymbol{x} = k_1 \boldsymbol{\eta}_1 + k_2 \boldsymbol{\eta}_2 \ (k_1, k_2 \ \text{为任意常数}).$$

(2) $\begin{cases} x_1 + x_2 - x_4 - x_5 = 0, \\ x_1 - x_2 + 2x_3 - x_4 = 0, \\ 4x_1 - 2x_2 + 6x_3 + 3x_4 - 4x_5 = 0, \\ 2x_1 + 4x_2 - 2x_3 + 4x_4 - 7x_5 = 0. \end{cases}$

解 用矩阵的初等行变换把系数矩阵 A 化为行简化阶梯形矩阵：

$$A = \begin{pmatrix} 1 & 1 & 0 & -1 & -1 \\ 1 & -1 & 2 & -1 & 0 \\ 4 & -2 & 6 & 3 & -4 \\ 2 & 4 & -2 & 4 & -7 \end{pmatrix} \rightarrow \begin{pmatrix} 1 & 1 & 0 & -1 & -1 \\ 0 & -2 & 2 & 0 & 1 \\ 0 & -6 & 6 & 7 & 0 \\ 0 & 2 & -2 & 6 & -5 \end{pmatrix}$$

$$\rightarrow \begin{pmatrix} 1 & 1 & 0 & -1 & -1 \\ 0 & -2 & 2 & 0 & 1 \\ 0 & 0 & 0 & 7 & -3 \\ 0 & 0 & 0 & 6 & -4 \end{pmatrix} \rightarrow \begin{pmatrix} 1 & 1 & 0 & -1 & -1 \\ 0 & -2 & 2 & 0 & 1 \\ 0 & 0 & 0 & 1 & 1 \\ 0 & 0 & 0 & 6 & -4 \end{pmatrix}$$

$$\rightarrow \begin{pmatrix} 1 & 1 & 0 & -1 & -1 \\ 0 & -2 & 2 & 0 & 1 \\ 0 & 0 & 0 & 1 & 1 \\ 0 & 0 & 0 & 0 & -10 \end{pmatrix} \rightarrow \cdots \rightarrow \begin{pmatrix} 1 & 0 & 1 & 0 & 0 \\ 0 & 1 & -1 & 0 & 0 \\ 0 & 0 & 0 & 1 & 0 \\ 0 & 0 & 0 & 0 & 1 \end{pmatrix}.$$

因为系数矩阵的秩 $r(A) = 4$，方程组的基础解系含有 $5 - 4 = 1$ 个解向量，取 x_3 作为自由变量，则还原为方程组的形式为：

$$\begin{cases} x_1 = -x_3, \\ x_2 = x_3, \\ x_4 = 0, \\ x_5 = 0, \end{cases}$$

取 $x_3 = 1$，得方程组的基础解系为 $\boldsymbol{\eta} = (-1, 1, 1, 0, 0)^{\mathrm{T}}$. 于是方程组的全部解为 $\boldsymbol{x} = k\boldsymbol{\eta}$，其中 k 为任意常数.

28. 求下列线性方程组的全部解，并把它表示成向量形式：

$$(1) \begin{cases} 2x_1 + x_2 - x_3 + x_4 = 1, \\ x_1 + 2x_2 + x_3 - x_4 = 2, \\ x_1 + x_2 + 2x_3 + x_4 = 3. \end{cases}$$

解 用初等行变换将增广矩阵 $\overline{A}$ 化为行简化阶梯形矩阵：

$$\overline{A} = \begin{pmatrix} 2 & 1 & -1 & 1 & \vdots & 1 \\ 1 & 2 & 1 & -1 & \vdots & 2 \\ 1 & 1 & 2 & 1 & \vdots & 3 \end{pmatrix} \rightarrow \begin{pmatrix} 1 & 0 & -3 & 0 & \vdots & -2 \\ 0 & 1 & 3 & 0 & \vdots & 3 \\ 0 & 0 & 2 & 1 & \vdots & 2 \end{pmatrix},$$

因为 $r(A) = r(\overline{A}) = 3 < n = 4$，所以方程组有无穷多解：

$$\begin{cases} x_1 = -2 + 3x_3, \\ x_2 = 3 - 3x_3, \quad (x_3 \text{ 为自由未知量}). \\ x_4 = 2 - 2x_3 \end{cases}$$

取 $x_3=0$ 得方程组的特解为 $\boldsymbol{\eta}^*=(-2,3,0,2)^{\mathrm{T}}$.

另一方面,原方程组的导出组为

$$\begin{cases} x_1 = 3x_3, \\ x_2 = -3x_3, (x_3 \text{ 为自由未知量}), \\ x_4 = -2x_3 \end{cases}$$

取 $x_3=1$,得导出组的基础解系为 $\boldsymbol{\eta}=(3,-3,1,-2)^{\mathrm{T}}$,因此原方程组的全部解为

$$\boldsymbol{x}=\boldsymbol{\eta}^*+k\boldsymbol{\eta} \ (k \text{ 为任意常数}).$$

(2) $\begin{cases} x_1 + x_2 - 3x_4 - x_5 = 2, \\ x_1 - x_2 + 2x_3 - x_4 = 1, \\ 4x_1 - 2x_2 + 6x_3 + 3x_4 - 4x_5 = 8, \\ 2x_1 + 4x_2 - 2x_3 + 4x_4 - 7x_5 = 9. \end{cases}$

解 用初等行变换将增广矩阵 $\overline{\boldsymbol{A}}$ 化为行简化阶梯形矩阵:

$$\overline{\boldsymbol{A}}=\begin{pmatrix} 1 & 1 & 0 & -3 & -1 & 2 \\ 1 & -1 & 2 & -1 & 0 & 1 \\ 4 & -2 & 6 & 3 & -4 & 8 \\ 2 & 4 & -2 & 4 & -7 & 9 \end{pmatrix} \rightarrow \begin{pmatrix} 1 & 0 & 1 & 0 & -\frac{7}{6} & \frac{13}{6} \\ 0 & 1 & -1 & 0 & -\frac{5}{6} & \frac{5}{6} \\ 0 & 0 & 0 & 1 & -\frac{1}{3} & \frac{1}{3} \\ 0 & 0 & 0 & 0 & 0 & 0 \end{pmatrix},$$

因为 $r(\boldsymbol{A})=r(\overline{\boldsymbol{A}})=3<n=5$,所以方程组有无穷多解,其解为

$$\begin{cases} x_1 = \frac{13}{6} - x_3 + \frac{7}{6}x_5, \\ x_2 = \frac{5}{6} + x_3 + \frac{5}{6}x_5, \quad (x_3,x_5 \text{ 为自由变量}), \\ x_4 = \frac{1}{3} + \frac{1}{3}x_5 \end{cases}$$

取 $x_3=x_5=0$ 得方程组的特解为 $\boldsymbol{\eta}^*=\left(\frac{13}{6},\frac{5}{6},0,\frac{1}{3},0\right)^{\mathrm{T}}$.

另一方面,原方程组的导出组为

$$\begin{cases} x_1 = -x_3 + \frac{7}{6}x_5, \\ x_2 = x_3 + \frac{5}{6}x_5, \quad (x_3,x_5 \text{ 为自由变量}), \\ x_4 = \frac{1}{3}x_5 \end{cases}$$

分别取 $x_3=1$,$x_5=0$ 和 $x_3=0$,$x_5=6$,得导出组的基础解系为

$$\boldsymbol{\eta}_1=(-1,1,1,0,0)^T, \quad \boldsymbol{\eta}_2=(7,5,0,2,6)^T.$$

因此原方程组的全部解为

$$x=\boldsymbol{\eta}^*+k_1\boldsymbol{\eta}_1+k_2\boldsymbol{\eta}_2(k_1,k_2 \text{ 为任意常数}).$$

29.已知 X,Y,Z 是方程组 $\begin{cases} x+z=a, \\ 2x-y+z=b, \\ 7x-2y+5z=c \end{cases}$ 的一组解.(1)讨论方程组的解是否

唯一;(2)求此方程组的解.

解 (1)由于方程组的系数行列式

$$D=\begin{vmatrix} 1 & 0 & 1 \\ 2 & -1 & 1 \\ 7 & -2 & 5 \end{vmatrix}=0,$$

所以方程组如果有解就不唯一.现已知方程组有一组解,所以方程组的解不是唯一的.

(2)所给方程组对应的齐次方程组是 $\begin{cases} x+z=0, \\ 2x-y+z=0, \\ 7x-2y+5z=0. \end{cases}$ 对它的系数矩阵进行初等

行变换:

$$\begin{bmatrix} 1 & 0 & 1 \\ 2 & -1 & 1 \\ 7 & -2 & 5 \end{bmatrix} \rightarrow \begin{bmatrix} 1 & 0 & 1 \\ 0 & -1 & -1 \\ 0 & -2 & -2 \end{bmatrix} \rightarrow \begin{bmatrix} 1 & 0 & 1 \\ 0 & 1 & 1 \\ 0 & 0 & 0 \end{bmatrix}.$$

因此,齐次方程组的通解是 $k(1,1,-1)^T$.

所以,所求方程组的通解是

$$k(1,1,-1)^T+(X,Y,Z)^T.$$

30.对于线性方程组

$$\begin{cases} x_1+x_2+x_3=2, \\ x_1+2x_2+ax_3=-1, \\ 2x_1+3x_2=b, \end{cases}$$

讨论 a,b 取何值时,方程组无解、有唯一解和无穷多解,并在方程组有无穷多解时,求出通解.

解法 1 方程组系数行列式

$$D=\begin{vmatrix} 1 & 1 & 1 \\ 1 & 2 & a \\ 2 & 3 & 0 \end{vmatrix}=-1-a.$$

当 $D\neq 0$,即 $a\neq -1$ 时,由克莱姆法则知方程组有唯一解.

当 $a=-1$ 时,方程组的系数矩阵 $\boldsymbol{A}=\begin{pmatrix} 1 & 1 & 1 \\ 1 & 2 & -1 \\ 2 & 3 & 0 \end{pmatrix}$.

对方程组的增广矩阵施行初等行变换得

$$\boldsymbol{B}=\begin{pmatrix} 1 & 1 & 1 & 2 \\ 1 & 2 & -1 & -1 \\ 2 & 3 & 0 & b \end{pmatrix} \rightarrow \begin{pmatrix} 1 & 1 & 1 & 2 \\ 0 & 1 & -2 & -3 \\ 0 & 0 & 0 & b-1 \end{pmatrix}.$$

当 $b\neq1$ 时,$r(\boldsymbol{A})=2$,$r(\boldsymbol{B})=3$,$r(\boldsymbol{A})\neq r(\boldsymbol{B})$,线性方程组无解.

当 $b=1$ 时,$r(\boldsymbol{A})=r(\boldsymbol{B})=2<3$,线性方程组有无穷多解,其通解为

$$\begin{pmatrix} x_1 \\ x_2 \\ x_3 \end{pmatrix} = \begin{pmatrix} 5 \\ -3 \\ 0 \end{pmatrix} + k\begin{pmatrix} -3 \\ 2 \\ 1 \end{pmatrix},\text{其中 } k \text{ 为任意常数}.$$

解法 2 方程组的系数矩阵 $\boldsymbol{A}=\begin{pmatrix} 1 & 1 & 1 \\ 1 & 2 & a \\ 2 & 3 & 0 \end{pmatrix}$.

对方程组的增广矩阵施行初等行变换得

$$\boldsymbol{B}=\begin{pmatrix} 1 & 1 & 1 & 2 \\ 1 & 2 & a & -1 \\ 2 & 3 & 0 & b \end{pmatrix} \rightarrow \begin{pmatrix} 1 & 1 & 1 & 2 \\ 0 & 1 & a-1 & -3 \\ 0 & 0 & -a-1 & b-1 \end{pmatrix}.$$

当 $a=-1$,$b\neq1$ 时,$r(\boldsymbol{A})=2$,$r(\boldsymbol{B})=3$,$r(\boldsymbol{A})\neq r(\boldsymbol{B})$,线性方程组无解;

当 $a\neq-1$,b 任意时,$r(\boldsymbol{A})=r(\boldsymbol{B})=3$,线性方程组有唯一解;

当 $a=-1$,$b=1$ 时,$r(\boldsymbol{A})=r(\boldsymbol{B})=2<3$,线性方程组有无穷多解,其通解为

$$\begin{pmatrix} x_1 \\ x_2 \\ x_3 \end{pmatrix} = \begin{pmatrix} 5 \\ -3 \\ 0 \end{pmatrix} + k\begin{pmatrix} -3 \\ 2 \\ 1 \end{pmatrix},\text{其中 } k \text{ 为任意常数}.$$

31. 向量组

$$\boldsymbol{\alpha}_1 = \begin{pmatrix} -2 \\ 1 \\ 1 \end{pmatrix}, \boldsymbol{\alpha}_2 = \begin{pmatrix} 1 \\ -2 \\ 1 \end{pmatrix}, \boldsymbol{\alpha}_3 = \begin{pmatrix} 1 \\ 1 \\ a \end{pmatrix}, \boldsymbol{\beta} = \begin{pmatrix} 0 \\ 3 \\ b \end{pmatrix},$$

当 a,b 为何值时,向量 $\boldsymbol{\beta}$ 能由向量组 $\boldsymbol{\alpha}_1,\boldsymbol{\alpha}_2,\boldsymbol{\alpha}_3$ 线性表示;当表达式不唯一时,求其一般表示式.

解 设 $x_1\boldsymbol{\alpha}_1+x_2\boldsymbol{\alpha}_2+x_3\boldsymbol{\alpha}_3=\boldsymbol{\beta}$,对此方程组的增广矩阵作初等行变换:

$$\bar{A}=(A\beta)=\begin{pmatrix} -2 & 1 & 1 & 0 \\ 1 & -2 & 1 & 3 \\ 1 & 1 & a & b \end{pmatrix} \xrightarrow{r_1 \leftrightarrow r_2} \begin{pmatrix} 1 & -2 & 1 & 3 \\ -2 & 1 & 1 & 0 \\ 1 & 1 & a & b \end{pmatrix}$$

$$\xrightarrow[r_3-r_1]{r_2+2r_1} \begin{pmatrix} 1 & -2 & 1 & 3 \\ 0 & -3 & 3 & 6 \\ 0 & 3 & a-1 & b-3 \end{pmatrix} \xrightarrow[r_2 \div (-1)]{r_3+r_2} \begin{pmatrix} 1 & -2 & 1 & 3 \\ 0 & 1 & -1 & -2 \\ 0 & 0 & a+2 & b+3 \end{pmatrix}$$

$$\xrightarrow{r_1+2r_2} \begin{pmatrix} 1 & 0 & -1 & -1 \\ 0 & 1 & -1 & -2 \\ 0 & 0 & a+2 & b+3 \end{pmatrix}.$$

当 $a \neq -2$ 时,$r(A)=r(\bar{A})=3$,方程组有唯一解,即向量 β 能由向量组 $\alpha_1,\alpha_2,\alpha_3$ 线性表示且表达式唯一.

当 $a=-2,b=-3$ 时,$r(A)=r(\bar{A})=2<3$,方程组有无穷多解,即向量 β 能由向量组 $\alpha_1,\alpha_2,\alpha_3$ 线性表示且表达式不唯一.此时等价线性方程组为

$$\begin{cases} x_1 - x_3 = -1, \\ x_2 - x_3 = -2, \end{cases}$$

其通解为

$$\begin{pmatrix} -1 \\ -2 \\ 0 \end{pmatrix} + k \begin{pmatrix} 1 \\ 1 \\ 1 \end{pmatrix}, k \text{ 为任意常数}.$$

故

$$\beta = (k-1)\alpha_1 + (k-2)\alpha_2 + k\alpha_3, k \text{ 为任意常数}.$$

32.设线性方程组

$$\begin{cases} x_1 - x_2 + 2x_3 + x_4 = 1, \\ 2x_1 - x_2 + x_3 + 2x_4 = 3, \\ x_1 - x_3 + x_4 = 2, \\ 3x_1 - x_2 + 3x_4 = 5, \end{cases}$$

(1)求方程组的通解;

(2)求方程组满足条件 $x_1 = x_2$ 的全部解.

解 (1)对方程组的增广矩阵施以初等行变换:

$$\begin{pmatrix} 1 & -1 & 2 & 1 & 1 \\ 2 & -1 & 1 & 2 & 3 \\ 1 & 0 & -1 & 1 & 2 \\ 3 & -1 & 0 & 3 & 5 \end{pmatrix} \rightarrow \begin{pmatrix} 1 & 0 & -1 & 1 & 2 \\ 0 & 1 & -3 & 0 & 1 \\ 0 & 0 & 0 & 0 & 0 \\ 0 & 0 & 0 & 0 & 0 \end{pmatrix}.$$

原方程组同解于

$$\begin{cases} x_1 - x_3 + x_4 = 2, \\ x_2 - 3x_3 = 1. \end{cases}$$

故方程组的通解为

$$x = \begin{pmatrix} 2 \\ 1 \\ 0 \\ 0 \end{pmatrix} + k_1 \begin{pmatrix} 1 \\ 3 \\ 1 \\ 0 \end{pmatrix} + k_2 \begin{pmatrix} -1 \\ 0 \\ 0 \\ 1 \end{pmatrix}, \text{其中 } k_1, k_2 \text{ 为任意常数.}$$

(2)当 $x_1 = x_2$ 时, $2 + k_1 - k_2 = 1 + 3k_1$, 即 $k_2 = 1 - 2k_1$. 此时, 方程组的全部解为

$$x = \begin{pmatrix} 1 \\ 1 \\ 0 \\ 1 \end{pmatrix} + k \begin{pmatrix} 3 \\ 3 \\ 1 \\ -2 \end{pmatrix}, \text{其中 } k \text{ 为任意常数.}$$

33. 设 $A = \begin{pmatrix} 1 & 2 & 1 \\ 1 & a+2 & a+1 \\ -1 & a-2 & 2a-3 \end{pmatrix}$, 若存在 3 阶非零矩阵 B, 使 $AB = O$.

(1)求 a 的值；

(2)求方程组 $AX = O$ 的通解.

解 (1)由题设知 $AX = O$ 有非零解, 所以 $|A| = 0$, 即

$$\begin{vmatrix} 1 & 2 & 1 \\ 1 & a+2 & a+1 \\ -1 & a-2 & 2a-3 \end{vmatrix} = \begin{vmatrix} 1 & 2 & 1 \\ 0 & a & a \\ 0 & a & 2a-2 \end{vmatrix} = \begin{vmatrix} 1 & 2 & 1 \\ 0 & a & a \\ 0 & 0 & a-2 \end{vmatrix} = a(a-2) = 0,$$

所以 $a = 0$ 或 $a = 2$.

(2)当 $a = 0$ 时,

$$A = \begin{pmatrix} 1 & 2 & 1 \\ 1 & 2 & 1 \\ -1 & -2 & -3 \end{pmatrix} \rightarrow \begin{pmatrix} 1 & 2 & 1 \\ 0 & 0 & 0 \\ 0 & 0 & -2 \end{pmatrix} \rightarrow \begin{pmatrix} 1 & 2 & 0 \\ 0 & 0 & 0 \\ 0 & 0 & 1 \end{pmatrix},$$

取自由未知量 $x_2 = 1$, 得 $\xi_1 = (-2, 1, 0)^{\mathrm{T}}$, 即 $AX = O$ 的通解为

$$x = k_1 \xi_1 = k_1 (-2, 1, 0)^{\mathrm{T}} (k_1 \text{ 为任意常数}).$$

当 $a = 2$ 时,

$$A = \begin{pmatrix} 1 & 2 & 1 \\ 1 & 4 & 3 \\ -1 & 0 & 1 \end{pmatrix} \rightarrow \begin{pmatrix} 1 & 2 & 1 \\ 0 & 2 & 2 \\ -1 & 0 & 1 \end{pmatrix} \rightarrow \begin{pmatrix} 1 & 2 & 2 \\ 0 & 2 & 2 \\ -1 & 0 & 1 \end{pmatrix} \rightarrow \begin{pmatrix} 0 & 1 & 1 \\ 0 & 0 & 0 \\ -1 & 0 & 1 \end{pmatrix},$$

取自由未知量 $x_3=1$,得 $\boldsymbol{\xi}_2=(1,-1,1)^{\mathrm{T}}$,即 $\boldsymbol{A}\boldsymbol{X}=\boldsymbol{O}$ 的通解为
$$\boldsymbol{x}=k_2\boldsymbol{\xi}_2=k_2(1,-1,1)^{\mathrm{T}}(k_2 \text{ 为任意常数}).$$

34. 设 $\boldsymbol{A}=\begin{pmatrix} a & 1 & 1 \\ 0 & a-1 & 0 \\ 1 & 1 & a \end{pmatrix}$,$\boldsymbol{\beta}=\begin{pmatrix} -2 \\ 1 \\ 1 \end{pmatrix}$,已知线性方程组 $\boldsymbol{A}\boldsymbol{x}=\boldsymbol{\beta}$ 有 2 个不同的解,求 a 的值和方程组 $\boldsymbol{A}\boldsymbol{x}=\boldsymbol{\beta}$ 的通解.

解 因为方程组 $\boldsymbol{A}\boldsymbol{x}=\boldsymbol{\beta}$ 有 2 个不同的解,所以 $r(\boldsymbol{A})=r(\boldsymbol{A},\boldsymbol{\beta})<3$,故
$$|\boldsymbol{A}|=\begin{vmatrix} a & 1 & 1 \\ 0 & a-1 & 0 \\ 1 & 1 & a \end{vmatrix}=(a-1)^2(a+1)=0,$$

解得 $a=1$ 或 $a=-1$.

当 $a=1$ 时,$r(\boldsymbol{A})=1\neq r(\boldsymbol{A},\boldsymbol{\beta})=2$,此时方程组无解,这与条件矛盾,舍去. 所以 $a=-1$.

对方程组 $\boldsymbol{A}\boldsymbol{x}=\boldsymbol{\beta}$ 的增广矩阵作初等行变换,有
$$(\boldsymbol{A}|\boldsymbol{\beta})=\begin{pmatrix} -1 & 1 & 1 & \vdots & -2 \\ 0 & -2 & 0 & \vdots & 1 \\ 1 & 1 & -1 & \vdots & 1 \end{pmatrix}\rightarrow\begin{pmatrix} 1 & -1 & -1 & \vdots & 2 \\ 0 & 2 & 0 & \vdots & -1 \\ 0 & 0 & 0 & \vdots & 0 \end{pmatrix}\rightarrow\begin{pmatrix} 1 & 0 & -1 & \vdots & \frac{3}{2} \\ 0 & 1 & 0 & \vdots & -\frac{1}{2} \\ 0 & 0 & 0 & \vdots & 0 \end{pmatrix},$$

得同解方程组
$$\begin{cases} x_1-x_3=\frac{3}{2} \\ x_2=-\frac{1}{2} \end{cases} 即 \begin{cases} x_1=x_3+\frac{3}{2} \\ x_2=0\cdot x_3-\frac{1}{2} \\ x_3=x_3 \end{cases} 即 \begin{pmatrix} x_1 \\ x_2 \\ x_3 \end{pmatrix}=x_3\begin{pmatrix} 1 \\ 0 \\ 1 \end{pmatrix}+\begin{pmatrix} \frac{3}{2} \\ -\frac{1}{2} \\ 0 \end{pmatrix}.$$

因此,所求通解为 $\boldsymbol{x}=C(1,0,1)^{\mathrm{T}}+(\frac{3}{2},-\frac{1}{2},0)^{\mathrm{T}}$,$C$ 为任意常数.

35. 设矩阵 $\boldsymbol{A}=\begin{pmatrix} 1 & -1 & -1 \\ -1 & 2 & 3 \\ 0 & 1 & 2 \\ 0 & -1 & 1 \end{pmatrix}$,$\boldsymbol{B}=\begin{pmatrix} 0 & -2 \\ 1 & 6 \\ 1 & a \\ -1 & 5 \end{pmatrix}$. 当 a 取何值时,存在矩阵 $\boldsymbol{X}$ 使得 $\boldsymbol{A}\boldsymbol{X}=\boldsymbol{B}$,并求出矩阵 $\boldsymbol{X}$.

解 设矩阵 $\boldsymbol{X}=(\boldsymbol{x}_1,\boldsymbol{x}_2)$,$\boldsymbol{B}=(\boldsymbol{\beta}_1,\boldsymbol{\beta}_2)$,其中 $\boldsymbol{\beta}_1=\begin{pmatrix} 0 \\ 1 \\ 1 \\ -1 \end{pmatrix}$,$\boldsymbol{\beta}_2=\begin{pmatrix} -2 \\ 6 \\ a \\ 5 \end{pmatrix}$. 因此,存在矩阵 $\boldsymbol{X}$

使得 $AX=B$ 当且仅当方程组 $Ax_1=\boldsymbol{\beta}_1$，$Ax_2=\boldsymbol{\beta}_2$ 均有解.

对矩阵 $(A \vdots B)$ 施以初等行变换得

$$(A \vdots B)=\begin{pmatrix} 1 & -1 & -1 & \vdots & 0 & -2 \\ -1 & 2 & 3 & \vdots & 1 & 6 \\ 0 & 1 & 2 & \vdots & 1 & a \\ 0 & -1 & 1 & \vdots & -1 & 5 \end{pmatrix} \rightarrow \begin{pmatrix} 1 & 0 & 0 & \vdots & 1 & -1 \\ 0 & 1 & 0 & \vdots & 1 & -2 \\ 0 & 0 & 1 & \vdots & 0 & 3 \\ 0 & 0 & 0 & \vdots & 0 & a-4 \end{pmatrix}.$$

当 $a \neq 4$ 时，$Ax_2=\boldsymbol{\beta}_2$ 无解.此时，不存在满足条件的矩阵 X.

当 $a=4$ 时，$Ax_1=\boldsymbol{\beta}_1$，$Ax_2=\boldsymbol{\beta}_2$ 均有解.此时

$$(A \vdots B) \rightarrow \begin{pmatrix} 1 & 0 & 0 & \vdots & 1 & -1 \\ 0 & 1 & 0 & \vdots & 1 & -2 \\ 0 & 0 & 1 & \vdots & 0 & 3 \\ 0 & 0 & 0 & \vdots & 0 & 0 \end{pmatrix},$$

所以 $X=\begin{pmatrix} 1 & -1 \\ 1 & -2 \\ 0 & 3 \end{pmatrix}.$

36.已知 $A(1,1)$，$B(2,2)$，$C(a,1)$ 为坐标平面 xOy 上的点，其中 a 为参数，问是否存在经过点 A，B，C 的曲线 $y=k_1x+k_2x^2+k_3x^3$？如果存在，求出曲线方程.

解　假设存在经过点 A，B，C 的曲线 $y=k_1x+k_2x^2+k_3x^3$.由题设得

$$\begin{cases} k_1+k_2+k_3=1, \\ 2k_1+4k_2+8k_3=2, \\ ak_1+a^2k_2+a^3k_3=1. \end{cases}$$

以 k_1，k_2，k_3 为未知量，解此线性方程组，对其增广矩阵 $(A \quad b)$ 施以初等行变换得

$$(A \quad b)=\begin{pmatrix} 1 & 1 & 1 & 1 \\ 2 & 4 & 8 & 2 \\ a & a^2 & a^3 & 1 \end{pmatrix} \rightarrow \begin{pmatrix} 1 & 0 & -2 & 1 \\ 0 & 1 & 3 & 0 \\ 0 & 0 & a(a-1)(a-2) & 1-a \end{pmatrix}.$$

(1)当 $a \neq 0$，$a \neq 1$，$a \neq 2$ 时，

$$(A \quad b) \rightarrow \begin{pmatrix} 1 & 0 & 0 & 1-\dfrac{2}{a(a-2)} \\ 0 & 1 & 0 & \dfrac{3}{a(a-2)} \\ 0 & 0 & 1 & -\dfrac{1}{a(a-2)} \end{pmatrix}.$$

此时方程组有唯一解

$$k_1 = 1 - \frac{2}{a(a-2)}, k_2 = \frac{3}{a(a-2)}, k_3 = -\frac{1}{a(a-2)}.$$

于是得到经过点 A，B，C 的曲线

$$y = \left(1 - \frac{2}{a(a-2)}\right)x + \frac{3}{a(a-2)}x^2 - \frac{1}{a(a-2)}x^3.$$

(2)当 $a = 1$ 时，点 A 与点 C 重合，此时

$$(\boldsymbol{A} \quad \boldsymbol{b}) \rightarrow \begin{pmatrix} 1 & 0 & -2 & 1 \\ 0 & 1 & 3 & 0 \\ 0 & 0 & 0 & 0 \end{pmatrix},$$

方程组有无穷多解，其通解为

$$\begin{pmatrix} k_1 \\ k_2 \\ k_3 \end{pmatrix} = c \begin{pmatrix} 2 \\ -3 \\ 1 \end{pmatrix} + \begin{pmatrix} 1 \\ 0 \\ 0 \end{pmatrix}, c \text{ 为任意常数.}$$

于是得到无穷多条经过点 A，B，C 的曲线，其方程的一般形式为

$$y = (1 + 2c)x - 3cx^2 + cx^3, c \text{ 为任意常数.}$$

(3)当 $a = 0$ 或 $a = 2$ 时，

$$(\boldsymbol{A} \quad \boldsymbol{b}) \rightarrow \begin{pmatrix} 1 & 0 & -2 & 1 \\ 0 & 1 & 3 & 0 \\ 0 & 0 & 0 & 1 \end{pmatrix},$$

方程组无解，此时不存在满足题中要求的曲线.

37. 设 $\boldsymbol{A}$ 是 $m \times n$ 矩阵，又 $\boldsymbol{x} = (x_1, x_2, \cdots, x_n)^{\mathrm{T}}$，$\boldsymbol{b} = (b_1, b_2, \cdots, b_n)^{\mathrm{T}}$，试证：$\boldsymbol{A}^{\mathrm{T}}\boldsymbol{Ax} = \boldsymbol{A}^{\mathrm{T}}\boldsymbol{b}$ 一定有解.

证 考虑方程 $\boldsymbol{A}^{\mathrm{T}}\boldsymbol{Ax} = \boldsymbol{A}^{\mathrm{T}}\boldsymbol{b}$ 的增广矩阵 $(\boldsymbol{A}^{\mathrm{T}}\boldsymbol{A} \mid \boldsymbol{A}^{\mathrm{T}}\boldsymbol{b})$. 因为

$$r(\boldsymbol{A}^{\mathrm{T}}\boldsymbol{A}) \leqslant r(\boldsymbol{A}^{\mathrm{T}}\boldsymbol{A} \mid \boldsymbol{A}^{\mathrm{T}}\boldsymbol{b}) = r[\boldsymbol{A}^{\mathrm{T}}(\boldsymbol{A} \mid \boldsymbol{b})] \leqslant r(\boldsymbol{A}^{\mathrm{T}}) = r(\boldsymbol{A}) = r(\boldsymbol{A}^{\mathrm{T}}\boldsymbol{A}),$$

所以 $r(\boldsymbol{A}^{\mathrm{T}}\boldsymbol{A}) = r(\boldsymbol{A}^{\mathrm{T}}\boldsymbol{A} \mid \boldsymbol{A}^{\mathrm{T}}\boldsymbol{b})$，即方程组 $\boldsymbol{A}^{\mathrm{T}}\boldsymbol{Ax} = \boldsymbol{A}^{\mathrm{T}}\boldsymbol{b}$ 一定有解.

38. 设 n 个未知数的非齐次线性方程组 $\boldsymbol{Ax} = \boldsymbol{b}$ 的系数矩阵的秩为 r，又设 $\boldsymbol{\eta}_1$，$\boldsymbol{\eta}_2$，$\cdots$，$\boldsymbol{\eta}_{n-r+1}$ 是其 $n-r+1$ 个线性无关的解向量，试证它的任一解 $\boldsymbol{\eta}$ 可表示为

$$\boldsymbol{\eta} = k_1 \boldsymbol{\eta}_1 + k_2 \boldsymbol{\eta}_2 + \cdots + k_{n-r+1} \boldsymbol{\eta}_{n-r+1},$$

其中 $k_1 + k_2 + \cdots + k_{n-r+1} = 1$.

证 由 $r(\boldsymbol{A}) = r$ 知，$\boldsymbol{Ax} = \boldsymbol{b}$ 的导出组 $\boldsymbol{Ax} = \boldsymbol{0}$ 的基础解系中含有 $n-r$ 个线性无关的解向量. 又因为 $\boldsymbol{\eta}_1, \boldsymbol{\eta}_2, \cdots, \boldsymbol{\eta}_{n-r+1}$ 是方程组 $\boldsymbol{Ax} = \boldsymbol{b}$ 的 $n-r+1$ 个线性无关的解向量，所以 $\boldsymbol{\eta}_2 - \boldsymbol{\eta}_1$，$\boldsymbol{\eta}_3 - \boldsymbol{\eta}_1$，$\cdots$，$\boldsymbol{\eta}_{n-r+1} - \boldsymbol{\eta}_1$ 是导出组 $\boldsymbol{Ax} = \boldsymbol{0}$ 的 $n-r$ 个解，以下证明这 $n-r$ 个解是

线性无关的.设
$$k_2(\boldsymbol{\eta}_2-\boldsymbol{\eta}_1)+k_3(\boldsymbol{\eta}_3-\boldsymbol{\eta}_1)+\cdots+k_{n-r+1}(\boldsymbol{\eta}_{n-r+1}-\boldsymbol{\eta}_1)=\boldsymbol{0},$$
整理得
$$-(k_2+k_3+\cdots+k_{n-r+1})\boldsymbol{\eta}_1+k_2\boldsymbol{\eta}_2+\cdots+k_{n-r+1}\boldsymbol{\eta}_{n-r+1}=\boldsymbol{0}.$$

因为 $\boldsymbol{\eta}_1$，$\boldsymbol{\eta}_2$，$\cdots$，$\boldsymbol{\eta}_{n-r+1}$ 线性无关,所以 $k_2=\cdots=k_{n-r+1}=0$,即向量组 $\boldsymbol{\eta}_2-\boldsymbol{\eta}_1$，$\boldsymbol{\eta}_3-\boldsymbol{\eta}_1$，$\cdots$，$\boldsymbol{\eta}_{n-r+1}-\boldsymbol{\eta}_1$ 线性无关,从而 $\boldsymbol{\eta}_2-\boldsymbol{\eta}_1$，$\boldsymbol{\eta}_3-\boldsymbol{\eta}_1$，$\cdots$，$\boldsymbol{\eta}_{n-r+1}-\boldsymbol{\eta}_1$ 是导出组 $\boldsymbol{Ax}=\boldsymbol{0}$ 的基础解系.

又已知 $\boldsymbol{\eta}_1$ 是 $\boldsymbol{Ax}=\boldsymbol{b}$ 的一个特解,故该方程组的全部解可表示为:
$$\boldsymbol{\eta}=\boldsymbol{\eta}_1+k_2(\boldsymbol{\eta}_2-\boldsymbol{\eta}_1)+k_3(\boldsymbol{\eta}_3-\boldsymbol{\eta}_1)+\cdots+k_{n-r+1}(\boldsymbol{\eta}_{n-r+1}-\boldsymbol{\eta}_1),$$
整理得
$$\boldsymbol{\eta}=k_1\boldsymbol{\eta}_1+k_2\boldsymbol{\eta}_2+\cdots+k_{n-r+1}\boldsymbol{\eta}_{n-r+1},$$
此处 $k_1=1-k_2-\cdots-k_{n-r+1}$,即 $k_1+k_2+\cdots+k_{n-r+1}=1$.

39.设矩阵 $\boldsymbol{A}=(\boldsymbol{\alpha}_1,\boldsymbol{\alpha}_2,\cdots,\boldsymbol{\alpha}_n)$,且 $r(\boldsymbol{A})=n$,若矩阵 $\boldsymbol{B}$ 的 n 个列向量为 $\boldsymbol{\alpha}_1+\boldsymbol{\alpha}_2$，$\boldsymbol{\alpha}_2+\boldsymbol{\alpha}_3$，$\cdots$，$\boldsymbol{\alpha}_{n-1}+\boldsymbol{\alpha}_n$，$\boldsymbol{\alpha}_n+\boldsymbol{\alpha}_1$,问线性方程组 $\boldsymbol{Bx}=\boldsymbol{0}$ 是否有非零解?

解 令
$$\boldsymbol{C}=\begin{pmatrix}1&0&\cdots&0&1\\1&1&\cdots&0&0\\0&1&\cdots&0&0\\\vdots&\vdots&&\vdots&\vdots\\0&0&\cdots&1&0\\0&0&\cdots&1&1\end{pmatrix},\quad \boldsymbol{y}=\boldsymbol{Cx}.$$

由题意得 $\boldsymbol{B}=\boldsymbol{AC}$.因此,$\boldsymbol{Bx}=\boldsymbol{0}$ 等价于 $\boldsymbol{Ay}=\boldsymbol{0}$.又因为 $r(\boldsymbol{A})=n$,所以 $\boldsymbol{Ay}=\boldsymbol{0}$ 只有零解,即 $\boldsymbol{Cx}=\boldsymbol{0}$.而上式是否有非零解取决于 $|\boldsymbol{C}|$ 是否为零.注意到
$$|\boldsymbol{C}|\xrightarrow{\text{按最后一列展开}}(-1)^{n+1}+1,$$
因此,当 n 是偶数时,$|\boldsymbol{C}|=0$,$\boldsymbol{Cx}=\boldsymbol{0}$ 有非零解,即 $\boldsymbol{Bx}=\boldsymbol{0}$ 有非零解;当 n 是奇数时,$|\boldsymbol{C}|\neq0$,$\boldsymbol{Cx}=\boldsymbol{0}$ 只有零解,即 $\boldsymbol{Bx}=\boldsymbol{0}$ 只有零解.

40.已知四阶方阵 $\boldsymbol{A}=(\boldsymbol{\alpha}_1,\boldsymbol{\alpha}_2,\boldsymbol{\alpha}_3,\boldsymbol{\alpha}_4)$,$\boldsymbol{\alpha}_1$，$\boldsymbol{\alpha}_2$，$\boldsymbol{\alpha}_3$，$\boldsymbol{\alpha}_4$ 均为四维列向量,其中 $\boldsymbol{\alpha}_2$，$\boldsymbol{\alpha}_3$，$\boldsymbol{\alpha}_4$ 线性无关,$\boldsymbol{\alpha}_1=2\boldsymbol{\alpha}_2-\boldsymbol{\alpha}_3$.如果 $\boldsymbol{\beta}=\boldsymbol{\alpha}_1+\boldsymbol{\alpha}_2+\boldsymbol{\alpha}_3+\boldsymbol{\alpha}_4$,求线性方程组 $\boldsymbol{Ax}=\boldsymbol{\beta}$ 的通解.

解 由 $\boldsymbol{\alpha}_1=2\boldsymbol{\alpha}_2-\boldsymbol{\alpha}_3$ 和 $\boldsymbol{\alpha}_2$，$\boldsymbol{\alpha}_3$，$\boldsymbol{\alpha}_4$ 的线性无关性,得 $r(\boldsymbol{A})=3$.因此,$\boldsymbol{Ax}=\boldsymbol{0}$ 的基础解系只有一个解向量.注意到

$$(\boldsymbol{\alpha}_1,\boldsymbol{\alpha}_2,\boldsymbol{\alpha}_3,\boldsymbol{\alpha}_4)\begin{pmatrix}1\\-2\\1\\0\end{pmatrix}=\boldsymbol{A}\begin{pmatrix}1\\-2\\1\\0\end{pmatrix}=\begin{pmatrix}0\\0\\0\\0\end{pmatrix},$$

所以,齐次方程组 $\boldsymbol{A}\boldsymbol{x}=\boldsymbol{0}$ 的通解为 $k(1,-2,1,0)^{\mathrm{T}}$(k 为任意常数).

下面求 $\boldsymbol{A}\boldsymbol{x}=\boldsymbol{\beta}$ 的一个特解. 条件 $\boldsymbol{\beta}=\boldsymbol{\alpha}_1+\boldsymbol{\alpha}_2+\boldsymbol{\alpha}_3+\boldsymbol{\alpha}_4$ 隐含着

$$(\boldsymbol{\alpha}_1,\boldsymbol{\alpha}_2,\boldsymbol{\alpha}_3,\boldsymbol{\alpha}_4)\begin{pmatrix}1\\1\\1\\1\end{pmatrix}=\boldsymbol{A}\begin{pmatrix}1\\1\\1\\1\end{pmatrix}=\boldsymbol{\beta},$$

因此 $(1,1,1,1)^{\mathrm{T}}$ 是非齐次方程 $\boldsymbol{A}\boldsymbol{x}=\boldsymbol{\beta}$ 的特解,从而 $\boldsymbol{A}\boldsymbol{x}=\boldsymbol{\beta}$ 的通解为

$$k(1,-2,1,0)^{\mathrm{T}}+(1,1,1,1)^{\mathrm{T}}(k\text{ 为任意常数}).$$

41. 已知三阶的实数矩阵 $\boldsymbol{A}=(a_{ij})_{3\times3}$ 满足条件:(1) $a_{ij}=A_{ij}$,这里 $i,j=1,2,3$,A_{ij} 是 $\boldsymbol{A}$ 的代数余子式;(2) $a_{33}=-1$. 试求:(Ⅰ) $|\boldsymbol{A}|$ 的值;(Ⅱ)求解线性方程组 $\boldsymbol{A}\boldsymbol{x}=\boldsymbol{b}$,其中 $\boldsymbol{x}=(x_1,x_2,x_3)^{\mathrm{T}},\boldsymbol{b}=(0,0,1)^{\mathrm{T}}$.

解 (Ⅰ)由题设知,$\boldsymbol{A}^*=\boldsymbol{A}^{\mathrm{T}},\boldsymbol{A}\boldsymbol{A}^*=|\boldsymbol{A}|\boldsymbol{E}$,则有

$$|\boldsymbol{A}|^2=|\boldsymbol{A}\boldsymbol{A}^{\mathrm{T}}|=|\boldsymbol{A}\boldsymbol{A}^*|=||\boldsymbol{A}|\boldsymbol{E}|=|\boldsymbol{A}|^3,$$

由此得 $|\boldsymbol{A}|=0$ 或 $|\boldsymbol{A}|=1$.

又

$$|\boldsymbol{A}|=a_{31}A_{31}+a_{32}A_{32}+a_{33}A_{33}=a_{31}^2+a_{32}^2+a_{33}^2=a_{31}^2+a_{32}^2+(-1)^2>0,$$

故 $|\boldsymbol{A}|=1$.

(Ⅱ)由(Ⅰ)可知 $a_{31}=a_{32}=0$,而 $\boldsymbol{A}^{-1}=\dfrac{1}{|\boldsymbol{A}|}\boldsymbol{A}^*=\boldsymbol{A}^*$,则有

$$\boldsymbol{x}=\boldsymbol{A}^{-1}\boldsymbol{b}=\begin{pmatrix}A_{11}&A_{21}&A_{31}\\A_{12}&A_{22}&A_{32}\\A_{13}&A_{23}&A_{33}\end{pmatrix}\begin{pmatrix}0\\0\\1\end{pmatrix}=\begin{pmatrix}A_{31}\\A_{32}\\A_{33}\end{pmatrix}=\begin{pmatrix}a_{31}\\a_{32}\\a_{33}\end{pmatrix}=\begin{pmatrix}0\\0\\-1\end{pmatrix}.$$

42. 设矩阵 $\boldsymbol{A}$ 的 n 个列向量为 $\boldsymbol{\alpha}_i=(a_{1i},a_{2i},a_{mi})^{\mathrm{T}}$($i=1,2,\cdots,n$),$n$ 阶矩阵 $\boldsymbol{B}$ 的 n 个列向量为 $\boldsymbol{\alpha}_1+\boldsymbol{\alpha}_2,\boldsymbol{\alpha}_2+\boldsymbol{\alpha}_3,\cdots,\boldsymbol{\alpha}_{n-1}+\boldsymbol{\alpha}_n,\boldsymbol{\alpha}_n+\boldsymbol{\alpha}_1$. 试问:当 $\boldsymbol{A}$ 的秩 $r(\boldsymbol{A})=n$ 时,线性齐次方程组 $\boldsymbol{B}\boldsymbol{x}=\boldsymbol{0}$ 是否有非零解?证明你的结论.

解 设

$$k_1(\boldsymbol{\alpha}_1+\boldsymbol{\alpha}_2)+k_2(\boldsymbol{\alpha}_2+\boldsymbol{\alpha}_3)+\cdots+k_{n-1}(\boldsymbol{\alpha}_{n-1}+\boldsymbol{\alpha}_n)+k_n(\boldsymbol{\alpha}_n+\boldsymbol{\alpha}_1)=0, \qquad ①$$

即

$$(k_1+k_n)\boldsymbol{\alpha}_1+(k_1+k_2)\boldsymbol{\alpha}_2+\cdots+(k_{n-1}+k_n)\boldsymbol{\alpha}_n=0.$$

由 $r(\boldsymbol{A}) = n$ 知 $\boldsymbol{\alpha}_1, \boldsymbol{\alpha}_2, \cdots, \boldsymbol{\alpha}_n$ 线性无关,得方程组

$$\begin{cases} k_1 + k_n = 0, \\ k_1 + k_2 = 0, \\ \cdots\cdots \\ k_{n-1} + k_n = 0, \end{cases} \quad ②$$

其系数行列式

$$\begin{vmatrix} 1 & 0 & 0 & \cdots & 0 & 1 \\ 1 & 1 & 0 & \cdots & 0 & 0 \\ \vdots & \vdots & \vdots & & \vdots & \vdots \\ 0 & 0 & 0 & \cdots & 0 & 1 \\ 0 & 0 & 0 & \cdots & 1 & 1 \end{vmatrix} = \begin{cases} 0, & n \text{ 为偶数}, \\ 2, & n \text{ 为奇数}. \end{cases}$$

(1)当 n 为偶数时,方程组②有非零解,即有不全为 0 的数 k_i ($i = 1, 2, \cdots, n$)使式子①成立,亦即 $\boldsymbol{\alpha}_1 + \boldsymbol{\alpha}_2, \boldsymbol{\alpha}_2 + \boldsymbol{\alpha}_3, \cdots, \boldsymbol{\alpha}_{n-1} + \boldsymbol{\alpha}_n, \boldsymbol{\alpha}_n + \boldsymbol{\alpha}_1$ 线性相关.有此知 $r(\boldsymbol{B}) < n$,即知 $\boldsymbol{B}\boldsymbol{x} = 0$ 有非零解.

(2)当 n 为奇数时,方程组②仅有零解,即只有全为 0 的数 k_i ($i = 1, 2, \cdots, n$)使式子①成立,亦即 $\boldsymbol{\alpha}_1 + \boldsymbol{\alpha}_2, \boldsymbol{\alpha}_2 + \boldsymbol{\alpha}_3, \cdots, \boldsymbol{\alpha}_{n-1} + \boldsymbol{\alpha}_n, \boldsymbol{\alpha}_n + \boldsymbol{\alpha}_1$ 线性无关.有此知 $r(\boldsymbol{B}) = n$,即知 $\boldsymbol{B}\boldsymbol{x} = 0$ 只有零解.

(B)

一、填空题

1.若方程组 $\begin{pmatrix} 1 & 2 & 1 \\ 1 & 1 & a+1 \\ 0 & 3 & 3 \end{pmatrix} \begin{pmatrix} x_1 \\ x_2 \\ x_3 \end{pmatrix} = \begin{pmatrix} 0 \\ 0 \\ 0 \end{pmatrix}$ 有非零解,则 $a = \underline{\quad -1 \quad}$.

解 由题设知

$$\begin{vmatrix} 1 & 2 & 1 \\ 1 & 1 & a+1 \\ 0 & 3 & 3 \end{vmatrix} = 0, \quad 即 -3(a+1) = 0,$$

解得 $a = -1$.

2.若线性方程组 $\begin{cases} x_1 + x_2 = -a_1, \\ x_2 + x_3 = a_2, \\ x_3 + x_4 = -a_3, \\ x_4 + x_1 = a_4 \end{cases}$ 有解,则常数 a_1, a_2, a_3, a_4 应满足条件 $\underline{\quad a_1 + a_2 + a_3}$

$+a_4=0$.

解 根据线性方程组解的一般理论,线性方程组有解的充分必要条件是其系数矩阵的秩等于其增广矩阵的秩.一般地,利用初等行变换将线性方程组化为阶梯形方程组,视最后的一个或几个等式是否为"0=0"来判断方程组是有解还是无解.对于本题

$$\begin{pmatrix} 1 & 1 & 0 & 0 & -a_1 \\ 0 & 1 & 1 & 0 & a_2 \\ 0 & 0 & 1 & 1 & -a_3 \\ 1 & 0 & 0 & 1 & a_4 \end{pmatrix} \rightarrow \begin{pmatrix} 1 & 1 & 0 & 0 & -a_1 \\ 0 & 1 & 1 & 0 & a_2 \\ 0 & 0 & 1 & 1 & -a_3 \\ 0 & 0 & 0 & 0 & a_1+a_2+a_3+a_4 \end{pmatrix}.$$

为使方程组有解,必须有 $a_1+a_2+a_3+a_4=0$.

3.设向量组 $\boldsymbol{\alpha}=(1,0,1)^{\mathrm{T}}, \boldsymbol{\beta}=(2,k,-1)^{\mathrm{T}}, \boldsymbol{\gamma}=(-1,1,-4)^{\mathrm{T}}$ 线性相关,则 $k=$ ___1___ .

解 令 $\boldsymbol{A}=(\boldsymbol{\alpha},\boldsymbol{\beta},\boldsymbol{\gamma})=\begin{vmatrix} 1 & 2 & -1 \\ 0 & k & 1 \\ 1 & -1 & -4 \end{vmatrix}$,则由 $\boldsymbol{\alpha},\boldsymbol{\beta},\boldsymbol{\gamma}$ 的线性相关性知 $|\boldsymbol{A}|=0$,即 $-3k$

$+3=0$,得 $k=1$.

4.设三阶矩阵 $\boldsymbol{A}=\begin{pmatrix} 1 & 2 & -2 \\ 2 & 1 & 2 \\ 3 & 0 & 4 \end{pmatrix}$,三维列向量 $\boldsymbol{\alpha}=(a,1,1)^{\mathrm{T}}$.已知 $\boldsymbol{A}\boldsymbol{\alpha}$ 与 $\boldsymbol{\alpha}$ 线性相关,

则 $a=$ ___-1___ .

解 $\boldsymbol{A}\boldsymbol{\alpha}=\begin{pmatrix} 1 & 2 & -2 \\ 2 & 1 & 2 \\ 3 & 0 & 4 \end{pmatrix}\begin{pmatrix} a \\ 1 \\ 1 \end{pmatrix}=\begin{pmatrix} a \\ 2a+3 \\ 3a+4 \end{pmatrix}.$

由于 $\boldsymbol{A}\boldsymbol{\alpha}$ 与 $\boldsymbol{\alpha}$ 线性相关,因此,存在一不为零的数 k 使 $\boldsymbol{A}\boldsymbol{\alpha}=k\boldsymbol{\alpha}$,即

$$\begin{vmatrix} (1-k)a \\ 2a+3-k \\ 3a+4-k \end{vmatrix}=0.$$

解得 $a=-1, k=1$.

5.已知向量组 $\boldsymbol{\alpha}_1=(1,2,-1,1), \boldsymbol{\alpha}_2=(2,0,t,0), \boldsymbol{\alpha}_3=(0,-4,5,-2)$ 的秩为 2,则 t

$=$ ___3___ .

解 由于 $r(\boldsymbol{\alpha}_1,\boldsymbol{\alpha}_2,\boldsymbol{\alpha}_3)=2$,则矩阵 $\begin{pmatrix} 1 & 2 & -1 & 1 \\ 2 & 0 & t & 0 \\ 0 & -4 & 5 & -2 \end{pmatrix}$ 的任一个三阶子阵的行列式

的值为零,即 $\begin{vmatrix} 1 & 2 & -1 \\ 2 & 0 & t \\ 0 & -4 & 5 \end{vmatrix}=0$,由此得 $t=3$.

6. 已知 $A=\begin{pmatrix} 1 & 2 & -2 \\ 4 & t & 3 \\ 3 & -1 & 1 \end{pmatrix}$，$B$ 为三阶矩阵且 $r(B)=1$，若 $AB=O$，则 $t=$ ___−3___.

解 由 $AB=O$ 得 $r(A)+r(B)\leqslant 3$，又 $r(B)=1$，故 $r(A)\leqslant 2$. 而显然 $r(A)\geqslant 2$，故 $r(A)=2$. 由

$$A=\begin{pmatrix} 1 & 2 & -2 \\ 4 & t & 3 \\ 3 & -1 & 1 \end{pmatrix} \rightarrow \cdots \rightarrow \begin{pmatrix} 1 & 2 & -2 \\ 0 & 1 & -1 \\ 0 & 0 & t+3 \end{pmatrix},$$

得 $t=-3$.

7. 已知三维线性空间的一组基底为 $\boldsymbol{\alpha}_1=(1,1,0)$，$\boldsymbol{\alpha}_2=(1,0,1)$，$\boldsymbol{\alpha}_3=(0,1,1)$，则向量 $\boldsymbol{u}=(2,0,0)$ 在上述基底下的坐标是 ___(1,1,−1)___.

解 设 u 在 $\boldsymbol{\alpha}_1,\boldsymbol{\alpha}_2,\boldsymbol{\alpha}_3$ 下的坐标为 (x_1,x_2,x_3)，即 $\boldsymbol{u}=(\boldsymbol{\alpha}_1,\boldsymbol{\alpha}_2,\boldsymbol{\alpha}_3)\begin{pmatrix} x_1 \\ x_2 \\ x_3 \end{pmatrix}$. 于是

$$\begin{pmatrix} x_1 \\ x_2 \\ x_3 \end{pmatrix}=(\boldsymbol{\alpha}_1,\boldsymbol{\alpha}_2,\boldsymbol{\alpha}_3)^{-1}\boldsymbol{u}=\begin{pmatrix} 1 & 1 & 0 \\ 1 & 0 & 1 \\ 0 & 1 & 1 \end{pmatrix}^{-1}\begin{pmatrix} 2 \\ 0 \\ 0 \end{pmatrix}=\frac{1}{2}\begin{pmatrix} 1 & 1 & -1 \\ 1 & -1 & 1 \\ -1 & 1 & 1 \end{pmatrix}\begin{pmatrix} 2 \\ 0 \\ 0 \end{pmatrix}=\begin{pmatrix} 1 \\ 1 \\ -1 \end{pmatrix}.$$

8. 从 $\boldsymbol{R}^2$ 的基 $\boldsymbol{\alpha}_1=\begin{pmatrix} 1 \\ 0 \end{pmatrix}$，$\boldsymbol{\alpha}_2=\begin{pmatrix} 1 \\ -1 \end{pmatrix}$ 到基 $\boldsymbol{\beta}_1=\begin{pmatrix} 1 \\ 1 \end{pmatrix}$，$\boldsymbol{\beta}_2=\begin{pmatrix} 1 \\ 2 \end{pmatrix}$ 的过渡矩阵为

___$\begin{pmatrix} 2 & 3 \\ -1 & -2 \end{pmatrix}$___.

解 设过渡矩阵为 P，则 $(\boldsymbol{\alpha}_1,\boldsymbol{\alpha}_2)P=(\boldsymbol{\beta}_1,\boldsymbol{\beta}_2)$，因而

$$P=(\boldsymbol{\alpha}_1,\boldsymbol{\alpha}_2)^{-1}(\boldsymbol{\beta}_1,\boldsymbol{\beta}_2)=\begin{pmatrix} 1 & 1 \\ 0 & -1 \end{pmatrix}^{-1}\begin{pmatrix} 1 & 1 \\ 1 & 2 \end{pmatrix}=\begin{pmatrix} 1 & 1 \\ 0 & -1 \end{pmatrix}\begin{pmatrix} 1 & 1 \\ 1 & 2 \end{pmatrix}=\begin{pmatrix} 2 & 3 \\ -1 & -2 \end{pmatrix}.$$

9. 设 $\boldsymbol{\alpha}_1=(1,2,-1,0)^{\mathrm{T}}$，$\boldsymbol{\alpha}_2=(1,1,0,2)^{\mathrm{T}}$，$\boldsymbol{\alpha}_3=(2,1,1,a)^{\mathrm{T}}$. 若由 $\boldsymbol{\alpha}_1,\boldsymbol{\alpha}_2,\boldsymbol{\alpha}_3$ 生成的向量空间的维数为 2，则 $a=$ ___6___.

解法 1 对矩阵 $(\boldsymbol{\alpha}_1,\boldsymbol{\alpha}_2,\boldsymbol{\alpha}_3)$ 作初等行变换：

$$(\boldsymbol{\alpha}_1,\boldsymbol{\alpha}_2,\boldsymbol{\alpha}_3)=\begin{pmatrix} 1 & 1 & 2 \\ 2 & 1 & 1 \\ -1 & 0 & 1 \\ 0 & 2 & a \end{pmatrix}\rightarrow\begin{pmatrix} 1 & 1 & 2 \\ 0 & 1 & 3 \\ 0 & 0 & a-6 \\ 0 & 0 & 0 \end{pmatrix}.$$

由于此矩阵的秩为 2，故 $a=6$.

解法 2 由于 $\boldsymbol{\alpha}_1,\boldsymbol{\alpha}_2$ 线性无关，$\boldsymbol{\alpha}_1,\boldsymbol{\alpha}_2,\boldsymbol{\alpha}_3$ 线性相关，故有唯一的线性表示式：

$$\boldsymbol{\alpha}_3 = k_1 \boldsymbol{\alpha}_1 + k_2 \boldsymbol{\alpha}_2.$$

即有

$$\begin{cases} k_1 + k_2 = 2, \\ 2k_1 + k_2 = 1, \\ -k_1 = 1, \\ 2k_2 = a, \end{cases}$$

解得 $k_1 = -1, k_2 = 3, a = 6$.

10. 设 $\boldsymbol{\eta}_1, \boldsymbol{\eta}_2, \cdots, \boldsymbol{\eta}_t$ 及 $\lambda_1 \boldsymbol{\eta}_1 + \lambda_2 \boldsymbol{\eta}_2 + \cdots + \lambda_t \boldsymbol{\eta}_t$ 都是非齐次线性方程组 $\boldsymbol{Ax} = \boldsymbol{b}$ 的解向量,则 $\lambda_1 + \lambda_2 + \cdots + \lambda_t = \underline{\quad 1 \quad}$.

解 由已知可得

$$\boldsymbol{b} = \boldsymbol{A}(\lambda_1 \boldsymbol{\eta}_1 + \lambda_2 \boldsymbol{\eta}_2 + \cdots + \lambda_t \boldsymbol{\eta}_t) = \lambda_1 \boldsymbol{A} \boldsymbol{\eta}_1 + \lambda_2 \boldsymbol{A} \boldsymbol{\eta}_2 + \cdots + \lambda_t \boldsymbol{A} \boldsymbol{\eta}_t$$
$$= \lambda_1 \boldsymbol{b} + \lambda_2 \boldsymbol{b} + \cdots + \lambda_t \boldsymbol{b} = (\lambda_1 + \lambda_2 + \cdots + \lambda_t) \boldsymbol{b},$$

从而 $\lambda_1 + \lambda_2 + \cdots + \lambda_t = 1$.

11. 设 $\boldsymbol{A}$ 是 4×3 矩阵,$r(\boldsymbol{A}) = 2$,已知 $\boldsymbol{\eta}_1, \boldsymbol{\eta}_2, \boldsymbol{\eta}_3$ 是 $\boldsymbol{Ax} = \boldsymbol{b}$ 的三个解,且满足 $\boldsymbol{\eta}_1 + \boldsymbol{\eta}_2 = (1, 2, 1)^T$,$\boldsymbol{\eta}_2 + \boldsymbol{\eta}_3 = (0, 1, 2)^T$,则该方程组的通解 $\boldsymbol{x} = \underline{\dfrac{1}{2}(1,2,1)^T + k(-1,-1,1)^T (k \text{ 为任意常数})}$.

解 因为 $\boldsymbol{A}$ 列数为 3,即方程组的未知量为 3,$r(\boldsymbol{A}) = 2$,所以相应导出组的基础解系向量个数为 1. 其基础解系为

$$\boldsymbol{\eta}_3 - \boldsymbol{\eta}_1 = (\boldsymbol{\eta}_3 + \boldsymbol{\eta}_2) - (\boldsymbol{\eta}_1 + \boldsymbol{\eta}_2) = (-1, -1, 1)^T,$$

而非齐次方程组的一个特解为 $\dfrac{\boldsymbol{\eta}_1 + \boldsymbol{\eta}_2}{2} = \dfrac{1}{2}(1, 2, 1)^T$,从而非齐次线性方程组的通解为

$$\boldsymbol{x} = \frac{1}{2}(1, 2, 1)^T + k(-1, -1, 1)^T (k \text{ 为任意常数}).$$

12. 设 $\boldsymbol{A} = (a_{ij})_{3 \times 3}$ 是实矩阵,且满足 $\boldsymbol{A}^T \boldsymbol{A} = \boldsymbol{E}$,$a_{11} = 1$,$\boldsymbol{b} = (1, 0, 0)^T$,则线性方程组 $\boldsymbol{Ax} = \boldsymbol{b}$ 的解是 $\underline{(1, 0, 0)^T}$.

解 由 $\boldsymbol{A}^T \boldsymbol{A} = \boldsymbol{E}$ 可得 $a_{11}^2 + a_{21}^2 + a_{31}^2 = 1$,而 $a_{11} = 1$,故 $a_{12} = a_{13} = 0$.

又由 $\boldsymbol{A}^T \boldsymbol{A} = \boldsymbol{E}$ 可得 $|\boldsymbol{A}| = \pm 1$,$\boldsymbol{A}^{-1} = \boldsymbol{A}^T$,即 $r(\boldsymbol{A}) = 3$. 从而 $\boldsymbol{Ax} = \boldsymbol{b}$ 有唯一解 $\boldsymbol{x} = \boldsymbol{A}^{-1} \boldsymbol{b} = \boldsymbol{A}^T \boldsymbol{b} = (a_{11}, a_{12}, a_{13})^T = (1, 0, 0)^T$.

13. 设 n 阶矩阵 $\boldsymbol{A}$ 的各行元素之和均为零,且 $\boldsymbol{A}$ 的秩为 $n-1$,则线性方程组 $\boldsymbol{Ax} = \boldsymbol{0}$ 的通解为 $\underline{k(1, 1, \cdots, 1)^T (k \text{ 为任意常数})}$.

解 因 $\boldsymbol{A}$ 的各行元素之和均为零,所以可得 $(1, 1, \cdots, 1)^T$ 是方程组 $\boldsymbol{Ax} = \boldsymbol{0}$ 的一个解,而 $\boldsymbol{A}$ 的秩为 $n-1$,故方程组 $\boldsymbol{Ax} = \boldsymbol{0}$ 的基础解系只含有一个解向量,即方程组 $\boldsymbol{Ax} = \boldsymbol{0}$ 的通解为 $k(1, 1, \cdots, 1)^T (k \text{ 为任意常数})$.

二、选择题

1.设向量组 I :$\boldsymbol{\alpha}_1,\boldsymbol{\alpha}_2,\cdots,\boldsymbol{\alpha}_m$,其秩为 r;向量组 II :$\boldsymbol{\alpha}_1,\boldsymbol{\alpha}_2,\cdots,\boldsymbol{\alpha}_m,\boldsymbol{\beta}$,其秩为 s.则 $r=s$ 是向量组 I 与向量组 II 等价的(　**C**　).

(A)充分非必要条件　　　　　　　(B)必要非充分条件

(C)充分必要条件　　　　　　　　(D)既非充分也非必要条件

解　若向量组 I 与向量组 II 等价,则 $r=s$;若 $r=s$,则 $\boldsymbol{\beta}$ 能由 $\boldsymbol{\alpha}_1,\boldsymbol{\alpha}_2,\cdots,\boldsymbol{\alpha}_m$ 即向量组 I 线性表出,否则 $r<s$,而向量组 I 显然能由向量组 II 线性表出.所以向量组 I 与向量组 II 能互相线性表出,即它们等价.

2.设向量组 $\boldsymbol{\alpha}_1,\boldsymbol{\alpha}_2,\boldsymbol{\alpha}_3$ 与向量组 $\boldsymbol{\alpha}_1,\boldsymbol{\alpha}_2$ 等价,则(　**C**　)

(A)$\boldsymbol{\alpha}_1,\boldsymbol{\alpha}_2$ 线性相关.　　　　　(B)$\boldsymbol{\alpha}_1,\boldsymbol{\alpha}_2$ 线性无关.

(C)$\boldsymbol{\alpha}_1,\boldsymbol{\alpha}_2,\boldsymbol{\alpha}_3$ 线性相关.　　　　(D)$\boldsymbol{\alpha}_1,\boldsymbol{\alpha}_2,\boldsymbol{\alpha}_3$ 线性无关.

解　由于向量组 $\boldsymbol{\alpha}_1,\boldsymbol{\alpha}_2,\boldsymbol{\alpha}_3$ 与向量组 $\boldsymbol{\alpha}_1,\boldsymbol{\alpha}_2$ 等价,所以向量 $\boldsymbol{\alpha}_3$ 可由向量组 $\boldsymbol{\alpha}_1,\boldsymbol{\alpha}_2$ 线性表出,从而向量组 $\boldsymbol{\alpha}_1,\boldsymbol{\alpha}_2,\boldsymbol{\alpha}_3$ 线性相关.

3.设向量组 $\boldsymbol{\alpha}_1,\boldsymbol{\alpha}_2,\boldsymbol{\alpha}_3$ 线性无关,则下列向量组中线性无关的是(　**C**　)

(A)$\boldsymbol{\alpha}_1-\boldsymbol{\alpha}_2,\boldsymbol{\alpha}_2-\boldsymbol{\alpha}_3,\boldsymbol{\alpha}_3-\boldsymbol{\alpha}_1$.　　(B)$\boldsymbol{\alpha}_1+\boldsymbol{\alpha}_2,\boldsymbol{\alpha}_2-\boldsymbol{\alpha}_3,\boldsymbol{\alpha}_3+\boldsymbol{\alpha}_1$.

(C)$\boldsymbol{\alpha}_1+\boldsymbol{\alpha}_2,\boldsymbol{\alpha}_2+\boldsymbol{\alpha}_3,\boldsymbol{\alpha}_3+\boldsymbol{\alpha}_1$.　　(D)$\boldsymbol{\alpha}_1-\boldsymbol{\alpha}_2,\boldsymbol{\alpha}_2+\boldsymbol{\alpha}_3,\boldsymbol{\alpha}_3+\boldsymbol{\alpha}_1$.

解法 1　由观察

(A)$(\boldsymbol{\alpha}_1-\boldsymbol{\alpha}_2)+(\boldsymbol{\alpha}_2-\boldsymbol{\alpha}_3)+(\boldsymbol{\alpha}_3-\boldsymbol{\alpha}_1)=0$.

(B)$(\boldsymbol{\alpha}_1+\boldsymbol{\alpha}_2)-(\boldsymbol{\alpha}_2-\boldsymbol{\alpha}_3)-(\boldsymbol{\alpha}_3+\boldsymbol{\alpha}_1)=0$.

(D)$(\boldsymbol{\alpha}_1-\boldsymbol{\alpha}_2)+(\boldsymbol{\alpha}_2+\boldsymbol{\alpha}_3)-(\boldsymbol{\alpha}_3+\boldsymbol{\alpha}_1)=0$.

可知(A)、(B)、(D)均线性相关,故选(C).

解法 2　由于

$$(\boldsymbol{\alpha}_1+\boldsymbol{\alpha}_2,\boldsymbol{\alpha}_2+\boldsymbol{\alpha}_3,\boldsymbol{\alpha}_3+\boldsymbol{\alpha}_1)=(\boldsymbol{\alpha}_1,\boldsymbol{\alpha}_2,\boldsymbol{\alpha}_3)\begin{pmatrix}1&0&1\\1&1&0\\0&1&1\end{pmatrix},$$

而 $\begin{pmatrix}1&0&1\\1&1&0\\0&1&1\end{pmatrix}$ 可逆,所以向量组 $\boldsymbol{\alpha}_1+\boldsymbol{\alpha}_2,\boldsymbol{\alpha}_2+\boldsymbol{\alpha}_3,\boldsymbol{\alpha}_3+\boldsymbol{\alpha}_1$ 与向量组 $\boldsymbol{\alpha}_1,\boldsymbol{\alpha}_2,\boldsymbol{\alpha}_3$ 具有相同的线性相关性,即向量组 $\boldsymbol{\alpha}_1+\boldsymbol{\alpha}_2,\boldsymbol{\alpha}_2+\boldsymbol{\alpha}_3,\boldsymbol{\alpha}_3+\boldsymbol{\alpha}_1$ 线性无关.

4.n 维向量组 $\boldsymbol{\alpha}_1,\boldsymbol{\alpha}_2,\cdots,\boldsymbol{\alpha}_s(3\leqslant s\leqslant n)$ 线性无关的充分必要条件是(　**D**　).

(A)存在一组不全为 0 的数 $k_1,k_2,\cdots,k_s$,使 $k_1\boldsymbol{\alpha}_1+k_2\boldsymbol{\alpha}_2+\cdots+k_s\boldsymbol{\alpha}_s\neq0$

(B)$\boldsymbol{\alpha}_1,\boldsymbol{\alpha}_2,\cdots,\boldsymbol{\alpha}_s$ 中任意两个向量都线性无关

(C)$\boldsymbol{\alpha}_1,\boldsymbol{\alpha}_2,\cdots,\boldsymbol{\alpha}_s$ 中存在一个向量,它不能用其余向量线性表出

(D)$\boldsymbol{\alpha}_1,\boldsymbol{\alpha}_2,\cdots,\boldsymbol{\alpha}_s$ 中任意一个向量都不能用其余向量线性表出

解　由向量组线性相关的定义知：

$\boldsymbol{\alpha}_1,\boldsymbol{\alpha}_2,\cdots,\boldsymbol{\alpha}_s$ 线性相关的充分必要条件是 $\boldsymbol{\alpha}_1,\boldsymbol{\alpha}_2,\cdots,\boldsymbol{\alpha}_s$ 中至少有一个向量可由其余向量线性表出.

上述命题的逆否命题正是(D).

5. 设 $\boldsymbol{A}$ 为 n 阶方阵且 $|\boldsymbol{A}|=0$,则(　C　).

(A)$\boldsymbol{A}$ 中必有两行(列)的元素对应成比例

(B)$\boldsymbol{A}$ 中任意一行(列)向量是其余各行(列)向量的线性组合

(C)$\boldsymbol{A}$ 中必有一行(列)向量是其余各行(列)向量的线性组合

(D)$\boldsymbol{A}$ 中至少有一行(列)的元素全为 0

解　根据行列式的性质,(A)和(D)显然都是 n 阶方阵 $\boldsymbol{A}$ 的行列式 $|\boldsymbol{A}|=0$ 的充分条件,但非必要条件,应首先排除.

由于 $|\boldsymbol{A}|=0$,可见 $\boldsymbol{A}$ 的秩应小于 n,故其 n 个行(列)构成的向量组必为线性相关.若设 $\boldsymbol{\alpha}_1,\boldsymbol{\alpha}_2,\cdots,\boldsymbol{\alpha}_n$ 为其 n 个行(列)向量,则必存在 n 个不全为零的实数 $k_1,k_2,\cdots,k_n$ 使得

$$k_1\boldsymbol{\alpha}_1+k_2\boldsymbol{\alpha}_2+\cdots+k_n\boldsymbol{\alpha}_n=\boldsymbol{0}.$$

由于 $k_1,k_2,\cdots,k_n$ 不全为零(并不意味着 $k_1,k_2,\cdots,k_n$ 全不为零),不妨设 $k_i\neq0$,则上式可写成：

$$\boldsymbol{\alpha}_i=-\frac{k_1}{k_i}\boldsymbol{\alpha}_1-\cdots-\frac{k_{i-1}}{k_i}\boldsymbol{\alpha}_{i-1}-\frac{k_{i+1}}{k_i}\boldsymbol{\alpha}_{i+1}-\cdots-\frac{k_n}{k_i}\boldsymbol{\alpha}_n,$$

即 $\boldsymbol{\alpha}_i$ 是 $\boldsymbol{\alpha}_1,\cdots,\boldsymbol{\alpha}_{i-1},\boldsymbol{\alpha}_{i+1},\cdots,\boldsymbol{\alpha}_n$ 的线性组合,因而(C)正确.

6. 设向量组 I：$\boldsymbol{\alpha}_1,\boldsymbol{\alpha}_2,\cdots,\boldsymbol{\alpha}_r$ 可由向量组 II：$\boldsymbol{\beta}_1,\boldsymbol{\beta}_2,\cdots,\boldsymbol{\beta}_s$ 线性表示,则(　D　).

(A)当 $r<s$ 时,向量组 II 必线性相关　　　　(B)当 $r>s$ 时,向量组 II 必线性相关

(C)当 $r<s$ 时,向量组 I 必线性相关　　　　(D)当 $r>s$ 时,向量组 I 必线性相关

解　向量组 I 的秩记为 $r(\mathrm{I})$,II 的秩记为 $r(\mathrm{II})$.因为 I 可由 II 线性表示,所以 $r(\mathrm{I})\leqslant r(\mathrm{II})$,又 $r(\mathrm{II})\leqslant s$,若 $r>s$,则 $r>s\geqslant r(\mathrm{II})\geqslant r(\mathrm{I})$,所以 I 组必线性相关.

也可用下述快速办法来否定(A)、(B)、(C).例如取 II 线性无关,删去其中若干个得 I,I 可由 II 线性表示,且 $r<s$.但 I 线性无关,II 也线性无关,故(A)、(C)均不对.也可在线性无关组 II 中添上若干个向量,例如添 $2\boldsymbol{\beta}_1$,$3\boldsymbol{\beta}_1$ 等而得到 I,当然 I 可由 II 线性表示,$r>s$,但 II 线性无关,(B)不成立.

7. 设 n 元齐次线性方程组 $\boldsymbol{AX}=\boldsymbol{0}$ 的系数矩阵 $\boldsymbol{A}$ 的秩为 r,则 $\boldsymbol{AX}=\boldsymbol{0}$ 有非零解的充分必要条件是(　B　).

(A)$r=n$　　　　　　(B)$r<n$　　　　　　(C)$r\geqslant n$　　　　　　(D)$r>n$

解　$\boldsymbol{AX}=\boldsymbol{0}$ 有非零解意味着其基础解系含非零解的个数 $n-r>0$,故 $\boldsymbol{AX}=\boldsymbol{0}$ 有非零解的充分必要条件为 $r<n$.

注　由克拉默法则 $\boldsymbol{AX}=\boldsymbol{0}$ 有非零解,推出 $|\boldsymbol{A}|=0$,从而 $r(\boldsymbol{A})<n$,导出(B)为正确选

项,这种推理过程是错误的,因为 A 可能为 $m \times n$ 矩阵,不是方阵.

8.设 A 为 $m \times n$ 矩阵,齐次线性方程组 $AX=0$ 仅有零解的充分条件是(　A　).

(A)A 的列向量线性无关　　　　　　(B)A 的列向量线性相关

(C)A 的行向量线性无关　　　　　　(D)A 的行向量线性相关

解　由于齐次线性方程组 $AX=0$ 仅有零解的充分条件为 A 的秩等于 n,而矩阵 A 的列秩＝矩阵 A 的行秩＝n(n 为 A 的列数),即 A 的列向量组是线性无关的.因此四个选项中(A)为正确选项.

9.设 A,B 都是 n 阶非零矩阵,且 $AB=O$,则 A 和 B 的秩(　B　).

(A)必有一个等于零　　　　　　(B)都小于 n

(C)一个小于 n,一个等于 n　　　　(D)都等于 n

解法 1　因 $AB=O$,故 $r(A)+r(B)\leqslant n$.又 $A\neq O,B\neq O$,故 $r(A)>0,r(B)>0$.因此, $r(A)<n,r(B)<n$.

解法 2　由于 $AB=O$ 存在非零解,故 $r(A)<n$,同理 $r(B)<n$.

解法 3　(排除法)因 A 和 B 的秩的地位等同,故(A)、(C)不正确.由于 $AB=O$,故 $|A||B|=0$,即 $|A|=0$ 或 $|B|=0$.故(D)不正确,只有(B)项成立.

10.要使 $\xi_1=\begin{bmatrix}1\\0\\2\end{bmatrix},\xi_2=\begin{bmatrix}0\\1\\-1\end{bmatrix}$ 都是线性方程组 $AX=0$ 的解,只要系数矩阵 A 为(　A　).

(A)$(-2,1,1)$　　　　　　(B)$\begin{pmatrix}2&0&-1\\0&1&1\end{pmatrix}$

(C)$\begin{pmatrix}-1&0&2\\0&1&-1\end{pmatrix}$　　　　(D)$\begin{pmatrix}0&1&-1\\4&-2&-2\\0&1&1\end{pmatrix}$

解　我们知道,若 $x_1,x_2,\cdots,x_k$ 是齐次线性方程组 $AX=0$ 的 k 个线性无关的解向量,$AX=0$ 的任一解向量都是 $x_1,x_2,\cdots,x_k$ 的线性组合,则 $x_1,x_2,\cdots,x_k$ 为 $AX=0$ 的基础解系,且所含解向量的数目 $k=n-r(A)$,其中 n 为矩阵 A 的列数.

由于 ξ_1,ξ_2 为 $AX=0$ 的解,知 $n=3$.又因 ξ_1 和 ξ_2 是线性无关的,故 $k\geqslant2$.因而 $r(A)\leqslant1$,而(A)、(B)、(C)、(D)四个选项中满足 $r(A)\leqslant1$ 的矩阵只有(A)项中的 $(-2,1,1)$.

对于本题,最简单的方法是直接验证.

11.设 A 是 $m \times n$ 矩阵,$AX=0$ 是非齐次线性方程组 $AX=b$ 所对应的齐次线性方程组,则下列结论正确的是(　D　).

(A)若 $AX=0$ 仅有零解,则 $AX=b$ 有唯一解

(B)若 $AX=0$ 有非零解,则 $AX=b$ 有无穷多个解

(C)若 $AX=b$ 有无穷多个解,则 $AX=0$ 仅有零解

(D)若 $AX=b$ 有无穷多个解,则 $AX=0$ 有非零解

解 方程组 $AX=b$ 与其对应的齐次线性方程组 $AX=0$ 的解之间有密切的关系,本题给出四种关系,要求选出正确的一组.正确作答本题要求掌握以下结论:

①非齐次线性方程组 $AX=b$ 有解的充要条件为方程组的增广矩阵的秩等于矩阵 A 的秩.

②在非齐次线性方程组 $AX=b$ 有解的条件下,解唯一的充分必要条件是齐次线性方程组 $AX=0$ 只有零解.

③非齐次线性方程组 $AX=b$ 的任意两个解之差是齐次线性方程组 $AX=0$ 的解.

由于题干及(A)、(B)项中均未指明 $AX=b$ 有解,即 A 的秩不一定等于增广矩阵 $\bar{A}$ 的秩,故(A)、(B)两项为干扰项.由结论③知(D)为正确选项.

12.非齐次线性方程组 $AX=b$ 中未知量个数为 n,方程个数为 m,系数矩阵 A 的秩为 r,则(**A**).

(A) $r=m$ 时,方程组 $AX=b$ 有解

(B) $r=n$ 时,方程组 $AX=b$ 有唯一解

(C) $m=n$ 时,方程组 $AX=b$ 有唯一解

(D) $r<n$ 时,方程组 $AX=b$ 有无穷多解

解 由题意知,矩阵 A 为 $m\times n$ 矩阵,且 $r(A)=r$,若 $r=m$,则 A 的 m 个行向量线性无关,增广矩阵 (Ab) 的 m 个行向量也是线性无关的,因为线性无关的向量组加长维数后仍线性无关.故 $r(Ab)=r(A)=m$,所以方程组 $AX=b$ 有解.方程组 $AX=b$ 有唯一解的条件是 $m=n=r$,即 A 为可逆方阵.此时,唯一解 $X=A^{-1}b$,可见(B)、(C)均不对.对于(D),$r<n$,能保证齐次方程 $AX=0$ 的基础解系有 $n-r$ 个未知常数,但不能保证 $r(Ab)=r(A)$,因而不能保证方程组 $AX=b$ 有解,因此(D)也不对.

13.设 A 是 $m\times n$ 矩阵,B 是 $n\times m$ 矩阵,则线性方程组 $(AB)x=0$(**D**).

(A)当 $n>m$ 时仅有零解 (B)当 $n>m$ 时必有非零解

(C)当 $m>n$ 时仅有零解 (D)当 $m>n$ 时必有非零解

解 AB 为 m 阶方阵.如能判定 AB 的秩 $r(AB)=m$,则 $(AB)x=0$ 仅有零解;如 $r(AB)<m$,则 $(AB)x=0$ 必有非零解.

当 $m>n$ 时,若 $r(AB)=m$,则
$$n<m=r(AB)\leqslant\min(r(A),r(B))\leqslant n,$$
即 $n<r(AB)\leqslant n$,矛盾.

故 $r(AB)<m$,从而(D)成立.

14. 设矩阵 $A = \begin{bmatrix} 1 & -1 & 0 & 0 \\ 0 & 1 & -1 & 0 \\ 0 & 0 & 1 & -1 \\ -1 & 0 & 0 & a \end{bmatrix}$, $\boldsymbol{\beta} = \begin{bmatrix} 1 \\ 2 \\ 3 \\ b \end{bmatrix}$. 若线性方程组 $AX = \boldsymbol{\beta}$ 无解,则(　**A**　).

(A)$a=1, b\neq-6$　　　　　　　　(B)$a\neq1, b\neq-6$

(C)$a=1, b=-6$　　　　　　　　(D)$a\neq1, b=-6$

解　对方程组 $AX=\boldsymbol{\beta}$ 的增广矩阵 $\bar{A}$ 施以初等行变换,得

$$\bar{A} = (A \ \vdots \ \boldsymbol{\beta}) = \begin{bmatrix} 1 & -1 & 0 & 0 & \vdots & 1 \\ 0 & 1 & -1 & 0 & \vdots & 2 \\ 0 & 0 & 1 & -1 & \vdots & 3 \\ -1 & 0 & 0 & a & \vdots & b \end{bmatrix}$$

$$\xrightarrow{r_4+r_1+r_2+r_3} \begin{bmatrix} 1 & -1 & 0 & 0 & \vdots & 1 \\ 0 & 1 & -1 & 0 & \vdots & 2 \\ 0 & 0 & 1 & -1 & \vdots & 3 \\ 0 & 0 & 0 & a-1 & \vdots & b+6 \end{bmatrix}.$$

当 $a=1, b\neq-6$ 时,$r(A)=3\neq4=r(\bar{A})$,这时方程组 $AX=\boldsymbol{\beta}$ 无解.

15. 设 A, B 为 5 阶非零矩阵,且 $AB=O$.(　**D**　).

(A)若 $r(A)=1$,则 $r(B)=4$　　　　(B)若 $r(A)=2$,则 $r(B)=3$

(C)若 $r(A)=3$,则 $r(B)=2$　　　　(D)若 $r(A)=4$,则 $r(B)=1$

解　由于 A, B 均为 5 阶矩阵,且 $AB=O$,则

$$r(A)+r(B)\leqslant5.$$

若 $r(A)=4$,则有 $r(B)\leqslant1$. 又由 B 为非零矩阵知 $r(B)\geqslant1$. 所以 $r(B)=1$.

16. 设 A 为 4×5 阶矩阵,若 $\boldsymbol{\alpha}_1, \boldsymbol{\alpha}_2, \boldsymbol{\alpha}_3$ 为线性方程组 $A^T x=0$ 的基础解系,则 $r(A)=$(　**D**　).

(A)4　　　　　　(B)3　　　　　　(C)2　　　　　　(D)1

解　由于 $A^T x=0$ 是 5 个方程 4 个未知量的齐次方程组,其基础解系含 3 个解向量,故有

$$n-r(A^T)=4-r(A^T)=3,$$

所以 $r(A^T)=1$,亦即 $r(A)=1$.

17. 设 $\boldsymbol{\alpha}_1 = \begin{bmatrix} 1 \\ 2 \\ 1 \end{bmatrix}$, $\boldsymbol{\alpha}_2 = \begin{bmatrix} -1 \\ 1 \\ 2 \end{bmatrix}$ 可以由 $\boldsymbol{\beta}_1 = \begin{bmatrix} 1 \\ 0 \\ a \end{bmatrix}$, $\boldsymbol{\beta}_2 = \begin{bmatrix} 0 \\ 1 \\ b \end{bmatrix}$ 线性表示,则(　**C**　).

(A)$a=1, b=1$　　　　　　　　(B)$a=1, b=-1$

(C)$a=-1, b=1$　　　　　　　　(D)$a=-1, b=-1$

解 由题设知 $r(\boldsymbol{\beta}_1,\boldsymbol{\beta}_2)=r(\boldsymbol{\beta}_1,\boldsymbol{\beta}_2,\boldsymbol{\alpha}_1,\boldsymbol{\alpha}_2)$,显然 $r(\boldsymbol{\beta}_1,\boldsymbol{\beta}_2)=2$,而

$$(\boldsymbol{\beta}_1,\boldsymbol{\beta}_2,\boldsymbol{\alpha}_1,\boldsymbol{\alpha}_2)=\begin{pmatrix}1 & 0 & 1 & -1\\0 & 1 & 2 & 1\\a & b & 1 & 2\end{pmatrix}\rightarrow\begin{pmatrix}1 & 0 & 1 & -1\\0 & 1 & 2 & 1\\0 & 0 & 1-a-2b & 2+a-b\end{pmatrix}.$$

要使 $r(\boldsymbol{\beta}_1,\boldsymbol{\beta}_2,\boldsymbol{\alpha}_1,\boldsymbol{\alpha}_2)=2$,则

$$\begin{cases}1-a-2b=0\\2+a-\ b=0\end{cases},$$

解得 $a=-1,b=1$.

习题四全解

(A)

1.求矩阵 $\boldsymbol{A}=\begin{pmatrix}-3 & -1 & 2\\0 & -1 & 4\\-1 & 0 & 1\end{pmatrix}$ 的实特征值及对应的特征向量.

解 由

$$|\lambda\boldsymbol{E}-\boldsymbol{A}|=\begin{vmatrix}\lambda+3 & 1 & -2\\0 & \lambda+1 & -4\\1 & 0 & \lambda-1\end{vmatrix}=(\lambda-1)(\lambda^2+4\lambda+5)=0,$$

得唯一实特征值 $\lambda=1$.由特征向量的定义知,对应于特征值 $\lambda=1$ 的特征向量 $\boldsymbol{\alpha}=\begin{pmatrix}x_1\\x_2\\x_3\end{pmatrix}$ 满

足 $(\boldsymbol{E}-\boldsymbol{A})\boldsymbol{\alpha}=\boldsymbol{0}$.由此可得方程组

$$\begin{cases}4x_1+\ x_2-2x_3=0,\\ \quad\quad 2x_2-4x_3=0,\\ \quad\quad\quad\quad\quad x_1=0.\end{cases}$$

由此可见 $x_1=0$,令 $x_3=k\,(\neq0)$ 得 $x_2=2k$.因此,对于任意实数 $k(\neq0)$,

$$\boldsymbol{\alpha}=k\begin{pmatrix}0\\2\\1\end{pmatrix}$$

为矩阵 $\boldsymbol{A}$ 对应于特征值 1 的特征向量.

2.设

$$A = \begin{pmatrix} -1 & 2 & 2 \\ 2 & -1 & -2 \\ 2 & -2 & -1 \end{pmatrix}.$$

(1)试求矩阵 A 的特征值;

(2)利用(1)小题的结果,求矩阵 $E+A^{-1}$ 的特征值,其中 E 是三阶单位矩阵.

解 (1)矩阵 A 的特征方程为

$$|\lambda E - A| = \begin{vmatrix} \lambda+1 & -2 & -2 \\ -2 & \lambda+1 & 2 \\ -2 & 2 & \lambda+1 \end{vmatrix} = (\lambda-1)^2(\lambda+5) = 0.$$

由此得矩阵 A 的特征值:$1,1,-5$.

(2)设矩阵 A 对应于特征值 λ 的特征向量为 α,则

$$A\alpha = \lambda\alpha, \qquad E\alpha = \alpha.$$

因此 $A^{-1}\alpha = \lambda^{-1}\alpha$ 且 $(E+A^{-1})\alpha = E\alpha + A^{-1}\alpha = (1+\lambda^{-1})\alpha$. 根据特征值和特征向量的定义知 $1+\lambda^{-1}$ 为矩阵 $E+A^{-1}$ 的特征值. 将 $\lambda = 1,1,-5$ 代入 $1+\lambda^{-1}$,便得到 $E+A^{-1}$ 的特征值为 $2,2,\dfrac{4}{5}$.

3.设 $A = \begin{pmatrix} 1 & -1 & 1 \\ 2 & 4 & a \\ -3 & -3 & 5 \end{pmatrix}$,6 是 A 的一个特征值,(1)求 a 的值;(2)求 A 的全部特征值和特征向量.

解 (1)由于 6 是 A 的一个特征值,故 $|6E-A| = 0$,即

$$\begin{vmatrix} 5 & 1 & -1 \\ -2 & 2 & -a \\ 3 & 3 & 1 \end{vmatrix} = 12a + 24 = 0,$$

解得 $a = -2$.

(2)矩阵 A 的特征方程为

$$|\lambda E - A| = \begin{vmatrix} \lambda-1 & 1 & -1 \\ -2 & \lambda-4 & 2 \\ 3 & 3 & \lambda-5 \end{vmatrix} = (\lambda-2)^2(\lambda-6) = 0.$$

由此得矩阵 A 的特征值:$\lambda_1 = \lambda_2 = 2, \lambda_3 = 6$.

对于特征值 $\lambda_1 = \lambda_2 = 2$,解齐次线性方程组 $(2E-A)x = 0$,有

$$2E - A = \begin{pmatrix} 1 & 1 & -1 \\ -2 & -2 & 2 \\ 3 & 3 & -3 \end{pmatrix} \rightarrow \begin{pmatrix} 1 & 1 & -1 \\ 0 & 0 & 0 \\ 0 & 0 & 0 \end{pmatrix},$$

解得基础解系为

$$\boldsymbol{\xi}_1 = (-1,1,0)^{\mathrm{T}}, \quad \boldsymbol{\xi}_2 = (1,0,1)^{\mathrm{T}}.$$

因此,矩阵 $\boldsymbol{A}$ 对应于特征值 $\lambda_1 = \lambda_2 = 2$ 的特征向量为

$$k_1 \boldsymbol{\xi}_1 + k_2 \boldsymbol{\xi}_2, k_1, k_2 \text{ 不同时为零.}$$

对于特征值 $\lambda_3 = 6$,解齐次线性方程组 $(6\boldsymbol{E} - \boldsymbol{A})\boldsymbol{x} = \boldsymbol{0}$,有

$$6\boldsymbol{E} - \boldsymbol{A} = \begin{pmatrix} 5 & 1 & -1 \\ -2 & 2 & 2 \\ 3 & 3 & 1 \end{pmatrix} \rightarrow \begin{pmatrix} 1 & -1 & -1 \\ 0 & 3 & 2 \\ 0 & 0 & 0 \end{pmatrix},$$

解得基础解系为

$$\boldsymbol{\xi}_3 = (1,-2,3)^{\mathrm{T}}.$$

因此,矩阵 $\boldsymbol{A}$ 对应于特征值 $\lambda_3 = 6$ 特征向量为

$$k_3 \boldsymbol{\xi}_3, k_3 \neq 0.$$

4.设向量 $\boldsymbol{\alpha} = (-1,-2,1)^{\mathrm{T}}$ 是矩阵 $\boldsymbol{A} = \begin{pmatrix} -1 & 1 & 0 \\ -4 & a & 0 \\ b & 0 & 2 \end{pmatrix}$ 的特征向量.

(1)求常数 a,b 及向量 $\boldsymbol{\alpha}$ 所对应的特征值 λ;

(2)求矩阵 $\boldsymbol{A}$ 的全部特征值和特征向量.

解 (1)设 $\boldsymbol{A}\boldsymbol{\alpha} = \lambda\boldsymbol{\alpha}$,即

$$\begin{pmatrix} -1 & 1 & 0 \\ -4 & a & 0 \\ b & 0 & 2 \end{pmatrix} \begin{pmatrix} -1 \\ -2 \\ 1 \end{pmatrix} = \lambda \begin{pmatrix} -1 \\ -2 \\ 1 \end{pmatrix}, \text{亦即} \begin{cases} 1-2 = -\lambda, \\ 4-2a = -2\lambda, \\ -b+2 = \lambda, \end{cases}$$

解得 $\lambda = 1, a = 3, b = 1$.

(2)矩阵 $\boldsymbol{A}$ 的特征方程为

$$|\lambda\boldsymbol{E} - \boldsymbol{A}| = \begin{vmatrix} \lambda+1 & -1 & 0 \\ 4 & \lambda-3 & 0 \\ -1 & 0 & \lambda-2 \end{vmatrix} = (\lambda-2)(\lambda-1)^2 = 0,$$

由此得矩阵 $\boldsymbol{A}$ 的特征值为 $\lambda_1 = 2, \lambda_2 = \lambda_3 = 1$.

对于特征值 $\lambda_1 = 2$,解线性方程组 $(2\boldsymbol{E} - \boldsymbol{A})\boldsymbol{X} = \boldsymbol{0}$,有

$$\lambda_1 \boldsymbol{E} - \boldsymbol{A} = \begin{pmatrix} 3 & -1 & 0 \\ 4 & -1 & 0 \\ -1 & 0 & 0 \end{pmatrix} \rightarrow \begin{pmatrix} 1 & 0 & 0 \\ 0 & 1 & 0 \\ 0 & 0 & 0 \end{pmatrix},$$

解得基础解系为 $\boldsymbol{\alpha}_1 = (0,0,1)^{\mathrm{T}}$,则对应 $\lambda_1 = 2$ 的全部特征向量为

$$k_1 \boldsymbol{\alpha}_1 = k_1 (0,0,1)^{\mathrm{T}}, k_1 \neq 0.$$

对于特征值 $\lambda_2 = \lambda_3 = 1$, 解线性方程组 $(1E-A)X = 0$, 有

$$\lambda_2 E - A = \begin{pmatrix} 2 & -1 & 0 \\ 4 & -2 & 0 \\ -1 & 0 & -1 \end{pmatrix} \rightarrow \begin{pmatrix} 1 & 0 & 1 \\ 0 & 1 & 2 \\ 0 & 0 & 0 \end{pmatrix},$$

解得基础解系为 $\alpha_2 = (-1, -2, 1)^T$, 则对应 $\lambda_2 = \lambda_3 = 1$ 的全部特征向量为

$$k_2 \alpha_2 = k_2(-1, -2, 1)^T, k_2 \neq 0.$$

5. 设向量 $\beta = (1, 1, 2)^T$ 是矩阵 $A = \begin{pmatrix} 1 & a & -1 \\ 1 & 1 & -1 \\ 0 & 4 & b \end{pmatrix}$ 的特征向量.

(1) 求 a, b 的值;

(2) 求方程组 $A^2 x = \beta$ 的通解.

解 (1) 设 $A\beta = \lambda\beta$, 即

$$\begin{pmatrix} 1 & a & -1 \\ 1 & 1 & -1 \\ 0 & 4 & b \end{pmatrix} \begin{pmatrix} 1 \\ 1 \\ 2 \end{pmatrix} = \lambda \begin{pmatrix} 1 \\ 1 \\ 2 \end{pmatrix}, \text{亦即} \begin{cases} 1 + a - 2 = \lambda, \\ 0 = \lambda, \\ 4 + 2b = 2\lambda, \end{cases}$$

解得 $\lambda = 0, a = 1, b = -2$.

(2) $(A^2, \beta) = \begin{pmatrix} 2 & -2 & 0 & 1 \\ 2 & -2 & 0 & 1 \\ 4 & -4 & 0 & 2 \end{pmatrix} \rightarrow \begin{pmatrix} 2 & -2 & 0 & 1 \\ 0 & 0 & 0 & 0 \\ 0 & 0 & 0 & 0 \end{pmatrix}.$

由于 $r(A^2) = r(A^2, \beta) = 1 < 3$, 方程组有无穷多解, 这时与原方程通解的方程为

$$2x_1 - 2x_2 = 1.$$

令 $x_2 = x_3 = 0$ 得方程组的一个特解 $\eta = (\frac{1}{2}, 0, 0)^T$.

方程组的导出组与下列方程通解:

$$2x_1 - 2x_2 = 0.$$

依次令 $x_2 = 1, x_3 = 0; x_2 = 0, x_3 = 1$ 得导出组的一个基础解系为

$$\xi_1 = (1, 1, 0)^T, \quad \xi_2 = (0, 0, 1)^T.$$

故方程组 $A^2 x = \beta$ 的通解为

$x = c_1 \xi_1 + c_2 \xi_2 + \eta$ (c_1, c_2 为任意常数).

6. 设 A 为 n 阶矩阵, λ_1 和 λ_2 是 A 的两个不同的特征值, x_1, x_2 是分别属于 λ_1 和 λ_2 的特征向量. 试证明 $x_1 + x_2$ 不是 A 的特征向量.

证 因为 $Ax_1 = \lambda_1 x_1, Ax_2 = \lambda_2 x_2, \lambda_1 \neq \lambda_2$, 所以

$$A(x_1 + x_2) = Ax_1 + Ax_2 = \lambda_1 x_1 + \lambda_2 x_2.$$

设 $x_1 + x_2$ 是 A 的特征向量, 则

$$\boldsymbol{A}(\boldsymbol{x}_1+\boldsymbol{x}_2)=\lambda_1\boldsymbol{x}_1+\lambda_2\boldsymbol{x}_2, \qquad \lambda_1\boldsymbol{x}_1+\lambda_2\boldsymbol{x}_2=\lambda(\boldsymbol{x}_1+\boldsymbol{x}_2),$$
$$(\lambda_1-\lambda)\boldsymbol{x}_1+(\lambda_2-\lambda)\boldsymbol{x}_2=\boldsymbol{0}.$$

由于 $\boldsymbol{x}_1, \boldsymbol{x}_2$ 线性无关,故有 $\lambda_1-\lambda=0, \lambda_2-\lambda=0$,即 $\lambda_1=\lambda_2$,这与假设矛盾,所以 $\boldsymbol{x}_1+\boldsymbol{x}_2$ 不是 $\boldsymbol{A}$ 的特征向量.

7.设 $\boldsymbol{A}$ 是 n 阶矩阵,试证结论:

(1)若 $\boldsymbol{A}$ 是幂零矩阵,即存在正整数 k,使 $\boldsymbol{A}^k=\boldsymbol{O}$,则 $\boldsymbol{A}$ 的特征值为 0;

(2)若 $\boldsymbol{A}$ 是对合阵,即 $\boldsymbol{A}^2=\boldsymbol{E}$,则 $\boldsymbol{A}$ 的特征值为 1 或 -1.

证 (1)由 $\boldsymbol{A}^k=\boldsymbol{O}$ 可得 $\lambda^k\boldsymbol{\alpha}=\boldsymbol{0}$,而 $\boldsymbol{\alpha}\neq\boldsymbol{0}$,故 $\lambda^k=0$,即 $\lambda=0$,亦即 $\boldsymbol{A}$ 的特征值只能为 0.

(2)由 $\boldsymbol{A}^2=\boldsymbol{E}$ 可得 $\lambda^2\boldsymbol{\alpha}=\boldsymbol{\alpha}$,而 $\boldsymbol{\alpha}\neq\boldsymbol{0}$,所以 $\lambda^2=1$ 即 $\lambda=\pm1$,亦即 $\boldsymbol{A}$ 的特征值只能为 1 或 -1.

8.设矩阵 $\boldsymbol{A}=\begin{bmatrix} a & -1 & c \\ 5 & b & 3 \\ 1-c & 0 & -a \end{bmatrix}$,其行列式 $|\boldsymbol{A}|=-1$,又 $\boldsymbol{A}$ 的伴随矩阵 $\boldsymbol{A}^*$ 有一个特征值 λ_0,属于 λ_0 的一个特征向量为 $\boldsymbol{\alpha}=(-1,-1,1)^\mathrm{T}$,求 a,b,c 和 λ_0 的值.

分析 尽管看上去要计算的参数较多,但如果能找到所给条件之间的联系,并转化为求方程组的解,问题就简单得多.根据题目条件,可以联想到以下公式和定义:

$$\boldsymbol{A}\boldsymbol{A}^*=|\boldsymbol{A}|\boldsymbol{E}; \quad \boldsymbol{A}^*\boldsymbol{\alpha}=\lambda_0\boldsymbol{\alpha},$$

继而得出方程组 $\lambda_0\boldsymbol{A}\boldsymbol{\alpha}=-\boldsymbol{\alpha}$.

解 根据题设可得

$$\boldsymbol{A}\boldsymbol{A}^*=|\boldsymbol{A}|\boldsymbol{E}=-\boldsymbol{E} \text{ 和 } \boldsymbol{A}^*\boldsymbol{\alpha}=\lambda_0\boldsymbol{\alpha}.$$

于是

$$\boldsymbol{A}\boldsymbol{A}^*\boldsymbol{\alpha}=\boldsymbol{A}(\lambda_0\boldsymbol{\alpha})=\lambda_0\boldsymbol{A}\boldsymbol{\alpha}.$$

又 $\boldsymbol{A}\boldsymbol{A}^*\boldsymbol{\alpha}=-\boldsymbol{E}\boldsymbol{\alpha}=-\boldsymbol{\alpha}$,所以 $\lambda_0\boldsymbol{A}\boldsymbol{\alpha}=-\boldsymbol{\alpha}$,即

$$\lambda_0\begin{bmatrix} a & -1 & c \\ 5 & b & 3 \\ 1-c & 0 & -a \end{bmatrix}\begin{bmatrix} -1 \\ -1 \\ 1 \end{bmatrix}=-\begin{bmatrix} -1 \\ -1 \\ 1 \end{bmatrix}.$$

由此可得

$$\begin{cases} \lambda_0(-a+1+c)=1, & (1) \\ \lambda_0(-5-b+3)=1, & (2) \\ \lambda_0(-1+c-a)=-1. & (3) \end{cases}$$

由(1)和(3)解得 $\lambda_0=1$.

将 $\lambda_0=1$ 代入(2)和(1),得 $b=-3, a=c$.

由 $|\boldsymbol{A}|=-1$ 和 $a=c$,有 $\begin{vmatrix} a & -1 & a \\ 5 & -3 & 3 \\ 1-a & 0 & -a \end{vmatrix}=a-3=-1$,故 $a=c=2$.

因此,$a=2,b=-3,c=2,\lambda_0=1$.

9.已知 $\boldsymbol{\xi}=\begin{bmatrix} 1 \\ 1 \\ -1 \end{bmatrix}$ 是矩阵 $\boldsymbol{A}=\begin{bmatrix} 2 & -1 & 2 \\ 5 & a & 3 \\ -1 & b & -2 \end{bmatrix}$ 的一个特征向量.

(1)试确定参数 a,b 及特征向量 $\boldsymbol{\xi}$ 所对应的特征值;

(2)问 $\boldsymbol{A}$ 能否相似于对角阵? 说明理由.

分析 设特征向量 $\boldsymbol{\xi}$ 所对应的特征值为 λ,则 $(\lambda\boldsymbol{E}-\boldsymbol{A})\boldsymbol{\xi}=\boldsymbol{0}$,这是一个含 λ、a 和 b 的方程组,由此可解出 λ、a 和 b. $\boldsymbol{A}$ 能否相似于对角阵取决于 $\boldsymbol{A}$ 是否存在 3 个线性无关的特征向量,这就要求出 $\boldsymbol{A}$ 的所有特征值及其对应的线性无关的特征向量的个数.

解 (1)由

$$(\lambda\boldsymbol{E}-\boldsymbol{A})\boldsymbol{\xi}=\begin{bmatrix} \lambda-2 & 1 & -2 \\ -5 & \lambda-a & -3 \\ 1 & -b & \lambda+2 \end{bmatrix}\begin{bmatrix} 1 \\ 1 \\ -1 \end{bmatrix}=\boldsymbol{0}, 即 \begin{cases} \lambda-2+1+2=0, \\ -5+\lambda-a+3=0, \\ 1-b-\lambda-2=0. \end{cases}$$

解得 $a=-3,b=0,\lambda=-1$.

(2)由 $\boldsymbol{A}=\begin{bmatrix} 2 & -1 & 2 \\ 5 & -3 & 3 \\ -1 & 0 & -2 \end{bmatrix}$,$|\lambda\boldsymbol{E}-\boldsymbol{A}|=\begin{vmatrix} \lambda-2 & 1 & -2 \\ -5 & \lambda+3 & -3 \\ 1 & 0 & \lambda+2 \end{vmatrix}=(\lambda+1)^3$ 知 $\lambda=-1$

是 $\boldsymbol{A}$ 的三重特征值. 但

$$r(-\boldsymbol{E}-\boldsymbol{A})=r\begin{vmatrix} -3 & 1 & -2 \\ -5 & 2 & -3 \\ 1 & 0 & 1 \end{vmatrix}=2,$$

从而 $\lambda=-1$ 对应的线性无关特征值只有一个,故 $\boldsymbol{A}$ 不能相似于对角阵.

10.已知矩阵 $\boldsymbol{A}=\begin{bmatrix} 1 & -1 & 1 \\ 2 & 4 & -2 \\ -3 & -3 & 5 \end{bmatrix}$.

(1)求 $\boldsymbol{A}$ 的特征值;

(2)求可逆矩阵 和对角阵 $\boldsymbol{C}$,使得 $\boldsymbol{P}^{-1}\boldsymbol{A}\boldsymbol{P}=\boldsymbol{C}$.

解 (1)由

$$|\lambda\boldsymbol{E}-\boldsymbol{A}|=\begin{vmatrix} \lambda-1 & 1 & -1 \\ -2 & \lambda-4 & 2 \\ 3 & 3 & \lambda-5 \end{vmatrix}=(\lambda-2)^2(\lambda-6)$$

可得 A 的特征值 $\lambda_1 = \lambda_2 = 2, \lambda_3 = 6$.

(2)对于 $\lambda_1 = \lambda_2 = 2$, 有

$$2E - A = \begin{pmatrix} 1 & 1 & -1 \\ -2 & -2 & 2 \\ 3 & 3 & -3 \end{pmatrix} \rightarrow \begin{pmatrix} 1 & 1 & -1 \\ 0 & 0 & 0 \\ 0 & 0 & 0 \end{pmatrix},$$

对应的特征向量为 $\boldsymbol{\alpha}_1 = (-1, 1, 0)^{\mathrm{T}}, \boldsymbol{\alpha}_2 = (1, 0, 1)^{\mathrm{T}}$.

对应 $\lambda_3 = 6$, 有

$$6E - A = \begin{pmatrix} 5 & 1 & -1 \\ -2 & 2 & 2 \\ 3 & 3 & 1 \end{pmatrix} \rightarrow \begin{pmatrix} 1 & -1 & -1 \\ 0 & 3 & 2 \\ 0 & 0 & 0 \end{pmatrix},$$

对应的特征向量为 $\boldsymbol{\alpha}_3 = (1, -2, 3)^{\mathrm{T}}$.

令

$$P = (\boldsymbol{\alpha}_1, \boldsymbol{\alpha}_2, \boldsymbol{\alpha}_3) = \begin{pmatrix} -1 & 1 & 1 \\ 1 & 0 & -2 \\ 0 & 1 & 3 \end{pmatrix},$$

则

$$P^{-1}AP = C = \begin{pmatrix} 2 & 0 & 0 \\ 0 & 2 & 0 \\ 0 & 0 & 6 \end{pmatrix}.$$

11. 设 $A = \begin{pmatrix} a & -1 & 1 \\ -1 & 0 & 1 \\ 1 & b & 0 \end{pmatrix}, \boldsymbol{\alpha} = \begin{pmatrix} -1 \\ -1 \\ 1 \end{pmatrix}$ 为 A 的属于特征值 -2 的特征向量.

(1)求 a, b 的值;

(2)求可逆矩阵 P 和对角矩阵 Q, 使得 $P^{-1}AP = Q$.

解 (1)由题设可知

$$\begin{pmatrix} a & -1 & 1 \\ -1 & 0 & 1 \\ 1 & b & 0 \end{pmatrix} \begin{pmatrix} -1 \\ -1 \\ 1 \end{pmatrix} = -2 \begin{pmatrix} -1 \\ -1 \\ 1 \end{pmatrix}, \ 即 \begin{pmatrix} 2-a \\ 2 \\ -1-b \end{pmatrix} = \begin{pmatrix} 2 \\ 2 \\ -2 \end{pmatrix},$$

于是 $a = 0, b = 1$.

(2)矩阵 A 的特征多项式为

$$|\lambda E - A| = \begin{vmatrix} \lambda & 1 & -1 \\ 1 & \lambda & -1 \\ -1 & -1 & \lambda \end{vmatrix} = (\lambda - 1)^2 (\lambda + 2),$$

于是 A 的特征值为 $\lambda_1 = \lambda_2 = 1, \lambda_3 = -2$.

当 $\lambda_1=\lambda_2=1$ 时,由方程组 $(E-A)x=0$,求得属于 1 的两个线性无关的特征向量

$$\boldsymbol{\xi}_1=\begin{pmatrix}-1\\1\\0\end{pmatrix},\quad \boldsymbol{\xi}_2=\begin{pmatrix}1\\0\\1\end{pmatrix}.$$

由题设,$\boldsymbol{\alpha}$ 为 A 的属于 -2 的特征向量,于是令

$$\boldsymbol{P}=(\boldsymbol{\alpha},\boldsymbol{\xi}_1,\boldsymbol{\xi}_2)=\begin{pmatrix}-1&-1&1\\-1&1&0\\1&0&1\end{pmatrix},\boldsymbol{Q}=\begin{pmatrix}-2&0&0\\0&1&0\\0&0&1\end{pmatrix}.$$

则 $\boldsymbol{P}^{-1}\boldsymbol{A}\boldsymbol{P}=\boldsymbol{Q}$,故 $\boldsymbol{P}$ 和 $\boldsymbol{Q}$ 为所求的矩阵.

12.已知 1 是矩阵 $\boldsymbol{A}=\begin{pmatrix}0&a&1\\1&1&-1\\1&0&0\end{pmatrix}$ 的二重特征值,(1)求 a 的值;(2)求可逆矩阵 $\boldsymbol{P}$

和对角矩阵 $\boldsymbol{Q}$ 使 $\boldsymbol{P}^{-1}\boldsymbol{A}\boldsymbol{P}=\boldsymbol{Q}$.

解 (1)设 $\boldsymbol{A}$ 的特征值为 $\lambda_1,\lambda_2,\lambda_3$,由题设知 $\lambda_1=\lambda_2=1$.

由 $\mathrm{tr}\boldsymbol{A}=\lambda_1+\lambda_2+\lambda_3=1$ 得 $\lambda_3=-1$.

由 $|\boldsymbol{A}|=\lambda_1\lambda_2\lambda_3$ 即 $-a-1=-1$ 得 $a=0$.

(2)当 $\lambda_1=\lambda_2=1$ 时,解线性方程组 $(E-A)x=0$,由

$$\boldsymbol{E}-\boldsymbol{A}=\begin{pmatrix}1&0&-1\\-1&0&1\\-1&0&1\end{pmatrix}\rightarrow\begin{pmatrix}1&0&-1\\0&0&0\\0&0&0\end{pmatrix},$$

得基础解系 $\boldsymbol{\alpha}_1=(0,1,0)^{\mathrm{T}},\boldsymbol{\alpha}_2=(1,0,1)^{\mathrm{T}}$.

当 $\lambda_3=-1$ 时,解线性方程组 $(-E-A)x=0$,由

$$-\boldsymbol{E}-\boldsymbol{A}=\begin{pmatrix}-1&0&-1\\-1&-2&1\\-1&0&-1\end{pmatrix}\rightarrow\begin{pmatrix}1&0&1\\0&1&-1\\0&0&0\end{pmatrix},$$

得基础解系 $\boldsymbol{\alpha}_3=(-1,1,1)^{\mathrm{T}}$.

令

$$\boldsymbol{P}=(\boldsymbol{\alpha}_1,\boldsymbol{\alpha}_2,\boldsymbol{\alpha}_3)=\begin{pmatrix}0&1&-1\\1&0&1\\0&1&1\end{pmatrix},\quad \boldsymbol{Q}=\begin{pmatrix}1&&\\&1&\\&&-1\end{pmatrix},$$

则 $\boldsymbol{P}^{-1}\boldsymbol{A}\boldsymbol{P}=\boldsymbol{Q}$.

13.设 3 阶矩阵 $\boldsymbol{A}$ 的特征值为 $1,1,-2$,对应的特征向量依次为

$$\boldsymbol{\alpha}_1=\begin{pmatrix}0\\1\\0\end{pmatrix},\boldsymbol{\alpha}_2=\begin{pmatrix}1\\0\\1\end{pmatrix},\boldsymbol{\alpha}_3=\begin{pmatrix}1\\0\\-1\end{pmatrix}.$$

(1)求矩阵 A；

(2)求 A^{2009}.

解　(1)因为 A 有三个完全不同的特征值，所以 A 可对角化.

令 $P=(\alpha_1,\alpha_2,\alpha_3)$，则

$$P^{-1}AP=\Lambda=\begin{pmatrix} 1 & 0 & 0 \\ 0 & 1 & 0 \\ 0 & 0 & -2 \end{pmatrix},$$

即 $A=P\Lambda P^{-1}$.

利用初等行变换求 P^{-1}，有

$$(P \mid E)=\begin{pmatrix} 0 & 1 & 1 & 1 & 0 & 0 \\ 1 & 0 & 0 & 0 & 1 & 0 \\ 0 & 1 & -1 & 0 & 0 & 1 \end{pmatrix} \rightarrow \begin{pmatrix} 1 & 0 & 0 & 0 & 1 & 0 \\ 0 & 1 & 1 & 1 & 0 & 0 \\ 0 & 1 & -1 & 0 & 0 & 1 \end{pmatrix}$$

$$\rightarrow \begin{pmatrix} 1 & 0 & 0 & 0 & 1 & 0 \\ 0 & 1 & 1 & 1 & 0 & 0 \\ 0 & 0 & -2 & -1 & 0 & 1 \end{pmatrix} \rightarrow \begin{pmatrix} 1 & 0 & 0 & 0 & 1 & 0 \\ 0 & 1 & 0 & \dfrac{1}{2} & 0 & \dfrac{1}{2} \\ 0 & 0 & 1 & \dfrac{1}{2} & 0 & -\dfrac{1}{2} \end{pmatrix},$$

即 $P^{-1}=\begin{pmatrix} 0 & 1 & 0 \\ \dfrac{1}{2} & 0 & \dfrac{1}{2} \\ \dfrac{1}{2} & 0 & -\dfrac{1}{2} \end{pmatrix}$，于是

$$A=P\Lambda P^{-1}=\begin{pmatrix} 0 & 1 & 1 \\ 1 & 0 & 0 \\ 0 & 1 & -1 \end{pmatrix}\begin{pmatrix} 1 & 0 & 0 \\ 0 & 1 & 0 \\ 0 & 0 & -2 \end{pmatrix}\begin{pmatrix} 0 & 1 & 0 \\ \dfrac{1}{2} & 0 & \dfrac{1}{2} \\ \dfrac{1}{2} & 0 & -\dfrac{1}{2} \end{pmatrix}=\begin{pmatrix} -\dfrac{1}{2} & 0 & \dfrac{3}{2} \\ 0 & 1 & 0 \\ \dfrac{3}{2} & 0 & -\dfrac{1}{2} \end{pmatrix}.$$

(2) $A^{2009}=(P\Lambda P^{-1})^{2009}=\underbrace{(P\Lambda P^{-1})(P\Lambda P^{-1})\cdots(P\Lambda P^{-1})}_{2009个}=P\Lambda^{2009}P^{-1}$

$$=\begin{pmatrix} 0 & 1 & 1 \\ 1 & 0 & 0 \\ 0 & 1 & -1 \end{pmatrix}\begin{pmatrix} 1 & 0 & 0 \\ 0 & 1 & 0 \\ 0 & 0 & -2^{2009} \end{pmatrix}\begin{pmatrix} 0 & 1 & 0 \\ \dfrac{1}{2} & 0 & \dfrac{1}{2} \\ \dfrac{1}{2} & 0 & -\dfrac{1}{2} \end{pmatrix}$$

$$= \begin{vmatrix} \dfrac{1}{2}-2^{2008} & 0 & \dfrac{1}{2}+2^{2008} \\ 0 & 1 & 0 \\ \dfrac{1}{2}+2^{2008} & 0 & \dfrac{1}{2}-2^{2008} \end{vmatrix}.$$

14. 设矩阵 $\boldsymbol{A}=\begin{vmatrix} 1 & 2 & 0 \\ 2 & 1 & 0 \\ 0 & 0 & -1 \end{vmatrix}$.

(1) 求可逆矩阵 $\boldsymbol{P}$ 和对角矩阵 $\boldsymbol{\Lambda}$,使得 $\boldsymbol{P}^{-1}\boldsymbol{A}\boldsymbol{P}=\boldsymbol{\Lambda}$;

(2) 求 $\boldsymbol{A}^{101}$.

解　(1) 由题设,

$$|\lambda\boldsymbol{E}-\boldsymbol{A}| = \begin{vmatrix} \lambda-1 & -2 & 0 \\ -2 & \lambda-1 & 0 \\ 0 & 0 & \lambda+1 \end{vmatrix} = (\lambda+1)^2(\lambda-3),$$

得 $\boldsymbol{A}$ 的特征值为 $\lambda_1=3,\lambda_2=\lambda_3=-1$.

当 $\lambda_1=3$ 时,解方程组 $(3\boldsymbol{E}-\boldsymbol{A})\boldsymbol{x}=\boldsymbol{0}$,得 $\lambda_1=3$ 对应的一个特征向量 $\boldsymbol{p}_1=\begin{vmatrix} 1 \\ 1 \\ 0 \end{vmatrix}$.

当 $\lambda_2=\lambda_3=-1$ 时,解方程组 $(-\boldsymbol{E}-\boldsymbol{A})\boldsymbol{x}=\boldsymbol{0}$,得 $\lambda_2=\lambda_3=-1$ 对应的两个线性无关的特征向量 $\boldsymbol{p}_2=\begin{vmatrix} -1 \\ 1 \\ 0 \end{vmatrix},\boldsymbol{p}_3=\begin{vmatrix} 0 \\ 0 \\ 1 \end{vmatrix}$.

令 $\boldsymbol{P}=(\boldsymbol{p}_1,\boldsymbol{p}_2,\boldsymbol{p}_3)=\begin{vmatrix} 1 & -1 & 0 \\ 1 & 1 & 0 \\ 0 & 0 & 1 \end{vmatrix},\boldsymbol{\Lambda}=\begin{vmatrix} 3 & 0 & 0 \\ 0 & -1 & 0 \\ 0 & 0 & -1 \end{vmatrix}$,则 $\boldsymbol{P}^{-1}\boldsymbol{A}\boldsymbol{P}=\boldsymbol{\Lambda}$.

(2) 由 (1) 得 $\boldsymbol{A}=\boldsymbol{P}\begin{vmatrix} 3 & 0 & 0 \\ 0 & -1 & 0 \\ 0 & 0 & -1 \end{vmatrix}\boldsymbol{P}^{-1}$,所以

$$\boldsymbol{A}^{101}=\boldsymbol{P}\begin{vmatrix} 3 & 0 & 0 \\ 0 & -1 & 0 \\ 0 & 0 & -1 \end{vmatrix}^{101}\boldsymbol{P}^{-1}=\begin{vmatrix} 1 & -1 & 0 \\ 1 & 1 & 0 \\ 0 & 0 & 1 \end{vmatrix}\begin{vmatrix} 3^{101} & & \\ & -1 & \\ & & -1 \end{vmatrix}\begin{vmatrix} \dfrac{1}{2} & \dfrac{1}{2} & 0 \\ -\dfrac{1}{2} & \dfrac{1}{2} & 0 \\ 0 & 0 & 1 \end{vmatrix}$$

$$
= \begin{pmatrix} \dfrac{3^{101}-1}{2} & \dfrac{3^{101}+1}{2} & 0 \\[2mm] \dfrac{3^{101}-1}{2} & \dfrac{3^{101}-1}{2} & 0 \\[2mm] 0 & 0 & -1 \end{pmatrix}.
$$

15.设 $\boldsymbol{A} = \begin{pmatrix} 0 & 0 & 1 \\ x & 1 & y \\ 1 & 0 & 0 \end{pmatrix}$ 有三个线性无关的特征向量,求 x 和 y 应满足的条件.

分析 首先应求出 $\boldsymbol{A}$ 的特征值 $\lambda_i(i=1,2,3)$,然后判定齐次方程组 $(\lambda_i\boldsymbol{E}-\boldsymbol{A})\boldsymbol{X}=\boldsymbol{0}$ 基础解系的个数,注意属于不同特征值的特征向量线性无关.

解 解特征方程
$$
|\lambda\boldsymbol{E}-\boldsymbol{A}| = \lambda^3 - \lambda^2 - \lambda + 1 = (\lambda-1)^2(\lambda+1) = 0
$$
得特征值 $\lambda_1=1$(二重), $\lambda_2=-1$.

欲使 $\lambda_1=1$ 有两个线性无关的特征向量,矩阵
$$
1 \cdot \boldsymbol{E} - \boldsymbol{A} = \begin{pmatrix} 1 & 0 & -1 \\ -x & 0 & -y \\ -1 & 0 & 1 \end{pmatrix} \rightarrow \begin{pmatrix} 1 & 0 & -1 \\ -x & 0 & -y \\ 0 & 0 & 0 \end{pmatrix}
$$
的秩必须等于 1,故 $\begin{vmatrix} 1 & -1 \\ -x & -y \end{vmatrix} = -y - x = 0$,于是得 $x+y=0$.

因为不同特征值所对应的特征向量线性无关,所以矩阵 $\boldsymbol{A}$ 要有三个线性无关的特征向量,必须满足条件 $x+y=0$.

注 本题主要考查两个重要知识点:①不同特征值对应的特征向量线性无关.②三阶矩阵要有三个线性无关特征向量,则重特征值时,对应的线性无关特征向量的个数必须等于特征值的重数.相应的特征矩阵的秩 $r(\lambda\boldsymbol{E}-\boldsymbol{A})=n-$ 特征值的重数.

16.已知矩阵 $\boldsymbol{A} = \begin{pmatrix} 0 & 2 & 1 \\ 0 & 1 & 0 \\ 1 & a & 0 \end{pmatrix}$ 相似于对角矩阵.

(1)求 a 的值;

(2)求可逆矩阵 $\boldsymbol{P}$ 和对角矩阵 $\boldsymbol{\Lambda}$,使得 $\boldsymbol{P}^{-1}\boldsymbol{A}\boldsymbol{P}=\boldsymbol{\Lambda}$.

解 (1)由 $\boldsymbol{A}$ 的特征多项式
$$
|\lambda\boldsymbol{E}-\boldsymbol{A}| = \begin{vmatrix} \lambda & -2 & -1 \\ 0 & \lambda-1 & 0 \\ -1 & -a & \lambda \end{vmatrix} = (\lambda-1)^2(\lambda+1),
$$
得特征值 $\lambda_1=\lambda_2=1, \lambda_3=-1$.

因为 $\boldsymbol{A}$ 相似于对角矩阵,$\lambda_1=\lambda_2=1$ 为二重特征值,所以 $r(\boldsymbol{E}-\boldsymbol{A})=1$,又

$$\boldsymbol{E}-\boldsymbol{A}=\begin{pmatrix} 1 & -2 & -1 \\ 0 & 0 & 0 \\ -1 & -a & 1 \end{pmatrix} \rightarrow \begin{pmatrix} 1 & -2 & -1 \\ 0 & a+2 & 0 \\ 0 & 0 & 0 \end{pmatrix},$$

于是 $a=-2$.

(2)当 $\lambda_1=\lambda_2=1$ 时,由 $(\boldsymbol{E}-\boldsymbol{A})\boldsymbol{x}=\boldsymbol{0}$ 可求得属于特征值 1 的两个线性无关的特征向

量为 $\boldsymbol{\alpha}_1=\begin{pmatrix} 2 \\ 1 \\ 0 \end{pmatrix}, \boldsymbol{\alpha}_2=\begin{pmatrix} 1 \\ 0 \\ 1 \end{pmatrix}$.

当 $\lambda_3=-1$ 时,由 $(-\boldsymbol{E}-\boldsymbol{A})\boldsymbol{x}=\boldsymbol{0}$ 可求得属于特征值 -1 的一个特征向量为 $\boldsymbol{\alpha}_3$

$=\begin{pmatrix} -1 \\ 0 \\ 1 \end{pmatrix}$.

令 $\boldsymbol{P}=(\boldsymbol{\alpha}_1,\boldsymbol{\alpha}_2,\boldsymbol{\alpha}_3)=\begin{pmatrix} 2 & 1 & -1 \\ 1 & 0 & 0 \\ 0 & 1 & 1 \end{pmatrix}$,则 $\boldsymbol{P}^{-1}\boldsymbol{A}\boldsymbol{P}=\boldsymbol{\Lambda}=\begin{pmatrix} 1 & & \\ & 1 & \\ & & -1 \end{pmatrix}$.

17.设矩阵 $\boldsymbol{A}$ 与 $\boldsymbol{B}$ 相似,且

$$\boldsymbol{A}=\begin{pmatrix} 1 & -2 & -4 \\ -2 & x & -2 \\ -4 & -2 & 1 \end{pmatrix}, \qquad \boldsymbol{B}=\begin{pmatrix} 5 & & \\ & y & \\ & & -4 \end{pmatrix},$$

(1)求 x,y 的值;

(2)求可逆矩阵 $\boldsymbol{P}$,使 $\boldsymbol{P}^{-1}\boldsymbol{A}\boldsymbol{P}=\boldsymbol{B}$.

解　(1)因为 $\boldsymbol{A}\sim\boldsymbol{B}$,所以 $\boldsymbol{A},\boldsymbol{B}$ 有相同的行列式和迹,即

$$2+x=1+y \text{ 和 } |\boldsymbol{A}|=-15x-40=-20y=|\boldsymbol{B}|,$$

由此可得 $x=4,y=5$.

(2)由(1)知,

$$\boldsymbol{A}=\begin{pmatrix} 1 & -2 & -4 \\ -2 & 4 & -2 \\ -4 & -2 & 1 \end{pmatrix}, \qquad \boldsymbol{B}=\begin{pmatrix} 5 & & \\ & 5 & \\ & & -4 \end{pmatrix}.$$

计算得 $\boldsymbol{A}$ 的特征值为 $\lambda_1=\lambda_2=5$ 和 $\lambda_3=-4$.

当 $\lambda_1=\lambda_2=5$ 时,得两个线性无关的特征向量 $\boldsymbol{\alpha}_1=(-1,2,0)^{\mathrm{T}},\boldsymbol{\alpha}_2=(-1,0,1)^{\mathrm{T}}$.

当 $\lambda_3=-4$ 时,可得它的一个特征向量 $\boldsymbol{\alpha}_3=(2,1,2)^{\mathrm{T}}$.

令

$$P=(\pmb{\alpha}_1,\pmb{\alpha}_2,\pmb{\alpha}_3)=\begin{pmatrix}-1 & -1 & 2\\ 2 & 0 & 1\\ 0 & 1 & 2\end{pmatrix},$$

则满足 $\pmb{P}^{-1}\pmb{A}\pmb{P}=\pmb{B}$.

18. 已知 $\pmb{A}=\begin{pmatrix}13 & 14 & 4\\ 14 & 24 & 18\\ 4 & 18 & 29\end{pmatrix}$，求满足 $\pmb{X}^2=\pmb{A}$ 的矩阵 $\pmb{X}$.

解 由

$$|\lambda\pmb{E}-\pmb{A}|=\begin{vmatrix}\lambda-13 & -14 & -4\\ -14 & \lambda-24 & -18\\ -4 & -18 & \lambda-29\end{vmatrix}=(\lambda-1)(\lambda-16)(\lambda-49)=0$$

解得 $\pmb{A}$ 的特征值 $\lambda_1=1,\lambda_2=16,\lambda_3=49$.

对于 $\lambda_1=1$，解齐次线性方程组 $(1\pmb{E}-\pmb{A})\pmb{x}=\pmb{0}$ 得一个基础解系

$$\pmb{\alpha}_1=(2,-2,1)^{\mathrm{T}};$$

对于 $\lambda_2=16$，解齐次线性方程组 $(16\pmb{E}-\pmb{A})\pmb{x}=\pmb{0}$ 得一个基础解系

$$\pmb{\alpha}_2=(2,1,-2)^{\mathrm{T}};$$

对于 $\lambda_3=49$，解齐次线性方程组 $(49\pmb{E}-\pmb{A})\pmb{x}=\pmb{0}$ 得一个基础解系

$$\pmb{\alpha}_3=(1,2,2)^{\mathrm{T}}.$$

取

$$\pmb{P}=(\pmb{\alpha}_1,\pmb{\alpha}_2,\pmb{\alpha}_3)=\begin{pmatrix}2 & 2 & 1\\ -2 & 1 & 2\\ 1 & -2 & 2\end{pmatrix},$$

则

$$\pmb{P}^{-1}\pmb{A}\pmb{P}=\begin{pmatrix}1 & & \\ & 16 & \\ & & 49\end{pmatrix},\ 即\ \pmb{A}=\pmb{P}\begin{pmatrix}1 & & \\ & 16 & \\ & & 49\end{pmatrix}\pmb{P}^{-1}.$$

要使 $\pmb{X}^2=\pmb{A}$，只要取

$$\pmb{Z}=\pmb{P}\begin{pmatrix}\pm1 & & \\ & \pm4 & \\ & & \pm7\end{pmatrix}\pmb{P}^{-1}$$

$$=\begin{pmatrix}2 & 2 & 1\\ -2 & 1 & 2\\ 1 & -2 & 2\end{pmatrix}\begin{pmatrix}\pm1 & & \\ & \pm4 & \\ & & \pm7\end{pmatrix}\frac{1}{9}\begin{pmatrix}2 & -2 & 1\\ 2 & 1 & -2\\ 1 & 2 & 2\end{pmatrix}$$

$$= \begin{bmatrix} \pm 3 & \pm 2 & 0 \\ \pm 2 & \pm 4 & \pm 2 \\ 0 & \pm 2 & \pm 5 \end{bmatrix}.$$

19. 设 $P = (\alpha_1, \alpha_2, \alpha_3)$ 为 3 阶可矩阵，方阵 A 满足 $A\alpha_1 = \alpha_1 + \alpha_3$，$A\alpha_2 = -\alpha_1 + 2\alpha_2 + \alpha_3$，$A\alpha_3 = 2\alpha_3$.

(1) 求 $P^{-1}AP$；

(2) 证明 A 可相似对角化.

解 (1) 由题设得

$$A(\alpha_1, \alpha_2, \alpha_3) = (\alpha_1, \alpha_2, \alpha_3) \begin{bmatrix} 1 & -1 & 0 \\ 0 & 2 & 0 \\ 1 & 1 & 2 \end{bmatrix},$$

即 $AP = P \begin{bmatrix} 1 & -1 & 0 \\ 0 & 2 & 0 \\ 1 & 1 & 2 \end{bmatrix}.$

因为 P 可逆，所以 $P^{-1}AP = \begin{bmatrix} 1 & -1 & 0 \\ 0 & 2 & 0 \\ 1 & 1 & 2 \end{bmatrix}.$

(2) 由(1)可知，矩阵 A 与矩阵 $B = \begin{bmatrix} 1 & -1 & 0 \\ 0 & 2 & 0 \\ 1 & 1 & 2 \end{bmatrix}$ 相似.

由于 $|\lambda E - B| = (\lambda - 1)(\lambda - 2)^2$，所以矩阵的特征值为 $\lambda_1 = 1$，$\lambda_2 = \lambda_3 = 2$.

对于二重特征值 2，$r(2E - B) = 1$.

综上，矩阵有 3 个线性无关的特征向量，故矩阵可相似对角化，于是矩阵 A 可相似对角化.

20. 设矩阵 A 的特征值都为 ± 1，且 A 可对角化，证明：$A^2 = E$.

证 因为 A 可对角化且 A 的特征值都为 ± 1，所以存在可逆矩阵 P，使得 $P^{-1}AP = \Lambda$，其中 Λ 为对角阵且主对角线的元素为 1 或 -1. 于是 $\Lambda^2 = E$，而

$$A^2 = P\Lambda P^{-1} P\Lambda P^{-1} = P\Lambda^2 P^{-1} = PEP^{-1} = E.$$

21. 已知三维向量 $\alpha_1 = (1, 2, 3)^T$，试求非零向量 α_2, α_3 使得 $\alpha_1, \alpha_2, \alpha_3$ 成为正交向量组.

解 设 $\alpha = (x_1, x_2, x_3)^T$，若 α 与 α_1 正交，则

$$x_1 + 2x_2 + 3x_3 = 0,$$

求 α_2, α_3 即是求解上述方程的基础解系，然后将其正交化.

令 $\begin{bmatrix} x_2 \\ x_3 \end{bmatrix}$ 依次取 $\begin{pmatrix} 1 \\ 0 \end{pmatrix}$，$\begin{pmatrix} 0 \\ 1 \end{pmatrix}$ 可得基础解系

$$\boldsymbol{\beta}_2 = (-2, 1, 0)^\mathrm{T}, \boldsymbol{\beta}_3 = (-3, 0, 1)^\mathrm{T}.$$

由施密特正交化方法，令

$$\boldsymbol{\alpha}_2 = \boldsymbol{\beta}_2 = (-2, 1, 0)^\mathrm{T},$$

$$\boldsymbol{\alpha}_3 = \boldsymbol{\beta}_3 - \frac{(\boldsymbol{\beta}_3, \boldsymbol{\alpha}_2)}{(\boldsymbol{\alpha}_2, \boldsymbol{\alpha}_2)} \boldsymbol{\alpha}_2 = (-3, 0, 1)^\mathrm{T} - \frac{6}{5}(-2, 1, 0)^\mathrm{T} = \frac{1}{5}(-3, -6, 5)^\mathrm{T}.$$

22. 利用施密特方法求与下列向量组等价的标准正交向量组：

(1) $\boldsymbol{\alpha}_1 = (2, 1, 3, -1)^\mathrm{T}, \boldsymbol{\alpha}_2 = (7, 4, 3, -3)^\mathrm{T}, \boldsymbol{\alpha}_3 = (1, 1, -6, 0)^\mathrm{T}.$

解 根据施密特正交化方法，先将 $\boldsymbol{\alpha}_1, \boldsymbol{\alpha}_2, \boldsymbol{\alpha}_3$ 正交化：

$$\boldsymbol{\beta}_1 = \boldsymbol{\alpha}_1 = (2, 1, 3, -1)^\mathrm{T},$$

$$\boldsymbol{\beta}_2 = \boldsymbol{\alpha}_2 - \frac{(\boldsymbol{\alpha}_2, \boldsymbol{\beta}_1)}{(\boldsymbol{\beta}_1, \boldsymbol{\beta}_1)} \boldsymbol{\beta}_1 = (3, 2, -3, -1)^\mathrm{T},$$

$$\boldsymbol{\beta}_3 = \boldsymbol{\alpha}_3 - \frac{(\boldsymbol{\alpha}_3, \boldsymbol{\beta}_1)}{(\boldsymbol{\beta}_1, \boldsymbol{\beta}_1)} \boldsymbol{\beta}_1 - \frac{(\boldsymbol{\alpha}_3, \boldsymbol{\beta}_2)}{(\boldsymbol{\beta}_2, \boldsymbol{\beta}_2)} \boldsymbol{\beta}_2 = (0, 0, 0, 0)^\mathrm{T}.$$

再将 $\boldsymbol{\beta}_1, \boldsymbol{\beta}_2, \boldsymbol{\beta}_3$ 单位化：

$$\boldsymbol{\eta}_1 = \frac{\boldsymbol{\beta}_1}{\|\boldsymbol{\beta}_1\|} = \frac{1}{\sqrt{15}}(2, 1, 3, -1)^\mathrm{T},$$

$$\boldsymbol{\eta}_2 = \frac{\boldsymbol{\beta}_2}{\|\boldsymbol{\beta}_2\|} = \frac{1}{\sqrt{23}}(3, 2, -3, -1)^\mathrm{T},$$

$$\boldsymbol{\eta}_3 = \frac{\boldsymbol{\beta}_3}{\|\boldsymbol{\beta}_3\|} = (0, 0, 0, 0)^\mathrm{T}.$$

则 $\boldsymbol{\eta}_1, \boldsymbol{\eta}_2, \boldsymbol{\eta}_3$ 即为所求.

(2) $\boldsymbol{\alpha}_1 = (0, 1, -1)^\mathrm{T}, \boldsymbol{\alpha}_2 = (1, 0, 0)^\mathrm{T}, \boldsymbol{\alpha}_3 = (1, 1, 1)^\mathrm{T}.$

解 根据施密特正交化方法，先将 $\boldsymbol{\alpha}_1, \boldsymbol{\alpha}_2, \boldsymbol{\alpha}_3$ 正交化：

$$\boldsymbol{\beta}_1 = \boldsymbol{\alpha}_1 = (0, 1, -1)^\mathrm{T},$$

$$\boldsymbol{\beta}_2 = \boldsymbol{\alpha}_2 - \frac{(\boldsymbol{\alpha}_2, \boldsymbol{\beta}_1)}{(\boldsymbol{\beta}_1, \boldsymbol{\beta}_1)} \boldsymbol{\beta}_1 = (1, 0, 0)^\mathrm{T},$$

$$\boldsymbol{\beta}_3 = \boldsymbol{\alpha}_3 - \frac{(\boldsymbol{\alpha}_3, \boldsymbol{\beta}_1)}{(\boldsymbol{\beta}_1, \boldsymbol{\beta}_1)} \boldsymbol{\beta}_1 - \frac{(\boldsymbol{\alpha}_3, \boldsymbol{\beta}_2)}{(\boldsymbol{\beta}_2, \boldsymbol{\beta}_2)} \boldsymbol{\beta}_2 = (0, 1, 1)^\mathrm{T}.$$

再将 $\boldsymbol{\beta}_1, \boldsymbol{\beta}_2, \boldsymbol{\beta}_3$ 单位化：

$$\boldsymbol{\eta}_1 = \frac{\boldsymbol{\beta}_1}{\|\boldsymbol{\beta}_1\|} = \frac{1}{\sqrt{2}}(0, 1, -1)^\mathrm{T},$$

$$\boldsymbol{\eta}_2 = \frac{\boldsymbol{\beta}_2}{\|\boldsymbol{\beta}_2\|} = (1, 0, 0)^\mathrm{T},$$

$$\boldsymbol{\eta}_3=\frac{\boldsymbol{\beta}_3}{\|\boldsymbol{\beta}_3\|}=\frac{1}{\sqrt{2}}(0,\ 1,\ 1)^{\mathrm{T}}.$$

则 $\boldsymbol{\eta}_1,\boldsymbol{\eta}_2,\boldsymbol{\eta}_3$ 即为所求.

23.判断下列矩阵是否是正交矩阵：

$$(1)\begin{pmatrix}1&-\frac{1}{2}&\frac{1}{3}\\-\frac{1}{2}&1&\frac{1}{2}\\\frac{1}{3}&\frac{1}{2}&-1\end{pmatrix};\qquad(2)\begin{pmatrix}\frac{1}{2}&\frac{1}{2}&\frac{1}{2}&\frac{1}{2}\\\frac{1}{2}&\frac{1}{2}&-\frac{1}{2}&-\frac{1}{2}\\\frac{1}{2}&-\frac{1}{2}&\frac{1}{2}&-\frac{1}{2}\\\frac{1}{2}&-\frac{1}{2}&-\frac{1}{2}&\frac{1}{2}\end{pmatrix}.$$

解 (1)由于 $1^2+\left(-\frac{1}{2}\right)^2+\left(\frac{1}{3}\right)^2=\frac{49}{36}\neq1$，即矩阵的第一个行向量不是单位向量，故所给的矩阵不是正交阵.

(2)设所给矩阵为 $\boldsymbol{Q}$，显然 $\boldsymbol{Q}$ 为对称阵，由正交矩阵的定义验证. 由于

$$\boldsymbol{Q}^{\mathrm{T}}\boldsymbol{Q}=\boldsymbol{Q}^2=\begin{pmatrix}\frac{1}{2}&\frac{1}{2}&\frac{1}{2}&\frac{1}{2}\\\frac{1}{2}&\frac{1}{2}&-\frac{1}{2}&-\frac{1}{2}\\\frac{1}{2}&-\frac{1}{2}&\frac{1}{2}&-\frac{1}{2}\\\frac{1}{2}&-\frac{1}{2}&-\frac{1}{2}&\frac{1}{2}\end{pmatrix}\begin{pmatrix}\frac{1}{2}&\frac{1}{2}&\frac{1}{2}&\frac{1}{2}\\\frac{1}{2}&\frac{1}{2}&-\frac{1}{2}&-\frac{1}{2}\\\frac{1}{2}&-\frac{1}{2}&\frac{1}{2}&-\frac{1}{2}\\\frac{1}{2}&-\frac{1}{2}&-\frac{1}{2}&\frac{1}{2}\end{pmatrix}=\boldsymbol{E},$$

故所给的矩阵是正交阵.

24.若 $\boldsymbol{A}$ 与 $\boldsymbol{B}$ 是正交矩阵，证明 $\begin{pmatrix}\boldsymbol{A}&\boldsymbol{O}\\\boldsymbol{O}&\boldsymbol{B}\end{pmatrix}$ 也是正交矩阵.

证 因为 $\boldsymbol{A}$ 与 $\boldsymbol{B}$ 是正交矩阵，则 $\boldsymbol{A}^{\mathrm{T}}\boldsymbol{A}=\boldsymbol{E},\ \boldsymbol{B}^{\mathrm{T}}\boldsymbol{B}=\boldsymbol{E}$，而

$$\begin{pmatrix}\boldsymbol{A}&\boldsymbol{O}\\\boldsymbol{O}&\boldsymbol{B}\end{pmatrix}^{\mathrm{T}}\begin{pmatrix}\boldsymbol{A}&\boldsymbol{O}\\\boldsymbol{O}&\boldsymbol{B}\end{pmatrix}=\begin{pmatrix}\boldsymbol{A}^{\mathrm{T}}&\boldsymbol{O}\\\boldsymbol{O}&\boldsymbol{B}^{\mathrm{T}}\end{pmatrix}\begin{pmatrix}\boldsymbol{A}&\boldsymbol{O}\\\boldsymbol{O}&\boldsymbol{B}\end{pmatrix}=\begin{pmatrix}\boldsymbol{A}^{\mathrm{T}}\boldsymbol{A}&\boldsymbol{O}\\\boldsymbol{O}&\boldsymbol{B}^{\mathrm{T}}\boldsymbol{B}\end{pmatrix}=\boldsymbol{E},$$

所以 $\begin{pmatrix}\boldsymbol{A}&\boldsymbol{O}\\\boldsymbol{O}&\boldsymbol{B}\end{pmatrix}$ 也是正交矩阵.

25.若 $\boldsymbol{A}$ 为实对称矩阵，且 $\boldsymbol{A}^2+6\boldsymbol{A}+8\boldsymbol{E}=\boldsymbol{O}$，证明 $\boldsymbol{A}+3\boldsymbol{E}$ 是正交矩阵.

证 由于

$$(\boldsymbol{A}+3\boldsymbol{E})^{\mathrm{T}}(\boldsymbol{A}+3\boldsymbol{E})=(\boldsymbol{A}^{\mathrm{T}}+3\boldsymbol{E})(\boldsymbol{A}+3\boldsymbol{E})=\boldsymbol{A}^{\mathrm{T}}\boldsymbol{A}+6\boldsymbol{A}+8\boldsymbol{E}+\boldsymbol{E}$$
$$=\boldsymbol{A}^2+6\boldsymbol{A}+8\boldsymbol{E}+\boldsymbol{E}=\boldsymbol{E},$$

所以 $A+3E$ 是正交矩阵.

26.试证反对称实矩阵的特征值是零或纯虚数.

证 设 A 是反对称矩阵, λ 是它任一特征值.则有 $\overline{A}=A, A^{\mathrm{T}}=-A$, 而

$$\overline{\alpha}^{\mathrm{T}}(A\alpha)=-\overline{\alpha}^{\mathrm{T}}A^{\mathrm{T}}\alpha=-(A\overline{\alpha})^{\mathrm{T}}\alpha=-(\overline{A\alpha})^{\mathrm{T}}\alpha,$$

上式左边为 $\lambda\overline{\alpha}^{\mathrm{T}}\alpha$, 右边为 $-\overline{\lambda}\overline{\alpha}^{\mathrm{T}}\alpha$, 故 $\lambda\overline{\alpha}^{\mathrm{T}}\alpha=-\overline{\lambda}\overline{\alpha}^{\mathrm{T}}\alpha$, 从而 $\lambda=-\overline{\lambda}$. 由此说明 λ 是零或纯虚数.

27.设 A, B 和 $A+B$ 都是 n 阶正交矩阵, 证明 $(A+B)^{-1}=A^{-1}+B^{-1}$.

证 根据正交矩阵的性质, 有

$$(A+B)^{-1}=(A+B)^{\mathrm{T}}=A^{\mathrm{T}}+B^{\mathrm{T}}=A^{-1}+B^{-1}.$$

28.设 λ 是 n 阶正交阵 A 的特征值, 证明: $\dfrac{1}{\lambda}$ 也是 A 的特征值.

证 由 A 为正交阵知 $A^{-1}=A^{\mathrm{T}}$, 又由 λ 是 A 的特征值知 $\dfrac{1}{\lambda}$ 是 A^{-1} 的特征值, 故也是 A^{T} 的特征值. 而任意矩阵 A 与 A^{T} 有相同的特征值, 故可知 $\dfrac{1}{\lambda}$ 也是 A 的特征值.

29.(1)若 A, B 都是正交矩阵, 且 $\dfrac{|A|}{|B|}=-1$, 试证: $r[(A+B)^*]\leqslant 1$.

(2)若 A 是正交矩阵, 且 $|A|=-1$, 试证: $A+E$ 不可逆.

(3)若 A, B 都是正交矩阵, $|A|+|B|=0$, 试证: $|A+B|=0$.

证 (1)由 A, B 是正交矩阵可知 AB^{-1} 也是正交矩阵. 再由 $|AB^{-1}|=\dfrac{|A|}{|B|}=-1$ 及正交矩阵的性质知 -1 为 AB^{-1} 的特征值, 即

$$|-E-AB^{-1}|=0. \tag{*}$$

又

$$|-E-AB^{-1}|=|-B-A||B^{-1}|=(-1)^n|B^{-1}||A+B|.$$

由 B 正定知 $|B|\neq 0$, 即得 $(-1)^n|B^{-1}|\neq 0$, 从而由 $(*)$ 式得 $|A+B|=0$, 由此知 $r(A+B)\leqslant n-1$. 再由伴随矩阵的性质就得: $r[(A+B)^*]\leqslant 1$.

(2)由 A 是正交矩阵, 且 $|A|=-1$ 知 A 有特征值 -1, 即 $|-E-A|=0$, 从而 $|A+E|=0$, 故 $A+E$ 不可逆.

(3)由 A, B 都是正交矩阵, 且 $|A|+|B|=0$ 知 $\dfrac{|A|}{|B|}=-1$, 由(1)的证明可知有 $|A+B|=0$.

30.求正交矩阵 Q, 使 $Q^{-1}AQ$ 为对角矩阵:

$(1)A=\begin{bmatrix} 2 & 0 & 0 \\ 0 & 3 & 2 \\ 0 & 2 & 3 \end{bmatrix}.$

解 A 的特征多项式为

$$|\lambda E - A| = \begin{vmatrix} \lambda-2 & 0 & 0 \\ 0 & \lambda-3 & -2 \\ 0 & -2 & \lambda-3 \end{vmatrix} = (\lambda-1)(\lambda-2)(\lambda-5),$$

所以 A 的特征值为 $\lambda_1 = 1, \lambda_2 = 2, \lambda_3 = 5$.

当 $\lambda_1 = 1$ 时，对应的特征向量为 $\alpha_1 = (0, -1, 1)^T$，将 α_1 单位化，得

$$\eta_1 = \frac{1}{\|\alpha_1\|}\alpha_1 = \left(0, -\frac{\sqrt{2}}{2}, \frac{\sqrt{2}}{2}\right)^T.$$

当 $\lambda_2 = 2$ 时，对应的特征向量为 $\alpha_2 = (1, 0, 0)^T$，将 α_2 单位化，得

$$\eta_2 = \frac{1}{\|\alpha_2\|}\alpha_2 = (1, 0, 0)^T,$$

当 $\lambda_3 = 5$ 时，对应的特征向量为 $\alpha_3 = (0, 1, 1)^T$. 将 α_3 单位化，得

$$\eta_3 = \frac{1}{\|\alpha_3\|}\alpha_3 = \left(0, \frac{\sqrt{2}}{2}, \frac{\sqrt{2}}{2}\right)^T.$$

取

$$Q = (\eta_1, \eta_2, \eta_3) = \begin{pmatrix} 0 & 1 & 0 \\ -\frac{\sqrt{2}}{2} & 0 & \frac{\sqrt{2}}{2} \\ \frac{\sqrt{2}}{2} & 0 & \frac{\sqrt{2}}{2} \end{pmatrix},$$

则 Q 为正交矩阵，且有 $Q^{-1}AQ = \begin{pmatrix} 1 & & \\ & 2 & \\ & & 5 \end{pmatrix}$.

$(2)A = \begin{pmatrix} 2 & 2 & -2 \\ 2 & 5 & -4 \\ -2 & -4 & 5 \end{pmatrix}$.

解 A 的特征值多项式为

$$|\lambda E - A| = \begin{vmatrix} \lambda-2 & -2 & 2 \\ -2 & \lambda-5 & 4 \\ 2 & 4 & \lambda-5 \end{vmatrix} = (\lambda-1)^2(\lambda-10),$$

所以 A 的特征值为 $\lambda_1 = \lambda_2 = 1$ 和 $\lambda_3 = 10$.

当 $\lambda_1 = \lambda_2 = 1$ 时，对应线性无关的特征向量为

$$\alpha_1 = (2, 0, 1)^T, \quad \alpha_2 = (-2, 1, 0)^T.$$

将 α_1, α_2 正交化，得

$$\boldsymbol{\beta}_1 = \boldsymbol{\alpha}_1 = (2, 0, 1)^T, \quad \boldsymbol{\beta}_2 = \boldsymbol{\alpha}_2 - \frac{(\boldsymbol{\alpha}_2, \boldsymbol{\beta}_1)}{(\boldsymbol{\beta}_1, \boldsymbol{\beta}_1)}\boldsymbol{\beta}_1 = \frac{1}{5}(2, 4, 5)^T.$$

再将 $\boldsymbol{\beta}_1, \boldsymbol{\beta}_2$ 单位化,得

$$\boldsymbol{\eta}_1 = \frac{\boldsymbol{\beta}_1}{\|\boldsymbol{\beta}_1\|} = \left(-\frac{2}{\sqrt{5}}, \frac{1}{\sqrt{5}}, 0\right)^T, \quad \boldsymbol{\eta}_2 = \frac{\boldsymbol{\beta}_2}{\|\boldsymbol{\beta}_2\|} = \left(\frac{2}{3\sqrt{5}}, \frac{4}{3\sqrt{5}}, \frac{5}{3\sqrt{5}}\right)^T.$$

当 $\lambda_3 = 10$ 时,对应的特征向量为 $\boldsymbol{\alpha}_3 = (-1, -2, 2)^T$. 单位化,得

$$\boldsymbol{\eta}_3 = \frac{\boldsymbol{\alpha}_3}{\|\boldsymbol{\alpha}_3\|} = \left(-\frac{1}{3}, -\frac{2}{3}, \frac{2}{3}\right)^T.$$

取

$$\boldsymbol{Q} = (\boldsymbol{\eta}_1, \boldsymbol{\eta}_2, \boldsymbol{\eta}_3) = \begin{pmatrix} -\dfrac{2}{\sqrt{5}} & \dfrac{2}{3\sqrt{5}} & -\dfrac{1}{3} \\[2mm] \dfrac{1}{\sqrt{5}} & \dfrac{4}{3\sqrt{5}} & -\dfrac{2}{3} \\[2mm] 0 & \dfrac{5}{3\sqrt{5}} & \dfrac{2}{3} \end{pmatrix},$$

则 $\boldsymbol{Q}$ 为正交矩阵,且有 $\boldsymbol{Q}^{-1}\boldsymbol{A}\boldsymbol{Q} = \begin{pmatrix} 1 & & \\ & 1 & \\ & & 10 \end{pmatrix}$.

(3) $\boldsymbol{A} = \begin{pmatrix} 3 & 2 & 4 \\ 2 & 0 & 2 \\ 4 & 2 & 3 \end{pmatrix}$.

解 矩阵 $\boldsymbol{A}$ 的特征方程

$$|\boldsymbol{A} - \lambda\boldsymbol{E}| = \begin{vmatrix} 3-\lambda & 2 & 4 \\ 2 & -\lambda & 2 \\ 4 & 2 & 3-\lambda \end{vmatrix} = 0,$$

解得特征根 $\lambda_1 = 8, \lambda_2 = \lambda_3 = -1$.

对应 $\lambda_1 = 8$ 的特征向量为 $\boldsymbol{\alpha}_1 = \begin{pmatrix} 2 \\ 1 \\ 2 \end{pmatrix}$;

对应 $\lambda_2 = \lambda_3 = -1$ 的特征向量为 $\boldsymbol{\alpha}_2 = \begin{pmatrix} -1 \\ 0 \\ 1 \end{pmatrix}, \boldsymbol{\alpha}_3 = \begin{pmatrix} 1 \\ -2 \\ 0 \end{pmatrix}$.

正交化得

$$\boldsymbol{\beta}_1 = \boldsymbol{\alpha}_1 = \begin{bmatrix} 2 \\ 1 \\ 2 \end{bmatrix},$$

$$\boldsymbol{\beta}_2 = \boldsymbol{\alpha}_2 = \begin{bmatrix} -1 \\ 0 \\ 1 \end{bmatrix},$$

$$\boldsymbol{\beta}_3 = \boldsymbol{\alpha}_3 - \frac{(\boldsymbol{\alpha}_3, \boldsymbol{\beta}_2)}{(\boldsymbol{\beta}_2, \boldsymbol{\beta}_2)}\boldsymbol{\beta}_2 = \begin{bmatrix} 1 \\ -2 \\ 0 \end{bmatrix} - \frac{-1}{2}\begin{bmatrix} -1 \\ 0 \\ 1 \end{bmatrix} = \begin{bmatrix} \frac{1}{2} \\ -2 \\ \frac{1}{2} \end{bmatrix}.$$

单位化得

$$\boldsymbol{\eta}_1 = \frac{\boldsymbol{\beta}_1}{3} = \begin{bmatrix} \frac{2}{3} \\ \frac{1}{3} \\ \frac{2}{3} \end{bmatrix}, \ \boldsymbol{\eta}_2 = \frac{\boldsymbol{\beta}_2}{\sqrt{2}} = \begin{bmatrix} -\frac{1}{\sqrt{2}} \\ 0 \\ \frac{1}{\sqrt{2}} \end{bmatrix}, \ \boldsymbol{\eta}_3 = \frac{\boldsymbol{\beta}_3}{\frac{3\sqrt{2}}{2}} = \begin{bmatrix} \frac{1}{3\sqrt{2}} \\ \frac{-4}{3\sqrt{2}} \\ \frac{1}{3\sqrt{2}} \end{bmatrix}.$$

于是,得所求的正交矩阵

$$\boldsymbol{Q} = (\boldsymbol{\beta}_1, \boldsymbol{\beta}_2, \boldsymbol{\beta}_3) = \begin{bmatrix} \frac{2}{3} & -\frac{\sqrt{2}}{2} & \frac{\sqrt{2}}{6} \\ \frac{1}{3} & 0 & -\frac{2\sqrt{2}}{3} \\ \frac{2}{3} & \frac{\sqrt{2}}{2} & \frac{\sqrt{2}}{6} \end{bmatrix},$$

且使得 $\boldsymbol{Q}^{-1}\boldsymbol{A}\boldsymbol{Q}$ 成为对角阵

$$\begin{bmatrix} 8 & 0 & 0 \\ 0 & -1 & 0 \\ 0 & 0 & -1 \end{bmatrix}.$$

31. 设矩阵 $\boldsymbol{A} = \begin{bmatrix} 1 & 1 & a \\ 1 & a & 1 \\ a & 1 & 1 \end{bmatrix}$, $\boldsymbol{\beta} = \begin{bmatrix} 1 \\ 1 \\ -2 \end{bmatrix}$. 已知线性方程组 $\boldsymbol{A}\boldsymbol{X} = \boldsymbol{\beta}$ 有解但不惟一,试求

(1) a 的值;(2) 正交矩阵 $\boldsymbol{Q}$,使 $\boldsymbol{Q}^{\mathrm{T}}\boldsymbol{A}\boldsymbol{Q}$ 为对角矩阵.

分析 对于问题(1)有两个途径,一是将其增广矩阵通过行初等变换化为阶梯型后视最后一行或几行是否为 0.二是通过计算 $|\boldsymbol{A}| = 0$ 求出 a,只有当 $r(\boldsymbol{A}) = r(\boldsymbol{A}\boldsymbol{\beta})$ 时,才满

足条件. 对于问题(2),先计算出特征值及其对应的特征向量,由单位化的特征向量构成的矩阵即为所求的正交矩阵 Q.

解法1 (1)对线性方程组 $AX=\beta$ 的增广矩阵作初等变换,有

$$(A\beta)=\begin{pmatrix} 1 & 1 & a & 1 \\ 1 & a & 1 & 1 \\ a & 1 & 1 & -2 \end{pmatrix} \rightarrow \begin{pmatrix} 1 & 1 & a & 1 \\ 0 & a-1 & 1-a & 0 \\ 0 & 0 & (a-1)(a+2) & a+2 \end{pmatrix}.$$

因为方程组 $AX=\beta$ 有解但不惟一,所以秩$(A)=$秩$(A\beta)<3$,故 $a=-2$.

(2)由(1),有

$$A=\begin{pmatrix} 1 & 1 & -2 \\ 1 & -2 & 1 \\ -2 & 1 & 1 \end{pmatrix}.$$

A 的特征多项式

$$|\lambda E-A|=\lambda(\lambda-3)(\lambda+3),$$

故 A 的特征值为

$$\lambda_1=3,\lambda_2=-3,\lambda_3=0.$$

对应的特征向量依次是

$$\alpha_1=(1,0,-1)^{\mathrm{T}},\alpha_2=(1,-2,1)^{\mathrm{T}},\alpha_3=(1,1,1)^{\mathrm{T}}.$$

将 $\alpha_1,\alpha_2,\alpha_3$ 单位化,得

$$\beta_1=(\frac{1}{\sqrt{2}},0,-\frac{1}{\sqrt{2}})^{\mathrm{T}},\beta_2=(\frac{1}{\sqrt{6}},-\frac{2}{\sqrt{6}},\frac{1}{\sqrt{6}})^{\mathrm{T}},\beta_3=(\frac{1}{\sqrt{3}},\frac{1}{\sqrt{3}},\frac{1}{\sqrt{3}})^{\mathrm{T}}.$$

令 $Q=\begin{pmatrix} \dfrac{1}{\sqrt{2}} & \dfrac{1}{\sqrt{6}} & \dfrac{1}{\sqrt{3}} \\ 0 & -\dfrac{2}{\sqrt{6}} & \dfrac{1}{\sqrt{3}} \\ -\dfrac{1}{\sqrt{2}} & \dfrac{1}{\sqrt{6}} & \dfrac{1}{\sqrt{3}} \end{pmatrix}$,则有

$$Q^{\mathrm{T}}AQ=\begin{pmatrix} 3 & 0 & 0 \\ 0 & -3 & 0 \\ 0 & 0 & 0 \end{pmatrix}.$$

解法2 (1)因为线性方程组 $AX=\beta$ 有解但不惟一,所以

$$|A|=\begin{vmatrix} 1 & 1 & a \\ 1 & a & 1 \\ a & 1 & 1 \end{vmatrix}=-(a-1)^2(a+2)=0.$$

当 $a=1$ 时,秩$(A)\neq$秩$(A\beta)$,此时方程组无解;当 $a=-2$ 时,秩$(A)=$秩$(A\beta)$,此时

方程组的解存在但不惟一. 于是 $a = -2$.

(2)同解法 1.

32.设三阶实对称矩阵 A 的秩为 2,$\lambda_1 = \lambda_2 = 6$ 是 A 的二重特征值.若 $\boldsymbol{\alpha}_1 = (1,1,0)^T$, $\boldsymbol{\alpha}_2 = (2,1,1)^T$,$\boldsymbol{\alpha}_3 = (-1,2,-3)^T$ 都是 A 的属于特征值 6 的特征向量.(1)求 A 的另一特征值和对应的特征向量;(2)求矩阵 A.

分析 由 $r(A) = 2$,可知 A 的另一特征值为 $\lambda_3 = 0$.由实对称矩阵属于不同特征值的特征向量正交,求出属于特征值 0 的特征向量,于是可求出矩阵 A.也可以根据特征向量的定义以及矩阵的迹等于特征值之和求 A.

解法 1 (1)由 $r(A) = 2$,知 $|A| = 0$,所以 A 的另一特征值 $\lambda_3 = 0$.由题设知 $\boldsymbol{\alpha}_1 = (1,1,0)^T$,$\boldsymbol{\alpha}_2 = (2,1,1)^T$ 为 A 的属于特征值 6 的线性无关特征向量.设属于 $\lambda_3 = 0$ 的特征向量为 $\boldsymbol{\alpha} = (x_1,x_2,x_3)^T$,则有 $\boldsymbol{\alpha}_1^T \boldsymbol{\alpha} = 0$,$\boldsymbol{\alpha}_2^T \boldsymbol{\alpha} = 0$,即

$$\begin{cases} x_1 + x_2 & = 0, \\ 2x_1 + x_2 + x_3 & = 0, \end{cases}$$

解得此方程组的基础解系为 $(-1,1,1)^T$,即 A 的属于特征值 $\lambda_3 = 0$ 的全部特征向量为

$$k\boldsymbol{\alpha}_3 = k(-1,1,1)^T (k \text{ 为任意非零常数}).$$

(2)令矩阵 $P = (\boldsymbol{\alpha}_1, \boldsymbol{\alpha}_2, \boldsymbol{\alpha}_3)$,则

$$P^{-1}AP = \begin{bmatrix} 6 & & \\ & 6 & \\ & & 0 \end{bmatrix},$$

所以

$$A = P \begin{bmatrix} 6 & & \\ & 6 & \\ & & 0 \end{bmatrix} P^{-1} = \begin{bmatrix} 1 & 2 & -1 \\ 1 & 1 & 1 \\ 0 & 1 & 1 \end{bmatrix} \begin{bmatrix} 6 & & \\ & 6 & \\ & & 0 \end{bmatrix} \begin{bmatrix} 0 & 1 & -1 \\ \dfrac{1}{3} & -\dfrac{1}{3} & \dfrac{2}{3} \\ -\dfrac{1}{3} & \dfrac{1}{3} & \dfrac{1}{3} \end{bmatrix}$$

$$= \begin{bmatrix} 4 & 2 & 2 \\ 2 & 4 & -2 \\ 2 & -2 & 4 \end{bmatrix}.$$

解法 2 由 $r(A) = 2$ 知 $|A| = 0$,所以 A 的另一特征值 $\lambda_3 = 0$.设

$$A = \begin{bmatrix} a & d & e \\ d & b & f \\ e & f & c \end{bmatrix},$$

由 $A\boldsymbol{\alpha}_i = 6\boldsymbol{\alpha}_i$,$i = 1,2$ 以及 $a + b + c = 12$,建立方程组,可以求出 A,然后再求属于 0 的特征

向量.

33.已知 6，3，3 是 3 阶实对称矩阵 A 的三个特征值，又向量 $(-1, 0, 1)^T$，$(1, -2, 1)^T$ 是 A 属于特征值 3 的两个特征向量.(1)求 A 属于特征值 6 的特征向量；(2)求矩阵 A.

解 (1)设 A 属于特征值 6 的特征向量为 $(x_1, x_2, x_3)^T$.由"属于实对称矩阵的不同特征向量彼此正交"知

$$\begin{cases} -x_1 + x_3 = 0, \\ x_1 - 2x_2 + x_3 = 0. \end{cases}$$

解得上面方程组的一个基础解系 $(1, 1, 1)^T$，所以 A 属于特征值 6 的特征向量为 $k(1, 1, 1)^T$（$k \neq 0$）.

记 $\boldsymbol{\alpha}_1 = (1, 1, 1)^T, \boldsymbol{\alpha}_2 = (-1, 0, 1)^T, \boldsymbol{\alpha}_3 = (1, -2, 1)^T$.先将 $\boldsymbol{\alpha}_1, \boldsymbol{\alpha}_2, \boldsymbol{\alpha}_3$ 正交化：

$$\boldsymbol{\beta}_1 = \boldsymbol{\alpha}_1 = (1, 1, 1)^T;$$

$$\boldsymbol{\beta}_2 = \boldsymbol{\alpha}_2 - \frac{(\boldsymbol{\alpha}_2, \boldsymbol{\beta}_1)}{(\boldsymbol{\beta}_1, \boldsymbol{\beta}_1)}\boldsymbol{\beta}_1 = (-1, 0, 1)^T;$$

$$\boldsymbol{\beta}_3 = \boldsymbol{\alpha}_3 - \frac{(\boldsymbol{\alpha}_3, \boldsymbol{\beta}_1)}{(\boldsymbol{\beta}_1, \boldsymbol{\beta}_1)}\boldsymbol{\beta}_1 - \frac{(\boldsymbol{\alpha}_3, \boldsymbol{\beta}_2)}{(\boldsymbol{\beta}_2, \boldsymbol{\beta}_2)}\boldsymbol{\beta}_2 = (1, -2, 1)^T.$$

再将 $\boldsymbol{\beta}_1, \boldsymbol{\beta}_2, \boldsymbol{\beta}_3$ 单位化：

$$\boldsymbol{\gamma}_1 = \frac{\boldsymbol{\beta}_1}{\|\boldsymbol{\beta}_1\|} = \left(\frac{1}{\sqrt{3}}, \frac{1}{\sqrt{3}}, \frac{1}{\sqrt{3}}\right)^T;$$

$$\boldsymbol{\gamma}_2 = \frac{\boldsymbol{\beta}_2}{\|\boldsymbol{\beta}_2\|} = \left(\frac{-1}{\sqrt{2}}, 0, \frac{1}{\sqrt{2}}\right)^T;$$

$$\boldsymbol{\gamma}_3 = \frac{\boldsymbol{\beta}_3}{\|\boldsymbol{\beta}_3\|} = \left(\frac{1}{\sqrt{6}}, \frac{-2}{\sqrt{6}}, \frac{1}{\sqrt{6}}\right)^T.$$

令

$$\boldsymbol{P} = (\boldsymbol{\gamma}_1, \boldsymbol{\gamma}_2, \boldsymbol{\gamma}_3) = \begin{pmatrix} \frac{1}{\sqrt{3}} & \frac{-1}{\sqrt{2}} & \frac{1}{\sqrt{6}} \\ \frac{1}{\sqrt{3}} & 0 & \frac{-2}{\sqrt{6}} \\ \frac{1}{\sqrt{3}} & \frac{1}{\sqrt{2}} & \frac{1}{\sqrt{6}} \end{pmatrix}.$$

由于 $\boldsymbol{P}$ 为正交矩阵，即 $\boldsymbol{P}^{-1} = \boldsymbol{P}^T$，所以有

$$\boldsymbol{A} = \boldsymbol{P}\begin{pmatrix} 6 & & \\ & 3 & \\ & & 3 \end{pmatrix}\boldsymbol{P}^{-1} = \boldsymbol{P}\begin{pmatrix} 6 & & \\ & 3 & \\ & & 3 \end{pmatrix}\boldsymbol{P}^T = \begin{pmatrix} 4 & 1 & 1 \\ 1 & 4 & 1 \\ 1 & 1 & 4 \end{pmatrix}.$$

34. 已知 $T^\mathrm{T}AT = \begin{pmatrix} 1 & 0 & 0 \\ 0 & 3 & 0 \\ 0 & 0 & 7 \end{pmatrix}$，其中 $T = \begin{pmatrix} -\dfrac{1}{\sqrt{3}} & \dfrac{1}{\sqrt{2}} & \dfrac{1}{\sqrt{6}} \\ \dfrac{1}{\sqrt{3}} & \dfrac{1}{\sqrt{2}} & -\dfrac{1}{\sqrt{6}} \\ \dfrac{1}{\sqrt{3}} & 0 & \dfrac{2}{\sqrt{6}} \end{pmatrix}$ 为正交矩阵，且 $A =$

$\begin{pmatrix} 3 & 0 & 2 \\ 0 & 3 & -2 \\ 2 & -2 & 5 \end{pmatrix}$，求 A 的特征值和特征向量.

解 由 T 为正交矩阵知 $T^\mathrm{T} = T^{-1}$，再由 $T^{-1}AT = \mathrm{diag}(1, 3, 7)$ 可知 A 的特征值为 $\lambda_1 = 1, \lambda_2 = 3, \lambda_3 = 7$.

对于 $\lambda_1 = 1$，解方程组 $(1E - A)x = 0$，得对应的特征向量为
$$\boldsymbol{\alpha}_1 = k_1(-1, 1, 1)^\mathrm{T} \ (k_1 \neq 0 \text{ 常数});$$
对于 $\lambda_1 = 3$，解方程组 $(3E - A)x = 0$，得对应的特征向量为
$$\boldsymbol{\alpha}_2 = k_2(1, 1, 0)^\mathrm{T} \ (k_2 \neq 0 \text{ 常数});$$
对于 $\lambda_1 = 7$，解方程组 $(7E - A)x = 0$，得对应的特征向量为
$$\boldsymbol{\alpha}_3 = k_3(1, -1, 0)^\mathrm{T} \ (k_3 \neq 0 \text{ 常数}).$$

35. 构造一个 3 阶实对称矩阵，使其特征值为 $1, 1, -1$，且对应特征值 1 有特征向量 $(1, 1, 1)^\mathrm{T}$ 和 $(2, 2, 1)^\mathrm{T}$.

解 先将 A 的对应特征值 1 的特征向量 $\boldsymbol{\alpha}_2 = (2, 2, 1)^\mathrm{T}$，$\boldsymbol{\alpha}_1 = (1, 1, 1)^\mathrm{T}$ 正交化：
$$\boldsymbol{\beta}_1 = \boldsymbol{\alpha}_1 = (2, 2, 1)^\mathrm{T},$$
$$\boldsymbol{\beta}_2 = \boldsymbol{\alpha}_2 - \frac{(\boldsymbol{\alpha}_2, \boldsymbol{\beta}_1)}{(\boldsymbol{\beta}_1, \boldsymbol{\beta}_1)}\boldsymbol{\beta}_1 = \left(-\frac{1}{9}, -\frac{1}{9}, \frac{4}{9}\right)^\mathrm{T}.$$

再将 $\boldsymbol{\beta}_1, \boldsymbol{\beta}_2$ 单位化：
$$\boldsymbol{\gamma}_1 = \frac{\boldsymbol{\beta}_1}{\|\boldsymbol{\beta}_1\|} = \left(\frac{2}{3}, \frac{2}{3}, \frac{1}{3}\right)^\mathrm{T};$$
$$\boldsymbol{\gamma}_2 = \frac{\boldsymbol{\beta}_2}{\|\boldsymbol{\beta}_2\|} = \left(\frac{-1}{3\sqrt{2}}, \frac{-1}{3\sqrt{2}}, \frac{4}{3\sqrt{2}}\right)^\mathrm{T}.$$

设
$$P = \begin{pmatrix} \dfrac{2}{3} & \dfrac{-1}{3\sqrt{2}} & x_1 \\ \dfrac{2}{3} & \dfrac{-1}{3\sqrt{2}} & x_2 \\ \dfrac{1}{3} & \dfrac{4}{3\sqrt{2}} & x_3 \end{pmatrix}.$$

由 P 的正交性,有

$$\begin{cases} 2x_1 + 2x_2 + x_3 = 0, \\ -x_1 - x_2 + 4x_3 = 0, \\ x_1^2 + x_2^2 + x_3^2 = 1, \end{cases}$$

解得非零解 $x_1 = \dfrac{1}{\sqrt{2}}, x_2 = -\dfrac{1}{\sqrt{2}}, x_3 = 0$.

于是

$$P = \begin{pmatrix} \dfrac{2}{3} & \dfrac{-1}{3\sqrt{2}} & \dfrac{1}{\sqrt{2}} \\[2mm] \dfrac{2}{3} & \dfrac{-1}{3\sqrt{2}} & \dfrac{-1}{\sqrt{2}} \\[2mm] \dfrac{1}{3} & \dfrac{4}{3\sqrt{2}} & 0 \end{pmatrix}.$$

而 $P^{\mathrm{T}}AP = \mathrm{diag}(1, 1, -1)$,且 $P^{\mathrm{T}} = P^{-1}$,故

$$A = P \begin{pmatrix} 1 & & \\ & 1 & \\ & & -1 \end{pmatrix} P^{\mathrm{T}} = \begin{pmatrix} 0 & 1 & 0 \\ 1 & 0 & 0 \\ 0 & 0 & 1 \end{pmatrix}.$$

(B)

一、填空题

1.已知 λ 为 n 阶矩阵 A 的特征值, $\boldsymbol{\alpha}$ 为对应的特征向量,若 P 为 n 阶可逆阵,则 $P^{-1}AP$ 必有特征值 $\underline{\quad \lambda \quad}$,对应的特征向量为 $\underline{\quad P^{-1}\boldsymbol{\alpha} \quad}$.

解 由 $A\boldsymbol{\alpha} = \lambda\boldsymbol{\alpha}$ 可得 $P^{-1}A\boldsymbol{\alpha} = \lambda P^{-1}\boldsymbol{\alpha}$,而

$$P^{-1}AP(P^{-1}\boldsymbol{\alpha}) = P^{-1}A\boldsymbol{\alpha} = \lambda(P^{-1}\boldsymbol{\alpha}),$$

由此可知, $P^{-1}AP$ 有特征值为 λ,对应的特征向量为 $P^{-1}\boldsymbol{\alpha}$.

2. n 阶零矩阵的全部特征向量为 $\underline{\quad 任意 n 维非零向量 \quad}$.

解 由 $|\lambda E - O| = \lambda^n |E| = \lambda^n = 0$,即零矩阵的特征值均为 0. 又由 $O\boldsymbol{\alpha} = 0\boldsymbol{\alpha}$ 知, $\boldsymbol{\alpha}$ 可取任意 n 维非零的向量.

3.设 n 阶矩阵 A 的元素全为 1,则 A 的 n 个特征值是 $\underline{\quad n, 0 (n-1 重根) \quad}$.

解 由特征方程 $|\lambda E - A| = (\lambda - n)\lambda^{n-1} = 0$ 得特征值为 $n, 0(n-1$ 重).

4.设 A 为 n 阶方阵,其秩满足 $r(E+A) + r(A-E) = n$,且 $A \neq E$,则 A 必有特征值 $\underline{\quad -1 \quad}$.

解 由 $A \neq E$ 知 $r(A-E) \geqslant 1$. 又由 $r(E+A) + r(A-E) = n$,可得

$$r(\boldsymbol{E}+\boldsymbol{A})\leqslant n-1, \ 即\ |\boldsymbol{E}+\boldsymbol{A}|=0,$$

于是 $(-1)^{n}|(-1)\boldsymbol{E}-\boldsymbol{A}|=0$, 即 $\boldsymbol{A}$ 有特征值 -1.

5. 设矩阵 $\boldsymbol{A}=\begin{pmatrix}1&-1&0\\2&x&0\\4&2&1\end{pmatrix}$ 有特征值 $\lambda_1=1, \lambda_2=2$, 则 $x=\underline{\quad4\quad}$, $\boldsymbol{A}$ 的另一特征值 λ_3

$=\underline{\quad3\quad}$.

解　由 $\begin{cases}\lambda_1+\lambda_2+\lambda_3=1+x+1\\\lambda_1\cdot\lambda_2\cdot\lambda_3=|\boldsymbol{A}|=x+2\end{cases}$ 解得 $\begin{cases}x=4\\\lambda_3=3\end{cases}$.

6. 设 2 阶矩阵 $\boldsymbol{A}$ 的特征值为 $1,2$, 则行列式 $|\boldsymbol{A}-3\boldsymbol{A}^{-1}|=\underline{\quad-1\quad}$.

解　由 $\boldsymbol{A}$ 的特征值为 $1,2$ 可得, $\boldsymbol{A}^2-3\boldsymbol{E}$ 的特征值为 $-2,1$; $\boldsymbol{A}^{-1}$ 特征值为 $1,\dfrac{1}{2}$. 所以

$$|\boldsymbol{A}-3\boldsymbol{A}^{-1}|=|\boldsymbol{A}^2\boldsymbol{A}^{-1}-3\boldsymbol{A}^{-1}|=|(\boldsymbol{A}^2-3\boldsymbol{E})\boldsymbol{A}^{-1}|$$
$$=|\boldsymbol{A}^2-3\boldsymbol{E}||\boldsymbol{A}^{-1}|=(-2\times1)\cdot(1\times\tfrac{1}{2})=-1.$$

7. 设四阶方阵 $\boldsymbol{A}$ 满足条件 $|3\boldsymbol{E}+\boldsymbol{A}|=0, \boldsymbol{A}\boldsymbol{A}^{\mathrm{T}}=2\boldsymbol{E}, |\boldsymbol{A}|<0$, 其中 $\boldsymbol{E}$ 是四阶单位阵, 则方阵 $\boldsymbol{A}$ 的伴随矩阵 $\boldsymbol{A}^*$ 的一个特征值为 $\underline{\quad\dfrac{4}{3}\quad}$.

解　由 $|3\boldsymbol{E}+\boldsymbol{A}|=|(-1)(-3\boldsymbol{E}-\boldsymbol{A})|=(-1)^4|-3\boldsymbol{E}-\boldsymbol{A}|=0$, 得 $\boldsymbol{A}$ 的一个特征值 $\lambda=-3$.

在 $\boldsymbol{A}\boldsymbol{A}^{\mathrm{T}}=2\boldsymbol{E}$ 两边取行列式, 得 $|\boldsymbol{A}|^2=2^4$, 而 $|\boldsymbol{A}|<0$, 故 $|\boldsymbol{A}|=-4$.

所以方阵 $\boldsymbol{A}$ 的伴随矩阵 $\boldsymbol{A}^*$ 的一个特征值为 $\dfrac{|\boldsymbol{A}|}{\lambda}=\dfrac{4}{3}$.

8. 设 $\boldsymbol{A}$ 是三阶奇异矩阵, 已知 $\boldsymbol{E}+\boldsymbol{A}, 2\boldsymbol{E}-\boldsymbol{A}$ 均不可逆, 则 $\boldsymbol{A}$ 相似于对角阵 $\boldsymbol{\Lambda}=\underline{\begin{pmatrix}0&&\\&-1&\\&&2\end{pmatrix}}$.

解　由 $\boldsymbol{A}$ 奇异知 $\boldsymbol{A}$ 有特征值 $\lambda_1=0$. 由 $\boldsymbol{E}+\boldsymbol{A}, 2\boldsymbol{E}-\boldsymbol{A}$ 均不可逆知 $|\boldsymbol{E}+\boldsymbol{A}|=0, |2\boldsymbol{E}-\boldsymbol{A}|=0$, 从而 $\lambda_2=-1, \lambda_3=2$. 即 $\boldsymbol{A}$ 有三个不同的特征值 $\lambda_1, \lambda_2, \lambda_3$, 则

$$\boldsymbol{A}\sim\boldsymbol{\Lambda}=\begin{pmatrix}0&&\\&-1&\\&&2\end{pmatrix}.$$

9. 设 $\boldsymbol{A}$ 为实对称矩阵, $\boldsymbol{\alpha}_1=(1,1,3)^{\mathrm{T}}$ 与 $\boldsymbol{\alpha}_2=(4,5,a)^{\mathrm{T}}$ 分别是属于 $\boldsymbol{A}$ 的互异特征值 λ_1 与 λ_2 的特征向量, 则 $a=\underline{\quad-3\quad}$.

解　由 $\boldsymbol{\alpha}_1$ 与 $\boldsymbol{\alpha}_2$ 正交得 $(\boldsymbol{\alpha}_1,\boldsymbol{\alpha}_2)=1\times4+1\times5+3a=0$, 从而解得 $a=-3$.

10. 设 $\boldsymbol{A},\boldsymbol{B}$ 是 n 阶正交矩阵, 并且 $|\boldsymbol{A}|+|\boldsymbol{B}|=0$, 则 $|\boldsymbol{A}+\boldsymbol{B}|=\underline{\quad0\quad}$.

解 由题设有 $A^{\mathrm{T}}A=E=B^{\mathrm{T}}B$,$|A|=-|B|$. 再由

$$|A+B|=|AB^{\mathrm{T}}B+AA^{\mathrm{T}}B|=|A(B^{\mathrm{T}}+A^{\mathrm{T}})B|=|A(A+B)^{\mathrm{T}}B|$$
$$=|A||(A+B)^{\mathrm{T}}||B|=-|B|^2|A+B|=-|A+B|$$

得 $|A+B|=0$.

二、选择题

1. 设 λ_1,λ_2 是矩阵 A 的两个不同的特征值,对应的特征向量分为 $\boldsymbol{\alpha}_1,\boldsymbol{\alpha}_2$,则 $\boldsymbol{\alpha}_1,A(\boldsymbol{\alpha}_1+\boldsymbol{\alpha}_2)$ 线性无关的充分必要条件是(　**B**　).

(A)$\lambda_1\neq 0$　　　　　(B)$\lambda_2\neq 0$　　　　　(C)$\lambda_1=0$　　　　　(D)$\lambda_2=0$

分析 因为 $A(\boldsymbol{\alpha}_1+\boldsymbol{\alpha}_2)=\lambda_1\boldsymbol{\alpha}_1+\lambda_2\boldsymbol{\alpha}_2$,所以若 $\lambda_2=0$,$\boldsymbol{\alpha}_1$ 与 $A(\boldsymbol{\alpha}_1+\boldsymbol{\alpha}_2)=\lambda_1\boldsymbol{\alpha}_1$ 必线性相关,即不能选(D). 另一方面,当 $\lambda_1=0$ 时,$\boldsymbol{\alpha}_1$ 与 $A(\boldsymbol{\alpha}_1+\boldsymbol{\alpha}_2)=\lambda_2\boldsymbol{\alpha}_2$ 必线性无关. 但 $\lambda_1=0$ 只是 $\boldsymbol{\alpha}_1$ 与 $A(\boldsymbol{\alpha}_1+\boldsymbol{\alpha}_2)$ 线性无关的充分条件,并不必要,不能选(C).

解法 1 设 $k_1\boldsymbol{\alpha}_1+k_2A(\boldsymbol{\alpha}_1+\boldsymbol{\alpha}_2)=\boldsymbol{0}$,则有

$$(k_1+\lambda_1 k_2)\boldsymbol{\alpha}_1+\lambda_2 k_2\boldsymbol{\alpha}_2=\boldsymbol{0}.$$

由于 $\boldsymbol{\alpha}_1$ 与 $\boldsymbol{\alpha}_2$ 是对应于 A 的两个不同特征值的特征向量,所以它们线性无关,即必有

$$\begin{cases} k_1+\lambda_1 k_2=0, \\ \lambda_2 k_2=0, \end{cases}$$

于是 $\boldsymbol{\alpha}_1$ 与 $A(\boldsymbol{\alpha}_1+\boldsymbol{\alpha}_2)$ 线性无关的充分必要条件是上述关于 k_1,k_2 的齐次线性方程组只有零解,这等价于其系数行列式 $\begin{vmatrix} 1 & \lambda_1 \\ 0 & \lambda_2 \end{vmatrix}=\lambda_2\neq 0$,由此知选项(B)是正确的.

解法 2 因为 $(\boldsymbol{\alpha}_1,A(\boldsymbol{\alpha}_1+\boldsymbol{\alpha}_2))=(\boldsymbol{\alpha}_1,\lambda_1\boldsymbol{\alpha}_1+\lambda_2\boldsymbol{\alpha}_2)=(\boldsymbol{\alpha}_1,\boldsymbol{\alpha}_2)\begin{pmatrix} 1 & \lambda_1 \\ 0 & \lambda_2 \end{pmatrix}$,且 $\boldsymbol{\alpha}_1,\boldsymbol{\alpha}_2$ 线性无关,所以 $\boldsymbol{\alpha}_1,A(\boldsymbol{\alpha}_1+\boldsymbol{\alpha}_2)$ 线性无关 $\Leftrightarrow \begin{vmatrix} 1 & \lambda_1 \\ 0 & \lambda_2 \end{vmatrix}\neq 0 \Leftrightarrow \lambda_2\neq 0$,即选项(B)正确.

2. 已知 A 是三阶矩阵,$r(A)=1$,则 $\lambda=0$(　**B**　).

(A)必是 A 的二重特征值　　　　　(B)至少是 A 的二重特征值

(C)至多是 A 的二重特征值　　　　　(D)一重、二重、三重特征值都可能

解 由 A 是三阶矩阵,$r(A)=1$,可得 $r(0E-A)=1$,即 $(0E-A)x=\boldsymbol{0}$ 有两个线性无关特征向量,故 $\lambda=0$ 至少是二重特征值,也可能是三重,例如 $A=\begin{pmatrix} 0 & 0 & 1 \\ 0 & 0 & 0 \\ 0 & 0 & 0 \end{pmatrix}$,满足 $r(A)=1$,可验证 $\lambda=0$ 是其三重特征值.

3. 设 $\lambda=2$ 为三阶矩阵 A 的一个特征值,$\boldsymbol{\alpha}_1,\boldsymbol{\alpha}_2$ 是 A 的属于 $\lambda=2$ 的特征向量. 若 $\boldsymbol{\alpha}_1$

$=(1,2,0)^T,\boldsymbol{\alpha}_2=(1,0,1)^T$,向量 $\boldsymbol{\beta}=(-1,2,-2)^T$,则 $A\boldsymbol{\beta}=$ (C).

(A)$(2,2,1)^T$ (B)$(-1,2,-2)^T$

(C)$(-2,4,-4)^T$ (D)$(-2,-4,4)^T$

解 由

$$(\boldsymbol{\alpha}_1,\boldsymbol{\alpha}_2,\boldsymbol{\beta})=\begin{pmatrix}1&1&-1\\2&0&2\\0&1&-2\end{pmatrix}\rightarrow\begin{pmatrix}1&1&-1\\0&-2&4\\0&1&-2\end{pmatrix}\rightarrow\begin{pmatrix}1&0&1\\0&1&-2\\0&0&0\end{pmatrix},$$

得 $\boldsymbol{\beta}=\boldsymbol{\alpha}_1-2\boldsymbol{\alpha}_2$.

又由 $A\boldsymbol{\alpha}_1=2\boldsymbol{\alpha}_1$,$A\boldsymbol{\alpha}_2=2\boldsymbol{\alpha}_2$,从而

$$A\boldsymbol{\beta}=A\boldsymbol{\alpha}_1-2A\boldsymbol{\alpha}_2=2\boldsymbol{\alpha}_1-4\boldsymbol{\alpha}_2=(-2,4,-4)^T.$$

4.设 $\lambda=2$ 是非奇异矩阵 A 的一个特征值,则矩阵 $(\frac{1}{3}A^2)^{-1}$ 有一个特征值等于(B).

(A)$\frac{4}{3}$ (B)$\frac{3}{4}$ (C)$\frac{1}{2}$ (D)$\frac{1}{4}$

解 由于 A 是非奇异矩阵,故 $|A|\neq0$,因而 $|A^2|=|A|\neq0$,故矩阵 $\frac{1}{3}A^2$ 是可逆的,设

$\boldsymbol{\alpha}$ 是矩阵 A 相应于特征值 $\lambda=2$ 的特征向量,则有 $A\boldsymbol{\alpha}=2\boldsymbol{\alpha}$. 从而 $\frac{1}{3}A^2\boldsymbol{\alpha}=\frac{2^2}{3}\boldsymbol{\alpha}$,故

$$\left(\frac{1}{3}A^2\right)^{-1}\boldsymbol{\alpha}=\frac{3}{4}\boldsymbol{\alpha}.$$

根据特征值和特征向量的定义知,$\frac{3}{4}$ 为矩阵 $\left(\frac{1}{3}A^2\right)^{-1}$ 的一个特征根.

5.下列矩阵中不能相似于对角矩阵的为(A).

(A)$\begin{pmatrix}1&1\\0&1\end{pmatrix}$ (B)$\begin{pmatrix}1&1\\0&2\end{pmatrix}$ (C)$\begin{pmatrix}1&1\\1&2\end{pmatrix}$ (D)$\begin{pmatrix}1&2\\1&2\end{pmatrix}$

解 (B)、(C)、(D)中矩阵皆有 2 个不同特征值,故都可相似对角化.

6.设矩阵 $B=\begin{pmatrix}0&0&1\\0&1&0\\1&0&0\end{pmatrix}$.已知矩阵 A 相似于 B,则秩$(A-2E)$与秩$(A-E)$之和等于

(C).

(A)2 (B)3 (C)4 (D)5

解 因为 $A\sim B$,则存在可逆矩阵 P,使得 $A=P^{-1}BP$. 于是

$$A-2E=P^{-1}BP-2P^{-1}P=P^{-1}(B-2E)P,$$

即 $A-2E\sim B-2E$,类似可得 $A-E\sim B-E$.

相似矩阵的秩相同,只需求矩阵 $B-2E$ 和 $B-E$ 的秩.容易得到秩$(B-2E)=3$,秩

$(A-E)=1.$ 故本题应选(C).

本题也可求出矩阵 B 的特征值,再求出矩阵 A、$A-2E$ 和 $A-E$ 的特征值.注意到矩阵 B 为实对称矩阵,必可对角化,矩阵 $A-2E$ 和 $A-E$ 的亦可对角化.故只需观察 $A-2E$ 和 $A-E$ 的非零特征值的个数就可得出相应的结论.

7.n 阶方阵 A 具有 n 个不同的特征值是 A 与对角阵相似的(**B**).

(A)充分必要条件   (B)充分而非必要条件

(C)必要而非充分条件   (D)既非充分也非必要条件

解 根据判别矩阵 A 与一对角阵相似的定理知:n 阶矩阵 A 与对角阵相似的充要条件是 A 有 n 个线性无关的特征向量.

当 n 阶矩阵 A 有 n 个不同的特征值时,由于对应于不同特征值的特征向量是线性无关的,所以矩阵 A 一定存在 n 个线性无关的特征向量.因此 n 阶方阵 A 具有 n 个不同的特征值是 A 与对角阵相似的充分条件,但它不是必要的.

实际上,对于任何一个 n 阶实对称矩阵 A,即使它有重根时也一定存在一个 n 阶正交矩阵 T,使 $T^{\mathrm{T}}AT=T^{-1}AT$ 成对角形.

8.设 A,B 为 n 阶矩阵,且 A 与 B 相似,E 为 n 阶单位矩阵,则(**D**).

(A)$\lambda E-A=\lambda E-B$

(B)A 与 B 有相同的特征值和特征向量

(C)A 与 B 都相似于一个对角矩阵

(D)对任意常数 t,$tE-A$ 与 $tE-B$ 相似

解 (A)项首先被排除,因为它意味着 $A=B$;A 与 B 相似,则 A 与 B 有相同的特征值,但不一定有相同的特征向量,故(B)排除;A 与 B 相似于同一对角矩阵的充分条件是 A 与 B 有 n 个相同的且互不相等的特征值,故(C)也被排除.(D)是正确选项,因为 A 与 B 相似,存在可逆矩阵 P 使 $P^{-1}AP=B$.而 $P^{-1}(tE-A)P=tE-P^{-1}AP=P^{-1}(tE-B)P$,因而 $tE-A$ 与 $tE-B$ 相似.

9.设 A 是 n 阶实对称矩阵,P 是 n 阶可逆矩阵.已知 n 维列向量 α 是 A 的属于特征值 λ 的特征向量,则矩阵 $(P^{-1}AP)^{\mathrm{T}}$ 属于特征值 λ 的特征向量是(**B**).

(A)$P^{-1}\alpha$ (B)$P^{\mathrm{T}}\alpha$ (C)$P\alpha$ (D)$(P^{-1})^{\mathrm{T}}\alpha$

解 因为 α 是 A 的属于特征值 λ 的特征向量,故 $A\alpha=\lambda\alpha$.矩阵 $(P^{-1}AP)^{\mathrm{T}}$ 属于特征值 λ 的特征向量 β 必须满足 $(P^{-1}AP)^{\mathrm{T}}\beta=\lambda\beta$.

将(A)、(B)、(C)、(D)四个向量代入上式,只有 $\beta=P^{\mathrm{T}}\alpha$ 满足.因为

$$(P^{-1}AP)^{\mathrm{T}}(P^{\mathrm{T}}\alpha)=P^{\mathrm{T}}A^{\mathrm{T}}(P^{-1})^{\mathrm{T}}\cdot P^{\mathrm{T}}\alpha=P^{\mathrm{T}}A^{\mathrm{T}}(P^{\mathrm{T}})^{-1}P^{\mathrm{T}}\alpha=P^{\mathrm{T}}A\alpha=\lambda(P^{-1}\alpha).$$

10.下列各结论中不正确的是(**B**).

(A)单位矩阵 E 是正交矩阵   (B)两个正交矩阵的和是正交矩阵

(C)两个正交矩阵的积是正交矩阵   (D)正交矩阵的逆矩阵是正交矩阵

解 由 $E^{\mathrm{T}}E=E$ 知(A)成立.

设 A 与 B 为正交矩阵,即 $A^{\mathrm{T}}A=E$,$B^{\mathrm{T}}B=E$,则

$$(AB)^{\mathrm{T}}AB=B^{\mathrm{T}}A^{\mathrm{T}}AB=E,$$
$$(A^{-1})^{\mathrm{T}}A^{-1}=(A^{\mathrm{T}})^{-1}A^{-1}=(AA^{\mathrm{T}})^{-1}=E,$$

即(C)、(D)成立.

又由

$$(A+B)^{\mathrm{T}}(A+B)=(A^{\mathrm{T}}+B^{\mathrm{T}})(A+B)=2E+A^{\mathrm{T}}B+B^{\mathrm{T}}A,$$

知(B)不一定成立.

习 题 五 全 解

(A)

1.写出下列二次型对应的矩阵:

(1) $f(x_1,x_2,x_3)=x_1^2+x_2^2+x_3^2+x_4^2+2x_1x_2-2x_1x_4-2x_2x_3+2x_3x_4$;

(2) $f(x_1,x_2,x_3)=2x_1x_2+2x_1x_3-2x_1x_4-2x_2x_3+2x_2x_4+2x_3x_4$.

解 由二次型的定义,f 对应的矩阵为

$$(1)A=\begin{pmatrix} 1 & 1 & 0 & -1 \\ 1 & 1 & -1 & 0 \\ 0 & -1 & 1 & 1 \\ -1 & 0 & 1 & 1 \end{pmatrix}; \qquad (2)A=\begin{pmatrix} 0 & 1 & 1 & -1 \\ 1 & 0 & -1 & 1 \\ 1 & -1 & 0 & 1 \\ -1 & 1 & 1 & 0 \end{pmatrix}.$$

2.写出下列矩阵对应的二次型:

$$(1)A=\begin{pmatrix} 0 & 0 & 2 \\ 0 & 2 & 0 \\ 2 & 0 & 0 \end{pmatrix}; \qquad (2)A=\begin{pmatrix} 2 & 1 & 1 \\ 1 & 0 & 3 \\ 1 & 3 & 1 \end{pmatrix}.$$

解 由对称矩阵 A 直接写出对应的二次型为

(1) $f(x_1,x_2,x_3)=2x_2^2+4x_1x_3$.

(2) $f(x_1,x_2,x_3)=2x_1^2+x_3^2+2x_1x_2+2x_1x_3+6x_2x_3$.

3.用正交变换化下列二次型为标准形,并写出所用的正交变换:

(1) $f(x_1,x_2,x_3)=2x_1^2+5x_2^2+5x_3^2+4x_1x_2-4x_1x_3-8x_2x_3$.

解 二次型 f 对应的矩阵为

$$A=\begin{pmatrix} 2 & 2 & -2 \\ 2 & 5 & -4 \\ -2 & -4 & 5 \end{pmatrix},$$

其特征方程为

$$|\lambda E-A|=\begin{vmatrix} \lambda-2 & -2 & 2 \\ -2 & \lambda-5 & 4 \\ 2 & 4 & \lambda-5 \end{vmatrix}=(1-\lambda)^2(10-\lambda)=0,$$

所以 A 的特征值为 $\lambda_1=\lambda_2=1,\lambda_3=10$.

对于 $\lambda_1=\lambda_2=1$, 解线性方程组 $(E-A)x=0$, 得基础解系 $\alpha_1=(-2,1,0)^T,\alpha_2=(2,0,1)^T$.

将 α_1, α_2 正交化, 得

$$\beta_1=\alpha_1=(-2,1,0)^T, \qquad\qquad \beta_2=\alpha_2-\frac{(\alpha_2,\beta_1)}{(\beta_1,\beta_1)}\beta_1=\frac{1}{5}(2,4,5)^T.$$

再将 β_1, β_2 单位化, 得

$$\eta_1=\left(\frac{-2}{\sqrt 5},\frac{1}{\sqrt 5},0\right)^T, \qquad\qquad \eta_2=\left(\frac{2}{3\sqrt 5},\frac{4}{3\sqrt 5},\frac{5}{3\sqrt 5}\right)^T.$$

对于 $\lambda_3=10$, 解线性方程组 $(10E-A)x=0$, 得基础解系 $\alpha_3=(1,2,-2)^T$.

将 α_3 单位化, 得 $\eta_3=\left(\frac{1}{3},\frac{2}{3},-\frac{2}{3}\right)^T$.

令矩阵

$$Q=(\eta_1,\eta_2,\eta_3)=\begin{pmatrix} \dfrac{-2}{\sqrt 5} & \dfrac{2}{3\sqrt 5} & \dfrac{1}{3} \\[3mm] \dfrac{1}{\sqrt 5} & \dfrac{4}{3\sqrt 5} & \dfrac{2}{3} \\[3mm] 0 & \dfrac{5}{3\sqrt 5} & \dfrac{-2}{3} \end{pmatrix},$$

则 Q 即为所求的正交矩阵, 且有

$$Q^T A Q=\begin{pmatrix} 1 & & \\ & 1 & \\ & & 10 \end{pmatrix}.$$

此时, 作正交线性变换 $x=Qy$, 则原二次型化为标准形 $f=y_1^2+y_2^2+10y_3^2$.

(2) $f(x_1,x_2,x_3)=2x_1x_2+2x_1x_3+2x_2x_3$.

解 二次型 f 对应的矩阵为 $A=\begin{pmatrix} 0 & 1 & 1 \\ 1 & 0 & 1 \\ 1 & 1 & 0 \end{pmatrix}$, 其特征方程为

$$|\lambda E-A|=\begin{vmatrix} \lambda & -1 & -1 \\ -1 & \lambda & -1 \\ -1 & -1 & \lambda \end{vmatrix}=(\lambda+1)^2(\lambda-2)=0,$$

所以 A 的特征值为 $\lambda_1=\lambda_2=-1,\lambda_3=2$.

对于 $\lambda_1 = \lambda_2 = -1$,解线性方程组 $(-E-A)x=0$,得基础解系 $\alpha_1=(-1,1,0)^{\mathrm{T}}$,$\alpha_2=(-1,0,1)^{\mathrm{T}}$.

将 α_1,α_2 正交化,得

$$\beta_1=\alpha_1=(-1,1,0)^{\mathrm{T}}, \qquad \beta_2=\alpha_2-\frac{(\alpha_2,\beta_1)}{(\beta_1,\beta_1)}\beta_1=\left(-\frac{1}{2},-\frac{1}{2},1\right)^{\mathrm{T}}.$$

再将 β_1,β_2 单位化,得

$$\eta_1=\left(-\frac{1}{\sqrt{2}},\frac{1}{\sqrt{2}},0\right)^{\mathrm{T}}, \qquad \eta_2=\left(-\frac{1}{\sqrt{6}},-\frac{1}{\sqrt{6}},\frac{2}{\sqrt{6}}\right)^{\mathrm{T}}.$$

对于 $\lambda_3 = 2$,解线性方程组 $(2E-A)x=0$,得基础解系 $\alpha_3=(1,1,1)^{\mathrm{T}}$.

将 α_3 单位化,得

$$\eta_3=\left(\frac{1}{\sqrt{3}},\frac{1}{\sqrt{3}},\frac{1}{\sqrt{3}}\right)^{\mathrm{T}}.$$

令矩阵

$$Q=(\eta_1,\eta_2,\eta_3)=\begin{pmatrix} -\frac{1}{\sqrt{2}} & -\frac{1}{\sqrt{6}} & \frac{1}{\sqrt{3}} \\ \frac{1}{\sqrt{2}} & -\frac{1}{\sqrt{6}} & \frac{1}{\sqrt{3}} \\ 0 & \frac{2}{\sqrt{6}} & \frac{1}{\sqrt{3}} \end{pmatrix},$$

则 Q 即为所求的正交矩阵,且有

$$Q^{\mathrm{T}}AQ=\begin{pmatrix} -1 & & \\ & -1 & \\ & & 2 \end{pmatrix}.$$

此时,作正交线性变换 $x=Qy$,则原二次型化为标准形

$$f=-y_1^2-y_2^2+2y_3^2.$$

4.设二次型 $f(x_1,x_2,x_3)=3x_1^2+3x_2^2+5x_3^2+4x_1x_3-4x_2x_3$.(1)写出二次型的矩阵表示;(2)求正交矩阵 P,作变换 $(x_1,x_2,x_3)^{\mathrm{T}}=P(y_1,y_2,y_3)^{\mathrm{T}}$,化二次型为 y_1,y_2,y_3 的平方和.

解 (1)二次型的矩阵表示为

$$f(x_1,x_2,x_3)=(x_1,x_2,x_3)\begin{pmatrix} 3 & 0 & 2 \\ 0 & 3 & -2 \\ 2 & -2 & 5 \end{pmatrix}\begin{pmatrix} x_1 \\ x_2 \\ x_3 \end{pmatrix}.$$

(2)二次型对应的矩阵为

$$A = \begin{bmatrix} 3 & 0 & 2 \\ 0 & 3 & -2 \\ 2 & -2 & 5 \end{bmatrix},$$

其特征方程为

$$|\lambda E - A| = \begin{bmatrix} \lambda-3 & 0 & -2 \\ 0 & \lambda-3 & 2 \\ -2 & 2 & \lambda-5 \end{bmatrix} = (\lambda-1)(\lambda-3)(\lambda-7) = 0,$$

解得特征值为 $\lambda_1 = 1, \lambda_2 = 3, \lambda_3 = 7$.

对于 $\lambda_1 = 1$,解齐次线性方程组 $(2E-A)x = 0$,得它的一个基础解系

$$\boldsymbol{\alpha}_1 = (-1, 1, 1)^{\mathrm{T}};$$

对于 $\lambda_2 = 3$,解齐次线性方程组 $(3E-A)x = 0$,得它的一个基础解系

$$\boldsymbol{\alpha}_2 = (1, 1, 0)^{\mathrm{T}};$$

对于 $\lambda_3 = 7$,解齐次线性方程组 $(7E-A)x = 0$,得它的一个基础解系

$$\boldsymbol{\alpha}_3 = (1, -1, 2)^{\mathrm{T}}.$$

将 $\boldsymbol{\alpha}_1, \boldsymbol{\alpha}_2, \boldsymbol{\alpha}_3$ 单位化,得

$$\boldsymbol{\beta}_1 = \left(\frac{-1}{\sqrt{3}}, \frac{1}{\sqrt{3}}, \frac{1}{\sqrt{3}}\right)^{\mathrm{T}}, \boldsymbol{\beta}_2 = \left(\frac{1}{\sqrt{2}}, \frac{1}{\sqrt{2}}, 0\right)^{\mathrm{T}}, \boldsymbol{\beta}_3 = \left(\frac{1}{\sqrt{6}}, \frac{-1}{\sqrt{6}}, \frac{2}{\sqrt{6}}\right)^{\mathrm{T}}.$$

令

$$P = (\boldsymbol{\beta}_1, \boldsymbol{\beta}_2, \boldsymbol{\beta}_3) = \begin{bmatrix} \dfrac{-1}{\sqrt{3}} & \dfrac{1}{\sqrt{2}} & \dfrac{1}{\sqrt{6}} \\ \dfrac{1}{\sqrt{3}} & \dfrac{1}{\sqrt{2}} & \dfrac{-1}{\sqrt{6}} \\ \dfrac{1}{\sqrt{3}} & 0 & \dfrac{2}{\sqrt{6}} \end{bmatrix},$$

则

$$P^{\mathrm{T}}AP = \begin{bmatrix} 1 & & \\ & 3 & \\ & & 7 \end{bmatrix} = \boldsymbol{\Lambda}.$$

令 $x = Py$ 可有

$$f(x_1, x_2, x_3) = x^{\mathrm{T}}Ax = y^{\mathrm{T}}P^{\mathrm{T}}APy = y^{\mathrm{T}}\boldsymbol{\Lambda}y = y_1^2 + 3y_2^2 + 7y_3^2.$$

5.设有二次型

$$f(x_1, x_2, x_3) = ax_1^2 + 4x_2^2 + bx_3^2 + 4x_1x_2 - 4x_1x_3 + 8x_2x_3,$$

经过正交变换化为 $y_1^2 + 6y_2^2 - 6y_3^2$,求 a, b 的值和正交变换矩阵 P.

解 由题设,正交变换前后二次型 f 的对应矩阵分别为

$$\boldsymbol{A} = \begin{pmatrix} a & 2 & -2 \\ 2 & 4 & 4 \\ -2 & 4 & b \end{pmatrix}, \qquad \boldsymbol{\Lambda} = \begin{pmatrix} 1 & & \\ & 6 & \\ & & -6 \end{pmatrix}.$$

因为它们是（正交）相似的，于是有 $|\boldsymbol{A}| = |\boldsymbol{\Lambda}|$，$\mathrm{tr}(\boldsymbol{A}) = \mathrm{tr}(\boldsymbol{\Lambda})$，即

$$\begin{cases} 4(a-1)(b-4) - 64 = -36, \\ a+b+4 = 1, \end{cases}$$

解得 $a = 0$，$b = -3$.

由于 $\boldsymbol{A}$ 与 $\boldsymbol{\Lambda}$ 有相同的特征值，所以 $\boldsymbol{A}$ 的特征值为 $\lambda_1 = 1$，$\lambda_2 = 6$，$\lambda_3 = -6$.

当 $\lambda_1 = 1$ 时，对应的特征向量为 $\boldsymbol{\alpha}_1 = (-2, 0, 1)^{\mathrm{T}}$，单位化得

$$\boldsymbol{\eta}_1 = \frac{1}{\|\boldsymbol{\alpha}_1\|} \boldsymbol{\alpha}_1 = \left(-\frac{2}{\sqrt{5}}, 0, \frac{1}{\sqrt{5}} \right)^{\mathrm{T}}.$$

当 $\lambda_2 = 6$ 时，对应的特征向量为 $\boldsymbol{\alpha}_2 = (1, 5, 2)^{\mathrm{T}}$，单位化得

$$\boldsymbol{\eta}_2 = \frac{1}{\|\boldsymbol{\alpha}_2\|} \boldsymbol{\alpha}_2 = \left(\frac{1}{\sqrt{30}}, \frac{5}{\sqrt{30}}, \frac{2}{\sqrt{30}} \right)^{\mathrm{T}}.$$

当 $\lambda_3 = -6$ 时，对应的特征向量为 $\boldsymbol{\alpha}_3 = (-1, 1, -2)^{\mathrm{T}}$，单位化得

$$\boldsymbol{\eta}_3 = \frac{1}{\|\boldsymbol{\alpha}_3\|} \boldsymbol{\alpha}_3 = \left(-\frac{1}{\sqrt{6}}, \frac{1}{\sqrt{6}}, -\frac{2}{\sqrt{6}} \right)^{\mathrm{T}}.$$

令矩阵

$$\boldsymbol{P} = (\boldsymbol{\eta}_1, \boldsymbol{\eta}_2, \boldsymbol{\eta}_3) = \begin{pmatrix} -\dfrac{2}{\sqrt{5}} & \dfrac{1}{\sqrt{30}} & -\dfrac{1}{\sqrt{6}} \\ 0 & \dfrac{5}{\sqrt{30}} & \dfrac{1}{\sqrt{6}} \\ \dfrac{1}{\sqrt{5}} & \dfrac{2}{\sqrt{30}} & -\dfrac{2}{\sqrt{6}} \end{pmatrix},$$

$\boldsymbol{P}$ 即为所求的正交变换矩阵.

6. 设实二次型 $f(x_1, x_2, x_3) = x_1^2 + x_2^2 + x_3^2 + 2\alpha x_1 x_2 + 2x_1 x_3 + 2\beta x_2 x_3$ 经正交变换 $\boldsymbol{x} = \boldsymbol{Q}\boldsymbol{y}$ 化成标准形 $f = y_2^2 + 2y_3^2$，求 α，β.

解 二次型变换前和变换后对应的矩阵分别为

$$\boldsymbol{A} = \begin{pmatrix} 1 & \alpha & 1 \\ \alpha & 1 & \beta \\ 1 & \beta & 1 \end{pmatrix}, \qquad \boldsymbol{\Lambda} = \begin{pmatrix} 0 & & \\ & 1 & \\ & & 2 \end{pmatrix}.$$

因为二次型 f 经正交变换 $\boldsymbol{x} = \boldsymbol{Q}\boldsymbol{y}$ 化成标准形 $f = y_2^2 + 2y_3^2$，所以矩阵 $\boldsymbol{A}$ 的特征值为 $\lambda_1 = 0$，$\lambda_2 = 1$，$\lambda_3 = 2$. 故有

$$|0E-A| = \begin{vmatrix} -1 & -\alpha & -1 \\ -\alpha & -1 & -\beta \\ -1 & -\beta & -1 \end{vmatrix} = (\alpha-\beta)^2 = 0,$$

$$|1E-A| = \begin{vmatrix} 0 & -\alpha & -1 \\ -\alpha & 0 & -\beta \\ -1 & -\beta & 0 \end{vmatrix} = -2\alpha\beta = 0,$$

$$|2E-A| = \begin{vmatrix} 1 & -\alpha & -1 \\ -\alpha & 1 & -\beta \\ -1 & -\beta & 1 \end{vmatrix} = -(\alpha+\beta)^2 = 0.$$

由此可解得 $\alpha = \beta = 0$.

7. 用配方法化下列二次型为标准形,并求出所用的非退化线性变换:

(1) $f(x_1, x_2, x_3) = x_1^2 + 2x_2^2 + 2x_1x_2 - 2x_1x_3 + 2x_2x_3$.

解 因 f 中含有 x_1 的平方项,故先把含 x_1 的项归并起来,再配方得

$$f = x_1^2 + 2x_1(x_2 - x_3) + 2x_2^2 + 2x_2x_3 = (x_1 + x_2 - x_3)^2 + x_2^2 + 4x_2x_3 - x_3^2$$
$$= (x_1 + x_2 - x_3)^2 + (x_2 + 2x_3)^2 - 5x_3^2.$$

令

$$\begin{cases} y_1 = x_1 + x_2 - x_3, \\ y_2 = x_2 + 2x_3, \\ y_3 = x_3, \end{cases} \quad 即 \quad \begin{cases} x_1 = y_1 - y_2 + 3y_3, \\ x_2 = y_2 - 2y_3, \\ x_3 = y_3 \end{cases}$$

将 f 化成标准形

$$f = y_1^2 + y_2^2 - 5y_3^2.$$

所用非退化线性变换的矩阵为

$$C = \begin{pmatrix} 1 & -1 & 3 \\ 0 & 1 & -2 \\ 0 & 0 & 1 \end{pmatrix}, \quad |C| = 1 \neq 0.$$

(2) $f(x_1, x_2, x_3) = x_1x_2 + x_1x_3 + x_2x_3$.

解 因 f 中不含有平方项,但是含有乘积项 x_1x_2,故令

$$\begin{cases} x_1 = y_1 + y_2, \\ x_2 = y_1 - y_2, \\ x_3 = y_3 \end{cases}$$

代入,再配方得

$$f = y_1^2 + 2y_1y_3 - y_2^2 = (y_1 + y_3)^2 - y_2^2 - y_3^2.$$

令

$$\begin{cases} z_1 = y_1 + y_3, \\ z_2 = y_2, \\ z_3 = y_3, \end{cases} \quad 即 \quad \begin{cases} y_1 = z_1 - z_3, \\ y_2 = z_2, \\ y_3 = z_3, \end{cases}$$

把 f 化成标准形

$$f = z_1^2 - z_2^2 - z_3^2.$$

所用线性变换矩阵为

$$C = \begin{pmatrix} 1 & 1 & 0 \\ 1 & -1 & 0 \\ 0 & 0 & 1 \end{pmatrix} \begin{pmatrix} 1 & 0 & -1 \\ 0 & 1 & 0 \\ 0 & 0 & 1 \end{pmatrix} = \begin{pmatrix} 1 & 1 & -1 \\ 1 & -1 & -1 \\ 0 & 0 & 1 \end{pmatrix}.$$

8.用初等变换法化二次型

$$f(x_1, x_2, x_3) = 3x_1^2 + 2x_2^2 - x_3^2 + 6x_1 x_2 - 12x_1 x_3 - 8x_2 x_3$$

为标准形,并求出所用的非退化线性变换.

解 二次型 f 的矩阵

$$A = \begin{pmatrix} 3 & 3 & -6 \\ 3 & 2 & -4 \\ -6 & -4 & -1 \end{pmatrix}.$$

于是

$$\left(\frac{A}{E} \right) \to \begin{pmatrix} 3 & 0 & 0 \\ 0 & -1 & 0 \\ 0 & 0 & -9 \\ 1 & -1 & 0 \\ 0 & 1 & 2 \\ 0 & 0 & 1 \end{pmatrix} = \left(\frac{\Lambda}{P} \right).$$

则

$$P = \begin{pmatrix} 1 & -1 & 0 \\ 0 & 1 & 2 \\ 0 & 0 & 1 \end{pmatrix}, \quad \Lambda = \begin{pmatrix} 3 & & \\ & -1 & \\ & & -9 \end{pmatrix}.$$

所用的非退化线性变换为

$$x = Py, 即 \begin{pmatrix} x_1 \\ x_2 \\ x_3 \end{pmatrix} = \begin{pmatrix} 1 & -1 & 0 \\ 0 & 1 & 2 \\ 0 & 0 & 1 \end{pmatrix} \begin{pmatrix} y_1 \\ y_2 \\ y_3 \end{pmatrix}.$$

二次型的标准形为

$$f = y^T \Lambda y = 3y_1^2 - y_2^2 - 9y_3^2.$$

9.已知二次型
$$f(x_1,x_2,x_3)=5x_1^2+5x_2^2+cx_3^2-2x_1x_2+6x_1x_3-6x_2x_3$$
的秩为2,

(1)求参数 c 及此二次型对应的特征值;

(2)指出方程 $f(x_1,x_2,x_3)=1$ 表示何种二次曲面.

分析 二次型的秩为2是指二次型对应矩阵 A 的秩为2,由于 A 是三阶的,故其行列式的值一定为零,由此求出参数 c.此时 A 的特征值即为特征方程 $|\lambda E-A|=0$ 的解.A 的非零特征值的个数及其正负号决定了二次型的标准型,从而决定了方程 $f(x_1,x_2,x_3)=1$ 表示何种二次曲面.

解 (1)此二次型对应矩阵为
$$A=\begin{pmatrix} 5 & -1 & 3 \\ -1 & 5 & -3 \\ 3 & -3 & c \end{pmatrix}.$$

因 $r(A)=2$,故 $|A|=\begin{vmatrix} 5 & -1 & 3 \\ -1 & 5 & -3 \\ 3 & -3 & c \end{vmatrix}=0$,解得 $c=3$.容易验证,此时 A 的秩的确是2.

这时,$|\lambda E-A|=\begin{vmatrix} \lambda-5 & 1 & -3 \\ 1 & \lambda-5 & 3 \\ -3 & 3 & \lambda-3 \end{vmatrix}=\lambda(\lambda-4)(\lambda-9)$,故所求特征值为 $\lambda_1=0$,

$\lambda_2=4,\lambda_3=9$.

(2)由上述特征值可知,$f(x_1,x_2,x_3)=1$ 表示椭圆柱面.

注 为什么 $f(x_1,x_2,x_3)=1$ 表示椭圆柱面呢?因为根据§5.2的知识知,二次型矩阵 A 与对角矩阵 $\mathrm{diag}(0,4,9)$ 合同,即 $f(x_1,x_2,x_3)=1$ 可以经过适当的非退化线性变换化为 $4y_2^2+9y_3^2=1$.此方程在 $O-y_1y_2y_3$ 坐标系中表示一椭圆柱面.

10.判定下列矩阵是否是正定矩阵:

$(1)A=\begin{pmatrix} 10 & 4 & 12 \\ 4 & 2 & -14 \\ 12 & -14 & 1 \end{pmatrix}$; $(2)A=\begin{pmatrix} 1 & 1 & 1 \\ 1 & 2 & 2 \\ 1 & 2 & 3 \end{pmatrix}$.

解 (1)由于 $\Delta_3=|A|=\begin{vmatrix} 10 & 4 & 12 \\ 4 & 2 & -14 \\ 12 & -14 & 1 \end{vmatrix}=-4\times897<0$,即 A 的三阶顺序主子式为负,故 A 不是正定矩阵.

(2)由于

$$\Delta_1 = 1 > 0, \quad \Delta_2 = \begin{vmatrix} 1 & 1 \\ 1 & 2 \end{vmatrix} = 1 > 0, \quad \Delta_3 = \begin{vmatrix} 1 & 1 & 1 \\ 1 & 2 & 2 \\ 1 & 2 & 3 \end{vmatrix} = 1 > 0,$$

即 A 的各阶顺序主子式都为正,故 A 为正定矩阵.

11. 讨论参数 t 满足什么条件时下列二次型是正定二次型:

(1) $f(x_1, x_2, x_3) = x_1^2 + 4x_2^2 + 2x_3^2 + 2tx_1x_2 + 2x_2x_3$.

解   二次型 f 的矩阵为 $A = \begin{pmatrix} 1 & t & 0 \\ t & 4 & 1 \\ 0 & 1 & 2 \end{pmatrix}$,要使 f 为正定,只需 A 的各阶顺序主子式都

大于零,即

$$\Delta_1 = 1 > 0, \quad \Delta_2 = \begin{vmatrix} 1 & t \\ t & 4 \end{vmatrix} = 4 - t^2 > 0, \quad \Delta_3 = \begin{vmatrix} 1 & t & 0 \\ t & 4 & 1 \\ 0 & 1 & 2 \end{vmatrix} = 7 - 2t^2 > 0,$$

解方程组

$$\begin{cases} 4 - t^2 > 0 \\ 4 - t^2 > \dfrac{1}{2} \end{cases},$$

得 $|t| < \dfrac{\sqrt{14}}{2}$. 此时,二次型 f 为正定的.

(2) $f(x_1, x_2, x_3) = 5x_1^2 + x_2^2 + tx_3^2 + 4x_1x_2 - 2x_1x_3 + 2x_2x_3$.

解   二次型 f 的矩阵为 $A = \begin{pmatrix} 5 & 2 & -1 \\ 2 & 1 & 1 \\ -1 & 1 & t \end{pmatrix}$.要使 f 为正定,只须 A 的各阶顺序主子

式都大于零,由

$$\Delta_1 = 5 > 0, \quad \Delta_2 = \begin{vmatrix} 5 & 2 \\ 2 & 1 \end{vmatrix} = 1 > 0, \quad \Delta_3 = \begin{vmatrix} 5 & 2 & -1 \\ 2 & 1 & 1 \\ -1 & 1 & t \end{vmatrix} = t - 10 > 0,$$

解得 $t > 10$. 此时,二次型 f 为正定的.

12. 设 A 是 n 阶正定矩阵,求方程组 $Ax = 0$ 的解集合.

解   若 A 是正定矩阵,则对任何 $x \neq 0$,均有 $x^T A x = 0$. 故要使 $x^T A x = 0$,那么 $x = 0$. 于是 $Ax = 0$ 的解集合为 $\{x \mid x = 0\}$.

13. 设矩阵

$$A = \begin{pmatrix} 1 & 0 & 1 \\ 0 & 2 & 0 \\ 1 & 0 & 1 \end{pmatrix}, \qquad B = (A + kE)^2.$$

(1)求对角矩阵 $\boldsymbol{\Lambda}$,使得 $\boldsymbol{B} \sim \boldsymbol{\Lambda}$;

(2)k 满足什么条件时 $\boldsymbol{B}$ 正定?

分析　先求出 $\boldsymbol{A}$ 的特征值 λ,则 $\boldsymbol{B}$ 的特征值为 $(k+\lambda)^2$,$\boldsymbol{B}$ 正定的充分必要条件是所有特征值全大于零.

解　(1)由 $\boldsymbol{A}$ 的特征方程

$$|\lambda \boldsymbol{A}-\boldsymbol{E}|=\begin{vmatrix} 1-\lambda & 0 & 1 \\ 0 & 2-\lambda & 0 \\ 1 & 0 & 1-\lambda \end{vmatrix}=-\lambda(\lambda-2)^2=0,$$

可得 $\boldsymbol{A}$ 的特征值为 2(二重)和 0,所以 $\boldsymbol{B}$ 的特征值为 $(2+k)^2$(二重)和 k^2.

又由 $\boldsymbol{A}$ 是实对称矩阵知 $\boldsymbol{B}$ 也是实对称矩阵,于是

$$\boldsymbol{B} \sim \boldsymbol{\Lambda}=\begin{bmatrix} k^2 & & \\ & (k+2)^2 & \\ & & (k+2)^2 \end{bmatrix}.$$

(2)易得当 $k \neq 0$ 且 $k \neq -2$ 时,$\boldsymbol{B}$ 的全部特征值均为正数,此时 $\boldsymbol{B}$ 为正定矩阵.

14.设 $\boldsymbol{A}$ 是三阶实对称矩阵,且 $\boldsymbol{A}^2+2\boldsymbol{A}=\boldsymbol{O}$,$r(\boldsymbol{A})=2$.

(1)求 $\boldsymbol{A}$ 全部特征值;

(2)k 为何值时,$\boldsymbol{A}+k\boldsymbol{E}$ 为正定矩阵.

解　(1)设 λ 为 $\boldsymbol{A}$ 的一个特征值,对应的特征向量为 $\boldsymbol{\alpha}(\neq \boldsymbol{0})$,则

$$\boldsymbol{A}\boldsymbol{\alpha}=\lambda\boldsymbol{\alpha}, \quad \boldsymbol{A}^2\boldsymbol{\alpha}=\lambda^2\boldsymbol{\alpha}.$$

于是 $(\boldsymbol{A}^2+2\boldsymbol{A})\boldsymbol{\alpha}=(\lambda^2+2\lambda)\boldsymbol{\alpha}$.

由条件 $\boldsymbol{A}^2+2\boldsymbol{A}=\boldsymbol{O}$ 推知 $(\lambda^2+2\lambda)\boldsymbol{\alpha}=\boldsymbol{0}$. 又由于 $\boldsymbol{\alpha} \neq \boldsymbol{0}$,故有 $\lambda^2+2\lambda=0$,解得 $\lambda=-2$,$\lambda=0$.

因为实对称矩阵 $\boldsymbol{A}$ 必可对角化,且 $r(\boldsymbol{A})=2$,所以

$$\boldsymbol{A} \rightarrow \begin{bmatrix} -2 & & \\ & -2 & \\ & & 0 \end{bmatrix}=\boldsymbol{\Lambda}.$$

因此,矩阵 $\boldsymbol{A}$ 的全部特征值为 $\lambda_1=\lambda_2=-2$,$\lambda_3=0$.

(2)矩阵 $\boldsymbol{A}+k\boldsymbol{E}$ 仍为实对称矩阵.由(1)知,$\boldsymbol{A}+k\boldsymbol{E}$ 的全部特征值为 $-2+k$,$-2+k$,k.于是,当 $k>2$ 时矩阵 $\boldsymbol{A}+k\boldsymbol{E}$ 的全部特征值大于零,因此,这时矩阵 $\boldsymbol{A}+k\boldsymbol{E}$ 为正定矩阵.

15.设 $\boldsymbol{A}$,$\boldsymbol{B}$ 都是 n 阶正定矩阵,证明 $\boldsymbol{A}+\boldsymbol{B}$ 也是正定矩阵.

证　由 $(\boldsymbol{A}+\boldsymbol{B})^{\mathrm{T}}=\boldsymbol{A}^{\mathrm{T}}+\boldsymbol{B}^{\mathrm{T}}=\boldsymbol{A}+\boldsymbol{B}$ 知 $\boldsymbol{A}+\boldsymbol{B}$ 是对称的,而

$$\boldsymbol{x}^{\mathrm{T}}(\boldsymbol{A}+\boldsymbol{B})\boldsymbol{x}=\boldsymbol{x}^{\mathrm{T}}\boldsymbol{A}\boldsymbol{x}+\boldsymbol{x}^{\mathrm{T}}\boldsymbol{B}\boldsymbol{x}>0 \quad (\boldsymbol{x} \neq \boldsymbol{0}),$$

所以 $A+B$ 是正定矩阵.

16. 设 A 是正定矩阵,证明 A^* 也是正定矩阵.

证法 1 由 A 正定知,存在可逆矩阵 P 使得 $A=P^TP$,从而
$$A^*=(P^TP)^*=P^*(P^T)^*=P^*(P^*)^T,$$
即知 A^* 也是正定矩阵.

证法 2 由 A 正定知 $|A|>0$,A 的特征值 $\lambda_i>0$($i=1,2,\cdots,n$),而 A^* 的特征值 $\dfrac{1}{\lambda_i^*}=\dfrac{|A|}{\lambda_i}>0$($i=1,2,\cdots,n$),即知 A^* 也是正定矩阵.

17. 设 A 是 $m\times n$ 阶实矩阵,且 $r(A)=n$,证明 A^TA 是正定矩阵.

证 若 $r(A)=n$,则齐次方程组 $Ax=0$ 只有零解,于是对任何 $x\neq0$,均有 $Ax\neq0$,故
$$0<(Ax,Ax)=(Ax)^T(Ax)=x^T(A^TA)x,$$
即 A^TA 是正定阵.

18. 设 A 是 n 阶正定矩阵,E 是 n 阶单位矩阵,证明 $|A+E|>1$.

证 因为 A 是正定阵,故存在正交阵 Q,使
$$Q^TAQ=Q^{-1}AQ=\begin{pmatrix}\lambda_1&&&\\&\lambda_2&&\\&&\ddots&\\&&&\lambda_n\end{pmatrix},$$
其中 $\lambda_i>0$($i=1,2,\cdots,n$)是 A 的特征值.因此
$$Q^T(A+E)Q=Q^TAQ+Q^TQ,=\begin{pmatrix}\lambda_1&&&\\&\lambda_2&&\\&&\ddots&\\&&&\lambda_n\end{pmatrix}+E$$
$$=\begin{pmatrix}\lambda_1+1&&&\\&\lambda_2+1&&\\&&\ddots&\\&&&\lambda_n+1\end{pmatrix}.$$
在上式两端取行列式得
$$\prod_{i=1}^n(\lambda_i+1)=|Q^T(A+E)Q|=|Q^T||A+E||Q|=|A+E|,$$
从而 $|A+E|>1$.

19. 设 A 为实对称矩阵,且满足 $A^2-3A+2E=O$,证明 A 为正定矩阵.

证 设 λ 为 A 的一个特征值,则 $A^2-3A+2E$ 的特征值为 $\lambda^2-3\lambda+2$. 解 $\lambda^2-3\lambda+2=0$ 得 $\lambda_1=1>0,\lambda_2=2>0$,因此 A 为正定矩阵.

20. 设 A, B 分别是 m, n 阶正定矩阵, 证明分块矩阵 $\begin{pmatrix} A & O \\ O & B \end{pmatrix}$ 也是正定矩阵.

证 由 $\begin{pmatrix} A & O \\ O & B \end{pmatrix}^T = \begin{bmatrix} A^T & O \\ O & B^T \end{bmatrix} = \begin{pmatrix} A & O \\ O & B \end{pmatrix}$ 知 $\begin{pmatrix} A & O \\ O & B \end{pmatrix}$ 是实对称矩阵.

设 $Z = \begin{pmatrix} x \\ y \end{pmatrix}$, 其中 $x = (x_1, x_2, \cdots, x_m)^T$, $y = (y_1, y_2, \cdots, y_n)^T$. 当 $Z \neq 0$ 时, x 与 y 中至少有一个不为零. 由 A, B 正定可知: $x^T A x$ 和 $y^T A y$ 都为正, 所以

$$Z^T \begin{pmatrix} A & O \\ O & B \end{pmatrix} Z = (x^T, \ y^T) \begin{pmatrix} A & O \\ O & B \end{pmatrix} \begin{pmatrix} x \\ y \end{pmatrix} = x^T A x + y^T A y > 0,$$

即 $\begin{pmatrix} A & O \\ O & B \end{pmatrix}$ 正定.

21. 设 A 是一个 n 阶实对称矩阵, 且 $|A| < 0$. 证明存在实 n 维向量 α, 使得 $\alpha^T A \alpha < 0$.

证 由题设知二次型 $f(x_1, x_2, \cdots, x_n) = x^T A x$ 的秩为 n, 且不是正定的, 其标准形中负惯性指数至少是 1.

若 f 可经过可逆线性变换 $x = Cy$ 化成

$$f = x^T A x = y^T C^T A C y = y_1^2 + y_2^2 + \cdots + y_s^2 - y_{s+1}^2 - \cdots - y_n^2,$$

其中 $1 \leqslant s < n$.

显然, 当 $y_0 = e_n^T = (0, 0, \cdots, 0, 1)^T$ 时上式右端小于 0.

又 $x = Cy$ 中 C 是可逆矩阵, 故 $y_0 \neq 0$, 则 $\alpha = Cy_0 \neq 0$ 可使

$$f = \alpha^T A \alpha < 0.$$

这只需注意到

$$f(y_0) = y_0^T (C^T A C) y_0 = 0^2 + 0^2 + \cdots + 0^2 - 1 = -1 < 0.$$

又

$$y_0^T (C^T A C) y_0 = (C y_0)^T A (C y_0) = \alpha^T A \alpha,$$

故 $f(\alpha) = -1 < 0$.

22. 设

$$A = \begin{bmatrix} 1 & 1 & & & \\ 1 & 3 & & & \\ & a & a^2 & a^3 & \\ & 0 & a & a^2 & \\ & 0 & 0 & a & \end{bmatrix}, \qquad x = \begin{bmatrix} x_1 \\ x_2 \\ x_3 \\ x_4 \\ x_5 \end{bmatrix}.$$

（Ⅰ）给出矩阵 A 可逆的条件, 并求 A^{-1};

（Ⅱ）当 A 不可逆时，二次型 $x^T A x$ 是否正定，说明理由．

解 设

$$A = \begin{bmatrix} A_1 & O \\ O & A_2 \end{bmatrix}, \text{其中 } A_1 = \begin{pmatrix} 1 & 1 \\ 1 & 3 \end{pmatrix}, A_2 = \begin{bmatrix} a & a^2 & a^3 \\ 0 & a & a^2 \\ 0 & 0 & a \end{bmatrix}.$$

（Ⅰ）由分块矩阵行列式性质知

$$|A| = \begin{vmatrix} 1 & 1 \\ 1 & 3 \end{vmatrix} \begin{vmatrix} a & a^2 & a^3 \\ 0 & a & a^2 \\ 0 & 0 & a \end{vmatrix} = 2a^3.$$

若 A 可逆，则 $|A| \neq 0$，即 $a \neq 0$．于是

$$A = \begin{bmatrix} A_1^{-1} & O \\ O & A_2^{-1} \end{bmatrix}.$$

而

$$A_1^{-1} = \begin{pmatrix} 1 & -\dfrac{1}{2} \\ -\dfrac{1}{2} & \dfrac{1}{2} \end{pmatrix}, \quad A_2^{-1} = \begin{bmatrix} \dfrac{1}{a} & -1 & 0 \\ 0 & \dfrac{1}{a} & -1 \\ 0 & 0 & \dfrac{1}{a} \end{bmatrix},$$

所以

$$A^{-1} = \begin{bmatrix} 1 & -\dfrac{1}{2} & & & \\ -\dfrac{1}{2} & \dfrac{1}{2} & & & \\ & & \dfrac{1}{a} & -1 & 0 \\ & & 0 & \dfrac{1}{a} & -1 \\ & & 0 & 0 & \dfrac{1}{a} \end{bmatrix}.$$

（Ⅱ）A 不可逆时，$|A| = 0$ 即 $a = 0$．此时二次型如

$$x^T A x = (x_1, x_2, x_3, x_4, x_5) \begin{bmatrix} 1 & 1 & & & \\ 1 & 3 & & & \\ & & 0 & 0 & 0 \\ & & 0 & 0 & 0 \\ & & 0 & 0 & 0 \end{bmatrix} \begin{bmatrix} x_1 \\ x_2 \\ x_3 \\ x_4 \\ x_5 \end{bmatrix} = x_1^2 + 2x_1 x_2 + 3x_2^2,$$

它不是正定的,理由如下三者之一:

① 取 $x = (0,0,1,0,0)^T \neq 0$,得 $x^T A x = 0$.

② 由 $|A| = 0$ 知 A 不是正定矩阵,从而 $x^T A x$ 不是正定二次型.

③ 正定矩阵的主对角线上元素全为正,而 A 此时不是.

(B)

一、填空题

1. 已知二次型 $f(x_1, x_2, x_3) = -2x_1^2 - 2x_2^2 - x_3^2 - 2tx_1x_2 - 2x_2x_3$,当 $t = \underline{\ \pm\sqrt{2}\ }$ 时,该二次型的秩为 2.

解 二次型对应的矩阵 $A = \begin{pmatrix} -2 & -t & 0 \\ -t & -2 & -1 \\ 0 & -1 & -1 \end{pmatrix}$,则 $r(A) = 2$,即

$$|A| = \begin{vmatrix} -2 & -t & 0 \\ -t & -2 & -1 \\ 0 & -1 & -1 \end{vmatrix} = \begin{vmatrix} -2 & -t & 0 \\ -t & -1 & 0 \\ 0 & -1 & -1 \end{vmatrix} = (-1)\begin{vmatrix} -2 & -t \\ -t & -1 \end{vmatrix} = t^2 - 2 = 0,$$

从而 $t = \pm\sqrt{2}$.

2. 二次型 $f(x_1, x_2, x_3) = x_1^2 + 4x_1x_2 + x_2^2 + x_3^2$ 的正惯性指数为 $\underline{\ 2\ }$,负惯性指数为 $\underline{\ 1\ }$,符号差为 $\underline{\ 1\ }$,秩为 $\underline{\ 3\ }$.

解 由配方法知,

$$f = (x_1 + 2x_2)^2 - 3x_2^2 + x_3^2 = y_1^2 - 3y_2^2 + y_3^2 = z_1^2 + z_2^2 - z_3^2,$$

从而二次型的秩 $r = 3$,正惯性指数 $p = 2$,负惯性指数 $r - p = 1$,符号差 $2p - r = 1$.

3. 设实矩阵 $\begin{pmatrix} 2-a & 1 & 0 \\ 1 & 1 & 0 \\ 0 & 0 & a+3 \end{pmatrix}$ 为正定矩阵,则 a 的取值范围为 $\underline{\ -3 < a < 1\ }$.

解 矩阵正定的等价条件是其所有顺序主子式均大于零,即

$$\Delta_1 = 2 - a > 0,$$

$$\Delta_2 = \begin{vmatrix} 2-a & 1 \\ 1 & 1 \end{vmatrix} = 1 - a > 0,$$

$$\Delta_3 = \begin{vmatrix} 2-a & 1 & 0 \\ 1 & 1 & 0 \\ 0 & 0 & a+3 \end{vmatrix} = (a+3)(1-a) > 0,$$

由此解得 $-3 < a < 1$.

4. 三阶实对称矩阵 A 的特征值为 $\lambda_1 = \lambda_2 = 1, \lambda_3 = 2$,则二次型 $f(x_1, x_2, x_3) = x^T A x$

的规范形为 $\underline{\quad z_1^2 + z_2^2 + z_3^2 \quad}$.

分析 实对称矩阵 A 可经过正交变换化为对角矩阵,相应的二次型 $f(x) = x^T A x$ 就化为标准形.

解 二次型 f 的标准形为 $y_1^2 + y_2^2 + 2y_3^2$,故其规范形为 $z_1^2 + z_2^2 + z_3^2$.

5. 二次型 $f(x_1, x_2, \cdots, x_n) = x_1^2 + x_2^2 + \cdots + x_r^2$,则当 $r = \underline{\quad n \quad}$ 时 f 正定.

解 二次型 f 正定的充分必要条件是它的正惯性指数等于 n.

二、选择题

1. 下列多项式中为二次型的是(**D**).

(A) $f(x_1, x_2) = x_1^2 + 2x_1 x_2 + 4x_2^2 - 1$

(B) $f(x_1, x_2, x_3) = x_1^2 + 2x_1 x_2 + x_2^2 - 3x_3$

(C) $f(x_1, x_2) = \sqrt{2} x_1^2 + x_1 x_2 + \lg 5 x_2^2 - 1$

(D) $f(x_1, x_2, x_3) = 3x_1^2 - 2x_2 x_3$

解 由二次型的定义知,二次型不含常数项,排除(A)、(C);也不含一次项,排除(B).

2. 任何一个 n 阶满秩矩阵必定与 n 阶单位矩阵(**C**).

(A)合同　　　　(B)相似　　　　(C)等价　　　　(D)以上都不对

解 任一个 n 阶满秩矩阵都可以经过有限次的初等变换化为 n 阶单位矩阵,故 n 阶满秩矩阵都与 n 阶单位矩阵等价. 只有单位矩阵与单位矩阵相似. 只有正定矩阵与单位矩阵合同.

3. 设 $A = \begin{pmatrix} 1 & 1 & 1 & 1 \\ 1 & 1 & 1 & 1 \\ 1 & 1 & 1 & 1 \\ 1 & 1 & 1 & 1 \end{pmatrix}, B = \begin{pmatrix} 4 & 0 & 0 & 0 \\ 0 & 0 & 0 & 0 \\ 0 & 0 & 0 & 0 \\ 0 & 0 & 0 & 0 \end{pmatrix}$,则 A 与 B(**A**).

(A)合同且相似　　　　　　　　(B)合同但不相似

(C)不合同但相似　　　　　　　(D)不合同且不相似

解 两个同阶实对称矩阵相似的充要条件是它们有相同的特征值及重数;两个同阶实对称矩阵合同的充要条件是它们有相同的秩及相同的正惯性指数. 经过计算知,A 有特征值 $4,0,0,0$,B 也有特征值 $4,0,0,0$,可见 $A \sim B$,且 A 与 B 的秩都是 1,正惯性指数也都是 1,故 A 与 B 合同. 故选(A).

4. 设矩阵 $A = \begin{pmatrix} 2 & -1 & -1 \\ -1 & 2 & -1 \\ -1 & -1 & 2 \end{pmatrix}, B = \begin{pmatrix} 1 & 0 & 0 \\ 0 & 1 & 0 \\ 0 & 0 & 0 \end{pmatrix}$,则 A 与 B(**B**).

(A)合同且相似　　　　　　　　(B)合同,但不相似

(C)不合同,但相似 　　　　　　　(D)既不合同,也不相似

分析　若存在 n 阶可逆矩阵 P,使得 $B=P^{-1}AP$,称 n 阶矩阵 A 与 B 相似;若存在 n 阶可逆矩阵 C 使 $B=C^{T}AC$,称 A 与 B 合同.相似矩阵具有相同的特征值,且相似的实对称矩阵必是合同的,所以先求矩阵 A 的特征值,判断它们是否相似.

解　因为

$$|\lambda E-A|=\begin{vmatrix} \lambda-2 & 1 & 1 \\ 1 & \lambda-2 & 1 \\ 1 & 1 & \lambda-2 \end{vmatrix}=\lambda(\lambda-3)^{2},$$

所以矩阵 A 的特征值为 $3,3,0$.由此可知矩阵 A 与 B 不相似,从而选项(A)和(C)错.

又因为实对称矩阵 A 相似且合同于对角矩阵

$$C=\begin{pmatrix} 3 & 0 & 0 \\ 0 & 3 & 0 \\ 0 & 0 & 0 \end{pmatrix},$$

而矩阵 C 显然合同于矩阵 B,根据合同关系的传递性知矩阵 A 合同于 B,即选项(B)正确.

注　有如下的结论:两个矩阵合同的充要条件是它们的秩与正惯性指数分别相等.由此直接可得矩阵 A 与 B 是合同的

5.设 A,B 均为 n 阶实对称矩阵,且 $A\simeq B$,则(　**D**　).

(A)A,B 都是对角矩阵　　　　　　(B)A,B 有相同的特征值

(C)$|A|=|B|$　　　　　　　　　　　(D)$r(A)=r(B)$

解　$A\simeq B$ 意味着存在可逆矩阵 C,使得 $C^{T}AC=B$,并未涉及 A 或 B 是否为对角矩阵.例如,设

$$A=\begin{pmatrix} 2 & 3 \\ 3 & 1 \end{pmatrix}, \qquad B=\begin{pmatrix} 2 & 1 \\ 3 & 2 \end{pmatrix}, \qquad C=\begin{pmatrix} 1 & -1 \\ 0 & 1 \end{pmatrix}.$$

不难验证 $C^{T}AC=B$.但 A,B 都不是对角矩阵,并且 $|A|=-7$,$|B|=1$,$|A|\neq|B|$,故选项(A)和(C)不一定成立.

矩阵间合同与矩阵间相似的关系完全不同.由 $A\simeq B$,不能得到它们的特征值相同的结论.例如,设

$$A=\begin{pmatrix} 1 & -\dfrac{1}{2} \\ -\dfrac{1}{2} & 1 \end{pmatrix}, \qquad B=\begin{pmatrix} 1 & 0 \\ 0 & \dfrac{3}{4} \end{pmatrix}, \qquad C=\begin{pmatrix} 1 & \dfrac{1}{2} \\ 0 & 1 \end{pmatrix}.$$

不难验证 $C^{T}AC=B$,即 $A\simeq B$,但 A 的特征值为 $\dfrac{1}{2}$ 和 $\dfrac{3}{2}$;B 的特征值为 1 和 $\dfrac{3}{4}$,故选

项(B)不正确.

综上分析,本题只有选项(D)正确.实际上,由 $C^T AC = B,C$ 可逆,可得 $r(A) = r(B)$.

6. $A = \begin{bmatrix} 1 & 0 & 0 \\ 0 & m & n+2 \\ 0 & m-1 & m \end{bmatrix}$ 为正定矩阵,则 m 必满足(**A**).

(A) $m > \dfrac{1}{2}$ (B) $m < \dfrac{3}{2}$

(C) $m > -2$ (D)与 n 有关,不能确定

解 由正定矩阵的性质:

(1)正定矩阵的主对角元均大于零,可得 $m > 0$;

(2)正定矩阵也是对称矩阵,可得 $n+2 = m-1$;

(3)正定矩阵的行列式大于零,即 $m^2 - (m-1)(n+2) > 0$.

综上可得

$$m^2 - (m-1)^2 = 2m-1 > 0, \text{ 即 } m > \frac{1}{2}.$$

7. 设 A 为 n 阶对称矩阵,A 是正定矩阵的充要条件是(**C**).

(A)二次型 $x^T Ax$ 的负惯性指数为零   (B)A 无负特征值

(C)A 与单位矩阵合同   (D)存在 n 阶矩阵 C,使得 $A = C^T C$

解 选项(A)中,矩阵正定不仅是负惯性指数为零,还需要正惯性指数 $p = n$. 选项(B)中,若 A 有零特征值,A 就为非正定. 选项(D)中,矩阵 C 要求是非退化的才行.

8. 若 A,B 为 n 阶正定矩阵,则(**D**).

(A)AB,$A+B$ 都正定   (B)AB 正定,$A+B$ 非正定

(C)AB 非正定,$A+B$ 正定   (D)AB 不一定正定,$A+B$ 正定

解 由于 A,B 是正定的,所以 A,B 是对称矩阵,从而 $A+B$ 也为对称矩阵. 又 $f = x^T Ax,g = x^T Bx$ 为正定二次型,则对于任意的 $x \neq 0$,有 $f = x^T Ax > 0,g = x^T Bx > 0$,所以

$$h = x^T(A+B)x = x^T Ax + x^T Bx > 0,$$

即二次型 $h = x^T(A+B)x$ 为正定的,故 $A+B$ 为正定矩阵.

因为 AB 不一定是对称矩阵,因此不一定正定.

附录 II　全国硕士研究生入学统一考试线性代数试题选

一、行列式

1. (14104) 行列式 $\begin{vmatrix} 0 & a & b & 0 \\ a & 0 & 0 & b \\ 0 & c & d & 0 \\ c & 0 & 0 & d \end{vmatrix} = (\quad\quad)$

(A) $(ad-bc)^2$.　　　　　　　　　　(B) $-(ad-bc)^2$.

(C) $a^2d^2-b^2c^2$.　　　　　　　　　(D) $b^2c^2-a^2d^2$.

2. (15104) n 阶行列式 $\begin{vmatrix} 2 & 0 & \cdots & 0 & 2 \\ -1 & 2 & \cdots & 0 & 2 \\ \vdots & \ddots & \ddots & \vdots & \vdots \\ 0 & 0 & \ddots & 2 & 2 \\ 0 & 0 & \cdots & -1 & 2 \end{vmatrix} = \underline{\hspace{3cm}}$.

3. (16104) 行列式 $\begin{vmatrix} \lambda & -1 & 0 & 0 \\ 0 & \lambda & -1 & 0 \\ 0 & 0 & \lambda & -1 \\ 4 & 3 & 2 & \lambda+1 \end{vmatrix} = \underline{\hspace{3cm}}$.

4. (20104) 行列式 $\begin{vmatrix} a & 0 & -1 & 1 \\ 0 & a & 1 & -1 \\ -1 & 1 & a & 0 \\ 1 & -1 & 0 & a \end{vmatrix} = \underline{\hspace{3cm}}$.

5. (21205) 多项式 $\begin{vmatrix} x & x & 1 & 2x \\ 1 & x & 2 & -1 \\ 2 & 1 & x & 1 \\ 2 & -1 & 1 & x \end{vmatrix}$ 中 x^3 项的系数为 $\underline{\hspace{3cm}}$.

二、矩阵

1.(08104)设 A 为 n 阶非零矩阵,E 为 n 阶单位矩阵,若 $A^3=O$,则(　　)

(A)$E-A$ 不可逆,$E+A$ 不可逆.　　　　(B)$E-A$ 不可逆,$E+A$ 可逆.

(C)$E-A$ 可逆,$E+A$ 可逆.　　　　(D)$E-A$ 可逆,$E+A$ 不可逆.

2.(09104)设 A,B 均为 2 阶矩阵,A^*,B^* 分别为 A,B 的伴随矩阵.若 $|A|=2,|B|=$ 3,则分块矩阵 $\begin{pmatrix} O & A \\ B & O \end{pmatrix}$ 的伴随矩阵为(　　)

(A)$\begin{bmatrix} O & 3B^* \\ 2A^* & O \end{bmatrix}$.　　　　(B)$\begin{bmatrix} O & 2B^* \\ 3A^* & O \end{bmatrix}$.

(C)$\begin{bmatrix} O & 3A^* \\ 2B^* & O \end{bmatrix}$.　　　　(D)$\begin{bmatrix} O & 2A^* \\ 3B^* & O \end{bmatrix}$.

3.(09204)设 A,P 均为 3 阶矩阵,P^{T} 为 P 的转置矩阵,且 $P^{\mathrm{T}}AP=\begin{bmatrix} 1 & 0 & 0 \\ 0 & 1 & 0 \\ 0 & 0 & 2 \end{bmatrix}$.若 $P=$ $(\alpha_1,\alpha_2,\alpha_3)$,$Q=(\alpha_1+\alpha_2,\alpha_2,\alpha_3)$,则 $Q^{\mathrm{T}}AQ$ 为(　　)

(A)$\begin{bmatrix} 2 & 1 & 0 \\ 1 & 1 & 0 \\ 0 & 0 & 2 \end{bmatrix}$.　　　　(B)$\begin{bmatrix} 1 & 1 & 0 \\ 1 & 2 & 0 \\ 0 & 0 & 2 \end{bmatrix}$.

(C)$\begin{bmatrix} 2 & 0 & 0 \\ 0 & 1 & 0 \\ 0 & 0 & 2 \end{bmatrix}$.　　　　(D)$\begin{bmatrix} 1 & 0 & 0 \\ 0 & 2 & 0 \\ 0 & 0 & 2 \end{bmatrix}$.

4.(10104)设 A 为 $m\times n$ 矩阵,B 为 $n\times m$ 矩阵,E 为 m 阶单位矩阵.若 $AB=E$,则(　　)

(A)秩 $r(A)=m$,秩 $r(B)=m$.　　　　(B)秩 $r(A)=m$,秩 $r(B)=n$.

(C)秩 $r(A)=n$,秩 $r(B)=m$.　　　　(D)秩 $r(A)=n$,秩 $r(B)=n$.

5.(10204)设 A,B 为 3 阶矩阵,且 $|A|=3$,$|B|=2$,$|A^{-1}+B|=2$,则 $|A+B^{-1}|$ = _____.

6.(11104)设 A 为 3 阶矩阵,将 A 的第 2 列加到第 1 列得矩阵 B,再交换 B 的第 2 行与第 3 行得单位矩阵,记 $P_1=\begin{bmatrix} 1 & 0 & 0 \\ 1 & 1 & 0 \\ 0 & 0 & 1 \end{bmatrix}$,$P_2=\begin{bmatrix} 1 & 0 & 0 \\ 0 & 0 & 1 \\ 0 & 1 & 0 \end{bmatrix}$,则 $A=$(　　)

(A)P_1P_2.　　　　(B)$P_1^{-1}P_2$.　　　　(C)P_2P_1.　　　　(D)$P_2P_1^{-1}$.

7.(12204)设 A 为 3 阶矩阵,$|A|=3$,A^* 为 A 的伴随矩阵.若交换 A 的第 1 行与第 2 行得矩阵 B,则 $|BA^*|=$ _____.

8.(13104)设 $A=(a_{ij})$ 是 3 阶非零矩阵,$|A|$ 为 A 的行列式,A_{ij} 为 a_{ij} 的代数余子式.若 $a_{ij}+A_{ij}=0(i,j=1,2,3)$,则 $|A|=$ _____.

9.(15211)设矩阵 $A=\begin{pmatrix} a & 1 & 0 \\ 1 & a & -1 \\ 0 & 1 & a \end{pmatrix}$,且 $A^3=O$.

(Ⅰ)求 a 的值;

(Ⅱ)若矩阵 X 满足 $X-XA^2-AX+AXA^2=E$,其中 E 为 3 阶单位矩阵,求 X.

10.(16204)设矩阵 $\begin{pmatrix} a & -1 & -1 \\ -1 & a & -1 \\ -1 & -1 & a \end{pmatrix}$ 与 $\begin{pmatrix} 1 & 1 & 0 \\ 0 & -1 & 1 \\ 1 & 0 & 1 \end{pmatrix}$ 等价,则 $a=$ _____.

11.(19204)已知矩阵 $A=\begin{pmatrix} 1 & -1 & 0 & 0 \\ -2 & 1 & -1 & 1 \\ 3 & -2 & 2 & -1 \\ 0 & 0 & 3 & 4 \end{pmatrix}$,$A_{ij}$ 表示 $|A|$ 中 (i,j) 元的代数余子式,则 $A_{11}-A_{12}=$ _____.

12.(20104)若矩阵 A 经初等列变换化成 B,则(　　)

(A)存在矩阵 P,使得 $PA=B$. 　　(B)存在矩阵 P,使得 $BP=A$.

(C)存在矩阵 P,使得 $PB=A$. 　　(D)方程组 $Ax=0$ 与 $Bx=0$ 同解.

13.(21105)设 A,B 为 n 阶实矩阵.下列结论不成立的是(　　)

(A) $\mathrm{r}\begin{pmatrix} A & O \\ O & A^{\mathrm{T}}A \end{pmatrix}=2\mathrm{r}(A)$. 　　(B) $\mathrm{r}\begin{pmatrix} A & AB \\ O & A^{\mathrm{T}} \end{pmatrix}=2\mathrm{r}(A)$.

(C) $\mathrm{r}\begin{pmatrix} A & BA \\ O & AA^{\mathrm{T}} \end{pmatrix}=2\mathrm{r}(A)$. 　　(D) $\mathrm{r}\begin{pmatrix} A & O \\ BA & A^{\mathrm{T}} \end{pmatrix}=2\mathrm{r}(A)$.

14.(21105)设 $A=(a_{ij})$ 为 3 阶矩阵,A_{ij} 为元素 a_{ij} 的代数余子式.若 A 的每行元素之和均为 2,且 $|A|=3$,则 $A_{11}+A_{21}+A_{31}=$ _____.

15.(21205)已知矩阵 $A=\begin{pmatrix} 1 & 0 & -1 \\ 2 & -1 & 1 \\ -1 & 2 & -5 \end{pmatrix}$,若下三角可逆矩阵 P 和上三角可逆矩阵 Q 使 PAQ 为对角矩阵,则 P,Q 可以分别取(　　)

(A) $\begin{pmatrix} 1 & 0 & 0 \\ 0 & 1 & 0 \\ 0 & 0 & 1 \end{pmatrix}$,$\begin{pmatrix} 1 & 0 & 1 \\ 0 & 1 & 3 \\ 0 & 0 & 1 \end{pmatrix}$. 　　(B) $\begin{pmatrix} 1 & 0 & 0 \\ 2 & -1 & 0 \\ -3 & 2 & 1 \end{pmatrix}$,$\begin{pmatrix} 1 & 0 & 0 \\ 0 & 1 & 0 \\ 0 & 0 & 1 \end{pmatrix}$.

$$(C)\begin{bmatrix}1 & 0 & 0\\ 2 & -1 & 0\\ -3 & 2 & 1\end{bmatrix},\begin{bmatrix}1 & 0 & 1\\ 0 & 1 & 3\\ 0 & 0 & 1\end{bmatrix}. \qquad (D)\begin{bmatrix}1 & 0 & 0\\ 0 & 1 & 0\\ 1 & 3 & 1\end{bmatrix},\begin{bmatrix}1 & 2 & -3\\ 0 & -1 & 2\\ 0 & 0 & 1\end{bmatrix}.$$

16.(22105)已知矩阵 A 和 $E-A$ 可逆,其中 E 为单位矩阵.若矩阵 B 满足 $(E-(E-A)^{-1})B=A$,则 $B-A=$ _____.

三、线性方程组

1.(08112)设 n 元线性方程组 $Ax=b$,其中

$$A=\begin{bmatrix}2a & 1 & & & & \\ a^2 & 2a & 1 & & & \\ & a^2 & 2a & 1 & & \\ & & \ddots & \ddots & \ddots & \\ & & & a^2 & 2a & 1 \\ & & & & a^2 & 2a\end{bmatrix}, \qquad x=\begin{bmatrix}x_1\\ x_2\\ \vdots\\ x_n\end{bmatrix}, \qquad b=\begin{bmatrix}1\\ 0\\ \vdots\\ 0\end{bmatrix}.$$

(Ⅰ)证明行列式 $|A|=(n+1)a^n$;

(Ⅱ)当 a 为何值时,该方程组有唯一解,并求 x_1;

(Ⅲ)当 a 为何值时,该方程组有无穷多解,并求通解.

2.(08110)设 α,β 为 3 维列向量,矩阵 $A=\alpha\alpha^T+\beta\beta^T$,其中 α^T,β^T 分别是 α,β 的转置.证明

(Ⅰ)秩 $r(A)\leqslant 2$;

(Ⅱ)若 α,β 线性相关,则秩 $r(A)<2$.

3.(09104)设 $\alpha_1,\alpha_2,\alpha_3$ 是 3 维向量空间 R^3 的一组基,则由基 $\alpha_1,\dfrac{1}{2}\alpha_2,\dfrac{1}{3}\alpha_3$ 到基 $\alpha_1+\alpha_2,\alpha_2+\alpha_3,\alpha_3+\alpha_1$ 的过渡矩阵为(　　)

$$(A)\begin{bmatrix}1 & 0 & 1\\ 2 & 2 & 0\\ 0 & 3 & 3\end{bmatrix}. \qquad (B)\begin{bmatrix}1 & 2 & 0\\ 0 & 2 & 3\\ 1 & 0 & 3\end{bmatrix}.$$

$$(C)\begin{bmatrix}\dfrac{1}{2} & \dfrac{1}{4} & \dfrac{1}{6}\\[2mm] -\dfrac{1}{2} & \dfrac{1}{4} & \dfrac{1}{6}\\[2mm] \dfrac{1}{2} & -\dfrac{1}{4} & \dfrac{1}{6}\end{bmatrix}. \qquad (D)\begin{bmatrix}\dfrac{1}{2} & -\dfrac{1}{2} & \dfrac{1}{2}\\[2mm] \dfrac{1}{4} & \dfrac{1}{4} & -\dfrac{1}{4}\\[2mm] -\dfrac{1}{6} & \dfrac{1}{6} & \dfrac{1}{6}\end{bmatrix}.$$

4.(09111)设

$$A = \begin{pmatrix} 1 & -1 & -1 \\ -1 & 1 & 1 \\ 0 & -4 & -2 \end{pmatrix}, \qquad \boldsymbol{\xi}_1 = \begin{pmatrix} -1 \\ 1 \\ -2 \end{pmatrix}.$$

(Ⅰ)求满足 $A\boldsymbol{\xi}_2 = \boldsymbol{\xi}_1, A^2\boldsymbol{\xi}_3 = \boldsymbol{\xi}_1$ 的所有向量 $\boldsymbol{\xi}_2, \boldsymbol{\xi}_3$;

(Ⅱ)对(Ⅰ)中的任意向量 $\boldsymbol{\xi}_2, \boldsymbol{\xi}_3$,证明 $\boldsymbol{\xi}_1, \boldsymbol{\xi}_2, \boldsymbol{\xi}_3$ 线性无关.

5.(10104)设 $\boldsymbol{\alpha}_1 = (1,2,-1,0)^{\mathrm{T}}, \boldsymbol{\alpha}_2 = (1,1,0,2)^{\mathrm{T}}, \boldsymbol{\alpha}_3 = (2,1,1,a)^{\mathrm{T}}$.若由 $\boldsymbol{\alpha}_1, \boldsymbol{\alpha}_2, \boldsymbol{\alpha}_3$ 生成的向量空间的维数为 2,则 $a =$ _____.

6.(10111)设 $A = \begin{pmatrix} \lambda & 1 & 1 \\ 0 & \lambda-1 & 0 \\ 1 & 1 & \lambda \end{pmatrix}, b = \begin{pmatrix} a \\ 1 \\ 1 \end{pmatrix}$.已知线性方程组 $Ax = b$ 存在两个不同的解.

(Ⅰ)求 λ, a;

(Ⅱ)求方程组 $Ax = b$ 的通解.

7.(10204)设向量组 Ⅰ:$\boldsymbol{\alpha}_1, \boldsymbol{\alpha}_2, \cdots, \boldsymbol{\alpha}_r$ 可由向量组 Ⅱ:$\boldsymbol{\beta}_1, \boldsymbol{\beta}_2, \cdots, \boldsymbol{\beta}_s$ 线性表示.下列命题正确的是( )

(A)若向量组 Ⅰ 线性无关,则 $r \leqslant s$.　　　　(B)若向量组 Ⅰ 线性相关,则 $r > s$.

(C)若向量组 Ⅱ 线性无关,则 $r \leqslant s$.　　　　(D)若向量组 Ⅱ 线性相关,则 $r > s$.

8.(11104)设 $A = (\boldsymbol{\alpha}_1, \boldsymbol{\alpha}_2, \boldsymbol{\alpha}_3, \boldsymbol{\alpha}_4)$ 是 4 阶矩阵,A^* 为 A 的伴随矩阵,若 $(1,0,1,0)^{\mathrm{T}}$ 是方程组 $Ax = 0$ 的一个基础解系,则 $A^* x = 0$ 的基础解系可为( )

(A)$\boldsymbol{\alpha}_1, \boldsymbol{\alpha}_3$.　　　　　　　　　　　　(B)$\boldsymbol{\alpha}_1, \boldsymbol{\alpha}_2$.

(C)$\boldsymbol{\alpha}_1, \boldsymbol{\alpha}_2, \boldsymbol{\alpha}_3$.　　　　　　　　　　(D)$\boldsymbol{\alpha}_2, \boldsymbol{\alpha}_3, \boldsymbol{\alpha}_1$.

9.(11111)设向量组 $\boldsymbol{\alpha}_1 = (1,0,1)^{\mathrm{T}}, \boldsymbol{\alpha}_2 = (0,1,1)^{\mathrm{T}}, \boldsymbol{\alpha}_3 = (1,3,5)^{\mathrm{T}}$ 不能由向量组 $\boldsymbol{\beta}_1 = (1,1,1)^{\mathrm{T}}, \boldsymbol{\beta}_2 = (1,2,3)^{\mathrm{T}}, \boldsymbol{\beta}_3 = (3,4,a)^{\mathrm{T}}$ 线性表示.

(Ⅰ)求 a 的值;

(Ⅱ)将 $\boldsymbol{\beta}_1, \boldsymbol{\beta}_2, \boldsymbol{\beta}_3$ 用 $\boldsymbol{\alpha}_1, \boldsymbol{\alpha}_2, \boldsymbol{\alpha}_3$ 线性表示.

10.(11304)设 A 为 4×3 矩阵,$\boldsymbol{\eta}_1, \boldsymbol{\eta}_2, \boldsymbol{\eta}_3$ 是非齐次线性方程组 $Ax = \boldsymbol{\beta}$ 的 3 个线性无关的解,k_1, k_2 为任意常数,则 $Ax = \boldsymbol{\beta}$ 的通解为( )

(A)$\dfrac{\boldsymbol{\eta}_2 + \boldsymbol{\eta}_3}{2} + k_1(\boldsymbol{\eta}_2 - \boldsymbol{\eta}_1)$.

(B)$\dfrac{\boldsymbol{\eta}_2 - \boldsymbol{\eta}_3}{2} + k_2(\boldsymbol{\eta}_2 - \boldsymbol{\eta}_1)$.

(C)$\dfrac{\boldsymbol{\eta}_2 + \boldsymbol{\eta}_3}{2} + k_1(\boldsymbol{\eta}_3 - \boldsymbol{\eta}_1) + k_2(\boldsymbol{\eta}_2 - \boldsymbol{\eta}_1)$.

(D) $\dfrac{\boldsymbol{\eta}_2-\boldsymbol{\eta}_3}{2}+k_1(\boldsymbol{\eta}_3-\boldsymbol{\eta}_1)+k_2(\boldsymbol{\eta}_2-\boldsymbol{\eta}_1)$.

11. (12104) 设 $\boldsymbol{\alpha}_1=\begin{pmatrix}0\\0\\c_1\end{pmatrix},\boldsymbol{\alpha}_2=\begin{pmatrix}0\\1\\c_2\end{pmatrix},\boldsymbol{\alpha}_3=\begin{pmatrix}1\\-1\\c_3\end{pmatrix},\boldsymbol{\alpha}_4=\begin{pmatrix}-1\\1\\c_4\end{pmatrix}$,其中 c_1,c_2,c_3,c_4 为任意常数,则下列向量组线性相关的为(　　)

(A) $\boldsymbol{\alpha}_1,\boldsymbol{\alpha}_2,\boldsymbol{\alpha}_3$.　　　　　　　　(B) $\boldsymbol{\alpha}_1,\boldsymbol{\alpha}_2,\boldsymbol{\alpha}_4$.

(C) $\boldsymbol{\alpha}_1,\boldsymbol{\alpha}_3,\boldsymbol{\alpha}_4$.　　　　　　　　(D) $\boldsymbol{\alpha}_2,\boldsymbol{\alpha}_3,\boldsymbol{\alpha}_4$.

12. (12104) 设 $\boldsymbol{A}$ 为 3 阶矩阵,$\boldsymbol{P}$ 为 3 阶可逆矩阵,且 $\boldsymbol{P}^{-1}\boldsymbol{A}\boldsymbol{P}=\begin{pmatrix}1&0&0\\0&1&0\\0&0&2\end{pmatrix}$. 若 $\boldsymbol{P}=(\boldsymbol{\alpha}_1,\boldsymbol{\alpha}_2,\boldsymbol{\alpha}_3),\boldsymbol{Q}=(\boldsymbol{\alpha}_1+\boldsymbol{\alpha}_2,\boldsymbol{\alpha}_2,\boldsymbol{\alpha}_3)$,则 $\boldsymbol{Q}^{-1}\boldsymbol{A}\boldsymbol{Q}=$(　　)

(A) $\begin{pmatrix}1&0&0\\0&2&0\\0&0&1\end{pmatrix}$.　　(B) $\begin{pmatrix}1&0&0\\0&1&0\\0&0&2\end{pmatrix}$.　　(C) $\begin{pmatrix}2&0&0\\0&1&0\\0&0&2\end{pmatrix}$.　　(D) $\begin{pmatrix}2&0&0\\0&2&0\\0&0&1\end{pmatrix}$.

13. (12111) 设 $\boldsymbol{A}=\begin{pmatrix}1&a&0&0\\0&1&a&0\\0&0&1&a\\a&0&0&1\end{pmatrix},\boldsymbol{\beta}=\begin{pmatrix}1\\-1\\0\\0\end{pmatrix}$.

（Ⅰ）计算行列式 $|\boldsymbol{A}|$;

（Ⅱ）当实数 a 为何值时,方程组 $\boldsymbol{A}\boldsymbol{x}=\boldsymbol{\beta}$ 有无穷多解,并求其通解.

14. (13104) 设 $\boldsymbol{A},\boldsymbol{B},\boldsymbol{C}$ 均为 n 阶矩阵,若 $\boldsymbol{A}\boldsymbol{B}=\boldsymbol{C}$,且 $\boldsymbol{B}$ 可逆,则(　　)

(A) 矩阵 $\boldsymbol{C}$ 的行向量组与矩阵 $\boldsymbol{A}$ 的行向量组等价.

(B) 矩阵 $\boldsymbol{C}$ 的列向量组与矩阵 $\boldsymbol{A}$ 的列向量组等价.

(C) 矩阵 $\boldsymbol{C}$ 的行向量组与矩阵 $\boldsymbol{B}$ 的行向量组等价.

(D) 矩阵 $\boldsymbol{C}$ 的列行向量组与矩阵 $\boldsymbol{B}$ 的列向量组等价.

15. (13111) 设 $\boldsymbol{A}=\begin{pmatrix}1&a\\1&0\end{pmatrix},\boldsymbol{B}=\begin{pmatrix}0&1\\1&b\end{pmatrix}$. 当 a,b 为何值时,存在矩阵 $\boldsymbol{C}$ 使得 $\boldsymbol{A}\boldsymbol{C}-\boldsymbol{C}\boldsymbol{A}=\boldsymbol{B}$,并求所有矩阵 $\boldsymbol{C}$.

16. (14104) 设 $\boldsymbol{\alpha}_1,\boldsymbol{\alpha}_2,\boldsymbol{\alpha}_3$ 均为 3 维向量,则对任意常数 k,l,向量 $\boldsymbol{\alpha}_1+k\boldsymbol{\alpha}_3,\boldsymbol{\alpha}_2+l\boldsymbol{\alpha}_3$ 线性无关是向量组 $\boldsymbol{\alpha}_1,\boldsymbol{\alpha}_2,\boldsymbol{\alpha}_3$ 线性无关的(　　)

(A) 必要非充分条件.　　　　　　(B) 充分非必要条件.

(C) 充分必要条件.　　　　　　　(D) 既非充分也非必要条件.

17.(14111)设矩阵 $A=\begin{pmatrix} 1 & -2 & 3 & -4 \\ 0 & 1 & -1 & 1 \\ 1 & 2 & 0 & -3 \end{pmatrix}$, E 为 3 阶单位矩阵.

（Ⅰ）求方程组 $Ax=0$ 的一个基础解系；

（Ⅱ）求满足 $AB=E$ 的所有矩阵 B.

18.(15104)设矩阵 $A=\begin{pmatrix} 1 & 1 & 1 \\ 1 & 2 & a \\ 1 & 4 & a^2 \end{pmatrix}$, $b=\begin{pmatrix} 1 \\ d \\ d^2 \end{pmatrix}$. 若集合 $\Omega=\{1,2\}$,则线性方程组 $Ax=b$ 有无穷多解的充分必要条件为（　　　）

(A)$a\notin\Omega,d\notin\Omega$. 　　　　(B)$a\notin\Omega,d\in\Omega$.

(C)$a\in\Omega,d\notin\Omega$. 　　　　(D)$a\in\Omega,d\in\Omega$.

19.(15111)设向量组 $\alpha_1,\alpha_2,\alpha_3$ 为 $\mathbf{R}^3$ 的一个基,$\beta_1=2\alpha_1+2k\alpha_3$,$\beta_2=2\alpha_2$,$\beta_3=\alpha_1+(k+1)\alpha_3$.

（Ⅰ）证明向量组 β_1,β_2,β_3 为 $\mathbf{R}^3$ 的一个基；

（Ⅱ）当 k 为何值时,存在非零向量 ξ 在基 $\alpha_1,\alpha_2,\alpha_3$ 与基 β_1,β_2,β_3 下的坐标相同.

20.(16111)设矩阵

$$A=\begin{pmatrix} 1 & -1 & -1 \\ 2 & a & 1 \\ -1 & 1 & a \end{pmatrix}, \qquad B=\begin{pmatrix} 2 & 2 \\ 1 & a \\ -a-1 & -2 \end{pmatrix}.$$

当 a 为何值时,方程 $AX=B$ 无解、有唯一解、有无穷多解？ 在有解时,求解此方程.

21.(16211)设矩阵 $A=\begin{pmatrix} 1 & 1 & 1-a \\ 1 & 0 & a \\ a+1 & 1 & a+1 \end{pmatrix}$, $\beta=\begin{pmatrix} 0 \\ 1 \\ 2a-2 \end{pmatrix}$,且方程组 $Ax=\beta$ 无解.

（Ⅰ）求 a 的值；

（Ⅱ）求方程组 $A^{\mathrm{T}}Ax=A^{\mathrm{T}}\beta$ 的通解.

22.(17104)设矩阵 $A=\begin{pmatrix} 1 & 0 & 1 \\ 1 & 1 & 2 \\ 0 & 1 & 1 \end{pmatrix}$, $\alpha_1,\alpha_2,\alpha_3$ 为线性无关的 3 维列向量组,则向量组 $A\alpha_1,A\alpha_2,A\alpha_3$ 的秩为_____.

23.(18304)设 A, B 为 n 阶矩阵,记 $r(X)$ 为矩阵的秩,$(X\ Y)$ 表示分块矩阵,则（　　　）

(A) $r(A\ AB)=r(A)$. 　　　　(B) $r(A\ BA)=r(A)$.

(C) $r(A\ B)=\max\{r(A),r(B)\}$. 　　　　(D) $r(A\ B)=r(A^{\mathrm{T}}\ B^{\mathrm{T}})$.

24.(18311)已知 a 是常数,且矩阵 $\boldsymbol{A} = \begin{bmatrix} 1 & 2 & a \\ 1 & 3 & 0 \\ 2 & 7 & -a \end{bmatrix}$ 可经初等列变换化为矩阵 $\boldsymbol{B} =$

$\begin{bmatrix} 1 & a & 2 \\ 0 & 1 & 1 \\ -1 & 1 & 1 \end{bmatrix}$.

(Ⅰ)求 a;

(Ⅱ)求满足 $\boldsymbol{AP} = \boldsymbol{B}$ 的可逆矩阵 $\boldsymbol{P}$.

25.(18304)设 $\boldsymbol{A}$ 为 3 阶矩阵,$\boldsymbol{\alpha}_1$,$\boldsymbol{\alpha}_2$,$\boldsymbol{\alpha}_3$ 是线性无关的向量组,若 $\boldsymbol{A\alpha}_1 = \boldsymbol{\alpha}_1 + \boldsymbol{\alpha}_2$,$\boldsymbol{A\alpha}_2 = \boldsymbol{\alpha}_2 + \boldsymbol{\alpha}_3$,$\boldsymbol{A\alpha}_3 = \boldsymbol{\alpha}_1 + \boldsymbol{\alpha}_3$,则 $|\boldsymbol{A}| = $ _____.

26.(19104)设 $\boldsymbol{A} = (\boldsymbol{\alpha}_1,\boldsymbol{\alpha}_2,\boldsymbol{\alpha}_3)$ 为 3 阶矩阵.若 $\boldsymbol{\alpha}_1$,$\boldsymbol{\alpha}_2$ 线性无关,且 $\boldsymbol{\alpha}_3 = -\boldsymbol{\alpha}_1 + 2\boldsymbol{\alpha}_2$,则线性方程组 $\boldsymbol{Ax} = \boldsymbol{0}$ 的通解为 _____.

27.(19304)设 $\boldsymbol{A}$ 是 4 阶矩阵,n 阶矩阵,$\boldsymbol{A}^*$ 是 $\boldsymbol{A}$ 的伴随矩阵,若线性方程组 $\boldsymbol{Ax} = \boldsymbol{0}$ 的基础解系中只有 2 个向量,则 $r(\boldsymbol{A}^*) = ($ 　 $)$

(A) 0. 　　　　　(B) 1. 　　　　　(C) 2. 　　　　　(D) 3.

28.(19304)已知矩阵 $\boldsymbol{A} = \begin{bmatrix} 1 & 0 & -1 \\ 1 & 1 & -1 \\ 0 & 1 & a^2-1 \end{bmatrix}$,$\boldsymbol{b} = \begin{bmatrix} 0 \\ 1 \\ a \end{bmatrix}$.若线性方程组 $\boldsymbol{Ax} = \boldsymbol{b}$ 有无穷多个解,则 $a = $ _____.

29.(19311)已知向量组Ⅰ:$\boldsymbol{\alpha}_1 = (1,1,4)^{\mathrm{T}}$,$\boldsymbol{\alpha}_2 = (1,0,4)^{\mathrm{T}}$,$\boldsymbol{\alpha}_3 = (1,2,a^2+3)^{\mathrm{T}}$;Ⅱ:$\boldsymbol{\beta}_1 = (1,1,a+3)^{\mathrm{T}}$,$\boldsymbol{\beta}_2 = (0,2,1-a)^{\mathrm{T}}$,$\boldsymbol{\beta}_3 = (1,3,a^2+3)^{\mathrm{T}}$,若向量组Ⅰ与Ⅱ等价,求 a 的取值,并将 $\boldsymbol{\beta}_3$ 用 $\boldsymbol{\alpha}_1$,$\boldsymbol{\alpha}_2$,$\boldsymbol{\alpha}_3$ 线性表示.

30.(20104)已知直线 $L_1: \dfrac{x-a_2}{a_1} = \dfrac{y-b_2}{b_1} = \dfrac{z-c_2}{c_1}$ 与直线 $L_2: \dfrac{x-a_3}{a_2} = \dfrac{y-b_3}{b_2} = \dfrac{z-c_3}{c_2}$ 相交于一点,法向量 $\boldsymbol{\alpha}_i = \begin{bmatrix} a_i \\ b_i \\ c_i \end{bmatrix}$,$i = 1,2,3$,则(　)

(A) $\boldsymbol{\alpha}_1$ 可由 $\boldsymbol{\alpha}_2$,$\boldsymbol{\alpha}_3$ 线性表示.　　　　(B) $\boldsymbol{\alpha}_2$ 可由 $\boldsymbol{\alpha}_1$,$\boldsymbol{\alpha}_3$ 线性表示.

(C) $\boldsymbol{\alpha}_3$ 可由 $\boldsymbol{\alpha}_1$,$\boldsymbol{\alpha}_2$ 线性表示.　　　　(D) $\boldsymbol{\alpha}_1$,$\boldsymbol{\alpha}_2$,$\boldsymbol{\alpha}_3$ 线性无关.

31.(20204)设 4 阶矩阵 $\boldsymbol{A} = (a_{ij})$ 不可逆,a_{12} 的代数余子式 $A_{12} \neq 0$,$\boldsymbol{\alpha}_1$,$\boldsymbol{\alpha}_2$,$\boldsymbol{\alpha}_3$,$\boldsymbol{\alpha}_4$ 为矩阵 $\boldsymbol{A}$ 的列向量组,$\boldsymbol{A}^*$ 为 $\boldsymbol{A}$ 的伴随矩阵,则方程组 $\boldsymbol{A}^* \boldsymbol{x} = \boldsymbol{0}$ 的通解为(　)

(A) $\boldsymbol{x} = k_1\boldsymbol{\alpha}_1 + k_2\boldsymbol{\alpha}_2 + k_3\boldsymbol{\alpha}_3$,其中 k_1,k_2,k_3 为任意常数.

(B) $\boldsymbol{x} = k_1\boldsymbol{\alpha}_1 + k_2\boldsymbol{\alpha}_2 + k_3\boldsymbol{\alpha}_4$,其中 k_1,k_2,k_3 为任意常数.

(C) $\boldsymbol{x} = k_1\boldsymbol{\alpha}_1 + k_2\boldsymbol{\alpha}_3 + k_3\boldsymbol{\alpha}_4$,其中 k_1,k_2,k_3 为任意常数.

(D) $x = k_1\boldsymbol{\alpha}_2 + k_2\boldsymbol{\alpha}_3 + k_3\boldsymbol{\alpha}_4$，其中 k_1，k_2，k_3 为任意常数.

32.(21105)已知 $\boldsymbol{\alpha}_1 = \begin{bmatrix} 1 \\ 0 \\ 1 \end{bmatrix}$，$\boldsymbol{\alpha}_2 = \begin{bmatrix} 1 \\ 2 \\ 1 \end{bmatrix}$，$\boldsymbol{\alpha}_3 = \begin{bmatrix} 3 \\ 1 \\ 2 \end{bmatrix}$，记

$$\boldsymbol{\beta}_1 = \boldsymbol{\alpha}_1, \quad \boldsymbol{\beta}_2 = \boldsymbol{\alpha}_2 - k\boldsymbol{\beta}_1, \quad \boldsymbol{\beta}_3 = \boldsymbol{\alpha}_3 - l_1\boldsymbol{\beta}_1 - l_2\boldsymbol{\beta}_2.$$

若 $\boldsymbol{\beta}_1$，$\boldsymbol{\beta}_2$，$\boldsymbol{\beta}_3$ 两两正交,则 l_1，l_2 依次为（　　）

(A) $\dfrac{5}{2}$，$\dfrac{1}{2}$. 　　　　　(B) $-\dfrac{5}{2}$，$\dfrac{1}{2}$.

(C) $\dfrac{5}{2}$，$-\dfrac{1}{2}$. 　　　　　(D) $-\dfrac{5}{2}$，$-\dfrac{1}{2}$.

33.(21205)设 3 阶矩阵 $\boldsymbol{A} = (\boldsymbol{\alpha}_1, \boldsymbol{\alpha}_2, \boldsymbol{\alpha}_3)$，$\boldsymbol{B} = (\boldsymbol{\beta}_1, \boldsymbol{\beta}_2, \boldsymbol{\beta}_3)$. 若向量组 $\boldsymbol{\alpha}_1$，$\boldsymbol{\alpha}_2$，$\boldsymbol{\alpha}_3$ 可以由向量组 $\boldsymbol{\beta}_1$，$\boldsymbol{\beta}_2$，$\boldsymbol{\beta}_3$ 线性表出,则（　　）

(A) $\boldsymbol{A}x = \boldsymbol{0}$ 的解均为 $\boldsymbol{B}x = \boldsymbol{0}$ 的解.

(B) $\boldsymbol{A}^{\mathrm{T}}x = \boldsymbol{0}$ 的解均为 $\boldsymbol{B}^{\mathrm{T}}x = \boldsymbol{0}$ 的解.

(C) $\boldsymbol{B}x = \boldsymbol{0}$ 的解均为 $\boldsymbol{A}x = \boldsymbol{0}$ 的解

(D) $\boldsymbol{B}^{\mathrm{T}}x = \boldsymbol{0}$ 的解均为 $\boldsymbol{A}^{\mathrm{T}}x = \boldsymbol{0}$ 的解.

34.(21305)设 $\boldsymbol{A} = (\boldsymbol{\alpha}_1, \boldsymbol{\alpha}_2, \boldsymbol{\alpha}_3, \boldsymbol{\alpha}_4)$ 为 4 阶正交矩阵,若矩阵 $\boldsymbol{B} = \begin{bmatrix} \boldsymbol{\alpha}_1^{\mathrm{T}} \\ \boldsymbol{\alpha}_2^{\mathrm{T}} \\ \boldsymbol{\alpha}_3^{\mathrm{T}} \end{bmatrix}$，$\boldsymbol{\beta} = \begin{bmatrix} 1 \\ 1 \\ 1 \end{bmatrix}$，

k 表示任意常数,则线性方程组 $\boldsymbol{B}x = \boldsymbol{\beta}$ 的通解 $x =$（　　）

(A) $\boldsymbol{\alpha}_2 + \boldsymbol{\alpha}_3 + \boldsymbol{\alpha}_4 + k\boldsymbol{\alpha}_1$. 　　　　(B) $\boldsymbol{\alpha}_1 + \boldsymbol{\alpha}_3 + \boldsymbol{\alpha}_4 + k\boldsymbol{\alpha}_2$.

(C) $\boldsymbol{\alpha}_1 + \boldsymbol{\alpha}_2 + \boldsymbol{\alpha}_4 + k\boldsymbol{\alpha}_3$. 　　　　(D) $\boldsymbol{\alpha}_1 + \boldsymbol{\alpha}_2 + \boldsymbol{\alpha}_3 + k\boldsymbol{\alpha}_4$.

35.(22105)设 $\boldsymbol{A}$，$\boldsymbol{B}$ 为 n 阶矩阵,$\boldsymbol{E}$ 为单位矩阵.若方程组 $\boldsymbol{A}x = \boldsymbol{0}$，$\boldsymbol{B}x = \boldsymbol{0}$ 同解,则（　　）

(A)方程组 $\begin{pmatrix} \boldsymbol{A} & \boldsymbol{O} \\ \boldsymbol{E} & \boldsymbol{B} \end{pmatrix} y = \boldsymbol{0}$ 只有零解.

(B)方程组 $\begin{pmatrix} \boldsymbol{E} & \boldsymbol{A} \\ \boldsymbol{O} & \boldsymbol{AB} \end{pmatrix} y = \boldsymbol{0}$ 只有零解.

(C)方程组 $\begin{pmatrix} \boldsymbol{A} & \boldsymbol{B} \\ \boldsymbol{O} & \boldsymbol{B} \end{pmatrix} y = \boldsymbol{0}$ 与 $\begin{pmatrix} \boldsymbol{B} & \boldsymbol{A} \\ \boldsymbol{O} & \boldsymbol{A} \end{pmatrix} y = \boldsymbol{0}$ 同解.

(D)方程组 $\begin{pmatrix} \boldsymbol{AB} & \boldsymbol{B} \\ \boldsymbol{O} & \boldsymbol{A} \end{pmatrix} y = \boldsymbol{0}$ 与 $\begin{pmatrix} \boldsymbol{BA} & \boldsymbol{A} \\ \boldsymbol{O} & \boldsymbol{B} \end{pmatrix} y = \boldsymbol{0}$ 同解.

36.(22105)设 $\boldsymbol{\alpha}_1 = \begin{bmatrix} \lambda \\ 1 \\ 1 \end{bmatrix}$，$\boldsymbol{\alpha}_2 = \begin{bmatrix} 1 \\ \lambda \\ 1 \end{bmatrix}$，$\boldsymbol{\alpha}_3 = \begin{bmatrix} 1 \\ 1 \\ \lambda \end{bmatrix}$，$\boldsymbol{\alpha}_3 = \begin{bmatrix} 1 \\ \lambda \\ \lambda^2 \end{bmatrix}$. 若向量组 $\boldsymbol{\alpha}_1$，$\boldsymbol{\alpha}_2$，$\boldsymbol{\alpha}_3$ 与

$\boldsymbol{\alpha}_1$，$\boldsymbol{\alpha}_2$，$\boldsymbol{\alpha}_4$ 等价，则 λ 的取值范围是(　　)

(A) $\{0,1\}$.　　　　　　　　　(B) $\{\lambda \mid \lambda \in \mathbf{R}, \lambda \neq -2\}$.

(C) $\{\lambda \mid \lambda \in \mathbf{R}, \lambda \neq -1, \lambda \neq -2\}$.　　(D) $\{\lambda \mid \lambda \in \mathbf{R}, \lambda \neq -1\}$.

37.(22205)设矩阵 $\boldsymbol{A} = \begin{pmatrix} 1 & 1 & 1 \\ 1 & a & a^2 \\ 1 & b & b^2 \end{pmatrix}$，$\boldsymbol{b} = \begin{pmatrix} 1 \\ 2 \\ 4 \end{pmatrix}$，则线性方程组 $\boldsymbol{Ax} = \boldsymbol{b}$ 解的情况为

(　　)

(A)无解.　　　　　　　　　(B)有解.

(C)有无穷多解.　　　　　　　(D)有唯一解或无解.

四、方阵的特征值和特征向量

1.(08104)设 $\boldsymbol{A}$ 为 2 阶矩阵，$\boldsymbol{\alpha}_1$，$\boldsymbol{\alpha}_2$ 为线性无关的 2 维列向量，$\boldsymbol{A\alpha}_1 = \boldsymbol{0}$，$\boldsymbol{A\alpha}_2 = 2\boldsymbol{\alpha}_1 + \boldsymbol{\alpha}_2$，则 $\boldsymbol{A}$ 的非零特征值为＿＿＿＿＿＿＿＿．

2.(08204)设 3 阶矩阵 $\boldsymbol{A}$ 的特征值为 2，3，λ. 若行列式 $|2\boldsymbol{A}| = -48$，则 λ ＝＿＿＿＿＿＿＿＿．

3.(08304)设 3 阶矩阵 $\boldsymbol{A}$ 的特征值为 1，2，2，$\boldsymbol{E}$ 为 3 阶单位矩阵，则 $|4\boldsymbol{A}^{-1} - \boldsymbol{E}|$ ＝＿＿＿＿＿＿＿＿．

4.(08404)设 3 阶矩阵 $\boldsymbol{A}$ 的特征值互不相同. 若行列式 $|\boldsymbol{A}| = 0$，则 $\boldsymbol{A}$ 的秩为＿＿＿＿＿＿＿＿．

5.(09104)若 3 维列向量 $\boldsymbol{\alpha}$，$\boldsymbol{\beta}$ 满足 $\boldsymbol{\alpha}^{\mathrm{T}}\boldsymbol{\beta} = 2$，其中 $\boldsymbol{\alpha}^{\mathrm{T}}$ 是 $\boldsymbol{\alpha}$ 的转置，则矩阵 $\boldsymbol{\beta\alpha}^{\mathrm{T}}$ 的非零特征值为＿＿＿＿＿＿＿＿．

6.(09204)设 $\boldsymbol{\alpha}$，$\boldsymbol{\beta}$ 为 3 维列向量，$\boldsymbol{\beta}^{\mathrm{T}}$ 为 $\boldsymbol{\beta}$ 的转置. 若矩阵 $\boldsymbol{\alpha\beta}^{\mathrm{T}}$ 相似于 $\begin{pmatrix} 2 & 0 & 0 \\ 0 & 0 & 0 \\ 0 & 0 & 0 \end{pmatrix}$，则 $\boldsymbol{\beta}^{\mathrm{T}}\boldsymbol{\alpha} = $＿＿＿＿＿＿＿＿．

7.(09304)设 $\boldsymbol{\alpha} = (1,1,1)^{\mathrm{T}}$，$\boldsymbol{\beta} = (1,0,k)^{\mathrm{T}}$，若矩阵 $\boldsymbol{\alpha\beta}^{\mathrm{T}}$ 相似于 $\begin{pmatrix} 3 & 0 & 0 \\ 0 & 0 & 0 \\ 0 & 0 & 0 \end{pmatrix}$，则 $k = $＿＿＿＿＿＿＿＿．

8.(10104)设 A 为 4 阶实对称矩阵,且 $A^2+A=O$. 若 A 的秩为 3,则 A 相似于( )

(A) $\begin{bmatrix} 1 & & & \\ & 1 & & \\ & & 1 & \\ & & & 0 \end{bmatrix}$.
(B) $\begin{bmatrix} 1 & & & \\ & 1 & & \\ & & -1 & \\ & & & 0 \end{bmatrix}$.

(C) $\begin{bmatrix} 1 & & & \\ & -1 & & \\ & & -1 & \\ & & & 0 \end{bmatrix}$.
(D) $\begin{bmatrix} -1 & & & \\ & -1 & & \\ & & -1 & \\ & & & 0 \end{bmatrix}$.

9.(10211)设 $A=\begin{bmatrix} 0 & -1 & 4 \\ -1 & 3 & a \\ 4 & a & 0 \end{bmatrix}$,正交矩阵 Q 使 $Q^{\mathrm{T}}AQ$ 为对角矩阵,若 Q 的第 1 列

为 $\dfrac{1}{\sqrt{6}}(1,2,1)^{\mathrm{T}}$,求 a,Q.

10.(11111)A 为三阶实对称矩阵,A 的秩为 2,即 $r(A)=2$,且 $A\begin{bmatrix} 1 & 1 \\ 0 & 0 \\ -1 & 1 \end{bmatrix}=$

$\begin{bmatrix} -1 & 1 \\ 0 & 0 \\ 1 & 1 \end{bmatrix}$. 求

(Ⅰ)A 的特征值与特征向量;

(Ⅱ)矩阵 A.

11.(12104)设 $\boldsymbol{\alpha}$ 为 3 维单位列向量,E 为 3 阶单位矩阵,则矩阵 $E-\boldsymbol{\alpha}\boldsymbol{\alpha}^{\mathrm{T}}$ 的秩

为_____.

12.(13104)矩阵 $\begin{bmatrix} 1 & a & 1 \\ a & b & a \\ 1 & a & 1 \end{bmatrix}$ 与 $\begin{bmatrix} 2 & 0 & 0 \\ 0 & b & 0 \\ 0 & 0 & 0 \end{bmatrix}$ 相似的充分必要条件为( )

(A)$a=0,b=2$.
(B)$a=0,b$ 为任意常数.

(C)$a=2,b=0$.
(D)$a=2,b$ 为任意常数.

13.(14111)证明 n 阶矩阵 $\begin{bmatrix} 1 & 1 & \cdots & 1 \\ 1 & 1 & \cdots & 1 \\ \vdots & \vdots & & \vdots \\ 1 & 1 & \cdots & 1 \end{bmatrix}$ 与 $\begin{bmatrix} 0 & \cdots & 0 & 1 \\ 0 & \cdots & 0 & 2 \\ \vdots & & \vdots & \vdots \\ 0 & \cdots & 0 & n \end{bmatrix}$ 相似.

14.(15111)设矩阵 $\boldsymbol{A}=\begin{pmatrix} 0 & 2 & -3 \\ -1 & 3 & -3 \\ 1 & -2 & a \end{pmatrix}$ 相似于矩阵 $\boldsymbol{B}=\begin{pmatrix} 1 & -2 & 0 \\ 0 & b & 0 \\ 0 & 3 & 1 \end{pmatrix}$.

（Ⅰ）求 a,b 的值；

（Ⅱ）求可逆矩阵 $\boldsymbol{P}$，使 $\boldsymbol{P}^{-1}\boldsymbol{A}\boldsymbol{P}$ 为对角矩阵.

15.(15204)设 3 阶矩阵 $\boldsymbol{A}$ 的特征值为 $2,-2,1$，$\boldsymbol{B}=\boldsymbol{A}^2-\boldsymbol{A}+\boldsymbol{E}$，其中 $\boldsymbol{E}$ 为 3 阶单位矩阵,则行列式 $|\boldsymbol{B}|=$ _____.

16.(16104)设 $\boldsymbol{A},\boldsymbol{B}$ 是可逆矩阵,且 $\boldsymbol{A}$ 与 $\boldsymbol{B}$ 相似,则下列结论错误的是(　　)

(A)$\boldsymbol{A}^{\mathrm{T}}$ 与 $\boldsymbol{B}^{\mathrm{T}}$ 相似.　　　　　　　　(B)$\boldsymbol{A}^{-1}$ 与 $\boldsymbol{B}^{-1}$ 相似.

(C)$\boldsymbol{A}+\boldsymbol{A}^{\mathrm{T}}$ 与 $\boldsymbol{B}+\boldsymbol{B}^{\mathrm{T}}$ 相似.　　　　(D)$\boldsymbol{A}+\boldsymbol{A}^{-1}$ 与 $\boldsymbol{B}+\boldsymbol{B}^{-1}$ 相似.

17.(16111)已知矩阵 $\boldsymbol{A}=\begin{pmatrix} 0 & -1 & 1 \\ 2 & -3 & 0 \\ 0 & 0 & 0 \end{pmatrix}$.

（Ⅰ）求 $\boldsymbol{A}^{99}$；

（Ⅱ）设 3 阶矩阵 $\boldsymbol{B}=(\boldsymbol{\alpha}_1,\boldsymbol{\alpha}_2,\boldsymbol{\alpha}_3)$ 满足 $\boldsymbol{B}^2=\boldsymbol{B}\boldsymbol{A}$，记 $\boldsymbol{B}^{100}=(\boldsymbol{\beta}_1,\boldsymbol{\beta}_2,\boldsymbol{\beta}_3)$，将 $\boldsymbol{\beta}_1,\boldsymbol{\beta}_2,\boldsymbol{\beta}_3$ 分别表示为 $\boldsymbol{\alpha}_1,\boldsymbol{\alpha}_2,\boldsymbol{\alpha}_3$ 的线性组合.

18.(17104)设 $\boldsymbol{\alpha}$ 是 n 维单位列向量,$\boldsymbol{E}$ 为 n 阶单位矩阵,则(　　)

(A)$\boldsymbol{E}-\boldsymbol{\alpha}\boldsymbol{\alpha}^{\mathrm{T}}$ 不可逆.　　　　　　　　(B)$\boldsymbol{E}+\boldsymbol{\alpha}\boldsymbol{\alpha}^{\mathrm{T}}$ 不可逆.

(C)$\boldsymbol{E}+2\boldsymbol{\alpha}\boldsymbol{\alpha}^{\mathrm{T}}$ 不可逆.　　　　　　(D)$\boldsymbol{E}-2\boldsymbol{\alpha}\boldsymbol{\alpha}^{\mathrm{T}}$ 不可逆.

19.(17104)已知矩阵 $\boldsymbol{A}=\begin{pmatrix} 2 & 0 & 0 \\ 0 & 2 & 1 \\ 0 & 0 & 1 \end{pmatrix}$，$\boldsymbol{B}=\begin{pmatrix} 2 & 1 & 0 \\ 0 & 2 & 0 \\ 0 & 0 & 1 \end{pmatrix}$，$\boldsymbol{C}=\begin{pmatrix} 1 & 0 & 0 \\ 0 & 2 & 0 \\ 0 & 0 & 2 \end{pmatrix}$，则(　　)

(A)$\boldsymbol{A}$ 与 $\boldsymbol{C}$ 相似,$\boldsymbol{B}$ 与 $\boldsymbol{C}$ 相似.　　　　(B)$\boldsymbol{A}$ 与 $\boldsymbol{C}$ 相似,$\boldsymbol{B}$ 与 $\boldsymbol{C}$ 不相似.

(C)$\boldsymbol{A}$ 与 $\boldsymbol{C}$ 不相似,$\boldsymbol{B}$ 与 $\boldsymbol{C}$ 相似.　　(D)$\boldsymbol{A}$ 与 $\boldsymbol{C}$ 不相似,$\boldsymbol{B}$ 与 $\boldsymbol{C}$ 不相似.

20.(17111)设 3 阶矩阵 $\boldsymbol{A}=(\boldsymbol{\alpha}_1,\boldsymbol{\alpha}_2,\boldsymbol{\alpha}_3)$ 有 3 个不同的特征值,且 $\boldsymbol{\alpha}_3=\boldsymbol{\alpha}_1+2\boldsymbol{\alpha}_2$.

（Ⅰ）证明 $r(\boldsymbol{A})=2$；

（Ⅱ）若 $\boldsymbol{\beta}=\boldsymbol{\alpha}_1+\boldsymbol{\alpha}_2+\boldsymbol{\alpha}_3$，求方程组 $\boldsymbol{A}\boldsymbol{x}=\boldsymbol{\beta}$ 的通解.

21.(17204)设 $\boldsymbol{A}$ 为三阶矩阵,$\boldsymbol{P}=(\boldsymbol{\alpha}_1,\boldsymbol{\alpha}_2,\boldsymbol{\alpha}_3)$ 为可逆矩阵,使得

$$\boldsymbol{P}^{-1}\boldsymbol{A}\boldsymbol{P}=\begin{pmatrix} 0 & 0 & 0 \\ 0 & 1 & 0 \\ 0 & 0 & 2 \end{pmatrix},$$

则 $\boldsymbol{A}(\boldsymbol{\alpha}_1+\boldsymbol{\alpha}_2+\boldsymbol{\alpha}_3)=(\quad\quad)$

(A)$\boldsymbol{\alpha}_1+\boldsymbol{\alpha}_2$.　　　　(B)$\boldsymbol{\alpha}_2+2\boldsymbol{\alpha}_3$.　　　　(C)$\boldsymbol{\alpha}_2+\boldsymbol{\alpha}_3$.　　　　(D)$\boldsymbol{\alpha}_1+2\boldsymbol{\alpha}_3$.

22.(17204)设矩阵 $A = \begin{pmatrix} 4 & 1 & -2 \\ 1 & 2 & a \\ 3 & 1 & -1 \end{pmatrix}$ 的一个特征向量为 $\begin{pmatrix} 1 \\ 1 \\ 2 \end{pmatrix}$,则 $a =$ _____.

23.(18104)设 2 阶矩阵 A 有两个不同的特征值,$\boldsymbol{\alpha}_1$,$\boldsymbol{\alpha}_2$ 是的线性无关的特征向量,且满足 $A^2(\boldsymbol{\alpha}_1 + \boldsymbol{\alpha}_2) = \boldsymbol{\alpha}_1 + \boldsymbol{\alpha}_2$,则 $|A| =$ _____.

24.(18204)设 A 为 3 阶矩阵,$\boldsymbol{\alpha}_1$,$\boldsymbol{\alpha}_2$,$\boldsymbol{\alpha}_3$ 为线性无关的向量组. 若 $A\boldsymbol{\alpha}_1 = 2\boldsymbol{\alpha}_1 + \boldsymbol{\alpha}_2 + \boldsymbol{\alpha}_3$,$A\boldsymbol{\alpha}_2 = \boldsymbol{\alpha}_2 + 2\boldsymbol{\alpha}_3$,$A\boldsymbol{\alpha}_3 = -\boldsymbol{\alpha}_2 + \boldsymbol{\alpha}_3$,则 A 的实特征值为 _____.

25.(181304)下列矩阵中,与矩阵 $\begin{pmatrix} 1 & 1 & 0 \\ 0 & 1 & 1 \\ 0 & 0 & 1 \end{pmatrix}$ 相似的为(   )

(A) $\begin{pmatrix} 1 & 1 & -1 \\ 0 & 1 & 1 \\ 0 & 0 & 1 \end{pmatrix}$.   (B) $\begin{pmatrix} 1 & 0 & -1 \\ 0 & 1 & 1 \\ 0 & 0 & 1 \end{pmatrix}$.

(C) $\begin{pmatrix} 1 & 1 & -1 \\ 0 & 1 & 0 \\ 0 & 0 & 1 \end{pmatrix}$.   (D) $\begin{pmatrix} 1 & 0 & -1 \\ 0 & 1 & 0 \\ 0 & 0 & 1 \end{pmatrix}$.

26.(19311)已知矩阵 $A = \begin{pmatrix} -2 & -2 & 1 \\ 2 & x & -2 \\ 0 & 0 & -2 \end{pmatrix}$ 与 $B = \begin{pmatrix} 2 & 1 & 0 \\ 0 & -1 & 0 \\ 0 & 0 & y \end{pmatrix}$ 相似.

(Ⅰ)求 x,y;

(Ⅱ)求可逆矩阵 P,使得 $P^{-1}AP = B$.

27.(20111)设 A 为 2 阶矩阵,$P = (\boldsymbol{\alpha}, A\boldsymbol{\alpha})$,其中 $\boldsymbol{\alpha}$ 是非零向量且不是 A 的特征向量.

(1)证明 P 为可逆矩阵;

(2)若 $A^2\boldsymbol{\alpha} + A\boldsymbol{\alpha} - 6\boldsymbol{\alpha} = \boldsymbol{0}$,求 $P^{-1}AP$,并判断 A 是否相似于对角矩阵.

28.(20204)设 A 为 3 阶矩阵,$\boldsymbol{\alpha}_1$,$\boldsymbol{\alpha}_2$ 为 A 的属于特征值 1 的线性无关的特征向量,$\boldsymbol{\alpha}_3$ 为 A 的属于特征值 -1 的特征向量,则满足 $P^{-1}AP = \begin{pmatrix} 1 & 0 & 0 \\ 0 & -1 & 0 \\ 0 & 0 & 1 \end{pmatrix}$ 的可逆矩阵 P 可为

(   )

(A) $(\boldsymbol{\alpha}_1 + \boldsymbol{\alpha}_3, \boldsymbol{\alpha}_2, -\boldsymbol{\alpha}_3)$.   (B) $(\boldsymbol{\alpha}_1 + \boldsymbol{\alpha}_2, \boldsymbol{\alpha}_2, -\boldsymbol{\alpha}_3)$.

(C) $(\boldsymbol{\alpha}_1 + \boldsymbol{\alpha}_3, -\boldsymbol{\alpha}_3, \boldsymbol{\alpha}_2)$.   (D) $(\boldsymbol{\alpha}_1 + \boldsymbol{\alpha}_2, -\boldsymbol{\alpha}_3, \boldsymbol{\alpha}_2)$.

29.(21212)设矩阵 $A = \begin{pmatrix} 2 & 1 & 0 \\ 1 & 2 & 0 \\ 1 & a & b \end{pmatrix}$ 仅有两个不同的特征值. 若 A 相似于对角矩阵,

求 a,b 的值,并求可逆矩阵 $\boldsymbol{P}$,使 $\boldsymbol{P}^{-1}\boldsymbol{AP}$ 为对角矩阵.

30.(22105)下述四个条件中,3 阶矩阵 $\boldsymbol{A}$ 可对角化的一个充分但不必要条件是
(　　)

(A) $\boldsymbol{A}$ 有 3 个互不相等的特征值.

(B) $\boldsymbol{A}$ 有 3 个线性无关的特征向量.

(C) $\boldsymbol{A}$ 有 3 个两两线性无关的特征向量.

(D) $\boldsymbol{A}$ 的属于不同特征值的特征向量正交.

31.(22205)设 $\boldsymbol{A}$ 为 3 阶矩阵, $\boldsymbol{\Lambda}=\begin{bmatrix}1&0&0\\0&-1&0\\0&0&0\end{bmatrix}$,则 $\boldsymbol{A}$ 的特征值为 $1,-1,0$ 的充分

必要条件是(　　)

(A)存在可逆矩阵 $\boldsymbol{P},\boldsymbol{Q}$,使得 $\boldsymbol{A}=\boldsymbol{P\Lambda Q}$.

(B)存在可逆矩阵 $\boldsymbol{P}$,使得 $\boldsymbol{A}=\boldsymbol{P\Lambda P}^{-1}$.

(C)存在正交矩阵 $\boldsymbol{Q}$,使得 $\boldsymbol{A}=\boldsymbol{Q\Lambda Q}^{-1}$.

(D)存在可逆矩阵 $\boldsymbol{P}$,使得 $\boldsymbol{A}=\boldsymbol{P\Lambda P}^{\mathrm{T}}$.

32.(222(3)05)设 $\boldsymbol{A}$ 为 3 阶矩阵,交换 $\boldsymbol{A}$ 的第 2 行和第 3 行,再将第 2 列的 -1 倍加

到第 1 列,得到矩阵 $\begin{bmatrix}-2&1&-1\\1&-1&0\\-1&0&0\end{bmatrix}$,则 $\boldsymbol{A}^{-1}$ 的迹 $\mathrm{tr}(\boldsymbol{A}^{-1})=$ _____.

五、实二次型

1.(08104)设 $\boldsymbol{A}$ 为 3 阶实对称矩阵,如果二次曲面方程

$$(x,y,z)\boldsymbol{A}\begin{bmatrix}x\\y\\z\end{bmatrix}=1$$

在正交变换下的标准方程的图形如图所示,则 $\boldsymbol{A}$ 的正特征值的个数为(　　)

(A)0. 　　　　　(B)1. 　　　　　(C)2. 　　　　　(D)3.

2.(08204)设 $\boldsymbol{A}=\begin{pmatrix}1&2\\2&1\end{pmatrix}$,则在实数域上与 $\boldsymbol{A}$ 合同的矩阵为(　　)

(A) $\begin{pmatrix}-2&1\\1&-2\end{pmatrix}$. 　　　　　　　　　(B) $\begin{pmatrix}2&-1\\-1&2\end{pmatrix}$.

(C) $\begin{pmatrix}2&1\\1&2\end{pmatrix}$. 　　　　　　　　　(D) $\begin{pmatrix}1&-2\\-2&1\end{pmatrix}$.

3.(09111)设二次型

$$f(x_1,x_2,x_3)=ax_1^2+ax_2^2+(a-1)x_3^2+2x_1x_3-2x_2x_3.$$

（Ⅰ）求二次型 f 的矩阵的所有特征值；

（Ⅱ）若二次型 f 的规范形为 $y_1^2+y_2^2$，求 a 的值.

4.(10111)已知二次型 $f(x_1,x_2,x_3)=\boldsymbol{x}^{\mathrm{T}}\boldsymbol{A}\boldsymbol{x}$ 在正交变换 $\boldsymbol{x}=\boldsymbol{Qy}$ 下的标准形为 $y_1^2+y_2^2$，且 $\boldsymbol{Q}$ 的第 3 列为 $\left(\dfrac{\sqrt{2}}{2},0,\dfrac{\sqrt{2}}{2}\right)^{\mathrm{T}}$.

（Ⅰ）求矩阵 $\boldsymbol{A}$；

（Ⅱ）证明 $\boldsymbol{A}+\boldsymbol{E}$ 为正定矩阵，其中 $\boldsymbol{E}$ 为 3 阶单位矩阵.

5.(11104)若二次曲面的方程 $x^2+3y^2+z^2+2axy+2xz+2yz=4$，经正交变换化为 $y_1^2+4z_1^2=4$，则 $a=$ _____.

6.(11304)设二次型 $f(x_1,x_2,x_3)=\boldsymbol{x}^{\mathrm{T}}\boldsymbol{A}\boldsymbol{x}$ 的秩为 1，$\boldsymbol{A}$ 中各行元素之和为 3，则 f 在正交变换 $\boldsymbol{x}=\boldsymbol{Qy}$ 下的标准形为 _____.

7.(12111)已知 $\boldsymbol{A}=\begin{pmatrix} 1 & 0 & 1 \\ 0 & 1 & 1 \\ -1 & 0 & a \\ 0 & a & -1 \end{pmatrix}$，二次型 $f(x_1,x_2,x_3)=\boldsymbol{x}^{\mathrm{T}}(\boldsymbol{A}^{\mathrm{T}}\boldsymbol{A})\boldsymbol{x}$ 的秩为 2.

（Ⅰ）求实数 a 的值；

（Ⅱ）求正交变换 $\boldsymbol{x}=\boldsymbol{Qy}$ 将 f 化为标准形.

8.(13111)设二次型 $f(x_1,x_2,x_3)=2(a_1x_1+a_2x_2+a_3x_3)^2+(b_1x_1+b_2x_2+b_3x_3)^2$，记

$$\boldsymbol{\alpha}=\begin{pmatrix} a_1 \\ a_2 \\ a_3 \end{pmatrix}, \qquad \boldsymbol{\beta}=\begin{pmatrix} b_1 \\ b_2 \\ b_3 \end{pmatrix}.$$

（Ⅰ）证明二次型 f 对应的矩阵为 $2\boldsymbol{\alpha\alpha}^{\mathrm{T}}+\boldsymbol{\beta\beta}^{\mathrm{T}}$；

（Ⅱ）若 $\boldsymbol{\alpha},\boldsymbol{\beta}$ 正交且均为单位向量，证明 f 在正交变换下的标准形为 $2y_1^2+y_2^2$.

9.(14104)设二次型 $f(x_1,x_2,x_3)=x_1^2-x_2^2+2ax_1x_3+4x_2x_3$ 的负惯性指数为 1，则 a 的取值范围是 _____.

10.(15104)设二次型 $f(x_1,x_2,x_3)$ 在正交变换为 $\boldsymbol{x}=\boldsymbol{Py}$ 下的标准形为 $2y_1^2+y_2^2-y_3^2$，其中 $\boldsymbol{P}=(\boldsymbol{e}_1,\boldsymbol{e}_2,\boldsymbol{e}_3)$. 若 $\boldsymbol{Q}=(\boldsymbol{e}_1,-\boldsymbol{e}_3,\boldsymbol{e}_2)$，则 $f(x_1,x_2,x_3)$ 在正交变换 $\boldsymbol{x}=\boldsymbol{Qy}$ 下的标准形为（ ）

(A)$2y_1^2-y_2^2+y_3^2$.   (B)$2y_1^2+y_2^2-y_3^2$.

(C)$2y_1^2-y_2^2-y_3^2$.   (D)$2y_1^2+y_2^2+y_3^2$.

11.(16104)设二次型 $f(x_1,x_2,x_3)=x_1^2+x_2^2+x_3^2+4x_1x_2+4x_1x_3+4x_2x_3$,则 $f(x_1,$ $x_2,x_3)=2$ 在空间直角坐标下表示的二次曲面为(　　)

(A)单叶双曲面.　　　(B)双叶双曲面.　(C)椭球面.　　　(D)柱面.

12.(16204)设二次型 $f(x_1,x_2,x_3)=a(x_1^2+x_2^2+x_3^2)+2x_1x_2+2x_2x_3+2x_1x_3$ 的正、负惯性指数分别为 1,2,则(　　)

(A)$a>1$.　　　　　(B)$a<-2$.　　　(C)$-2<a<1$.　　(D)$a=1$ 与 $a=-2$.

13.(17111)设二次型 $f(x_1,x_2,x_3)=2x_1^2-x_2^2+ax_3^2+2x_1x_2-8x_1x_3+2x_2x_3$ 在正交变换 $x=Qy$ 下的标准形为 $\lambda_1y_1^2+\lambda_2y_2^2$,求 a 的值及一个正交矩阵 Q.

14.(18311)设实二次型 $f(x_1,x_2,x_3)=(x_1-x_2+x_3)^2(x_2+x_3)^2+(x_1+ax_3)^2$,其中 a 是参数.

（Ⅰ）求 $f(x_1,x_2,x_3)=0$ 的解；

（Ⅱ）求 $f(x_1,x_2,x_3)$ 的规范形.

15.(19304)设 A 是 3 阶实对称矩阵,E 是 3 阶单位矩阵.$A^2+A=2E$,$|A|=4$,则二次型 $x^{\mathrm{T}}Ax$ 的规范形为(　　)

(A) $y_1^2+y_2^2+y_3^2$.　　　　　　　(B) $y_1^2+y_2^2-y_3^2$.

(C) $y_1^2-y_2^2-y_3^2$.　　　　　　　(D) $-y_1^2-y_2^2-y_3^2$.

16.(20111)设二次型 $f(x_1,x_2)=x_1^2-4x_1x_2+4x_2^2$ 经正交变换 $\begin{bmatrix}x_1\\x_2\end{bmatrix}=Q\begin{bmatrix}y_1\\y_2\end{bmatrix}$ 化为二次型 $g(y_1,y_2)=ay_1^2+4y_1y_2+by_2^2$,其中 $a\geqslant b$.

(1)求 a,b 的值；

(2)求正交矩阵 Q.

17.(20211)设二次型 $f(x_1,x_2,x_3)=x_1^2+x_2^2+x_3^2+2ax_1x_2+2ax_1x_3+2ax_2x_3$ 经可逆线性变换 $\begin{bmatrix}x_1\\x_2\\x_3\end{bmatrix}=P\begin{bmatrix}y_1\\y_2\\y_3\end{bmatrix}$ 化为二次型 $g(y_1,y_2,y_3)=y_1^2+y_2^2+4y_3^2+2y_1y_2$.

(1)求 a 的值；

(2)求可逆矩阵 P.

18.(21105)二次型 $f(x_1,x_2,x_3)=(x_1+x_2)^2+(x_2+x_3)^2-(x_3-x_1)^2$ 的正惯性指数与负惯性指数依次为(　　)

(A) 2,0.　　　　　　　　　(B) 1,1.

(C) 2,1.　　　　　　　　　(D) 1,2.

19.(21112)设矩阵 $A=\begin{bmatrix}a&1&-1\\1&a&-1\\-1&-1&a\end{bmatrix}$.

(1)求正交矩阵 P，使 $P^{\mathrm{T}}AP$ 为对角矩阵；

(2)求正定矩阵 C，使 $C^2 = (a+3)E - A$，其中 E 为 3 阶单位矩阵.

20.(22112)已知二次型 $f(x_1, x_2, x_3) = \sum\limits_{i=1}^{3} \sum\limits_{j=1}^{3} ij x_i x_j$.

(1)写出 $f(x_1, x_2, x_3)$ 对应的矩阵；

(2)求正交变换 $x = Qy$ 将 $f(x_1, x_2, x_3)$ 化为标准形；

(3)求 $f(x_1, x_2, x_3) = 0$ 的解.

21.(22212)已知二次型 $f(x_1, x_2, x_3) = 3x_1^2 + 4x_2^2 + 3x_3^2 + 2x_1 x_3$.

(1)求正交变换 $x = Qy$ 将 $f(x_1, x_2, x_3)$ 化为标准形；

(2)证明：$\min\limits_{x \neq 0} \dfrac{f(\boldsymbol{x})}{\boldsymbol{x}^{\mathrm{T}} \boldsymbol{x}} = 2$.

附录Ⅲ　全国硕士研究生入学统一考试
线性代数试题选解析

一、行列式

1. (14104)行列式 $\begin{vmatrix} 0 & a & b & 0 \\ a & 0 & 0 & b \\ 0 & c & d & 0 \\ c & 0 & 0 & d \end{vmatrix} = ($ 　**B**　$)$

(A)$(ad-bc)^2$.　　　　　　　　　　　(B)$-(ad-bc)^2$.
(C)$a^2d^2-b^2c^2$.　　　　　　　　　　(D)$b^2c^2-a^2d^2$.

解　原式 $\xrightarrow{r_2 \leftrightarrow r_3} - \begin{vmatrix} 0 & a & b & 0 \\ 0 & c & d & 0 \\ a & 0 & 0 & b \\ c & 0 & 0 & d \end{vmatrix} \xrightarrow{c_1 \leftrightarrow c_3} \begin{vmatrix} b & a & 0 & 0 \\ d & c & 0 & 0 \\ 0 & 0 & a & b \\ 0 & 0 & c & d \end{vmatrix}$

$= \begin{vmatrix} b & a \\ d & c \end{vmatrix} \begin{vmatrix} a & b \\ c & d \end{vmatrix} = -(ad-bc)^2$.

2. (15104)n 阶行列式 $\begin{vmatrix} 2 & 0 & \cdots & 0 & 2 \\ -1 & 2 & \cdots & 0 & 2 \\ \vdots & \vdots & \ddots & \vdots & \vdots \\ 0 & 0 & \ddots & 2 & 2 \\ 0 & 0 & \cdots & -1 & 2 \end{vmatrix} = \underline{\quad 2^{n+1}-2 \quad}$.

解　$D_n = \begin{vmatrix} 2 & 0 & \cdots & 0 & 2 \\ -1 & 2 & \cdots & 0 & 2 \\ \vdots & \vdots & \ddots & \vdots & \vdots \\ 0 & 0 & \ddots & 2 & 2 \\ 0 & 0 & \cdots & -1 & 2 \end{vmatrix} \xrightarrow{\text{按第1行展开}} 2D_{n-1} + (-1)^{n+1}2(-1)^{n-1}$

$$=2D_{n-1}+2=2(2D_{n-2}+2)+2=2^2 D_{n-2}+2^2+2=\cdots=2^n+2^{n-1}+\cdots+2$$

$$=\frac{2(1-2^n)}{1-2}=2^{n+1}-2.$$

3.(16104)行列式 $\begin{vmatrix} \lambda & -1 & 0 & 0 \\ 0 & \lambda & -1 & 0 \\ 0 & 0 & \lambda & -1 \\ 4 & 3 & 2 & \lambda+1 \end{vmatrix} = \underline{\lambda^4+\lambda^3+2\lambda^2+3\lambda+4}$.

解 原式 $\xrightarrow{\text{按第 4 行展开}} 4(-1)^{4+1}\begin{vmatrix} -1 & 0 & 0 \\ \lambda & -1 & 0 \\ 0 & \lambda & -1 \end{vmatrix} + 3(-1)^{4+2}\begin{vmatrix} \lambda & 0 & 0 \\ 0 & -1 & 0 \\ 0 & \lambda & -1 \end{vmatrix}$

$$+2(-1)^{4+3}\begin{vmatrix} \lambda & -1 & 0 \\ 0 & \lambda & 0 \\ 0 & 0 & -1 \end{vmatrix} + (\lambda+1)(-1)^{4+4}\begin{vmatrix} \lambda & -1 & 0 \\ 0 & \lambda & -1 \\ 0 & 0 & \lambda \end{vmatrix}$$

$$=4+3\lambda+2\lambda^2+(\lambda+1)\lambda^3=\lambda^4+\lambda^3+2\lambda^2+3\lambda+4.$$

4.(20104)行列式 $\begin{vmatrix} a & 0 & -1 & 1 \\ 0 & a & 1 & -1 \\ -1 & 1 & a & 0 \\ 1 & -1 & 0 & a \end{vmatrix} = \underline{a^2(a^2-4)}$.

解 原式 $\xrightarrow{r_1+r_2+r_3+r_4} a\begin{vmatrix} 1 & 1 & 1 & 1 \\ 0 & a & 1 & -1 \\ -1 & 1 & a & 0 \\ 1 & -1 & 0 & a \end{vmatrix} \xrightarrow[r_3+r_1]{r_4+r_3} a\begin{vmatrix} 1 & 1 & 1 & 1 \\ 0 & a & 1 & -1 \\ 0 & 2 & a+1 & 1 \\ 0 & 0 & a & a \end{vmatrix}$

$$\xrightarrow{\text{按第 1 列展开}} a\begin{vmatrix} a & 1 & -1 \\ 2 & a+1 & 1 \\ 0 & a & a \end{vmatrix} \xrightarrow{c_2-c_3} a\begin{vmatrix} a & 2 & -1 \\ 2 & a & 1 \\ 0 & 0 & a \end{vmatrix}$$

$$\xrightarrow{\text{按第 3 行展开}} a^2\begin{vmatrix} a & 2 \\ 2 & a \end{vmatrix} = a^2(a^2-4).$$

5.(21205)多项式 $\begin{vmatrix} x & x & 1 & 2x \\ 1 & x & 2 & -1 \\ 2 & 1 & x & 1 \\ 2 & -1 & 1 & x \end{vmatrix}$ 中 x^3 项的系数为 $\underline{-5}$.

解法 1 按定义,行列式中含 x^3 的项为

$(-1)^{\tau(2134)}a_{12}a_{21}a_{33}a_{44} + (-1)^{\tau(4231)}a_{14}a_{22}a_{33}a_{41} = -x \cdot 1 \cdot x \cdot x - 2x \cdot x \cdot x \cdot 2 = -5x^3$,

故 x^3 项的系数为 -5.

解法 2　将 $f(x)$ 按第一行展开,有

$$f(x) = x\begin{vmatrix} x & 2 & -1 \\ 1 & x & 1 \\ -1 & 1 & x \end{vmatrix} - x\begin{vmatrix} 1 & 2 & -1 \\ 2 & x & 1 \\ 2 & 1 & x \end{vmatrix} + \begin{vmatrix} 1 & x & -1 \\ 2 & 1 & 1 \\ 2 & -1 & x \end{vmatrix} - 2x\begin{vmatrix} 1 & x & 2 \\ 2 & 1 & x \\ 2 & -1 & 1 \end{vmatrix}.$$

只有在第二项与第四项中含有 x^3 的项,而

$$-x\begin{vmatrix} 1 & 2 & -1 \\ 2 & x & 1 \\ 2 & 1 & x \end{vmatrix} \text{和} -2x\begin{vmatrix} 1 & x & 2 \\ 2 & 1 & x \\ 2 & -1 & 1 \end{vmatrix}$$

中含有 x^3 的项分别为 $-x^3$ 和 $-4x^3$,所以 $f(x)$ 中 x^3 项的系数为 -5.

二、矩阵

1.(08104)设 A 为 n 阶非零矩阵,E 为 n 阶单位矩阵,若 $A^3=O$,则(　**C**　)

(A)$E-A$ 不可逆,$E+A$ 不可逆.　　　　(B)$E-A$ 不可逆,$E+A$ 可逆.

(C)$E-A$ 可逆,$E+A$ 可逆.　　　　(D)$E-A$ 可逆,$E+A$ 不可逆.

分析　判断一个 n 阶矩阵是否可逆,通常可用两种方法:一是根据定义,二是计算该矩阵的行列式是否为零.在本题中第二种方法显然不适用,因为 $E\pm A$ 的行列式都算不出来,故根据定义去找矩阵 B,使 AB(或 BA)$=E$ 即可.

解　因为 $A^3=O$,故

$$E = E\pm A^3 = (E\pm A)(E\mp A+A^2),$$

即分别存在矩阵 $E-A+A^2$ 和 $E+A+A^2$ 使

$$(E+A)(E-A+A^2)=E \text{ 和}(E-A)(E+A+A^2)=E,$$

可知 $E-A$ 与 $E+A$ 都是可逆的,所以应选(C).

2.(09104)设 A,B 均为 2 阶矩阵,A^*,B^* 分别为 A,B 的伴随矩阵.若 $|A|=2,|B|=3$,则分块矩阵 $\begin{bmatrix} O & A \\ B & O \end{bmatrix}$ 的伴随矩阵为(　**B**　)

(A)$\begin{bmatrix} O & 3B^* \\ 2A^* & O \end{bmatrix}$.　　　　(B)$\begin{bmatrix} O & 2B^* \\ 3A^* & O \end{bmatrix}$.

(C)$\begin{bmatrix} O & 3A^* \\ 2B^* & O \end{bmatrix}$.　　　　(D)$\begin{bmatrix} O & 2A^* \\ 3B^* & O \end{bmatrix}$.

解　对任一 n 阶矩阵 C,有

$$C^*C = CC^* = |C|E,$$

其中 C^* 是 C 的伴随矩阵. 因此可直接用乘法验证, 排除错误选项.

对选项(A), 有

$$\begin{bmatrix} O & A \\ B & O \end{bmatrix}\begin{bmatrix} O & 3B^* \\ 2A^* & O \end{bmatrix} = \begin{bmatrix} 2AA^* & O \\ O & 3BB^* \end{bmatrix} = \begin{bmatrix} 4E_2 & \\ & 9E_2 \end{bmatrix},$$

E_2 为 2 阶单位矩阵;

对选项(B), 有

$$\begin{bmatrix} O & A \\ B & O \end{bmatrix}\begin{bmatrix} O & 2B^* \\ 3A^* & O \end{bmatrix} = \begin{bmatrix} 6E_2 & \\ & 6E_2 \end{bmatrix} = 6E_4 = \begin{vmatrix} O & A \\ B & O \end{vmatrix} E_4,$$

E_4 为 4 阶单位矩阵;

对选项(C)、(D), 分别有

$$\begin{bmatrix} O & A \\ B & O \end{bmatrix}\begin{bmatrix} O & 3A^* \\ 2B^* & O \end{bmatrix} = \begin{bmatrix} 2AB^* & O \\ O & 3BA^* \end{bmatrix},$$

$$\begin{bmatrix} O & A \\ B & O \end{bmatrix}\begin{bmatrix} O & 2A^* \\ 3B^* & O \end{bmatrix} = \begin{bmatrix} 3AB^* & O \\ O & 2BA^* \end{bmatrix},$$

由此知选项(B)正确.

本题也可设

$$\begin{bmatrix} O & A \\ B & O \end{bmatrix}^* = \begin{bmatrix} X_1 & X_2 \\ X_3 & X_4 \end{bmatrix},$$

分别求出 X_1, X_2, X_3, X_4. 因为

$$\begin{bmatrix} O & A \\ B & O \end{bmatrix}\begin{bmatrix} X_1 & X_2 \\ X_3 & X_4 \end{bmatrix} = \begin{bmatrix} AX_3 & AX_4 \\ BX_1 & BX_2 \end{bmatrix} = \begin{vmatrix} O & A \\ B & O \end{vmatrix}\begin{bmatrix} E_2 & O \\ O & E_2 \end{bmatrix},$$

所以 $BX_1 = O, AX_4 = O$, 由已知, A, B 均可逆, 故 $X_1 = X_4 = O$; 另一方面, 有

$$AX_3 = BX_2 = \begin{vmatrix} O & A \\ B & O \end{vmatrix} E_2,$$

其中 $\begin{vmatrix} O & A \\ B & O \end{vmatrix} = (-1)^{2+2}|A||B| = 6$, 故得

$$X_3 = 6A^{-1} = 6\frac{A^*}{|A|} = 3A^*, \quad X_2 = 6B^{-1} = 6\frac{B^*}{|B|} = 2B^*.$$

3. (09204) 设 A, P 均为 3 阶矩阵, P^T 为 P 的转置矩阵, 且 $P^T A P = \begin{bmatrix} 1 & 0 & 0 \\ 0 & 1 & 0 \\ 0 & 0 & 2 \end{bmatrix}$. 若 $P = (\alpha_1, \alpha_2, \alpha_3), Q = (\alpha_1 + \alpha_2, \alpha_2, \alpha_3)$, 则 $Q^T A Q$ 为 (A)

(A) $\begin{pmatrix} 2 & 1 & 0 \\ 1 & 1 & 0 \\ 0 & 0 & 2 \end{pmatrix}$.　　(B) $\begin{pmatrix} 1 & 1 & 0 \\ 1 & 2 & 0 \\ 0 & 0 & 2 \end{pmatrix}$.　　(C) $\begin{pmatrix} 2 & 0 & 0 \\ 0 & 1 & 0 \\ 0 & 0 & 2 \end{pmatrix}$.　　(D) $\begin{pmatrix} 1 & 0 & 0 \\ 0 & 2 & 0 \\ 0 & 0 & 2 \end{pmatrix}$.

解　对矩阵 P 作一次初等列变换:把第 2 列加到第 1 列上,便可得到矩阵 Q.若记 E_{12} 为上述初等列变换所对应的初等矩阵,则 $Q=PE_{12}$,其中

$$E_{12}=\begin{pmatrix} 1 & 0 & 0 \\ 1 & 1 & 0 \\ 0 & 0 & 1 \end{pmatrix},$$

于是

$$Q^{\mathrm{T}}AQ=E_{12}^{\mathrm{T}}P^{\mathrm{T}}APE_{12}=\begin{pmatrix} 1 & 1 & 0 \\ 0 & 1 & 0 \\ 0 & 0 & 1 \end{pmatrix}\begin{pmatrix} 1 & 0 & 0 \\ 0 & 1 & 0 \\ 0 & 0 & 2 \end{pmatrix}\begin{pmatrix} 1 & 0 & 0 \\ 1 & 1 & 0 \\ 0 & 0 & 1 \end{pmatrix}=\begin{pmatrix} 2 & 1 & 0 \\ 1 & 1 & 0 \\ 0 & 0 & 2 \end{pmatrix},$$

这表明选项(A)是正确的.

注　对矩阵作一次初等列(行)变换,相当于用对应的初等矩阵右(左)乘该矩阵.题目中的 $Q^{\mathrm{T}}AQ$ 是既要作一次初等列变换又要作一次对应的初等行变换,据此选项(C)、(D)可首先排除.

4.(10104)设 A 为 $m\times n$ 矩阵,B 为 $n\times m$ 矩阵,E 为 m 阶单位矩阵.若 $AB=E$,则(　A　)

(A)秩 $r(A)=m$,秩 $r(B)=m$.　　　　(B)秩 $r(A)=m$,秩 $r(B)=n$.

(C)秩 $r(A)=n$,秩 $r(B)=m$.　　　　(D)秩 $r(A)=n$,秩 $r(B)=n$.

解　由已知可得

$$r(A)\leqslant\min\{m,n\}\leqslant m,$$
$$r(B)\leqslant\min\{m,n\}\leqslant m,$$
$$m=r(E)=r(AB)\leqslant\min\{r(A),r(B)\},$$

即有 $r(A)\geqslant m$ 及 $r(B)\geqslant m$.所以

$$r(A)=r(B)=m,$$

应该选(A).

5.(10204)设 A,B 为 3 阶矩阵,且 $|A|=3$,$|B|=2$,$|A^{-1}+B|=2$,则 $|A+B^{-1}|$ $=$　3　.

解　因为

$$|A|\cdot|A^{-1}+B|=|A(A^{-1}+B)|=|E+AB|=|(B^{-1}+A)B|=|B^{-1}+A|\cdot|B|,$$

即

$$2|B^{-1}+A|=2|A+B^{-1}|=6,$$

所以 $|\boldsymbol{A}+\boldsymbol{B}^{-1}|=3$.

6.(11104)设 $\boldsymbol{A}$ 为 3 阶矩阵,将 $\boldsymbol{A}$ 的第 2 列加到第 1 列得矩阵 $\boldsymbol{B}$,再交换 $\boldsymbol{B}$ 的第 2 行

与第 3 行得单位矩阵,记 $\boldsymbol{P}_1=\begin{vmatrix}1&0&0\\1&1&0\\0&0&1\end{vmatrix},\boldsymbol{P}_2=\begin{vmatrix}1&0&0\\0&0&1\\0&1&0\end{vmatrix}$,则 $\boldsymbol{A}=(\quad\boldsymbol{D}\quad)$

(A)$\boldsymbol{P}_1\boldsymbol{P}_2$.　　　　(B)$\boldsymbol{P}_1^{-1}\boldsymbol{P}_2$.　　　　(C)$\boldsymbol{P}_2\boldsymbol{P}_1$.　　　　(D)$\boldsymbol{P}_2\boldsymbol{P}_1^{-1}$.

解　由于将 $\boldsymbol{A}$ 的第 2 列加到第 1 列得矩阵 $\boldsymbol{B}$,故 $\boldsymbol{A}\boldsymbol{P}_1=\boldsymbol{B}$,即 $\boldsymbol{A}=\boldsymbol{B}\boldsymbol{P}_1^{-1}$. 又由于交换 $\boldsymbol{B}$ 第 2 行与第 3 行得单位矩阵,故 $\boldsymbol{P}_2\boldsymbol{B}=\boldsymbol{E}$,即 $\boldsymbol{B}=\boldsymbol{P}_2^{-1}=\boldsymbol{P}_2$. 因此,$\boldsymbol{A}=\boldsymbol{P}_2\boldsymbol{P}_1^{-1}$. 故选(D).

7.(12204)设 $\boldsymbol{A}$ 为 3 阶矩阵,$|\boldsymbol{A}|=3$,$\boldsymbol{A}^*$ 为 $\boldsymbol{A}$ 的伴随矩阵. 若交换 $\boldsymbol{A}$ 的第 1 行与第 2 行得矩阵 $\boldsymbol{B}$,则 $|\boldsymbol{B}\boldsymbol{A}^*|=$ ___-27___.

解　设 $\boldsymbol{E}_{12}=\begin{vmatrix}0&1&0\\1&0&0\\0&0&1\end{vmatrix}$,则 $\boldsymbol{B}=\boldsymbol{E}_{12}\boldsymbol{A}$,从而

$$|\boldsymbol{B}\boldsymbol{A}^*|=|\boldsymbol{E}_{12}\boldsymbol{A}\boldsymbol{A}^*|=|\boldsymbol{E}_{12}||\boldsymbol{A}\boldsymbol{A}^*|=-|\boldsymbol{A}|^3=-27.$$

8.(13104)设 $\boldsymbol{A}=(a_{ij})$ 是 3 阶非零矩阵,$|\boldsymbol{A}|$ 为 $\boldsymbol{A}$ 的行列式,A_{ij} 为 a_{ij} 的代数余子式. 若 $a_{ij}+A_{ij}=0(i,j=1,2,3)$,则 $|\boldsymbol{A}|=$ ___-1___.

解　$\boldsymbol{A}=(a_{ij})=(-A_{ij})=-(\boldsymbol{A}^*)^{\mathrm{T}}$.

由 $|\boldsymbol{A}|=|-(\boldsymbol{A}^*)^{\mathrm{T}}|=(-1)^3|\boldsymbol{A}^*|=(-1)^3|\boldsymbol{A}|^{3-1}=-|\boldsymbol{A}|^2$,得

$$|\boldsymbol{A}|(|\boldsymbol{A}|+1)=0,\text{即 }|\boldsymbol{A}|=0\text{ 或 }|\boldsymbol{A}|=-1.$$

又因为 $\boldsymbol{A}\neq\boldsymbol{O}$,所以至少有一个 $a_{ij}\neq0$,而

$$|\boldsymbol{A}|=a_{i1}A_{i1}+a_{i2}A_{i2}+a_{i3}A_{i3}=-(a_{i1}^2+a_{i2}^2+a_{i3}^2)<0,$$

所以 $|\boldsymbol{A}|=-1$.

9.(15211)设矩阵 $\boldsymbol{A}=\begin{vmatrix}a&1&0\\1&a&-1\\0&1&a\end{vmatrix}$,且 $\boldsymbol{A}^3=\boldsymbol{O}$.

(Ⅰ)求 a 的值;

(Ⅱ)若矩阵 $\boldsymbol{X}$ 满足 $\boldsymbol{X}-\boldsymbol{X}\boldsymbol{A}^2-\boldsymbol{A}\boldsymbol{X}+\boldsymbol{A}\boldsymbol{X}\boldsymbol{A}^2=\boldsymbol{E}$,其中 $\boldsymbol{E}$ 为 3 阶单位矩阵,求 $\boldsymbol{X}$.

解　(Ⅰ)由于 $\boldsymbol{A}^3=\boldsymbol{O}$,所以

$$|\boldsymbol{A}|=\begin{vmatrix}a&1&0\\1&a&-1\\0&1&a\end{vmatrix}=a^3=0,$$

于是 $a=0$.

（Ⅱ）由于

$$X-XA^2-AX+AXA^2=E,$$

所以

$$(E-A)X(E-A^2)=E.$$

由（Ⅰ）知

$$E-A=\begin{pmatrix}1&-1&0\\-1&1&1\\0&-1&1\end{pmatrix},\qquad E-A^2=\begin{pmatrix}0&0&1\\0&1&0\\-1&0&2\end{pmatrix},$$

因为 $E-A,E-A^2$ 均可逆，所以

$$X=(E-A)^{-1}(E-A^2)^{-1}=\begin{pmatrix}2&1&-1\\1&1&-1\\1&1&0\end{pmatrix}\begin{pmatrix}2&0&-1\\0&1&0\\1&0&0\end{pmatrix}=\begin{pmatrix}3&1&-2\\1&1&-1\\2&1&-1\end{pmatrix}.$$

10.(16204)设矩阵 $\begin{pmatrix}a&-1&-1\\-1&a&-1\\-1&-1&a\end{pmatrix}$ 与 $\begin{pmatrix}1&1&0\\0&-1&1\\1&0&1\end{pmatrix}$ 等价，则 $a=\underline{\quad2\quad}$.

解　设 $A=\begin{pmatrix}a&-1&-1\\-1&a&-1\\-1&-1&a\end{pmatrix},B=\begin{pmatrix}1&1&0\\0&-1&1\\1&0&1\end{pmatrix}$.

由

$$B\to\begin{pmatrix}1&1&0\\0&-1&1\\0&-1&1\end{pmatrix}\to\begin{pmatrix}1&1&0\\0&-1&1\\0&0&0\end{pmatrix}$$

知 $r(B)=2$，因为两个阶数相同的矩阵等价的充分必要条件为秩相等，从而 $r(A)=2$.

而

$$A\to\begin{pmatrix}-1&-1&a\\-1&a&-1\\a&-1&-1\end{pmatrix}\to\begin{pmatrix}-1&-1&a\\0&a+1&-1-a\\0&-1-a&-1+a^2\end{pmatrix}\to\begin{pmatrix}-1&-1&a\\0&a+1&-1-a\\0&0&a^2-a-2\end{pmatrix},$$

由 $r(A)=2$ 可知 $a+1\neq0$ 且 $a^2-a-2=0$，即 $a=2$.

11.(19204)已知矩阵 $A=\begin{pmatrix}1&-1&0&0\\-2&1&-1&1\\3&-2&2&-1\\0&0&3&4\end{pmatrix}$，$A_{ij}$ 表示 $|A|$ 中 (i,j) 元的代数

余子式，则 $A_{11}-A_{12}=\underline{\quad-4\quad}$.

解 $A_{11}-A_{12}=1\cdot A_{11}+(-1)A_{12}+0A_{13}+0A_{14}=|A|=\begin{vmatrix} 1 & -1 & 0 & 0 \\ -2 & 1 & -1 & 1 \\ 3 & -2 & 2 & -1 \\ 0 & 0 & 3 & 4 \end{vmatrix}$

$$\xrightarrow{c_2+c_1}\begin{vmatrix} 1 & 0 & 0 & 0 \\ -2 & -1 & -1 & 1 \\ 3 & 1 & 2 & -1 \\ 0 & 0 & 3 & 4 \end{vmatrix}\xrightarrow{\text{按第1行展开}}\begin{vmatrix} -1 & -1 & 1 \\ 1 & 2 & -1 \\ 0 & 3 & 4 \end{vmatrix}$$

$$\xrightarrow{r_2+r_1}\begin{vmatrix} -1 & -1 & 1 \\ 0 & 1 & 0 \\ 0 & 3 & 4 \end{vmatrix}\xrightarrow{r_3-3r_2}\begin{vmatrix} -1 & -1 & 1 \\ 0 & 1 & 0 \\ 0 & 0 & 4 \end{vmatrix}=-4.$$

12.(20104)若矩阵 A 经初等列变换化成 B，则(　**B**　)

(A)存在矩阵 P，使得 $PA=B$.　　　　(B)存在矩阵 P，使得 $BP=A$.

(C)存在矩阵 P，使得 $PB=A$.　　　　(D)方程组 $Ax=0$ 与 $Bx=0$ 同解.

解 因为矩阵 A 经初等列变换化成 B，则存在若干个初等矩阵 $P_1,P_2,\cdots,P_t$，使得

$$AP_1P_2\cdots P_t=B.$$

若记 $P_1P_2\cdots P_t=P$，则 $AP=B$.

若矩阵 A 经初等行变换化成 B，则有 $PA=B$ 或 $PB=A$，故选项 A,C 都不对.

对于选项 D，由于两个齐次线性方程组 $Ax=0$ 与 $Bx=0$ 同解当且仅当它们的系数矩阵 A，B 的行向量组等价，而初等列变换不能保证这两个矩阵的行向量组等价.

13.(21105)设 A，B 为 n 阶实矩阵.下列结论不成立的是(　**C**　)

(A) $r\begin{bmatrix} A & O \\ O & A^TA \end{bmatrix}=2r(A)$.　　　　(B) $r\begin{bmatrix} A & AB \\ O & A^T \end{bmatrix}=2r(A)$.

(C) $r\begin{bmatrix} A & BA \\ O & AA^T \end{bmatrix}=2r(A)$.　　　　(D) $r\begin{bmatrix} A & O \\ BA & A^T \end{bmatrix}=2r(A)$.

解 $r(A^TA)=r(A^T)=r(A)$.

关于选项 A，根据准对角矩阵的性质，

$$r\begin{bmatrix} A & O \\ O & A^TA \end{bmatrix}=r(A)+r(A^TA)=r(A)+r(A)=2r(A),$$

故选项 A 中结论成立.

关于选项 B，因为

$$\begin{bmatrix} A & AB \\ O & A^T \end{bmatrix}=\begin{bmatrix} A & O \\ O & A^T \end{bmatrix}\begin{bmatrix} E & B \\ O & E \end{bmatrix},$$

且 $\begin{pmatrix} E & B \\ O & E \end{pmatrix}$ 可逆,所以

$$\mathrm{r}\begin{pmatrix} A & AB \\ O & A^\mathrm{T} \end{pmatrix} = \mathrm{r}\begin{pmatrix} A & O \\ O & A^\mathrm{T} \end{pmatrix} = \mathrm{r}(A) + \mathrm{r}(A^\mathrm{T}) = \mathrm{r}(A) + \mathrm{r}(A) = 2\mathrm{r}(A),$$

故选项 B 中结论成立.

关于选项 D,因为

$$\begin{pmatrix} A & O \\ BA & A^\mathrm{T} \end{pmatrix} = \begin{pmatrix} E & O \\ B & E \end{pmatrix}\begin{pmatrix} A & O \\ O & A^\mathrm{T} \end{pmatrix},$$

且 $\begin{pmatrix} E & O \\ B & E \end{pmatrix}$ 可逆,所以

$$\mathrm{r}\begin{pmatrix} A & BA \\ O & AA^\mathrm{T} \end{pmatrix} = \mathrm{r}\begin{pmatrix} A & O \\ O & A^\mathrm{T} \end{pmatrix} = \mathrm{r}(A) + \mathrm{r}(A^\mathrm{T}) = 2\mathrm{r}(A),$$

故选项 D 结论成立.

关于选项 C,设 $A = \begin{pmatrix} 0 & 0 \\ 1 & 0 \end{pmatrix}$,$B = \begin{pmatrix} 0 & 1 \\ 1 & 0 \end{pmatrix}$,则

$$BA = \begin{pmatrix} 0 & 1 \\ 1 & 0 \end{pmatrix}\begin{pmatrix} 0 & 0 \\ 1 & 0 \end{pmatrix} = \begin{pmatrix} 1 & 0 \\ 0 & 0 \end{pmatrix}, \qquad AA^\mathrm{T} = \begin{pmatrix} 0 & 0 \\ 1 & 0 \end{pmatrix}\begin{pmatrix} 0 & 1 \\ 0 & 0 \end{pmatrix} = \begin{pmatrix} 0 & 0 \\ 0 & 1 \end{pmatrix},$$

所以

$$\begin{pmatrix} A & BA \\ O & AA^\mathrm{T} \end{pmatrix} = \begin{pmatrix} 0 & 0 & 1 & 0 \\ 1 & 0 & 0 & 0 \\ 0 & 0 & 0 & 0 \\ 0 & 0 & 0 & 1 \end{pmatrix}, \quad \mathrm{r}\begin{pmatrix} A & BA \\ O & AA^\mathrm{T} \end{pmatrix} = 3 \neq 2\mathrm{r}(A).$$

综上,故选 C.

14.(21105)设 $A = (a_{ij})$ 为 3 阶矩阵,A_{ij} 为元素 a_{ij} 的代数余子式.若 A 的每行元素之和均为 2,且 $|A| = 3$,则 $A_{11} + A_{21} + A_{31} = \dfrac{3}{2}$.

解　设 $A = \begin{pmatrix} a_{11} & a_{12} & a_{13} \\ a_{21} & a_{22} & a_{23} \\ a_{31} & a_{32} & a_{33} \end{pmatrix}$,则

$$3 = |A| = \begin{vmatrix} a_{11} & a_{12} & a_{13} \\ a_{21} & a_{22} & a_{23} \\ a_{31} & a_{32} & a_{33} \end{vmatrix} = \begin{vmatrix} a_{11} + a_{12} + a_{13} & a_{12} & a_{13} \\ a_{21} + a_{22} + a_{23} & a_{22} & a_{23} \\ a_{31} + a_{32} + a_{33} & a_{32} & a_{33} \end{vmatrix}$$

$$= \begin{vmatrix} 2 & a_{12} & a_{13} \\ 2 & a_{22} & a_{23} \\ 2 & a_{32} & a_{33} \end{vmatrix} = 2(A_{11} + A_{21} + A_{31}),$$

所以 $A_{11} + A_{21} + A_{31} = \dfrac{3}{2}$.

15.(21205)已知矩阵 $A = \begin{pmatrix} 1 & 0 & -1 \\ 2 & -1 & 1 \\ -1 & 2 & -5 \end{pmatrix}$,若下三角可逆矩阵 P 和上三角可逆矩

阵 Q 使 PAQ 为对角矩阵,则 P, Q 可以分别取(C)

(A) $\begin{pmatrix} 1 & 0 & 0 \\ 0 & 1 & 0 \\ 0 & 0 & 1 \end{pmatrix}, \begin{pmatrix} 1 & 0 & 1 \\ 0 & 1 & 3 \\ 0 & 0 & 1 \end{pmatrix}$.   (B) $\begin{pmatrix} 1 & 0 & 0 \\ 2 & -1 & 0 \\ -3 & 2 & 1 \end{pmatrix}, \begin{pmatrix} 1 & 0 & 0 \\ 0 & 1 & 0 \\ 0 & 0 & 1 \end{pmatrix}$.

(C) $\begin{pmatrix} 1 & 0 & 0 \\ 2 & -1 & 0 \\ -3 & 2 & 1 \end{pmatrix}, \begin{pmatrix} 1 & 0 & 1 \\ 0 & 1 & 3 \\ 0 & 0 & 1 \end{pmatrix}$.   (D) $\begin{pmatrix} 1 & 0 & 0 \\ 0 & 1 & 0 \\ 1 & 3 & 1 \end{pmatrix}, \begin{pmatrix} 1 & 2 & -3 \\ 0 & -1 & 2 \\ 0 & 0 & 1 \end{pmatrix}$.

解法 1 设 $PAQ = D$ 为对角矩阵,因为 Q 是可逆的上三角矩阵,所以 Q^{-1} 也是上三角矩阵,故 $PA = DQ^{-1}$ 为上三角矩阵. 由于

$$\begin{bmatrix} 1 & 0 & -1 \\ 2 & -1 & 1 \\ -1 & 2 & -5 \end{bmatrix} \begin{bmatrix} 1 & 0 & 1 \\ 0 & 1 & 3 \\ 0 & 0 & 1 \end{bmatrix} = \begin{bmatrix} 1 & 0 & 0 \\ 2 & -1 & 0 \\ -1 & 2 & 0 \end{bmatrix} \neq D,$$

$$\begin{bmatrix} 1 & 0 & 0 \\ 2 & -1 & 0 \\ -3 & 2 & 1 \end{bmatrix} \begin{bmatrix} 1 & 0 & -1 \\ 2 & -1 & 1 \\ -1 & 2 & -5 \end{bmatrix} = \begin{bmatrix} 1 & 0 & -1 \\ 0 & 1 & -3 \\ 0 & 0 & 0 \end{bmatrix} \neq D,$$

故选项 A 和 B 都不正确.

因为

$$\begin{bmatrix} 1 & 0 & 0 \\ 2 & -1 & 0 \\ -3 & 2 & 1 \end{bmatrix} \begin{bmatrix} 1 & 0 & -1 \\ 2 & -1 & 1 \\ -1 & 2 & -5 \end{bmatrix} = \begin{bmatrix} 1 & 0 & -1 \\ 0 & 1 & -3 \\ 0 & 0 & 0 \end{bmatrix}$$

为上三角矩阵,而

$$\begin{bmatrix} 1 & 0 & 0 \\ 0 & 1 & 0 \\ 1 & 3 & 1 \end{bmatrix} \begin{bmatrix} 1 & 0 & -1 \\ 2 & -1 & 1 \\ -1 & 2 & -5 \end{bmatrix} = \begin{bmatrix} 1 & 0 & -1 \\ 2 & -1 & 1 \\ 6 & -1 & -3 \end{bmatrix}$$

不是上三角矩阵,所以选项 C 正确.

解法 2   此题也可直接相乘验证得到正确结果. 由于

$$\begin{pmatrix}1&0&0\\0&1&0\\0&0&1\end{pmatrix}\begin{pmatrix}1&0&-1\\2&-1&1\\-1&2&-5\end{pmatrix}\begin{pmatrix}1&0&1\\0&1&3\\0&0&1\end{pmatrix}=\begin{pmatrix}1&0&0\\2&-1&0\\-1&2&0\end{pmatrix},$$

$$\begin{pmatrix}1&0&0\\2&-1&0\\-3&2&1\end{pmatrix}\begin{pmatrix}1&0&-1\\2&-1&1\\-1&2&-5\end{pmatrix}\begin{pmatrix}1&0&0\\0&1&0\\0&0&1\end{pmatrix}=\begin{pmatrix}1&0&-1\\0&1&-3\\0&0&0\end{pmatrix},$$

$$\begin{pmatrix}1&0&0\\2&-1&0\\-3&2&1\end{pmatrix}\begin{pmatrix}1&0&-1\\2&-1&1\\-1&2&-5\end{pmatrix}\begin{pmatrix}1&0&0\\0&1&3\\0&0&1\end{pmatrix}=\begin{pmatrix}1&0&0\\0&1&0\\0&0&0\end{pmatrix},$$

$$\begin{pmatrix}1&0&0\\2&-1&0\\-3&2&1\end{pmatrix}\begin{pmatrix}1&0&-1\\2&-1&1\\-1&2&-5\end{pmatrix}\begin{pmatrix}1&2&-3\\0&-1&2\\0&0&1\end{pmatrix}=\begin{pmatrix}1&2&-4\\2&5&-7\\6&13&-23\end{pmatrix},$$

所以只有选项 C 的乘积是对角矩阵. 故选项 C 正确.

解法 3   由于

$$(\boldsymbol{A},\boldsymbol{E})=\begin{pmatrix}1&0&-1&1&0&0\\2&-1&1&0&1&0\\-1&2&-5&0&0&1\end{pmatrix}\xrightarrow[r_3+r_1]{r_2-2r_1}\begin{pmatrix}1&0&-1&1&0&0\\0&-1&3&-2&1&0\\0&2&-6&1&0&1\end{pmatrix}$$

$$\xrightarrow[r_2\times(-1)]{r_3+2r_2}\begin{pmatrix}1&0&-1&1&0&0\\0&1&-3&2&-1&0\\0&0&0&-3&2&1\end{pmatrix}=(\boldsymbol{F},\boldsymbol{P}),$$

所以取 $\boldsymbol{P}=\begin{pmatrix}1&0&0\\2&-1&0\\-3&2&1\end{pmatrix}$.

由于

$$\begin{pmatrix}\boldsymbol{F}\\\boldsymbol{E}\end{pmatrix}=\begin{pmatrix}1&0&-1\\0&1&-3\\0&0&0\\1&0&0\\0&1&0\\0&0&1\end{pmatrix}\xrightarrow{c_3+c_1+3c_2}\begin{pmatrix}1&0&0\\0&1&0\\0&0&0\\1&0&1\\0&1&3\\0&0&1\end{pmatrix}=\begin{pmatrix}\boldsymbol{\Lambda}\\\boldsymbol{Q}\end{pmatrix},$$

所以取 $\boldsymbol{Q}=\begin{pmatrix}1&0&1\\0&1&3\\0&0&1\end{pmatrix}$.

16.(22105)已知矩阵 A 和 $E-A$ 可逆,其中 E 为单位矩阵.若矩阵 B 满足 $(E-(E-A)^{-1})B=A$,则 $B-A=$ ___$-E$___.

解 由矩阵运算可知:

$(E-(E-A)^{-1})B=A \Leftrightarrow B-(E-A)^{-1}B=A \Leftrightarrow B-A=(E-A)^{-1}B$

$$\Leftrightarrow (E-A)(B-A)=B \Leftrightarrow B-A-AB+A^2=B$$

$$\Leftrightarrow A(B-A)=-A.$$

因为矩阵 A 可逆,两边同时左乘 A^{-1},得 $B-A=-E$.

三、线性方程组

1.(08112)设 n 元线性方程组 $Ax=b$,其中

$$A=\begin{pmatrix} 2a & 1 \\ a^2 & 2a & 1 \\ & a^2 & 2a & 1 \\ & & \ddots & \ddots & \ddots \\ & & & a^2 & 2a & 1 \\ & & & & a^2 & 2a \end{pmatrix}, \quad x=\begin{pmatrix} x_1 \\ x_2 \\ \vdots \\ x_n \end{pmatrix}, \quad b=\begin{pmatrix} 1 \\ 0 \\ \vdots \\ 0 \end{pmatrix}.$$

(Ⅰ)证明行列式 $|A|=(n+1)a^n$;

(Ⅱ)当 a 为何值时,该方程组有唯一解,并求 x_1;

(Ⅲ)当 a 为何值时,该方程组有无穷多解,并求通解.

(Ⅰ)**证法 1** 记

$$D_n=|A|=\begin{vmatrix} 2a & 1 \\ a^2 & 2a & 1 \\ & a^2 & 2a & 1 \\ & & \ddots & \ddots & \ddots \\ & & & a^2 & 2a & 1 \\ & & & & a^2 & 2a \end{vmatrix}_{n\times n}.$$

以下用数学归纳法证明.

当 $n=1$ 时,$D_1=2a$,结论成立.

当 $n=2$ 时,$D_2=\begin{vmatrix} 2a & 1 \\ a^2 & 2a \end{vmatrix}=3a^2$,结论成立.

假设结论对于小于 n 的情况成立.将 D_n 按第 1 行展开得

$$D_n = 2aD_{n-1} - \begin{vmatrix} a^2 & 1 & & & & \\ 0 & 2a & 1 & & & \\ & a^2 & 2a & 1 & & \\ & & \ddots & \ddots & \ddots & \\ & & & a^2 & 2a & 1 \\ & & & & a^2 & 2a \end{vmatrix}_{(n-1)\times(n-1)}$$

$$= 2aD_{n-1} - a^2 D_{n-2} = 2a \cdot na^{n-1} - a^2 \cdot (n-1)a^{n-2}$$

$$= (n+1)a^n,$$

即证得 $|\boldsymbol{A}| = (n+1)a^n$.

证法 2 将行列式化为上三角形行列式：

$$|\boldsymbol{A}| = \begin{vmatrix} 2a & 1 & & & & \\ a^2 & 2a & 1 & & & \\ & a^2 & 2a & 1 & & \\ & & \ddots & \ddots & \ddots & \\ & & & a^2 & 2a & 1 \\ & & & & a^2 & 2a \end{vmatrix}_{n\times n}$$

$$\xrightarrow{r_2 - \frac{1}{2}ar_1} \begin{vmatrix} 2a & 1 & & & & \\ 0 & \frac{3}{2}a & 1 & & & \\ & a^2 & 2a & 1 & & \\ & & \ddots & \ddots & \ddots & \\ & & & a^2 & 2a & 1 \\ & & & & a^2 & 2a \end{vmatrix}_{n\times n}$$

$$\xrightarrow{r_3 - \frac{2}{3}ar_2} \begin{vmatrix} 2a & 1 & & & & \\ 0 & \frac{3}{2}a & 1 & & & \\ & 0 & \frac{4}{3}a & 1 & & \\ & & a^2 & 2a & 1 & \\ & & & \ddots & \ddots & \ddots \\ & & & & a^2 & 2a & 1 \\ & & & & & a^2 & 2a \end{vmatrix}_{n\times n}$$

$$= \cdots$$

$$
\xrightarrow{r_n - \frac{n-1}{n}ar_{n-1}}
\begin{vmatrix}
2a & 1 & & & & \\
0 & \frac{3}{2}a & 1 & & & \\
& 0 & \frac{4}{3}a & 1 & & \\
& & \ddots & \ddots & \ddots & \\
& & & 0 & \frac{n}{n-1}a & 1 \\
& & & & 0 & \frac{n+1}{n}a
\end{vmatrix}_{n \times n}
$$

$$= (n+1)a^n.$$

证法 3　推导出递推公式.沿用法 1 的记号,按第一行展开得

$$
D_n =
\begin{vmatrix}
2a & 1 & & & & \\
a^2 & 2a & 1 & & & \\
& a^2 & 2a & 1 & & \\
& & \ddots & \ddots & \ddots & \\
& & & a^2 & 2a & 1 \\
& & & & a^2 & 2a
\end{vmatrix}_{n \times n}
= 2aD_{n-1} - a^2 D_{n-2},
$$

即

$$D_n - aD_{n-1} = a(D_{n-1} - aD_{n-2}),$$

从而

$$
\begin{aligned}
D_n - aD_{n-1} &= a(D_{n-1} - aD_{n-2}) \\
&= a^2(D_{n-2} - aD_{n-3}) \\
&= \cdots \\
&= a^{n-2}(D_2 - aD_1) \\
&= a^{n-2}(3a^2 - 2a^2) = a^n.
\end{aligned}
$$

即得递推公式

$$
\begin{aligned}
D_n &= a^n + aD_{n-1} \\
&= a^n + a(a^{n-1} + aD_{n-2}) \\
&= 2a^n + a^2 D_{n-2} \\
&= \cdots \\
&= (n-1)a^n + a^{n-1} D_1 \\
&= (n+1)a^n.
\end{aligned}
$$

（Ⅱ）**解**　由（Ⅰ）知当 $a \neq 0$ 时,$|\boldsymbol{A}| \neq 0$,故方程组 $\boldsymbol{Ax} = \boldsymbol{b}$ 有唯一解.根据克拉默法则,将 $|\boldsymbol{A}|$ 的第 1 列换成 $\boldsymbol{b}$,得行列式

$$|A_1| = \begin{vmatrix} 1 & 1 & & & & \\ 0 & 2a & 1 & & & \\ & a^2 & 2a & 1 & & \\ & & \ddots & \ddots & \ddots & \\ & & & a^2 & 2a & 1 \\ & & & & a^2 & 2a \end{vmatrix}_{n \times n} = \begin{vmatrix} 2a & 1 & & & \\ a^2 & 2a & 1 & & \\ & \ddots & \ddots & \ddots & \\ & & a^2 & 2a & 1 \\ & & & a^2 & 2a \end{vmatrix}_{(n-1) \times (n-1)},$$

由（Ⅰ）知 $|A_1| = na^{n-1}$，故

$$x_1 = \frac{|A_1|}{|A|} = \frac{na^{n-1}}{(n+1)a^n}.$$

（Ⅲ）**解** 当 $a=0$ 时，方程组 $Ax = b$ 为

$$\begin{pmatrix} 0 & 1 & & & \\ 0 & 0 & 1 & & \\ & \ddots & \ddots & \ddots & \\ & & 0 & 0 & 1 \\ & & & 0 & 0 \end{pmatrix} \begin{pmatrix} x_1 \\ x_2 \\ \vdots \\ x_{n-1} \\ x_n \end{pmatrix} = \begin{pmatrix} 1 \\ 0 \\ \vdots \\ 0 \\ 0 \end{pmatrix}. \qquad (*)$$

此方程组的增广矩阵为

$$\begin{pmatrix} 0 & 1 & 0 & \cdots & 0 & 1 \\ 0 & 0 & 1 & \cdots & 0 & 0 \\ \vdots & \vdots & \vdots & & \vdots & \vdots \\ 0 & 0 & 0 & \cdots & 1 & 0 \\ 0 & 0 & 0 & \cdots & 0 & 0 \end{pmatrix}.$$

显然其秩与方程组系数矩阵的秩均为 $n-1$，因而方程组有无穷多解. 方程组（ * ）的对应齐次方程组

$$\begin{pmatrix} 0 & 1 & & & \\ 0 & 0 & 1 & & \\ & \ddots & \ddots & \ddots & \\ & & 0 & 0 & 1 \\ & & & 0 & 0 \end{pmatrix} \begin{pmatrix} x_1 \\ x_2 \\ \vdots \\ x_{n-1} \\ x_n \end{pmatrix} = \begin{pmatrix} 0 \\ 0 \\ \vdots \\ 0 \\ 0 \end{pmatrix}$$

的基础解系为 $\xi = (1,0,\cdots,0)^T$；方程组（ * ）的一个特解为 $\eta = (0,1,0,\cdots,0)^T$，从而方程组（ * ）的通解为

$$x = (0,1,0,\cdots,0)^T + k(1,0,\cdots,0)^T \ (k \text{ 为任意常数}).$$

2. (08110) 设 α, β 为 3 维列向量，矩阵 $A = \alpha\alpha^T + \beta\beta^T$，其中 α^T, β^T 分别是 α, β 的转置. 证明

（Ⅰ）秩 $r(A) \leqslant 2$；

（Ⅱ）若 $\boldsymbol{\alpha}, \boldsymbol{\beta}$ 线性相关，则秩 $r(A) < 2$.

证法1 （Ⅰ）设 $\boldsymbol{B}, \boldsymbol{C}$ 是任意 $m \times n$ 矩阵，则

$$r(\boldsymbol{B}+\boldsymbol{C}) \leqslant r(\boldsymbol{B})+r(\boldsymbol{C}).$$

利用这个结论，有

$$r(A) = r(\boldsymbol{\alpha}\boldsymbol{\alpha}^T + \boldsymbol{\beta}\boldsymbol{\beta}^T) \leqslant r(\boldsymbol{\alpha}\boldsymbol{\alpha}^T) + r(\boldsymbol{\beta}\boldsymbol{\beta}^T).$$

又由于 $\boldsymbol{\alpha}, \boldsymbol{\beta}$ 均为 3 维列向量，即它们都是 3×1 矩阵，所以

$$r(\boldsymbol{\alpha}\boldsymbol{\alpha}^T) \leqslant r(\boldsymbol{\alpha}) \leqslant 1, \qquad r(\boldsymbol{\beta}\boldsymbol{\beta}^T) \leqslant r(\boldsymbol{\beta}) \leqslant 1,$$

因而

$$r(A) \leqslant r(\boldsymbol{\alpha}) + r(\boldsymbol{\beta}) \leqslant 2.$$

（Ⅱ）当 $\boldsymbol{\alpha}, \boldsymbol{\beta}$ 线性相关时，不妨设 $\boldsymbol{\alpha} = k\boldsymbol{\beta}$（其中 k 为常数），则有

$$r(A) = r(\boldsymbol{\alpha}\boldsymbol{\alpha}^T + \boldsymbol{\beta}\boldsymbol{\beta}^T) = r(k^2\boldsymbol{\beta}\boldsymbol{\beta}^T) + r(\boldsymbol{\beta}\boldsymbol{\beta}^T) = r((k^2+1)\boldsymbol{\beta}\boldsymbol{\beta}^T) \leqslant r(\boldsymbol{\beta}) < 2.$$

证法2 （Ⅰ）因为 $\boldsymbol{\alpha}, \boldsymbol{\beta}$ 是 3 维列向量，所以存在非零列向量 $\boldsymbol{x}$，同时使

$$\boldsymbol{\alpha}^T\boldsymbol{x} = 0, \qquad \boldsymbol{\beta}^T\boldsymbol{x} = 0,$$

从而有

$$\boldsymbol{\alpha}\boldsymbol{\alpha}^T\boldsymbol{x} = \boldsymbol{0}, \qquad \boldsymbol{\beta}\boldsymbol{\beta}^T\boldsymbol{x} = \boldsymbol{0},$$

以及

$$(\boldsymbol{\alpha}\boldsymbol{\alpha}^T + \boldsymbol{\beta}\boldsymbol{\beta}^T)\boldsymbol{x} = \boldsymbol{0},$$

即齐次方程组 $A\boldsymbol{x} = \boldsymbol{0}$ 有非零解；又 A 是 3×3 矩阵，故 $r(A) \leqslant 2$.

（Ⅱ）当 $\boldsymbol{\alpha}, \boldsymbol{\beta}$ 线性相关时，不妨设 $\boldsymbol{\beta} = k\boldsymbol{\alpha}$（其中 k 为常数），则存在两个线性无关的解向量 $\boldsymbol{x}_1, \boldsymbol{x}_2$ 使

$$\boldsymbol{\alpha}^T\boldsymbol{x}_1 = 0, \qquad \boldsymbol{\alpha}^T\boldsymbol{x}_2 = 0,$$

则

$$\boldsymbol{\beta}^T\boldsymbol{x}_1 = k\boldsymbol{\alpha}^T\boldsymbol{x}_1 = 0, \qquad \boldsymbol{\beta}^T\boldsymbol{x}_2 = k\boldsymbol{\alpha}^T\boldsymbol{x}_2 = 0,$$

从而有 $A\boldsymbol{x}_1 = \boldsymbol{0}, A\boldsymbol{x}_2 = \boldsymbol{0}$，即齐次方程组 $A\boldsymbol{x} = \boldsymbol{0}$ 至少有 2 个线性无关的解向量，于是 $r(A) \leqslant 3-2 = 1$，即 $r(A) < 2$.

3.(09104)设 $\boldsymbol{\alpha}_1, \boldsymbol{\alpha}_2, \boldsymbol{\alpha}_3$ 是 3 维向量空间 $\boldsymbol{R}^3$ 的一组基，则由基 $\boldsymbol{\alpha}_1, \dfrac{1}{2}\boldsymbol{\alpha}_2, \dfrac{1}{3}\boldsymbol{\alpha}_3$ 到基 $\boldsymbol{\alpha}_1 + \boldsymbol{\alpha}_2, \boldsymbol{\alpha}_2 + \boldsymbol{\alpha}_3, \boldsymbol{\alpha}_3 + \boldsymbol{\alpha}_1$ 的过渡矩阵为（　**A**　）

(A) $\begin{pmatrix} 1 & 0 & 1 \\ 2 & 2 & 0 \\ 0 & 3 & 3 \end{pmatrix}$.

(B) $\begin{pmatrix} 1 & 2 & 0 \\ 0 & 2 & 3 \\ 1 & 0 & 3 \end{pmatrix}$.

(C) $\begin{pmatrix} \dfrac{1}{2} & \dfrac{1}{4} & \dfrac{1}{6} \\ -\dfrac{1}{2} & \dfrac{1}{4} & \dfrac{1}{6} \\ \dfrac{1}{2} & -\dfrac{1}{4} & \dfrac{1}{6} \end{pmatrix}$.

(D) $\begin{pmatrix} \dfrac{1}{2} & -\dfrac{1}{2} & \dfrac{1}{2} \\ \dfrac{1}{4} & \dfrac{1}{4} & -\dfrac{1}{4} \\ -\dfrac{1}{6} & \dfrac{1}{6} & \dfrac{1}{6} \end{pmatrix}$.

解　根据题意,即求等式

$$(\boldsymbol{\alpha}_1+\boldsymbol{\alpha}_2,\boldsymbol{\alpha}_2+\boldsymbol{\alpha}_3,\boldsymbol{\alpha}_3+\boldsymbol{\alpha}_1)=\left(\boldsymbol{\alpha}_1,\frac{1}{2}\boldsymbol{\alpha}_2,\frac{1}{3}\boldsymbol{\alpha}_3\right)\boldsymbol{P}$$

中的矩阵 $\boldsymbol{P}$. 由已知可得

$$(\boldsymbol{\alpha}_1+\boldsymbol{\alpha}_2,\boldsymbol{\alpha}_2+\boldsymbol{\alpha}_3,\boldsymbol{\alpha}_3+\boldsymbol{\alpha}_1)=(\boldsymbol{\alpha}_1,\boldsymbol{\alpha}_2,\boldsymbol{\alpha}_3)\begin{pmatrix}1&0&1\\1&1&0\\0&1&1\end{pmatrix}$$

$$\left(\boldsymbol{\alpha}_1,\frac{1}{2}\boldsymbol{\alpha}_2,\frac{1}{3}\boldsymbol{\alpha}_3\right)=(\boldsymbol{\alpha}_1,\boldsymbol{\alpha}_2,\boldsymbol{\alpha}_3)\begin{pmatrix}1&&\\&\frac{1}{2}&\\&&\frac{1}{3}\end{pmatrix},$$

故

$$(\boldsymbol{\alpha}_1+\boldsymbol{\alpha}_2,\boldsymbol{\alpha}_2+\boldsymbol{\alpha}_3,\boldsymbol{\alpha}_3+\boldsymbol{\alpha}_1)=\left(\boldsymbol{\alpha}_1,\frac{1}{2}\boldsymbol{\alpha}_2,\frac{1}{3}\boldsymbol{\alpha}_3\right)\begin{pmatrix}1&&\\&\frac{1}{2}&\\&&\frac{1}{3}\end{pmatrix}^{-1}\begin{pmatrix}1&0&1\\1&1&0\\0&1&1\end{pmatrix},$$

再由两组基之间的过渡矩阵是唯一的,可得

$$\boldsymbol{P}=\begin{pmatrix}1&&\\&\frac{1}{2}&\\&&\frac{1}{3}\end{pmatrix}^{-1}\begin{pmatrix}1&0&1\\1&1&0\\0&1&1\end{pmatrix}=\begin{pmatrix}1&&\\&2&\\&&3\end{pmatrix}\begin{pmatrix}1&0&1\\1&1&0\\0&1&1\end{pmatrix}=\begin{pmatrix}1&0&1\\2&2&0\\0&3&3\end{pmatrix},$$

所以选项(A)是正确的.

4.(09111)设

$$A=\begin{pmatrix}1&-1&-1\\-1&1&1\\0&-4&-2\end{pmatrix},\qquad \boldsymbol{\xi}_1=\begin{pmatrix}-1\\1\\-2\end{pmatrix}.$$

(Ⅰ)求满足 $A\boldsymbol{\xi}_2=\boldsymbol{\xi}_1,A^2\boldsymbol{\xi}_3=\boldsymbol{\xi}_1$ 的所有向量 $\boldsymbol{\xi}_2,\boldsymbol{\xi}_3$;

(Ⅱ)对(Ⅰ)中的任意向量 $\boldsymbol{\xi}_2,\boldsymbol{\xi}_3$,证明 $\boldsymbol{\xi}_1,\boldsymbol{\xi}_2,\boldsymbol{\xi}_3$ 线性无关.

解　(Ⅰ)对增广矩阵 $(A\vdots\boldsymbol{\xi}_1)$ 作初等行变换:

$$(A\vdots\boldsymbol{\xi}_1)=\begin{pmatrix}1&-1&-1&\vdots&-1\\-1&1&1&\vdots&1\\0&-4&-2&\vdots&-2\end{pmatrix}\rightarrow\begin{pmatrix}1&-1&-1&\vdots&-1\\0&2&1&\vdots&1\\0&0&0&\vdots&0\end{pmatrix},$$

故得其基础解系为 $(1,-1,2)^{\mathrm{T}}$,一个特解为 $\left(-\dfrac{1}{2},\dfrac{1}{2},0\right)^{\mathrm{T}}$,从而

$$\boldsymbol{\xi}_2=\left(-\frac{1}{2},\frac{1}{2},0\right)^{\mathrm{T}}+C_1(1,-1,2)^{\mathrm{T} } \quad \text{或} \quad \boldsymbol{\xi}_2=\begin{pmatrix}-\dfrac{1}{2}+C_1\\[2mm]\dfrac{1}{2}-C_1\\[2mm]2C_1\end{pmatrix},$$

其中 C_1 为任意常数.

其次,

$$\boldsymbol{A}^2=\begin{pmatrix}2&2&0\\-2&-2&0\\4&4&0\end{pmatrix}.$$

对增广矩阵 $(\boldsymbol{A}^2 \ \vdots \ \boldsymbol{\xi}_1)$ 作初等行变换:

$$(\boldsymbol{A}^2 \ \vdots \ \boldsymbol{\xi}_1)=\begin{pmatrix}2&2&0&\vdots&-1\\-2&-2&0&\vdots&1\\4&4&0&\vdots&-2\end{pmatrix}\rightarrow\begin{pmatrix}1&1&0&\vdots&-\dfrac{1}{2}\\[1mm]0&0&0&\vdots&0\\[1mm]0&0&0&\vdots&0\end{pmatrix},$$

故得基础解系为 $(-1,1,0)^{\mathrm{T}}$ 和 $(0,0,1)^{\mathrm{T}}$,一个特解为 $\left(-\dfrac{1}{2},0,0\right)^{\mathrm{T}}$,从而

$$\boldsymbol{\xi}_3=C_2(-1,1,0)^{\mathrm{T}}+C_3(0,0,1)^{\mathrm{T}}+\left(-\frac{1}{2},0,0\right)^{\mathrm{T}} \quad \text{或} \quad \boldsymbol{\xi}_3=\begin{pmatrix}-\dfrac{1}{2}-C_2\\[2mm]C_2\\[2mm]C_3\end{pmatrix},$$

其中 C_2,C_3 为任意常数.

(Ⅱ)**法 1**　只需证明行列式 $|\boldsymbol{\xi}_1\boldsymbol{\xi}_2\boldsymbol{\xi}_3|\neq0$ 即可. 事实上,

$$|\boldsymbol{\xi}_1\boldsymbol{\xi}_2\boldsymbol{\xi}_3|=\begin{vmatrix}-1&-\dfrac{1}{2}+C_1&-\dfrac{1}{2}-C_2\\[2mm]1&\dfrac{1}{2}-C_1&C_2\\[2mm]-2&2C_1&C_3\end{vmatrix}=\begin{vmatrix}-1&-\dfrac{1}{2}&-\dfrac{1}{2}-C_2\\[2mm]1&\dfrac{1}{2}&C_2\\[2mm]-2&0&C_3\end{vmatrix}$$

$$=\begin{vmatrix}0&-\dfrac{1}{2}&-\dfrac{1}{2}\\[2mm]0&\dfrac{1}{2}&0\\[2mm]-2&0&C_3\end{vmatrix}=-\frac{1}{2}\neq0,$$

故 $\boldsymbol{\xi}_1,\boldsymbol{\xi}_2,\boldsymbol{\xi}_3$ 线性无关.

法 2　由（Ⅰ）知 $A\xi_1=0$．设存在常数 k_1,k_2,k_3 使得

$$k_1\xi_1+k_2\xi_2+k_3\xi_3=0,\qquad(1)$$

用 A 左乘（1）式两边得

$$k_2A\xi_2+k_3A\xi_3=0,$$

即

$$k_2\xi_1+k_3A\xi_3=0,\qquad(2)$$

用 A 左乘（2）式两边得

$$k_3A^2\xi_3=0,\ \text{即}\ k_3\xi_1=0.$$

由于 $\xi_1\neq0$，所以 $k_3=0$，代入（2）知 $k_2=0$，最后由（1）得 $k_1=0$，从而证明了 ξ_1,ξ_2,ξ_3 是线性无关的．

5.（10104）设 $\alpha_1=(1,2,-1,0)^{\mathrm T},\alpha_2=(1,1,0,2)^{\mathrm T},\alpha_3=(2,1,1,a)^{\mathrm T}$．若由 $\alpha_1,\alpha_2,\alpha_3$ 生成的向量空间的维数为 2，则 $a=\underline{\quad6\quad}$．

解法 1　对矩阵 $(\alpha_1,\alpha_2,\alpha_3)$ 作初等行变换：

$$(\alpha_1,\alpha_2,\alpha_3)=\begin{pmatrix}1&1&2\\2&1&1\\-1&0&1\\0&2&a\end{pmatrix}\to\begin{pmatrix}1&1&2\\0&1&3\\0&0&a-6\\0&0&0\end{pmatrix}.$$

由于此矩阵的秩为 2，故 $a=6$．

解法 2　由于 α_1,α_2 线性无关，$\alpha_1,\alpha_2,\alpha_3$ 线性相关，故有唯一的线性表示式：

$$\alpha_3=k_1\alpha_1+k_2\alpha_2.$$

即有

$$\begin{cases}k_1+k_2=2,\\2k_1+k_2=1,\\-k_1=1,\\2k_2=a,\end{cases}$$

解得

$$\begin{cases}k_1=-1\\k_2=3\\a=6\end{cases}.$$

6.（10111）设 $A=\begin{pmatrix}\lambda&1&1\\0&\lambda-1&0\\1&1&\lambda\end{pmatrix},b=\begin{pmatrix}a\\1\\1\end{pmatrix}$．已知线性方程组 $Ax=b$ 存在两个不同的解．

（Ⅰ）求 λ,a；

（Ⅱ）求方程组 $Ax=b$ 的通解．

解 （Ⅰ）因为非齐次线性方程组 $Ax=b$ 有两个不同的解，即解不是唯一的，所以系数行列式

$$0=|A|=\begin{vmatrix} \lambda & 1 & 1 \\ 0 & \lambda-1 & 0 \\ 1 & 1 & \lambda \end{vmatrix}=(\lambda-1)^2(\lambda+1),$$

得解 $\lambda=-1$ 或 1.

当 $\lambda=1$ 时，方程组的增广矩阵

$$(A \vdots b)=\begin{pmatrix} 1 & 1 & 1 & \vdots & a \\ 0 & 0 & 0 & \vdots & 1 \\ 1 & 1 & 1 & \vdots & 1 \end{pmatrix} \rightarrow \begin{pmatrix} 1 & 1 & 1 & 1 \\ 0 & 0 & 0 & 1 \\ 0 & 0 & 0 & a-1 \end{pmatrix}$$

的秩为 2，系数矩阵 A 的秩为 1，方程组 $Ax=b$ 无解，故 $\lambda=1$ 应舍去.

当 $\lambda=-1$ 时，对方程组 $Ax=b$ 的增广矩阵作初等行变换：

$$(A \vdots b)=\begin{pmatrix} -1 & 1 & 1 & \vdots & a \\ 0 & -2 & 0 & \vdots & 1 \\ 1 & 1 & -1 & \vdots & 1 \end{pmatrix} \rightarrow \begin{pmatrix} 1 & 1 & -1 & \vdots & 1 \\ 0 & 2 & 0 & \vdots & -1 \\ 0 & 0 & 0 & \vdots & a+2 \end{pmatrix}=B.$$

因为方程组 $Ax=b$ 有解，所以 $a+2=0$，即 $a=-2$.

总之，$\lambda=-1, a=-2$.

（Ⅱ）当 $\lambda=-1, a=-2$ 时，继续对（Ⅰ）中的矩阵 B 作初等行变换得

$$B \rightarrow \begin{pmatrix} 1 & 0 & -1 & \vdots & \dfrac{3}{2} \\ 0 & 1 & 0 & \vdots & -\dfrac{1}{2} \\ 0 & 0 & 0 & \vdots & 0 \end{pmatrix},$$

于是方程组 $Ax=b$ 的通解为

$$x=\frac{1}{2}\begin{pmatrix} 3 \\ -1 \\ 0 \end{pmatrix}+k\begin{pmatrix} 1 \\ 0 \\ 1 \end{pmatrix},$$

其中 k 为任意常数.

7.（10204）设向量组Ⅰ：$\alpha_1, \alpha_2, \cdots, \alpha_r$ 可由向量组Ⅱ：$\beta_1, \beta_2, \cdots, \beta_s$ 线性表示.下列命题正确的是（　**A**　）

(A)若向量组Ⅰ线性无关，则 $r \leqslant s$.　　(B)若向量组Ⅰ线性相关，则 $r>s$.

(C)若向量组Ⅱ线性无关，则 $r \leqslant s$.　　(D)若向量组Ⅱ线性相关，则 $r>s$.

分析　"若向量组 A 可由向量组 B 线性表示，则向量组 A 的秩必不大于向量组 B 的秩."这是线性代数中一条基本的定理.由这个结论便可确定选项(A)是正确的.

解 事实上,由向量组Ⅰ线性无关知其秩 $r(Ⅰ)=r$,又向量组Ⅱ的秩 $r(Ⅱ)\leqslant s$,于是根据上面的定理得

$$r=r(Ⅰ)\leqslant r(Ⅱ)\leqslant s,$$

即 $r\leqslant s$.

也可通过举反例来否定其他的选项:

当向量组Ⅰ只包含 $(0,0)^{\mathrm{T}}$,向量组Ⅱ由 $(1,0)^{\mathrm{T}}$ 与 $(0,0)^{\mathrm{T}}$ 组成时,便否定了选项(B)、(D);

当向量组Ⅰ由 $(1,0)^{\mathrm{T}}$ 与 $(0,0)^{\mathrm{T}}$ 组成,向量组Ⅱ只包含 $(1,0)^{\mathrm{T}}$ 时,也否定了选项(C).

总之,应选(A).

8.(11104)设 $\boldsymbol{A}=(\boldsymbol{\alpha}_1,\boldsymbol{\alpha}_2,\boldsymbol{\alpha}_3,\boldsymbol{\alpha}_4)$ 是 4 阶矩阵,$\boldsymbol{A}^*$ 为 $\boldsymbol{A}$ 的伴随矩阵,若 $(1,0,1,0)^{\mathrm{T}}$ 是方程组 $\boldsymbol{A}\boldsymbol{x}=\boldsymbol{0}$ 的一个基础解系,则 $\boldsymbol{A}^*\boldsymbol{x}=\boldsymbol{0}$ 的基础解系可为(**D**)

(A)$\boldsymbol{\alpha}_1,\boldsymbol{\alpha}_3$. (B)$\boldsymbol{\alpha}_1,\boldsymbol{\alpha}_2$.

(C)$\boldsymbol{\alpha}_1,\boldsymbol{\alpha}_2,\boldsymbol{\alpha}_3$. (D)$\boldsymbol{\alpha}_2,\boldsymbol{\alpha}_3,\boldsymbol{\alpha}_4$.

解 由于 $(1,0,1,0)^{\mathrm{T}}$ 是方程组 $\boldsymbol{A}\boldsymbol{x}=\boldsymbol{0}$ 的一个基础解系,则 $r(\boldsymbol{A})=4-1=3$,且

$$\boldsymbol{A}(1,0,1,0)^{\mathrm{T}}=\boldsymbol{0},\text{ 即 } \boldsymbol{\alpha}_1+\boldsymbol{\alpha}_3=\boldsymbol{0}.$$

由 $r(\boldsymbol{A})=3$ 知 $|\boldsymbol{A}|=0$,于是,$\boldsymbol{A}^*\boldsymbol{A}=|\boldsymbol{A}|\boldsymbol{E}=\boldsymbol{O}$,即 $\boldsymbol{A}^*(\boldsymbol{\alpha}_1,\boldsymbol{\alpha}_2,\boldsymbol{\alpha}_3,\boldsymbol{\alpha}_4)=\boldsymbol{O}$,这说明 $\boldsymbol{\alpha}_1$,$\boldsymbol{\alpha}_2,\boldsymbol{\alpha}_3,\boldsymbol{\alpha}_4$ 均为 $\boldsymbol{A}^*\boldsymbol{x}=\boldsymbol{0}$ 的解.

由于 $r(\boldsymbol{A})=3$,且 $\boldsymbol{\alpha}_1+\boldsymbol{\alpha}_3=\boldsymbol{0}$,则 $\boldsymbol{\alpha}_2,\boldsymbol{\alpha}_3,\boldsymbol{\alpha}_4$ 线性无关.这意味着 $\boldsymbol{\alpha}_2,\boldsymbol{\alpha}_3,\boldsymbol{\alpha}_4$ 是 $\boldsymbol{A}^*\boldsymbol{x}=\boldsymbol{0}$ 的 3 个线性无关的解向量.又由 $r(\boldsymbol{A})=3$,则 $r(\boldsymbol{A}^*)=1$,所以 $\boldsymbol{A}^*\boldsymbol{x}=\boldsymbol{0}$ 的基础解系中仅含有 3 个线性无关的解向量.所以 $\boldsymbol{\alpha}_2,\boldsymbol{\alpha}_3,\boldsymbol{\alpha}_4$ 可作为 $\boldsymbol{A}^*\boldsymbol{x}=\boldsymbol{0}$ 的一个基础解系,故选(D).

9.(11111)设向量组 $\boldsymbol{\alpha}_1=(1,0,1)^{\mathrm{T}}$,$\boldsymbol{\alpha}_2=(0,1,1)^{\mathrm{T}}$,$\boldsymbol{\alpha}_3=(1,3,5)^{\mathrm{T}}$ 不能由向量组 $\boldsymbol{\beta}_1=(1,1,1)^{\mathrm{T}}$,$\boldsymbol{\beta}_2=(1,2,3)^{\mathrm{T}}$,$\boldsymbol{\beta}_3=(3,4,a)^{\mathrm{T}}$ 线性表示.

(Ⅰ)求 a 的值;

(Ⅱ)将 $\boldsymbol{\beta}_1,\boldsymbol{\beta}_2,\boldsymbol{\beta}_3$ 用 $\boldsymbol{\alpha}_1,\boldsymbol{\alpha}_2,\boldsymbol{\alpha}_3$ 线性表示.

解 (Ⅰ)对 $(\boldsymbol{\beta}_1,\boldsymbol{\beta}_2,\boldsymbol{\beta}_3,\boldsymbol{\alpha}_1,\boldsymbol{\alpha}_2,\boldsymbol{\alpha}_3)$ 进行初等行变换:

$$(\boldsymbol{\beta}_1,\boldsymbol{\beta}_2,\boldsymbol{\beta}_3,\boldsymbol{\alpha}_1,\boldsymbol{\alpha}_2,\boldsymbol{\alpha}_3)=\begin{bmatrix} 1 & 1 & 3 & 1 & 0 & 1 \\ 1 & 2 & 4 & 0 & 1 & 3 \\ 1 & 3 & a & 1 & 1 & 5 \end{bmatrix}\rightarrow\begin{bmatrix} 1 & 1 & 3 & 1 & 0 & 1 \\ 0 & 1 & 1 & -1 & 1 & 2 \\ 0 & 2 & a-3 & 0 & 1 & 4 \end{bmatrix}$$

$$\rightarrow\begin{bmatrix} 1 & 1 & 3 & 1 & 0 & 1 \\ 0 & 1 & 1 & -1 & 1 & 2 \\ 0 & 0 & a-5 & 2 & -1 & 0 \end{bmatrix}.$$

由于 $\boldsymbol{\alpha}_1,\boldsymbol{\alpha}_2,\boldsymbol{\alpha}_3$ 不能由向量组 $\boldsymbol{\beta}_1,\boldsymbol{\beta}_2,\boldsymbol{\beta}_3$ 线性表示,则 $a=5$.否则,$\boldsymbol{\alpha}_1,\boldsymbol{\alpha}_2,\boldsymbol{\alpha}_3$ 能由 $\boldsymbol{\beta}_1,\boldsymbol{\beta}_2,\boldsymbol{\beta}_3$

线性表示.

（Ⅱ）对 $(\boldsymbol{\alpha}_1,\boldsymbol{\alpha}_2,\boldsymbol{\alpha}_3,\boldsymbol{\beta}_1,\boldsymbol{\beta}_2,\boldsymbol{\beta}_3)$ 进行初等行变换：

$$(\boldsymbol{\alpha}_1,\boldsymbol{\alpha}_2,\boldsymbol{\alpha}_3,\boldsymbol{\beta}_1,\boldsymbol{\beta}_2,\boldsymbol{\beta}_3)=\begin{pmatrix}1&0&1&1&1&3\\0&1&3&1&2&4\\1&1&5&1&3&a\end{pmatrix}\rightarrow\begin{pmatrix}1&0&1&1&1&3\\0&1&3&1&2&4\\0&1&4&0&2&2\end{pmatrix}$$

$$\rightarrow\begin{pmatrix}1&0&1&1&1&3\\0&1&3&1&2&4\\0&0&1&-1&0&-2\end{pmatrix}\rightarrow\begin{pmatrix}1&0&0&2&1&5\\0&1&0&4&2&10\\0&0&1&-1&0&-2\end{pmatrix},$$

故 $\boldsymbol{\beta}_1=2\boldsymbol{\alpha}_1+4\boldsymbol{\alpha}_2-\boldsymbol{\alpha}_3,\boldsymbol{\beta}_2=\boldsymbol{\alpha}_1+2\boldsymbol{\alpha}_2,\boldsymbol{\beta}_3=5\boldsymbol{\alpha}_1+10\boldsymbol{\alpha}_2-2\boldsymbol{\alpha}_3.$

10.(11304)设 $\boldsymbol{A}$ 为 4×3 矩阵,$\boldsymbol{\eta}_1,\boldsymbol{\eta}_2,\boldsymbol{\eta}_3$ 是非齐次线性方程组 $\boldsymbol{A}\boldsymbol{x}=\boldsymbol{\beta}$ 的 3 个线性无关的解,k_1,k_2 为任意常数,则 $\boldsymbol{A}\boldsymbol{x}=\boldsymbol{\beta}$ 的通解为（　　C　　）

(A) $\dfrac{\boldsymbol{\eta}_2+\boldsymbol{\eta}_3}{2}+k_1(\boldsymbol{\eta}_2-\boldsymbol{\eta}_1).$ 　　　　(B) $\dfrac{\boldsymbol{\eta}_2-\boldsymbol{\eta}_3}{2}+k_2(\boldsymbol{\eta}_2-\boldsymbol{\eta}_1).$

(C) $\dfrac{\boldsymbol{\eta}_2+\boldsymbol{\eta}_3}{2}+k_1(\boldsymbol{\eta}_3-\boldsymbol{\eta}_1)+k_2(\boldsymbol{\eta}_2-\boldsymbol{\eta}_1).$ 　(D) $\dfrac{\boldsymbol{\eta}_2-\boldsymbol{\eta}_3}{2}+k_1(\boldsymbol{\eta}_3-\boldsymbol{\eta}_1)+k_2(\boldsymbol{\eta}_2-\boldsymbol{\eta}_1).$

解法 1　由于 $\boldsymbol{\eta}_1,\boldsymbol{\eta}_2,\boldsymbol{\eta}_3$ 是 $\boldsymbol{A}\boldsymbol{x}=\boldsymbol{\beta}$ 的三个线性无关的解向量,所以 $\boldsymbol{\eta}_3-\boldsymbol{\eta}_1,\boldsymbol{\eta}_2-\boldsymbol{\eta}_1$ 是 $\boldsymbol{A}\boldsymbol{x}=\boldsymbol{0}$ 的二个线性无关的解向量,即 $\boldsymbol{A}\boldsymbol{x}=\boldsymbol{0}$ 的基础解系中至少含有 2 个线性无关的解,所以可以排除(A),(B)选项.

又因 $\boldsymbol{A}\dfrac{1}{2}(\boldsymbol{\eta}_2-\boldsymbol{\eta}_3)=\boldsymbol{0}$,所以 $\dfrac{1}{2}(\boldsymbol{\eta}_2-\boldsymbol{\eta}_3)=\boldsymbol{0}$ 是 $\boldsymbol{A}\boldsymbol{x}=\boldsymbol{0}$ 的解,而不是 $\boldsymbol{A}\boldsymbol{x}=\boldsymbol{\beta}$ 的解,故排除(D)选项.因此选(C).

解法 2　由于 $\boldsymbol{\eta}_1,\boldsymbol{\eta}_2,\boldsymbol{\eta}_3$ 是 $\boldsymbol{A}\boldsymbol{x}=\boldsymbol{\beta}$ 的三个线性无关的解向量,所以 $\boldsymbol{\eta}_3-\boldsymbol{\eta}_1,\boldsymbol{\eta}_2-\boldsymbol{\eta}_1$ 是 $\boldsymbol{A}\boldsymbol{x}=\boldsymbol{0}$ 的 2 个线性无关的解向量,即 $\boldsymbol{A}\boldsymbol{x}=\boldsymbol{0}$ 的基础解系中至少含有 2 个线性无关的解,亦即 $3-r(\boldsymbol{A})\geqslant2$,故 $r(\boldsymbol{A})\leqslant1.$ 由 $\boldsymbol{A}\neq\boldsymbol{O}$,则 $r(\boldsymbol{A})\geqslant1$,故 $r(\boldsymbol{A})=1.$ 这样,$\boldsymbol{A}\boldsymbol{x}=\boldsymbol{0}$ 的基础解系中正好含有 2 个线性无关的解向量,由此可知 $\boldsymbol{\eta}_3-\boldsymbol{\eta}_1,\boldsymbol{\eta}_2-\boldsymbol{\eta}_1$ 是 $\boldsymbol{A}\boldsymbol{x}=\boldsymbol{0}$ 的一个基础解系.所以 $\boldsymbol{A}\boldsymbol{x}=\boldsymbol{0}$ 的通解为

$$k_1(\boldsymbol{\eta}_3-\boldsymbol{\eta}_1)+k_2(\boldsymbol{\eta}_2-\boldsymbol{\eta}_1),$$

其中 k_1,k_2 为任意常数,

因为 $\boldsymbol{\eta}_1,\boldsymbol{\eta}_2,\boldsymbol{\eta}_3$ 是 $\boldsymbol{A}\boldsymbol{x}=\boldsymbol{\beta}$ 的解,所以 $\boldsymbol{A}\boldsymbol{\eta}_2=\boldsymbol{\beta},\boldsymbol{A}\boldsymbol{\eta}_3=\boldsymbol{\beta}$,因此 $\boldsymbol{A}\dfrac{1}{2}(\boldsymbol{\eta}_2+\boldsymbol{\eta}_3)=\boldsymbol{\beta}$,所以 $\dfrac{1}{2}(\boldsymbol{\eta}_2+\boldsymbol{\eta}_3)$ 是 $\boldsymbol{A}\boldsymbol{x}=\boldsymbol{\beta}$ 的一个特解.

所以 $\boldsymbol{A}\boldsymbol{x}=\boldsymbol{\beta}$ 的通解为

$$\frac{1}{2}(\boldsymbol{\eta}_2+\boldsymbol{\eta}_3)+k_1(\boldsymbol{\eta}_3-\boldsymbol{\eta}_1)+k_2(\boldsymbol{\eta}_2-\boldsymbol{\eta}_1),$$

其中 k_1,k_2 为任意常数.

11.(12104)设 $\alpha_1=\begin{pmatrix}0\\0\\c_1\end{pmatrix}$, $\alpha_2=\begin{pmatrix}0\\1\\c_2\end{pmatrix}$, $\alpha_3=\begin{pmatrix}1\\-1\\c_3\end{pmatrix}$, $\alpha_4=\begin{pmatrix}-1\\1\\c_4\end{pmatrix}$,其中 c_1,c_2,c_3,c_4 为任意

常数,则下列向量组线性相关的为(C)

(A)$\alpha_1,\alpha_2,\alpha_3$. (B)$\alpha_1,\alpha_2,\alpha_4$.

(C)$\alpha_1,\alpha_3,\alpha_4$. (D)$\alpha_2,\alpha_3,\alpha_4$.

解 由 $\alpha_3+\alpha_4=\begin{pmatrix}0\\0\\c_3+c_4\end{pmatrix}$ 知 $\alpha_3+\alpha_4$ 与 α_1 成比例,从而 $\alpha_1,\alpha_3,\alpha_4$ 线性相关.

或

由 $|\alpha_1,\alpha_3,\alpha_4|=\begin{vmatrix}0&1&-1\\0&-1&1\\c_1&c_2&c_3\end{vmatrix}=c_1\begin{vmatrix}1&-1\\-1&1\end{vmatrix}=0$ 知 $\alpha_1,\alpha_3,\alpha_4$ 线性相关.

12.(12104)设 A 为 3 阶矩阵,P 为 3 阶可逆矩阵,且 $P^{-1}AP=\begin{pmatrix}1&0&0\\0&1&0\\0&0&2\end{pmatrix}$. 若 $P=$

$(\alpha_1,\alpha_2,\alpha_3)$,$Q=(\alpha_1+\alpha_2,\alpha_2,\alpha_3)$,则 $Q^{-1}AQ=$(B)

(A)$\begin{pmatrix}1&0&0\\0&2&0\\0&0&1\end{pmatrix}$. (B)$\begin{pmatrix}1&0&0\\0&1&0\\0&0&2\end{pmatrix}$.

(C)$\begin{pmatrix}2&0&0\\0&1&0\\0&0&2\end{pmatrix}$. (D)$\begin{pmatrix}2&0&0\\0&2&0\\0&0&1\end{pmatrix}$.

解 $Q=(\alpha_1+\alpha_2,\alpha_2,\alpha_3)=(\alpha_1,\alpha_2,\alpha_3)\begin{pmatrix}1&0&0\\1&1&0\\0&0&1\end{pmatrix}=P\begin{pmatrix}1&0&0\\1&1&0\\0&0&1\end{pmatrix}$,

$Q^{-1}AQ=\begin{pmatrix}1&0&0\\1&1&0\\0&0&1\end{pmatrix}^{-1}P^{-1}AP\begin{pmatrix}1&0&0\\1&1&0\\0&0&1\end{pmatrix}$

$=\begin{pmatrix}1&0&0\\-1&1&0\\0&0&1\end{pmatrix}\begin{pmatrix}1&0&0\\0&1&0\\0&0&2\end{pmatrix}\begin{pmatrix}1&0&0\\1&1&0\\0&0&1\end{pmatrix}=\begin{pmatrix}1&0&0\\0&1&0\\0&0&2\end{pmatrix}$.

13. (12111)设 $A=\begin{pmatrix} 1 & a & 0 & 0 \\ 0 & 1 & a & 0 \\ 0 & 0 & 1 & a \\ a & 0 & 0 & 1 \end{pmatrix}$, $\beta=\begin{pmatrix} 1 \\ -1 \\ 0 \\ 0 \end{pmatrix}$.

(Ⅰ)计算行列式 $|A|$;

(Ⅱ)当实数 a 为何值时,方程组 $Ax=\beta$ 有无穷多解,并求其通解.

解 (Ⅰ)$|A|=\begin{vmatrix} 1 & a & 0 & 0 \\ 0 & 1 & a & 0 \\ 0 & 0 & 1 & a \\ a & 0 & 0 & 1 \end{vmatrix}$ $\xlongequal{\text{按第1列展开}}$ $\begin{vmatrix} 1 & a & 0 \\ 0 & 1 & a \\ 0 & 0 & 1 \end{vmatrix}-a\begin{vmatrix} a & 0 & 0 \\ 1 & a & 0 \\ 0 & 1 & a \end{vmatrix}=1-a^4$.

(Ⅱ)若方程组 $Ax=\beta$ 有无穷多解,则 $|A|=0$. 由(Ⅰ)可得 $a=1$ 或 $a=-1$.

当 $a=1$ 时,

$$(A \vdots \beta)=\begin{pmatrix} 1 & 1 & 0 & 0 & \vdots & 1 \\ 0 & 1 & 1 & 0 & \vdots & -1 \\ 0 & 0 & 1 & 1 & \vdots & 0 \\ 1 & 0 & 0 & 1 & \vdots & 0 \end{pmatrix} \rightarrow \begin{pmatrix} 1 & 1 & 0 & 0 & \vdots & 1 \\ 0 & 1 & 1 & 0 & \vdots & -1 \\ 0 & 0 & 1 & 1 & \vdots & 0 \\ 0 & 0 & 0 & 0 & \vdots & -2 \end{pmatrix},$$

于是 $r(A)\neq r(A \vdots \beta)$,故方程组 $Ax=\beta$ 无解.

当 $a=-1$ 时,

$$(A \vdots \beta)=\begin{pmatrix} 1 & -1 & 0 & 0 & \vdots & 1 \\ 0 & 1 & -1 & 0 & \vdots & -1 \\ 0 & 0 & 1 & -1 & \vdots & 0 \\ -1 & 0 & 0 & 1 & \vdots & 0 \end{pmatrix} \rightarrow \begin{pmatrix} 1 & 0 & 0 & -1 & \vdots & 0 \\ 0 & 1 & 0 & -1 & \vdots & -1 \\ 0 & 0 & 1 & -1 & \vdots & 0 \\ 0 & 0 & 0 & 0 & \vdots & 0 \end{pmatrix},$$

于是 $r(A)=r(A \vdots \beta)=3<4$,故方程组 $Ax=\beta$ 有无穷多解,其通解为

$$x=\begin{pmatrix} 0 \\ -1 \\ 0 \\ 0 \end{pmatrix}+k\begin{pmatrix} 1 \\ 1 \\ 1 \\ 1 \end{pmatrix}, k \text{ 为任意常数}.$$

14. (13104)设 A,B,C 均为 n 阶矩阵,若 $AB=C$,且 B 可逆,则(　**B**　)

(A)矩阵 C 的行向量组与矩阵 A 的行向量组等价.

(B)矩阵 C 的列向量组与矩阵 A 的列向量组等价.

(C)矩阵 C 的行向量组与矩阵 B 的行向量组等价.

(D)矩阵 C 的行列向量组与矩阵 B 的列向量组等价.

解　将 A,C 以列分块：$A=(A_1,A_2,\cdots,A_n)$，$C=(C_1,C_2,\cdots,C_n)$.

由 $AB=C$ 得

$$(A_1,A_2,\cdots,A_n)\begin{pmatrix} b_{11} & b_{12} & \cdots & b_{1n} \\ b_{21} & b_{22} & \cdots & b_{2n} \\ \vdots & \vdots & & \vdots \\ b_{n1} & b_{n2} & \cdots & b_{nn} \end{pmatrix}=(C_1,C_2,\cdots,C_n),$$

即 $C_i=b_{1i}A_1+b_{2i}A_2+\cdots+b_{ni}A_n$，$i=1,2,\cdots,n$. 说明矩阵 C 的列向量组可由矩阵 A 的列向量组线性表出.

由于 B 可逆，则 $A=CB^{-1}$，即

$$(A_1,A_2,\cdots,A_n)=(C_1,C_2,\cdots,C_n)\begin{pmatrix} b_{11}' & b_{12}' & \cdots & b_{1n}' \\ b_{21}' & b_{22}' & \cdots & b_{2n}' \\ \vdots & \vdots & & \vdots \\ b_{n1}' & b_{n2}' & \cdots & b_{nn}' \end{pmatrix},$$

即 $A_i=b_{1i}'C_1+b_{2i}'C_2+\cdots+b_{ni}'C_n$，$i=1,2,\cdots,n$. 说明矩阵 A 的列向量组可由矩阵 C 的列向量组线性表出.

综上所知，矩阵 C 的列向量组与矩阵 A 的列向量组等价，即选项(B)正确.

15.(13111)设 $A=\begin{pmatrix} 1 & a \\ 1 & 0 \end{pmatrix}$，$B=\begin{pmatrix} 0 & 1 \\ 1 & b \end{pmatrix}$. 当 a,b 为何值时，存在矩阵 C 使得 $AC-CA=B$，并求所有矩阵 C.

解　设 $C=\begin{pmatrix} x_1 & x_2 \\ x_3 & x_4 \end{pmatrix}$，则 $AC-CA=B$ 成立的充分必要条件为

$$\begin{cases} -x_2+ax_3=0, \\ -ax_1+x_2+ax_4=1, \\ x_1-x_3-x_4=1, \\ x_2-ax_3=b. \end{cases} \tag{$*$}$$

对方程组的增广矩阵施以初等行变换得

$$\begin{pmatrix} 0 & -1 & a & 0 & 0 \\ -a & 1 & 0 & a & 1 \\ 1 & 0 & -1 & -1 & 1 \\ 0 & 1 & -a & 0 & b \end{pmatrix} \rightarrow \begin{pmatrix} 1 & 0 & -1 & -1 & 1 \\ 0 & 1 & -a & 0 & 0 \\ 0 & 0 & 0 & 0 & a+1 \\ 0 & 0 & 0 & 0 & b \end{pmatrix}.$$

当 $a\neq-1$ 或 $b\neq0$ 时，方程组($*$)无解.

当 $a=-1,b=0$ 时,方程组($*$)有解,通解为

$$x=\begin{pmatrix}1\\0\\0\\0\end{pmatrix}+k_1\begin{pmatrix}1\\-1\\1\\0\end{pmatrix}+k_2\begin{pmatrix}1\\0\\0\\1\end{pmatrix},k_1,k_2\text{ 为任意常数.}$$

综上,当且仅当 $a=-1,b=0$ 时,存在满足条件的矩阵 C,且

$$C=\begin{pmatrix}1+k_1+k_2 & -k_1\\ k_1 & k_2\end{pmatrix},k_1,k_2\text{ 为任意常数.}$$

16.(14104)设 $\boldsymbol{\alpha}_1,\boldsymbol{\alpha}_2,\boldsymbol{\alpha}_3$ 均为 3 维向量,则对任意常数 k,l,向量 $\boldsymbol{\alpha}_1+k\boldsymbol{\alpha}_3,\boldsymbol{\alpha}_2+l\boldsymbol{\alpha}_3$ 线性无关是向量组 $\boldsymbol{\alpha}_1,\boldsymbol{\alpha}_2,\boldsymbol{\alpha}_3$ 线性无关的(**A**)

(A)必要非充分条件.　　　　　　(B)充分非必要条件.

(C)充分必要条件.　　　　　　　(D)既非充分也非必要条件.

解　取 $k=l=0$,则 $\boldsymbol{\alpha}_1+k\boldsymbol{\alpha}_3,\boldsymbol{\alpha}_2+l\boldsymbol{\alpha}_3$ 线性无关,即 $\boldsymbol{\alpha}_1,\boldsymbol{\alpha}_2$ 线性无关,这显然推不出 $\boldsymbol{\alpha}_1,\boldsymbol{\alpha}_2,\boldsymbol{\alpha}_3$ 线性无关,故充分性不成立.

设 $x_1(\boldsymbol{\alpha}_1+k\boldsymbol{\alpha}_3)+x_2(\boldsymbol{\alpha}_2+l\boldsymbol{\alpha}_3)=\boldsymbol{0}$,即 $x_1\boldsymbol{\alpha}_1+x_2\boldsymbol{\alpha}_2+(kx_1+lx_2)\boldsymbol{\alpha}_3=\boldsymbol{0}$. 若 $\boldsymbol{\alpha}_1,\boldsymbol{\alpha}_2,\boldsymbol{\alpha}_3$ 线性无关,则有 $x_1=x_2=0$,即有 $\boldsymbol{\alpha}_1+k\boldsymbol{\alpha}_3,\boldsymbol{\alpha}_2+l\boldsymbol{\alpha}_3$ 线性无关,故必要性成立.

17.(14111)设矩阵 $\boldsymbol{A}=\begin{pmatrix}1 & -2 & 3 & -4\\0 & 1 & -1 & 1\\1 & 2 & 0 & -3\end{pmatrix}$,$\boldsymbol{E}$ 为 3 阶单位矩阵.

(Ⅰ)求方程组 $\boldsymbol{A}x=\boldsymbol{0}$ 的一个基础解系;

(Ⅱ)求满足 $\boldsymbol{AB}=\boldsymbol{E}$ 的所有矩阵 $\boldsymbol{B}$.

解　(Ⅰ)对矩阵 $\boldsymbol{A}$ 施以初等行变换

$$\boldsymbol{A}=\begin{pmatrix}1 & -2 & 3 & -4\\0 & 1 & -1 & 1\\1 & 2 & 0 & -3\end{pmatrix}\rightarrow\begin{pmatrix}1 & 0 & 0 & 1\\0 & 1 & 0 & -2\\0 & 0 & 1 & -3\end{pmatrix},$$

则方程组 $\boldsymbol{A}x=\boldsymbol{0}$ 的一个基础解系为 $\boldsymbol{\alpha}=\begin{pmatrix}-1\\2\\3\\1\end{pmatrix}$.

(Ⅱ)对矩阵($\boldsymbol{A}\ \vdots\ \boldsymbol{E}$)施以初等行变换

$$(\boldsymbol{A}\ \vdots\ \boldsymbol{E})=\begin{pmatrix}1 & -2 & 3 & -4 & \vdots & 1 & 0 & 0\\0 & 1 & -1 & 1 & \vdots & 0 & 1 & 0\\1 & 2 & 0 & -3 & \vdots & 0 & 0 & 1\end{pmatrix}\rightarrow\begin{pmatrix}1 & 0 & 0 & 1 & \vdots & 2 & 6 & -1\\0 & 1 & 0 & -2 & \vdots & -1 & -3 & 1\\0 & 0 & 1 & -3 & \vdots & -1 & -4 & 1\end{pmatrix}.$$

记 $E=(e_1,e_2,e_3)$,则

$Ax=e_1$ 的通解为 $x=\begin{bmatrix} 2 \\ -1 \\ -1 \\ 0 \end{bmatrix}+k_1\boldsymbol{\alpha}$,$k_1$ 为任意常数;

$Ax=e_2$ 的通解为 $x=\begin{bmatrix} 6 \\ -3 \\ -4 \\ 0 \end{bmatrix}+k_2\boldsymbol{\alpha}$,$k_2$ 为任意常数;

$Ax=e_3$ 的通解为 $x=\begin{bmatrix} -1 \\ 1 \\ 1 \\ 0 \end{bmatrix}+k_3\boldsymbol{\alpha}$,$k_3$ 为任意常数.

于是,所求矩阵为

$$B=\begin{bmatrix} 2 & 6 & -1 \\ -1 & -3 & 1 \\ -1 & -4 & 1 \\ 0 & 0 & 0 \end{bmatrix}+(k_1\boldsymbol{\alpha},k_2\boldsymbol{\alpha},k_3\boldsymbol{\alpha}),k_1,k_2,k_3 \text{ 为任意常数}.$$

18.(15104)设矩阵 $A=\begin{bmatrix} 1 & 1 & 1 \\ 1 & 2 & a \\ 1 & 4 & a^2 \end{bmatrix}$,$b=\begin{bmatrix} 1 \\ d \\ d^2 \end{bmatrix}$.若集合 $\Omega=\{1,2\}$,则线性方程组 Ax

$=b$ 有无穷多解的充分必要条件为(　**D**　)

(A)$a\notin\Omega,d\notin\Omega$.　　　　　　　　(B)$a\notin\Omega,d\in\Omega$.

(C)$a\in\Omega,d\notin\Omega$.　　　　　　　　(D)$a\in\Omega,d\in\Omega$.

解　$(A,b)=\begin{bmatrix} 1 & 1 & 1 & 1 \\ 1 & 2 & a & d \\ 1 & 4 & a^2 & d^2 \end{bmatrix}\rightarrow\begin{bmatrix} 1 & 1 & 1 & 1 \\ 0 & 1 & a-1 & d-1 \\ 0 & 0 & (a-1)(a-2) & (d-1)(d-2) \end{bmatrix}.$

线性方程组 $Ax=b$ 有无穷多解的充分必要条件为 $r(A)=(A,b)<3$,即 $a=1$ 或 $a=2$ 且 $d=1$ 或 $d=2$.故选(D).

19.(15111)设向量组 $\boldsymbol{\alpha}_1,\boldsymbol{\alpha}_2,\boldsymbol{\alpha}_3$ 为 $\mathbf{R}^3$ 的一个基,$\boldsymbol{\beta}_1=2\boldsymbol{\alpha}_1+2k\boldsymbol{\alpha}_3$,$\boldsymbol{\beta}_2=2\boldsymbol{\alpha}_2$,$\boldsymbol{\beta}_3=\boldsymbol{\alpha}_1+(k+1)\boldsymbol{\alpha}_3$.

(Ⅰ)证明向量组 $\boldsymbol{\beta}_1,\boldsymbol{\beta}_2,\boldsymbol{\beta}_3$ 为 $\mathbf{R}^3$ 的一个基;

(Ⅱ)当 k 为何值时,存在非零向量 $\boldsymbol{\xi}$ 在基 $\boldsymbol{\alpha}_1,\boldsymbol{\alpha}_2,\boldsymbol{\alpha}_3$ 与基 $\boldsymbol{\beta}_1,\boldsymbol{\beta}_2,\boldsymbol{\beta}_3$ 下的坐标相同.

解 (Ⅰ)由于

$$(\boldsymbol{\beta}_1,\boldsymbol{\beta}_2,\boldsymbol{\beta}_3)=(2\boldsymbol{\alpha}_1+2k\boldsymbol{\alpha}_3,2\boldsymbol{\alpha}_2,\boldsymbol{\alpha}_1+(k+1)\boldsymbol{\alpha}_3)=(\boldsymbol{\alpha}_1,\boldsymbol{\alpha}_2,\boldsymbol{\alpha}_3)\boldsymbol{P},$$

其中

$$\boldsymbol{P}=\begin{pmatrix} 2 & 0 & 1 \\ 0 & 2 & 0 \\ 2k & 0 & k+1 \end{pmatrix},且\,|\boldsymbol{P}|=4\neq 0,$$

所以 $\boldsymbol{\beta}_1,\boldsymbol{\beta}_2,\boldsymbol{\beta}_3$ 为 $\mathbf{R}^3$ 的一个基.

(Ⅱ)设 $\boldsymbol{\xi}$ 在基 $\boldsymbol{\alpha}_1,\boldsymbol{\alpha}_2,\boldsymbol{\alpha}_3$ 与基 $\boldsymbol{\beta}_1,\boldsymbol{\beta}_2,\boldsymbol{\beta}_3$ 下的坐标向量为 $\boldsymbol{x}$,则

$$\boldsymbol{\xi}=(\boldsymbol{\alpha}_1,\boldsymbol{\alpha}_2,\boldsymbol{\alpha}_3)\boldsymbol{x}=(\boldsymbol{\beta}_1,\boldsymbol{\beta}_2,\boldsymbol{\beta}_3)\boldsymbol{x}=(\boldsymbol{\alpha}_1,\boldsymbol{\alpha}_2,\boldsymbol{\alpha}_3)\boldsymbol{P}\boldsymbol{x},$$

所以 $(\boldsymbol{P}-\boldsymbol{E})\boldsymbol{x}=\mathbf{0}$.

对 $\boldsymbol{P}-\boldsymbol{E}$ 施以初等行变换

$$\boldsymbol{P}-\boldsymbol{E}=\begin{pmatrix} 1 & 0 & 1 \\ 0 & 1 & 0 \\ 2k & 0 & k \end{pmatrix}\rightarrow\begin{pmatrix} 1 & 0 & 1 \\ 0 & 1 & 0 \\ 0 & 0 & -k \end{pmatrix},$$

所以当 $k=0$ 时,方程组 $(\boldsymbol{P}-\boldsymbol{E})\boldsymbol{x}=\mathbf{0}$ 有非零解,且所有非零解为

$$\boldsymbol{x}=c\begin{pmatrix} 1 \\ 0 \\ -1 \end{pmatrix},c\,为任意非零常数.$$

故在两个基下坐标相同的所有非零向量为

$$\boldsymbol{\xi}=(\boldsymbol{\alpha}_1,\boldsymbol{\alpha}_2,\boldsymbol{\alpha}_3)\begin{pmatrix} c \\ 0 \\ -c \end{pmatrix}=c(\boldsymbol{\alpha}_1-\boldsymbol{\alpha}_3),c\,为任意非零常数.$$

20.(16111)设矩阵

$$\boldsymbol{A}=\begin{pmatrix} 1 & -1 & -1 \\ 2 & a & 1 \\ -1 & 1 & a \end{pmatrix},\qquad \boldsymbol{B}=\begin{pmatrix} 2 & 2 \\ 1 & a \\ -a-1 & -2 \end{pmatrix}.$$

当 a 为何值时,方程 $\boldsymbol{AX}=\boldsymbol{B}$ 无解、有唯一解、有无穷多解? 在有解时,求解此方程.

解 对矩阵 $(\boldsymbol{A},\boldsymbol{B})$ 施以初等行变换:

$$(\boldsymbol{A},\boldsymbol{B})=\begin{pmatrix} 1 & -1 & -1 & 2 & 2 \\ 2 & a & 1 & 1 & a \\ -1 & 1 & a & -a-1 & -2 \end{pmatrix}\rightarrow\begin{pmatrix} 1 & -1 & -1 & 2 & 2 \\ 0 & a+2 & 3 & -3 & a-4 \\ 0 & 0 & a-1 & 1-a & 0 \end{pmatrix}.$$

(1)当 $a=-2$ 时,$2=r(\boldsymbol{A})\neq r(\boldsymbol{A},\boldsymbol{B})=3$,此时方程无解.

(2)当 $a\neq-2$ 且 $a\neq 1$ 时,$r(\boldsymbol{A})=r(\boldsymbol{A},\boldsymbol{B})=3$,此时方程有唯一解.

由于

$$(\boldsymbol{A},\boldsymbol{B})\rightarrow\begin{pmatrix}1&0&0&1&\dfrac{3a}{a+2}\\0&1&0&0&\dfrac{a-4}{a+2}\\0&0&1&-1&0\end{pmatrix},$$

所以方程的唯一解为 $\boldsymbol{X}=\begin{pmatrix}1&\dfrac{3a}{a+2}\\0&\dfrac{a-4}{a+2}\\-1&0\end{pmatrix}.$

(3)当 $a=1$ 时,$r(\boldsymbol{A})=r(\boldsymbol{A},\boldsymbol{B})=2<3$,此时方程有无穷多解.

令 $\boldsymbol{X}=(\boldsymbol{x}_1,\boldsymbol{x}_2)$,$\boldsymbol{B}=(\boldsymbol{b}_1,\boldsymbol{b}_2)$,则

$$(\boldsymbol{A},\boldsymbol{B})=(\boldsymbol{A},\boldsymbol{b}_1,\boldsymbol{b}_2)\rightarrow\begin{pmatrix}1&0&0&1&1\\0&1&1&-1&-1\\0&0&0&0&0\end{pmatrix},$$

而

$$\boldsymbol{A}\boldsymbol{x}_1=\boldsymbol{b}_1 \text{ 的解为 } \boldsymbol{x}_1=k_1\begin{pmatrix}0\\-1\\1\end{pmatrix}+\begin{pmatrix}1\\-1\\0\end{pmatrix}=\begin{pmatrix}1\\-k_1-1\\k_1\end{pmatrix};$$

$$\boldsymbol{A}\boldsymbol{x}_2=\boldsymbol{b}_2 \text{ 的解为 } \boldsymbol{x}_2=k_2\begin{pmatrix}0\\-1\\1\end{pmatrix}+\begin{pmatrix}1\\-1\\0\end{pmatrix}=\begin{pmatrix}1\\-k_2-1\\k_2\end{pmatrix}.$$

所以方程的通解为 $\boldsymbol{X}=(\boldsymbol{x}_1,\boldsymbol{x}_2)=\begin{pmatrix}1&1\\-k_1-1&-k_2-1\\k_1&k_2\end{pmatrix}.$

21.(16211)设矩阵 $\boldsymbol{A}=\begin{pmatrix}1&1&1-a\\1&0&a\\a+1&1&a+1\end{pmatrix}$,$\boldsymbol{\beta}=\begin{pmatrix}0\\1\\2a-2\end{pmatrix}$,且方程组 $\boldsymbol{A}\boldsymbol{x}=\boldsymbol{\beta}$ 无解.

(Ⅰ)求 a 的值;

(Ⅱ)求方程组 $\boldsymbol{A}^{\mathrm{T}}\boldsymbol{A}\boldsymbol{x}=\boldsymbol{A}^{\mathrm{T}}\boldsymbol{\beta}$ 的通解.

解 （Ⅰ）$(A,\beta) = \begin{pmatrix} 1 & 1 & 1-a & 0 \\ 1 & 0 & a & 1 \\ a+1 & 1 & a+1 & 2a-2 \end{pmatrix} \xrightarrow{\text{初等行变换}} \begin{pmatrix} 1 & 0 & a & 1 \\ 0 & 1 & 1-2a & -1 \\ 0 & 0 & a(2-a) & a-2 \end{pmatrix}.$

由方程组 $Ax=\beta$ 无解知 $r(A,\beta)>r(A)$，即 $a(2-a)=0$，且 $a-2\neq 0$，解得 $a=0$.

（Ⅱ）$A^TA = \begin{pmatrix} 1 & 1 & 1 \\ 1 & 0 & 1 \\ 1 & 0 & 1 \end{pmatrix}\begin{pmatrix} 1 & 1 & 1 \\ 1 & 0 & 0 \\ 1 & 1 & 1 \end{pmatrix} = \begin{pmatrix} 3 & 2 & 2 \\ 2 & 2 & 2 \\ 2 & 2 & 2 \end{pmatrix},$

$A^T\beta = \begin{pmatrix} 1 & 1 & 1 \\ 1 & 0 & 1 \\ 1 & 0 & 1 \end{pmatrix}\begin{pmatrix} 0 \\ 1 \\ -2 \end{pmatrix} = \begin{pmatrix} -1 \\ -2 \\ -2 \end{pmatrix},$

$(A^TA, A^T\beta) = \begin{pmatrix} 3 & 2 & 2 & -1 \\ 2 & 2 & 2 & -2 \\ 2 & 2 & 2 & -2 \end{pmatrix} \xrightarrow{\text{初等行变换}} \begin{pmatrix} 1 & 0 & 0 & 1 \\ 0 & 1 & 1 & -2 \\ 0 & 0 & 0 & 0 \end{pmatrix}.$

与方程组 $A^TAx=A^T\beta$ 同解的方程组为

$$\begin{cases} x_1=1, \\ x_2+x_3=-2, \end{cases}$$

令 $x_3=0$ 得一个特解 $\eta=(1,-2,0)^T$.

方程组 $A^TAx=A^T\beta$ 对应齐次方程组的同解方程组为

$$\begin{cases} x_1=0, \\ x_2+x_3=0, \end{cases}$$

令 $x_3=1$ 得一个基础解系 $\xi=(0,-1,1)^T$.

所以方程组 $A^TAx=A^T\beta$ 的通解为

$$x=k\xi+\eta=k\begin{pmatrix} 0 \\ -1 \\ 1 \end{pmatrix}+\begin{pmatrix} 1 \\ -2 \\ 0 \end{pmatrix}.$$

22.(17104)设矩阵 $A = \begin{pmatrix} 1 & 0 & 1 \\ 1 & 1 & 2 \\ 0 & 1 & 1 \end{pmatrix}$，$\alpha_1,\alpha_2,\alpha_3$ 为线性无关的 3 维列向量组，则向量组

$A\alpha_1, A\alpha_2, A\alpha_3$ 的秩为 ___2___ .

解 因为 $(A\alpha_1, A\alpha_2, A\alpha_3)=A(\alpha_1,\alpha_2,\alpha_3)$，而由 $\alpha_1,\alpha_2,\alpha_3$ 线性无关知矩阵 $(\alpha_1,\alpha_2,$ $\alpha_3)$ 可逆，且

$$A = \begin{bmatrix} 1 & 0 & 1 \\ 1 & 1 & 2 \\ 0 & 1 & 1 \end{bmatrix} \rightarrow \begin{bmatrix} 1 & 0 & 1 \\ 0 & 1 & 1 \\ 0 & 0 & 0 \end{bmatrix},$$

所以秩($A\alpha_1, A\alpha_2, A\alpha_3$)=秩($A$)=2.

23.(18304)设 A, B 为 n 阶矩阵,记 $r(X)$ 为矩阵的秩,(XY) 表示分块矩阵,则(　A　)

(A) $r(A\ AB) = r(A)$.　　　　　　(B) $r(A\ BA) = r(A)$.

(C) $r(A\ B) = \max\{r(A),\ r(B)\}$.　　(D) $r(A\ B) = r(A^{\mathrm{T}}\ B^{\mathrm{T}})$.

解　记 $AB = C$,对 A, C 按列分块有

$$(\boldsymbol{\alpha}_1,\ \boldsymbol{\alpha}_2,\ \cdots,\ \boldsymbol{\alpha}_n) \begin{bmatrix} b_{11} & b_{12} & \cdots & b_{1n} \\ b_{21} & b_{22} & \cdots & b_{2n} \\ \vdots & \vdots & & \vdots \\ b_{n1} & b_{n2} & \cdots & b_{nn} \end{bmatrix} = (\boldsymbol{\gamma}_1,\ \boldsymbol{\gamma}_2,\ \cdots,\ \boldsymbol{\gamma}_n),$$

即矩阵 C 的列向量组 $\boldsymbol{\gamma}_1$, $\boldsymbol{\gamma}_2$, $\cdots$, $\boldsymbol{\gamma}_n$ 可由 A 的列向量组 $\boldsymbol{\alpha}_1$, $\boldsymbol{\alpha}_2$, $\cdots$, $\boldsymbol{\alpha}_n$ 线性表出. 由于矩阵的秩等于它的列向量组的秩,故

$$r(A\ AB) = r(\boldsymbol{\alpha}_1,\ \cdots,\ \boldsymbol{\alpha}_n,\ \boldsymbol{\gamma}_1,\ \cdots,\ \boldsymbol{\gamma}_n) = r((\boldsymbol{\alpha}_1,\ \cdots,\ \boldsymbol{\alpha}_n) = r(A).$$

对于选项(B),(C),(D)可举出反例.

取 $A = \begin{bmatrix} 1 & 0 \\ 0 & 0 \end{bmatrix}$, $B = \begin{bmatrix} 0 & 1 \\ 1 & 0 \end{bmatrix}$, 则 $BA = \begin{bmatrix} 0 & 1 \\ 1 & 0 \end{bmatrix}\begin{bmatrix} 1 & 0 \\ 0 & 0 \end{bmatrix} = \begin{bmatrix} 0 & 0 \\ 1 & 0 \end{bmatrix}$, 从而

$$r(A) = 1, r(A\ BA) = r\begin{bmatrix} 1 & 0 & 0 & 0 \\ 0 & 0 & 1 & 0 \end{bmatrix} = 2,$$

有 $r(A) \neq r(A\ BA)$,知选项(B)错.

取 $A = \begin{bmatrix} 1 & 0 \\ 0 & 0 \end{bmatrix}$, $B = \begin{bmatrix} 0 & 0 \\ 1 & 0 \end{bmatrix}$, 则 $r(A) = r(B) = 1$, 而

$$r(A\ B) = r\begin{bmatrix} 1 & 0 & 0 & 0 \\ 0 & 0 & 1 & 0 \end{bmatrix} = 2 \neq \max\{r(A),\ r(B)\},$$

知选项(C)错.

取 $A = \begin{bmatrix} 1 & 0 \\ 0 & 0 \end{bmatrix}$, $B = \begin{bmatrix} 0 & 1 \\ 0 & 0 \end{bmatrix}$, 则 $r(A\ B) = r\begin{bmatrix} 1 & 0 & 0 & 1 \\ 0 & 0 & 0 & 0 \end{bmatrix} = 1$, 而

$$r(A^{\mathrm{T}}\ B^{\mathrm{T}}) = r\begin{bmatrix} 1 & 0 & 0 & 0 \\ 0 & 0 & 1 & 0 \end{bmatrix} = 2,$$

知选项(D)也错.

24.(18311)已知 a 是常数,且矩阵 $A = \begin{pmatrix} 1 & 2 & a \\ 1 & 3 & 0 \\ 2 & 7 & -a \end{pmatrix}$ 可经初等列变换化为矩阵 $B =$

$\begin{pmatrix} 1 & a & 2 \\ 0 & 1 & 1 \\ -1 & 1 & 1 \end{pmatrix}$.

(Ⅰ)求 a;

(Ⅱ)求满足 $AP = B$ 的可逆矩阵 P.

解 (Ⅰ)对矩阵 A 与 B 分别施以初等行变换,得

$$A = \begin{pmatrix} 1 & 2 & a \\ 1 & 3 & 0 \\ 2 & 7 & -a \end{pmatrix} \rightarrow \begin{pmatrix} 1 & 0 & 3a \\ 0 & 1 & -a \\ 0 & 0 & 0 \end{pmatrix}, \quad B = \begin{pmatrix} 1 & a & 2 \\ 0 & 1 & 1 \\ -1 & 1 & 1 \end{pmatrix} \rightarrow \begin{pmatrix} 1 & 0 & 0 \\ 0 & 1 & 1 \\ 0 & 0 & 2-a \end{pmatrix}.$$

由题设知 A 与 B 等价,故 $r(A) = r(B)$. 所以 $2 - a = 0$,即 $a = 2$.

(Ⅱ)对矩阵 $(A \quad B)$ 施以初等行变换,得

$$(A \quad B) = \begin{pmatrix} 1 & 2 & 2 & 1 & 2 & 2 \\ 1 & 3 & 0 & 0 & 1 & 1 \\ 2 & 7 & -2 & -1 & 1 & 1 \end{pmatrix} \rightarrow \begin{pmatrix} 1 & 0 & 6 & 3 & 4 & 4 \\ 0 & 1 & -2 & -1 & -1 & -1 \\ 0 & 0 & 0 & 0 & 0 & 0 \end{pmatrix}.$$

记 $B = (\boldsymbol{\beta}_1, \boldsymbol{\beta}_2, \boldsymbol{\beta}_3)$,由于

$$A \begin{pmatrix} -6 \\ 2 \\ 1 \end{pmatrix} = 0, \quad A \begin{pmatrix} 3 \\ -1 \\ 0 \end{pmatrix} = \boldsymbol{\beta}_1, \quad A \begin{pmatrix} 4 \\ -1 \\ 0 \end{pmatrix} = \boldsymbol{\beta}_2, \quad A \begin{pmatrix} 4 \\ -1 \\ 0 \end{pmatrix} = \boldsymbol{\beta}_3,$$

故 $AX = B$ 的解为

$$X = \begin{pmatrix} 3 - 6k_1 & 4 - 6k_2 & 4 - 6k_3 \\ -1 + 2k_1 & -1 + 2k_2 & -1 + 2k_3 \\ k_1 & k_2 & k_3 \end{pmatrix}, \text{其中 } k_1, k_2, k_3 \text{ 为任意常数.}$$

由于 $|X| = k_3 - k_2$,所以满足 $AP = B$ 的可逆矩阵为

$$P = \begin{pmatrix} 3 - 6k_1 & 4 - 6k_2 & 4 - 6k_3 \\ -1 + 2k_1 & -1 + 2k_2 & -1 + 2k_3 \\ k_1 & k_2 & k_3 \end{pmatrix}, \text{其中 } k_2 \neq k_3.$$

25.(18304)设 A 为 3 阶矩阵,$\boldsymbol{\alpha}_1, \boldsymbol{\alpha}_2, \boldsymbol{\alpha}_3$ 是线性无关的向量组,若 $A\boldsymbol{\alpha}_1 = \boldsymbol{\alpha}_1 + \boldsymbol{\alpha}_2$,

$A\boldsymbol{\alpha}_2 = \boldsymbol{\alpha}_2 + \boldsymbol{\alpha}_3$, $A\boldsymbol{\alpha}_3 = \boldsymbol{\alpha}_1 + \boldsymbol{\alpha}_3$,则 $|A| = \underline{\quad 2 \quad}$.

解 设矩阵 $P = (\boldsymbol{\alpha}_1, \boldsymbol{\alpha}_2, \boldsymbol{\alpha}_3)$,由 $\boldsymbol{\alpha}_1, \boldsymbol{\alpha}_2, \boldsymbol{\alpha}_3$ 是线性无关知 P 为可逆矩阵.

因为

$$AP = (A\boldsymbol{\alpha}_1, A\boldsymbol{\alpha}_2, A\boldsymbol{\alpha}_3) = (\boldsymbol{\alpha}_1, \boldsymbol{\alpha}_2, \boldsymbol{\alpha}_3) \begin{pmatrix} 1 & 0 & 1 \\ 1 & 1 & 0 \\ 0 & 1 & 1 \end{pmatrix} = P \begin{pmatrix} 1 & 0 & 1 \\ 1 & 1 & 0 \\ 0 & 1 & 1 \end{pmatrix},$$

即

$$A = P \begin{pmatrix} 1 & 0 & 1 \\ 1 & 1 & 0 \\ 0 & 1 & 1 \end{pmatrix} P^{-1},$$

从而有

$$|A| = |P| \begin{vmatrix} 1 & 0 & 1 \\ 1 & 1 & 0 \\ 0 & 1 & 1 \end{vmatrix} |P^{-1}| = \begin{vmatrix} 1 & 0 & 1 \\ 1 & 1 & 0 \\ 0 & 1 & 1 \end{vmatrix} = 2.$$

26.(19104)设 $A = (\boldsymbol{\alpha}_1, \boldsymbol{\alpha}_2, \boldsymbol{\alpha}_3)$ 为 3 阶矩阵. 若 $\boldsymbol{\alpha}_1, \boldsymbol{\alpha}_2$ 线性无关,且 $\boldsymbol{\alpha}_3 = -\boldsymbol{\alpha}_1 + 2\boldsymbol{\alpha}_2$, 则线性方程组 $A\boldsymbol{x} = 0$ 的通解为 $\underline{\quad k(1, -2, 1)^{\mathrm{T}}(k \text{ 为任意常数})\quad}$.

解 由 $\boldsymbol{\alpha}_1, \boldsymbol{\alpha}_2$ 线性无关知 $r(A) \geqslant 2$;由 $\boldsymbol{\alpha}_3 = -\boldsymbol{\alpha}_1 + 2\boldsymbol{\alpha}_2$ 知 $\boldsymbol{\alpha}_1, \boldsymbol{\alpha}_2, \boldsymbol{\alpha}_3$ 线性相关,有 $r(A) < 3$,从而 $r(A) = 2$. 于是 $n - r(A) = 3 - 2 = 1$,线性方程组 $A\boldsymbol{x} = 0$ 的基础解系由 1 个非零向量组成.

因为 $\boldsymbol{\alpha}_1 - 2\boldsymbol{\alpha}_2 + \boldsymbol{\alpha}_3 = 0$,即 $A \begin{pmatrix} 1 \\ -2 \\ 1 \end{pmatrix} = 0$,所以线性方程组 $A\boldsymbol{x} = 0$ 的通解为

$$k \begin{pmatrix} 1 \\ -2 \\ 1 \end{pmatrix} (k \text{ 为任意常数}).$$

27.(19304)设 A 是 4 阶矩阵,n 阶矩阵,A^* 是 A 的伴随矩阵,若线性方程组 $A\boldsymbol{x} = 0$ 的基础解系中只有 2 个向量,则 $r(A^*) = (\quad A\quad)$

(A) 0.　　　　　(B) 1.　　　　　(C) 2.　　　　　(D) 3.

解 由题设知,$n - r(A) = 4 - r(A) = 2$,即 $r(A) = 2$.
再利用结论

$$r(A^*) = \begin{cases} n, & r(A) = n, \\ 1, & r(A) = n - 1, \\ 0, & r(A) < n - 1, \end{cases}$$

得 $r(A^*) = 0$.

28.(19304)已知矩阵 $A = \begin{pmatrix} 1 & 0 & -1 \\ 1 & 1 & -1 \\ 0 & 1 & a^2 - 1 \end{pmatrix}, \boldsymbol{b} = \begin{pmatrix} 0 \\ 1 \\ a \end{pmatrix}$. 若线性方程组 $A\boldsymbol{x} = \boldsymbol{b}$ 有无穷

多个解，则 $a = \underline{\quad 1 \quad}$.

解 $(A, b) = \begin{pmatrix} 1 & 0 & -1 & 0 \\ 1 & 1 & -1 & 1 \\ 0 & 1 & a^2-1 & a \end{pmatrix} \rightarrow \begin{pmatrix} 1 & 0 & -1 & 0 \\ 0 & 1 & 0 & 1 \\ 0 & 0 & a^2-1 & a-1 \end{pmatrix}$,

当 $a \neq 1$ 时，$r(A) = r(A, b) = 3$，线性方程组 $Ax = b$ 有唯一解；

当 $a = -1$ 时，$r(A) = 2$，$r(A, b) = 3$，线性方程组 $Ax = b$ 无解；

当 $a = 1$ 时，$r(A) = r(A, b) = 2 < 3$，线性方程组 $Ax = b$ 有无穷多个解.

所以，应填 1.

29. (19311)已知向量组Ⅰ: $\alpha_1 = (1, 1, 4)^T$，$\alpha_2 = (1, 0, 4)^T$，$\alpha_3 = (1, 2, a^2+3)^T$；Ⅱ: $\beta_1 = (1, 1, a+3)^T$，$\beta_2 = (0, 2, 1-a)^T$，$\beta_3 = (1, 3, a^2+3)^T$，若向量组Ⅰ与Ⅱ等价，求 a 的取值，并将 β_3 用 α_1，α_2，α_3 线性表示.

解 $(\alpha_1, \alpha_2, \alpha_3 \mid \beta_1, \beta_2, \beta_3) = \begin{pmatrix} 1 & 1 & 1 & 1 & 0 & 1 \\ 1 & 0 & 2 & 1 & 2 & 3 \\ 4 & 4 & a^2+3 & a+3 & 1-a & a^2+3 \end{pmatrix}$

$$\rightarrow \begin{pmatrix} 1 & 0 & 2 & 1 & 2 & 3 \\ 0 & 1 & -1 & 0 & -2 & -2 \\ 0 & 0 & a^2-1 & a-1 & 1-a & a^2-1 \end{pmatrix}.$$

(1)当 $a \neq \pm 1$ 时，$r(\alpha_1, \alpha_2, \alpha_3) = r(\alpha_1, \alpha_2, \alpha_3, \beta_1, \beta_2, \beta_3) = r(\beta_1, \beta_2, \beta_3) = 3$，向量组Ⅰ与Ⅱ等价.

由

$$(\alpha_1, \alpha_2, \alpha_3, \beta) = \begin{pmatrix} 1 & 1 & 1 & 1 \\ 0 & -1 & 1 & 2 \\ 0 & 0 & a^2-1 & a^2-1 \end{pmatrix} \rightarrow \begin{pmatrix} 1 & 0 & 0 & 1 \\ 0 & 1 & 0 & -1 \\ 0 & 0 & 1 & 1 \end{pmatrix},$$

知方程组 $x_1\alpha_1 + x_2\alpha_2 + x_3\alpha_3 = \beta$ 有唯一解 $x = (1, -1, 1)^T$，即

$$\beta = \alpha_1 - \alpha_2 + \alpha_3.$$

(2)当 $a = 1$ 时，

$$(\alpha_1, \alpha_2, \alpha_3 \mid \beta_1, \beta_2, \beta_3) = \begin{pmatrix} 1 & 0 & 2 & 1 & 2 & 3 \\ 0 & 1 & -1 & 0 & -2 & -2 \\ 0 & 0 & 0 & 0 & 0 & 0 \end{pmatrix}.$$

易知 α_1，α_2 为向量组Ⅰ的极大线性无关组，β_1，β_2 为向量组Ⅱ的极大线性无关组，且

$$(\beta_1, \beta_2) = (\alpha_1, \alpha_2) \begin{pmatrix} 1 & 2 \\ 0 & -2 \end{pmatrix}.$$

又 $\begin{pmatrix} 1 & 2 \\ 0 & -2 \end{pmatrix}$ 可逆，故 α_1，α_2 与 β_1，β_2 等价，因此向量组Ⅰ与Ⅱ等价，且

$$\boldsymbol{\beta} = 3\boldsymbol{\alpha}_1 - 2\boldsymbol{\alpha}_2.$$

(3)当 $a = -1$ 时，$r(\boldsymbol{\alpha}_1, \boldsymbol{\alpha}_2, \boldsymbol{\alpha}_3) = 2, r(\boldsymbol{\beta}_1, \boldsymbol{\beta}_2, \boldsymbol{\beta}_3) = 3$，故 $\boldsymbol{\beta}_3$ 不能用 $\boldsymbol{\alpha}_1, \boldsymbol{\alpha}_2, \boldsymbol{\alpha}_3$ 线性表示，所以向量组Ⅰ与Ⅱ不等价.

注　认为向量组Ⅰ与Ⅱ等价只需 $r(\boldsymbol{\alpha}_1, \boldsymbol{\alpha}_2, \boldsymbol{\alpha}_3) = r(\boldsymbol{\beta}_1, \boldsymbol{\beta}_2, \boldsymbol{\beta}_3)$ 就可以了是错误的，其实两个秩相等的向量组未必是等价的.

30. (20104)已知直线 $L_1 : \dfrac{x - a_2}{a_1} = \dfrac{y - b_2}{b_1} = \dfrac{z - c_2}{c_1}$ 与直线 $L_2 : \dfrac{x - a_3}{a_2} = \dfrac{y - b_3}{b_2} = \dfrac{z - c_3}{c_2}$ 相交于一点，法向量 $\boldsymbol{\alpha}_i = \begin{bmatrix} a_i \\ b_i \\ c_i \end{bmatrix}$，$i = 1, 2, 3$，则（　**C**　）

(A) $\boldsymbol{\alpha}_1$ 可由 $\boldsymbol{\alpha}_2, \boldsymbol{\alpha}_3$ 线性表示.　　(B) $\boldsymbol{\alpha}_2$ 可由 $\boldsymbol{\alpha}_1, \boldsymbol{\alpha}_3$ 线性表示.

(C) $\boldsymbol{\alpha}_3$ 可由 $\boldsymbol{\alpha}_1, \boldsymbol{\alpha}_2$ 线性表示.　　(D) $\boldsymbol{\alpha}_1, \boldsymbol{\alpha}_2, \boldsymbol{\alpha}_3$ 线性无关.

解　由题设知，直线 L_1 和 L_2 的方向向量分别为 $\boldsymbol{\alpha}_1 = \begin{bmatrix} a_1 \\ b_1 \\ c_1 \end{bmatrix}$ 和 $\boldsymbol{\alpha}_2 = \begin{bmatrix} a_2 \\ b_2 \\ c_2 \end{bmatrix}$；又直线 L_1 和 L_2 分别经过点 $A = (a_2, b_2, c_2)$ 和 $B = (a_3, b_3, c_3)$.

由直线 L_1 和 L_2 相交于一点可知，$\boldsymbol{\alpha}_1, \boldsymbol{\alpha}_2$ 不平行，且 $|\boldsymbol{\alpha}_1, \boldsymbol{\alpha}_2, \overrightarrow{AB}| = 0$，即有

$$|\boldsymbol{\alpha}_1, \boldsymbol{\alpha}_2, \overrightarrow{AB}| = \begin{vmatrix} a_1 & a_2 & a_3 - a_2 \\ b_1 & b_2 & b_3 - b_2 \\ c_1 & c_2 & c_3 - c_2 \end{vmatrix} = |\boldsymbol{\alpha}_1, \boldsymbol{\alpha}_2, \boldsymbol{\alpha}_3| = 0.$$

由上述可知，向量组 $\boldsymbol{\alpha}_1, \boldsymbol{\alpha}_2, \boldsymbol{\alpha}_3$ 线性相关，且 $\boldsymbol{\alpha}_1, \boldsymbol{\alpha}_2$ 线性无关，从而 $\boldsymbol{\alpha}_3$ 必可由 $\boldsymbol{\alpha}_1, \boldsymbol{\alpha}_2$ 线性表示.

31. (20204)设 4 阶矩阵 $\boldsymbol{A} = (a_{ij})$ 不可逆，a_{12} 的代数余子式 $A_{12} \neq 0$，$\boldsymbol{\alpha}_1, \boldsymbol{\alpha}_2, \boldsymbol{\alpha}_3, \boldsymbol{\alpha}_4$ 为矩阵 $\boldsymbol{A}$ 的列向量组，$\boldsymbol{A}^*$ 为 $\boldsymbol{A}$ 的伴随矩阵，则方程组 $\boldsymbol{A}^* \boldsymbol{x} = \boldsymbol{0}$ 的通解为（　**C**　）

(A) $\boldsymbol{x} = k_1 \boldsymbol{\alpha}_1 + k_2 \boldsymbol{\alpha}_2 + k_3 \boldsymbol{\alpha}_3$，其中 k_1, k_2, k_3 为任意常数.

(B) $\boldsymbol{x} = k_1 \boldsymbol{\alpha}_1 + k_2 \boldsymbol{\alpha}_2 + k_3 \boldsymbol{\alpha}_4$，其中 k_1, k_2, k_3 为任意常数.

(C) $\boldsymbol{x} = k_1 \boldsymbol{\alpha}_1 + k_2 \boldsymbol{\alpha}_3 + k_3 \boldsymbol{\alpha}_4$，其中 k_1, k_2, k_3 为任意常数.

(D) $\boldsymbol{x} = k_1 \boldsymbol{\alpha}_2 + k_2 \boldsymbol{\alpha}_3 + k_3 \boldsymbol{\alpha}_4$，其中 k_1, k_2, k_3 为任意常数.

解　由 $\boldsymbol{A}$ 不可逆知 $r(\boldsymbol{A}) < 4$；由 $A_{12} \neq 0$ 知 $\boldsymbol{A}$ 中有 3 阶非零子式，即有 $r(\boldsymbol{A}) \geqslant 3$，所以 $r(\boldsymbol{A}) = 3$. 再由 $r(\boldsymbol{A}^*) = \begin{cases} n, & r(\boldsymbol{A}) = n, \\ 1, & r(\boldsymbol{A}) = n - 1, \\ 0, & r(\boldsymbol{A}) < n - 1 \end{cases}$ 知 $r(\boldsymbol{A}^*) = 1$，从而方程组 $\boldsymbol{A}^* \boldsymbol{x} = \boldsymbol{0}$ 的基础解系所含解的个数为 $4 - 1 = 3$.

由
$$A^* A = (A^* \boldsymbol{\alpha}_1, A^* \boldsymbol{\alpha}_2, A^* \boldsymbol{\alpha}_3, A^* \boldsymbol{\alpha}_4) = |A| E = O$$
可知 A 的列向量 $\boldsymbol{\alpha}_1, \boldsymbol{\alpha}_2, \boldsymbol{\alpha}_3, \boldsymbol{\alpha}_4$ 均为 $A^* x = 0$ 的解.

由
$$AA^* = (\boldsymbol{\alpha}_1, \boldsymbol{\alpha}_2, \boldsymbol{\alpha}_3, \boldsymbol{\alpha}_4) \begin{pmatrix} A_{11} & A_{21} & A_{31} & A_{41} \\ A_{12} & A_{22} & A_{32} & A_{42} \\ A_{13} & A_{23} & A_{33} & A_{43} \\ A_{14} & A_{24} & A_{34} & A_{44} \end{pmatrix} = |A| E = O$$

可得 $A_{11}\boldsymbol{\alpha}_1 + A_{12}\boldsymbol{\alpha}_2 + A_{13}\boldsymbol{\alpha}_3 + A_{14}\boldsymbol{\alpha}_4 = 0$;再由 $A_{12} \neq 0$ 推得 $\boldsymbol{\alpha}_2$ 可由 $\boldsymbol{\alpha}_1, \boldsymbol{\alpha}_3, \boldsymbol{\alpha}_4$ 线性表示. 注意到 $r(A) = 3$,所以 $\boldsymbol{\alpha}_1, \boldsymbol{\alpha}_3, \boldsymbol{\alpha}_4$ 线性无关,也即它们是方程组 $A^* x = 0$ 的基础解系. 从而 $A^* x = 0$ 的通解为 $x = k_1 \boldsymbol{\alpha}_1 + k_2 \boldsymbol{\alpha}_3 + k_3 \boldsymbol{\alpha}_4$,其中 k_1, k_2, k_3 为任意常数.

32.(21105)已知 $\boldsymbol{\alpha}_1 = \begin{pmatrix} 1 \\ 0 \\ 1 \end{pmatrix}, \boldsymbol{\alpha}_2 = \begin{pmatrix} 1 \\ 2 \\ 1 \end{pmatrix}, \boldsymbol{\alpha}_3 = \begin{pmatrix} 3 \\ 1 \\ 2 \end{pmatrix}$,记
$$\boldsymbol{\beta}_1 = \boldsymbol{\alpha}_1, \quad \boldsymbol{\beta}_2 = \boldsymbol{\alpha}_2 - k\boldsymbol{\beta}_1, \quad \boldsymbol{\beta}_3 = \boldsymbol{\alpha}_3 - l_1\boldsymbol{\beta}_1 - l_2\boldsymbol{\beta}_2.$$
若 $\boldsymbol{\beta}_1, \boldsymbol{\beta}_2, \boldsymbol{\beta}_3$ 两两正交,则 l_1, l_2 依次为(**A**)

(A) $\dfrac{5}{2}, \dfrac{1}{2}$. (B) $-\dfrac{5}{2}, \dfrac{1}{2}$.

(C) $\dfrac{5}{2}, -\dfrac{1}{2}$. (D) $-\dfrac{5}{2}, -\dfrac{1}{2}$.

解 由条件知 $\boldsymbol{\beta}_1 = \boldsymbol{\alpha}_1, \boldsymbol{\beta}_2 = \boldsymbol{\alpha}_2 - k\boldsymbol{\alpha}_1$,因为 $\boldsymbol{\beta}_1$ 与 $\boldsymbol{\beta}_2$ 正交,故
$$\boldsymbol{\beta}_1^{\mathrm{T}}\boldsymbol{\beta}_2 = \boldsymbol{\alpha}_1^{\mathrm{T}}(\boldsymbol{\alpha}_2 - k\boldsymbol{\alpha}_1) = \boldsymbol{\alpha}_1^{\mathrm{T}}\boldsymbol{\alpha}_2 - k\boldsymbol{\alpha}_1^{\mathrm{T}}\boldsymbol{\alpha}_1 = 2 - 2k = 0,$$
解得 $k = 1$,所以 $\boldsymbol{\beta}_2 = \boldsymbol{\alpha}_2 - \boldsymbol{\alpha}_1$,而
$$\boldsymbol{\beta}_3 = \boldsymbol{\alpha}_3 - l_1\boldsymbol{\beta}_1 - l_2\boldsymbol{\beta}_2 = \begin{pmatrix} 3 \\ 1 \\ 2 \end{pmatrix} - l_1 \begin{pmatrix} 1 \\ 0 \\ 1 \end{pmatrix} - l_2 \begin{pmatrix} 0 \\ 2 \\ 0 \end{pmatrix},$$

由 $\boldsymbol{\beta}_3$ 分别与 $\boldsymbol{\beta}_1$ 和 $\boldsymbol{\beta}_2$ 正交,即
$$\boldsymbol{\beta}_1^{\mathrm{T}}\boldsymbol{\beta}_3 = \boldsymbol{\beta}_1^{\mathrm{T}}(\boldsymbol{\alpha}_3 - l_1\boldsymbol{\beta}_1 - l_2\boldsymbol{\beta}_2) = \boldsymbol{\beta}_1^{\mathrm{T}}\boldsymbol{\alpha}_3 - l_1\boldsymbol{\beta}_1^{\mathrm{T}}\boldsymbol{\beta}_1 - l_2\boldsymbol{\beta}_1^{\mathrm{T}}\boldsymbol{\beta}_2 = 5 - 2l_1 = 0,$$
$$\boldsymbol{\beta}_2^{\mathrm{T}}\boldsymbol{\beta}_3 = \boldsymbol{\beta}_2^{\mathrm{T}}(\boldsymbol{\alpha}_3 - l_1\boldsymbol{\beta}_1 - l_2\boldsymbol{\beta}_2) = \boldsymbol{\beta}_2^{\mathrm{T}}\boldsymbol{\alpha}_3 - l_1\boldsymbol{\beta}_2^{\mathrm{T}}\boldsymbol{\beta}_1 - l_2\boldsymbol{\beta}_2^{\mathrm{T}}\boldsymbol{\beta}_2 = 2 - 4l_2 = 0,$$
解得 $l_1 = \dfrac{5}{2}, l_2 = \dfrac{1}{2}$.

33.(21205)设 3 阶矩阵 $A = (\boldsymbol{\alpha}_1, \boldsymbol{\alpha}_2, \boldsymbol{\alpha}_3), B = (\boldsymbol{\beta}_1, \boldsymbol{\beta}_2, \boldsymbol{\beta}_3)$. 若向量组 $\boldsymbol{\alpha}_1, \boldsymbol{\alpha}_2, \boldsymbol{\alpha}_3$ 可以由向量组 $\boldsymbol{\beta}_1, \boldsymbol{\beta}_2, \boldsymbol{\beta}_3$ 线性表出,则(**D**)

(A) $Ax = 0$ 的解均为 $Bx = 0$ 的解. (B) $A^{\mathrm{T}}x = 0$ 的解均为 $B^{\mathrm{T}}x = 0$ 的解.

(C) $Bx = 0$ 的解均为 $Ax = 0$ 的解   (D) $B^\mathrm{T}x = 0$ 的解均为 $A^\mathrm{T}x = 0$ 的解.

解 因为向量组 α_1，α_2，α_3 可以由向量组 β_1，β_2，β_3 线性表出，所以存在矩阵 C 使得

$$A = (\alpha_1, \alpha_2, \alpha_3) = (\beta_1, \beta_2, \beta_3)C = BC.$$

若 $Ax = 0$，则只需 $Ax = BCx = 0$ 即可，未必要求 $Bx = 0$，选项 A 不对；

若 $A^\mathrm{T}x = 0$，则只需 $A^\mathrm{T}x = C^\mathrm{T}B^\mathrm{T}x = 0$ 即可，未必要求 $B^\mathrm{T}x = 0$，选项 B 不对；

若 $Bx = 0$，不能保证 $Ax = BCx = 0$，选项 C 不对；

若 $B^\mathrm{T}x = 0$，则必有 $A^\mathrm{T}x = (C^\mathrm{T}B^\mathrm{T})x = C^\mathrm{T}(B^\mathrm{T}x) = 0$，所以选项 D 正确.

34.(21305)设 $A = (\alpha_1, \alpha_2, \alpha_3, \alpha_4)$ 为 4 阶正交矩阵,若矩阵 $B = \begin{pmatrix} \alpha_1^\mathrm{T} \\ \alpha_2^\mathrm{T} \\ \alpha_3^\mathrm{T} \end{pmatrix}$，$\beta = \begin{pmatrix} 1 \\ 1 \\ 1 \end{pmatrix}$，

k 表示任意常数,则线性方程组 $Bx = \beta$ 的通解 $x = ($ **D** $)$

(A) $\alpha_2 + \alpha_3 + \alpha_4 + k\alpha_1$.   (B) $\alpha_1 + \alpha_3 + \alpha_4 + k\alpha_2$.

(C) $\alpha_1 + \alpha_2 + \alpha_4 + k\alpha_3$.   (D) $\alpha_1 + \alpha_2 + \alpha_3 + k\alpha_4$.

解 因为 A 为正交矩阵,将 $x = \alpha_2 + \alpha_3 + \alpha_4 + k\alpha_1$ 代入方程 $Bx = \beta$, 得

$$Bx = \begin{pmatrix} \alpha_1^\mathrm{T} \\ \alpha_2^\mathrm{T} \\ \alpha_3^\mathrm{T} \end{pmatrix}(\alpha_2 + \alpha_3 + \alpha_4 + k\alpha_1) = \begin{pmatrix} \alpha_1^\mathrm{T}\alpha_2 \\ \alpha_2^\mathrm{T}\alpha_2 \\ \alpha_3^\mathrm{T}\alpha_2 \end{pmatrix} + \begin{pmatrix} \alpha_1^\mathrm{T}\alpha_3 \\ \alpha_2^\mathrm{T}\alpha_3 \\ \alpha_3^\mathrm{T}\alpha_3 \end{pmatrix} + \begin{pmatrix} \alpha_1^\mathrm{T}\alpha_4 \\ \alpha_2^\mathrm{T}\alpha_4 \\ \alpha_3^\mathrm{T}\alpha_4 \end{pmatrix} + \begin{pmatrix} k\alpha_1^\mathrm{T}\alpha_1 \\ k\alpha_2^\mathrm{T}\alpha_1 \\ k\alpha_3^\mathrm{T}\alpha_1 \end{pmatrix}$$

$$= \begin{pmatrix} 0 \\ 1 \\ 0 \end{pmatrix} + \begin{pmatrix} 0 \\ 0 \\ 1 \end{pmatrix} + \begin{pmatrix} 0 \\ 0 \\ 0 \end{pmatrix} + \begin{pmatrix} k \\ 0 \\ 0 \end{pmatrix} = \begin{pmatrix} k \\ 1 \\ 1 \end{pmatrix}.$$

由于 k 表示任意常数,故 $x = \alpha_2 + \alpha_3 + \alpha_4 + k\alpha_1$ 未必是方程 $Bx = \beta$ 的解,所以选项 A 不正确.

同理,选项 B 和 C 都不正确.

由 $A = (\alpha_1, \alpha_2, \alpha_3, \alpha_4)$ 为 4 阶正交矩阵知向量组 α_1，α_2，α_3，α_4 是一组标准正交基. 显然 $r(B) = 3$,且

$$B\alpha_4 = \begin{pmatrix} \alpha_1^\mathrm{T}\alpha_4 \\ \alpha_2^\mathrm{T}\alpha_4 \\ \alpha_3^\mathrm{T}\alpha_4 \end{pmatrix} = \begin{pmatrix} 0 \\ 0 \\ 0 \end{pmatrix},$$

所以 α_4 是齐次线性方程组 $Bx = 0$ 的一个基础解系.

又

$$B(\alpha_1 + \alpha_2 + \alpha_3) = \begin{pmatrix} \alpha_1^\mathrm{T} \\ \alpha_2^\mathrm{T} \\ \alpha_3^\mathrm{T} \end{pmatrix}(\alpha_1 + \alpha_2 + \alpha_3) = \begin{pmatrix} 1 \\ 1 \\ 1 \end{pmatrix} = \beta,$$

所以 $\boldsymbol{\alpha}_1 + \boldsymbol{\alpha}_2 + \boldsymbol{\alpha}_3$ 是非齐次方程组 $\boldsymbol{Bx} = \boldsymbol{\beta}$ 的一个特解.

故线性方程组 $\boldsymbol{Bx} = \boldsymbol{\beta}$ 的通解为

$$x = \boldsymbol{\alpha}_1 + \boldsymbol{\alpha}_2 + \boldsymbol{\alpha}_3 + k\boldsymbol{\alpha}_4, \quad k \text{ 为任意常数.}$$

35.(22105)设 A, B 为 n 阶矩阵, E 为单位矩阵. 若方程组 $Ax = 0$, $Bx = 0$ 同解, 则 (C)

(A)方程组 $\begin{pmatrix} A & O \\ E & B \end{pmatrix} y = 0$ 只有零解.

(B)方程组 $\begin{pmatrix} E & A \\ O & AB \end{pmatrix} y = 0$ 只有零解.

(C)方程组 $\begin{pmatrix} A & B \\ O & B \end{pmatrix} y = 0$ 与 $\begin{pmatrix} B & A \\ O & A \end{pmatrix} y = 0$ 同解.

(D)方程组 $\begin{pmatrix} AB & B \\ O & A \end{pmatrix} y = 0$ 与 $\begin{pmatrix} BA & A \\ O & B \end{pmatrix} y = 0$ 同解.

解 取 $A = \begin{pmatrix} 1 & 0 \\ 0 & 0 \end{pmatrix}$, $B = \begin{pmatrix} 0 & 0 \\ 1 & 0 \end{pmatrix}$, 则方程组 $Ax = 0$ 与 $Bx = 0$ 同解, 且

$$AB = \begin{pmatrix} 0 & 0 \\ 0 & 0 \end{pmatrix}, \quad BA = \begin{pmatrix} 0 & 0 \\ 1 & 0 \end{pmatrix}.$$

因为 4 阶矩阵

$$\begin{pmatrix} A & O \\ E & B \end{pmatrix} = \begin{pmatrix} 1 & 0 & \vdots & 0 & 0 \\ 0 & 0 & \vdots & 0 & 0 \\ \cdots & \cdots & & \cdots & \cdots \\ 1 & 0 & \vdots & 0 & 0 \\ 0 & 1 & \vdots & 1 & 0 \end{pmatrix}, \quad \begin{pmatrix} E & A \\ O & AB \end{pmatrix} = \begin{pmatrix} 1 & 0 & \vdots & 1 & 0 \\ 0 & 1 & \vdots & 0 & 0 \\ \cdots & \cdots & & \cdots & \cdots \\ 0 & 0 & \vdots & 0 & 0 \\ 0 & 0 & \vdots & 0 & 0 \end{pmatrix}.$$

它们的秩均为 2, 故方程组 $\begin{pmatrix} A & O \\ E & B \end{pmatrix} y = 0$ 与 $\begin{pmatrix} E & A \\ O & AB \end{pmatrix} y = 0$ 都有非零解, 所以选项 A 和 B 都不正确.

又因为

$$\begin{pmatrix} AB & B \\ O & A \end{pmatrix} = \begin{pmatrix} 0 & 0 & \vdots & 0 & 0 \\ 0 & 0 & \vdots & 1 & 0 \\ 0 & 0 & \vdots & 1 & 0 \\ 0 & 0 & \vdots & 0 & 0 \end{pmatrix}, \quad \begin{pmatrix} BA & A \\ O & B \end{pmatrix} = \begin{pmatrix} 0 & 0 & \vdots & 1 & 0 \\ 1 & 0 & \vdots & 0 & 0 \\ 0 & 0 & \vdots & 0 & 0 \\ 0 & 0 & \vdots & 1 & 0 \end{pmatrix}.$$

它们的秩分别为 1 和 2, 故方程组 $\begin{pmatrix} AB & B \\ O & A \end{pmatrix} y = 0$ 与 $\begin{pmatrix} BA & A \\ O & B \end{pmatrix} y = 0$ 不是同解方程组, 所以选项 D 也不正确.

对于选项 C，设 $y = \begin{pmatrix} u \\ v \end{pmatrix}$，其中 u,v 为 n 维列向量.

方程组 $\begin{pmatrix} A & B \\ O & B \end{pmatrix}\begin{pmatrix} u \\ v \end{pmatrix} = \begin{pmatrix} 0 \\ 0 \end{pmatrix}$ 和 $\begin{pmatrix} B & A \\ O & A \end{pmatrix}\begin{pmatrix} u \\ v \end{pmatrix} = \begin{pmatrix} 0 \\ 0 \end{pmatrix}$ 分别等价于

$$\begin{cases} Au + Bv = 0, \\ Bv = 0, \end{cases} \quad 和 \quad \begin{cases} Bu + Av = 0, \\ Av = 0. \end{cases}$$

消元后得

$$\begin{cases} Au = 0, \\ Bv = 0, \end{cases} \quad 和 \quad \begin{cases} Bu = 0, \\ Av = 0. \end{cases}$$

它们的解集合均为同解方程组 $Ax = 0$ 或 $Bx = 0$ 的解集合构成，故选项 C 正确.

36.（22105）设 $\boldsymbol{\alpha}_1 = \begin{pmatrix} \lambda \\ 1 \\ 1 \end{pmatrix}$，$\boldsymbol{\alpha}_2 = \begin{pmatrix} 1 \\ \lambda \\ 1 \end{pmatrix}$，$\boldsymbol{\alpha}_3 = \begin{pmatrix} 1 \\ 1 \\ \lambda \end{pmatrix}$，$\boldsymbol{\alpha}_3 = \begin{pmatrix} 1 \\ \lambda \\ \lambda^2 \end{pmatrix}$. 若向量组 $\boldsymbol{\alpha}_1, \boldsymbol{\alpha}_2, \boldsymbol{\alpha}_3$ 与

$\boldsymbol{\alpha}_1, \boldsymbol{\alpha}_2, \boldsymbol{\alpha}_4$ 等价，则 λ 的取值范围是（　**C**　）

(A) $\{0, 1\}$.　　　　　　　　　　　　(B) $\{\lambda \mid \lambda \in \mathbf{R}, \lambda \neq -2\}$.

(C) $\{\lambda \mid \lambda \in \mathbf{R}, \lambda \neq -1, \lambda \neq -2\}$.　　(D) $\{\lambda \mid \lambda \in \mathbf{R}, \lambda \neq -1\}$.

解　因为向量组 $\boldsymbol{\alpha}_1, \boldsymbol{\alpha}_2, \boldsymbol{\alpha}_3$ 与 $\boldsymbol{\alpha}_1, \boldsymbol{\alpha}_2, \boldsymbol{\alpha}_4$ 等价，所以向量组 $\boldsymbol{\alpha}_1, \boldsymbol{\alpha}_2, \boldsymbol{\alpha}_3$ 与 $\boldsymbol{\alpha}_1, \boldsymbol{\alpha}_2, \boldsymbol{\alpha}_4$ 可以相互线性表示.

若向量组 $\boldsymbol{\alpha}_1, \boldsymbol{\alpha}_2, \boldsymbol{\alpha}_3$ 可由 $\boldsymbol{\alpha}_1, \boldsymbol{\alpha}_2, \boldsymbol{\alpha}_4$ 线性表示，可知 $\boldsymbol{\alpha}_3$ 可由 $\boldsymbol{\alpha}_1, \boldsymbol{\alpha}_2, \boldsymbol{\alpha}_4$ 线性表示，所以方程组 $x_1\boldsymbol{\alpha}_1 + x_2\boldsymbol{\alpha}_2 + x_3\boldsymbol{\alpha}_4 = \boldsymbol{\alpha}_3$ 有解，其系数行列式

$$|\boldsymbol{\alpha}_1 \ \boldsymbol{\alpha}_2 \ \boldsymbol{\alpha}_4| = \begin{vmatrix} \lambda & 1 & 1 \\ 1 & \lambda & \lambda \\ 1 & 1 & \lambda^2 \end{vmatrix} = (\lambda^2 - 1)^2 \neq 0,$$

即 $\lambda \neq \pm 1$ 时，$\boldsymbol{\alpha}_3$ 可由 $\boldsymbol{\alpha}_1, \boldsymbol{\alpha}_2, \boldsymbol{\alpha}_4$ 线性表示；

当 $\lambda = 1$ 时，有 $\boldsymbol{\alpha}_1 = \boldsymbol{\alpha}_2 = \boldsymbol{\alpha}_3 = \boldsymbol{\alpha}_4 = \begin{pmatrix} 1 \\ 1 \\ 1 \end{pmatrix}$，可知 $\boldsymbol{\alpha}_3$ 仍可由 $\boldsymbol{\alpha}_1, \boldsymbol{\alpha}_2, \boldsymbol{\alpha}_4$ 线性表示；

当 $\lambda = -1$ 时，将增广矩阵 $\overline{\boldsymbol{A}}$ 施行初等变换：

$$\overline{\boldsymbol{A}} = (\boldsymbol{\alpha}_1 \quad \boldsymbol{\alpha}_2 \quad \boldsymbol{\alpha}_4 \ \vdots \ \boldsymbol{\alpha}_3) = \begin{pmatrix} -1 & 1 & 1 & \vdots & 1 \\ 1 & -1 & -1 & \vdots & 1 \\ 1 & 1 & 1 & \vdots & -1 \end{pmatrix} \rightarrow \begin{pmatrix} 1 & 0 & 0 & \vdots & 0 \\ 0 & 1 & 1 & \vdots & 0 \\ 0 & 0 & 0 & \vdots & 1 \end{pmatrix},$$

可知 $r(\overline{\boldsymbol{A}}) = 3$，$r(\boldsymbol{A}) = 2$，此时 $\boldsymbol{\alpha}_3$ 不能由 $\boldsymbol{\alpha}_1, \boldsymbol{\alpha}_2, \boldsymbol{\alpha}_4$ 线性表示.

若向量组 $\boldsymbol{\alpha}_1, \boldsymbol{\alpha}_2, \boldsymbol{\alpha}_4$ 可由 $\boldsymbol{\alpha}_1, \boldsymbol{\alpha}_2, \boldsymbol{\alpha}_3$ 线性表示，可知 $\boldsymbol{\alpha}_4$ 可由 $\boldsymbol{\alpha}_1, \boldsymbol{\alpha}_2, \boldsymbol{\alpha}_3$ 线性表示，所

以方程组 $x_1\boldsymbol{\alpha}_1 + x_2\boldsymbol{\alpha}_2 + x_3\boldsymbol{\alpha}_3 = \boldsymbol{\alpha}_4$ 有解,其系数行列式

$$| \boldsymbol{\alpha}_1 \ \boldsymbol{\alpha}_2 \ \boldsymbol{\alpha}_3 | = \begin{vmatrix} \lambda & 1 & 1 \\ 1 & \lambda & 1 \\ 1 & 1 & \lambda \end{vmatrix} = (\lambda - 1)^2(\lambda + 2) \neq 0,$$

即 $\lambda \neq 1, \lambda \neq -2$ 时,$\boldsymbol{\alpha}_4$ 可由 $\boldsymbol{\alpha}_1$,$\boldsymbol{\alpha}_2$,$\boldsymbol{\alpha}_3$ 线性表示.

当 $\lambda = 1$ 时,有 $\boldsymbol{\alpha}_1 = \boldsymbol{\alpha}_2 = \boldsymbol{\alpha}_3 = \boldsymbol{\alpha}_4 = \begin{pmatrix} 1 \\ 1 \\ 1 \end{pmatrix}$,可知 $\boldsymbol{\alpha}_4$ 仍可由 $\boldsymbol{\alpha}_1$,$\boldsymbol{\alpha}_2$,$\boldsymbol{\alpha}_3$ 线性表示;

当 $\lambda = -2$ 时,将增广矩阵 $\overline{\boldsymbol{A}}$ 施行初等变换:

$$\overline{\boldsymbol{A}} = (\boldsymbol{\alpha}_1 \quad \boldsymbol{\alpha}_2 \quad \boldsymbol{\alpha}_3 \ \vdots \ \boldsymbol{\alpha}_4) = \begin{pmatrix} -2 & 1 & 1 & \vdots & 1 \\ 1 & -2 & 1 & \vdots & -2 \\ 1 & 1 & -2 & \vdots & 4 \end{pmatrix} \rightarrow \begin{pmatrix} 1 & 0 & -1 & \vdots & 0 \\ 0 & 1 & -1 & \vdots & 0 \\ 0 & 0 & 0 & \vdots & 1 \end{pmatrix},$$

可知 $r(\overline{\boldsymbol{A}}) = 3$,$r(\boldsymbol{A}) = 2$,此时 $\boldsymbol{\alpha}_4$ 不能由 $\boldsymbol{\alpha}_1$,$\boldsymbol{\alpha}_2$,$\boldsymbol{\alpha}_3$ 线性表示.

综上,当 $\lambda = -1, \lambda = -2$ 时,向量组 $\boldsymbol{\alpha}_1$,$\boldsymbol{\alpha}_2$,$\boldsymbol{\alpha}_3$ 与 $\boldsymbol{\alpha}_1$,$\boldsymbol{\alpha}_2$,$\boldsymbol{\alpha}_4$ 等价,所以选项 C 正确.

37.(22205)设矩阵 $\boldsymbol{A} = \begin{pmatrix} 1 & 1 & 1 \\ 1 & a & a^2 \\ 1 & b & b^2 \end{pmatrix}$,$\boldsymbol{b} = \begin{pmatrix} 1 \\ 2 \\ 4 \end{pmatrix}$,则线性方程组 $\boldsymbol{Ax} = \boldsymbol{b}$ 解的情况为

(**D**)

(A)无解.　　　　　　　　　　　(B)有解.

(C)有无穷多解.　　　　　　　　(D)有唯一解或无解.

解　因为

$$| \boldsymbol{A} | = \begin{vmatrix} 1 & 1 & 1 \\ 1 & a & a^2 \\ 1 & b & b^2 \end{vmatrix} = (b-a)(a-1)(b-1),$$

所以当 $| \boldsymbol{A} | \neq 0$,即 $a \neq b$ 且 $a \neq 1$ 且 $b \neq 1$ 时,线性方程组 $\boldsymbol{Ax} = \boldsymbol{b}$ 有唯一解.

当 $a \neq b$ 时,将 $\boldsymbol{Ax} = \boldsymbol{b}$ 的增广矩阵 $\overline{\boldsymbol{A}}$ 施行初等行变换:

$$\overline{\boldsymbol{A}} = \begin{pmatrix} 1 & 1 & 1 & \vdots & 1 \\ 1 & a & a^2 & \vdots & 2 \\ 1 & a & a^2 & \vdots & 4 \end{pmatrix} \rightarrow \begin{pmatrix} 1 & 1 & 1 & \vdots & 1 \\ 0 & a-1 & a^2-1 & \vdots & 1 \\ 0 & 0 & 0 & \vdots & 2 \end{pmatrix},$$

当 $a = 1$ 时,$r(\overline{\boldsymbol{A}}) = 2$,$r(\boldsymbol{A}) = 1$;当 $a \neq 1$ 时,$r(\overline{\boldsymbol{A}}) = 3$,$r(\boldsymbol{A}) = 2$. 均有 $r(\overline{\boldsymbol{A}}) \neq r(\boldsymbol{A})$,此时线性方程组 $\boldsymbol{Ax} = \boldsymbol{b}$ 无解.

同理,当 $a = 1$ 或 $b = 1$ 时,线性方程组 $\boldsymbol{Ax} = \boldsymbol{b}$ 也均无解.

所以选项 D 正确.

四、方阵的特征值和特征向量

1.(08104)设 A 为 2 阶矩阵，α_1,α_2 为线性无关的 2 维列向量，$A\alpha_1=0$，$A\alpha_2=2\alpha_1+\alpha_2$，则 A 的非零特征值为 ___1___．

分析　由 $A\alpha_1=0$ 知 A 的一个特征值为 0，求出另一个特征值即可．本题可用两种方法求解：一种方法是找出与 A 相似的一个矩阵，另一种方法是求 A 的对应于特征值 1 的特征向量．

解法1　由已知得

$$A(\alpha_1,\alpha_2)=(\alpha_1,\alpha_2)\begin{bmatrix}0&2\\0&1\end{bmatrix},$$

由于 α_1,α_2 线性无关，故矩阵 (α_1,α_2) 可逆，从而

$$A=(\alpha_1,\alpha_2)\begin{bmatrix}0&2\\0&1\end{bmatrix}(\alpha_1,\alpha_2)^{-1},$$

即矩阵 A 与 $\begin{bmatrix}0&2\\0&1\end{bmatrix}$ 相似．容易求出矩阵 $\begin{bmatrix}0&2\\0&1\end{bmatrix}$ 的特征值为 0,1，根据相似矩阵有相同的特征值知 A 的非零特征值为 1．

解法2　对 $A\alpha_2=2\alpha_1+\alpha_2$ 两边同时左乘矩阵 A，得

$$A^2\alpha_2=2A\alpha_1+A\alpha_2=A\alpha_2,$$

由此式知向量 $A\alpha_2$ 是矩阵 A 的属于特征值 1 的特征向量．或者可以直接由 $A\alpha_2=A(2\alpha_1+\alpha_2)=2\alpha_1+\alpha_2$ 得 $2\alpha_1+\alpha_2(=A\alpha_2)$ 是 A 的属于特征值 1 的特征向量．总之，应填 1．

2.(08204)设 3 阶矩阵 A 的特征值为 $2,3,\lambda$．若行列式 $|2A|=-48$，则 $\lambda=$ ___-1___．

解　因 $|A|=2\times3\times\lambda=6\lambda$，故有

$$-48=|2A|=8|A|=48\lambda,$$

所以 $\lambda=-1$．

3.(08304)设 3 阶矩阵 A 的特征值为 $1,2,2$，E 为 3 阶单位矩阵，则 $|4A^{-1}-E|=$ ___3___．

解法1　由已知，A^{-1} 的特征值为 $1,\frac{1}{2},\frac{1}{2}$，$4A^{-1}-E$ 的特征值为 $3,1,1$，从而

$$|4A^{-1}-E|=3\times1\times1=3.$$

解法2　由已知，$|A|=1\times2\times2=4$，从而 $|A^{-1}|=\frac{1}{|A|}=\frac{1}{4}$．又

$$|4\boldsymbol{A}^{-1}-\boldsymbol{E}|=|\boldsymbol{A}^{-1}(4\boldsymbol{E}-\boldsymbol{A})|=|\boldsymbol{A}^{-1}||4\boldsymbol{E}-\boldsymbol{A}|=\frac{1}{4}|4\boldsymbol{E}-\boldsymbol{A}|,$$

因矩阵 $\boldsymbol{A}$ 的特征值为 $1,2,2$,故存在可逆矩阵 $\boldsymbol{P}$,使

$$\boldsymbol{P}^{-1}\boldsymbol{A}\boldsymbol{P}=\begin{pmatrix}1&*&*\\&2&*\\&&2\end{pmatrix},$$

其中 $\begin{pmatrix}1&*&*\\&2&*\\&&2\end{pmatrix}$ 为上三角形矩阵,于是有

$$|4\boldsymbol{E}-\boldsymbol{A}|=\left|4\boldsymbol{P}\boldsymbol{E}\boldsymbol{P}^{-1}-\boldsymbol{P}\begin{pmatrix}1&*&*\\&2&*\\&&2\end{pmatrix}\boldsymbol{P}^{-1}\right|$$

$$=|\boldsymbol{P}|\cdot\left|4\boldsymbol{E}-\begin{pmatrix}1&*&*\\&2&*\\&&2\end{pmatrix}\right|\cdot|\boldsymbol{P}^{-1}|=3\times2\times2=12,$$

最后得 $|4\boldsymbol{A}^{-1}-\boldsymbol{E}|=\frac{1}{4}|4\boldsymbol{E}-\boldsymbol{A}|=3$.

4.(08404)设 3 阶矩阵 $\boldsymbol{A}$ 的特征值互不相同.若行列式 $|\boldsymbol{A}|=0$,则 $\boldsymbol{A}$ 的秩为 2 .

解 由 $|\boldsymbol{A}|=0$ 知 $\boldsymbol{A}$ 是非满秩矩阵,即 $\boldsymbol{A}$ 的秩 $r(\boldsymbol{A})\leqslant2$,且 0 是 $\boldsymbol{A}$ 的特征值.又 $\boldsymbol{A}$ 的特征值互不相同,所以矩阵 $\boldsymbol{A}$ 应有两个非零的特征值,从而 $r(\boldsymbol{A})\geqslant2$.

综上,$r(\boldsymbol{A})=2$.

注 本题要用到的一个结论是:$\boldsymbol{A}$ 的秩等于其非零特征向量的个数(重根按重数计).

5.(09104)若 3 维列向量 $\boldsymbol{\alpha},\boldsymbol{\beta}$ 满足 $\boldsymbol{\alpha}^{\mathrm{T}}\boldsymbol{\beta}=2$,其中 $\boldsymbol{\alpha}^{\mathrm{T}}$ 是 $\boldsymbol{\alpha}$ 的转置,则矩阵 $\boldsymbol{\beta}\boldsymbol{\alpha}^{\mathrm{T}}$ 的非零特征值为 2 .

解 设 $\boldsymbol{\alpha}=(x_1,x_2,x_3)^{\mathrm{T}},\boldsymbol{\beta}=(y_1,y_2,y_3)^{\mathrm{T}}$,则由已知条件有

$$\boldsymbol{\alpha}^{\mathrm{T}}\boldsymbol{\beta}=(x_1,x_2,x_3)\begin{pmatrix}y_1\\y_2\\y_3\end{pmatrix}=x_1y_1+x_2y_2+x_3y_3=2.$$

又

$$\boldsymbol{\beta}\boldsymbol{\alpha}^{\mathrm{T}}=\begin{pmatrix}y_1\\y_2\\y_3\end{pmatrix}(x_1,x_2,x_3)=\begin{pmatrix}y_1x_1&y_1x_2&y_1x_3\\y_2x_1&y_2x_2&y_2x_3\\y_3x_1&y_3x_2&y_3x_3\end{pmatrix},$$

显然矩阵 $\boldsymbol{\beta\alpha}^{\mathrm{T}}$ 的秩为 1,所以其特征值中只有一个是非零的,其他两个均为零.

根据特征值的性质:矩阵所有特征值之和等于该矩阵的迹,即等于该矩阵主对角线元素之和,知矩阵 $\boldsymbol{\beta\alpha}^{\mathrm{T}}$ 的非零特征值等于 $x_1 y_1 + x_2 y_2 + x_3 y_3 = 2$,故应填 2.

6.(09204)设 $\boldsymbol{\alpha},\boldsymbol{\beta}$ 为 3 维列向量,$\boldsymbol{\beta}^{\mathrm{T}}$ 为 $\boldsymbol{\beta}$ 的转置.若矩阵 $\boldsymbol{\alpha\beta}^{\mathrm{T}}$ 相似于 $\begin{pmatrix} 2 & 0 & 0 \\ 0 & 0 & 0 \\ 0 & 0 & 0 \end{pmatrix}$,则

$\boldsymbol{\beta}^{\mathrm{T}}\boldsymbol{\alpha} = \underline{\quad 2 \quad}$.

解　设 $\boldsymbol{\alpha} = (x_1, x_2, x_3)^{\mathrm{T}}, \boldsymbol{\beta} = (y_1, y_2, y_3)^{\mathrm{T}}$,则由已知条件有

$$\boldsymbol{\alpha\beta}^{\mathrm{T}} = \begin{bmatrix} x_1 \\ x_2 \\ x_3 \end{bmatrix} (y_1, y_2, y_3) = \begin{bmatrix} x_1 y_1 & x_1 y_2 & x_1 y_3 \\ x_2 y_1 & x_2 y_2 & x_2 y_3 \\ x_3 y_1 & x_3 y_2 & x_3 y_3 \end{bmatrix},$$

又

$$\boldsymbol{\beta}^{\mathrm{T}}\boldsymbol{\alpha} = (y_1, y_2, y_3) \begin{bmatrix} x_1 \\ x_2 \\ x_3 \end{bmatrix} = x_1 y_1 + x_2 y_2 + x_3 y_3.$$

所求 $\boldsymbol{\beta}^{\mathrm{T}}\boldsymbol{\alpha}$ 即为矩阵 $\boldsymbol{\alpha\beta}^{\mathrm{T}}$ 中主对角线元素之和,即矩阵的迹 $\mathrm{tr}(\boldsymbol{\alpha\beta}^{\mathrm{T}})$.而 $\mathrm{tr}(\boldsymbol{\alpha\beta}^{\mathrm{T}})$ 等于矩阵 $\boldsymbol{\alpha\beta}^{\mathrm{T}}$ 的特征值之和,也等于其相似矩阵特征值之和,故 $\boldsymbol{\beta}^{\mathrm{T}}\boldsymbol{\alpha} = 2$.

7.(09304)设 $\boldsymbol{\alpha} = (1, 1, 1)^{\mathrm{T}}, \boldsymbol{\beta} = (1, 0, k)^{\mathrm{T}}$,若矩阵 $\boldsymbol{\alpha\beta}^{\mathrm{T}}$ 相似于 $\begin{pmatrix} 3 & 0 & 0 \\ 0 & 0 & 0 \\ 0 & 0 & 0 \end{pmatrix}$,则 k

$= \underline{\quad 2 \quad}$.

解法 1　因为

$$\boldsymbol{\alpha\beta}^{\mathrm{T}} = \begin{bmatrix} 1 \\ 1 \\ 1 \end{bmatrix} (1, 0, k) = \begin{bmatrix} 1 & 0 & k \\ 1 & 0 & k \\ 1 & 0 & k \end{bmatrix}.$$

所以根据矩阵特征值之和等于该矩阵之迹,即等于其主对角线上元素之和的性质,有

$$1 + k = 3, \qquad k = 2,$$

所以应填 2.

解法 2　因为

$$|\lambda E - \boldsymbol{\alpha\beta}^{\mathrm{T}}| = \begin{vmatrix} \lambda - 1 & 0 & -k \\ -1 & \lambda & -k \\ -1 & 0 & \lambda - k \end{vmatrix} = \lambda \begin{vmatrix} \lambda - 1 & -k \\ -1 & \lambda - k \end{vmatrix} = \lambda^2 (\lambda - k - 1),$$

故得矩阵 $\boldsymbol{\alpha\beta}^{\mathrm{T}}$ 的特征值为 $k+1,0,0$，所以 $k+1=3$，即 $k=2$.

8.(10104)设 $\boldsymbol{A}$ 为 4 阶实对称矩阵，且 $\boldsymbol{A}^2+\boldsymbol{A}=\boldsymbol{O}$. 若 $\boldsymbol{A}$ 的秩为 3，则 $\boldsymbol{A}$ 相似于（　**D**　）

$$(A)\begin{pmatrix}1&&&\\&1&&\\&&1&\\&&&0\end{pmatrix}. \qquad (B)\begin{pmatrix}1&&&\\&1&&\\&&-1&\\&&&0\end{pmatrix}.$$

$$(C)\begin{pmatrix}1&&&\\&-1&&\\&&-1&\\&&&0\end{pmatrix}. \qquad (D)\begin{pmatrix}-1&&&\\&-1&&\\&&-1&\\&&&0\end{pmatrix}.$$

解　设 λ 为 $\boldsymbol{A}$ 的一个特征值，对应的特征向量为 $\boldsymbol{\alpha}(\neq\boldsymbol{0})$，则

$$\boldsymbol{A\alpha}=\lambda\boldsymbol{\alpha}, \qquad \boldsymbol{A}^2\boldsymbol{\alpha}=\lambda^2\boldsymbol{\alpha}.$$

于是

$$(\boldsymbol{A}^2+\boldsymbol{A})\boldsymbol{\alpha}=(\lambda^2+\lambda)\boldsymbol{\alpha}.$$

由条件 $\boldsymbol{A}^2+\boldsymbol{A}=\boldsymbol{O}$ 推知

$$(\lambda^2+\lambda)\boldsymbol{\alpha}=\boldsymbol{0},$$

又由于 $\boldsymbol{\alpha}\neq\boldsymbol{0}$，故有

$$(\lambda^2+\lambda)=0,$$

解得 $\lambda=-1,\lambda=0$.

因为实对称矩阵 $\boldsymbol{A}$ 必可对角化，且 $r(\boldsymbol{A})=3$，所以

$$\boldsymbol{A}\sim\begin{pmatrix}-1&&&\\&-1&&\\&&-1&\\&&&0\end{pmatrix}.$$

故选（D）.

注　本题中"$\boldsymbol{A}$ 为实对称矩阵"的条件是可以不要的. 但若取消条件，题目的难度将加大，因为此时 $\boldsymbol{A}$ 相似于对角矩阵本身就不是一个容易的证明题.

9.(10211)设 $\boldsymbol{A}=\begin{pmatrix}0&-1&4\\-1&3&a\\4&a&0\end{pmatrix}$，正交矩阵 $\boldsymbol{Q}$ 使 $\boldsymbol{Q}^{\mathrm{T}}\boldsymbol{AQ}$ 为对角矩阵，若 $\boldsymbol{Q}$ 的第 1 列为 $\dfrac{1}{\sqrt{6}}(1,2,1)^{\mathrm{T}}$，求 $a,\boldsymbol{Q}$.

解　由于 $\frac{1}{\sqrt{6}}(1,2,1)^{\mathrm{T}}$ 是正交矩阵 Q 的第 1 列,所以 $(1,2,1)^{\mathrm{T}}$ 是矩阵 A 的一个特征向量.设其对应的特征值为 λ_1,于是有

$$A\begin{pmatrix}1\\2\\1\end{pmatrix}=\begin{pmatrix}0&-1&4\\-1&3&a\\4&a&0\end{pmatrix}\begin{pmatrix}1\\2\\1\end{pmatrix}=\lambda_1\begin{pmatrix}1\\2\\1\end{pmatrix},$$

即

$$\begin{cases}-2+4=\lambda_1,\\5+a=2\lambda_1,\\4+2a=\lambda_1,\end{cases}$$

解得 $a=-1,\lambda_1=2$.由此可知

$$A=\begin{pmatrix}0&-1&4\\-1&3&-1\\4&-1&0\end{pmatrix}.$$

其特征多项式

$$|\lambda E-A|=(\lambda-2)(\lambda-5)(\lambda+4),$$

A 的特征值为 $\lambda_1=2,\lambda_2=5,\lambda_3=-4$.

当 $\lambda_2=5$ 时,解齐次方程组

$$\begin{pmatrix}5&1&-4\\1&2&1\\-4&1&5\end{pmatrix}\begin{pmatrix}x_1\\x_2\\x_3\end{pmatrix}=\begin{pmatrix}0\\0\\0\end{pmatrix},$$

得到属于 λ_2 的一个特征向量 $\xi_2=(1,-1,1)^{\mathrm{T}}$;

当 $\lambda_3=-4$ 时,解齐次方程组

$$\begin{pmatrix}-4&1&-4\\1&-7&1\\-4&1&-4\end{pmatrix}\begin{pmatrix}x_1\\x_2\\x_3\end{pmatrix}=\begin{pmatrix}0\\0\\0\end{pmatrix},$$

得到属于 λ_3 的一个特征向量 $\xi_3=(-1,0,1)^{\mathrm{T}}$.

将 ξ_2,ξ_3 单位化后分别作为 Q 的第 2,3 列,可得

$$Q=\begin{pmatrix}\dfrac{1}{\sqrt{6}}&\dfrac{1}{\sqrt{3}}&-\dfrac{1}{\sqrt{2}}\\[2mm]\dfrac{2}{\sqrt{6}}&-\dfrac{1}{\sqrt{3}}&0\\[2mm]\dfrac{1}{\sqrt{6}}&\dfrac{1}{\sqrt{3}}&\dfrac{1}{\sqrt{2}}\end{pmatrix},$$

并有

$$Q^{\mathrm{T}}AQ=\begin{pmatrix} 2 & & \\ & 5 & \\ & & -4 \end{pmatrix}.$$

所以 Q 为所求之矩阵.

注 Q 也可为 $Q=\begin{pmatrix} \dfrac{1}{\sqrt{6}} & -\dfrac{1}{\sqrt{2}} & \dfrac{1}{\sqrt{3}} \\ \dfrac{2}{\sqrt{6}} & 0 & -\dfrac{1}{\sqrt{3}} \\ \dfrac{1}{\sqrt{6}} & \dfrac{1}{\sqrt{2}} & \dfrac{1}{\sqrt{3}} \end{pmatrix}.$ 此时对应的对角矩阵为 $\begin{pmatrix} 2 & & \\ & -4 & \\ & & 5 \end{pmatrix}.$

10.(11111)A 为三阶实对称矩阵,A 的秩为 2,即 $r(A)=2$,且 $A\begin{pmatrix} 1 & 1 \\ 0 & 0 \\ -1 & 1 \end{pmatrix}=\begin{pmatrix} -1 & 1 \\ 0 & 0 \\ 1 & 1 \end{pmatrix}.$ 求

（Ⅰ）A 的特征值与特征向量;

（Ⅱ）矩阵 A.

解 （Ⅰ）设 $\alpha_1=(1,0,-1)^{\mathrm{T}},\alpha_2=(1,0,1)^{\mathrm{T}}$,则

$$A(\alpha_1,\alpha_2)=(-\alpha_1,\alpha_2),即 A\alpha_1=-\alpha_1,A\alpha_2=\alpha_2.$$

由 $\alpha_1\neq 0,\alpha_2\neq 0$ 知 A 的两个特征值为

$$\lambda_1=-1,\lambda_2=1,$$

并且对应的全部特征向量分别为 $k_1\alpha_1,k_2\alpha_2$,其中 k_1,k_2 均为任意非零常数.

设 λ_3 为 A 的另一个特征值,对应的一个特征向量为 $\alpha_3=(x_1,x_2,x_3)^{\mathrm{T}}$. 由 $r(A)=2$ 知

$$|A|=\lambda_1\lambda_2\lambda_3=0,$$

故 $\lambda_3=0$. 由于 A 为 3 阶实对称矩阵,则 A 的属于不同特征值的特征向量正交,则

$$\alpha_1^{\mathrm{T}}\alpha_3=0,\alpha_2^{\mathrm{T}}\alpha_3=0,$$

即

$$\begin{cases} x_1-x_3=0, \\ x_1+x_3=0, \end{cases}$$

则此方程组的基础解系可取为 $\boldsymbol{\alpha}_3=(0,1,0)^{\mathrm{T}}$，故 $\lambda_3=0$ 所对应的全部特征向量为 $k_3\boldsymbol{\alpha}_3$，其中 k_3 为任意非零常数.

（Ⅱ）**法 1**　由于 A 的属于不同特征值的特征向量正交，因此只需对 $\boldsymbol{\alpha}_1,\boldsymbol{\alpha}_2,\boldsymbol{\alpha}_3$ 单位化可得

$$\boldsymbol{\beta}_1=\frac{\boldsymbol{\alpha}_1}{|\boldsymbol{\alpha}_1|}=\frac{1}{\sqrt{2}}(1,0,-1)^{\mathrm{T}},\boldsymbol{\beta}_2=\frac{\boldsymbol{\alpha}_2}{|\boldsymbol{\alpha}_2|}=\frac{1}{\sqrt{2}}(1,0,1)^{\mathrm{T}},\boldsymbol{\beta}_3=\frac{\boldsymbol{\alpha}_3}{|\boldsymbol{\alpha}_3|}=(0,1,0)^{\mathrm{T}}.$$

令 $Q=(\boldsymbol{\beta}_1,\boldsymbol{\beta}_2,\boldsymbol{\beta}_3)$，则

$$Q^{\mathrm{T}}AQ=\mathrm{diag}\{-1,1,0\},$$

所以

$$A=Q\mathrm{diag}\{-1,1,0\}Q^{\mathrm{T}}=\begin{pmatrix} 0 & 0 & 1 \\ 0 & 0 & 0 \\ 1 & 0 & 0 \end{pmatrix}.$$

法 2　由（Ⅰ），令 $P=(\boldsymbol{\alpha}_1,\boldsymbol{\alpha}_2,\boldsymbol{\alpha}_3)$，则

$$A=P\mathrm{diag}\{-1,1,0\}P^{-1}=\begin{pmatrix} 0 & 0 & 1 \\ 0 & 0 & 0 \\ 1 & 0 & 0 \end{pmatrix}.$$

11.(12104)设 $\boldsymbol{\alpha}$ 为 3 维单位列向量，E 为 3 阶单位矩阵，则矩阵 $E-\boldsymbol{\alpha}\boldsymbol{\alpha}^{\mathrm{T}}$ 的秩为　__2__．

解　矩阵 $\boldsymbol{\alpha}\boldsymbol{\alpha}^{\mathrm{T}}$ 的特征值为 $1,0,0$，故 $E-\boldsymbol{\alpha}\boldsymbol{\alpha}^{\mathrm{T}}$ 的特征值为 $0,1,1$．又由 $(E-\boldsymbol{\alpha}\boldsymbol{\alpha}^{\mathrm{T}})^{\mathrm{T}}=E-\boldsymbol{\alpha}\boldsymbol{\alpha}^{\mathrm{T}}$ 知 $E-\boldsymbol{\alpha}\boldsymbol{\alpha}^{\mathrm{T}}$ 是实对称矩阵，故它可相似对角化，所以它的秩等于它非零特征值的个数，即 $r(E-\boldsymbol{\alpha}\boldsymbol{\alpha}^{\mathrm{T}})=2$．

12.(13104)矩阵 $\begin{pmatrix} 1 & a & 1 \\ a & b & a \\ 1 & a & 1 \end{pmatrix}$ 与 $\begin{pmatrix} 2 & 0 & 0 \\ 0 & b & 0 \\ 0 & 0 & 0 \end{pmatrix}$ 相似的充分必要条件为（　**B**　）

(A)$a=0,b=2$.　　　　　　　　　(B)$a=0,b$ 为任意常数.

(C)$a=2,b=0$.　　　　　　　　　(D)$a=2,b$ 为任意常数.

解　令 $A=\begin{pmatrix} 1 & a & 1 \\ a & b & a \\ 1 & a & 1 \end{pmatrix}$，$B=\begin{pmatrix} 2 & 0 & 0 \\ 0 & b & 0 \\ 0 & 0 & 0 \end{pmatrix}$．

由于 A 是实对称矩阵，故必可对角化. B 是对角矩阵. 所以 A 与 B 相似的充分必要条件为 B 的特征值 $2,b,0$ 也是 A 的特征值即可.

矩阵 A 的特征方程为

$$|\lambda E - A| = \begin{vmatrix} \lambda-1 & -a & -1 \\ -a & \lambda-b & -a \\ -1 & -a & \lambda-1 \end{vmatrix} = \lambda[(\lambda-b)(\lambda-2)-2a^2] = 0.$$

将 $\lambda=2$ 代入,得 $a=0$.

将 $a=0$ 代入,得 $|\lambda E - A| = (\lambda-2)(\lambda-b)\lambda = 0$,即 A 的特征值为 $2,b,0$.

13.(14111)证明 n 阶矩阵 $\begin{pmatrix} 1 & 1 & \cdots & 1 \\ 1 & 1 & \cdots & 1 \\ \vdots & \vdots & & \vdots \\ 1 & 1 & \cdots & 1 \end{pmatrix}$ 与 $\begin{pmatrix} 0 & \cdots & 0 & 1 \\ 0 & \cdots & 0 & 2 \\ \vdots & & \vdots & \vdots \\ 0 & \cdots & 0 & n \end{pmatrix}$ 相似.

证　设 $A = \begin{pmatrix} 1 & 1 & \cdots & 1 \\ 1 & 1 & \cdots & 1 \\ \vdots & \vdots & & \vdots \\ 1 & 1 & \cdots & 1 \end{pmatrix}, B = \begin{pmatrix} 0 & \cdots & 0 & 1 \\ 0 & \cdots & 0 & 2 \\ \vdots & & \vdots & \vdots \\ 0 & \cdots & 0 & n \end{pmatrix}.$

因为

$$|\lambda E - A| = \begin{vmatrix} \lambda-1 & -1 & \cdots & -1 \\ -1 & \lambda-1 & \cdots & -1 \\ \vdots & \vdots & & \vdots \\ -1 & -1 & \cdots & \lambda-1 \end{vmatrix} = (\lambda-n)\lambda^{n-1},$$

$$|\lambda E - B| = \begin{vmatrix} \lambda & 0 & \cdots & -1 \\ 0 & \lambda & \cdots & -2 \\ \vdots & \vdots & & \vdots \\ 0 & 0 & \cdots & \lambda-n \end{vmatrix} = (\lambda-n)\lambda^{n-1},$$

所以 A 与 B 有相同的特征值 $\lambda_1 = n, \lambda_2 = 0(n-1$ 重$)$.

由于 A 为实对称矩阵,所以 A 相似于对角阵 $\Lambda = \begin{pmatrix} n & & & \\ & 0 & & \\ & & \ddots & \\ & & & 0 \end{pmatrix}.$

因为 $r(\lambda_2 E - B) = r(B) = 1$,所以 B 对应于特征值 $\lambda_2 = 0$ 有 $n-1$ 个线性无关的特征向量,于是 B 也相似于 Λ.

故 A 与 B 相似.

14.(15111)设矩阵 $A = \begin{pmatrix} 0 & 2 & -3 \\ -1 & 3 & -3 \\ 1 & -2 & a \end{pmatrix}$ 相似于矩阵 $B = \begin{pmatrix} 1 & -2 & 0 \\ 0 & b & 0 \\ 0 & 3 & 1 \end{pmatrix}.$

（Ⅰ）求 a,b 的值；

（Ⅱ）求可逆矩阵 $\boldsymbol{P}$，使 $\boldsymbol{P}^{-1}\boldsymbol{A}\boldsymbol{P}$ 为对角矩阵.

解　（Ⅰ）由于矩阵 $\boldsymbol{A}$ 与矩阵 $\boldsymbol{B}$ 相似，所以

$$\mathrm{tr}(\boldsymbol{A})=\mathrm{tr}(\boldsymbol{B}),\ |\boldsymbol{A}|=|\boldsymbol{B}|,$$

于是

$$3+a=2+b,\qquad 2a-3=b,$$

解得 $a=4,b=5$.

（Ⅱ）由（Ⅰ）知 $\boldsymbol{A}=\begin{pmatrix}0&2&-3\\-1&3&-3\\1&-2&4\end{pmatrix},\boldsymbol{B}=\begin{pmatrix}1&-2&0\\0&5&0\\0&3&1\end{pmatrix}$.

由于矩阵 $\boldsymbol{A}$ 与矩阵 $\boldsymbol{B}$ 相似，所以

$$|\lambda\boldsymbol{E}-\boldsymbol{A}|=|\lambda\boldsymbol{E}-\boldsymbol{B}|=(\lambda-1)^2(\lambda-5).$$

故 $\boldsymbol{A}$ 的特征值为 $\lambda_1=\lambda_2=1,\lambda_3=5$.

当 $\lambda_1=\lambda_2=1$ 时，解方程组 $(\boldsymbol{E}-\boldsymbol{A})\boldsymbol{x}=\boldsymbol{0}$，得线性无关的特征向量

$$\boldsymbol{\xi}_1=\begin{pmatrix}2\\1\\0\end{pmatrix},\qquad \boldsymbol{\xi}_2=\begin{pmatrix}-3\\0\\1\end{pmatrix}.$$

当 $\lambda_3=5$ 时，解方程组 $(5\boldsymbol{E}-\boldsymbol{A})\boldsymbol{x}=\boldsymbol{0}$，得特征向量

$$\boldsymbol{\xi}_3=\begin{pmatrix}-1\\-1\\1\end{pmatrix}.$$

令 $\boldsymbol{P}=(\boldsymbol{\xi}_1,\boldsymbol{\xi}_2,\boldsymbol{\xi}_3)=\begin{pmatrix}2&-3&-1\\1&0&-1\\0&1&1\end{pmatrix}$，则

$$\boldsymbol{P}^{-1}\boldsymbol{A}\boldsymbol{P}=\begin{pmatrix}1&0&0\\0&1&0\\0&0&5\end{pmatrix},$$

故 $\boldsymbol{P}$ 为所求可逆矩阵.

15.（15204）设 3 阶矩阵 $\boldsymbol{A}$ 的特征值为 $2,-2,1,\boldsymbol{B}=\boldsymbol{A}^2-\boldsymbol{A}+\boldsymbol{E}$，其中 $\boldsymbol{E}$ 为 3 阶单位矩阵，则行列式 $|\boldsymbol{B}|=\underline{\quad 21\quad}$.

解　由于 $\boldsymbol{A}$ 的特征值为 $2,-2,1$，则 $\boldsymbol{B}$ 的特征值为

$$2^2-2+1=3,\qquad (-2)^2-(-2)+1=7,\qquad 1^2-1+1=1.$$

所以 $|\boldsymbol{B}| = 3 \times 7 \times 1 = 21$.

16.(16104)设 $\boldsymbol{A}, \boldsymbol{B}$ 是可逆矩阵,且 $\boldsymbol{A}$ 与 $\boldsymbol{B}$ 相似,则下列结论错误的是(C)

(A)$\boldsymbol{A}^T$ 与 $\boldsymbol{B}^T$ 相似.　　　　　　　　(B)$\boldsymbol{A}^{-1}$ 与 $\boldsymbol{B}^{-1}$ 相似.

(C)$\boldsymbol{A} + \boldsymbol{A}^T$ 与 $\boldsymbol{B} + \boldsymbol{B}^T$ 相似.　　　　(D)$\boldsymbol{A} + \boldsymbol{A}^{-1}$ 与 $\boldsymbol{B} + \boldsymbol{B}^{-1}$ 相似.

解 由 $\boldsymbol{A}$ 与 $\boldsymbol{B}$ 相似知存在可逆矩阵 $\boldsymbol{P}$,使得 $\boldsymbol{B} = \boldsymbol{P}^{-1}\boldsymbol{A}\boldsymbol{P}$.

因为 $\boldsymbol{B}^T = (\boldsymbol{P}^{-1}\boldsymbol{A}\boldsymbol{P})^T = \boldsymbol{P}^T\boldsymbol{A}^T(\boldsymbol{P}^{-1})^T = \boldsymbol{P}^T\boldsymbol{A}^T[(\boldsymbol{P}^T)^{-1}]$,故 $\boldsymbol{A}^T$ 与 $\boldsymbol{B}^T$ 相似,(A)正确.

因为 $\boldsymbol{B}^{-1} = \boldsymbol{P}^{-1}\boldsymbol{A}^{-1}(\boldsymbol{P}^{-1})^{-1} = \boldsymbol{P}^{-1}\boldsymbol{A}^{-1}\boldsymbol{P}$,故 $\boldsymbol{A}^{-1}$ 与 $\boldsymbol{B}^{-1}$ 相似,(B)正确.

因为 $\boldsymbol{B} + \boldsymbol{B}^{-1} = \boldsymbol{P}^{-1}\boldsymbol{A}\boldsymbol{P} + \boldsymbol{P}^{-1}\boldsymbol{A}^{-1}(\boldsymbol{P}^{-1})^{-1} = \boldsymbol{P}^{-1}(\boldsymbol{A} + \boldsymbol{A}^{-1})\boldsymbol{P}$,故 $\boldsymbol{A} + \boldsymbol{A}^{-1}$ 与 $\boldsymbol{B} + \boldsymbol{B}^{-1}$ 相似,(D)正确.

而对于(C),取

$$\boldsymbol{A} = \begin{bmatrix} 1 & 3 \\ 2 & 2 \end{bmatrix}, \qquad \boldsymbol{B} = \begin{bmatrix} 4 & 0 \\ 0 & -1 \end{bmatrix},$$

易知 $\boldsymbol{A}$ 与 $\boldsymbol{B}$ 相似,但 $\boldsymbol{A} + \boldsymbol{A}^T$ 与 $\boldsymbol{B} + \boldsymbol{B}^T$ 不相似,故选(C).

17.(16111)已知矩阵 $\boldsymbol{A} = \begin{bmatrix} 0 & -1 & 1 \\ 2 & -3 & 0 \\ 0 & 0 & 0 \end{bmatrix}$.

（Ⅰ）求 $\boldsymbol{A}^{99}$;

（Ⅱ）设 3 阶矩阵 $\boldsymbol{B} = (\boldsymbol{\alpha}_1, \boldsymbol{\alpha}_2, \boldsymbol{\alpha}_3)$ 满足 $\boldsymbol{B}^2 = \boldsymbol{B}\boldsymbol{A}$,记 $\boldsymbol{B}^{100} = (\boldsymbol{\beta}_1, \boldsymbol{\beta}_2, \boldsymbol{\beta}_3)$,将 $\boldsymbol{\beta}_1, \boldsymbol{\beta}_2, \boldsymbol{\beta}_3$ 分别表示为 $\boldsymbol{\alpha}_1, \boldsymbol{\alpha}_2, \boldsymbol{\alpha}_3$ 的线性组合.

解 （Ⅰ）矩阵 $\boldsymbol{A}$ 的特征方程为

$$|\lambda\boldsymbol{E} - \boldsymbol{A}| = \begin{vmatrix} \lambda & 1 & -1 \\ -2 & \lambda+3 & 0 \\ 0 & 0 & \lambda \end{vmatrix} = \lambda(\lambda+1)(\lambda+2) = 0,$$

所以 $\boldsymbol{A}$ 的特征值为 $\lambda_1 = 0, \lambda_2 = -1, \lambda_3 = -2$.

对于 $\lambda_1 = 0$,解方程 $-\boldsymbol{A}\boldsymbol{X} = \boldsymbol{0}$,得对应的特征向量 $\boldsymbol{\alpha}_1 = (3, 2, 2)^T$;

对于 $\lambda_2 = -1$,解方程 $(-\boldsymbol{E} - \boldsymbol{A})\boldsymbol{X} = \boldsymbol{0}$,得对应的特征向量 $\boldsymbol{\alpha}_2 = (1, 1, 0)^T$;

对于 $\lambda_3 = -2$,解方程 $(-2\boldsymbol{E} - \boldsymbol{A})\boldsymbol{X} = \boldsymbol{0}$,得对应的特征向量 $\boldsymbol{\alpha}_3 = (1, 2, 0)^T$.

令 $\boldsymbol{P} = (\boldsymbol{\alpha}_1, \boldsymbol{\alpha}_2, \boldsymbol{\alpha}_3) = \begin{bmatrix} 3 & 1 & 1 \\ 2 & 1 & 2 \\ 2 & 0 & 0 \end{bmatrix}$,则

$$\boldsymbol{P}^{-1}\boldsymbol{A}\boldsymbol{P} = \begin{bmatrix} 0 & & \\ & -1 & \\ & & -2 \end{bmatrix} = \boldsymbol{\Lambda},$$

于是

$$A^{99}=(P\Lambda P^{-1})^{99}=(P\Lambda P^{-1})(P\Lambda P^{-1})\cdots(P\Lambda P^{-1})=P\Lambda^{99}P^{-1}$$

$$=\begin{bmatrix}3&1&1\\2&1&2\\2&0&0\end{bmatrix}\begin{bmatrix}0^{99}&&\\&(-1)^{99}&\\&&(-2)^{99}\end{bmatrix}\begin{bmatrix}0&0&\dfrac{1}{2}\\2&-1&-2\\-1&1&\dfrac{1}{2}\end{bmatrix}$$

$$=\begin{bmatrix}2^{99}-2&1-2^{99}&2-2^{98}\\2^{100}-2&1-2^{100}&2-2^{99}\\0&0&0\end{bmatrix}.$$

（Ⅱ）$B^{100}=B^{98}B^2=B^{98}BA=B^{99}A=B^{97}B^2A=B^{97}BA^2=\cdots=BA^{99}$，即

$$(\boldsymbol{\beta}_1,\boldsymbol{\beta}_2,\boldsymbol{\beta}_3)=(\boldsymbol{\alpha}_1,\boldsymbol{\alpha}_2,\boldsymbol{\alpha}_3)\begin{bmatrix}2^{99}-2&1-2^{99}&2-2^{98}\\2^{100}-2&1-2^{100}&2-2^{99}\\0&0&0\end{bmatrix},$$

从而

$$\boldsymbol{\beta}_1=(2^{99}-2)\boldsymbol{\alpha}_1+(2^{100}-2)\boldsymbol{\alpha}_2,$$
$$\boldsymbol{\beta}_2=(1-2^{99})\boldsymbol{\alpha}_1+(1-2^{100})\boldsymbol{\alpha}_2,$$
$$\boldsymbol{\beta}_3=(2-2^{98})\boldsymbol{\alpha}_1+(2-2^{99})\boldsymbol{\alpha}_2.$$

18.(17104)设 $\boldsymbol{\alpha}$ 是 n 维单位列向量，E 为 n 阶单位矩阵，则（　**A**　）

(A)$E-\boldsymbol{\alpha\alpha}^{\mathrm{T}}$ 不可逆.　　　　　　　(B)$E+\boldsymbol{\alpha\alpha}^{\mathrm{T}}$ 不可逆.

(C)$E+2\boldsymbol{\alpha\alpha}^{\mathrm{T}}$ 不可逆.　　　　　　　(D)$E-2\boldsymbol{\alpha\alpha}^{\mathrm{T}}$ 不可逆.

解　不妨设 $\boldsymbol{\alpha}=(1,0,0,\cdots,0)^{\mathrm{T}}$，则 $\boldsymbol{\alpha\alpha}^{\mathrm{T}}$ 的特征值为 $1,0,\cdots,0$，而 $E-\boldsymbol{\alpha\alpha}^{\mathrm{T}}$ 的特征值为 $0,1,\cdots,1$．因此 $E-\boldsymbol{\alpha\alpha}^{\mathrm{T}}$ 不可逆.

19.(17104)已知矩阵 $\boldsymbol{A}=\begin{bmatrix}2&0&0\\0&2&1\\0&0&1\end{bmatrix}$，$\boldsymbol{B}=\begin{bmatrix}2&1&0\\0&2&0\\0&0&1\end{bmatrix}$，$\boldsymbol{C}=\begin{bmatrix}1&0&0\\0&2&0\\0&0&2\end{bmatrix}$，则（　**B**　）.

(A)$\boldsymbol{A}$ 与 $\boldsymbol{C}$ 相似，$\boldsymbol{B}$ 与 $\boldsymbol{C}$ 相似.　　　(B)$\boldsymbol{A}$ 与 $\boldsymbol{C}$ 相似，$\boldsymbol{B}$ 与 $\boldsymbol{C}$ 不相似.

(C)$\boldsymbol{A}$ 与 $\boldsymbol{C}$ 不相似，$\boldsymbol{B}$ 与 $\boldsymbol{C}$ 相似.　　　(D)$\boldsymbol{A}$ 与 $\boldsymbol{C}$ 不相似，$\boldsymbol{B}$ 与 $\boldsymbol{C}$ 不相似.

解　$\boldsymbol{A}$ 的特征值为 $2,2,1$，而 $3-r(2E-A)=2$，所以 $\boldsymbol{A}$ 可相似对角化，且 $\boldsymbol{A}\sim\boldsymbol{C}$.

$\boldsymbol{B}$ 的特征值为 $2,2,1$，而 $3-r(2E-B)=1$，所以 $\boldsymbol{B}$ 不可相似对角化，或者 $\boldsymbol{B}$ 与 $\boldsymbol{C}$ 不相似.

20.(17111)设 3 阶矩阵 $\boldsymbol{A}=(\boldsymbol{\alpha}_1,\boldsymbol{\alpha}_2,\boldsymbol{\alpha}_3)$ 有 3 个不同的特征值，且 $\boldsymbol{\alpha}_3=\boldsymbol{\alpha}_1+2\boldsymbol{\alpha}_2$.

（Ⅰ）证明 $r(\boldsymbol{A})=2$；

（Ⅱ）若 $\boldsymbol{\beta}=\boldsymbol{\alpha}_1+\boldsymbol{\alpha}_2+\boldsymbol{\alpha}_3$，求方程组 $\boldsymbol{A}\boldsymbol{x}=\boldsymbol{\beta}$ 的通解.

解 （Ⅰ）由 $\boldsymbol{\alpha}_3=\boldsymbol{\alpha}_1+2\boldsymbol{\alpha}_2$ 知

$$(\boldsymbol{\alpha}_1,\boldsymbol{\alpha}_2,\boldsymbol{\alpha}_3)\begin{pmatrix}1\\2\\-1\end{pmatrix}=\boldsymbol{0}，即 \boldsymbol{A}\begin{pmatrix}1\\2\\-1\end{pmatrix}=0\begin{pmatrix}1\\2\\-1\end{pmatrix}，$$

所以由特征值与特征向量的定义，$\lambda=0$ 是 $\boldsymbol{A}$ 的一个特征值，对应的一个特征向量为 $\boldsymbol{\xi}=(1,2,-1)^{\mathrm{T}}$.

设 $\boldsymbol{A}$ 的 3 个不同的特征值为 $\lambda_1,\lambda_2,0$，则 $\boldsymbol{A}$ 可相似对角化，且

$$\boldsymbol{A}\sim\boldsymbol{\Lambda}=\begin{pmatrix}\lambda_1&&\\&\lambda_2&\\&&0\end{pmatrix}(\lambda_1\lambda_2\neq0)，$$

所以 $r(\boldsymbol{A})=r(\boldsymbol{\Lambda})=2$.

（Ⅱ）由（Ⅰ）可知 $\boldsymbol{\xi}=(1,2,-1)^{\mathrm{T}}$ 是齐次方程组 $\boldsymbol{A}\boldsymbol{x}=\boldsymbol{0}$ 的一个基础解系.

由

$$\boldsymbol{A}\begin{pmatrix}1\\1\\1\end{pmatrix}=(\boldsymbol{\alpha}_1,\boldsymbol{\alpha}_2,\boldsymbol{\alpha}_3)\begin{pmatrix}1\\1\\1\end{pmatrix}=\boldsymbol{\alpha}_1+\boldsymbol{\alpha}_2+\boldsymbol{\alpha}_3=\boldsymbol{\beta}$$

知 $\boldsymbol{\eta}=(1,1,1)^{\mathrm{T}}$ 是非齐次方程组 $\boldsymbol{A}\boldsymbol{x}=\boldsymbol{\beta}$ 的一个特解.

根据非齐次方程组解的结构知方程组 $\boldsymbol{A}\boldsymbol{x}=\boldsymbol{\beta}$ 的通解为

$$\boldsymbol{x}=k\boldsymbol{\xi}+\boldsymbol{\eta}(k \text{ 任意常数}).$$

21.(17204)设 $\boldsymbol{A}$ 为三阶矩阵，$\boldsymbol{P}=(\boldsymbol{\alpha}_1,\boldsymbol{\alpha}_2,\boldsymbol{\alpha}_3)$ 为可逆矩阵，使得

$$\boldsymbol{P}^{-1}\boldsymbol{A}\boldsymbol{P}=\begin{pmatrix}0&0&0\\0&1&0\\0&0&2\end{pmatrix}，$$

则 $\boldsymbol{A}(\boldsymbol{\alpha}_1+\boldsymbol{\alpha}_2+\boldsymbol{\alpha}_3)=(\quad\mathbf{B}\quad)$

(A)$\boldsymbol{\alpha}_1+\boldsymbol{\alpha}_2$.   (B)$\boldsymbol{\alpha}_2+2\boldsymbol{\alpha}_3$.   (C)$\boldsymbol{\alpha}_2+\boldsymbol{\alpha}_3$.   (D)$\boldsymbol{\alpha}_1+2\boldsymbol{\alpha}_3$.

解 由 $\boldsymbol{P}^{-1}\boldsymbol{A}\boldsymbol{P}=\begin{pmatrix}0&0&0\\0&1&0\\0&0&2\end{pmatrix}$ 得 $\boldsymbol{A}\boldsymbol{P}=\boldsymbol{P}\begin{pmatrix}0&0&0\\0&1&0\\0&0&2\end{pmatrix}$，即

$$\boldsymbol{A}(\boldsymbol{\alpha}_1,\boldsymbol{\alpha}_2,\boldsymbol{\alpha}_3)=(\boldsymbol{\alpha}_1,\boldsymbol{\alpha}_2,\boldsymbol{\alpha}_3)\begin{pmatrix}0&0&0\\0&1&0\\0&0&2\end{pmatrix}=(\boldsymbol{0},\boldsymbol{\alpha}_2,2\boldsymbol{\alpha}_3)，$$

亦即 $A\boldsymbol{\alpha}_1 = 0\boldsymbol{\alpha}_1, A\boldsymbol{\alpha}_2 = 1\boldsymbol{\alpha}_2, A\boldsymbol{\alpha}_3 = 2\boldsymbol{\alpha}_3.$

所以

$$A(\boldsymbol{\alpha}_1, \boldsymbol{\alpha}_2, \boldsymbol{\alpha}_3) = A\boldsymbol{\alpha}_1 + A\boldsymbol{\alpha}_2 + A\boldsymbol{\alpha}_3 = \boldsymbol{\alpha}_2 + 2\boldsymbol{\alpha}_3.$$

22.(17204)设矩阵 $\boldsymbol{A} = \begin{pmatrix} 4 & 1 & -2 \\ 1 & 2 & a \\ 3 & 1 & -1 \end{pmatrix}$ 的一个特征向量为 $\begin{pmatrix} 1 \\ 1 \\ 2 \end{pmatrix}$,则 $a = $ ___-1___.

解　设 $A\boldsymbol{\alpha} = \lambda\boldsymbol{\alpha}$,即

$$\begin{pmatrix} 4 & 1 & -2 \\ 1 & 2 & a \\ 3 & 1 & -1 \end{pmatrix} \begin{pmatrix} 1 \\ 1 \\ 2 \end{pmatrix} = \lambda \begin{pmatrix} 1 \\ 1 \\ 2 \end{pmatrix}, 亦即 \begin{cases} 4+1-4 = \lambda \\ 1+2+2a = \lambda, \\ 3+1-2 = 2\lambda \end{cases}$$

解得 $a = -1$.

23.(18104)设 2 阶矩阵 $\boldsymbol{A}$ 有两个不同的特征值,$\boldsymbol{\alpha}_1$,$\boldsymbol{\alpha}_2$ 是的线性无关的特征向量,且满足 $\boldsymbol{A}^2(\boldsymbol{\alpha}_1 + \boldsymbol{\alpha}_2) = \boldsymbol{\alpha}_1 + \boldsymbol{\alpha}_2$,则 $|\boldsymbol{A}| = $ ___-1___.

解　设 λ_1,λ_2 为矩阵 $\boldsymbol{A}$ 的两个不同的特征值,对应的特征向量分别为 $\boldsymbol{\alpha}_1$,$\boldsymbol{\alpha}_2$,则

$$\boldsymbol{A}^2(\boldsymbol{\alpha}_1 + \boldsymbol{\alpha}_2) = \boldsymbol{A}^2\boldsymbol{\alpha}_1 + \boldsymbol{A}^2\boldsymbol{\alpha}_2 = \lambda_1^2\boldsymbol{\alpha}_1 + \lambda_2^2\boldsymbol{\alpha}_2 = \boldsymbol{\alpha}_1 + \boldsymbol{\alpha}_2,$$

因为 $\boldsymbol{\alpha}_1$,$\boldsymbol{\alpha}_2$ 线性无关,故得 $\lambda_1^2 = 1, \lambda_2^2 = 1$.

由 $\lambda_1 \neq \lambda_2$ 知 λ_1,λ_2 中一个为 1,另一个为 -1,所以

$$|\boldsymbol{A}| = \lambda_1\lambda_2 = -1.$$

24.(18204)设 $\boldsymbol{A}$ 为 3 阶矩阵,$\boldsymbol{\alpha}_1$,$\boldsymbol{\alpha}_2$,$\boldsymbol{\alpha}_3$ 为线性无关的向量组.若 $A\boldsymbol{\alpha}_1 = 2\boldsymbol{\alpha}_1 + \boldsymbol{\alpha}_2 + \boldsymbol{\alpha}_3, A\boldsymbol{\alpha}_2 = \boldsymbol{\alpha}_2 + 2\boldsymbol{\alpha}_3, A\boldsymbol{\alpha}_3 = -\boldsymbol{\alpha}_2 + \boldsymbol{\alpha}_3$,则 $\boldsymbol{A}$ 的实特征值为 ___2___.

解　由题设可得

$$A(\boldsymbol{\alpha}_1, \boldsymbol{\alpha}_2, \boldsymbol{\alpha}_3) = (\boldsymbol{\alpha}_1, \boldsymbol{\alpha}_2, \boldsymbol{\alpha}_3) \begin{pmatrix} 2 & 0 & 0 \\ 1 & 1 & -1 \\ 1 & 2 & 1 \end{pmatrix}.$$

由 $\boldsymbol{\alpha}_1$,$\boldsymbol{\alpha}_2$,$\boldsymbol{\alpha}_3$ 线性无关知 $A \sim \begin{pmatrix} 2 & 0 & 0 \\ 1 & 1 & -1 \\ 1 & 2 & 1 \end{pmatrix} = \boldsymbol{B}$,从而 $\boldsymbol{A}$ 与 $\boldsymbol{B}$ 有相同的特征值. 又

$$|\lambda \boldsymbol{E} - \boldsymbol{B}| = \begin{vmatrix} \lambda-2 & 0 & 0 \\ -1 & \lambda-1 & 1 \\ -1 & -2 & \lambda-1 \end{vmatrix} = (\lambda-2)(\lambda^2 - 2\lambda + 3),$$

而 $\lambda^2 - 2\lambda + 3 = 0$ 无实根,所以矩阵 $\boldsymbol{A}$ 的实特征值只有 $\lambda = 2$.

25. (181304)下列矩阵中,与矩阵 $\begin{bmatrix} 1 & 1 & 0 \\ 0 & 1 & 1 \\ 0 & 0 & 1 \end{bmatrix}$ 相似的为(　**A**　)

(A) $\begin{bmatrix} 1 & 1 & -1 \\ 0 & 1 & 1 \\ 0 & 0 & 1 \end{bmatrix}$.　　　　　　　(B) $\begin{bmatrix} 1 & 0 & -1 \\ 0 & 1 & 1 \\ 0 & 0 & 1 \end{bmatrix}$.

(C) $\begin{bmatrix} 1 & 1 & -1 \\ 0 & 1 & 0 \\ 0 & 0 & 1 \end{bmatrix}$.　　　　　　　(D) $\begin{bmatrix} 1 & 0 & -1 \\ 0 & 1 & 0 \\ 0 & 0 & 1 \end{bmatrix}$.

解　易知矩阵 $\begin{bmatrix} 1 & 1 & 0 \\ 0 & 1 & 1 \\ 0 & 0 & 1 \end{bmatrix}$ 的特征值为 $\lambda = 1$(3 重),其线性无关的特征向量只有 1 个,即

$$\boldsymbol{\xi}_1 = \begin{bmatrix} 1 \\ 0 \\ 0 \end{bmatrix}.$$

对于选项中的 4 个矩阵,都是以 $\lambda = 1$ 为 3 重特征值的矩阵.

(A)中的矩阵 $\begin{bmatrix} 1 & 1 & -1 \\ 0 & 1 & 1 \\ 0 & 0 & 1 \end{bmatrix}$ 只有 1 个线性无关的特征向量 $\boldsymbol{\xi}_1 = \begin{bmatrix} 1 \\ 0 \\ 0 \end{bmatrix}$;

(B)中的矩阵 $\begin{bmatrix} 1 & 0 & -1 \\ 0 & 1 & 1 \\ 0 & 0 & 1 \end{bmatrix}$ 有 2 个线性无关的特征向量 $\boldsymbol{\xi}_1 = \begin{bmatrix} 1 \\ 0 \\ 0 \end{bmatrix}$ 和 $\boldsymbol{\xi}_2 = \begin{bmatrix} 1 \\ 1 \\ 0 \end{bmatrix}$;

(C)中的矩阵 $\begin{bmatrix} 1 & 1 & -1 \\ 0 & 1 & 0 \\ 0 & 0 & 1 \end{bmatrix}$ 也有 2 个线性无关的特征向量 $\boldsymbol{\xi}_1 = \begin{bmatrix} 1 \\ 0 \\ 0 \end{bmatrix}$ 和 $\boldsymbol{\xi}_2 = \begin{bmatrix} 0 \\ 1 \\ 1 \end{bmatrix}$;

(D)中的矩阵 $\begin{bmatrix} 1 & 0 & -1 \\ 0 & 1 & 0 \\ 0 & 0 & 1 \end{bmatrix}$ 也有 2 个线性无关的特征向量 $\boldsymbol{\xi}_1 = \begin{bmatrix} 1 \\ 0 \\ 0 \end{bmatrix}$ 和 $\boldsymbol{\xi}_2 = \begin{bmatrix} 0 \\ 1 \\ 0 \end{bmatrix}$.

因为相似矩阵有相同的特征值和特征向量,所以只有选项(A)符合要求.

26. (19311)已知矩阵 $\boldsymbol{A} = \begin{bmatrix} -2 & -2 & 1 \\ 2 & x & -2 \\ 0 & 0 & -2 \end{bmatrix}$ 与 $\boldsymbol{B} = \begin{bmatrix} 2 & 1 & 0 \\ 0 & -1 & 0 \\ 0 & 0 & y \end{bmatrix}$ 相似.

（Ⅰ）求 x,y;

（Ⅱ）求可逆矩阵 P,使得 $P^{-1}AP=B$.

解 （Ⅰ）由于 $A\sim B$,所以 A,B 有相同的行列式和迹,即

$$-2+x-2=2-1+y \text{ 和 } |A|=4x-8=-2y=|B|,$$

由此解得 $x=3,y=-2$.

（Ⅱ）由 B 的特征多项式

$$|\lambda E-A|=|\lambda E-B|=\begin{vmatrix} \lambda-2 & -1 & 0 \\ 0 & \lambda+1 & 0 \\ 0 & 0 & \lambda+2 \end{vmatrix}=(\lambda-2)(\lambda+1)(\lambda+2),$$

得 B 的特征值为 $\lambda_1=2,\lambda_2=-1,\lambda_3=-2$.

由 $A\sim B$ 知 A,B 有相同的特征值,即 A 的特征值也为 $\lambda_1=2,\lambda_2=-1,\lambda_3=-2$.

当 $\lambda_1=2$ 时,由 $(2E-A)x=0$ 求得属于特征值 2 的特征向量 $\alpha_1=(1,-2,0)^{\mathrm{T}}$.

当 $\lambda_2=-1$ 时,由 $(-E-A)x=0$ 求得属于特征值 -1 的特征向量 $\alpha_2=(-2,1,0)^{\mathrm{T}}$.

当 $\lambda_3=-2$ 时,由 $(-2E-A)x=0$ 求得属于特征值 -2 的特征向量 $\alpha_3=(1,-2,-4)^{\mathrm{T}}$.

令

$$P=(\alpha_1,\alpha_2,\alpha_3)=\begin{bmatrix} 1 & -2 & 1 \\ -2 & 1 & -2 \\ 0 & 0 & -4 \end{bmatrix},$$

有

$$P_1^{-1}AP_1=\Lambda=\begin{bmatrix} 2 & & \\ & -1 & \\ & & -2 \end{bmatrix}.$$

当 $\lambda_1=2$ 时,由 $(2E-B)x=0$ 求得属于特征值 2 的特征向量 $\beta_1=(1,0,0)^{\mathrm{T}}$.

当 $\lambda_2=-1$ 时,由 $(-E-B)x=0$ 求得属于特征值 -1 的特征向量 $\beta_2=(1,-3,0)^{\mathrm{T}}$.

当 $\lambda_3=-2$ 时,由 $(-2E-A)x=0$ 求得属于特征值 -2 的特征向量 $\alpha_3=(1,-2,-4)^{\mathrm{T}}$.

令

$$P_2=(\beta_1,\beta_2,\beta_3)=\begin{bmatrix} 1 & 1 & 0 \\ 0 & -3 & 0 \\ 0 & 0 & 1 \end{bmatrix},$$

有

$$P_2^{-1} B P_2 = \Lambda = \begin{bmatrix} 2 & & \\ & -1 & \\ & & -2 \end{bmatrix}.$$

由于 $P_1^{-1} A P_1 = P_2^{-1} B P_2$，所以 $P_2 P_1^{-1} A P_1 P_2^{-1} = B$. 令 $P = P_1 P_2^{-1}$，便得 $P^{-1} A P = B$，其中

$$P = P_1 P_2^{-1} = \begin{bmatrix} 1 & -2 & 1 \\ -2 & 1 & -2 \\ 0 & 0 & -4 \end{bmatrix} \begin{bmatrix} 1 & \dfrac{1}{3} & 0 \\ 0 & -\dfrac{1}{3} & 0 \\ 0 & 0 & 1 \end{bmatrix} = \begin{bmatrix} 1 & 1 & 1 \\ -2 & -1 & -2 \\ 0 & 0 & -4 \end{bmatrix},$$

注 由于特征向量不唯一，所以可逆矩阵 P 也是不唯一的.

27.(20111)设 A 为 2 阶矩阵，$P = (\boldsymbol{\alpha}, A\boldsymbol{\alpha})$，其中 $\boldsymbol{\alpha}$ 是非零向量且不是 A 的特征向量.

(1)证明 P 为可逆矩阵；

(2)若 $A^2 \boldsymbol{\alpha} + A\boldsymbol{\alpha} - 6\boldsymbol{\alpha} = \boldsymbol{0}$ ，求 $P^{-1} A P$，并判断 A 是否相似于对角矩阵.

解 (1)设 $k_1 \boldsymbol{\alpha} + k_2 A\boldsymbol{\alpha} = \boldsymbol{0}$，若 $k_2 \neq 0$，则 $A\boldsymbol{\alpha} = -\dfrac{k_1}{k_2} \boldsymbol{\alpha}$，说明 $\boldsymbol{\alpha}$ 是 A 的特征向量，这与题设矛盾！所以 $k_2 = 0$，从而有 $k_1 \boldsymbol{\alpha} = \boldsymbol{0}$，再由 $\boldsymbol{\alpha}$ 是非零向量可知 $k_1 = 0$. 所以 $\boldsymbol{\alpha}, A\boldsymbol{\alpha}$ 线性无关，即 $P = (\boldsymbol{\alpha}, A\boldsymbol{\alpha})$ 为可逆矩阵.

(2) $AP = A(\boldsymbol{\alpha}, A\boldsymbol{\alpha}) = (A\boldsymbol{\alpha}, A^2 \boldsymbol{\alpha}) = (A\boldsymbol{\alpha}, 6\boldsymbol{\alpha} - A\boldsymbol{\alpha})$

$$= (\boldsymbol{\alpha}, A\boldsymbol{\alpha}) \begin{pmatrix} 0 & 6 \\ 1 & -1 \end{pmatrix} = P \begin{pmatrix} 0 & 6 \\ 1 & -1 \end{pmatrix},$$

即

$$P^{-1} A P = \begin{pmatrix} 0 & 6 \\ 1 & -1 \end{pmatrix}.$$

记 $B = \begin{bmatrix} 0 & 6 \\ 1 & -1 \end{bmatrix}$，则 B 的特征方程为

$$|\lambda E - B| = \begin{vmatrix} \lambda & -6 \\ -1 & \lambda + 1 \end{vmatrix} = (\lambda + 3)(\lambda - 2) = 0,$$

故 B 的特征值为 $\lambda_1 = -3, \lambda_2 = 2$，全部是单根，所以 B 可对角化.

由于 $A \sim B$，所以 A 也可以对角化，即 A 可以相似于对角矩阵.

28.(20204)设 A 为 3 阶矩阵，$\boldsymbol{\alpha}_1, \boldsymbol{\alpha}_2$ 为 A 的属于特征值 1 的线性无关的特征向量，

$\boldsymbol{\alpha}_3$ 为 $\boldsymbol{A}$ 的属于特征值 -1 的特征向量,则满足 $\boldsymbol{P}^{-1}\boldsymbol{A}\boldsymbol{P} = \begin{pmatrix} 1 & 0 & 0 \\ 0 & -1 & 0 \\ 0 & 0 & 1 \end{pmatrix}$ 的可逆矩阵 $\boldsymbol{P}$ 可为

(**D**)

(A) $(\boldsymbol{\alpha}_1 + \boldsymbol{\alpha}_3, \boldsymbol{\alpha}_2, -\boldsymbol{\alpha}_3)$. 　　　(B) $(\boldsymbol{\alpha}_1 + \boldsymbol{\alpha}_2, \boldsymbol{\alpha}_2, -\boldsymbol{\alpha}_3)$.

(C) $(\boldsymbol{\alpha}_1 + \boldsymbol{\alpha}_3, -\boldsymbol{\alpha}_3, \boldsymbol{\alpha}_2)$. 　　(D) $(\boldsymbol{\alpha}_1 + \boldsymbol{\alpha}_2, -\boldsymbol{\alpha}_3, \boldsymbol{\alpha}_2)$.

解 因为 $\boldsymbol{\alpha}_1, \boldsymbol{\alpha}_3$ 是属于不同特征值的特征向量,故 $\boldsymbol{\alpha}_1 + \boldsymbol{\alpha}_3$ 不会是 $\boldsymbol{A}$ 的特征向量,所以可以排除选项 A,C.

由题设可知 $\boldsymbol{A}$ 的特征值为 $1, 1, -1$. 因为 $\boldsymbol{P}^{-1}\boldsymbol{A}\boldsymbol{P}$ 的主对角线元素上的特征值的排列顺序应与 $\boldsymbol{P}$ 的列向量的排列对应,所以 $\boldsymbol{P}$ 的第 1 列、第 3 列是特征值 1 对应的特征向量,第 2 列是特征值 -1 对应的特征向量,故选(D).

29.(21212)设矩阵 $\boldsymbol{A} = \begin{pmatrix} 2 & 1 & 0 \\ 1 & 2 & 0 \\ 1 & a & b \end{pmatrix}$ 仅有两个不同的特征值. 若 $\boldsymbol{A}$ 相似于对角矩阵,

求 a, b 的值,并求可逆矩阵 $\boldsymbol{P}$,使 $\boldsymbol{P}^{-1}\boldsymbol{A}\boldsymbol{P}$ 为对角矩阵.

解 因为

$$|\lambda E - A| = \begin{vmatrix} \lambda - 2 & -1 & 0 \\ -1 & \lambda - 2 & 0 \\ -1 & -a & \lambda - b \end{vmatrix} = (\lambda - b)(\lambda - 1)(\lambda - 3),$$

所以 $\boldsymbol{A}$ 的特征值 $\lambda_1 = b, \lambda_2 = 1, \lambda_3 = 3$.

因为矩阵 $\boldsymbol{A}$ 仅有两个不同的特征值,所以 $\lambda_1 = \lambda_2$ 或 $\lambda_1 = \lambda_3$.

(1)当 $\lambda_1 = \lambda_2 = 1$ 时,有 $b = 1$. 因为 $\boldsymbol{A}$ 相似于对角阵,所以 $r(\boldsymbol{E} - \boldsymbol{A}) = 1$,故 $a = 1$.

解方程组 $(\boldsymbol{E} - \boldsymbol{A})\boldsymbol{x} = \boldsymbol{0}$,得 $\boldsymbol{A}$ 的对应的线性无关特征向量 $\boldsymbol{\xi}_1 = \begin{pmatrix} -1 \\ 1 \\ 0 \end{pmatrix}, \boldsymbol{\xi}_2 = \begin{pmatrix} 0 \\ 0 \\ 1 \end{pmatrix}$.

当 $\lambda_3 = 3$ 时,解方程组 $(3\boldsymbol{E} - \boldsymbol{A})\boldsymbol{x} = \boldsymbol{0}$,得 $\boldsymbol{A}$ 的对应的特征向量 $\boldsymbol{\xi}_3 = \begin{pmatrix} 1 \\ 1 \\ 1 \end{pmatrix}$.

令 $\boldsymbol{P} = (\boldsymbol{\xi}_1, \boldsymbol{\xi}_2, \boldsymbol{\xi}_3) = \begin{pmatrix} -1 & 0 & 1 \\ 1 & 0 & 1 \\ 0 & 1 & 1 \end{pmatrix}$,则 $\boldsymbol{P}^{-1}\boldsymbol{A}\boldsymbol{P} = \begin{pmatrix} 1 & 0 & 0 \\ 0 & 1 & 0 \\ 0 & 0 & 3 \end{pmatrix}$.

(2)当 $\lambda_1 = \lambda_3 = 3$ 时,有 $b = 3$. 因为 A 相似于对角阵,所以 $\mathrm{r}(3E-A)=1$,故 $a = -1$.

解方程组 $(3E-A)x = 0$,得 A 的对应的线性无关特征向量 $\boldsymbol{\eta}_1 = \begin{bmatrix} 1 \\ 1 \\ 0 \end{bmatrix}$,$\boldsymbol{\eta}_2 = \begin{bmatrix} 0 \\ 0 \\ 1 \end{bmatrix}$.

当 $\lambda_2 = 1$ 时,解方程组 $(E-A)x = 0$,得 A 的对应的特征向量 $\boldsymbol{\eta}_3 = \begin{bmatrix} -1 \\ 1 \\ 1 \end{bmatrix}$.

令 $P = (\boldsymbol{\eta}_1, \boldsymbol{\eta}_2, \boldsymbol{\eta}_3) = \begin{bmatrix} 1 & 0 & -1 \\ 1 & 0 & 1 \\ 0 & 1 & 1 \end{bmatrix}$,则 $P^{-1}AP = \begin{bmatrix} 3 & 0 & 0 \\ 0 & 3 & 0 \\ 0 & 0 & 1 \end{bmatrix}$.

30.(22105)下述四个条件中,3 阶矩阵 A 可对角化的一个充分但不必要条件是 (**A**)

(A)A 有 3 个互不相等的特征值.

(B)A 有 3 个线性无关的特征向量.

(C)A 有 3 个两两线性无关的特征向量.

(D)A 的属于不同特征值的特征向量正交.

解 因为属于不同特征值的特征向量线性无关,所以 A 有 3 个互不相等的特征值,必有 3 个线性无关的特征向量,即 A 可对角化.但当 A 有小于 3 个不相等的特征值时,A 仍可能有 3 个线性无关的特征向量.故选项 A 是矩阵 A 可对角化的一个充分但不必要的条件.

关于选项 B,3 阶矩阵 A 有 3 个线性无关的特征向量是 A 可对角化的一个充分必要条件,不符合要求.

关于选项 C,若 3 个特征向量两两线性无关,则这 3 个特征向量可能线性相关,也可能线性无关.如 $\boldsymbol{\alpha}_1 = (1, 0, 0)$,$\boldsymbol{\alpha}_2 = (0, 1, 0)$,$\boldsymbol{\alpha}_3 = (1, 1, 0)$ 两两线性无关,但 $\boldsymbol{\alpha}_1$,$\boldsymbol{\alpha}_2$,$\boldsymbol{\alpha}_3$ 线性相关.当 3 个特征向量线性无关时,这 3 个特征向量必两两线性无关.故选项 C 是 A 可对角化的一个必要条件,但不是充分条件,不符合要求.

关于选项 D,这是对称矩阵 A 关于不同特征值的特征向量的一个结论,与 A 是否可对角化没有直接联系.

综上,只有选项 A 正确.

31.(22205)设 A 为 3 阶矩阵,$\boldsymbol{\Lambda} = \begin{bmatrix} 1 & 0 & 0 \\ 0 & -1 & 0 \\ 0 & 0 & 0 \end{bmatrix}$,则 A 的特征值为 $1, -1, 0$ 的充分

必要条件是(　**B**　)

(A)存在可逆矩阵 $\boldsymbol{P},\boldsymbol{Q}$,使得 $\boldsymbol{A}=\boldsymbol{P\Lambda Q}$.

(B)存在可逆矩阵 $\boldsymbol{P}$,使得 $\boldsymbol{A}=\boldsymbol{P\Lambda P}^{-1}$.

(C)存在正交矩阵 $\boldsymbol{Q}$,使得 $\boldsymbol{A}=\boldsymbol{Q\Lambda Q}^{-1}$.

(D)存在可逆矩阵 $\boldsymbol{P}$,使得 $\boldsymbol{A}=\boldsymbol{P\Lambda P}^{\mathrm{T}}$.

解　选项 A 中矩阵 $\boldsymbol{A}$ 与对角矩阵 $\boldsymbol{\Lambda}$ 等价.两个同阶矩阵等价的充分必要条件是这两个矩阵的秩相等,选项 A 只是一个必要条件,不是充分条件,故选项 A 错误.

选项 B 中矩阵 $\boldsymbol{A}$ 与 $\boldsymbol{\Lambda}$ 相似.若 3 阶矩阵 $\boldsymbol{A}$ 有 3 个互不相同的特征值 $1,-1,0$,则 $\boldsymbol{A}$ 必与对角阵 $\boldsymbol{\Lambda}$ 相似;反之,若 $\boldsymbol{A}$ 与 $\boldsymbol{\Lambda}$ 相似,则 $\boldsymbol{A}$ 与 $\boldsymbol{\Lambda}$ 有相同的特征值.可知选项 B 是 $\boldsymbol{A}$ 的特征值为 $1,-1,0$ 的充分必要条件,所以选项 B 正确.

选项 C 中矩阵 $\boldsymbol{A}$ 与 $\boldsymbol{\Lambda}$ 正交相似.因为正交矩阵 $\boldsymbol{Q}$ 满足 $\boldsymbol{Q}^{\mathrm{T}}=\boldsymbol{Q}^{-1}$,故

$$\boldsymbol{A}=\boldsymbol{Q\Lambda Q}^{-1}=\boldsymbol{Q\Lambda Q}^{\mathrm{T}}=(\boldsymbol{Q\Lambda Q}^{\mathrm{T}})^{\mathrm{T}}=\boldsymbol{A}^{\mathrm{T}},$$

而矩阵 $\boldsymbol{A}$ 未必是对称矩阵,所以选项 C 不正确.

选项 D 中矩阵 $\boldsymbol{A}$ 与 $\boldsymbol{\Lambda}$ 合同.与选项 C 类似,有 $\boldsymbol{A}=\boldsymbol{P\Lambda P}^{\mathrm{T}}=(\boldsymbol{P\Lambda P}^{\mathrm{T}})^{\mathrm{T}}=\boldsymbol{A}^{\mathrm{T}}$,而矩阵 $\boldsymbol{A}$ 未必是对称矩阵,所以选项 D 也不正确.

32.(222(3)05)设 $\boldsymbol{A}$ 为 3 阶矩阵,交换 $\boldsymbol{A}$ 的第 2 行和第 3 行,再将第 2 列的 -1 倍加到第 1 列,得到矩阵 $\begin{pmatrix} -2 & 1 & -1 \\ 1 & -1 & 0 \\ -1 & 0 & 0 \end{pmatrix}$,则 $\boldsymbol{A}^{-1}$ 的迹 $\mathrm{tr}(\boldsymbol{A}^{-1})=\underline{\ \ -1\ \ }$.

解　由条件可知

$$\begin{pmatrix} 1 & 0 & 0 \\ 0 & 0 & 1 \\ 0 & 1 & 0 \end{pmatrix}\boldsymbol{A}\begin{pmatrix} 1 & 0 & 0 \\ -1 & 1 & 0 \\ 0 & 0 & 1 \end{pmatrix}=\begin{pmatrix} -2 & 1 & -1 \\ 1 & -1 & 0 \\ -1 & 0 & 0 \end{pmatrix},$$

即

$$\boldsymbol{A}=\begin{pmatrix} 1 & 0 & 0 \\ 0 & 0 & 1 \\ 0 & 1 & 0 \end{pmatrix}^{-1}\begin{pmatrix} -2 & 1 & -1 \\ 1 & -1 & 0 \\ -1 & 0 & 0 \end{pmatrix}\begin{pmatrix} 1 & 0 & 0 \\ -1 & 1 & 0 \\ 0 & 0 & 1 \end{pmatrix}^{-1}=\begin{pmatrix} -1 & 1 & -1 \\ -1 & 0 & 0 \\ 0 & -1 & 0 \end{pmatrix}.$$

因为

$$|\lambda\boldsymbol{E}-\boldsymbol{A}|=\begin{vmatrix} \lambda+1 & -1 & 1 \\ 1 & \lambda & 0 \\ 0 & 1 & \lambda \end{vmatrix}=(\lambda+1)(\lambda-i)(\lambda+i),$$

得矩阵 $\boldsymbol{A}$ 的特征值分别为 $\lambda_1=-1,\lambda_2=i,\lambda_3=-i$,从而 $\boldsymbol{A}^{-1}$ 的特征值分别为

$$\lambda_1^{-1} = -1, \quad \lambda_2^{-1} = -i, \quad \lambda_3^{-1} = i,$$

所以 $\operatorname{tr}(\boldsymbol{A}^{-1}) = \lambda_1^{-1} + \lambda_2^{-1} + \lambda_3^{-1} = -1.$

五、实二次型

1.(08104)设 $\boldsymbol{A}$ 为 3 阶实对称矩阵,如果二次曲面方程

$$(x, y, z)\boldsymbol{A}\begin{bmatrix} x \\ y \\ z \end{bmatrix} = 1$$

在正交变换下的标准方程的图形如图所示,则 $\boldsymbol{A}$ 的正特征值的个数为(　**B**　)

(A)0.　　　　　(B)1.　　　　　(C)2.　　　　　(D)3.

解　首先所给图形是双叶双曲面,其标准方程是 $\dfrac{x^2}{a^2} - \dfrac{y^2}{b^2} - \dfrac{z^2}{c^2} = 1$;其次,在题设条件下,矩阵 $\boldsymbol{A}$ 的正特征值的个数就是标准方程中正项的项数,即选项(B)是正确的.

2.(08204)设 $\boldsymbol{A} = \begin{bmatrix} 1 & 2 \\ 2 & 1 \end{bmatrix}$,则在实数域上与 $\boldsymbol{A}$ 合同的矩阵为(　**D**　)

(A) $\begin{bmatrix} -2 & 1 \\ 1 & -2 \end{bmatrix}$.　　　　　　　　　　(B) $\begin{bmatrix} 2 & -1 \\ -1 & 2 \end{bmatrix}$.

(C) $\begin{bmatrix} 2 & 1 \\ 1 & 2 \end{bmatrix}$.　　　　　　　　　　(D) $\begin{bmatrix} 1 & -2 \\ -2 & 1 \end{bmatrix}$.

分析　判断两个矩阵 $\boldsymbol{A}, \boldsymbol{B}$ 是否合同,可用定义:存在可逆矩阵 $\boldsymbol{C}$,使 $\boldsymbol{B} = \boldsymbol{C}^{\mathrm{T}}\boldsymbol{A}\boldsymbol{C}$;也可用一个充要条件:它们的秩与正惯性指数分别相等;还可转化为二次型进行配方等.显然这些方法都有一定的工作量.判断本题的一个最简单的方法是利用各矩阵的行列式与 $|\boldsymbol{A}|$ 是否同号.

解法 1　由两矩阵 $\boldsymbol{A}, \boldsymbol{B}$ 合同的定义 $\boldsymbol{B} = \boldsymbol{C}^{\mathrm{T}}\boldsymbol{A}\boldsymbol{C}$(其中 $\boldsymbol{C}$ 可逆)可得

$$|\boldsymbol{B}| = |\boldsymbol{C}^{\mathrm{T}}\boldsymbol{A}\boldsymbol{C}| = |\boldsymbol{C}^{\mathrm{T}}| \cdot |\boldsymbol{A}| \cdot |\boldsymbol{C}| = |\boldsymbol{C}|^2 \cdot |\boldsymbol{A}|,$$

由 $|\boldsymbol{C}|^2 > 0$ 知 $|\boldsymbol{A}|$ 与 $|\boldsymbol{B}|$ 同号,所以选项(D)是正确的.

解法 2　直接观察可知各矩阵的秩均为 2,亦即各选项的矩阵的秩都等于矩阵 $\boldsymbol{A}$ 的秩.求矩阵 $\boldsymbol{A}$ 的特征值如下:

$$|\lambda \boldsymbol{E} - \boldsymbol{A}| = \begin{vmatrix} \lambda - 1 & -2 \\ -2 & \lambda - 1 \end{vmatrix} = (\lambda - 1)^2 - 4 = (\lambda - 3)(\lambda + 1),$$

即 $\lambda_1 = 3, \lambda_2 = -1$.由此可知矩阵 $\boldsymbol{A}$ 的正惯性指数为 1.类似可得:

矩阵 $\begin{bmatrix} -2 & 1 \\ 1 & -2 \end{bmatrix}$ 的特征值为 $-3, -1$，正惯性指数为 0；

矩阵 $\begin{bmatrix} 2 & -1 \\ -1 & 2 \end{bmatrix}$ 的特征值为 $1, 3$，正惯性指数为 2；

矩阵 $\begin{bmatrix} 2 & 1 \\ 1 & 2 \end{bmatrix}$ 的特征值为 $1, 3$，正惯性指数为 2；

矩阵 $\begin{bmatrix} 1 & -2 \\ -2 & 1 \end{bmatrix}$ 的特征值为 $3, -1$，正惯性指数为 1.

由此可知与矩阵 $\boldsymbol{A}$ 合同的是 $\begin{bmatrix} 1 & -2 \\ -2 & 1 \end{bmatrix}$（事实上，它们还是相似的），即选项（D）正确.

3.(09111)设二次型
$$f(x_1, x_2, x_3) = ax_1^2 + ax_2^2 + (a-1)x_3^2 + 2x_1 x_3 - 2x_2 x_3.$$

（Ⅰ）求二次型 f 的矩阵的所有特征值；

（Ⅱ）若二次型 f 的规范形为 $y_1^2 + y_2^2$，求 a 的值.

分析 题中的二次型带有参数 a，所以其特征值也会含有 a，在计算其特征多项式时要仔细些. 第（Ⅱ）问中关键是对规范形的理解. 二次型的规范形所提供的信息是其秩以及正惯性指数分别等于多少，正是由此知道该二次型有两个特征值为正，一个为零，从而可以确定 a 的值.

解 （Ⅰ）二次型 f 的矩阵为
$$\boldsymbol{A} = \begin{bmatrix} a & 0 & 1 \\ 0 & a & -1 \\ 1 & -1 & a-1 \end{bmatrix},$$

其特征多项式为
$$|\lambda \boldsymbol{E} - \boldsymbol{A}| = \begin{vmatrix} \lambda-a & 0 & -1 \\ 0 & \lambda-a & 1 \\ -1 & 1 & \lambda-(a-1) \end{vmatrix} = (\lambda-a)[\lambda-(a+1)][\lambda-(a-2)],$$

所以 $\boldsymbol{A}$ 的特征值为 $\lambda_1 = a, \lambda_2 = a+1, \lambda_3 = a-2$.

（Ⅱ）**法 1** 由 f 的规范形为 $y_1^2 + y_2^2$ 知，其矩阵 $\boldsymbol{A}$ 的特征值有两个为正数，一个为零，又
$$a-2 < a < a+1,$$

所以 $a-2 = 0, a = 2$.

法 2 由 f 的规范形为 $y_1^2 + y_2^2$ 知,其矩阵 A 的特征值有两个为正数,一个为零,所以:

当 $\lambda_1 = a = 0$ 时,$\lambda_2 = a+1 > 0$,$\lambda_3 = a-2 = -2 < 0$,有一个特征值为负,不合题意;

当 $\lambda_2 = a+1 = 0$,即 $a = -1$ 时,$\lambda_1 = a = -1$,$\lambda_3 = a-2 = -3$,也不合题意;

当 $\lambda_3 = a-2 = 0$,即 $a = 2$ 时,$\lambda_1 = a = 2$,$\lambda_2 = a+1 = 3$,恰有两个正特征值,所以 $a = 2$.

4.(10111)已知二次型 $f(x_1,x_2,x_3) = \boldsymbol{x}^T\boldsymbol{A}\boldsymbol{x}$ 在正交变换 $\boldsymbol{x} = \boldsymbol{Q}\boldsymbol{y}$ 下的标准形为 $y_1^2 + y_2^2$,且 $\boldsymbol{Q}$ 的第 3 列为 $\left(\frac{\sqrt{2}}{2}, 0, \frac{\sqrt{2}}{2}\right)^T$.

(Ⅰ)求矩阵 $\boldsymbol{A}$;

(Ⅱ)证明 $\boldsymbol{A}+\boldsymbol{E}$ 为正定矩阵,其中 $\boldsymbol{E}$ 为 3 阶单位矩阵.

解 (Ⅰ)因为二次型 $\boldsymbol{x}^T\boldsymbol{A}\boldsymbol{x}$ 在正交变换 $\boldsymbol{x} = \boldsymbol{Q}\boldsymbol{y}$ 下的标准形为 $y_1^2 + y_2^2$,所以其系数 1,1,0 就是矩阵 $\boldsymbol{A}$ 的特征值,即

$$\boldsymbol{Q}^{-1}\boldsymbol{A}\boldsymbol{Q} = \boldsymbol{Q}^T\boldsymbol{A}\boldsymbol{Q} = \begin{pmatrix} 1 & & \\ & 1 & \\ & & 0 \end{pmatrix},$$

且矩阵 $\boldsymbol{Q}$ 的第 3 列就是属于特征值 0 的特征向量.

设 $(x_1,x_2,x_3)^T$ 为 $\boldsymbol{A}$ 的属于特征值 1 的特征向量.由于实对称矩阵属于不同特征值的特征向量是正交的,故有

$$(1,0,1)\begin{pmatrix} x_1 \\ x_2 \\ x_3 \end{pmatrix} = 0,$$

即 $x_1 + x_3 = 0$,解得的 $\boldsymbol{\xi}_2 = \left(\frac{\sqrt{2}}{2}, 0, -\frac{\sqrt{2}}{2}\right)^T$,$\boldsymbol{\xi}_3 = (0,1,0)^T$ 即为属于特征值 1 的两个正交单位特征向量.以 $\boldsymbol{\xi}_2, \boldsymbol{\xi}_3$ 分别为第 1,2 列(或第 2,1 列)得到

$$\boldsymbol{Q} = \begin{pmatrix} \frac{\sqrt{2}}{2} & 0 & \frac{\sqrt{2}}{2} \\ 0 & 1 & 0 \\ -\frac{\sqrt{2}}{2} & 0 & \frac{\sqrt{2}}{2} \end{pmatrix} \left(\text{或} \begin{pmatrix} 0 & \frac{\sqrt{2}}{2} & \frac{\sqrt{2}}{2} \\ 1 & 0 & 0 \\ 0 & -\frac{\sqrt{2}}{2} & \frac{\sqrt{2}}{2} \end{pmatrix}\right),$$

并有

$$\boldsymbol{Q}^T\boldsymbol{A}\boldsymbol{Q} = \begin{pmatrix} 1 & & \\ & 1 & \\ & & 0 \end{pmatrix}.$$

从而得

$$A = Q \begin{pmatrix} 1 & & \\ & 1 & \\ & & 0 \end{pmatrix} Q^{\mathrm{T}} = \frac{1}{2} \begin{pmatrix} 1 & 0 & -1 \\ 0 & 2 & 0 \\ -1 & 0 & 1 \end{pmatrix}.$$

（Ⅱ）因 A 的特征值为 $1,1,0$，所以矩阵 $A+E$ 的特征值为 $2,2,1$；又 $A+E$ 为实对称矩阵，故 $A+E$ 是正定矩阵（实对称矩阵正定的一个充要条件是其所有特征值均为正数）.

也可分别计算 $A+E$ 的顺序主子式：

$$\Delta_1 = \frac{3}{2} > 0, \qquad \Delta_2 = 3 > 0, \qquad \Delta_3 = 4 > 0.$$

故 $A+E$ 正定.

5. (11104) 若二次曲面的方程 $x^2 + 3y^2 + z^2 + 2axy + 2xz + 2yz = 4$，经正交变换化为 $y_1^2 + 4z_1^2 = 4$，则 $a = \underline{1}$.

解 由二次型所对应的矩阵为

$$A = \begin{pmatrix} 1 & a & 1 \\ a & 3 & 1 \\ 1 & 1 & 1 \end{pmatrix},$$

则二次型通过正交变换所得到的标准形前面的系数为二次型对应矩阵 A 的特征值，故 A 的特征值为 $0,1,4$. 所以 $|A| = 0$，故 $a = 1$.

6. (11304) 设二次型 $f(x_1, x_2, x_3) = x^{\mathrm{T}} A x$ 的秩为 1，A 中各行元素之和为 3，则 f 在正交变换 $x = Qy$ 下的标准形为 $\underline{3y_1^2}$.

解 由 $r(A) = 1$ 知矩阵 A 有两个 0 特征值，又因为 A 的各行元素之和为 3，所以

$$A \begin{pmatrix} 1 \\ 1 \\ 1 \end{pmatrix} = 3 \begin{pmatrix} 1 \\ 1 \\ 1 \end{pmatrix},$$

故 3 为矩阵 A 的特征值.

由于二次型在正交变换下标准形的系数即为二次型所对应矩阵的特征值，所以二次型在正交变换下的标准形为 $3y_1^2 + 0y_2^2 + 0y_3^2$.

7. (12111) 已知 $A = \begin{pmatrix} 1 & 0 & 1 \\ 0 & 1 & 1 \\ -1 & 0 & a \\ 0 & a & -1 \end{pmatrix}$，二次型 $f(x_1, x_2, x_3) = x^{\mathrm{T}} (A^{\mathrm{T}} A) x$ 的秩为 2.

（Ⅰ）求实数 a 的值；

（Ⅱ）求正交变换 $x=Qy$ 将 f 化为标准形.

解 （Ⅰ）因为 $r(A^TA)=r(A)$，对 A 施以初等行变换

$$A=\begin{pmatrix} 1 & 0 & 1 \\ 0 & 1 & 1 \\ -1 & 0 & a \\ 0 & a & -1 \end{pmatrix} \rightarrow \begin{pmatrix} 1 & 0 & 1 \\ 0 & 1 & 1 \\ 0 & 0 & a+1 \\ 0 & 0 & 0 \end{pmatrix},$$

所以，当 $a=-1$ 时，$r(A)=2$.

（Ⅱ）由于 $a=-1$，所以 $A^TA=\begin{pmatrix} 2 & 0 & 2 \\ 0 & 2 & 2 \\ 2 & 2 & 4 \end{pmatrix}$. 矩阵 A^TA 的特征多项式为

$$|\lambda E-A^TA|=\begin{vmatrix} \lambda-2 & 0 & -2 \\ 0 & \lambda-2 & -2 \\ -2 & -2 & \lambda-4 \end{vmatrix}=\lambda(\lambda-2)(\lambda-6),$$

于是 A^TA 的特征值为 $\lambda_1=2,\lambda_2=6,\lambda_3=0$.

当 $\lambda_1=2$ 时，由方程组 $(2E-A^TA)x=0$，得属于 2 的一个单位特征向量 $\dfrac{1}{\sqrt{2}}\begin{pmatrix} 1 \\ -1 \\ 0 \end{pmatrix}$；

当 $\lambda_1=6$ 时，由方程组 $(6E-A^TA)x=0$，得属于 6 的一个单位特征向量 $\dfrac{1}{\sqrt{6}}\begin{pmatrix} 1 \\ 1 \\ 2 \end{pmatrix}$；

当 $\lambda_3=0$ 时，由方程组 $A^TAx=0$，得属于 0 的一个单位特征向量 $\dfrac{1}{\sqrt{3}}\begin{pmatrix} 1 \\ 1 \\ -1 \end{pmatrix}$.

令 $Q=\begin{pmatrix} \dfrac{1}{\sqrt{2}} & \dfrac{1}{\sqrt{6}} & \dfrac{1}{\sqrt{3}} \\ -\dfrac{1}{\sqrt{2}} & \dfrac{1}{\sqrt{6}} & \dfrac{1}{\sqrt{3}} \\ 0 & \dfrac{2}{\sqrt{6}} & -\dfrac{1}{\sqrt{3}} \end{pmatrix}$，则 f 在正交变换 $x=Qy$ 下的标准形为

$$f=2y_1^2+6y_2^2.$$

8.(13111) 设二次型 $f(x_1,x_2,x_3)=2(a_1x_1+a_2x_2+a_3x_3)^2+(b_1x_1+b_2x_2+b_3x_3)^2$，记

$$\alpha = \begin{bmatrix} a_1 \\ a_2 \\ a_3 \end{bmatrix}, \qquad \beta = \begin{bmatrix} b_1 \\ b_2 \\ b_3 \end{bmatrix}.$$

（Ⅰ）证明二次型 f 对应的矩阵为 $2\alpha\alpha^T + \beta\beta^T$；

（Ⅱ）若 α, β 正交且均为单位向量，证明 f 在正交变换下的标准形为 $2y_1^2 + y_2^2$.

解 （Ⅰ）记 $x = \begin{bmatrix} x_1 \\ x_2 \\ x_3 \end{bmatrix}$，由于

$$f(x_1, x_2, x_3) = 2(a_1 x_1 + a_2 x_2 + a_3 x_3)^2 + (b_1 x_1 + b_2 x_2 + b_3 x_3)^2$$

$$= 2\left[(x_1, x_2, x_3) \begin{bmatrix} a_1 \\ a_2 \\ a_3 \end{bmatrix} (a_1, a_2, a_3) \begin{bmatrix} x_1 \\ x_2 \\ x_3 \end{bmatrix} \right]$$

$$+ \left[(x_1, x_2, x_3) \begin{bmatrix} b_1 \\ b_2 \\ b_3 \end{bmatrix} (b_1, b_2, b_3) \begin{bmatrix} x_1 \\ x_2 \\ x_3 \end{bmatrix} \right]$$

$$= 2x^T (\alpha\alpha^T) x + x^T (\beta\beta^T) x = x^T (2\alpha\alpha^T + \beta\beta^T) x,$$

又 $2\alpha\alpha^T + \beta\beta^T$ 为对称矩阵，所以二次型 f 对应的矩阵为 $2\alpha\alpha^T + \beta\beta^T$.

（Ⅱ）记 $A = 2\alpha\alpha^T + \beta\beta^T$. 由于 α, β 正交且均为单位向量，所以

$$A\alpha = (2\alpha\alpha^T + \beta\beta^T)\alpha = 2\alpha,$$

$$A\beta = (2\alpha\alpha^T + \beta\beta^T)\beta = \beta,$$

于是 $\lambda_1 = 2, \lambda_2 = 1$ 是矩阵 A 的特征值. 又

$$r(A) = r(2\alpha\alpha^T + \beta\beta^T) \leqslant r(2\alpha\alpha^T) + r(\beta\beta^T) \leqslant 2,$$

所以 $\lambda_3 = 0$ 是矩阵 A 的特征值，故 f 在正交变换下的标准形为 $2y_1^2 + y_2^2$.

9.（14104）设二次型 $f(x_1, x_2, x_3) = x_1^2 - x_2^2 + 2a x_1 x_3 + 4 x_2 x_3$ 的负惯性指数为 1，则 a 的取值范围是 <u>$[-2, 2]$</u>.

解 $f(x_1, x_2, x_3) = (x_1^2 + 2a x_1 x_3 + a^2 x_3^2) - (x_2^2 - 4 x_2 x_3 + 4 x_3^2) + (4 x_3^2 - a^2 x_3^2)$

$$= (x_1 + a x_3)^2 - (x_2 - 2 x_3)^2 + (4 - a^2) x_3^2.$$

由题设知 $4 - a^2 \geqslant 0$，即 $-2 \leqslant a \leqslant 2$.

10.（15104）设二次型 $f(x_1, x_2, x_3)$ 在正交变换为 $x = Py$ 下的标准形为 $2y_1^2 + y_2^2 - y_3^2$，其中 $P = (e_1, e_2, e_3)$. 若 $Q = (e_1, -e_3, e_2)$，则 $f(x_1, x_2, x_3)$ 在正交变换 $x = Qy$ 下的标准形为（ **A** ）

(A) $2y_1^2 - y_2^2 + y_3^2$.   (B) $2y_1^2 + y_2^2 - y_3^2$.

(C)$2y_1^2-y_2^2-y_3^2$. (D)$2y_1^2+y_2^2+y_3^2$.

解 设二次型 $f(x_1,x_2,x_3)$ 对应的矩阵为 $\boldsymbol{A}$,则在正交变换 $\boldsymbol{x}=\boldsymbol{P}\boldsymbol{y}$ 下

$$f=\boldsymbol{x}^{\mathrm{T}}\boldsymbol{A}\boldsymbol{x}=\boldsymbol{y}^{\mathrm{T}}(\boldsymbol{P}^{\mathrm{T}}\boldsymbol{A}\boldsymbol{P})\boldsymbol{y}=2y_1^2+y_2^2-y_3^2,\text{且 }\boldsymbol{P}^{\mathrm{T}}\boldsymbol{A}\boldsymbol{P}=\begin{pmatrix}2 & 0 & 0\\0 & 1 & 0\\0 & 0 & -1\end{pmatrix}.$$

而

$$\boldsymbol{Q}=\boldsymbol{P}\begin{pmatrix}1 & 0 & 0\\0 & 0 & 1\\0 & -1 & 0\end{pmatrix}=\boldsymbol{P}\boldsymbol{C},\text{其中 }\boldsymbol{C}=\begin{pmatrix}1 & 0 & 0\\0 & 0 & 1\\0 & -1 & 0\end{pmatrix}.$$

因为

$$\boldsymbol{Q}^{\mathrm{T}}\boldsymbol{A}\boldsymbol{Q}=\boldsymbol{C}^{\mathrm{T}}(\boldsymbol{P}^{\mathrm{T}}\boldsymbol{A}\boldsymbol{P})\boldsymbol{C}=\begin{pmatrix}2 & 0 & 0\\0 & -1 & 0\\0 & 0 & 1\end{pmatrix}.$$

所以

$$f=\boldsymbol{x}^{\mathrm{T}}\boldsymbol{A}\boldsymbol{x}=\boldsymbol{y}^{\mathrm{T}}(\boldsymbol{Q}^{\mathrm{T}}\boldsymbol{A}\boldsymbol{Q})\boldsymbol{y}=2y_1^2-y_2^2+y_3^2.$$

故选(A).

11.(16104)设二次型 $f(x_1,x_2,x_3)=x_1^2+x_2^2+x_3^2+4x_1x_2+4x_1x_3+4x_2x_3$,则 $f(x_1,x_2,x_3)=2$ 在空间直角坐标下表示的二次曲面为(**B**)

(A)单叶双曲面. (B)双叶双曲面.

(C)椭球面. (D)柱面.

解法 1 因为 $f(x_1,x_2,x_3)=x_1^2+x_2^2+x_3^2+4x_1x_2+4x_1x_3+4x_2x_3$

$$=(x_1+2x_2+2x_3)^2-3\left(x_2+\frac{2}{3}x_3\right)^2-\frac{5}{3}x_3^2,$$

作可逆线性变换

$$\begin{cases}y_1=x_1+2x_2+2x_3,\\y_2=x_2+\dfrac{2}{3}x_3,\\y_3=x_3,\end{cases}$$

则曲面 $f(x_1,x_2,x_3)=2$ 为标准形曲面 $y_1^2-3y_2^2-\dfrac{5}{3}y_3^2=2$,即为双叶双曲面,故选(B).

解法 2 二次型矩阵

$$\boldsymbol{A}=\begin{pmatrix}1 & 2 & 2\\2 & 1 & 2\\2 & 2 & 1\end{pmatrix}.$$

因为

$$|\lambda \boldsymbol{E} - \boldsymbol{A}| = \begin{vmatrix} \lambda-1 & -2 & -2 \\ -2 & \lambda-1 & -2 \\ -2 & -2 & \lambda-1 \end{vmatrix} = (\lambda+1)^2(\lambda-5),$$

由此得 $\boldsymbol{A}$ 的特征值为 $\lambda_1 = \lambda_2 = -1, \lambda_3 = 5$.

此二次型可用正交变换 $\boldsymbol{X} = \boldsymbol{QY}$ 化为标准形 $f(y_1, y_2, y_3) = -y_1^2 - y_2^2 + 5y_3^2$,所以

$$f(x_1, x_2, x_3) \xrightarrow{\boldsymbol{X} = \boldsymbol{QY}} -y_1^2 - y_2^2 + 5y_3^2 = 2$$

表示双叶双曲面.

12. (16204)设二次型 $f(x_1, x_2, x_3) = a(x_1^2 + x_2^2 + x_3^2) + 2x_1x_2 + 2x_2x_3 + 2x_1x_3$ 的正、负惯性指数分别为 $1, 2$,则(　**C**　)

(A)$a > 1$.　　　　(B)$a < -2$.　　　(C)$-2 < a < 1$.　　(D)$a = 1$ 与 $a = -2$.

解　二次型的矩阵为

$$\boldsymbol{A} = \begin{pmatrix} a & 1 & 1 \\ 1 & a & 1 \\ 1 & 1 & a \end{pmatrix}.$$

由

$$|\lambda \boldsymbol{E} - \boldsymbol{A}| = \begin{vmatrix} \lambda-a & -1 & -1 \\ -1 & \lambda-a & -1 \\ -1 & -1 & \lambda-a \end{vmatrix} = (\lambda-a-2)(\lambda+1-a)^2$$

知 $\boldsymbol{A}$ 的特征值为 $\lambda_1 = a+2, \lambda_2 = \lambda_3 = a-1$.

由于二次型的正、负惯性指数恰好等于特征值中正、负值的个数,所以 $a+2 > 0$ 且 $a-1 < 0$,即 $-2 < a < 1$.

13. (17111)设二次型 $f(x_1, x_2, x_3) = 2x_1^2 - x_2^2 + ax_3^2 + 2x_1x_2 - 8x_1x_3 + 2x_2x_3$ 在正交变换 $\boldsymbol{x} = \boldsymbol{Qy}$ 下的标准形为 $\lambda_1 y_1^2 + \lambda_2 y_2^2$,求 a 的值及一个正交矩阵 $\boldsymbol{Q}$.

解　二次型的矩阵

$$\boldsymbol{A} = \begin{pmatrix} 2 & 1 & -4 \\ 1 & -1 & 1 \\ -4 & 1 & a \end{pmatrix}.$$

由题设可知 $\boldsymbol{A}$ 的特征值是 $\lambda_1, \lambda_2, 0$,故

$$|\boldsymbol{A}| = \begin{vmatrix} 2 & 1 & -4 \\ 1 & -1 & 1 \\ -4 & 1 & a \end{vmatrix} = -3(a-2) = 0,$$

解得 $a=2$.

因为

$$|\lambda \boldsymbol{E}-\boldsymbol{A}|=\begin{vmatrix} \lambda-2 & -1 & 4 \\ -1 & \lambda+1 & -1 \\ 4 & -1 & \lambda-2 \end{vmatrix}=\lambda(\lambda+3)(\lambda-6),$$

得矩阵 $\boldsymbol{A}$ 的特征值是 $\lambda_1=-3,\lambda_2=6,\lambda_3=0$.

对于 $\lambda_1=-3$,解方程组 $(-3\boldsymbol{E}-\boldsymbol{A})\boldsymbol{x}=\boldsymbol{0}$ 得对应的特征向量 $\boldsymbol{\xi}_1=(1,-1,1)^{\mathrm{T}}$;

对于 $\lambda_2=6$,解方程组 $(6\boldsymbol{E}-\boldsymbol{A})\boldsymbol{x}=\boldsymbol{0}$ 得对应的特征向量 $\boldsymbol{\xi}_2=(-1,0,1)^{\mathrm{T}}$;

对于 $\lambda_3=0$,解方程组 $(0\boldsymbol{E}-\boldsymbol{A})\boldsymbol{x}=\boldsymbol{0}$ 得对应的特征向量 $\boldsymbol{\xi}_3=(1,2,1)^{\mathrm{T}}$.

将上述相互正交的特征向量单位化,得

$$\boldsymbol{\beta}_1=\frac{1}{\|\boldsymbol{\xi}_1\|}\boldsymbol{\xi}_1=\frac{1}{\sqrt{3}}(1,-1,1)^{\mathrm{T}};$$

$$\boldsymbol{\beta}_2=\frac{1}{\|\boldsymbol{\xi}_2\|}\boldsymbol{\xi}_2=\frac{1}{\sqrt{2}}(-1,0,1)^{\mathrm{T}};$$

$$\boldsymbol{\beta}_3=\frac{1}{\|\boldsymbol{\xi}_3\|}\boldsymbol{\xi}_3=\frac{1}{\sqrt{6}}(1,2,1)^{\mathrm{T}}.$$

以 $\boldsymbol{\beta}_1,\boldsymbol{\beta}_2,\boldsymbol{\beta}_3$ 为列向量组即可构成正交矩阵 $\boldsymbol{Q}$,即

$$\boldsymbol{Q}=\begin{pmatrix} \dfrac{1}{\sqrt{3}} & -\dfrac{1}{\sqrt{2}} & \dfrac{1}{\sqrt{6}} \\[3mm] -\dfrac{1}{\sqrt{3}} & 0 & \dfrac{2}{\sqrt{6}} \\[3mm] \dfrac{1}{\sqrt{3}} & \dfrac{1}{\sqrt{2}} & \dfrac{1}{\sqrt{6}} \end{pmatrix}.$$

14. (18311)设实二次型 $f(x_1,x_2,x_3)=(x_1-x_2+x_3)^2(x_2+x_3)^2+(x_1+ax_3)^2$,其中 a 是参数.

(Ⅰ)求 $f(x_1,x_2,x_3)=0$ 的解;

(Ⅱ)求 $f(x_1,x_2,x_3)$ 的规范形.

解 (Ⅰ) $f(x_1,x_2,x_3)=0$ 当且仅当

$$\begin{cases} x_1-x_2+x_3=0, \\ x_2+x_3=0, \\ x_1+ax_3=0. \end{cases}$$

对方程组的系数矩阵施以初等行变换,得

$$A = \begin{pmatrix} 1 & -1 & 1 \\ 0 & 1 & 1 \\ 1 & 0 & a \end{pmatrix} \rightarrow \begin{pmatrix} 1 & 0 & 2 \\ 0 & 1 & 1 \\ 0 & 0 & a-2 \end{pmatrix}.$$

当 $a \neq 2$ 时，$r(A) = 3$，方程组只有零解，故 $f(x_1, x_2, x_3) = 0$ 的解为 $x = (0, 0, 0)^T$；

当 $a = 2$ 时，$r(A) = 2$，方程组有无穷多解，通解为 $x = k(-2, -1, 1)^T$，k 为任意常数. 故 $f(x_1, x_2, x_3) = 0$ 的解是 $x = k(-2, -1, 1)^T$，k 为任意常数.

（Ⅱ）当 $a \neq 2$ 时，令

$$\begin{cases} y_1 = x_1 - x_2 + x_3, \\ y_2 = x_2 + x_3, \\ y_3 = x_1 + ax_3. \end{cases} \quad (*)$$

由于

$$\begin{vmatrix} 1 & -1 & 1 \\ 0 & 1 & 1 \\ 1 & 0 & a \end{vmatrix} = a - 2 \neq 0,$$

所以 $(*)$ 是一个可逆变换. 因此 $f(x_1, x_2, x_3)$ 的规范形为 $y_1^2 + y_2^2 + y_3^2$.

当 $a = 2$ 时，

$$\begin{aligned} f(x_1, x_2, x_3) &= 2x_1^2 + 2x_2^2 + 6x_3^2 - 2x_1x_2 + 6x_1x_3 \\ &= 2\left[x_1^2 - x_1(x_2 - 3x_3) + \left(\frac{x_2 - 3x_3}{2}\right)^2 \right] + 2x_2^2 + 6x_3^2 - 2\left(\frac{x_2 - 3x_3}{2}\right)^2 \\ &= 2\left(x_1 - \frac{x_2 - 3x_3}{2}\right)^2 + \frac{3}{2}x_2^2 + 3x_2x_3 + \frac{3}{2}x_3^2 \\ &= 2\left(x_1 - \frac{x_2}{2} + \frac{3}{2}x_3\right)^2 + \frac{3}{2}(x_2 + x_3)^2, \end{aligned}$$

此时，$f(x_1, x_2, x_3)$ 的规范形为 $y_1^2 + y_2^2$.

15. (19304) 设 A 是 3 阶实对称矩阵，E 是 3 阶单位矩阵. $A^2 + A = 2E$，$|A| = 4$，则二次型 $x^T Ax$ 的规范形为（ **C** ）

(A) $y_1^2 + y_2^2 + y_3^2$.   (B) $y_1^2 + y_2^2 - y_3^2$.

(C) $y_1^2 - y_2^2 - y_3^2$.   (D) $-y_1^2 - y_2^2 - y_3^2$.

解 设 $A\alpha = \lambda\alpha$，则由 $A^2 + A = 2E$ 得

$$A^2\alpha + A\alpha - 2\alpha = 0, \text{ 即 } (\lambda^2 + \lambda - 2)\alpha = 0.$$

因为 $\alpha \neq 0$，所以 $\lambda^2 + \lambda - 2 = 0$，故矩阵 A 有特征值 $\lambda_1 = 1$，$\lambda_2 = -2$. 又因为 $|A| =$

$\lambda_1\lambda_2\lambda_3=4$，得 $\lambda_3=-2$. 从而得矩阵 A 的正惯性指数为 1，负惯性指数为 2，故二次型 $x^{\mathrm{T}}Ax$ 的规范形为 $y_1^2-y_2^2-y_3^2$.

16.（20111）设二次型 $f(x_1,x_2)=x_1^2-4x_1x_2+4x_2^2$ 经正交变换 $\begin{bmatrix}x_1\\x_2\end{bmatrix}=Q\begin{bmatrix}y_1\\y_2\end{bmatrix}$ 化为二次型 $g(y_1,y_2)=ay_1^2+4y_1y_2+by_2^2$，其中 $a\geqslant b$.

（1）求 a,b 的值；

（2）求正交矩阵 Q.

解　（1）设二次型 f 和 g 对应的矩阵分别为

$$A=\begin{bmatrix}1&-2\\-2&4\end{bmatrix} \text{和} B=\begin{bmatrix}a&2\\2&b\end{bmatrix}.$$

由 $A\sim B$ 知

$$\begin{cases}\mathrm{tr}A=\mathrm{tr}B,\\|A|=|B|,\end{cases} \text{即} \begin{cases}a+b=5,\\ab-4=0,\end{cases}$$

解得 $a=4,b=1$.

（2）**法 1**　二次型 $f(x_1,x_2)=x_1^2-4x_1x_2+4x_2^2$ 要化为二次型 $g(y_1,y_2)=ay_1^2+4y_1y_2+by_2^2$，只需令

$$\begin{cases}x_1=y_2,\\x_2=-y_1,\end{cases} \text{即} \begin{bmatrix}x_1\\x_2\end{bmatrix}=\begin{bmatrix}0&1\\-1&0\end{bmatrix}\begin{bmatrix}y_1\\y_2\end{bmatrix},$$

而 $Q=\begin{bmatrix}0&1\\-1&0\end{bmatrix}$ 是正交矩阵，符合所求.

法 2　A 的特征多项式

$$|\lambda E-A|=\begin{vmatrix}\lambda-1&2\\2&\lambda-4\end{vmatrix}=\lambda(\lambda-5),$$

故 A 的特征值为 $\lambda_1=0,\lambda_2=5$.

当 $\lambda_1=0$ 时，对应的特征向量为 $\alpha_1=(2,1)^{\mathrm{T}}$，单位化得 $\eta_1=\frac{1}{\|\alpha_1\|}\alpha_1=\frac{1}{\sqrt{5}}(2,1)^{\mathrm{T}}$；

当 $\lambda_1=5$ 时，对应的特征向量为 $\alpha_2=(1,-2)^{\mathrm{T}}$，单位化得 $\eta_2=\frac{1}{\|\alpha_2\|}\alpha_2=\frac{1}{\sqrt{5}}(1,-2)^{\mathrm{T}}$.

B 的特征值也为 $\lambda_1=0,\lambda_2=5$，于是

当 $\lambda_1=0$ 时，对应的特征向量为 $\beta_1=(1,-2)^{\mathrm{T}}=\alpha_2$，单位化得 $\gamma_1=\eta_2$；

当 $\lambda_1 = 5$ 时,对应的特征向量为 $\boldsymbol{\beta}_2 = (2, 1)^{\mathrm{T}} = \boldsymbol{\alpha}_1$,单位化得 $\boldsymbol{\gamma}_2 = \boldsymbol{\eta}_1$.

令 $\boldsymbol{Q}_1 = (\boldsymbol{\eta}_1, \boldsymbol{\eta}_2)$,$\boldsymbol{Q}_2 = (\boldsymbol{\gamma}_1, \boldsymbol{\gamma}_2)$,则

$$\boldsymbol{Q}_1^{\mathrm{T}} \boldsymbol{A} \boldsymbol{Q}_1 = \begin{pmatrix} 0 & 0 \\ 0 & 5 \end{pmatrix} = \boldsymbol{Q}_2^{\mathrm{T}} \boldsymbol{B} \boldsymbol{Q}_2,\ 即\ \boldsymbol{B} = \boldsymbol{Q}_2 \boldsymbol{Q}_1^{\mathrm{T}} \boldsymbol{A} \boldsymbol{Q}_1 \boldsymbol{Q}_2^{\mathrm{T}}.$$

令

$$\boldsymbol{Q} = \boldsymbol{Q}_1 \boldsymbol{Q}_2^{\mathrm{T}} = \begin{pmatrix} \dfrac{2}{\sqrt{5}} & \dfrac{1}{\sqrt{5}} \\ \dfrac{1}{\sqrt{5}} & -\dfrac{2}{\sqrt{5}} \end{pmatrix} \begin{pmatrix} \dfrac{1}{\sqrt{5}} & -\dfrac{2}{\sqrt{5}} \\ \dfrac{2}{\sqrt{5}} & \dfrac{1}{\sqrt{5}} \end{pmatrix} = \begin{pmatrix} \dfrac{4}{5} & -\dfrac{3}{5} \\ -\dfrac{3}{5} & -\dfrac{4}{5} \end{pmatrix},$$

则 $\boldsymbol{Q}$ 即为所求的正交矩阵.

17. (20211)设二次型 $f(x_1, x_2, x_3) = x_1^2 + x_2^2 + x_3^2 + 2ax_1x_2 + 2ax_1x_3 + 2ax_2x_3$ 经

可逆线性变换 $\begin{bmatrix} x_1 \\ x_2 \\ x_3 \end{bmatrix} = \boldsymbol{P} \begin{bmatrix} y_1 \\ y_2 \\ y_3 \end{bmatrix}$ 化为二次型 $g(y_1, y_2, y_3) = y_1^2 + y_2^2 + 4y_3^2 + 2y_1y_2$.

(1)求 a 的值;

(2)求可逆矩阵 $\boldsymbol{P}$.

解 (1)二次型 $f(x_1, x_2, x_3)$ 的矩阵为 $\boldsymbol{A} = \begin{bmatrix} 1 & a & a \\ a & 1 & a \\ a & a & 1 \end{bmatrix}$;二次型 $g(y_1, y_2, y_3)$ 的

矩阵为 $\boldsymbol{B} = \begin{bmatrix} 1 & 1 & 0 \\ 1 & 1 & 0 \\ 0 & 0 & 4 \end{bmatrix}$. 由题设知 $\boldsymbol{A}$ 与 $\boldsymbol{B}$ 是合同的,从而 $\boldsymbol{A}$ 与 $\boldsymbol{B}$ 的正负特征值个数相同.

由

$$|\lambda \boldsymbol{E} - \boldsymbol{B}| = \begin{vmatrix} \lambda - 1 & -1 & 0 \\ -1 & \lambda - 1 & 0 \\ 0 & 0 & \lambda - 4 \end{vmatrix} = \lambda(\lambda - 2)(\lambda - 4) = 0$$

得 $\boldsymbol{B}$ 的特征值为 $0, 2, 4$.

由

$$|\lambda \boldsymbol{E} - \boldsymbol{A}| = \begin{vmatrix} \lambda - 1 & -a & -a \\ -a & \lambda - 1 & -a \\ -a & -a & \lambda - 1 \end{vmatrix} = (\lambda - 1 - 2a)(\lambda - 1 + a)^2 = 0$$

得 $\boldsymbol{A}$ 的特征值为 $1 + 2a, 1 - a, 1 - a$.

由

$$\begin{cases} 1 + 2a = 0\ , \\ 1 - a > 0\ , \end{cases}$$

解得 $a = -\dfrac{1}{2}$.

(2) $f(x_1, x_2, x_3) = (x_1 - \dfrac{1}{2}x_2 - \dfrac{1}{2}x_3)^2 + (\dfrac{\sqrt{3}}{2}x_2 - \dfrac{\sqrt{3}}{2}x_3)^2$.

令 $\begin{bmatrix} z_1 \\ z_2 \\ z_3 \end{bmatrix} = \begin{bmatrix} 1 & -\dfrac{1}{2} & -\dfrac{1}{2} \\ 0 & \dfrac{\sqrt{3}}{2} & -\dfrac{\sqrt{3}}{2} \\ 0 & 0 & 1 \end{bmatrix} \begin{bmatrix} x_1 \\ x_2 \\ x_3 \end{bmatrix}$, 则 $f(x_1, x_2, x_3) = z_1^2 + z_2^2$.

又

$$g(y_1, y_2, y_3) = y_1^2 + y_2^2 + 4y_3^2 + 2y_1 y_2 = (y_1 + y_2)^2 + 4y_3^2,$$

令 $\begin{bmatrix} z_1 \\ z_2 \\ z_3 \end{bmatrix} = \begin{bmatrix} 1 & 1 & 0 \\ 0 & 0 & 2 \\ 0 & 1 & 0 \end{bmatrix} \begin{bmatrix} y_1 \\ y_2 \\ y_3 \end{bmatrix}$, 则 $g(x_1, x_2, x_3) = z_1^2 + z_2^2$.

令

$$\boldsymbol{P} = \begin{bmatrix} 1 & -\dfrac{1}{2} & -\dfrac{1}{2} \\ 0 & \dfrac{\sqrt{3}}{2} & -\dfrac{\sqrt{3}}{2} \\ 0 & 0 & 1 \end{bmatrix}^{-1} \begin{bmatrix} 1 & 1 & 0 \\ 0 & 0 & 2 \\ 0 & 1 & 0 \end{bmatrix} = \begin{bmatrix} 1 & 2 & \dfrac{2}{\sqrt{3}} \\ 0 & 1 & \dfrac{4}{\sqrt{3}} \\ 0 & 1 & 0 \end{bmatrix},$$

则当 $\begin{bmatrix} x_1 \\ x_2 \\ x_3 \end{bmatrix} = \boldsymbol{P} \begin{bmatrix} y_1 \\ y_2 \\ y_3 \end{bmatrix}$ 时, $f(x_1, x_2, x_3) = g(x_1, x_2, x_3)$.

18.(21105)二次型 $f(x_1, x_2, x_3) = (x_1 + x_2)^2 + (x_2 + x_3)^2 - (x_3 - x_1)^2$ 的正惯性指数与负惯性指数依次为(　**B**　)

(A) 2, 0.   (B) 1, 1.

(C) 2, 1.   (D) 1, 2.

解法 1　将二次型展开后再进行配方:

$$f(x_1, x_2, x_3) = (x_1 + x_2)^2 + (x_2 + x_3)^2 - (x_3 - x_1)^2$$

$$= x_1^2 + 2x_1 x_2 + x_2^2 + x_2^2 + 2x_2 x_3 + x_3^2 - x_3^2 + 2x_1 x_3 - x_1^2$$

$$= 2x_2^2 + 2x_1x_2 + 2x_2x_3 + 2x_1x_3$$

$$= 2\left[x_2^2 + x_2(x_1+x_3) + \frac{(x_1+x_3)^2}{4}\right] - \frac{(x_1+x_3)^2}{2} + 2x_1x_3$$

$$= 2(\frac{x_1}{2} + x_2 + \frac{x_3}{2})^2 - \frac{1}{2}(x_1 - x_3)^2.$$

作可逆线性变换

$$\begin{cases} y_1 = \dfrac{x_1}{2} + x_2 + \dfrac{x_3}{2}, \\ y_2 = x_1 - x_3, \end{cases}$$

得

$$f(x_1, x_2, x_3) = 2y_1^2 - \frac{1}{2}y_2^2,$$

所以二次型 $f(x_1, x_2, x_3)$ 的正惯性指数与负惯性指数依次为 1，1. 故正确选项为 B.

解法 2 因为矩阵 $A = \begin{pmatrix} 0 & 1 & 1 \\ 1 & 2 & 1 \\ 1 & 1 & 0 \end{pmatrix}$ 的秩为 2，即二次型 $f(x_1, x_2, x_3)$ 的秩为 2，所以，选项 C 与 D 均错.

又因为

$$f(1, 1, 1) = 8 > 0, \ f(4, -2, 0) = -8 < 0,$$

所以 $f(x_1, x_2, x_3)$ 是不定的二次型，故 $f(x_1, x_2, x_3)$ 的正惯性指数与负惯性指数依次为 1，1. 故正确选项为 B.

解法 3 二次型 $f(x_1, x_2, x_3) = 2x_2^2 + 2x_1x_2 + 2x_2x_3 + 2x_1x_3$，其对应矩阵为

$$A = \begin{pmatrix} 0 & 1 & 1 \\ 1 & 2 & 1 \\ 1 & 1 & 0 \end{pmatrix}.$$

矩阵 A 的特征方程为

$$|\lambda E - A| = \begin{vmatrix} \lambda & -1 & -1 \\ -1 & \lambda-2 & -1 \\ -1 & -1 & \lambda \end{vmatrix} = \lambda(\lambda+1)(\lambda-3),$$

则 A 的特征值为 $0, -1, 3$，即正惯性指数为 1，负惯性指数为 1，选 B.

19.(21112) 设矩阵 $A = \begin{pmatrix} a & 1 & -1 \\ 1 & a & -1 \\ -1 & -1 & a \end{pmatrix}.$

(1)求正交矩阵 $\boldsymbol{P}$，使 $\boldsymbol{P}^{\mathrm{T}}\boldsymbol{A}\boldsymbol{P}$ 为对角矩阵；

(2)求正定矩阵 $\boldsymbol{C}$，使 $\boldsymbol{C}^2 = (a+3)\boldsymbol{E}-\boldsymbol{A}$，其中 $\boldsymbol{E}$ 为 3 阶单位矩阵.

解　(1)因为

$$|\lambda\boldsymbol{E}-\boldsymbol{A}| = \begin{vmatrix} \lambda-a & -1 & 1 \\ -1 & \lambda-a & 1 \\ 1 & 1 & \lambda-a \end{vmatrix} = (\lambda-a+1)^2(\lambda-a-2),$$

所以 $\boldsymbol{A}$ 的特征值为 $\lambda_1 = \lambda_2 = a-1$，$\lambda_3 = a+2$.

当 $\lambda_1 = \lambda_2 = a-1$ 时，解方程组 $((a-1)\boldsymbol{E}-\boldsymbol{A})\boldsymbol{x} = \boldsymbol{0}$，得 $\boldsymbol{A}$ 的线性无关的特征向量

$$\boldsymbol{\xi}_1 = \begin{pmatrix} -1 \\ 1 \\ 1 \end{pmatrix}, \boldsymbol{\xi}_2 = \begin{pmatrix} 1 \\ 0 \\ 1 \end{pmatrix}; 进行施密特正交单位化得 \boldsymbol{\eta}_1 = \begin{pmatrix} -\dfrac{\sqrt{2}}{2} \\ \dfrac{\sqrt{2}}{2} \\ 0 \end{pmatrix}, \boldsymbol{\eta}_2 = \begin{pmatrix} \dfrac{\sqrt{6}}{6} \\ \dfrac{\sqrt{6}}{6} \\ \dfrac{\sqrt{6}}{3} \end{pmatrix}.$$

当 $\lambda_3 = a+2$ 时，解方程组 $((a+2)\boldsymbol{E}-\boldsymbol{A})\boldsymbol{x} = \boldsymbol{0}$，得 $\boldsymbol{A}$ 的特征向量 $\boldsymbol{\xi}_3 = \begin{pmatrix} -1 \\ -1 \\ 1 \end{pmatrix}$；单

位化得 $\boldsymbol{\eta}_3 = \begin{pmatrix} -\dfrac{\sqrt{3}}{3} \\ -\dfrac{\sqrt{3}}{3} \\ \dfrac{\sqrt{3}}{3} \end{pmatrix}$.

令 $\boldsymbol{P} = (\boldsymbol{\eta}_1, \boldsymbol{\eta}_2, \boldsymbol{\eta}_3) = \begin{pmatrix} -\dfrac{\sqrt{2}}{2} & \dfrac{\sqrt{6}}{6} & -\dfrac{\sqrt{3}}{3} \\ \dfrac{\sqrt{2}}{2} & \dfrac{\sqrt{6}}{6} & -\dfrac{\sqrt{3}}{3} \\ 0 & \dfrac{\sqrt{6}}{3} & \dfrac{\sqrt{3}}{3} \end{pmatrix}$，则

$$\boldsymbol{P}^{\mathrm{T}}\boldsymbol{A}\boldsymbol{P} = \begin{pmatrix} a-1 & 0 & 0 \\ 0 & a-1 & 0 \\ 0 & 0 & a+2 \end{pmatrix}.$$

故 $\boldsymbol{P}$ 为所求正交矩阵.

(2)由(1)知，

$$((a+3)E-A=((a+3)E-P\begin{pmatrix} a-1 & 0 & 0 \\ 0 & a-1 & 0 \\ 0 & 0 & a+2 \end{pmatrix}P^{\mathrm{T}}=P\begin{pmatrix} 4 & 0 & 0 \\ 0 & 4 & 0 \\ 0 & 0 & 1 \end{pmatrix}P^{\mathrm{T}}.$$

令 $C=P\begin{pmatrix} 2 & 0 & 0 \\ 0 & 2 & 0 \\ 0 & 0 & 1 \end{pmatrix}P^{\mathrm{T}}$，则 $C^2=(a+3)E-A$. 故所求正定矩阵是

$$C=\begin{pmatrix} -\dfrac{\sqrt{2}}{2} & \dfrac{\sqrt{6}}{6} & -\dfrac{\sqrt{3}}{3} \\ \dfrac{\sqrt{2}}{2} & \dfrac{\sqrt{6}}{6} & -\dfrac{\sqrt{3}}{3} \\ 0 & \dfrac{\sqrt{6}}{3} & \dfrac{\sqrt{3}}{3} \end{pmatrix}\begin{pmatrix} 2 & 0 & 0 \\ 0 & 2 & 0 \\ 0 & 0 & 1 \end{pmatrix}\begin{pmatrix} -\dfrac{\sqrt{2}}{2} & \dfrac{\sqrt{6}}{6} & -\dfrac{\sqrt{3}}{3} \\ \dfrac{\sqrt{2}}{2} & \dfrac{\sqrt{6}}{6} & -\dfrac{\sqrt{3}}{3} \\ 0 & \dfrac{\sqrt{6}}{3} & \dfrac{\sqrt{3}}{3} \end{pmatrix}^{\mathrm{T}}=\begin{pmatrix} \dfrac{5}{3} & -\dfrac{1}{3} & \dfrac{1}{3} \\ -\dfrac{1}{3} & \dfrac{5}{3} & \dfrac{1}{3} \\ \dfrac{1}{3} & \dfrac{1}{3} & \dfrac{5}{3} \end{pmatrix}.$$

20.(22112)已知二次型 $f(x_1,x_2,x_3)=\sum\limits_{i=1}^{3}\sum\limits_{j=1}^{3}ijx_ix_j$.

(1)写出 $f(x_1,x_2,x_3)$ 对应的矩阵；

(2)求正交变换 $x=Qy$ 将 $f(x_1,x_2,x_3)$ 化为标准形；

(3)求 $f(x_1,x_2,x_3)=0$ 的解.

解　(1) $f(x_1,x_2,x_3)$ 对应的矩阵 $A=\begin{pmatrix} 1 & 2 & 3 \\ 2 & 4 & 6 \\ 3 & 6 & 9 \end{pmatrix}$.

(2)因为

$$|\lambda E-A|=\begin{vmatrix} \lambda-1 & -2 & -3 \\ -2 & \lambda-4 & -6 \\ -3 & -6 & \lambda-9 \end{vmatrix}=\lambda^2(\lambda-14),$$

所以 A 的特征值为 $\lambda_1=14,\lambda_2=\lambda_3=0$.

当 $\lambda_1=14$ 时,解方程组 $(14E-A)x=0$,得特征向量 $\xi_1=\begin{pmatrix} 1 \\ 2 \\ 3 \end{pmatrix}$,单位化得 $\eta_1=\begin{pmatrix} \dfrac{1}{\sqrt{14}} \\ \dfrac{2}{\sqrt{14}} \\ \dfrac{3}{\sqrt{14}} \end{pmatrix}$;

当 $\lambda_2=\lambda_3=0$ 时,解方程组 $(0E-A)x=0$,得两个线性无关的特征向量

$$\boldsymbol{\xi}_2 = \begin{bmatrix} -2 \\ 1 \\ 0 \end{bmatrix}, \quad \boldsymbol{\xi}_3 = \begin{bmatrix} -3 \\ 0 \\ 1 \end{bmatrix},$$

单位正交化得

$$\boldsymbol{\eta}_2 = \begin{bmatrix} -\dfrac{2}{\sqrt{5}} \\ \dfrac{1}{\sqrt{5}} \\ 0 \end{bmatrix}, \quad \boldsymbol{\eta}_3 = \begin{bmatrix} -\dfrac{3}{\sqrt{70}} \\ -\dfrac{6}{\sqrt{70}} \\ \dfrac{5}{\sqrt{70}} \end{bmatrix}.$$

令

$$\boldsymbol{Q} = (\boldsymbol{\eta}_1, \boldsymbol{\eta}_2, \boldsymbol{\eta}_3) = \begin{bmatrix} \dfrac{1}{\sqrt{14}} & -\dfrac{2}{\sqrt{5}} & -\dfrac{3}{\sqrt{70}} \\ \dfrac{2}{\sqrt{14}} & \dfrac{1}{\sqrt{5}} & -\dfrac{6}{\sqrt{70}} \\ \dfrac{3}{\sqrt{14}} & 0 & \dfrac{5}{\sqrt{70}} \end{bmatrix},$$

则 $\boldsymbol{Q}$ 为正交矩阵,且

$$\boldsymbol{Q}^{\mathrm{T}} \boldsymbol{A} \boldsymbol{Q} = \begin{bmatrix} 14 & 0 & 0 \\ 0 & 0 & 0 \\ 0 & 0 & 0 \end{bmatrix}.$$

故在正交变换 $\boldsymbol{x} = \boldsymbol{Q} \boldsymbol{y}$ 将 $f(x_1, x_2, x_3)$ 化为标准形 $14 y_1^2$.

(3)由 $f(x_1, x_2, x_3) = 0$ 及(2),得 $14 y_1^2 = 0$,故 $y_1 = 0$.

又 $\boldsymbol{y} = \boldsymbol{Q}^{\mathrm{T}} \boldsymbol{x}$,从而 $f(x_1, x_2, x_3) = 0$ 的解满足 $x_1 + 2x_2 + 3x_3 = 0$. 故

$$\begin{bmatrix} x_1 \\ x_2 \\ x_3 \end{bmatrix} = k_1 \begin{bmatrix} -2 \\ 1 \\ 0 \end{bmatrix} + k_2 \begin{bmatrix} -3 \\ 0 \\ 1 \end{bmatrix},$$ 其中 k_1, k_2 为任意常数.

21.(22212)已知二次型 $f(x_1, x_2, x_3) = 3x_1^2 + 4x_2^2 + 3x_3^2 + 2x_1 x_3$.

(1)求正交变换 $\boldsymbol{x} = \boldsymbol{Q} \boldsymbol{y}$ 将 $f(x_1, x_2, x_3)$ 化为标准形;

(2)证明:$\min\limits_{\boldsymbol{x} \neq 0} \dfrac{f(\boldsymbol{x})}{\boldsymbol{x}^{\mathrm{T}} \boldsymbol{x}} = 2$.

解 (1)二次型 $f(x_1, x_2, x_3) = 3x_1^2 + 4x_2^2 + 3x_3^2 + 2x_1 x_3$ 对应的矩阵

$$A = \begin{bmatrix} 3 & 0 & 1 \\ 0 & 4 & 0 \\ 1 & 0 & 3 \end{bmatrix}.$$

由于 $|\lambda E - A| = (\lambda - 2)(\lambda - 4)^2$，所以 A 的特征值为 $\lambda_1 = 2$，$\lambda_2 = \lambda_3 = 4$.

当 $\lambda_1 = 2$ 时，解方程组 $(2E - A)x = 0$，得 A 的特征向量 $\xi_1 = \begin{bmatrix} -1 \\ 0 \\ 1 \end{bmatrix}$，单位化得

$$\varepsilon_1 = \begin{bmatrix} \dfrac{-1}{\sqrt{2}} \\ 0 \\ \dfrac{1}{\sqrt{2}} \end{bmatrix};$$

当 $\lambda_2 = \lambda_3 = 4$ 时，解方程组 $(4E - A)x = 0$，得 A 的两个正交特征向量 $\xi_2 = \begin{bmatrix} 0 \\ 1 \\ 0 \end{bmatrix}$，

$\xi_2 = \begin{bmatrix} 1 \\ 0 \\ 1 \end{bmatrix}$，单位化得 $\varepsilon_2 = \xi_2$，$\varepsilon_3 = \begin{bmatrix} \dfrac{1}{\sqrt{2}} \\ 0 \\ \dfrac{1}{\sqrt{2}} \end{bmatrix}$.

令 $Q = (\varepsilon_1, \varepsilon_2, \varepsilon_3) = \begin{bmatrix} -\dfrac{1}{\sqrt{2}} & 0 & \dfrac{1}{\sqrt{2}} \\ 0 & 1 & 0 \\ \dfrac{1}{\sqrt{2}} & 0 & \dfrac{1}{\sqrt{2}} \end{bmatrix}$，则 Q 为正交矩阵，且 $Q^{\mathrm{T}}AQ = \begin{bmatrix} 2 & 0 & 0 \\ 0 & 4 & 0 \\ 0 & 0 & 4 \end{bmatrix}$.

因此在正交变换 $x = Qy$ 下，二次型 $f(x_1, x_2, x_3)$ 化为标准形 $2y_1^2 + 4y_2^2 + 4y_3^2$.

(2)由(1)知，在正交变换 $x = Qy$ 下，

$$f(x) = 2y_1^2 + 4y_2^2 + 4y_3^2 \geqslant 2y_1^2 + 2y_2^2 + 2y_3^2 = 2y^{\mathrm{T}}y = 2x^{\mathrm{T}}x.$$

当 $x \neq 0$ 时，$\dfrac{f(x)}{x^{\mathrm{T}}x} \geqslant 2$. 令 $x_0 = Q\begin{bmatrix} 1 \\ 0 \\ 0 \end{bmatrix}$，得 $\dfrac{f(x_0)}{x_0^{\mathrm{T}}x_0} = 2$，故 $\min\limits_{x \neq 0} \dfrac{f(x)}{x^{\mathrm{T}}x} = 2$.